住房城乡建设部土建类学科专业“十三五”规划教材
高等学校工程管理专业规划教材

建设工程合同管理

（第三版）

东南大学　李启明　主　编
黄有亮
袁竞峰　副主编

中国建筑工业出版社

图书在版编目（CIP）数据

建设工程合同管理/李启明主编. —3版. —北京：中国建筑工业出版社，2018.2（2024.2重印）
住房城乡建设部土建类学科专业“十三五”规划教材．高等学校工程管理专业规划教材
ISBN 978-7-112-21767-0

Ⅰ.①建… Ⅱ.①李… Ⅲ.①建筑工程-经济合同-管理-高等学校-教材 Ⅳ.①TU723.1

中国版本图书馆CIP数据核字（2018）第009465号

本书根据最新的建设法律法规以及工程管理本科指导性专业规范要求，结合工程合同管理的研究、实践和教学改革，全面、系统地介绍合同法的基本原理和相关法律基础，工程招标投标基本制度和方法，国内建设工程专业合同（包括勘察、设计、监理、施工、采购等）、国际FIDIC土木工程合同条件以及工程合同索赔管理的主要内容。

本书可作为全国高等学校工程管理、工程造价专业的教材使用，也可供相关专业的科技人员以及政府部门、建设单位、设计单位、监理单位、施工单位等技术、管理人员参考使用。

为更好地支持相应课程的教学，我们向采用本书作为教材的教师提供教学课件，有需要者可与出版社联系，邮箱：jckj@cabp.com.cn，电话：（010）58337285，建工书院：https：//edu.cabplink.com。

责任编辑：张　晶　向建国
责任校对：焦　乐

住房城乡建设部土建类学科专业“十三五”规划教材
高等学校工程管理专业规划教材
建设工程合同管理
（第三版）
东南大学　李启明　主　编
黄有亮
袁竞峰　副主编
*
中国建筑工业出版社出版、发行（北京海淀三里河路9号）
各地新华书店、建筑书店经销
北京红光制版公司制版
建工社（河北）印刷有限公司印刷
*
开本：787×1092毫米　1/16　印张：25　字数：622千字
2018年5月第三版　2024年2月第三十八次印刷
定价：**49.00**元（赠教师课件）
ISBN 978-7-112-21767-0
（31612）

第三版前言

随着我国社会主义市场经济体制和建设法律法规体系的不断完善，以及国内国际建筑市场的一体化融合发展，建设领域已经广泛推行了招标投标制、建设监理制、合同管理制、风险管理制等工程建设基本制度，制定并推广应用了建设工程勘察、设计、监理、施工、总承包等系列标准合同示范文本，建设市场主体的行为更加规范化、法制化和国际化，合同管理在建设行业管理、企业管理及工程项目管理中的地位和作用日益突出和重要。工程合同管理课程和内容在广度上的不断拓展和丰富、在深度上的不断深化和优化，已经成为注册建筑师、建造师、监理工程师、造价工程师等专业人士知识结构和能力结构的重要组成部分以及执业能力的重要体现，成为工程管理专业和工程造价专业的核心主干课程之一。

《建设工程合同管理》于 1997 年作为全国统编教材出版发行，并被评选为普通高等教育土建学科专业“十一五”规划教材。作为工程合同管理课程的教学参考教材，2008 年东南大学的“工程合同管理”课程建设成为国家精品课程。2009 年修订出版了《建设工程合同管理》（第二版）。2013 年东南大学的《工程合同管理》获得国家精品资源共享课程。2014 年由作者牵头的、基于包括本课程改革和实践的教学改革项目《现代工程管理人才“一体两翼”型专业核心能力培养的研究与实践》获得了国家教学成果二等奖。作为住房城乡建设部土建类学科专业“十三五”规划教材，在本次《建设工程合同管理》（第三版）编写过程中，作者结合工程管理专业教育教学规律以及本课程的性质、特点和任务，确定了教材的编写大纲和编写要求。根据《高等学校工程管理本科指导性专业规范》的培养目标和规格以及核心知识领域、知识单元、知识点等要求，依据国家颁布的最新法律法规，以及国家发展和改革委员会、住房城乡建设部等颁布的最新合同示范文本等，主要对工程招标投标、工程采购模式、工程设计合同、工程施工合同、工程总承包合同进行了修改和完善。本书吸收了国际工程合同管理的经验和发展趋势，总结了国内工程合同管理的实际操作经验和方法，反映了编著者在工程合同管理领域的最新研究成果和实际运作的成功经验。全书理论体系完整、要点清晰，理论与实践紧密结合，反映最新法律法规、科研成果和最佳工程实践，可操作性和实践性强，具有较强的可读性。

本书由李启明担任主编，负责总体策划及定稿，黄有亮、袁竞峰任副主编。全书共分 11 章，其中第 1、7、11 章由李启明、汪文雄编写，第 3 章由李启明、赵庆华编写，第 5、8、10 章由袁竞峰、黄文杰、李启明编写，第 6、9 章由黄有亮编写，第 2、4 章由袁芳编写。本书在编写过程中，查阅和检索了许多工程合同管理方面的信息、资料和有关专家的著述，并得到东南大学、扬州大学、华中农业大学、华北电力大学等许多单位和学者的支持与帮助，在此一并表示感谢。由于建设工程合同管理的理论、方法和运作还需要在工程实践中不断丰富、发展和完善，加之作者水平所限，本书不当之处敬请读者、同行批评指正，以便再版时修改完善。

李启明
2017 年 12 月

第二版前言

随着我国社会主义市场经济体制的建立和完善，以及建设工程领域业主负责制、工程招标投标制、工程监理制、合同管理制、风险管理制等基本制度的逐步发展和完善，建设市场主体的行为更加规范化、法制化和国际化，合同管理在建设行业管理、企业管理及工程项目管理中的地位和作用日益突出和重要。工程合同管理课程和内容在广度上的不断拓展和丰富，在深度上的不断深化和优化，已经成为注册建造师、监理工程师、造价工程师等专业人士知识结构和能力结构的重要组成部分，执业能力的重要体现，成为工程管理专业的核心主干课程之一。

《建设工程合同管理》教材 1997 年出版了第一版全国统编教材。根据全国高校工程管理专业指导委员会制定的工程管理专业本科培养方案和课程大纲，工程合同管理是该专业主干课程和核心课程，它主要研究建设工程的法律问题和工程项目的合同管理问题，明确要求学生掌握工程合同的基本原理和方法，具有从事工程项目招标、投标和合同策划及管理能力。作为普通高等教育土建学科专业"十一五"规划教材，在本教材第二版编写过程中，作者根据最新出台的法律法规，结合工程管理专业教育规律以及本课程的性质和特点，经过反复讨论和研究，确定了本教材的编写思想、大纲、内容和编写要求。本书吸收了国际工程合同管理的经验和发展趋势，总结了国内工程合同管理的实际操作经验和方法，反映了作者在工程合同管理领域的最新研究成果和实际运作的成功经验。全书理论体系完备，实践性和可操作性强，具有较强的可读性。

本书由李启明担任主编，负责总体策划及定稿，由黄文杰、黄有亮担任副主编。全书共分 11 章，其中第 1、7、11 章由李启明、汪文雄编写，第 3 章由李启明、赵庆华编写，第 5、8、10 章由黄文杰编写，第 6、9 章由黄有亮编写，第 2、4 章由袁芳编写。本书在编写过程中，查阅和检索了许多工程合同管理方面的信息、资料和有关专家的著述，并得到东南大学、华北电力大学、华中农业大学、扬州大学等许多单位和学者的支持和帮助，在此一并表示感谢。由于建设工程合同管理的理论、方法和运作还需要在工程实践中不断丰富、发展和完善，加之作者水平所限，本书不当之处敬请读者、同行批评指正，以便再版时修改完善。

李启明
2009 年 7 月

第一版前言

随着我国社会主义市场经济新体制的建立和完善，工程建设领域内的经济活动越来越广泛、复杂，同时也要求建筑市场主体的行为更加法制化、规范化，并与国际惯例逐步接轨，企业将越来越重视合同管理在企业经营和工程管理中的地位和作用，根据需要培养出具有较好法律、合同意识和合同管理能力的建筑管理专门人才已势在必行。

根据全国高校建筑与房地产管理专业指导委员会制定的建筑管理工程专业本科培养方案和课程大纲，建设工程合同管理是该专业主干课程，它主要研究工程建设领域内的法律问题和工程项目的合同管理问题，明确要求学生掌握工程合同的基本原理和方法，具有从事工程项目招标、投标和合同拟订及管理的能力。通过本课程的教学，应能较好地掌握经济合同法的基本理论和方法，熟悉建设工程招标法律制度和方法，掌握工程建设领域内重要专业合同的基本内容及国际通用施工合同条件（FIDIC）的运作与方法，熟悉并掌握建设工程合同索赔的理论、方法和实务。

根据全国高校建筑与房地产管理专业指导委员会 1995 年 5 月南京会议决定，东南大学为该教材的主编单位，天津大学为主审单位，并将该教材作为专业指导委员会推荐的教材，由中国建筑工业出版社出版。本教材由李启明任主编，黄文杰、黄有亮任副主编。全书内容共分 11 章，其中第 2、6、11 章由李启明编写，第 3 章由李启明、刘哲编写，第 7 章由李启明、黄安永、刘哲编写，第 4、8、10 章由黄文杰编写，第 5、9 章由黄有亮编写，第 1 章由黄安永编写。全书由李启明总体策划、构思并负责统纂定稿。本书由天津大学范运林教授主审。

在本教材编写过程中，我们参考了天津大学、西安建筑科技大学等兄弟院校的课程大纲和目录，参阅了许多同志的著述，最终编写大纲是经过东南大学、天津大学反复讨论、修改以及经过全国高校建筑与房地产管理专业指导委员会的二次集体讨论后形成的，凝聚了许多同志的辛勤劳动，并得到建设部人事教育劳动司、东南大学、天津大学及中国建筑工业出版社等许多单位和同志的支持和帮助，在此一并表示感谢！

由于建设工程合同管理目前仍是我国工程建设领域中较为薄弱的环节，合同管理的理论和方法还需要在工程实践中不断丰富、发展和完善，加之作者水平所限，本书不当之处，敬请读者、同行批评、指正，以便再版时加以修正完善。

李启明
1997 年

目　录

1　建设工程合同管理导论

1.1　工程项目全寿命周期中的合同关系

现代工程项目是一个复杂的系统工程，技术复杂、建设周期长、投资额大、不确定因素多、项目参与方众多、合同种类和数量多，有的大型项目甚至由上千份合同组成，每份合同的成功履行意味着项目的成功，只要有一份合同履行出现问题，就会影响和殃及其他合同甚至整个项目的成功。因此，工程合同整体策划和管理就应在项目实施前对整个项目合同管理方案预先作出科学合理的安排和设计，以确保整个项目在不同阶段、不同合同主体之间众多合同的顺利履行，从而实现项目的总体目标和效益。

1. 建设项目周期

建设项目全寿命周期一般包括：项目的决策阶段、实施阶段和使用阶段。项目决策阶段包括：编制项目建议书、编制可行性研究报告等；项目实施阶段包括：设计准备阶段（编制设计任务书）、设计阶段（初步设计、技术设计、施工图设计）、施工阶段（施工）、动用前准备阶段、保修阶段等。

建设项目全寿命周期的阶段划分如图 1-1 所示。在各阶段资源输入、输出模型参见图 1-2。

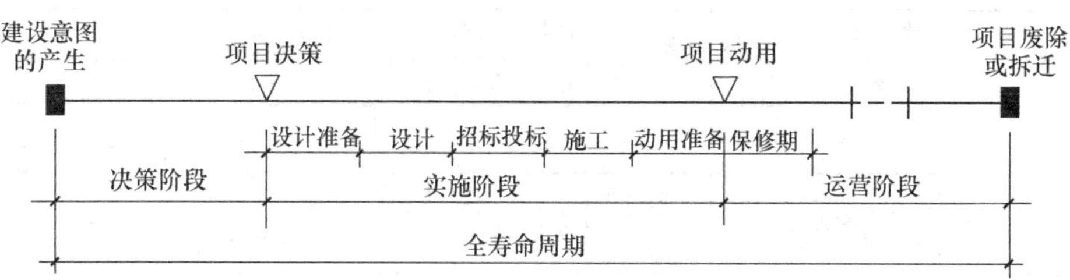

图 1-1　建设项目全寿命周期的阶段划分

2. 合同生命周期与合同关系

在建设项目全寿命周期过程中，存在众多既相互影响、相互联系，又相对独立的专业工作或内容，需要由具有专业资质、资格或专业能力的机构或人员完成。因此，一个建设项目的完成，涉及众多的参与方，需要签订许多不同种类的合同，参见表 1-1。

建设项目全寿命周期中涉及的合同主体及种类　　**表 1-1**

建设项目全寿命周期阶段	合同种类	合同主体
决策阶段	咨询合同、土地征用与拆迁合同、土地使用权出让及转让合同、贷款合同等	业主、咨询公司、政府、土地转让方、银行等

续表

建设项目全寿命周期阶段	合同种类	合同主体
实施阶段	勘察合同、设计合同、招标代理委托合同、监理合同、材料设备采购合同、施工合同、装饰合同、担保合同、保险合同、技术开发合同、贷款合同等	业主、勘察单位、设计单位、招标代理机构、监理单位、供应商、承包商、担保方、保险公司、科研院所、银行等
运营阶段	供用水电气合同、房屋销售合同、房屋出租合同、运营管理合同、物业管理合同、保修合同、拆除合同等	业主、供电水气单位、用户、物业公司等

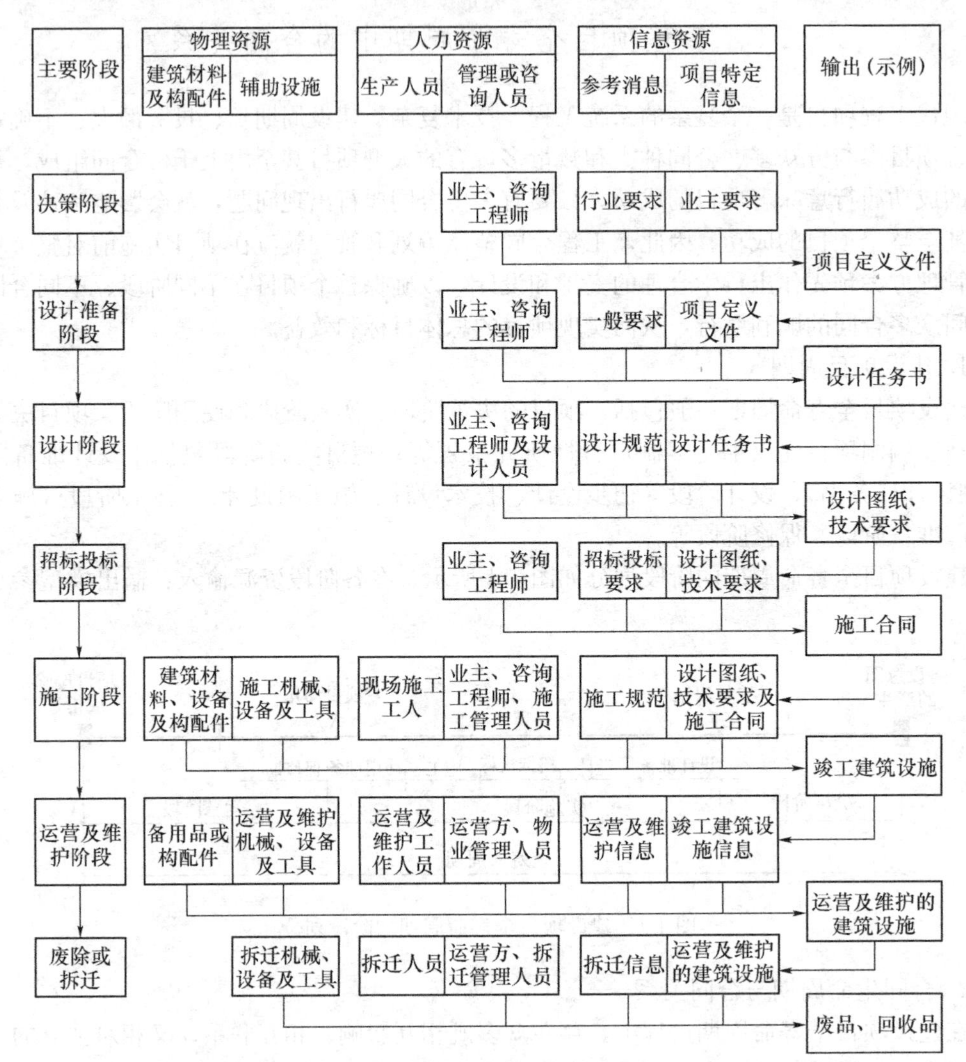

图 1-2 建设项目全寿命周期主要阶段资源输入、输出模型

在建设项目全寿命周期中，项目业主将参与项目全过程或主要过程，对项目建设的成败起到决定性的影响作用；来自不同国家、地区、城市的其他参与方将在项目的不同阶段进入项目或退出项目，他们将以自己的专业资质、资格和能力为项目及业主提供专业服务，他们的服务水平、质量、竞争能力同样也会影响到项目的成败。项目业主与其他参与方存在着许多合同法律关系，参见图 1-3。项目参与方在不同阶段的服务时间及目标，参见图 1-4。

政府
银行
保险公司
勘察单位
供应商
项目业主
设计单位
用户
施工单位
……
科研院所
咨询公司

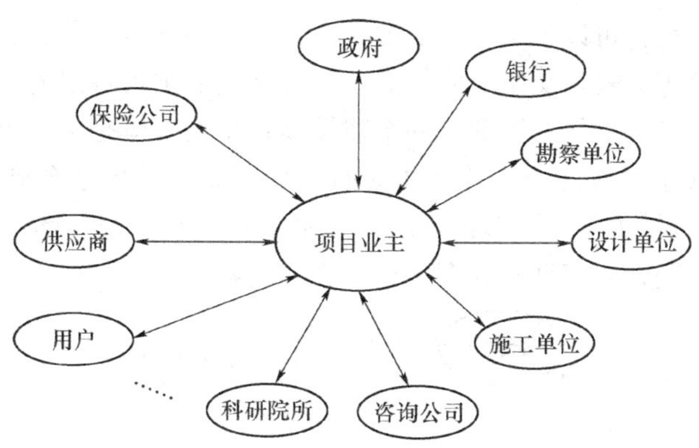

图 1-3　建设项目全寿命周期中涉及的合同主体

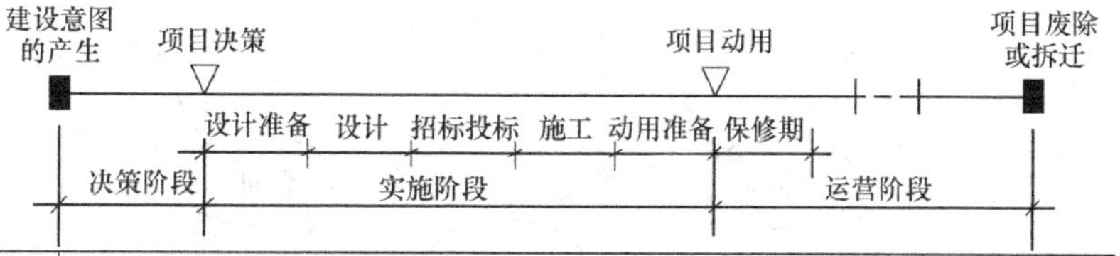

建设意图的产生
项目决策
项目动用
项目废除或拆迁
设计准备
设计
招标投标
施工
动用准备
保修期
决策阶段
实施阶段
运营阶段

项目参与方	服务时间及目标
投资方	项目财务状况及盈利能力、设施用户满足程度等
运营方	物业经营规范控制，经营的成本和利润，在时间上向决策阶段和实施阶段延伸
开发管理方	环境调查和分析、项目定义
项目管理方	实施阶段投资、进度、质量规范和控制，在时间上向决策阶段延伸
物业管理方	通过财务管理、空间管理、用户管理及运行管理，使物业价值和使用价值增值，在时间上向决策阶段和实施阶段延伸
建筑师	建筑功能、造型、空间分配确定
专业设计师	结构、设备材料设计的安全性、可靠性、先进性
承包商	施工过程成本、进度、质量规划和控制，获取利润
供货商	材料或设备供应成本、进度、质量规划和控制，获取利润
开发商	项目决策和实施管理，建造投资、进度、质量目标的实现

图 1-4　项目参与方在全寿命周期不同阶段的服务时间及目标

对于建设项目而言，可以根据不同的方法，科学合理地将其分解成不同的专业工作或内容，通过市场竞争等方式，交给不同的专业机构来完成项目特定的工作，用合同形式来规定各方的权利、义务和责任。因此，一个建设项目事实上就是由一个个合同构成的，每份合同的圆满完成意味着项目的成功。独立而又相互联系的各个合同构成了项目的合同链，参见图 1-5。合同链上某个环节出现问题，则会影响到整个合同链运转的水平、效率和质量，而这正是合同整体策划和管理所要解决的问题。

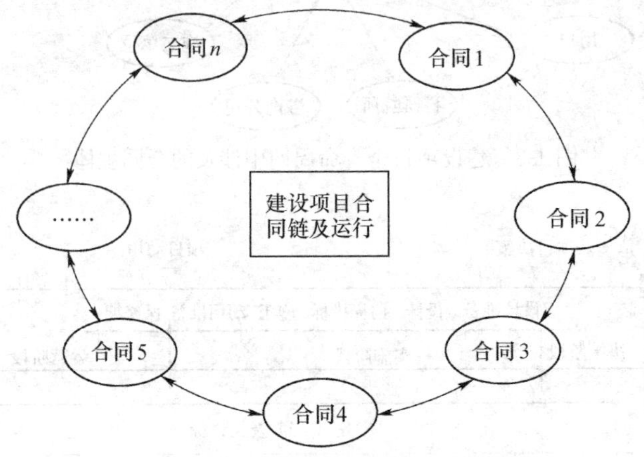

图 1-5　建设项目合同链及其运行

对于一份具体的工程合同，同样也存在合同生命周期，即每份合同都有起点和终点，都存在从合同成立、生效到合同终止的生命周期。以施工合同为例，其合同生命周期如图 1-6 所示。

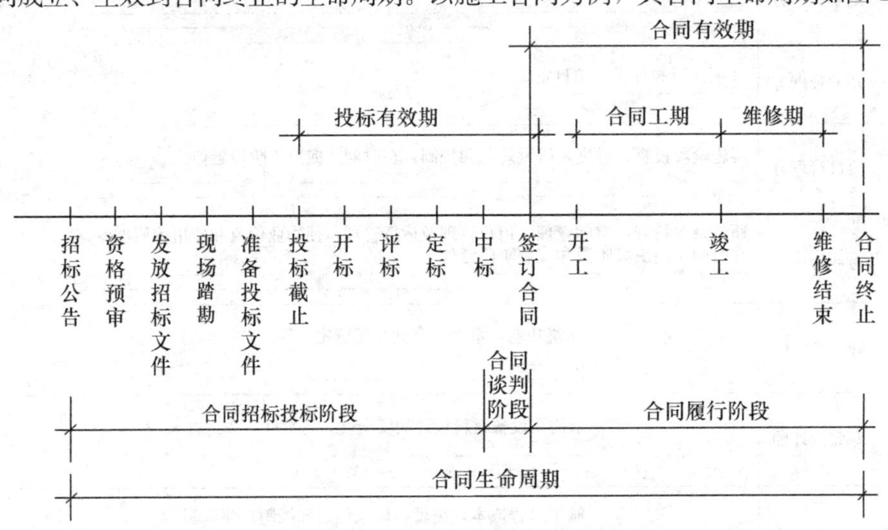

图 1-6　施工合同生命周期阶段及主要里程碑事件

1.2　工程项目合同管理的基本内容

1. 合同管理的本质

市场经济的本质是契约（合同）经济，合同是商品经济的产物，是市场主体进行交易的依据。合同的本质在于规范市场交易、节约交易费用。工程合同确定了成本、工期、质量、安全和环境等项目总体目标，规定和明确了当事人各方的权利、义务和责任。因此，合同管理是工程项目管理的核心，合同管理贯穿于工程实施的全过程，对整个项目实施起着控制和保证作用。在现代工程项目中，没有合同意识则项目整体目标不明确，没有合同策划和管理则项目管理难以形成系统，就不能实现项目的总体目标。

2. 合同管理的特点

工程合同管理不仅具有与其他行业合同管理相同的特点，还因其行业和项目的专业性具有自身的特点，主要有以下几个方面。

（1）合同管理周期长。相比于其他合同，工程合同周期较长，在合同履行过程中，会出现许多原先订立合同时未能预料的情况，为及时、妥善地解决可能出现的问题，必须长期跟踪、管理工程合同，并对任何合同的修改、补充等情况做好记录和管理。

（2）合同管理效益显著。在工程合同长期的履行过程中，有效的合同管理可以帮助企业发现、预见并设法解决可能出现的问题，避免纠纷的发生，从而节约不必要的涉讼费用。同时，通过大量有理、有据的书面合同和履约记录，企业可以提出增补工程款项等相关签证，通过有效的索赔，合法、正当地获取应得利益。可见，合同管理能够产生效益，合同中蕴藏着潜在的、有时甚至是巨大的经济效益。

（3）合同变更频繁。由于工程合同周期长，合同价款高，合同不确定因素多，导致合同变更频繁，企业面临大量的签证、索赔和反索赔工作，因此企业的合同管理必须是动态、及时和全面的，合同的履约管理应根据变更及时调整。

（4）合同管理系统性强。业主、承包商等市场主体往往涉及众多合同，合同种类繁杂多样，合同管理必须处理好技术、经济、财务、法律等各方面关系，通过合理的、系统化的管理模式分门别类地管理合同。

（5）合同管理法律要求高。工程合同管理不仅要求管理者熟悉普通企业所要了解的法律法规，还必须熟知工程建设专业法律法规。由于建设领域的法律、法规、标准、规范和合同文本众多，且在不断更新和增加，要求企业的合同管理人员必须在充分、及时地学习最新法律法规的前提下，结合企业的实际情况开展才有效。

（6）合同管理信息化要求高。工程合同管理涉及大量信息，需要及时收集、整理、处理和利用，必须建立合同管理信息系统，才能开展有效的合同管理。

3. 合同管理内容

合同生命周期从签订之日起到双方权利义务履行完毕而自然终止。而工程合同管理的生命期和项目建设期有关，主要有合同策划、招标采购、合同签订和合同履行等阶段的合同管理，各阶段合同管理主要内容如下：

（1）合同策划阶段。合同策划是在项目实施前对整个项目合同管理方案预先作出科学合理的安排和设计，从合同管理组织、方法、内容、程序和制度等方面预先作出计划的方案，以保证项目所有合同的圆满履行，减少合同争议和纠纷，从而保证整个项目目标的实现。该阶段合同管理内容主要包括以下方面：

1）合同管理组织机构设置及专业合同管理人员配备。

2）合同管理责任及其分解体系。

3）项目采购模式和合同类型选择和确定。

4）项目结构分解体系和合同结构体系设计，包括合同打包、分解或合同标段划分等。

5）招标方案和招标文件设计。

6）合同文件和主要内容设计。

7）主要合同管理流程设计，包括投资控制、进度控制、质量控制、设计变更、支付与结算、竣工验收、合同索赔和争议处理等流程。

(2) 招标采购阶段。合同管理并不是在合同签订之后才开始的，招标投标过程中形成的文件基本上都是合同文件的组成部分。在招标投标阶段应保证合同条件的完整性、准确性、严格性、合理性与可行性，该阶段合同管理的主要内容有：

1）编制合理的招标文件，严格投标人的资格预审，依法组织招标。

2）组织现场踏勘，投标人编制投标方案和投标文件。

3）做好开标、评标和定标工作。

4）合同审查工作。

5）组织合同谈判和签订。

6）履约担保等。

(3) 合同履行阶段。合同履行阶段是合同管理的重点阶段，包括履行过程和履行后的合同管理工作，主要内容有：

1）合同总体分析与结构分解。

2）合同管理责任体系及其分解。

3）合同工作分析和合同交底。

4）合同成本控制、进度控制、质量控制及安全、健康、环境管理等。

5）合同变更管理。

6）合同索赔管理。

7）合同争议管理等。

4. 合同管理制度

(1) 合同管理组织机构。合同管理是一项重要的经济管理工作，合同管理水平的高低对企业和项目的经济效益影响很大，因此，企业必须结合实际建立完善合同管理的组织机构。逐步建立公司、分公司、项目部各层次的合同管理机构，配置专业的合同管理人员，形成合同管理的网络组织，负责合同管理的各项工作，以维护企业或项目的经济利益和合法权益。

(2) 合同管理人才。做好合同管理工作，人是关键因素。合同管理作为一种复合型和智力性的工作，需要高度专业化及丰富知识和经验的专门人才。在国内建设领域，专门的工程合同管理和索赔人才还相当缺乏，必须以人为本，加大合同管理人才的培养力度。在工程实践中，合同管理人才培养应关注以下方面：一是要重视选人。选择素质高、学习能力强、知识面广、责任心强的人员充实到合同管理队伍中。二是要加强理论学习。鼓励合同管理人员参加法律和经济管理方面的考试及相关的执业资格考试，提高他们的理论水平。三是要以机制激励人。明确合同管理人员的责、权、利，建立、完善岗位竞争机制和奖惩机制。四是要在实践中培养、锻炼和造就合同管理人员。把合同管理和项目管理结合起来，把合同管理人员放到工程项目部从事具体的合同管理工作，在实践中提高运用合同手段解决工程建设实际问题的能力。

(3) 合同管理制度。企业要做好合同管理工作，必须建立一套行之有效、严格的规章制度和可操作的作业制度。

1) 合同审查制度。为了保证企业签订的合同合法、有效，必须在签订前履行审查、批准手续。合同审查是指将准备签订的合同在部门会签后，交给企业主管合同的机构或法律顾问进行审查；合同批准是由企业主管或法定代表人签署意见，同意对外正式签订合同。通过严格的审查和批准手续，可以使合同的签订建立在可靠的基础上，尽量防止合同纠纷的发生，维护企业或项目的合法利益。

2) 合同印章管理制度。企业合同专用章是代表企业在经营活动中对外行使权利、承担义务、签订合同的凭证。因此，企业对合同专用章的登记、保管、使用等都要有严格的规定。合同专用章应由合同管理员保管、签印，并实行专章专用。合同专用章只能在规定的业务范围内使用，不能超越范围使用；不得为空白合同文本加盖合同印章；不得为未经审查批准的合同文本加盖合同印章；严禁与合同洽谈人员勾结，利用合同专用章谋取个人利益。出现上述情况，要追究合同专用章管理人员的责任。凡外出签订合同时，应由合同专用章管理人员携章陪同负责办理签约的人员一起前往签约。

3) 合同信息管理制度。由于工程合同在签订和履行中往来函件和资料非常多，故合同管理系统性强，必须实行档案化、信息化管理。首先应建立文档编码及检索系统，每一份合同、往来函件、会议纪要和图纸变更等文件均应进入计算机系统，并确立特定的文档编码，根据计算机设置的检索系统进行保存和调阅；其次应建立文档的收集和处理制度，由专人及时收集、整理、归档各种工程信息，严格信息资料的查阅、登记、管理和保密制度，工程全部竣工后，应将全部合同及文件，包括完整的工程竣工资料、竣工图纸、竣工验收、工程结算和决算等，按照《中华人民共和国档案法》及有关规定，建档保管；最后应建立行文制度、传送制度和确认制度，合同管理机构应制定标准化的行文格式，对外统一使用，相关文件和信息经过合同管理机构准许后才能对外传送。经由信息化传送方式传达的资料需由收到方以书面的或同样信息化的方式加以确认，确认结果由合同管理机构统一保管。

4) 合同检查和奖励制度。企业应建立合同签订、履行的监督检查制度，通过检查及时发现合同履行管理中的薄弱环节和矛盾，以利提出改进意见，促进企业各部门的协调配合，提高企业的经营管理水平。通过定期的检查和考核，对合同履行管理工作完成好的部门和人员给予表扬鼓励；成绩突出并有重大贡献的人员，给予物质和精神奖励。对于工作差、不负责任的或经常“扯皮”的部门和人员要给予批评教育；对玩忽职守、严重渎职或有违法行为的人员要给予行政处分、经济制裁，情节严重、触及刑律的要追究刑事责任。实行奖惩制度有利于增强企业各部门和有关人员履行合同的责任心，是保证全面履行合同的有利措施。

5) 合同管理目标制度。合同管理目标是各项合同管理活动应达到的预期结果和最终目的。合同管理的目的是企业通过自身在合同订立和履行过程中进行的计划、组织、指挥、监督和协调等工作，促使企业或项目内部各部门、各环节互相衔接、密切配合，进而使人、财、物、信息等要素得到合理组织和充分利用，保证企业经营管理活动的顺利进行，提高工程管理水平，增强市场竞争能力。

6) 合同管理评估制度。合同管理制度是合同管理活动及其运行过程的行为规范，合同管理制度是否健全是合同管理的关键所在。因此，建立一套有效的合同管理评估制度是十分必要的。合同管理评估制度的主要内容有：①合法性。指合同管理制度应符合国家有关法律法规的规定。②规范性。指合同管理制度具有规范合同行为的作用，对合同管理行为进行评价、指导和预测，对合法行为进行保护奖励，对违法行为进行预防、警示或制裁等。③实用性。指合同管理制度能适应合同管理的需求，便于操作和实施。④系统性。指各类合同的管理制度互相协调、互相制约，形成一个有机系统，在工程合同管理中能发挥整体效应。⑤科学性。指合同管理制度能够正确反映合同管理的客观规律，能保证利用客观规律进行有效的合同管理。

1.3 本课程的教学目标和要求

工程合同管理课程是随着建筑业的改革发展而逐步建立和完善的。在全国工程管理专业、工程造价专业培养方案和教学计划中，本课程属于专业主干课程和核心课程，是工程管理、工程造价专业学生及注册建造师、监理工程师、造价工程师知识结构、能力结构和素质结构的重要组成部分。

通过本课程的学习，要求学生掌握合同法的基本理论和相关法律基础，熟悉和掌握工程招标投标的方法和操作，掌握工程专业合同（设计、施工 FIDIC 等）的基本内容和实际操作，掌握工程合同索赔的理论和方法，提高运用合同手段解决工程建设实际问题的能力。

各高校工程管理专业可根据自己的教学计划、要求和学时，从本书章节中选择相应的教学内容。

复习思考题

1. 试谈谈您对建设工程合同生命周期的理解。
2. 根据基本建设程序分析建设工程中存在的合同关系。
3. 建设工程合同管理有哪些特点，合同管理各阶段的主要内容是什么？
4. 试分析本课程与工程管理专业其他专业课程的联系。
5. 结合建筑业企业实际，如何建立企业和项目合同管理制度？
6. 结合我国注册工程师制度和个人未来发展，谈谈工程合同管理课程的地位和作用。
7. 您认为本课程学习的重点和难点是什么，您的解决方法和体会有哪些？

2　合同管理相关法律基础

2.1　基本法律制度

2.1.1　民法

1. 民法概念和调整对象

民法是调整平等主体的公民之间、法人之间、公民和法人之间的财产关系和人身关系的法律规范的总称。民法的调整对象包括：①平等主体之间的财产关系。所谓财产关系是指人们在物质资料的生产、分配、交换和消费过程中所发生的具有经济内容的社会关系。②平等主体之间的人身关系。这里的人身关系是指与民事主体的人身密切联系而无直接财产内容的社会关系。民法只调整平等主体之间发生的并且能够用民事方法保护的那部分人身关系，而上下级别之间的人身关系则由行政法调整，侵犯人身权并触犯刑律的由刑法调整。

2. 民法的基本原则

(1) 当事人在民事活动中的地位平等的原则。

(2) 自愿、公平、等价有偿、诚实信用的原则。

(3) 保护公民、法人合法民事权益的原则。

(4) 民事活动应当遵守法律和国家政策的原则。

(5) 维护国家和社会公共利益的原则。

3. 民事法律关系

民事法律关系是指由民法调整的、在民事主体之间形成的权利义务关系。民事法律关系是民法与现实生活发生联系的途径，民法正是通过民事法律关系来实现对一定社会关系的调整。

(1) 民事法律事实

民事法律事实是指由民法规定的，能够引起民事法律关系产生、变更或消灭的客观现象。民事法律事实，根据其是否与当事人的意志有关，可分为事件和行为两大类。

1) 事件。事件指与民事法律关系当事人的主观意志无关的法律事实。如自然现象中的地震、洪水、冰雹等，均可引起法律关系的发生、变更和消灭。

2) 行为。行为指由人有意识地进行的，致使民事法律关系产生、变更或消灭的活动。如民事法律行为、侵权行为等。

(2) 民事法律关系的要素

1) 民事法律关系的主体。指在民事法律关系中享受权利或承担义务的当事人，简称民事主体。

2) 民事法律关系的内容。指民事法律关系的一方主体对他方享有民事权利或负有的义务。

3）民事法律关系的客体。指民事权利、义务所指向的对象。在我国，能成为民事法律关系客体的有物、行为和智力成果三种，人身不能直接成为客体。

4. 民事主体

（1）民事主体的概念

民事主体，是指能够参与民事法律关系，享有民事权利和承担民事义务的自然人和其他组织。民事主体必须具有民事权利能力和民事行为能力。

1）民事权利能力，指法律确认的享受民事权利和承担民事义务的资格。民事权利能力的取得、内容和范围与民事主体的个人意志无关，当事人不得自动抛弃和转让。

2）民事行为能力，指民事主体通过自己的行为取得民事权利、承担民事义务的资格。民事行为能力在含义上不仅包括进行合法行为从而取得民事权利义务的资格，而且包括进行违法行为而承担相应的民事责任的资格。民事行为能力的享有以享有民事权利能力为前提，但并非所有民事主体都有民事行为能力。

（2）公民（自然人）

根据《中华人民共和国宪法》（以下简称《宪法》）的规定，凡具有中华人民共和国国籍的人都是中华人民共和国公民。

1）公民的民事权利能力。《中华人民共和国民法总则》（以下简称《民法总则》）第13条规定："自然人从出生时起到死亡时止，具有民事权利能力，依法享有民事权利，承担民事义务。"我国自然人的民事权利能力一律平等。

2）公民的民事行为能力。根据年龄和智力状况的不同，公民的民事行为能力分为三类。①完全民事行为能力。在我国，凡年满18周岁且精神状况良好，或年满16周岁以上未满18周岁的公民，以自己的劳动收入为主要生活来源的，均具有完全民事行为能力。②限制民事行为能力。即只具有部分民事行为能力。在我国，8周岁以上的未成年人是限制民事行为能力人，可以进行与其年龄和智力相适应的民事活动；其他民事活动由他的法定代理人代理，或者征得法定代理人的同意。不能完全辨认自己的精神病人是限制民事行为能力人。③无民事行为能力。即不具有以自己行为取得民事权利、承担民事义务的资格。在我国，不满8周岁的未成年人是无民事行为能力人，由他的法定代理人代理民事活动。不能辨认自己行为的精神病人是无民事行为能力人，由他的法定代理人代理民事活动。

5. 民事法律行为

（1）民事法律行为的概念

民事法律行为是公民、法人或者其他组织设立、变更、终止民事权利和民事义务的合法行为。民事法律行为从成立时起即具有法律约束力，行为人非依法律规定或取得对方同意，不得擅自变更或者解除。

（2）民事法律行为应当具备的条件

1）行为人要具有相应的民事行为能力。

2）行为人意思表示真实。

3）行为不得违反法律或者社会公共利益。

（3）民事法律行为的形式

1）口头形式。即通过口头方式进行意思表示。

2）书面形式。即用文字符号的方式进行意思表示。

3）视听资料形式。即通过录音、录像等视听资料形式进行意思表示。

4）推定形式。当事人既不用语言，也不用文字，而是用自己的行为作意思表示，使他人可以推断当事人的内在意思。

5）默示形式。是一种不作为的意思表示方式，他人可以据此推断其真实的意思。

6. 民事权利

民事权利是民法赋予民事主体的权利。民事权利包括财产所有权、债权、人身权、知识产权、财产继承权等。

（1）财产所有权。财产所有权是指对自己的财产依法享有占有、使用、受益和处分的权利。

（2）债权。债是按照合同的约定或者依照法律的规定，在特定当事人之间产生的特定的权利和义务关系。享有权利的人是债权人，负有义务的人是债务人。债权人有权要求债务人按照合同的约定或者依照法律的规定履行义务。

（3）人身权。人身权是指法律赋予民事主体的与其生命和身份不可分离而无直接财产内容的民事权利。

7. 民事责任

（1）民事责任的概念

民事责任是指民事主体违反民事义务，侵犯他人合法权益，依照民法所应承担的法律责任。

（2）民事责任认定和归责原则

1）过错责任。是指行为人在实施行为时因主观上有过错而认定的一种责任。

2）严格责任。又称无过错责任，是指基于行为人的行为与损害结果之间有因果关系的一种责任。这种责任是以不可抗力为抗辩理由的。

3）公平责任。又称绝对责任，指受害人遭受的重大损失如得不到赔偿而显失公平的情况下认定的一种责任。这种责任是不可抗辩的和不可免除的。

2.1.2 经济法

1. 经济法的概念

经济法是调整国家在管理与协调经济运行过程中发生的经济关系的法律规范的总称。经济法是社会本位法，即以维护社会整体利益为立法最高原则的法律，它是国家直接参与社会再生产过程，对经济进行协调、干预和调控的产物。

2. 经济法的调整对象

（1）市场主体调控关系。是指国家在对市场主体的活动进行管理以及市场主体在自身运行过程中发生的经济关系。

（2）市场运行调控关系。是指国家为了建立市场经济秩序，维护国家、市场经营者和消费者的合法权益而干预市场所发生的经济关系。

（3）宏观经济调控关系。是指国家从长远和社会公共利益出发，对关系国计民生的重大经济因素，实行全局性的管理过程中与其他社会组织之间发生的具有隶属性或指导性的经济关系。

（4）社会分配调控关系。是指国家在对国民收入进行初次分配和再分配过程中发生的经济关系。

3. 经济法的体系

经济法是由经济法调整对象的特定经济关系的结构决定的。因此，经济法是由各个层次的经济法部门组成的具有有机联系的完整、统一的法律体系。经济法体系可以划分为以下几个部分：

（1）企业组织管理法。企业组织管理法是指调整企业组织与活动及其内部管理过程中发生的经济关系的法律规范的总称。

（2）市场管理法。市场管理法是国家调整在市场管理过程中发生的经济关系的法律规范的总称。

（3）宏观调控法。宏观调控法是调整国家对经济进行宏观调控过程中发生的经济关系的法律规范的总称。

（4）社会保障法。社会保障法是调整在国家进行社会保障活动过程中发生的经济关系的法律规范的总称。

4. 经济法的基本原则

（1）国家适度干预原则。这是由经济法作为公法和私法密切交融的法律部门的本质决定的。为维护社会公平，在市场经济发展的过程中，必须由国家以适当的方式予以适度的干预，加以平衡协调。

（2）维护公平竞争原则。维护公平竞争，是市场经济发展的内在规律要求，也是经济法产生的重要原因。

（3）责权利相统一的原则。这一原则要求在经济法律关系中，各管理主体和经营主体所承受的权利、义务和职责必须相一致。

2.1.3 行政法

1. 行政法的概念

行政法是指调整行政权被行使过程中所产生的社会关系以及对行政权进行规范和控制的法律规范的总称。其中，行政权在行使过程中所产生的社会关系称为行政关系。它是现代社会最基本和最重要的社会关系之一。

2. 行政法的调整对象

（1）行政关系。具体包括：行政主体与行政主体之间的关系，行政主体与自然人、法人、非法人组织之间的关系，行政主体与其所属公务员之间的关系。

（2）监督行政关系。主要有司法机关对行政主体的行为是否合法进行审查的关系，检察机关执行检察业务与行政主体所发生的关系，自然人、法人和非法人组织对行政主体行使的权利监督关系。

3. 行政法的原则

（1）行政合法性原则。行政合法性原则是行政法的基本原则之一。它是法治原则在行政法上体现的结果。行政合法性原则是行政法治的核心内容。它是指行政权的设立、行使必须依据法律，符合法律要求，不能与法律相抵触。行政合法性原则要求行政主体必须严格遵循行政法规范的要求，不得享有行政法律规范以外的特权，超越法定权限的行为无效；违法行政行为依法应受到法律制裁，行政主体应对其违法行为承担相应的法律责任。

（2）行政合理性原则。行政合理性原则是与行政合法性原则相并列的行政法的另一项基本原则，而且是对行政合法性原则的补充。它是指行政主体不仅应当按照行政法律规范规定的条件、种类和幅度范围作出行政决定，而且要求这种决定应符合法律的精神和意图，符合公平正义等法律理性。它要求行政主体的行为不仅要合法，而且要合理。违反合法性原则将导致行政违法，违反合理性原则将导致行政不当。

4. 行政法的特点

行政法与其他部门法相比，有以下显著特点：

（1）范围的广泛性。行政法是有关国家行政管理的法，而国家行政管理的范围极为广泛，在内容上不仅涉及传统的国防、外交、公安、民政、工商、税务、交通、科技、教育、文化、卫生、体育等领域，而且还扩展到社会福利、环境保护等社会生活的新领域。国家行政管理的广泛性，决定了行政法内容的广泛性。

（2）形式的多样性。不以统一的行政法典而用分散的法律文件来表现行政法规范，是我国行政法的一大形式特点。由于国家行政管理和社会行政事务的不断扩大，使得行政法的表现形式多种多样，法律、行政法规、地方性法规、行政规章等都是行政法的表现形式，而且其名目繁多、种类不一。这些众多的行政法律规范具有不同的层次、不同的法律效力和不同的适用范围，而且它们常常散见于不同的法律文件中。行政法的这一特点决定了它不可能像刑法、民法等部门法一样有一部相对统一的法典。

（3）内容的易变性。由于国家行政管理经常处于改革变动之中，这在客观上就要求行政法与行政管理的变动相适应，及时用法律手段来调整变动中的行政关系。当然，这种易变性并不等于主观随意、朝令夕改，也不与法的相对稳定性相冲突，它仅仅是与其他部门法相比而言所具有的特点。

（4）行政法没有统一、完整的法典。由于行政法调整的范围十分广泛，内容纷繁复杂，技术性、专业性较强，并且具有变化快的特点，因而要如同刑法、民法那样制定出一部系统完整的法典式文件是十分困难的。目前，世界各国还没有一部统一完整的行政法典。虽然无法制定统一的行政实体法典，但在程序方面制定统一的行政程序法典则是可行的。事实上，从19世纪以来，很多国家已着手制定了行政程序法典。我国目前也正在加紧制定行政程序法典。

5. 行政法律关系

行政法以行政关系为调整对象。行政关系一经行政法律规范的调整，便在当事人之间形成法律上的权利义务关系，这就是行政法律关系。行政法律关系是经行政法律规范调整的，因实施国家行政权而发生在行政关系当事人之间的权利义务关系。

行政法律关系能否存在，取决于行政关系和行政法律规范的存在。没有行政关系的存在，则行政法律关系失去了发生的基础；只有行政关系，而未经行政法律规范的调整，这也只是一般的社会关系，还不能“升华”为行政法律关系。所以，行政关系是行政法律关系产生的基础，而行政法律关系是行政法律规范调整行政关系的结果。而且在事实上，不是所有的行政关系都必须经由法律调整，所以，行政法律关系只是行政关系的主要部分。

6. 行政法的地位

行政法在我国法律体系中，是仅次于宪法的一个独立法律部门。

（1）行政法是仅次于宪法并且与宪法关系最为密切的基本法律部门。这反映了行政法和宪法的关系，以至于有“动态的宪法”之称。宪法所规定的国家基本政治、经济、文化、社会制度和公民基本权利义务，无一不涉及行政权力的行使与监督问题，若无行政法作具体规定，宪法上的基本制度和权利就无法落实，宪法也难以实施。行政法是宪法的具体化，从这个意义上说，行政法不仅是一国法律体系的重要组成部分，而且是完善宪政制度，维护宪法尊严，保护宪法实施的基本法律部门。

(2) 行政法是独立的部门法律。这反映了行政法与其他部门法的关系。行政法是一个独立的部门法，它不依附于其他部门法，同时也不包含其他部门法。行政法作为独立部门法的地位，取决于它所调整的对象的独立性，即它所调整的行政关系为其他法律所不能调整。民法的调整对象是民事关系，它是一种平等、有偿的关系，因此被称为“横向关系”；行政法的调整对象是行政关系，它是一种以命令、服从为特征的国家行政管理关系，因此被称为“纵向关系”。违反民法属民事违法，违反行政法属行政违法，一般仍由原部门法调整。但当民事违法和行政违法上升为刑事违法（犯罪）时，便构成了刑法的调整对象。可见，民法、行政法和刑法是相互独立，互不包含、交叉，又相互衔接的三大法律部门。行政法作为一个独立的法律部门，其地位是毋庸置疑的。

7. 行政法的作用

(1) 维护行政管理秩序和公共利益，提高行政效率。行政法是规范行政权力的法。首先它是通过规范行政权的来源、行使等方式达到维护行政管理秩序、保障社会公共利益的目的。现代社会随着经济、文化事业的不断发展，出现了越来越多的社会问题，诸如环境污染、人口膨胀、社会治安、工商秩序、产品质量、资源保护等已经成为制约经济发展、破坏管理秩序和公共利益的严重社会问题，亟待政府解决。行政机关通过行政法上的各种手段，如行政立法、行政执法以及行政司法等，能够有效地规范、约束行政相对人的行为，促使其积极履行行政法义务，制止危害他人利益和公共利益的违法行为，建立和维护行政管理秩序，确保行政机关充分、有效地实施行政管理，维护社会和公共利益。

行政效率就是国家在行政管理过程中，投入的人力、物力、财力和取得的效果之比。行政法确认行政管理科学的原则和制度，规范行政组织的设置、职责及其与其他国家机关的关系；设立科学的民主的行政程序，规定时效制度、代理制度等，对提高行政效率起着十分重要的作用。

(2) 维护和监督行政主体有效行使职权，防止违法和滥用行政权力。行政主体行使行政职权是国家实现政治、经济、文化等建设任务的最重要的途径和手段。因此，维护和保障行政主体有效行使行政职权，是实现国家职能、确保国家各项建设事业得以实现的重要前提。现代行政管理是一种法治的管理，行政法是行政主体行使行政职权的主要依据。

行政法赋予行政主体以行政权，旨在维护社会秩序和公共利益。然而，由于行政权力客观上存在易腐性、扩张性以及对个人权利的侵犯性，因此，必须对行政权力加以监督和制约。行政法通过规定行使行政权力的范围、程序以及法律责任等方式，可以有效地实现监督行政主体、防止违法滥用行政权力的目的。

(3) 保障公民、法人和其他组织的合法权益。行政法规定和落实人民对国家和行政事务的参与权与监督权，通过对检举、揭发、控告、申诉等制度的规定，为人民监督国家的管理，提供了多种途径、手段和法律程序。行政法一方面为公民、法人和其他组织实现宪法赋予的各种政治、经济、文化权利提供法律保障；另一方面通过建立一系列的制度控制来监督行政主体行使行政权的行为，防止行政主体违法行政，从而达到保护公民、法人和其他组织的合法权益的最终目的。这些行政制度包括听证制度、暂缓执行制度、行政复议制度、行政诉讼制度、国家赔偿制度等等。

2.1.4 诉讼法

1. 民事诉讼法

（1）民事诉讼法的概念

民事诉讼法，是指国家制定的、规范法院与民事诉讼参与人诉讼活动，调整法院与诉讼参与人法律关系的法律规范的总和。广义的民事诉讼法包括诉讼程序和执行程序两大部分；狭义的民事诉讼法只包括诉讼程序部分。

（2）民事诉讼法的基本原则

民事诉讼法的基本原则，是指根据民事诉讼自身特点，仅是民事诉讼法规定，只适用于民事诉讼活动的基本原则。

1）诉讼当事人平等原则。诉讼当事人平等原则的含义：①诉讼当事人平等主要是指当事人诉讼地位的平等。②当事人在诉讼中的诉讼攻击和防御是平等的。③具有不同国籍、无国籍的当事人在我国进行民事诉讼时，其诉讼地位与我国民事诉讼的当事人相同。④诉讼当事人平等原则是民事诉讼对抗式结构的必然要求。

2）辩论原则。辩论原则的含义：①辩论权是当事人的一项重要的诉讼权利。②当事人行使辩论权的范围包括对案件的实体方面、对如何适用法律和诉讼程序上争议的问题。③辩论的形式包括口头和书面两种形式。④辩论原则所规定的辩论权贯穿于诉讼的全过程。⑤人民法院在诉讼过程中应当保障当事人充分行使辩论权。

3）处分原则。处分原则是指当事人在民事诉讼中有权支配自己的实体权利和诉讼权利。

4）诚信原则。诚信原则是指法院、当事人以及其他诉讼参与人在审理民事案件和进行民事诉讼时必须公正和诚实、善意。

（3）民事审判的基本制度

民事审判的基本制度主要规定了审判的基本方式和结构，它与民事诉讼基本原则相比更加具体化，是民事诉讼基本价值要求的制度化。

1）合议制度。是指由三名以上的审判人员组成审判庭，以人民法院的名义，具体行使民事审判权，对民事案件进行审理并作出裁判的制度，也称为合议制。

2）回避制度。民事诉讼中的回避制度，是指在民事诉讼中，审判人员以及其他可能影响公正审理的有关人员，在遇有法律规定的情形时，退出该案件诉讼程序的制度。

3）公开审判制度。公开审判制度，是指人民法院在审理民事案件时，应当将其审判活动向社会公开。公开审判制度的具体内容包括以下几个方面：①人民法院应当在案件开庭审理前公告当事人的姓名、案由和开庭审理的时间、地点。②在开庭审理期间，除了法律有规定的以外，公民可以旁听案件的审理。③允许新闻记者对案件进行采访报道。④人民法院对案件的判决应当公开宣告。不公开审理的几种特殊情况：①涉及国家秘密的案件。②涉及个人隐私的案件。③离婚案件和涉及商业秘密的案件。

4）两审终审制度。多重审级制度是指民事案件经过两级或两级以上裁判机关审理、裁判而宣告终结的制度。两审终审制度，是指民事案件经过两级人民法院审理和判决即告终结的制度。根据两审终审制度，当事人对第一审地方各级人民法院作出的裁判不服的，可以在法律规定的有效期间内，向上一级人民法院提出上诉，经过上一级人民法院审理裁判后，对该案件的审理宣告终结，裁判发生法律效力，当事人再不服的也不能再提起上诉。最高人民法院受理的第一审案件和适用特别程序审理的案件实行一审终审。

2. 行政诉讼法

(1) 行政诉讼法的概念

行政诉讼法是指有关调整人民法院和当事人及其他诉讼参与人在审理行政案件过程中所进行的各种诉讼活动以及所形成的各种诉讼关系的法律规范的总和。简言之，行政诉讼法就是调整行政诉讼的法律规范的总和。

行政诉讼法有狭义和广义之分。狭义的行政诉讼法又称“形式意义的行政诉讼法”，仅指行政诉讼法典，在我国即指《中华人民共和国行政诉讼法》（以下简称《行政诉讼法》）。广义的行政诉讼法又称“实质意义的行政诉讼法”，既包括行政诉讼法典，也包括民事诉讼法及其他法律、法规中有关或者适用于行政诉讼的原则、制度和一些具体规定。如民事诉讼法中有关期间、送达、开庭审理方式、执行程序等规定，各种单行法律、法规中有关起诉期限、是否实行行政复议前置等规定以及最高人民法院有关行政诉讼的司法解释，也是各级法院在行政审判工作中必须遵循的法律依据，因而也属于实质意义的行政诉讼法范畴。

(2) 行政诉讼法的特点

1) 行政诉讼法以行政诉讼关系为调整对象。所谓行政诉讼关系，是指行政诉讼当事人相互之间的关系；行政诉讼当事人与行政诉讼参与人之间的关系；行政诉讼当事人、行政诉讼参与人与法院之间的关系等。

2) 行政诉讼法是设定行政诉讼主体诉讼权利和诉讼义务的法律规范。行政诉讼法既规范法院在行政诉讼中行使审判权时的职权职责，也规范其他诉讼主体的诉讼权利和义务。

3) 行政诉讼法是调整行政诉讼法律关系的所有法律规范的系统。无论是制定法，还是判例，只要是调整行政诉讼关系的，均是行政诉讼法的表现形式。事实上，当代主要西方国家，包括英、美等普通法国家，也包括德、法等大陆法国家，判例都是行政诉讼法的重要法律渊源。判例与制定法一起，有机地形成行政诉讼法的完整体系。

4) 行政诉讼法是一个重要的诉讼法律部门。在西方，法、德等大陆法国家有独立的行政诉讼法律制度；而在英、美等普通法国家，行政案件由普通法院审理，行政诉讼主要适用民事诉讼法，当然也有司法审查的特别法，但其没有形成独立的诉讼制度。在我国，行政诉讼法与民事诉讼法和刑事诉讼法一起，并列为国家三大诉讼法律部门。

(3) 行政诉讼的基本原则

行政诉讼的基本原则如下：

1) 人民法院依法独立审判的原则。人民法院依法独立对行政案件行使审判权，不受行政机关、社会团体和个人的干涉。

2) 以事实为根据、以法律为准绳的原则。人民法院审理行政诉讼案件必须以事实为根据，忠于事实真相，全面客观地掌握案件，实事求是地作出处理。

3) 对具体行政行为审查是否合法的原则。人民法院审理行政案件，审查的是具体行政行为是否合法。制定行政法规、规章等抽象行政行为是否合法，不是行政诉讼审查的范围。

4）实行合议、回避、公开审判、辩论和两审终审等原则。

5）被告负举证责任的原则。

（4）行政诉讼法的作用

1）保证人民法院正确、及时地审理行政案件。行政诉讼是人民法院解决行政争议案件的一种诉讼活动。为了保证人民法院能够正确、及时地审理解决行政案件，必须有一套诉讼规则和程序，使其能够正确、及时地开展诉讼活动。行政诉讼法的制定正是为了提供一套能作为法定依据的诉讼规则和程序。“正确”主要是实体上的需要，“及时”是程序上的要求。

2）保护公民、法人和其他组织的合法权益。保护公民、法人和其他组织的合法权益，是我国行政诉讼制度最根本的目的，因而也是我国行政诉讼法最根本的宗旨。经验表明，在现代社会，由于行政活动的普遍性、复杂性和多样性以及行政主体等方面的原因，行政侵权现象难以避免，为此，就必须从法律上为公民、法人和其他组织寻求一种救济，使其合法权益得到保护，这正是制定行政诉讼法的根本目的之所在。我国行政诉讼法的许多具体规定，如受案范围、案件管辖、起诉和受理、确认当事人的诉讼权利以及侵权赔偿责任等内容，都比较充分地体现了行政诉讼法保护公民、法人和其他组织合法权益的立法宗旨。

3）维护和监督行政机关依法行使行政职权。依法行政是现代民主政治的一个重要特征，其核心是行政机关要依法行使行政职权。而制定《行政诉讼法》的一个基本目的，就是要促进行政机关依法行政，维护和监督行政机关依法行使行政职权。依法进行维护和监督两方面，不得偏废。维护，就是人民法院运用司法审判权以司法裁判的形式肯定正确、合法的具体行政行为，并使其具有最终的法律效力。维护行政机关正确、合法的具体行政行为，是为了维护国家正常的管理秩序，教育广大公民遵纪守法，服从行政机关正确的行政管理，从而维护国家利益和社会公共利益。监督，是对法院在行政诉讼中的地位的根本性规定。法院监督的主要方式是对具体行政行为的合法性进行审查，对具体行政行为主要证据不足、适用法律法规错误、违反法定程序、超越职权和滥用职权的要判决撤销或部分撤销，并可以判决行政机关重新作出具体行政行为；对行政机关拒绝履行或拖延履行法定职责的，要判决限期履行法定职责，对行政处罚显失公正的，可以判决变更；对行政机关因违反具体行政行为侵犯公民等相对一方合法权益造成实际损害的，要判决行政赔偿，以有效地促使行政机关及其工作人员严格地依法行使职权，提高行政管理的效率和质量，克服和减少官僚主义。

（5）行政诉讼的受案范围

根据行政诉讼法的规定，人民法院受理公民、法人和其他组织对下列具体行政行为不服提起的诉讼：

1）对拘留、罚款、吊销许可证和执照、责令停产停业、没收财产等行政处罚不服的。

2）对限制人身自由或者对财产的查封、扣押、冻结等行政强制性措施不服的。

3）认为行政机关侵犯法律规定的经营自主权。

4）认为符合法定条件申请行政机关颁发许可证和执照，行政机关拒绝颁发或者不予答复的。

5）申请行政机关履行保护人身权、财产权的法定职责，行政机关拒绝履行或者不予答复的。

6）认为行政机关没有依法发给抚恤金的。

7）认为行政机关违法要求履行义务的。

8）认为行政机关侵犯其他人身权、财产权的。此外，人民法院还受理法律、法规规定可以提起诉讼的其他行政案件。

但对下列行政案件不予受理：

1）国防、外交等国家行为。

2）行政法规、规章或者行政机关指定、发布的具有普遍约束力的决定、命令。

3）行政机关对行政机关工作人员的奖惩、任免等决定。

4）法律规定由行政机关最终裁决的具体行政行为。

2.1.5 仲裁法

1. 仲裁法的概念

仲裁法是国家重要的基本法律之一，是程序法，它是国家制定或认可的具有强制力的调整仲裁机构、当事人和其他参与人在仲裁争议过程中所进行的活动，以及在这些活动中所形成的各种法律关系的法律规范的总称。它是仲裁机构审理仲裁案件时必须遵循的基本原则、制度和程序，也是当事人和其他参与人进行仲裁活动时必须遵守的行为准则以及行使权利、履行义务的法律依据。

2. 仲裁的立法宗旨

《中华人民共和国仲裁法》（以下简称《仲裁法》）第1条规定："为保证公正、及时地仲裁经济纠纷，保护当事人的合法权益，保障社会主义市场经济健康发展，制定本法。"

3. 仲裁法律关系

所谓仲裁法律关系，就是指仲裁主体之间在仲裁过程中所形成的、并由仲裁法所确认和调整的一种仲裁权利义务关系。

（1）仲裁法律关系的主体

仲裁法律关系的主体是指仲裁法律关系的参加者，即参加仲裁法律关系并在仲裁活动过程中享有仲裁权利和承担义务的组织和个人。

1）仲裁当事人。即依照仲裁协议参加仲裁活动的仲裁申请人和被申请人，包括发生合同纠纷和其他财产权益纠纷的平等主体的公民、法人和其他组织。

2）仲裁机构和仲裁员。即在仲裁过程中受理仲裁申请、进行仲裁裁决的专门机构和专业人员。

3）人民法院。即依照仲裁法的规定参加仲裁法律活动，并依法进行仲裁监督的国家司法机关。

（2）仲裁法律关系的内容

仲裁法律关系的内容是指仲裁法律关系主体之间由仲裁法确认并保证实现的仲裁权利和义务。

1）作为仲裁当事人，既依法享有申请仲裁、申请回避、申请财产保全、申请撤销裁决、申请执行裁决、选择仲裁机构和选定仲裁员等仲裁权利，同时也依法承担提供证据、交纳费用、赔偿损失和履行裁决等仲裁义务。

2）作为仲裁机构和仲裁员，既依法享有予以受理或不予受理仲裁申请、组织仲裁庭、开庭审理和进行仲裁调解、仲裁裁决等权利，同时也依法承担受理仲裁申请、提交财产保全和证据保全申请、组成仲裁庭、开庭审理和进行先行协调、部分先行裁决与及时进行裁决等义务。

3）作为人民法院，既依法享有受理撤销仲裁裁决申请、裁定撤销裁决或者驳回申请、裁定中止撤销程序和恢复撤销程序、裁定中止执行和终结执行裁决以及恢复执行裁决等权利，同时也依法承担执行仲裁裁决和裁定撤销裁决、不予执行裁决、中止执行裁决以及恢复执行裁决等义务。

（3）仲裁法律关系的客体

仲裁法律关系的客体是指参加仲裁法律关系的主体之间的权利义务所指向的对象。我国仲裁法律关系的客体，大体上可分为以下三种：

1）仲裁当事人之间仲裁权利和义务所指向的对象是经济权利和其他财产权益。

2）仲裁当事人与仲裁机构和仲裁员之间的权利和义务所指向的对象，是查明案件事实真相和解决仲裁当事人之间在实体和程序法律关系上的争议。

3）人民法院同仲裁机构、仲裁员和仲裁当事人之间的权利义务所指向的对象，则是仲裁案件的事实真相。

4. 仲裁法的基本原则

仲裁法的基本原则是在仲裁过程中，反映仲裁的基本特性和精神实质，由仲裁法所规定的仲裁组织和仲裁参与人进行仲裁活动必须遵守的基本准则。

（1）共有原则

作为我国程序法律体系中的一个部门法的仲裁法，与民事诉讼法具有一些共有的原则。如当事人双方在法律地位上一律平等原则；以事实为根据、以法律为准绳原则；处分原则；先行调解原则；辩论原则；民族语言文字原则；回避原则等。

（2）特有原则

1）当事人自愿原则。①当事人可以通过协议方式自主决定以诉讼或仲裁方式解决纠纷。《仲裁法》第 4 条规定："当事人采用仲裁方式解决纠纷，应当双方自愿，达成协议。"选择仲裁方式解决纠纷是以当事人自愿达成的协议为前提条件，仲裁机构尊重双方当事人的意志，如果没有仲裁协议，或者一方希望仲裁，另一方不愿仲裁，即使一方向仲裁委员会递交了仲裁申请书，仲裁委员会也不会受理。《仲裁法》第 5 条同时规定："当事人达成仲裁协议，一方向人民法院起诉的，人民法院不予受理。"当事人一旦自愿达成选择以仲裁方式解决纠纷的协议，则该协议同时对协议当事人和人民法院以及仲裁机构具有法律约束力。如果一方当事人不按协议将双方的争议提交仲裁，而是转向人民法院起诉，人民法院不应受理。②当事人可以自愿协议选择仲裁机构和仲裁地点。《仲裁法》第 6 条规定："仲裁委员会应当由当事人协定。仲裁不实行级别管辖和地域管辖。"当事人可以选择他们共同信任并且对处理纠纷较为方便的仲裁机构，而不受当事人所在地、纠纷发生地、仲裁标的的大小限制。③当事人有权自愿选择审理仲裁纠纷的仲裁员。《仲裁法》第 31 条规定："当事人约定由 3 名仲裁员组成仲裁庭的，应当各自选定或者各自委托仲裁委员会主任指定 1 名仲裁员……"当事人选择以仲裁方式解决纠纷，动机之一便是相信能够解决他们之间的纠纷。

2）独立行使仲裁权原则。《仲裁法》第8条规定："仲裁依法独立进行，不受行政机关、社会团体和个人的干涉。"①仲裁机构的独立性。《仲裁法》第14条规定："仲裁委员会独立于行政机关，与行政机关没有隶属关系。仲裁委员会之间也没有隶属关系。"②仲裁员办案的独立性。仲裁员办理仲裁案件的权力来源于当事人的选择与授予，这使得仲裁员办理案件具有相当的独立性。按照《仲裁法》的规定，仲裁员虽由仲裁机构聘请，但仲裁机构的管理层，如主任、副主任与仲裁员之间并不存在领导与被领导或上下级之间关系。

3）不公开原则。《仲裁法》第40条规定："仲裁不公开进行。"仲裁委员会审理案件，一般秘密进行审理，这是世界各国仲裁机构的习惯做法，否则将会视作"违背商事原则"而不受欢迎。仲裁多涉及商业信誉，当事人发生财产权益纠纷，往往不愿公示于众，为当事人保密，成为仲裁的显著特征。

4）一裁终局原则。《仲裁法》第9条规定："仲裁实行一裁终局的制度。"一裁终局是仲裁法的一项根本原则，选择程序简单、费用经济的解决纠纷的方式，迅速、及时、公正地分清是非，是人们采用仲裁这种解决纠纷方式的初衷。它意味着裁决作出后，仲裁裁决即具有法律效力，如果当事人一方不履行仲裁裁决，当事人另一方可向有管辖权的人民法院申请强制执行。裁决作出后，即使当事人对裁决不服，也不能就同一纠纷向人民法院起诉，或者再向仲裁机构申请仲裁（包括申请复议）。但是，如果仲裁裁决被人民法院依法裁定撤销或不予执行时，当事人就该纠纷可以根据双方重新达成的协议申请仲裁，也可以向人民法院起诉。

5）法院监督原则。人民法院对仲裁不予干涉，但要进行必要的监督。人民法院实行监督权，主要体现在：①在仲裁过程中，当事人申请财产保全或证据保全的，仲裁委员会应根据民事诉讼有关规定将当事人的申请提交人民法院。接受申请的人民法院对当事人的申请有权审查，然后依法决定是否采取财产保全或者证据保全措施。②仲裁裁决作出后，当事人自收到裁决书之日起6个月内可以向仲裁委员会所在地的中级人民法院申请撤销裁决。③执行监督。

5. 仲裁法的适用范围

我国《仲裁法》第2条规定："平等主体的公民、法人和其他组织之间发生的合同纠纷和其他财产权益纠纷，可以仲裁。"《仲裁法》第3条同时规定："下列纠纷不能仲裁：（一）婚姻、收养、监护、扶养、继承纠纷；（二）依法应当由行政机关处理的行政争议。"《仲裁法》第77条同时规定："劳动争议和农业集体经济组织内部的农业承包合同纠纷的仲裁，另行规定。"

鉴于现实生活中纠纷的复杂性，有必要对合同纠纷和其他财产权益纠纷按《仲裁法》第2条规定的原则进一步具体列举仲裁的纠纷适用范围：

（1）《民法通则》债权部分的民事合同和《中华人民共和国合同法》（以下简称《合同法》）中所列举的合同纠纷。主要有买卖合同、加工承揽合同、借款合同、财产租赁合同、仓储保管合同、合伙联营合同、货物运输合同、信托居间合同、建设工程承包合同、供用电合同、技术开发合同、技术转让合同等。

（2）《中华人民共和国商标法》（以下简称《商标法》）中的合同纠纷，主要有许可使用合同等。

(3)《中华人民共和国城市房地产管理法》(以下简称《城市房地产管理法》)中的合同纠纷，主要有房地产转让合同、房地产抵押合同、房屋租赁合同等。

(4)《中华人民共和国著作权法》(以下简称《著作权法》)中的合同纠纷，主要有许可使用合同、委托创作合同、出版合同等。

(5)《中华人民共和国专利法》(以下简称《专利法》)中的合同纠纷，主要有专利转让合同、专利许可合同等。

2.1.6 担保法

1. 担保的概念

(1) 担保是平等民事主体之间的民事法律行为。担保是当事人之间关于担保权利义务的合法行为。因此，作为一种民事法律行为，必须符合法律规定的条件才能产生法律效力。担保法律行为要求当事人的担保意思表示要真实、行为人要有符合法律规定的行为能力、担保行为不得违反法律和社会公共利益。而作为民事法律行为的担保，其前提是当事人法律地位的平等，才能受担保法这一民事法律规范的调整。法律地位平等，表现为当事人的法律地位一律平等、享受的权利和承担的义务对等、当事人的权利受法律的平等保护。

(2) 担保是以第三人的信用或者特定财产保障债权实现的法律制度。担保包括人的担保和物的担保。人的担保是指以人的资产和信誉为他人的债务提供的担保，其实质是将担保扩张到第三人的财产上，从而使债权人增加受偿的机会。物的担保是指以某项特定财产为自己或者他人的债务提供的担保，其实质是在债权不能得到清偿时，有权对担保财产享有优先受偿权。

(3) 担保的目的是保障特定债权人债权的实现。担保是对债的效力的加强和补充，是对债务人信用的一种保证措施，在担保法律关系中，债权人的债权是主权利，债权人享有的担保权利是债权的从权利。担保仅仅保障特定的债权人的债权，并不是保障所有债权人的债权，也不是保障债权人所有债权实现的法律手段。

2. 担保的特征

担保的特征，是指担保所具有的不同于其他民事法律制度的本质属性，是区别于其他民事权利制度的内在规定性，也是担保的性质。

(1) 担保具有从属性。担保制度是为保障债权的实现而采取的特别法律手段。从法律关系的角度看，担保法律关系与主债权关系事实上是两个不同的法律关系，设定担保关系的目的当然是为了保障主债权关系中当事人的权利义务能够顺利实现，因此，担保关系对主债权具有一种从属性的特征。

(2) 担保的补偿性。特别担保制度是因为债的保全制度不足以保证特定债权人利益的实现而创设的，是从外部对债的效力予以补充和加强，因此，相对于主债务人的义务而言，担保人承担的义务具有补充性的特点。在正常情况下，主债权关系因债务人的适当履行而终止时，担保人承担的补充义务并不需要实际履行；只有在债务人不履行或者不能履行义务时，担保人才实际承担其补充义务。

(3) 担保的财产性。就担保的权利属性而言，担保本质上是一种财产权，反映的是财产关系。作为财产权，包括物权和债权两方面，担保的财产性也分别表现为债权性和物权性两个方面。债权性表现为保证，当债务人不履行到期债务时，债权人有权请求保证人承担保证责任，而不能直接支配保证人的财产。物权性表现为抵押、质押、留置，当债务人不履行到期债务时，债权人有权处分担保物，并就该担保物的价值优先受偿。

（4）担保的相对独立性。虽然担保的从属性是担保的首要特征，但担保在特殊情况下可以不受主合同的约束而产生独立的法律后果。首先，被担保的主合同无效，并不必然导致担保的无效。其次，担保的相对独立还表现在主合同内容的变更并不必然产生担保合同内容的相应变更。另外，担保合同在某些情况下和主合同并不存在对应关系。

3. 担保法的概念

担保法是调整担保关系的法律规范的总称。从法律表现形式上来看，担保法有形式意义上的担保法与实质意义上的担保法之分。形式意义的担保法亦称狭义的担保法，仅指以担保法命名的法律，如《中华人民共和国担保法》（以下简称《担保法》）；实质意义的担保法又称广义的担保法，是指各种法律中有关调整担保关系的法律规范的总称。

在我国，不仅有实质意义的担保法，而且也有形式意义的担保法。这是因为我国一直没有制定一部完整的民法典，民事立法采取"零售"的方式，因而不仅在《民法通则》和其他民事单行法中规定了债的担保，而且为了适应社会主义市场经济的需要，单独制定了《担保法》。

4. 担保法的基本原则

（1）平等原则。其是指在民事活动中一切当事人的法律地位平等。平等原则是我国民法的核心原则，是当事人进行民事活动的基础，反映了民事法律关系的本质特征。

（2）自愿原则。指在担保活动中，当事人的意思表示应该得到尊重，当事人有权选择担保方式、担保内容和担保相对人。所以，参加担保活动的当事人在法律允许的范围内有权自由设定担保权利、承担担保义务，任何单位或者个人不得进行非法干预。

（3）公平原则。指公正合理，使各方的利益都得到适当的对待。在担保活动中，当事人必须以社会公认的公平观念设定担保权利和义务。

（4）诚实信用原则。指当事人在民事活动中履行自己的承诺，不损害他人的合法权益。要求当事人必须以善意的心态进行设定、变更或者终止担保活动，在遵守交易习惯、尊重社会公益、不存在欺诈行为、不滥用权利、不曲解合同、不规避法律的前提下谋求自身利益。

5. 担保的作用

（1）促进资金融通和商品流通。资金融通和商品流通，是社会经济发展的重要手段。但是，现代社会的发展，使得交易过程日益复杂化，交易过程不能及时清结的现象，已经发展成为现代市场交易的典型特征。债的担保制度，特别是担保物权制度，由于能够对债权的实现提供有效的保障，这就能够鼓励债权人放心大胆地进行商品交易，从而促进全社会范围内加快资金和商品的融通。

（2）保障债权的实现和交易的安全。保障债权的实现，是《担保法》的主要立法宗旨。债权得到切实充分的保障，也使交易的安全得到保证。担保对债权实现的保障，是通过以下两个方面而得以进行的：第一，促进债务人诚信履行债务以实现债权。第二，当债权的实现受到阻碍时，担保通过救济债权损失、替代债之给付，来实现债权。

（3）稳定和维护市场经济秩序。市场经济的健康发展，经济主体活动预定目标的实现，都需要良好的秩序和环境。债权债务关系是重要的社会经济关系和民事法律关系。一个具体的债权债务关系得不到履行，一项特定的债务得不到清偿，不仅会影响当事人预定经济目标的实现，还会影响其他债的履行和清结，形成复杂难解的债务链。

6. 担保的分类

（1）人的担保和物的担保。人的担保是指债务人以外的第三人以自己的信用为他人债务提供的担保。物的担保是指自然人和法人以其自身的财产为自己或他人的债务提供的担保。物的担保重视的是担保财产的设定，而与提供财产的人无关。

（2）法定担保和约定担保。法定担保是指依照法律规定而直接成立并发生法律效力的担保方式。约定担保是指依照当事人的意思表示而成立并发生效力的担保方式。约定担保，除法律对其成立要件和内容另有规定之外，完全依照当事人的意思，具有较为广泛的使用余地。

（3）典型担保和非典型担保。典型担保是指在民法中已明确规定的担保。依我国《民法通则》和《担保法》的规定，保证、定金、抵押、质押、留置均为典型的担保方式。非典型担保，是指虽然具有担保的作用，但法律尚未明确规定其为担保的担保方式。

7. 反担保

所谓反担保，是指第三人为债务人向债权人提供担保时，债务人应第三人的要求为第三人所提供的担保。我国《担保法》第4条规定："第三人为债务人向债权人提供担保时，可以要求债务人提供反担保。反担保使用本法担保的规定。"反担保也是担保制度的一种，其目的是担保第三人的追偿权。反担保具有以下特征：

（1）反担保法律具有自愿性。反担保的成立应当能够满足债权实现的具体要求。因此，反担保是否成立或以何种形式进行反担保，需由当事人协商确定。

（2）反担保法律关系具有综合性。债的担保既可以是人的担保，即保证，又可以是物的担保。在反担保情况下，当事人之间的法律关系具有综合性，即在债务履行期届满前，债权人与债务人之间是主债务关系。债权人与第三人之间是担保权利义务关系，第三人与债务人之间是反担保权利义务关系。

（3）反担保法律关系具有从属性。反担保的从属性表现在反担保依附于本担保而存在，是对从债的担保，本担保是反担保存在的前提和基础。

（4）反担保法律关系使用范围具有限定性。反担保法律关系使用范围的局限性表现在两个方面：第一，反担保所担保的目的也是主债权的实现，但此时的主债权是本担保人的追偿权，由此而决定了反担保使用的范围具有限定性。第二，在担保法律关系中存在三方当事人，即主债权人、债务人、担保人，且债务人与担保人不是同一人时，才能产生反担保。

2.2 经济法律关系

2.2.1 经济法律关系概念、特征

1. 概念

经济法律关系是经济法律、法规对客观存在的经济关系进行调整之后所形成的、由国家强制力保证其存在和运行的经济权利和经济义务相统一的关系。

2. 经济法律关系三种要素

经济法律关系同一般法律关系一样，也是由主体、客体和内容三种要素构成的。三者

相互连接、缺一不可。经济法律关系主体是经济法律关系的参加者、构成者，是经济权利的享有者、经济义务的承受者，是经济法律关系客体中的物的所有者、经营者，是客体中行为的实施者、实现者。因此，主体是经济法律关系的第一要素。经济法律关系客体是经济法主体通过经济法律关系所追求的和所要达到的物质利益载体和经济目的；经济权利和经济义务也只有通过客体才能具体地得到落实与实现。没有客体的经济法律关系，是无目的和无意义的。经济法律关系的内容是经济权利和经济义务，经济法律关系的内容是联系主体与主体之间、主体与客体之间的纽带。

3. 经济法律关系特征

经济法律关系的主体主要是组织，即主要为一定组织体的国家机关、社会组织和内部组织。经济法律关系是国家意志与企业等社会组织意志相互制约、彼此协调而形成的法律关系，这是由经济法调整对象领域中市场机制自发调节与国家宏观调控相结合而决定的。经济法律关系是组织管理要素与财产要素相统一的法律关系，是采取较严格的法定程序和法定形式的法律关系。从内容和范围上看，经济法律关系的变动较大。

2.2.2 经济法律关系的构成要素

1. 概念

法律关系都是由主体、客体和内容三个要素构成的，经济法律关系也不例外。它必须首先有参加者，这就是经济法律关系的主体；参加者依据法律、法规，确定彼此的权利和义务，这就是经济法律关系的内容；参加者通过经济法律关系，根据设定的权利义务所要获得的财物，所要实现的行为，就是经济法律关系的客体。

2. 经济法律关系的主体

经济法律关系的主体是经济法律关系的第一要素，是经济权利和经济义务的承受者，也是经济法律关系的客体中行为的实施者。没有主体就没有经济法律关系。

经济权利是指经济法主体依经济法律、法规的规定或约定而享有为或不为一定行为，或者要求他人为或不为一定行为的权利。经济权利的种类主要有：

（1）所有权。

（2）经营管理权。

（3）法人财产权。

（4）经济职权。

（5）经济债权。

（6）工业产权等。

经济义务是指经济法主体依经济法律、法规的规定或约定而承担的为一定行为或不为一定行为的义务。经济义务可分为法定义务和约定义务。就企业而言，经济义务主要有：对国家的义务；对消费者的义务；对本企业职工的义务以及对其他经济法主体的义务等。另外，与经济权利相对应，经济义务主要有：正确行使所有权的义务；经营责任；经济职责和经济债务等。经济法律关系主体按其法律地位、职能和活动范围，可以分为：

（1）国家机关。

（2）社会组织。

（3）内部组织。

（4）个体工商户、承包户和公民（自然人）。

（5）国家。

3. 经济法律关系的内容

经济法律关系的内容就是经济法律关系的主体在经济法律关系中所享有的经济权利和承担的经济义务。其中，经济权利包含经济权力，即政府和经济管理机关以及社会经济团体在管理中的权力。经济权力是基于经济管理机关或社会经济团体的地位和职能由经济法赋予并保证其行使经济管理职权的资格，其实质是经济管理职权。它具有如下特征：

（1）主体的特定性。即行使经济权力的只能是依法成立的经济管理机关或社会经济团体，其他任何机关或团体无权为之。

（2）权力的法定性或章程的规定性。对于经济管理机关而言，其经济权力只能是明确法定的；对于社会经济团体而言，其权力则来自于成员的约定而表现为他们制定的章程。权力的法定性或章程的规定性强调的是经济权力的行使必须严格依法或依章程规定，不能超越，否则构成权力滥用而要产生相应法律后果。

（3）权力行使的积极性。任何权力的行使都具有天生的行使冲动性，因而权力的行使具有积极性。

4. 经济法律关系的客体

经济法律关系的客体是指经济法主体的权利和义务指向的对象。经济法律关系客体的种类主要有：财物、经济行为、智力成果。经济法律关系客体具有如下特征：

（1）该行为是同国家干预经济有关的行为，无论是市场管理行为还是宏观调控行为，都是同国家干预有关的行为。

（2）该行为必须是经济法律、法规规定的行为，这意味着国家的干预行为只能依法进行。

（3）该行为是经济法律关系主体依照经济法律、法规所为的行为，这意味着不是任何组织或公民的行为都能成为经济法律关系的客体，它只能是经济法所规定的组织和公民所实施的该法上规定的行为。

2.2.3 经济法律关系产生、变更和终止的条件

经济法律关系产生、变更和终止的条件有：一是法律规范，二是法律事实。法律规范是经济法律关系产生、变更和终止的法律依据。法律事实是能够引起经济法律关系产生、变更和终止的客观情况或现象，主要分为行为（合法和非法行为）和事件（不可抗力和不可预见的灾难）。

行为是指人们进行的能引起经济法律关系产生、变更、终止的有意识的活动。包括国家经济管理机关的管理行为；国家行政机关的执法行为；司法行为；社会组织和其他经济法主体的经济行为；其他可引起经济法律关系产生、变更或终止的行为。

事件是指能够引起经济法律关系产生、变更、终止的，经济法主体的主观意志不能控制的客观现象。包括自然现象和社会现象。

2.2.4 经济法律关系的保护与保护体系

1. 概念

经济法律关系的保护，就是严格监督经济法律关系主体正确地行使经济权利和切实履行经济义务。一方面，法律对主体合法的权益予以确认，如有侵权行为，法律要予以禁止并加以制裁；另一方面，法律严格监督主体切实履行义务，对不履行义务者实施各种强制

措施。经济法由内到外全面地管理、保护经济法律关系。

经济法自始至终地系统管理、保护经济法律关系；经济法运用多种手段综合地管理、保护经济法律关系。经济行政执法保护，是指国家经济管理机关通过执法活动对经济法律关系的保护；经济仲裁保护，是指民间仲裁机构和国家法律、法规规定的国家机关以第三者的身份，对特定的经济纠纷或争议进行调解、裁决和仲裁的保护。经济检察的保护，是指检察机关通过经济检察和对重大经济纠纷案件、经济行政案件提起公诉或参与诉讼活动对经济法律关系进行的保护。经济审判保护，是指人民法院通过对经济合同纠纷或其他经济纠纷，以及检察院提起公诉的经济犯罪案件的审理与判决，来保护经济法律关系。对行政诉讼案件审判的保护，是指人民法院通过审理判决行政诉讼案件而对经济法律关系进行的保护。

2. 经济法律关系的保护模式

对经济法律关系的保护应采取奖励与惩罚并举的双轨制保护模式。

(1) 惩罚与奖励并举是“惩恶扬善”法治模式的当然要求，具体到经济法律保障制度中，就是“经济法律责任制度”（主要目的在于惩恶）与“经济法律奖励制度”（主要目的在于扬善）的结合。

(2) 惩罚与奖励并举是“标本兼治”法治原则的当然要求，治标不如治本，这个道理人人都懂，但“标本兼治”才是法律精神和法律原则的实质所在，才是经济基础对法律的实质要求。所以，作为法律作用于经济基础重要手段的法律保障，在构建时，一定要贯彻“标本兼治”的原则，坚持“惩罚”与“奖励”并举，用两条腿走路的方法来保护法律关系的健康发展。

2.2.5 法律责任制度

1. 法律责任的含义及其特征

法律责任制度是任何一个法律部门都不可或缺的法律制度。所谓法律责任即指法律主体因违反法律规定的义务而必须承担的、带有否定性的法律后果。法律责任作为社会责任的最高形态，与其他责任形态相比，具有法律的规定性、国家的强制性、因果关系性等特征。

2. 法律责任的构成原则

法律责任是制度，是范畴，更是资源。因此，法律责任这一资源在各法律部门之间进行配置时，一定要遵循以下两个原则：

(1) 资源共享原则。资源共享包括两层含义：一是法律责任资源属公共法律资源的范畴，由各法律部门共同拥有，任何法律部门都不能把它当作私有财产据为己有：二是法律责任资源由各法律部门共同使用，任何法律部门都不能独占使用。拒绝、阻挠、干涉、妨碍其他法律部门使用法律资源的观点和做法都是错误的和不可取的。

(2) 合理配置原则。合理配置包括三个方面的含义：主次分明、形式多样、结构合理。

3. 经济法律责任的含义及其特征

经济法律责任是指经济法律关系的主体因违反经济义务而必须承担的不利后果。它是一项重要而基本的经济法律制度。与其他部门法律责任，尤其是与民事法律责任和行政法律责任相比，经济法律责任具有以下几个明显特征：

（1）从责任目的上来看，经济法律责任侧重于保护社会公共利益的不受侵犯，或者说保护社会公共利益的不受侵犯是经济法律责任的第一目的，这便使它与民事法律责任和行政法律责任有了实质上的区别。

（2）从归责原则上来看，经济法律责任侧重于公平归责，而民事法律责任和行政法律责任则侧重于过错归责和无过错归责。

（3）从责任形式来看，限制或剥夺经营性资格和经济补偿是经济法律责任的主要形式。

4. 经济法律责任的构成要件

经济法律责任的构成要件包括：责任主体、行为人的心理状态、行为的违法、损害事实、因果关系。

5. 经济法律责任的分类

经济法律责任分为追究经济责任、追究行政责任和追究刑事责任三类。追究经济责任，是指国家行政机关、审判机关或国家授权的有关单位对违反经济法的单位或个人依法采取的经济措施。追究行政责任，是指国家授权的有关单位对违反经济法的单位或个人依法采取的行政制裁措施。追究刑事责任，是指国家审判机关对严重违反经济法并触犯刑法的单位或个人依法采取的刑事制裁措施。在我国，追究经济责任、行政责任和刑事责任，既可以单独适用，也可以同时适用。

2.2.6 经济法律关系的种类

经济法律关系可按不同标准予以分类。通过分类，可以明晰不同法律关系表现形式的不同，其适用法律规则有异，其运作要求不一。

1. 以经济法律关系内容为依据，可分为宏观经济管理法律关系和市场管理法律关系

（1）宏观经济管理法律关系是依宏观经济管理法而产生的具有国家宏观调节和控制内容的权利义务关系。它又可以分为计划法律关系、财政法律关系、金融调控法律关系、产业政策法律关系、物价法律关系等。宏观经济管理法律关系的确立和运行具有宏观性、指导性和政策性。

（2）市场管理法律关系是依市场管理法而产生的直接对市场进行监督管理为内容的权利义务关系。它又可以分为反不正当竞争法律关系、反垄断法律关系、其他市场管理法律关系。市场管理法律关系的建立和运行具有微观性、直接监管性和严格法定性。

2. 以经济法律关系主体是否特定为标准，可以分为特定法律关系和相对法律关系

（1）特定法律关系是指权利主体是特定的，而义务主体则是不特定的法律关系，尤其是绝对经济法律关系，它往往是政府对其他一切社会组织、公民个人。该政府行为必将极大影响国民经济生活，因此，法律对这种经济法律关系的建立和运行是十分严格的，要求其深思熟虑。政府在作出有关行为时，没有十分的把握，尽量不要为之，否则其给国民经济生活带来的负面影响将是难以弥补的。

（2）相对法律关系是指权利主体和义务主体都是特定的经济法律关系，它以"某个人对某个人"的形式表现出来。"某个人对某个人"意味着一个人的行为只能对另一方产生影响，一般不会对他人产生直接的影响。对于相对经济法律关系而言，它一般是某个经济管理机关对某个经济组织或者公民个人。这时，经济管理机关对经济组织或公民个人进行的管理要求快捷，能做则做，不能拖泥带水。如依《中华人民共和国反不正当竞争法》所

确认的工商行政管理机关查处某不正当竞争行为而发生的经济法律关系，它要求工商行政管理机关迅速出击，不能拖拖拉拉，否则不利于打击不正当竞争行为；再如，依工商登记法产生的工商登记经济管理关系，只要符合法定条件，工商机关就要依法进行工商登记，不能以任何借口拖延。

2.3 代理制度

2.3.1 代理的概念、特征

代理的概念和特征

代理是代理人在代理权限内，以被代理人的名义实施的、其民事责任由被代理人承担的法律行为。代理的特征有：

(1) 代理人必须在代理权限范围内实施代理行为。无论代理权的产生是基于何种法律事实，代理人都不得擅自变更或扩大代理权限，代理人超越代理权限的行为不属于代理行为，被代理人对此不承担责任。在代理关系中，委托代理中的代理人应根据被代理人的授权范围进行代理，法定代理和指定代理中的代理人也应在法律规定或指定的权限范围内实施代理行为。

(2) 代理人以被代理人的名义实施代理行为。代理人只有以被代理人的名义实施代理行为，才能为被代理人取得权利和设定义务。如果代理人是以自己的名义实施代理行为，这种行为是代理人自己的行为而非代理行为。这种行为所设定的权利与义务只能由代理人自己承担。

(3) 代理人在被代理人的授权范围内独立地表现自己的意志。在被代理人的授权范围内，代理人以自己的意志去积极地为实现被代理人的利益和意愿进行具有法律意义的活动。它具体表现为代理人有权自行解决他如何向第三人作出意思表示，或者是否接受第三人的意思表示。

(4) 被代理人对代理行为承担民事责任。代理是代理人以被代理人的名义实施的法律行为，所以在代理关系中所设定的权利义务，当然应当直接归属被代理人享受和承担。被代理人对代理人的代理行为应承担的责任，既包括对代理人在执行代理任务时的合法行为承担民事责任，也包括对代理人不当代理行为承担民事责任。

2.3.2 代理的种类

以代理权产生的依据不同，可将代理分为委托代理、法定代理和指定代理。

1. 委托代理

委托代理是基于被代理人对代理人的委托授权行为而产生的代理。委托代理关系的产生，需要在代理人与被代理人之间存在基础法律关系，如委托合同关系、合伙合同关系、工作隶属关系等。

在委托代理中，被代理人所作出的授权行为属于单方的法律行为，仅凭被代理人一方的意思表示，即可以发生授权的法律效力。被代理人有权随时撤销其授权委托。但代理人辞去委托时，不能给被代理人和善意第三人造成损失，否则应负赔偿责任。

在建设工程中涉及的代理主要是委托代理，如项目经理作为施工企业的代理人、总监理工程师作为监理单位的代理人等，当然，授权行为是由单位的法定代表人代表单位完成的。项目经理、总监理工程师作为施工企业、监理单位的代理人，应当在授权范围内行使代理权，超出授权范围的行为则应当由行为人自己承担。如果授权范围不明确，则应当由被代理人（单位）向第三人承担民事责任，代理人负连带责任，但是代理人的连带责任是在被代理人无法承担责任的基础上承担的。如果考虑建设工程的实际情况，被代理人承担民事责任的能力远远高于代理人，在这种情况下实际应当由被代理人承担民事责任。

合同在市场经济条件下得到了广泛应用，但由于合同种类繁多，当合同主体对合同形成或合同条款内容不熟悉时，往往会委托代理人或代理机构帮助其形成合同。随着社会分工不断细化，建设工程领域已经产生了专门的代理机构，如招标代理机构。工程招标代理机构是接受被代理人的委托、为被代理人办理招标事宜的社会组织。工程招标代理的被代理人是发包人，一般是工程项目的所有人或者经营者，即项目法人或通常所称的建设单位。在发包人的授权范围内，招标代理机构从事的代理行为，其法律责任由发包人承担。如果招标代理机构在招标代理过程中有过错行为，发包人则有权根据招标代理合同的约定追究招标代理机构的违约责任。

2. 法定代理

法定代理是指根据法律的直接规定而产生的代理。法定代理主要是为维护无行为能力或限制行为能力人的利益而设立的代理方式。

3. 指定代理

指定代理是根据人民法院和有关单位的指定而产生的代理。指定代理只在没有委托代理人和法定代理人的情况下适用。在指定代理中，被指定的人称为指定代理人，依法被指定为代理人的，如无特殊原因不得拒绝担任代理人。

2.4 时效制度

2.4.1 时效的概念及特征

1. 时效制度

所谓时效制度，是指一定的事实状态经过一定的期间之后即发生一定的法律后果的制度。民法上所称的时效可分为取得时效和消灭时效。一定事实状态经过一定的期间之后即取得权利的，为取得时效；一定事实状态经过一定的期间之后即丧失权利的，为消灭时效。

时效制度是一项重要的法律制度，它不是对义务人不履行义务的保护，它的意义主要是为了催促债权人尽快实现债权，防止债权债务关系长期得不到落实而处于不确定状态，还可以避免债权债务纠纷因年长日久而难以举证，不利于解决纠纷。

2. 仲裁时效和诉讼时效

所谓诉讼或仲裁时效，是指权利人请求法院或者仲裁机构保护其合法权益的有效期限。合同当事人在法定提起诉讼或仲裁申请的期限内依法提起诉讼或申请仲裁的，则法院或者仲裁机构对权利人的请求予以保护。在时效期限满后，权利人的请求权就得不到保护，债务人可依法免于履行债务。换言之，如果权利人在时效期间届满后才主张权利的，即丧失了胜诉权，其权利不受保护。

《仲裁法》第74条规定，法律对仲裁时效有规定的，适用该规定，法律对仲裁时效没有规定的，适用诉讼时效的规定。《民法总则》第188条规定：向人民法院请求保护民事权利的诉讼时效期间为3年，法律另有规定的，依照其规定。《合同法》第129条规定：因国际货物买卖合同和技术进出口合同争议提起诉讼或者申请仲裁的期限为四年。

3. 诉讼时效的法律特征

（1）诉讼时效期间届满后，债权人仍享有向法院提起诉讼的权利，只要符合起诉的条件，法院应当受理，至于能否支持原告的诉讼请求，首先应审查有无延长诉讼时效的正当理由。

（2）诉讼时效期间届满，又无延长诉讼时效的正当理由的，债务人可以以原告的诉讼请求已超过诉讼时效期间为抗辩理由，请求法院予以驳回。

（3）债权人的实体权利不因诉讼时效期间届满而丧失，但其权利的实现依赖于债务人的自愿履行：如债务人于诉讼时效期间届满后清偿了债务，又以债权人的请求已超过诉讼时效期间为由反悔的，亦为法律所不允许，《民法总则》第192条规定：诉讼时效期间届满后，义务人同意履行的，不得以诉讼时效期间届满为由抗辩；义务人已自愿履行的，不得请求返还。

（4）诉讼时效属于强制性规定，不能由当事人协商确定。当事人对诉讼时效的长短所达成的任何协议，均无法律约束力。

2.4.2 诉讼时效期间的起算、中止、中断、延长

1. 诉讼时效期间的起算

诉讼时效期间的起算，是指诉讼时效期间从何时开始。《民法总则》第188条规定，诉讼时效期间自权利人知道或者应当知道权利受到损害以及义务人之日起计算。“知道”是指权利人已亲身经历、亲眼目睹或已了解到侵害的事实。“应当知道”是指权利人以前虽不知道其权利受到侵害，但法院可根据实际情况认定权利人在某时应当知道其权利受到了侵害。

2. 诉讼时效期间的中止

诉讼时效期间的中止，是指诉讼时效期间开始后，因一定法定事由的发生，阻碍了权利人提起诉讼，为保护其权益，法律规定暂时停止诉讼时效期间的计算或已经经过的诉讼时效期间仍然有效，待阻碍诉讼时效期间继续进行的事由消失后，时效继续进行。《民法总则》第194条规定，在诉讼时效期间的最后6个月内，因不可抗力或者障碍，权利人不能行使请求权，诉讼时效期间暂停计算，从中止时效的原因消除之时起，诉讼时效期间继续计算。

“不可抗力”是指人力所无法抗拒的强制力；“障碍”包括在诉讼时效期间的最后6个月内，权利被侵害的无民事行为能力人或者限制民事行为能力人没有法定代理人，或者法定代理人死亡、丧失民事行为能力、丧失代理权；继承开始后未确定继承人或者遗产管理人；权利人被义务人或者其他人控制；以及其他导致权利人不能行使请求权的障碍。

3. 诉讼时效期间的中断

诉讼时效期间的中断，是指诉讼时效期间开始计算后，因法定事由的发生，阻碍了时效的进行，致使以前经过的时效期间全部无效，待中断时效的事由消除之后，其诉讼时效期间重新计算。《民法总则》第195条规定，诉讼时效因提起诉讼或申请仲裁，当事人一方提出要求或者同意履行义务而中断。从中断时起，诉讼时效期间重新计算。诉讼时效中

断的事由有：

（1）权利人提起诉讼或者申请仲裁。如果法院不予受理或者受理后又裁定驳回或当事人自行撤诉，不能引起诉讼时效的中断。

（2）权利人向义务人提出履行请求。权利人可以向债务人提出履行义务的要求，也可以向与债务有责任关系的人提出履行义务的要求，提出要求的方式可以是书面的方式、口头的方式等。例如，A 公司欠 B 公司工程款 500 万元，约定在 2000 年 5 月 31 日前付清。但期满时 A 公司分文未付，其诉讼时效期间应从 2000 年 6 月 1 日起计算至 2003 年 5 月 31 日届满，2003 年 3 月 10 日，B 公司派员催促 A 公司付款。因此，B 公司的催促引起诉讼时效的中断，诉讼时效期间自 2003 年 3 月 11 日起重新计算，直到 2006 年 3 月 10 日才届满。

（3）义务人同意履行义务，同意的形式可以是口头承诺、书面承诺等。

应当注意：诉讼时效期间虽然可以由于权利人多次主张权利或债务人多次同意履行债务而多次中断，且中断的次数没有限制，但是，权利人应当在权利被侵害之日起最长不超过 20 年的时间内提起诉讼，否则，在一般情况下，权利人之权利不再受法律保护。《民法总则》第 188 条规定，诉讼时效期间从权利受到损害之日起超过 20 年的，人民法院不予保护，有特殊情况的，人民法院可以根据权利人的申请决定延长。

复习思考题

1. 合同管理中如何运用民法的基本原则？请举例说明。
2. 经济法的体系中具体包括哪些单行法律法规？
3. 试述民法、经济法、行政法这几大部门法的联系和区别。
4. 试辨析仲裁与诉讼的联系和区别。
5. 请列举建设工程合同管理中涉及的担保类型。
6. 请分析建设工程合同管理中涉及的经济法律关系。
7. 请说明招标代理机构在建设工程招标投标活动中应承担的法律责任。
8. 诉讼时效期间如何起算、中止、中断和延长？
9. 承包人如何正确运用时效法律法规规定，及时主张自身权利？

3　合同法基本原理

3.1　合 同 法 概 论

3.1.1　合同概念和特征

1. 合同概念

合同是指平等主体的自然人、法人、其他组织之间设立、变更、终止民事权利义务关系的协议。合同的含义非常广泛。广义上的合同是指以确定权利、义务为内容的协议，除了包括民事合同外，还包括行政合同、劳动合同等。民法中的合同即民事合同是指确立、变更、终止民事权利义务关系的协议，它包括债权合同、身份合同等。

债权合同是指确立、变更、终止债权债务关系的合同。法律上的债是指特定当事人之间请求对方作特定行为的法律关系，就权利而言，为债权关系；从义务方面来看，为债务关系。

身份合同是指以设立、变更、终止身份关系为目的，不包含财产内容或者不以财产内容为主要调整对象的合同，如结婚、离婚、收养、监护等协议。身份合同为《中华人民共和国民法总则》及《中华人民共和国婚姻法》等法律中的相关内容所规范；行政合同、劳动合同分别为《中华人民共和国行政法》、《中华人民共和国劳动合同法》所规范。除了身份合同以外的民事合同均为《中华人民共和国合同法》调整的对象。

2. 合同法律特征

(1) 合同是一种民事法律行为。民事法律行为是指民事主体实施的能够设立、变更、终止民事权利义务关系的合法行为。民事法律行为以意思表示为核心，并且按照意思表示的内容产生法律后果。作为民事法律行为，合同应当是合法的，即只有合同当事人所作出的意思表示符合法律要求，才能产生法律约束力，受到法律保护。如果当事人的意思表示违法，即使双方已经达成协议，也不能产生当事人预期的法律效果。

(2) 合同是两个以上当事人意思表示一致的协议。合同的成立必须有两个以上的当事人相互之间作出意思表示，并达成共识。因此，只有当事人在平等自愿的基础上意思表示完全一致时，合同才能成立。

(3) 合同以设立、变更、终止民事权利义务关系为目的。当事人订立合同都有一定的目的，即设立、变更、终止民事权利义务关系。无论当事人订立合同是为了什么目的，只有当事人达成的协议生效以后，才能对当事人产生法律上的约束力。

3. 合同分类

在市场经济活动中，交易的形式千差万别，合同的种类也各不相同。根据性质不同，合同有以下几种分类方法。

(1) 按照合同表现形式，合同可以分为书面合同、口头合同及默示合同。

1）书面合同是指当事人以书面文字为表现形式的合同。传统的书面合同的形式为合同书和信件，随着科技的进步和发展，书面合同的形式也越来越多，如电传、传真、电子数据交换以及电子邮件等已成为高效快速的书面合同的形式。书面合同有以下优点：一是它可以作为双方行为的证据，便于检查、管理和监督，有利于双方当事人按约执行，当发生合同纠纷时，有凭有据，举证方便；二是可以使合同内容更加详细、周密，当事人通过文字表现其意思时，往往会更加审慎，对合同内容的约定也更加全面、具体。

2）口头合同是指当事人以口头语言的方式（如当面对话、电话联系等）达成协议而订立的合同。口头合同简便易行，迅速及时，但缺乏证据，当发生合同纠纷时，难以举证。因此，口头合同一般只适用于即时清结的情况。

3）默示合同是指当事人并不直接用口头或者书面形式进行意思表示，而是通过实施某种行为或者以不作为的沉默方式进行意思表示而达成的合同。如房屋租赁合同约定的租赁期满后，双方并未通过口头或者书面形式延长租赁期限，但承租人继续交付租金，出租人依然接受租金，从双方的行为可以推断双方的合同仍然有效。建筑工程合同所涉及的内容特别复杂，合同履行期较长，为便于明确各自的权利和义务，减少履行困难和争议，《合同法》第270条规定："建设工程合同应当采用书面形式"。

（2）按照给付内容和性质的不同，合同可以分为转移财产合同、完成工作合同和提供服务合同。

1）转移财产合同是指以转移财产权利，包括所有权、使用权和收益权为内容的合同。此合同标的为物质。《合同法》规定的买卖合同，供电、水、气、热合同，赠予合同，借款合同，租赁合同和部分技术合同等均属于转移财产合同。

2）完成工作合同是指当事人一方按照约定完成一定的工作并将工作成果交付给对方，另一方接受成果并给付报酬的合同。《合同法》规定的承揽合同、建筑工程合同均属于此类合同。

3）提供服务合同是指依照约定，当事人一方提供一定方式的服务，另一方给付报酬的合同。《合同法》中规定的运输合同、行纪合同、居间合同和部分技术合同均属于此类合同。

（3）按照当事人是否相互负有义务，合同可以分为双务合同和单务合同。

1）双务合同是指当事人双方相互承担对待给付义务的合同。双方的义务具有对等关系，一方的义务即另一方的权利，一方承担义务的目的是为了获取对应的权利。《合同法》中规定的绝大多数合同如买卖合同、建筑工程合同、承揽合同和运输合同等均属于此类合同。

2）单务合同是指只有一方当事人承担给付义务的合同。即双方当事人的权利义务关系并不对等，而是一方享有权利而另一方承担义务，不存在具有对待给付性质的权利义务关系。

（4）按照当事人之间权利义务关系是否存在对价关系，合同可以分为有偿和无偿合同。

1）有偿合同是指当事人一方享有合同约定的权利必须向对方当事人支付相应对价的合同。如买卖合同、保险合同等。

2）无偿合同是指当事人一方享有合同约定的权利无需向对方当事人支付相应对价的

合同。如赠予合同等。

(5) 按照合同的成立是否以递交标的物为必要条件，合同可分为诺成合同和要物合同。

1) 诺成合同是指只要当事人双方意思表示达成一致即可成立的合同，它不以标的物的交付为成立的要件。我国《合同法》中规定的绝大多数合同都属于诺成合同。

2) 要物合同是指除了要求当事人双方意思表示达成一致外，还必须实际交付标的物以后才能成立的合同。如承揽合同中的来料加工合同在双方达成协议后，还需要由供料方交付原材料或者半成品，合同才能成立。

(6) 按照相互之间的从属关系，合同可以分为主合同和从合同。

1) 主合同是指不以其他合同的存在为前提而独立存在和独立发生效力的合同，如买卖合同、借贷合同等。

2) 从合同又称附属合同，是指不具备独立性，以其他合同的存在为前提而成立并发生效力的合同。如在借贷合同与担保合同中，借贷合同属于主合同，因为它能够单独存在，并不因为担保合同不存在而失去法律效力；而担保合同则属于从合同，它仅仅是为了担保借贷合同的正常履行而存在的，如果借贷合同因为借贷双方履行完合同义务而宣告合同效力解除后，担保合同就因为失去存在条件而失去法律效力。主合同和从合同的关系为：主合同和从合同并存时，两者发生互补作用；主合同无效或者被撤销时，从合同也将失去法律效力；而从合同无效或者被撤销时一般不影响主合同的法律效力。

(7) 按照法律对合同形式是否有特别要求，合同可分为要式合同和不要式合同。

1) 要式合同是指法律规定必须采取特定形式的合同。《合同法》中规定："法律、行政法规规定采用书面形式的，应当采用书面形式。"

2) 不要式合同是指法律对形式未作出特别规定的合同。合同究竟采用何种形式，完全由双方当事人自己决定，可以采用口头形式，也可以采用书面形式、默示形式。

(8) 按照法律是否为某种合同确定一个特定名称，合同可分为有名合同和无名合同。

1) 有名合同又称为典型合同，是指法律确定了特定名称和规则的合同。如《合同法》分则中所规定的15种基本合同即为有名合同。

2) 无名合同又称非典型合同，是指法律没有确定一定的名称和相应规则的合同。

3.1.2 《合同法》简介

1.《合同法》概念和特点

合同法有两层含义：广义上的合同法是指根据法律的实质内容，调整合同关系的所有法律法规的总称；另外一种是基于法律的表现形式，即由立法机关制定的，以"合同法"命名的法律，在我国，即1999年3月15日通过的《中华人民共和国合同法》。本书所提及的《合同法》，特指《中华人民共和国合同法》。《合同法》作为我国至今为止条文最多、内容最丰富的民事合同法律，具有以下特点：

(1) 统一性。《合同法》的颁布和施行，结束了过去《中华人民共和国经济合同法》、《中华人民共和国涉外经济合同法》和《中华人民共和国技术合同法》三足鼎立的多元合同立法的模式，克服了3个合同法各自规范不同的关系和领域而引起的不一致和不协调的缺陷，形成了统一的合同法律规则。

(2) 任意性。合同的本质就是当事人通过自由协商，决定其相互之间的权利义务关系，并根据其意志调整他们之间的关系。《合同法》以调整市场交易关系为其主要内容，而交易习惯则需要尊重当事人的自由选择，因此，《合同法》规范多为任意性规范，即允许当事人对其内容予以变更的法律规范。如当事人可以自由决定是否订立合同，同谁订立合同，订立什么样的合同，合同的内容包括哪些，合同是否需要变更或者解除等。

（3）强制性。为了维护社会主义市场经济秩序，必须对当事人各方的行为进行规范。对于某些严重影响到国家、社会、市场秩序和当事人利益的内容，《合同法》则采用强制性规范或者禁止性规范。如《合同法》中规定："当事人订立、履行合同，应当遵守法律、行政法规，尊重社会公德，不得扰乱社会经济秩序，损害社会公共利益。"

2.《合同法》结构

《合同法》分为两大部分共 428 条内容。其中总则分别阐述了包括一般规定、合同的订立、合同的效力、合同的履行、合同的变更和转让、合同的权利义务终止、违约责任和其他规定等共计 8 章 129 条规定，主要叙述了《合同法》的基本原理和基本原则。分则部分则对各种不同类型的合同作出专门的规定，分别阐述了买卖合同、供用电水气热力合同、赠予合同、借款合同、租赁合同、融资租赁合同、承揽合同、建设工程合同、运输合同、技术合同、保管合同、仓储合同、委托合同、行纪合同、居间合同等 15 种包括经济、技术和其他民事等列名合同共计 15 章 298 条规定。

3.《合同法》基本原则

（1）平等原则。在合同法律关系中，当事人之间的法律地位平等，任何一方都有权独立作出决定，一方不得将自己的意愿强加给另一方。

（2）合同自由原则。即只有在双方当事人经过协商，意思表示完全一致，合同才能成立。合同自由包括缔结合同自由、选择合同相对人自由、确定合同内容自由、选择合同形式自由、变更和解除合同自由。

（3）公平原则。即在合同的订立和履行过程中，公平、合理地调整合同当事人之间的权利义务关系。

（4）诚实信用原则。是指在合同的订立和履行过程中，合同当事人应当诚实守信，以善意的方式履行其义务，不得滥用权力及规避法律或合同规定的义务。同时，还应当维护当事人之间的利益及当事人利益与社会利益之间的平衡。

（5）遵守法律、尊重社会公德原则。即当事人订立、履行合同应当遵守法律、行政法规及尊重社会公认的道德规范。

（6）合同严守原则。即依法成立的合同在当事人之间具有相当于法律的效力，当事人必须严格遵守，不得擅自变更和解除合同，不得随意违反合同规定。

（7）鼓励交易原则。即鼓励合法正当的交易。如果当事人之间的合同订立和履行符合法律及行政法规的规定，则当事人各方的行为应当受到鼓励和法律的保护。

3.1.3 合同法律关系

法律关系是指人与人之间的社会关系为法律规范调整时所形成的权利和义务关系，即法律上的社会关系。合同法律关系又称为合同关系，指当事人相互之间在合同中形成的权利义务关系。合同法律关系由主体、内容和客体三个基本要素构成，主体是客体的占有者、支配者和行为的实施者，客体是主体合同债权和合同债务指向的目标，内容是主体和客体之间的连接纽带，三者缺一不可，共同构成合同法律关系。

1. 合同法律关系主体

合同法律关系主体又称为合同当事人，是指在合同关系中享有权利或者承担义务的人，包括债权人和债务人。在合同关系中，债权人有权要求债务人根据法律规定和合同的约定履行义务，而债务人则负有实施一定行为的义务。在实际工作中，债权人和债务人的地位往往是相对的，因为大多数合同都是双务合同，当事人双方互相享有权利、承担义务，因此，双方互为债权人和债务人。合同法律关系主体主要有：

(1) 自然人

自然人是指基于出生而成为民事法律关系主体的人。自然人包括具有中华人民共和国国籍的自然人、具有其他国家国籍的自然人和无国籍自然人。但是，作为合同主体，自然人必须具备相应的民事权利能力和民事行为能力。

民事权利能力是指法律赋予民事法律关系主体享有民事权利和承担民事义务的资格。它是民事主体取得具体的民事权利和承担具体民事义务的前提条件，只有具有民事权利能力，才能成为独立的民事主体，参加民事活动。根据我国《宪法》和《民法总则》的规定，公民的民事权利能力一律平等，民事权利能力始于出生、终于死亡。

民事行为能力是指民事法律关系主体能够以自己的行为取得民事权利和承担民事义务的能力或资格。它既包括合法的民事行为能力，也包括民事主体对其行为应承担责任的能力，如民事主体因侵权行为而应承担损失赔偿责任等。

民事行为能力是民事权利能力得以实现的保证，民事权利能力必须依赖具有民事行为能力的行为，才能得以实现。公民具有民事行为能力，必须具备两个条件：第一，必须达到法定年龄；第二，必须智力正常，可以理智地辨认自己的行为。我国《民法总则》规定，年满 18 周岁的公民为完全民事行为能力人；16 周岁以上不满 18 周岁的公民，以自己的劳动收入为主要生活来源的，视为具有完全民事行为能力；8 周岁以上的未成年人或不能完全辨认自己行为的精神病人是限制民事行为能力人；不满 8 周岁的未成年人或不能辨认自己行为的精神病人为无民事行为能力人。

(2) 法人

法人是指具有民事权利能力和民事行为能力，依法独立享有民事权利和承担民事义务的组织。我国的法人可分为：

1) 企业法人。指以营利为目的，独立从事商品生产和经营活动的法人。

2) 机关法人。指国家机关，包括立法机关、行政机关、审判机关和检察机关。这些法人不以营利为目的。

3) 事业单位和社会团体法人。一般不以营利为目的，但按照企业法人登记法规登记后可从事营利活动。

作为法人，应具备以下 4 个法定条件：

1) 依法成立。法人必须按照法定程序，向国家主管机关提出申请，经审查合格后，才能取得法人资格。

2) 有必要的财产和经费。法人必须具有独立的财产或独立经营管理的财产和活动经费。

3) 有自己的名称、组织机构和场所。

4) 能够独立承担民事责任。

（3）其他组织

其他组织是指具有有限的民事权利能力和民事行为能力，在一定程度上能够享有民事权利和承担民事义务，但不能独立承担民事责任的不具备法人资格的组织。主要包括以下几种类型：

1）企业法人的分支机构。即由企业法人进行登记并领取营业执照的组织，如分公司、企业派出机构等。

2）依法登记并领取营业执照的私营独资企业、合伙企业。

3）依法登记并领取营业执照的合伙型联营企业。

4）依法登记并领取营业执照但无法人资格的中外合作经营企业、外商独资企业。

5）经核准登记并领取营业执照的乡镇、街道、村办企业。

6）符合上述非法人组织特征的其他经济组织。

2. 合同法律关系客体

合同法律关系的客体又称为合同的标的，指在合同法律关系中，合同法律关系主体的权利义务关系所指向的对象。由于当事人的交易目的和合同内容千差万别，合同客体也各不相同。根据标的物的特点，客体可分为：

（1）行为

是指合同法律关系主体为达到一定的目的而进行的活动，如完成一定的工作或提供一定劳务的行为，如工程监理等。

（2）物

是指民事权利主体能够支配的具有一定经济价值的物质财富，包括自然物和劳动创造物以及充当一般等价物的货币和有价证券等。物是应用最为广泛的合同法律关系客体。

（3）智力成果

也称为无形财产，指脑力劳动的成果，它可以适用于生产，转化为生产力，主要包括商标权、专利权、著作权等。

3. 合同法律关系内容

合同法律关系的内容指债权人的权利和债务人的义务，即合同债权和合同债务。合同债权又称为合同权利，是债权人依据法律规定和合同约定而享有的要求债务人为一定给付的权利。合同债务又称为合同义务，是指债务人根据法律规定和合同约定向债权人履行给付及与给付相关的其他行为的义务。合同债权具有以下特点：

（1）合同债权是请求权。即债权人请求对方为一定行为的权利。在债务人给付前，债权人不能直接支配标的，更不允许直接支配债务人的人身，只能通过请求债务人为给付行为，以达到自己的目的。

（2）合同债权是给付受领权。即有效地接受债务人的给付并予以保护。

（3）合同债权是相对权。因为合同只在债权人和债务人之间产生法律约束力，除了在由第三者履行的合同中，合同债权人可有权要求第三人履行合同义务外，债权人只能向合同债务人请求给付，无权向其他人提出要求。

（4）合同债权主要有以下几方面的权能：①请求债务人履行的权利，即债权人有权要求债务人按照法律的规定和合同的约定履行其义务。②接受履行的权利，当债务人履行债务时，债权人有权接受并永久保持因履行所得的利益。③请求权，又称为请求保护债权的权利，即当债务人不履行或未正确履行债务时，债权人有权请求法院予以保护，强制债务人履行债务或承担违约责任。④处分债权的权利，即债权人具备决定债权命运的权利。

3.2 合同主要条款

《合同法》遵循合同自由原则，仅仅列出合同的主要条款，具体合同的内容由当事人约定。主要条款一般包括以下内容：

(1) 当事人的名称（或姓名）和场所。合同中记载的当事人的姓名或者名称是确定合同当事人的标志，而住所则在确定合同债务履行地、法院对案件的管辖等方面具有重要的法律意义。

(2) 标的。标的即合同法律关系的客体，是指合同当事人权利义务指向的对象。合同中的标的条款应当标明标的的名称，以使其特定化，并能够确定权利义务的范围。合同的标的因合同类型的不同而变化，总体来说，合同标的包括有形财物、行为和智力成果。

(3) 数量。合同标的的数量是衡量合同当事人权利义务大小的尺度。因此，合同标的的数量一定要确切，应当采用国家标准或者行业标准中确定的或者当事人共同接受的计量方法和计量单位。

(4) 质量。合同标的质量是指检验标的内在素质和外观形态优劣的标准。它和标的数量一样是确定合同标的的具体条件，是这一标的区别于同类另一标的的具体特征。因此，在确定合同标的的质量标准时，应当采用国家标准或者行业标准。如果当事人对合同标的的质量有特别约定时，在不违反国家标准和行业标准的前提下，可双方约定标的的质量要求。合同中的质量条款包括标的的规格、性能、物理和化学成分、款式和质感。

(5) 价款和报酬。价款和报酬是指以物、行为和智力成果为标的的有偿合同中，取得利益的一方当事人作为取得利益的代价而应向对方支付的金钱。价款是取得有形标的物应支付的代价；报酬是获得服务应支付的代价。

(6) 履行的期限、地点和方式。履行的期限是指合同当事人履行合同和接受履行的时间。它直接关系到合同义务的完成时间，涉及当事人的期限利益，也是确定违约与否的因素之一。履行地点是指合同当事人履行合同和接受履行的地点。履行地点是确定交付与验收标的地点的依据，有时是确定风险由谁承担的依据以及标的物所有权是否转移的依据。履行方式是合同当事人履行合同和接受履行的方式，包括交货方式、实施行为方式、验收方式、付款方式、结算方式、运输方式等。

(7) 违约责任。违约责任是指当事人不履行合同义务或者履行合同义务不符合约定时应当承担的民事责任。违约责任是促使合同当事人履行债务，使守约方免受或者少受损失的法律救济手段，对合同当事人的利益关系重大，合同对此应予明确。

(8) 解决争议的方法。解决争议的方法是指合同当事人解决合同纠纷的手段、地点。合同订立、履行中一旦产生争执，合同双方是通过协商、仲裁还是通过诉讼解决其争议，有利于合同争议的管辖和尽快解决，并最终从程序上保障了当事人的实质性权益。

3.3 合同订立

3.3.1 合同订立和成立

合同的订立是指缔约人作出意思表示并达成合意的行为和过程。合同成立是指合同订立过程的完成，即合同当事人经过平等协商对合同基本内容达成一致意见，合同订立阶段宣告结束，它是合同当事人合意的结果。合同作为当事人从建立到终止权利义务关系的一个动态过程，始于合同的订立，终结于适当履行或者承担责任。任何一个合同的签订都需要当事人双方进行一次或者多次的协商，最终达成一致意见，而签订合同则意味着合同的成立。合同成立是合同订立的重要组成部分。合同的成立必须具备以下条件。

（1）订约主体存在双方或者多方当事人

所谓订约主体即缔约人，是指参与合同谈判并且订立合同的人。作为缔约人，他必须具有相应的民事权利能力和民事行为能力，有下列几种情况：

1）自然人的缔约能力。自然人能否成为缔约人，要根据其民事行为能力来确定。具有完全行为能力的自然人可以订立一切法律允许自然人作为合同当事人的合同。限制行为能力的自然人只能订立一些与自己的年龄、智力、精神状态相适应的合同，其他合同只能由其法定代理人代为订立或者经法定代理人同意后订立。无行为能力的自然人通常不能成为合同当事人，如果要订立合同，一般只能由其法定代理人代为订立。

2）法人和其他组织的缔约能力。法人和其他组织一般都具有行为能力，但是其行为能力是有限制的，因为法律往往对法人和其他组织规定了各自的经营和活动范围。因此，法人和其他组织在订立合同时要考虑到自身的行为能力。超越经营或者活动范围订立的合同，有可能不能产生法律效力。

3）代理人的缔约能力。当事人除了自己订立合同外，还可以委托他人代订合同。在委托他人代理时，应当向代理人进行委托授权，即出具授权委托书。在委托书中注明代理人的姓名（或名称）、代理事项、代理的权限范围、代理权的有效期限、被代理人的签名盖章等内容。如果代理人超越代理权限或者无权代理，则所订立的合同可能不能产生法律效力。

（2）对主要条款达成合意

合同成立的根本标志在于合同当事人的意思表示一致。但是在实际交易活动中常常因为相距遥远，时间紧迫，不可能就合同的每一项具体条款进行仔细磋商；或者因为当事人缺乏合同知识而造成合同规定的某些条款不明确或者缺少某些具体条款。《合同法》规定，当事人就合同的标的、数量、质量等主要条款协商一致，合同就可以成立。

3.3.2 要约

1. 要约概念

要约也称为发价、发盘、出盘、报价等，是希望和他人订立合同的意思表示。即一方当事人以缔结合同为目的，向对方当事人提出合同条件，希望对方当事人接受的意思表示。构成要约必须具备以下条件：

（1）要约必须是特定人所为的意思表示。要约是要约人向相对人（受约人）所作出的含有合同条件的意思表示，旨在得到对方的承诺并订立合同。只有要约人是具备民事权利能力和民事行为能力的特定的人，受约人才能对他作出承诺。

（2）要约必须向相对人发出。要约必须经过受约人的承诺，合同才能成立，因此，要约必须是要约人向受约人发出的意思表示。受约人一般为特定人，但是，在特殊情况下，对不确定的人作出无碍要约时，受约人可以为不特定人。

（3）要约的内容应当具体确定。要约的内容必须明确，而不应该含糊不清，否则，受约人便不能了解要约的真实含义，难以承诺。同时，要约的内容必须完整，必须具备合同的主要条件或者全部条件，受约人一旦承诺后，合同就能成立。

（4）要约必须具有缔约目的。要约人发出要约的目的是为了订立合同，即在受约人承诺时，要约人即受该意思表示的约束。凡是不以缔结合同为目的而进行的行为，尽管表达了当事人的真实意愿，但不是要约。是否以缔结合同为目的，是区别要约与要约邀请的主要标志。

2. 要约法律效力

要约的法律效力是指要约的生效及对要约人、受约人的约束力。它包括：

（1）对要约人的拘束力。即指要约一经生效，要约人即受到要约的拘束，不得随意撤回、撤销或者对要约加以限制、变更和扩张，从而保护受约人的合法权益，维护交易安全。不过，为了适应市场交易的实际需要，法律允许要约人在一定条件下，即在受约人承诺前有限度地撤回、撤销要约或者变更要约的内容。

（2）对受约人的拘束力。是指受约人在要约生效时即取得承诺的权利，取得依其承诺而成立合同的法律地位。正是因为这种权利，所以受约人可以承诺，也可以不予承诺。这种权利只能由受约人行使，不能随意转让，否则承诺对要约人不产生法律效力。如果要约人在要约中明确规定受约人可以将承诺的资格转让，或者受约人的转让得到要约人的许可，这种转让是有效的。

（3）要约的生效时间。即要约产生法律约束力的时间。《合同法》规定，要约的生效时间为要约到达受约人时开始。

（4）要约的存续期间。要约的存续期间是指要约发生法律效力的期限，也即受约人得以承诺的期间。一般而言，要约的存续期间由要约人确定，受约人必须在此期间内作出承诺，要约才能对要约人产生拘束力。如果要约人没有确定，则根据要约的具体情况，考虑受约人能够收到要约所必需的时间、受约人作出承诺所必需的时间和承诺到达要约人所必需的时间而确定一个合理的期间。

3. 要约邀请

要约邀请又称为要约引诱，是指希望他人向自己发出要约的意思表示，其目的在于邀请对方向自己发出要约。如寄送的价目表、拍卖公告、招标公告、商业广告等为要约邀请。在工程建设中，工程招标即要约邀请，投标报价属于要约，中标函则是承诺。要约邀请是当事人订立合同的预备行为，它既不能因相对人的承诺而成立合同，也不能因自己作出某种承诺而约束要约人。要约与要约邀请两者之间主要有以下区别：

（1）要约是当事人自己主动愿意订立合同的意思表示；而要约邀请则是当事人希望对方向自己提出订立合同的意思表示。

（2）要约中含有当事人表示愿意接受要约约束的意旨，要约人将自己置于一旦对方承诺，合同即宣告成立的无可选择的地位；而要约邀请则不含有当事人表示愿意承担约束的意旨，要约邀请人希望将自己置于一种可以选择是否接受对方要约的地位。

4. 要约撤回与撤销

(1) 要约撤回

要约的撤回是指在要约发生法律效力之前，要约人取消要约的行为。根据要约的形式拘束力，任何一项要约都可以撤回，只要撤回的通知先于或者与要约同时到达受约人，都能产生撤回的法律效力。允许要约人撤回要约，是尊重要约人的意志和利益。由于撤回是在要约到达受约人之前作出的，所以此时要约并未生效，撤回要约也不会影响到受约人的利益。

(2) 要约撤销

要约的撤销是指在要约生效后，要约人取消要约，使其丧失法律效力的行为。在要约到达后、受约人作出承诺之前，可能会因为各种原因如要约本身存在缺陷和错误、发生了不可抗力、外部环境发生变化等，促使要约人撤销其要约。允许撤销要约是为了保护要约人的利益，减少不必要的损失和浪费。但是，《合同法》中规定，有下列情况之一的，要约不得撤销：①要约中确定了承诺期限或者以其他形式明示要约不可撤销。②受约人有理由认为要约是不可撤销的，并且已经为履行合同做了准备工作。

5. 要约消灭

要约的消灭又称为要约失效，即要约丧失了法律拘束力，不再对要约人和受约人产生约束。要约消灭后，受约人也丧失了承诺的效力，即使向要约人发出承诺，合同也不能成立。《合同法》规定，有下列情况之一的，要约失效：

(1) 受约人拒绝要约。

(2) 要约人撤回或者撤销要约。

(3) 承诺期限届满，承诺人未作出承诺。

(4) 承诺对要约的内容作出实质性变更。

3.3.3 承诺

1. 承诺概念

承诺是指受约人同意接受要约的全部条件的意思表示。承诺的法律效力在于要约一经受约人承诺并送达要约人，合同便宣告成立。承诺必须具备以下条件，才能产生法律效力：

(1) 承诺必须是受约人发出，根据要约所具有的法律效力，只有受约人才能取得承诺的资格，因此，承诺只能由受约人发出。如果要约是向一个或者数个特定人发出时，则该特定人具有承诺的资格。受约人以外的任何人向要约人发出的都不是承诺而只能视为要约。如果要约是向不特定人发出时，则该不特定人中的任何人都具有承诺的资格。

(2) 承诺必须向要约人发出。承诺是指受约人向要约人表示同意接受要约的全部条件的意思表示，在合同成立后，要约人是合同当事人之一，因此，承诺必须是向特定人即要约人发出的，这样才能达到订立合同的目的。

(3) 承诺应当在确定的或者合理的期限内到达要约人。如果要约规定了承诺的期限，则承诺应当在规定的期限内作出；如果要约中没有规定期限，则承诺应当在合理的期限内作出。如果承诺人超过了规定的期限作出承诺，则视为承诺迟到，或者称为逾期承诺。一般来说，逾期承诺被视为新的要约，而不是承诺。

（4）承诺的内容应当与要约的内容一致。因为承诺是受约人愿意按照要约的全部内容与要约人订立合同的意思表示，即承诺是对要约的同意，其同意内容必须与要约内容完全一致，合同才能成立。

（5）承诺必须表明受约人的缔约意图。同要约一样，承诺必须明确表明与要约人订立合同，此时合同才能成立。这就要求受约人作出的承诺必须清楚明确，不能含糊。

（6）承诺的传递方式应当符合要约的要求。如果要约要求承诺采取某种方式作出，则不能采取其他方式。如果要约未对此作出规定，承诺应当以合理的方式作出。

2. 承诺方式

承诺的方式是指受约人通过何种形式将承诺的意思送达给要约人。如果要约中明确规定承诺必须采取何种形式作出，则承诺人必须按照规定发出承诺。如果要约没有对承诺方式作出特别规定，受约人可以采用以下方式作出承诺：

（1）通知。在一般情况下，承诺应当以通知的方式作出，即以口头或者书面的形式将承诺明确告知要约人。要约中有明确规定的，则按照要约的规定作出承诺；如果要约没有作出明确规定，通常采用与要约相同的方式作出承诺。

（2）行为。如果根据交易习惯或者要约明确规定可以通过行为作出承诺的，则可以通过行为进行承诺，即以默示方式作出承诺，包括作为与不作为两种方式。

3. 承诺生效时间

承诺的生效时间是指承诺何时产生法律效力。根据《合同法》规定，承诺在承诺通知到达要约人时生效。但是，承诺必须在承诺期限内作出。分为以下几种情况：

（1）承诺必须在要约确定的期限内作出。

（2）如果要约没有确定承诺期限，承诺应当按照下列规定到达：①要约以对话方式作出的，应当及时作出承诺的意思表示。②要约以非对话方式作出的，承诺应当在合理期限内到达要约人。

4. 对要约内容变更的处理

按照承诺成立的条件，承诺的内容必须与要约的内容保持一致，即承诺必须是无条件的承诺，不得限制、扩张或者变更要约的内容。如果对要约内容进行变更，就有可能不能成为承诺。变更分为以下两种情况：

（1）承诺如果对要约的内容进行实质性变更，此时，不能构成承诺而应该视为新的要约。有关合同的标的、数量、质量、价款和酬金、履行期限、履行地点和方式、违约责任和争议解决的方法的变更，是对要约内容的实质性变更。因为这些条款是未来合同内容所必须具备的条款，如果缺少这些条款，未来的合同便不能成立。因此，当这些变更后的承诺到达要约人时，合同并不能成立，必须等到原要约人无条件同意这些经变更后而形成的新的要约，再向新要约人发出承诺时，合同方可成立。

（2）承诺对要约的内容作出非实质性变更时，承诺一般有效。《合同法》规定，如果承诺对要约的内容作出非实质性变更的，除了要约人及时表示反对或者要约明确表示承诺不得对要约的内容作出任何变更的以外，该承诺有效，合同的内容以承诺的内容为准。对要约的非实质性内容的更改包括：

1）对非主要条款作出了改变。

2）承诺人对要约的主要条款未表示异议，然而在对这些主要条款承诺后，又添加了一些建议或者表达了一些愿望。如果在这些建议和意见中并没有提出新的合同成立条件，则认为承诺有效。

3）如果承诺中添加了法律规定的义务，承诺仍然有效。

3.3.4 缔约过失责任

1. 概念

缔约过失责任是一种合同前的责任，指在合同订立过程中，一方当事人违反诚实信用原则的要求，因自己的过失而引起合同不成立、无效或者被撤销而给对方造成损失时所应当承担的损害赔偿责任。

2. 特点

缔约过失责任具有以下特点：

（1）缔约过失责任是发生在订立合同过程中的法律责任。缔约过失责任与违约责任最重要的区别在于发生的时间不同。违约责任是发生在合同成立以后，合同履行过程中的法律责任；而缔约过失责任则是发生在缔约过程中当事人一方因其过失行为而应承担的法律责任。只有在合同还未成立，或者虽然成立，但不能产生法律效力而被确定无效或者被撤销时，有过错的一方才能承担缔约过失责任。

（2）承担缔约过失责任的基础是违背了诚实信用原则。诚实信用原则是《合同法》的基本原则。根据诚实信用原则的要求，在合同订立过程中，应当承担先合同义务，包括使用方法的告知义务、瑕疵告知义务、重要事实告知义务、协作与照顾义务等。我国《合同法》规定，假借订立合同，恶意进行磋商，故意隐瞒与订立合同有关的重要事实或者提供虚假情况，都属于违背诚实信用原则的行为，应承担缔约过失责任。

（3）责任人的过失导致他人信赖利益的损害。缔约过失行为直接破坏了与他人的缔约关系，损害的是他人因为信赖合同的成立和有效，但实际上合同是不成立和无效的而遭受的损失。

3. 缔约过失责任的类型

缔约过失责任的类型包括：

（1）擅自撤回要约时的缔约过失责任。

（2）缔约之际未尽通知等项义务给对方造成损失时的缔约过失责任。

（3）缔约之际未尽保护义务侵害对方权利时的缔约过失责任。

（4）合同不成立时的缔约过失责任。

（5）合同无效时的缔约过失责任。

（6）合同被撤销时的缔约过失责任。

（7）无权代理情况下的缔约过失责任。

3.4 合同效力

3.4.1 合同生效

1. 合同生效概念

合同的成立只是意味着当事人之间已经就合同的内容达成了意思表示一致，但是合同能否产生法律效力还要看它是否符合法律规定。合同的生效是指已经成立的合同因符合法律规定而受到法律保护，并能够产生当事人所预想的法律后果。《合同法》规定，依法成立的合同，自成立时生效。如果合同违反法律规定，即使合同已经成立，而且可能当事人之间还进行了合同的履行，该合同及当事人的履行行为也不会受到法律保护，甚至还可能受到法律的制裁。

2. 合同生效与合同成立的区别

合同生效与合同成立是两个完全不同的概念。合同成立制度主要表现了当事人的意志，体现了合同自由的原则；而合同生效制度则体现了国家对合同关系的认可与否，它反映了国家对合同关系的干预。两者区别如下：

(1) 合同不具备成立或生效要件承担的责任不同。合同不具备成立要件是指在合同订立过程中，一方当事人违反诚实信用原则的要求，因自己的过失给对方造成损失时所应当承担的损害赔偿责任，其后果仅仅表现为当事人之间的民事赔偿责任；而合同不具备生效要件而产生合同无效的法律后果，除了要承担民事赔偿责任以外，往往还要承担行政责任和刑事责任。

(2) 在合同形式方面的不同要求。在法律、行政法规或者当事人约定采用书面形式订立合同而没有采用，而且也没有出现当事人一方已经履行主要义务、对方接受的情况，则合同不能成立；但是，如果法律、行政法规规定合同只有在办理批准、登记等手续才能生效的，当事人未办理相关手续则会导致合同不能生效，但并不影响合同的成立。

(3) 国家的干预与否不同。有些合同往往由于其具有非法性，违反了国家的强制性规定或者社会公共利益而成为无效合同，此时，即使当事人不主张合同无效，国家也有权干预；合同不成立仅仅涉及当事人内部的合意问题，国家往往不能直接干预，而应当由当事人自己解决。

3. 合同生效时间

根据《合同法》规定，依法成立的合同，自成立时起生效。即依法成立的合同，其生效时间一般与合同的成立时间相同。如果法律、行政法规规定应当办理批准、登记等手续生效的，则在当事人办理了相关手续后合同生效。未办理手续的合同尽管合同成立，但是不能生效。如果当事人约定应当办理公证、鉴证或者登记手续生效的，当事人未办理，并不影响合同的生效，合同仍然自成立时起生效。

3.4.2 无效合同

1. 无效合同概念和特征

无效合同是指合同虽然已经成立，但因违反法律、行政法规的强制性规定或者社会公共利益，自始不能产生法律约束力的合同。无效合同具有以下法律特征：

(1) 合同已经成立，这是无效合同产生的前提。

(2) 合同不能产生法律约束力，即当事人不受合同条款的约束。

(3) 合同自始无效。

2. 无效合同类型

按照《合同法》规定，以下几种情况，合同无效：

(1) 一方以欺诈、胁迫的手段订立合同，损害国家利益。欺诈是指一方当事人故意告知对方虚假情况，或者故意隐瞒真实情况，诱使对方当事人作出错误的意思表示的行为。欺诈行为具有以下构成要件：欺诈方有欺诈的故意；欺诈方实施欺诈的行为；相对人因受到欺诈而作出错误的意思表示。胁迫是指以将来发生的损害或以直接加以损害相威胁，使对方产生恐惧并因此而订立合同。胁迫行为具有以下构成要件：胁迫人具有胁迫的故意；胁迫人实施了胁迫行为；受胁迫人产生了恐惧而作出了不真实的意思表示。

（2）恶意串通，损害国家、集体或者第三人利益。恶意串通的合同是指明知合同违反了法律规定，或者会损害国家、集体或他人利益，合同当事人还是非法串通在一起，共同订立某种合同，造成国家、集体或者第三者利益的损害。

（3）以合法的形式掩盖非法的目的。即采用法律允许的合同类型，掩盖其非法的合同目的。如签订赠予合同以转移非法财产等。这种行为必然导致市场经济秩序混乱，因此是无效合同。

（4）损害社会公共利益。《合同法》规定，当事人订立的合同，不得损害社会公共利益，因此，当事人订立的合同首先必须符合社会公共利益。否则，只能是无效合同。

（5）违反法律、行政法规的强制性规定。所谓法律的强制性规定，是指规范义务性要求十分明确，而且行为人必须履行，不允许以任何方式加以变更或者违反的法律规定。

3.《司法解释》关于合同无效的规定

在工程实践中，由于工程标的大、履行时间长、涉及面广，工程合同是否无效界定较为困难。针对此情况，最高人民法院于 2004 年 10 月 25 日出台了《最高人民法院关于审理建设工程施工合同纠纷案件适用法律问题的解释》（以下简称《司法解释》），并于 2005 年 1 月 1 日起正式施行。《司法解释》对建设工程施工合同的效力、合同的解除以及工程质量的责任等法律问题做出了详细的规定。

（1）《司法解释》第一条规定："建设工程施工合同具有下列情形之一的，应当根据合同法第五十二条第（五）项的规定，认定无效：承包人未取得建筑施工企业资质或者超越资质等级的；没有资质的实际施工人借用有资质的建筑施工企业名义的；建设工程必须进行招标而未招标或者中标无效的。"

（2）《司法解释》第四条规定："承包人非法转包、违法分包建设工程或者没有资质的实际施工人借用有资质的建筑施工企业名义与他人签订建设工程施工合同的行为无效。人民法院可以根据《民法通则》第一百三十四条规定，收缴当事人已经取得的非法所得。"

（3）《司法解释》第五条规定："承包人超越资质等级许可的业务范围签订建设工程施工合同，在建设工程竣工前取得相应资质等级，当事人请求按照无效合同处理的，不予支持。"

（4）《司法解释》第七条规定："具有劳务作业法定资质的承包人与总承包人、分包人签订的劳务分包合同，当事人以转包建设工程违反法律规定为由请求确认无效的，不予支持。"以保护劳务分包人的合法权益。

4. 免责条款无效的法律规定

免责条款是指合同当事人在合同中预先约定的，旨在限制或免除其未来责任的条款。《合同法》规定，合同中下列免责条款无效：

（1）造成对方人身伤害的。

（2）因故意或者重大过失造成对方财产损失的。

法律之所以规定以上两种情况的免责条款无效，是因为：一是这两种行为都具有一定的社会危害性和法律的谴责性；二是这两种行为都可以构成侵权行为，即使当事人之间没有合同关系，当事人也可以追究对方当事人的侵权行为责任，如果当事人约定这种侵权行为免责的话，等于以合同的方式剥夺了当事人的合同以外的法定权利，违反了民法的公平原则。

5. 无效合同的法律后果

无效合同一经确认，即可决定合同的处置方式，但并不说明合同当事人的权利义务关系全部结束。其处置原则为：

（1）制裁有过错方。即对合同无效负有责任的一方或者双方应当承担相应的法律责任。过错方所应当承担的损失赔偿责任必须符合以下条件：被损害人有损害事实；赔偿义务人有过错；接受损失赔偿的一方当事人必须无故意违法而使合同无效的情况；损失与过错之间有因果关系。

（2）无效合同自始没有法律效力。无论确认合同无效的时间是在合同履行前，还是履行过程中，或者是在履行完毕，该合同一律从合同成立之时就不具备法律效力，当事人即使进行了履行行为，也不能取得履行结果。

（3）合同部分无效并不影响其他部分效力，其他部分仍然有效。合同部分无效时会产生两种不同的法律后果：①因无效部分具有独立性，没有影响其他部分的法律效力，此时，其他部分仍然有效；②无效部分内容在合同中处于至关重要的地位，从而导致整个合同无效。

（4）合同无效并不影响合同中解决争议条款的法律效力。

（5）以返还财产为原则，折价补偿为例外。无效合同自始就没有法律效力，因此，当事人根据合同取得的财产就应当返还给对方；如果所取得的财产不能返还或者没有必要返还的，则应当折价补偿。

（6）对无效合同，有过错的当事人除了要承担民事责任以外，还可能承担行政责任甚至刑事责任。

6.《司法解释》对无效合同的处理

《司法解释》对于无效合同的处理同样也做出了明确的规定。《司法解释》第三条规定："建设工程施工合同无效，且建设工程经竣工验收不合格的，按照以下情形分别处理：修复后的建设工程经竣工验收合格，发包人请求承包人承担修复费用的，应予支持；修复后的建设工程经竣工验收不合格，承包人请求支付工程价款的，不予支持。因建设工程不合格造成的损失，发包人有过错的，也应承担相应的民事责任。"

为了防止业主、转包人、违法分包人以合同无效为由拖欠实际施工人工程款，《司法解释》第二条规定："建设工程施工合同无效，但建设工程经竣工验收合格，承包人请求参照合同约定支付工程价款的，应予支持。"第二十六条规定："实际施工人以转包人、违法分包人为被告起诉的，人民法院应当依法受理。实际施工人以发包人为被告主张权利的，人民法院可以追加转包人或者违法分包人为本案当事人。发包人只在欠付工程价款范围内对实际施工人承担责任。"可以看出，《司法解释》还是依据合同法的立法原意，认定价格条款有效，并不会与合同无效发生矛盾。业主、转包人或违法分包人与实际施工人订立合同的初衷即由实际施工人代为建造一个合格的工程，工程经竣工验收合格即意味着其合同目的已经实现，拒付工程款无法律依据而构成不当得利。

3.4.3 可撤销合同

1. 可撤销合同概念和特征

可撤销合同是指因当事人在订立合同的过程中意思表示不真实，经过撤销人请求，由人民法院或者仲裁机构变更合同的内容，或者撤销合同，从而使合同自始消灭的合同。可撤销合同具有以下特点：

(1) 可撤销合同是当事人意思表示不真实的合同。

(2) 可撤销合同在未被撤销之前，仍然是有效合同。

(3) 对可撤销合同的撤销，必须由撤销人请求人民法院或者仲裁机构作出。

(4) 当事人可以撤销合同，也可以变更合同的内容，甚至可以维持原合同保持不变。

2. 可撤销合同的法律规定

《合同法》规定，下列合同，当事人一方有权请求人民法院或者仲裁机构变更或者撤销：

(1) 因重大误解订立的。

(2) 在订立合同时显失公平的。

一方以欺诈、胁迫的手段或者乘人之危，使对方在违背真实意思的情况下订立的合同，受损害方有权请求人民法院或者仲裁机构变更或者撤销。当事人请求变更的，人民法院或者仲裁机构不得撤销。

3. 可撤销合同与无效合同的区别

可撤销合同与无效合同的相同之处在于合同都会因被确认无效或者被撤销后而使合同自始不具备法律效力。可撤销合同与无效合同的区别在于：

(1) 合同内容的不法性程度不同。可撤销合同是由于当事人意思表示不真实造成的，法律将合同的处置权交给受损害方，由受损害方行使撤销权；而无效合同的内容明显违法，不能由合同当事人决定合同的效力，而应当由法院或者仲裁机构作出，即使合同当事人未主张合同无效，法院也可以主动干预，认定合同无效。

(2) 当事人权限不同。可撤销合同在合同未被撤销之前仍然有效，撤销权人享有撤销权和变更权，当事人可以向法院或者仲裁机构申请行使撤销权和变更权，也可以放弃该权利，法律把决定这些合同的权利给了当事人；而无效合同始终不能产生法律效力，合同当事人无权选择处置合同的方式。

(3) 期限不同。对于可撤销合同，撤销权人必须在法定期限内行使撤销权，超过法定期限未行使撤销权的，合同即为有效合同，当事人不得再主张撤销合同；无效合同属于法定无效，不会因为超过期限而使合同变为有效合同。

4. 撤销权消灭

合同法规定，有下列情况之一的，撤销权消灭：

(1) 具有撤销权的当事人自知道或者应当知道撤销事由之日起一年内未行使撤销权；

(2) 具有撤销权的当事人知道撤销事由后明确表示或者以自己的行为放弃撤销权。

3.4.4 效力待定合同

1. 效力待定合同概念

效力待定合同是指合同虽然已经成立，但因其不完全符合合同的生效要件，因此其效力能否发生还不能确定，一般需经权利人确认才能生效的合同。

2. 效力待定合同类型

(1) 限制民事行为能力人依法不能独立订立的合同

根据《民法总则》规定，限制民事行为能力人只能实施某些与其年龄、智力、精神健康状况相适应的民事行为，其他民事活动应当由其法定代理人代理或者在征得其法定代理人同意后实施。《合同法》将其订立的合同分为两种类型：①纯利益合同或者与其年龄、智力、精神健康状况相适应的合同，如获得报酬、奖励、赠予等。这些合同不必经法定代理人同意。②未经法定代理人同意而订立的其他合同。这些合同只能是效力待定合同，必须经过其法定代理人的追认，合同才能产生法律效力。

(2) 无民事行为能力人订立的合同

一般来讲，无民事行为能力人只能由其法定代理人代理签订合同，他们不能自己订立合同，否则合同无效。如果他们订立合同，该合同必须经过其法定代理人的追认，合同才能产生法律效力。

(3) 无权代理订立的合同

无权代理分为狭义无权代理、表见代理两种情况。

1) 狭义无权代理是指行为人没有代理权或超越代理权限而以他人的名义进行民事、经济活动。其表现形式为：

① 无合法授权的代理行为。代理权是代理人进行代理活动的法律依据，未经当事人的授权而以他人的名义进行的代理活动是最主要的无权代理的表现形式。

② 代理人超越代理权限而为的代理行为。在代理关系形成过程中，关于代理人代理权的范围均有所界定，特别是在委托代理中，代理权的权限范围必须明确规定，代理人应依据代理权限进行代理活动，超越此权限的活动即越权代理，这也属于无权代理。

③ 代理权终止后的代理行为。代理权终止后，代理人的身份随之消灭，从而无权再以被代理人的名义进行代理活动。

《合同法》明确规定："行为人没有代理权、超越代理权或者代理权终止后，以被代理人名义订立的合同，未经被代理人追认，对被代理人不发生效力，由行为人承担。"由此可见，无权代理将产生下列法律后果：

① 被代理人的追认权。根据《合同法》规定，无权代理一般对被代理人不发生法律效力，但是，在无权代理行为发生后，如果被代理人认为无权代理行为对自己有利，或者出于某种考虑而同意这种行为，则有权作出追认的意思表示。无权代理行为一经被代理人追认，则对被代理人发生法律效力。

② 被代理人的拒绝权。在无权代理行为发生后，被代理人为了维护自身的合法权益，对此行为及由此而产生的法律后果享有拒绝的权利。被代理人没有进行追认或拒绝追认的义务。但是，如果被代理人知道他人以自己的名义实施代理行为而不作出否认表示的，则视为同意。

③ 无权代理人的催告权。在无权代理行为发生后，无权代理人可向被代理人催告，要求被代理人对此行为是否有效进行追认，如果被代理人在规定期限内未作出答复，则视为拒绝。

④ 无权代理人的撤回权。即向被代理人提出撤回已作出的代理表示的法律行为。但是，如果被代理人已经追认了其无权代理行为，则代理人就不得撤回。如果无权代理人已

经行使撤回权，则被代理人就不能行使追认权。

⑤ 相对人的催告权。在无权代理行为发生后，相对人有权催告被代理人在合理的期限内对行为人的无权代理行为予以追认，被代理人在规定期限内未作出追认，视为拒绝追认。

⑥ 善意相对人的撤销权。善意相对人是指不知道或者不应当知道无权代理人没有代理权的相对人。善意相对人在被代理人追认前，享有撤销的权利。

2）表见代理是指善意相对人有理由相信无权代理人具有代理权，且据此而与无权代理人订立合同。对于表见代理，《合同法》规定，该代理行为有效，即合同订立后，应由被代理人对善意相对人承担合同责任。如果是因为无权代理给被代理人造成损失的，他可以向行为人追偿。构成表见代理的情形包括：

① 被代理人知道他人以自己的名义订立合同而不作否认表示。

② 本人以直接或者间接的意思表示，声明授予他人代理权，但事实上并未授权。

③ 将具有代理权证明意义的文件或者印鉴交给他人，或者允许他人作为自己的分支机构以其代理人名义活动。

④ 代理权授权不明，相对人有理由相信行为人有代理权。

⑤ 代理权虽然已经消灭，但未告知相对人。

⑥ 行为人与被代理人之间存在某种特定关系。

（4）法定代表人、负责人超越权限订立的合同

《合同法》规定，法人或者其他组织的法定代表人、负责人超越权限订立的合同，除了相对人知道或者应当知道其超越权限的以外，该代表行为有效。

（5）无权处分财产人订立的合同

所谓无权处分财产人订立的合同，是指不享有处分财产权利的人处分他人财产权利而订立的合同。因无权处分行为而订立的合同，如果经权利人追认或者无权处分人在订立合同后取得处分权，则合同有效；否则，该合同无效。如果合同相对人善意且有偿取得财产，则合同相对人能够享有财产所有权，原财产所有权人的损失，由擅自处分人承担赔偿责任。在实践中，无权处分财产的情形主要包括：

1）因其他合同关系占有财产的人擅自处分他人财产。

2）某一共有人未经其他共有人同意擅自处分共有财产。

3）将通过非法手段获得的他人财产进行处分。

4）采用欺诈手段处分他人财产。

3.5 合同履行

3.5.1 合同履行原则

合同订立并生效后，合同便成为约束和规范当事人行为的法律依据。合同当事人必须按照合同约定的条款全面、适当地完成合同义务，如交付标的物、提供服务、支付报酬或者价款、完成工作等。合同的履行是合同当事人订立合同的根本目的，也是实现合同目的的最重要和最关键的环节，直接关系到合同当事人的利益，而履行问题往往最容易出现争议和纠纷。因此，合同的履行成为《合同法》中的核心内容。

1. 合同履行基本原则

为了保证合同当事人依约履行合同义务，必须规定一些基本原则，以指导当事人具体地去履行合同，处理合同履行过程中发生的各种情况。合同履行的基本原则构成了履行合同过程中总的和基本的行为准则，成为合同当事人是否履行合同以及履行是否符合约定的基本判断标准。《合同法》中规定，在合同履行过程中必须遵循两个基本原则：

（1）全面履行原则。全面履行是指合同当事人应当按照合同的约定全面履行自己的义务，不能以单方面的意思改变合同义务或者解除合同。全面履行原则要求当事人保质、保量、按期履行合同义务，否则即应承担相应的责任。根据全面履行原则可以确定当事人在履行合同中是否有违约行为及违约的程度，对合同当事人应当履行的合同义务予以全面制约，充分保护合同当事人的合法权益。

（2）诚实信用原则。诚实信用原则是指在合同履行过程中，合同当事人讲究信用，恪守信用，以善意的方式履行其合同义务，不得滥用权力及规避法律或者合同规定的义务。合同的履行应当严格遵循诚实信用原则。一方面，要求当事人除了应履行法律和合同规定的义务外，还应当履行依据诚实信用原则所产生的各种附随义务，包括相互协作和照顾义务、瑕疵的告知义务、使用方法的告知义务、重要事情的告知义务、忠实的义务等。另一方面，在法律和合同规定的内容不明确或者欠缺规定的情况下，当事人应当依据诚实信用原则履行义务。

2. 与合同履行有关的其他原则

（1）协作履行原则。协作履行原则要求合同当事人在合同履行过程中相互协作，积极配合，完成合同的履行。当事人适用协作履行原则不仅有利于全面、实际地履行合同，也有利于增强当事人之间彼此相互信赖、相互协作的关系。

（2）效益履行原则。效益履行原则是指履行合同时应当讲求经济效益，尽量以最小的成本，获得最大的效益，以及合同当事人为了谋求更大的效益或者为了避免不必要的损失，变更或解除合同。

（3）情事变更原则。情事变更原则是指在合同订立后，如果发生了订立合同时当事人不能预见并且不能克服的情况，改变了订立合同时的基础，使合同的履行失去意义或者履行合同将使当事人之间的利益发生重大失衡，应当允许当事人变更合同或者解除合同。

3.5.2 合同履行中的义务

（1）通知义务。通知义务是指合同当事人负有将与合同有关的事项通知给对方当事人的义务。包括有关履行标的物到达对方的时间、地点、交货方式的通知，合同提存的有关事项的通知，后履行抗辩权行使时要求对方提供充分担保的通知，情事变更的通知，不可抗力的通知等。

（2）协助义务。协助义务是指合同当事人在履行合同过程中应当相互给予对方必要的和能够的协助和帮助的义务。

（3）保密义务。保密义务是指合同当事人负有为对方的秘密进行保守，使其不为外人知道的义务。如果因为未能为对方保守秘密，使外人知道对方的秘密，给对方造成损害的，应当对此承担责任。

3.5.3 合同履行中约定不明情况的处置

（1）合同生效后，合同的主要内容包括质量、价款或者报酬、履行地点等没有约定或者约定不明确的，当事人可以通过协商确定合同的内容。不能达成补充协议的，按照合同有关条款或者交易习惯确定。

（2）如果合同当事人双方不能达成一致意见，又不能按照合同的有关条款或者交易习惯确定，可以适用下列规定：

1）质量要求不明确的，按照国家标准、行业标准履行；没有国家标准、行业标准的，按照通常标准或者符合合同目的的特定标准履行。所谓的通常标准是指在同类的交易中，产品应当达到的质量标准；符合合同目的的特定标准是指根据合同的目的、产品的性能、产品的用途等因素确定质量标准。

2）价款或者报酬不明确的，按照订立合同时履行地市场价格履行；依法执行政府定价或者政府指导价的，按照规定执行。此处所指的市场价格是指市场中的同类交易的平均价格。对于一些特殊的物品，由国家确定价格的，应当按照国家的定价来确定合同的价款或者报酬。

3）履行地点不明确，给付货币的，在接受货币一方所在地履行；交付不动产的，在不动产所在地履行；其他标的，在履行义务一方所在地履行。

4）履行期限不明确，债务人可以随时履行，债权人也可以随时要求履行，但应当给对方必要的准备时间。

5）履行方式不明确的，按照有利于实现合同目的的方式履行。

6）履行费用的负担不明确的，由履行义务一方负担。

3.5.4 合同中执行政府定价或者指导价的法律规定

在发展社会主义市场经济过程中，政府对经济活动的宏观调控和价格管理十分必要。《合同法》规定：执行政府定价或者政府指导价的，在合同约定的交付期限内政府价格调整时，按照交付时的价格计价。逾期交付标的物的，遇价格上涨时，按照原价格执行；价格下降时，按照新价格执行。逾期提取标的物或者逾期付款的，遇价格上涨时，按照新价格执行；价格下降时，按照原来的价格执行。

从《合同法》中可以看到，执行国家定价的合同当事人，由于逾期不履行合同遇到国家调整物价时，在原价格和新价格中，执行对违约方不利的那种价格，这是对不按期履行合同的一方从价格结算上给予的一种惩罚。这样规定，有利于促进双方按规定履行合同。需要注意的是，这种价格制裁只适用于当事人因主观过错而违约，不适用于因不可抗力所造成的情况。

3.5.5 《司法解释》关于垫资的规定

垫资承包是指建设单位未全额支付工程预付款或未按工程进度支付工程款（不含合同约定的质量保证金），由建筑业企业垫款施工。建设部、国家发展和改革委员会、财政部、中国人民银行于 2006 年 1 月 4 日联合发出《关于严禁政府投资项目使用带资承包方式进行建设的通知》（建市［2006］6 号），该通知规定，政府投资项目一律不得以建筑业企业带资承包的方式进行建设，不得将建筑业企业带资承包作为招投标条件；严禁将此类内容写入工程承包合同及补充条款，同时要对政府投资项目实行告知性合同备案制度。

对于非政府投资工程，《司法解释》第六条规定：“当事人对垫资和垫资利息有约定，承包人请求按照约定返还垫资及其利息的，应予支持，但是约定的利息计算标准高于中国人民银行发布的同期同类贷款利率的部分除外。当事人对垫资没有约定的，按照工程欠款处理。当事人对垫资利息没有约定，承包人请求支付利息的，不予支持。”

3.5.6 合同履行规则

1. 向第三人履行债务的规则

合同履行过程中，由于客观情况变化，有可能会引起合同中债权人和债务人之间债权债务履行的变更。法律规定债权人和债务人可以变更债务履行，这并不会影响当事人的合法权益。从一定意义上来讲，债权人与债务人依法约定变更债务履行，有利于债权人实现其债权以及债务人履行其债务。

《合同法》规定，当事人约定由债务人向第三人履行债务的，债务人未向第三人履行债务或履行债务不符合约定，应当向债权人承担违约责任。从《合同法》中可以看出，三方的权利义务关系如下：

（1）债权人。合同的债权人有权按照合同约定要求债务人向第三人履行合同，如果债务人未履行或者未正确履行合同义务，债权人有权追究债务人的违约责任，包括债权人和第三人的损失。

（2）债务人。债务人应当按照约定向第三人履行合同义务。如果合同本身已经因为某种原因无效或者被撤销，债务人可以依此解除自己的义务。如果债务人未经第三人同意或者违反合同约定，直接向债权人履行债务，并不能解除自己的义务。需要说明的是，一般来说，向第三人履行债务原则上不能增加履行的难度及履行费用。

（3）第三人。第三人是合同的受益人，他有以自己的名义直接要求债务人履行合同的权力。但是，如果债务人不履行义务或者履行义务不符合约定，第三人不能请求损害赔偿或者申请法院强制执行，因为债务人只对债权人承担责任。此外，合同的撤销权或解除权只能由合同当事人行使。

2. 由第三人履行债务的规则

《合同法》规定：当事人约定由第三人向债权人履行债务的，第三人不履行债务或履行债务不符合约定，债务人应当向债权人承担违约责任。从中可以看出三者的权利义务关系如下：

（1）第三人。合同约定由第三人代为履行债务，除了必须经债权人同意外，还必须事先征得第三人的同意。同时，在没有事先征得债务人同意的情况下，第三人一般也不能代为履行合同义务，否则，债务人对其行为将不负责任。

（2）债务人。第三人向债权人履行债务，并不等于债务人解除了合同的义务，而只是免除了债务人亲自履行的义务。如果第三人不履行债务或履行债务不符合约定，债务人应当向债权人承担违约责任。

（3）债权人。当合同约定由第三人履行债务后，债权人应当接受第三人的履行而无权要求债务人自己履行。但是，如果第三人不履行债务或履行债务不符合约定，债权人有权向债务人主张自己的权利。

3. 提前履行规则

《合同法》规定，债权人可以拒绝债务人提前履行债务，但提前履行不损害债权人利益的除外。债务人提前履行债务给债权人增加的费用，由债务人负担。

4. 部分履行规则

《合同法》规定，债权人可以拒绝债务人部分履行债务，但部分履行不损害债权人利益的除外。债务人部分履行债务给债权人增加的费用，由债务人负担。部分履行规则是针对可分标的的履行而言，如果部分履行并不损害债权人的利益，债权人有义务接受债务人的部分履行。债务人部分履行必须遵循诚实信用原则，不能增加债权人的负担，如果因部分履行而增加了债权人的费用，应当由债务人承担。

5. 中止履行规则

《合同法》规定，债权人分立、合并或者变更住所没有通知债务人，致使履行发生困难的，债务人可以中止履行或者将标的物提存。本条规定指明了债权人不明时的履行规则。债权人因自身的情况发生变化，可能对债务履行产生影响的，债权人应负有通知债务人的附随义务。如果债权人分立、合并或者变更住所时没有履行该义务，债务人可以采取中止履行的措施，当阻碍履行的原因消灭以后再继续履行。

6. 债务人同一性规则

《合同法》规定，合同生效后，当事人不得因姓名、名称的变更或者法定代表人、负责人、承办人的变动而不履行合同义务。合同生效后，债务人的情况往往会发生变化，有的债务人以变动为理由拒绝履行原合同，这是错误的，因为这些变化仅仅是合同的外在表现形式的变更而非履行主体的变更，债务人与名称变动前相比具有同一性，不构成合同变更和解除的理由，新的代表人应当代表原债务人履行合同义务，拒绝履行的，应承担违约责任。

3.5.7 合同履行中的抗辩权

1. 抗辩权概念和特点

合同法中的抗辩权是指在合同履行过程中，债务人对债权人的履行请求权加以拒绝或者反驳的权利。抗辩权是为了维护合同当事人双方在合同履行过程中的利益平衡而设立的一项权利。作为对债务人的一种有效的保护手段，合同履行中的抗辩权要求对方承担及时履行和提供担保等义务，可以避免自己在履行合同义务后得不到对方履行的风险，从而维护了债务人的合法权益。抗辩权具有以下特点：

(1) 抗辩权的被动性。抗辩权是合同债务人针对债权人根据合同约定提出的要求债务人履行合同的请求而作出拒绝或者反驳的权利，如果这种权利经过法律认可，抗辩权便宣告成立。由此可见，抗辩权属于一种被动防护的权利，如果没有请求权，便没有抗辩权。

(2) 抗辩权仅仅产生于双务合同中。双务合同双方的权利义务是对等的，双方当事人既是债权人，又是债务人，既享有债权又承担债务，享有债权是以承担债务为条件的，为了实现债权必须履行各自的债务，形成合同履行的关联性，即要求合同当事人双方履行债务。一方不履行债务或者对方有证据证明他将不能履行债务，另一方原则上也可以停止履行。一方当事人在请求对方履行债务时，如果自己未履行债务或者将不能履行债务，则对方享有抗辩权。

2. 同时履行抗辩权

(1) 同时履行抗辩权的概念

同时履行抗辩权是针对合同当事人双方的债务履行没有先后顺序的情况下的一种抗辩制度。同时履行抗辩权是指双务合同的当事人一方在对方未为对待给付之前，有权拒绝对方请求自己履行合同要求的权利。如果双方当事人的债务关系没有先后顺序，双方当事人应当同时履行合同义务，一方当事人在请求对方履行合同债务时，如果自己没有履行合同义务，则对方享有暂时不履行自己的债务的抗辩权。同时履行抗辩权的目的不在于完全消除或者改变自己的债务，只是延期履行自己的债务。

《合同法》规定，当事人互有债务，没有先后履行顺序的，应当同时履行。一方在对方履行之前有权拒绝其履行要求。一方在对方履行债务不符合约定时，有权拒绝其相应的履行要求。

(2) 同时履行抗辩权的构成条件

1) 双方当事人互负对待给付。同时履行抗辩权只适用于双务合同，而且必须是双方当事人基于同一个双务合同互负债务，承担对待给付的义务。如果双方的债务是因两个或者两个以上的合同产生的，则不能适用同时履行抗辩权。

2) 双方当事人负有的对待债务没有约定履行顺序。如果合同中明确约定了当事人的履行顺序，就必须按照约定履行，应当先履行债务的一方不能对后履行一方行使同时履行抗辩权。只有在合同中未对双方当事人的履行顺序进行约定的情况下，才发生合同的履行顺序问题。正是由于当事人对合同的履行顺序产生了歧义，所以才应按照一定的方式来确定当事人谁先履行谁后履行，以维护双方当事人的合法权益。

3) 须对方未履行债务或未完全履行债务。这是一方能行使其同时履行抗辩权的关键条件之一。其适用的前提就是双方当事人均没有履行各自的到期债务。其中一方已经履行其债务的，则不再出现同时履行抗辩权适用的情况，另一方也应当及时对其债务作出履行，对方向其请求履行债务时，不得拒绝。

4) 双方当事人的债务已届清偿期。合同的履行以合同履行期已经届满为前提，如果合同的履行期还未到期，则不会产生履行合同义务问题，自然就不会涉及同时履行抗辩权适用问题。

(3) 同时履行抗辩权的效力

同时履行抗辩权具有以下效力：

1) 阻却违法的效力。阻却违法是指因其存在，使本不属于合法的行为失去其违法的根据，而变为一种合理的为法律所肯定的行为。同时履行抗辩权是法律赋予双务合同的当事人在同时履行合同债务时，保护自己利益的权利。如果对方未履行或者未完全履行债务而拒绝向对方履行债务，该行为不构成违约，而是一种正当行为。

2) 对抗效力。同时履行抗辩权是一种延期的抗辩权，可以对抗对方的履行请求，而不必为自己的拒绝履行承担法律责任。因此，它不具有消灭对方请求权的效力，在被拒绝后，不影响对方再次提出履行请求。同时，同时履行抗辩权的目的不在于完全消除或者改变自己的债务，只是延期履行自己的债务。

3. 后履行抗辩权

(1) 后履行抗辩权的概念

后履行抗辩权是指按照合同约定或者法律规定负有先履行债务的一方当事人，届期未履行债务或履行债务严重不符合约定条件时，相对人为保护自己的到期利益或为保证自己履行债务的条件而中止履行合同的权利。《合同法》规定，当事人互负债务，有先后履行顺序的，先履行一方未履行的，后履行一方有权拒绝其履行要求。先履行一方履行债务不符合约定的，后履行一方有权拒绝其相应的履行要求。

后履行抗辩权属于负有后履行债务一方享有的抗辩权，它的本质是对先期违约的对抗，因此，后履行抗辩权可以称为违约救济权。如果先履行债务方是由于属于免责条款范围内（如发生了不可抗力）的原因而无法履行债务的，该行为不属于先期违约，因此，后履行债务方不能行使后履行抗辩权。

（2）后履行抗辩权构成条件

后履行抗辩权的适用范围与同时履行抗辩权相似，只是在履行顺序上有所不同，具体有：

1）由同一双务合同互负债务，互负的债务之间具有相关性。

2）债务的履行有先后顺序。当事人可以约定履行顺序，也可以由合同的性质或交易习惯决定。

3）先履行一方不履行或者不完全履行债务。

4. 不安抗辩权

（1）不安抗辩权的概念

不安抗辩权，又称保证履约抗辩权，是指按照合同约定或者法律规定负有先履行债务的一方当事人，在合同订立之后，履行债务之前或者履行过程中，有充分的证据证明后履行一方将不会履行债务或者不能履行债务时，先履行债务方可以暂时中止履行，通知对方当事人在合理的期限内提供适当担保，如果对方当事人在合理的期限内提供担保，中止方应当恢复履行；如果对方当事人未能在合理期限内提供适当的担保，中止履行一方可以解除合同。

《合同法》规定，应当先履行债务的当事人有确切证据证明对方有下列情况之一的，可以中止履行：经营状况严重恶化；转移财产、抽逃资金以逃避债务；丧失商业信誉；有丧失或者可能丧失履行债务能力的其他情形。

（2）不安抗辩权的适用条件

1）由同一双务合同互负债务并具有先后履行顺序。不安抗辩权同样也产生于双务合同中，与双务合同履行上的关联性有关。互负债务并具有先后履行顺序是不安抗辩权的前提条件。

2）后履行一方有不履行债务或者可能丧失履行债务能力的情形。不安抗辩权设立的目的就是在于保证先履行的一方当事人在履行其债务后，不会因为对方不履行或者不能履行合同债务而受到损失。《合同法》中规定了 4 种情形，可概括为不履行或者丧失履行能力的情形。如果这些情形出现，就可能危及先履行一方的债权。

3）先履行一方有确切的证据。作为享有的权利，先履行一方在主张不安抗辩时，必须有充分的证据证明对方当事人确实存在不履行或者不能履行其债务的情形。这主要是防止先履行一方滥用不安抗辩权。如果先履行一方无法举出充分证据来证明对方丧失履行能力，则不能行使不安抗辩权，其拒绝履行合同义务的行为即为违约行为，应当承担违约责任。

（3）不安抗辩权的效力

1）中止履行。不安抗辩权能够适用的原因在于由于可归责于对方当事人的事由，可能给先履行的一方造成不能得到对待给付的危险，先履行债务一方最可能的就是暂时不向对方履行债务。所以，中止履行是权利人首先能够采取的手段，而且，这种行为是一种正当行为，不构成违约。

2）要求对方提供适当的担保。不安抗辩权的适用并不消灭先履行一方的债务，只是因特定的情况，暂时中止履行其债务，双方当事人的债权债务关系并未解除。因此，先履行一方可要求对方在合理的期限内提供担保来消除可能给先履行债务一方造成损失的威胁，并以此决定是继续维持还是中止债权债务关系。

3）恢复履行或者解除合同。中止履行只是暂时性的保护措施，并不能彻底保护先履行债务一方的利益。所以，为及早解除双方当事人之间的不确定的法律状态，有两种处理结果：如果对方在合理期限内提供担保，则中止履行一方继续履行其债务；否则，可以解除合同关系。

（4）不安抗辩权的附随义务

1）通知义务。先履行债务一方主张不安抗辩时，应当及时通知对方当事人，以避免对方因此而遭受损失，同时也便于对方获知后及时提供充分保证来消灭抗辩权。

2）举证义务。先履行债务一方主张不安抗辩时，负有举证义务，即必须能够提出充分证据来证明对方将不履行或者丧失履行债务能力的事实。如果提供不出证据或者证据不充分而中止履行的，该行为构成违约，应当承担违约责任。如果后履行一方本可以履行债务，而因对方未举证或者证据错误而导致合同被解除，由此造成的损失由先履行债务一方承担。

3.5.8 合同的保全制度

1. 代位权

（1）代位权的概念

代位权是相对于债权人而言，它是指当债务人怠于行使其权利而危害债权人的债权时，债权人可以取代债务人的地位，行使债务人的权利。代位权的核心是以自己的名义行使债务人对第三人的债权。

（2）代位权的成立条件

1）债务人对第三人享有债权。债务人对第三人享有的债权是代位权的标的，它应当是合法有效的债权。

2）债务人怠于行使其到期债权。怠于行使债权是指债务人在债权可能行使并且应该行使的情况下消极地不行使。债务人消极地不行使权利，就可能产生债权因时效届满而丧失诉权等不利后果，可能会给债权人的债权造成损害，所以，才有行使代位权的必要。

3）债务人不行使债权，有造成债权消灭或者丧失的危险。债务人如果暂时消极地不行使债权，对其债权的存在的法律效力没有任何影响的，因而没有构成对债务人的债权消灭或者丧失的危险，就没有由债权人代为行使债权的必要，债权人的代位权也就没有适用的余地。

4）债务人的行为对债权人造成损害。债务人怠于行使债权的行为已经对债权人的债权造成现实的损害，是指因为债务人不行使其债权，造成债务人应当增加的财产没有增加，导致债权人的债权到期时，会因此而不能全部清偿。

（3）代位权的效力

代位权的效力包括对债权人、债务人和第三人三方的效力：

1）债权人。债权人行使代位权胜诉时，可以代位受领债务人的债权，因而可以抵消自己对债务人的债权，让自己的债权受偿。

2）债务人。代位权的行使结果由债务人自己承担，债权人行使代位权的费用应当由债务人承担。

3）第三人。对第三人来说，无论是债务人亲自行使其债权，还是债权人代位行使债务人的债权，均不影响其利益。如果由于债权人行使代位权而造成第三人履行费用增加的，第三人有权要求债务人承担增加的费用。

2. 撤销权

（1）撤销权的概念

撤销权是相对于债权人而言，它是指债权人在债务人实施减少其财产而危及债权人的债权的积极行为时，请求法院予以撤销的权利。

（2）撤销权的成立条件

1）债务人实施了处分财产的法定行为。包括放弃到期债权、无偿转让财产的行为或者以明显不合理的低价转让财产的行为。这些会对债权人的债权产生不利的影响，因此，债权人可以行使撤销权以保护自己的债权。如果债务人没有产生上述行为，对债权人的债权未造成不利影响，债权人无权行使撤销权。

2）债务人的行为已经产生法律效力。对于没有产生法律效力的行为，因为在法律上不产生任何意义，对债权人的债权不产生现实影响，所以债权人不能对此行使撤销权。

3）债务人的行为是法律行为，具有可撤销性。债务人的行为必须是可以撤销的，否则，如果财产的消灭是不可以回转的，债权人行使撤销权也于事无补，此时就没有必要行使撤销权。

4）债务人的行为已经或者将要严重危害到债权人的债权。只有在债务人的行为对债权人债权的实现产生现实的危害时，债权人才能行使撤销权，以消除因债务人的行为带来的危害。

（3）撤销权的法律效力

1）债权人。债权人有权代债务人要求第三人向债务人履行或者返还财产，并在符合条件的情况下将受领的履行或财产与对债务人的债权作抵消。如果不符合抵消条件，则应当将收取的利益加入债务人的责任财产，作为全体债权的一般担保。

2）债务人。债务人的行为被撤销后，行为将自始无效，不发生行为的效果，意图免除的债务或转移的财产仍为债务人的责任财产，应当以此清偿债权。同时，应当承担债权人行使撤销权的必要费用和向第三人返还因有偿行为获得的利益。

3）第三人。如果第三人对债务人负有债务，则免除债务的行为不产生法律效力，第三人应当继续履行。如果第三人已经受领了债务人转让的财产，应当返还财产。原物不能返还的，应折价赔偿。但第三人有权要求债务人偿还因有偿行为而得到的利益。

（4）撤销权的行使期限

《合同法》规定，债权人自知撤销事由之日起 1 年内或者债务人的行为发生之日起 5 年内没有行使撤销权的，该撤销权消灭。债权人在知道有撤销事由时起，应当在 1 年内行使撤销权，否则，撤销权消灭。如果在 5 年内，撤销权人未行使其撤销权，5 年期满后，撤销权消灭。此处的 5 年期限起始点是从撤销事由产生之日起开始计算，无论撤销权人是否知道其撤销权都将在 5 年后消灭。

3.6 合同变更、转让和终止

3.6.1 合同变更

1. 合同变更概念

合同变更有两层含义，广义的合同变更包括合同三个构成要素的变更：合同主体的变更、合同客体的变更以及合同内容的变更。但是，考虑到合同的连贯性，合同的主体不能与合同的客体及内容同时变更，否则，变化前后的合同就没有联系的基础，就不能称之为合同的变更，而是一个旧合同的消灭与一个新合同的订立。

根据《合同法》规定，合同当事人的变化为合同的转让。因此，狭义的合同变更专指合同成立以后履行之前或者在合同履行开始之后尚未履行完之前，当事人不变而合同的内容、客体发生变化的情形。合同的变更通常分为协议变更和法定变更两种。协议变更又称为合意变更，是指合同双方当事人以协议的方式对合同进行变更。我国《合同法》中所指的合同变更即指协议变更合同。

2. 合同变更的条件

(1) 当事人之间原已经存在合同关系。合同的变更是新合同对旧合同的替代，所以必然在变更前就存在合同关系。如果没有这一作为变更基础的现存合同，就不存在合同变更，只是单纯订立了新合同，发生新的债务。另外，原合同必须是有效合同，如果原合同无效或者被撤销，则合同自始就没有法律效力，不发生变更问题。

(2) 合同变更必须有当事人的变更协议。当事人达成的变更合同的协议也是一种民事合同，因此也应符合《合同法》有关合同的订立与生效的一般规定。合同变更应当是双方当事人的自愿与真实的意思表示。

(3) 原合同内容发生变化。合同变更按照《合同法》的规定仅为合同内容的变更，所以合同的变更应当能起到使合同的内容发生改变的效果，否则不能认为是合同的变更。合同的变更包括：合同性质的变更、合同标的物的变更、履行条款的变更、合同担保的变更、合同所附条件的变更等。

(4) 合同变更必须按照法定的方式。合同当事人协议变更合同，应当遵循自愿互利原则，给合同当事人以充分的合同自由。国家对合同当事人协议变更合同应当加以保护，但也必须从法律上实行有条件的约束，以保证当事人对合同的变更不至于危及他人、国家和社会利益。

3. 合同变更的效力

双方当事人应当按照变更后的合同履行。合同变更后有下列效力：

(1) 变更后的合同部分，原有的合同失去效力，当事人应当按照变更后的合同履行。合同的变更就是在保持原合同的统一性的前提下，使合同有所变化。合同变更的实质是以变更后的合同取代原有的合同关系。

(2) 合同的变更只对合同未履行部分有效，不对合同中已经履行部分产生效力，除了当事人约定以外，已经履行部分不因合同的变更而失去法律依据。即合同的变更不产生追溯力，合同当事人不得以合同发生变更而要求已经履行的部分归于无效。

(3) 合同的变更不影响当事人请求损害赔偿的权利。合同变更以前，一方因可归责于自己的原因而给对方造成损害的，另一方有权要求责任方承担赔偿责任，并不因合同变更而受到影响。但是合同的变更协议已经对受害人的损害给予处理的除外。合同的变更本身给一方当事人造成损害的，另一方当事人也应当对此承担赔偿责任，不得以合同的变更是双方当事人协商一致的结果为由而不承担赔偿责任。

4. 合同变更内容约定不明的法律规定

合同变更内容约定不明是指当事人对合同变更的内容约定含义不清，令人难以判断约定的新内容与原合同的内容的本质区别。《合同法》规定，当事人对合同变更的内容约定不明确的，推定为未变更。有效的合同变更，必须有明确的合同内容的变更，即在保持原合同的基础上，通过对原合同作出明显的改变，而成为一个与原合同有明显区别的合同。否则，就不能认为原合同进行了变更。

3.6.2 合同转让

1. 合同转让概念

合同转让是指合同成立后，当事人依法可以将合同中的全部或部分权利（或者义务）转让或者转移给第三人的法律行为。也就是说合同的主体发生了变化，由新的合同当事人代替了原合同当事人，而合同的内容没有改变。合同转让有两种基本形式：债权让与和债务承担。

2. 债权让与

（1）债权让与的概念及法律特征

债权让与即合同权利转让，是指合同的债权人通过协议将其债权全部或者部分转移给第三人的行为。债权的转让是合同主体变更的一种形式，它是在不改变合同内容的情况下，合同债权人的变更。债权转让的法律特征有：

1）合同权利的转让是在不改变合同权利内容的基础上，由原合同的债权人将合同权利转移给第三人。

2）合同债权的转让只能是合同权利，不应包括合同义务。

3）合同债权的转让可以是全部转让也可以是部分转让。

4）转让的合同债权必须是依法可以转让的债权，否则不得进行转让，转让不得进行转让的合同债权协议无效。

（2）债权让与的构成条件

根据《合同法》规定，债权让与的成立与生效的条件包括：

1）让与人与受让人达成协议。债权让与实际上就是让与人与受让人之间订立了一个合同，让与人按照约定将债权转让给受让人。合同当事人包括债权人与第三人，不包括债务人。该合同的成立、履行及法律效力必须符合法律规定，否则不能产生法律效力，转让合同无效。合同一旦生效，债权即转移给受让人，债务人对债权让与同意与否，并不影响债权让与的成立与生效。

2）原债权有效存在。转让的债权必须具有法律上的效力，任何人都不能将不存在的权利让与他人。所以，转让的债权应当是为法律所认可的具有法律约束力的债权。对于不存在或者无效的合同债权的转让协议是无效的，如果因此而造成受让人利益损失，让与人应当承担赔偿责任。

3）让与的债权具有可转让性。并非所有的债权都可以转让，必须根据合同的性质，遵循诚实信用原则以及具体情况判断是否可以转让。其标准为是否改变了合同的性质，是否改变了合同的内容，增加了债务人的负担等。

4）履行必需的程序。《合同法》规定，法律、行政法规规定转让权利或者转移义务应当办理批准、登记等手续的，依照其规定办理。

（3）债权让与的限制

不得进行转让的合同债权主要包括：

1）根据合同性质不得转让的合同债权。主要有：合同的标的与当事人的人身关系相关的合同债权，不作为的合同债权以及与第三人利益有关的合同债权。

2）按照当事人的约定不得转让的债权。即债权人与债务人对债权的转让作出了禁止性约定，只要不违反法律的强制性规定或者公共利益，这种约定都是有效的，债权人不得将债权进行转让。

3）依照法律规定不得转让的债权。是指法律明文规定不得让与或者必须经合同债务人同意才能让与的债权。如《担保法》中规定，最高额抵押的主合同债权不得转让。

（4）债权让与的效力

1）债权让与的内部效力。合同债权转让协议一旦达成，债权就发生了转移。如果合同债权进行了全部转让，则受让人取代了让与人而成为新的债权人；如果是部分转让，则受让人加入了债的关系，按照债的份额或者连带地与让与人共同享有债权。同时，受让人还享有与债权有关的从权利。所谓合同的从权利是指与合同的主债权相联系，但自身并不能独立存在的合同权利。大部分是由主合同的从合同所规定的，也有本身就是主合同内容的一部分。如被担保的权利就是主权利，担保权则为从权利。常见的从权利除了保证债权、抵押权、质押权、留置权、定金债权等外，还有违约金债权、损害赔偿请求权、合同的解除权、债权人的撤销权以及代位权等属于主合同的规定或者依照法律规定所产生的债权人的从权利。《合同法》规定，债权人转让债权的，受让人取得与债权有关的从权利，但该从权利专属于债权人自身的除外。

2）债权让与的外部效力。债权让与通知债务人后即对债务人产生效力，包括让与人与债务人之间以及受让人与债务人之间的效力。对让与人与债务人来说，就债权转让部分，债务人不再对让与人负有任何债务，如果债务人向让与人履行债务，债务人并不能因债权清偿而解除对受让人的债务；让与人也无权要求债务人向自己履行债务，如果让与人接受了债务人的债务履行，应负返还义务。对受让人与债务人来说，就债权转让部分，债务人应当承担让与人转让给受让人的债务，如果债务人不履行其债务，应当承担违约责任。

（5）债权让与时让与人的义务

让与人必须对受让人承担下列义务：

1）将债权证明文件交付受让人。让与人对债权凭证保有利益的，由受让人自付费用取得与原债权证明文件有同等证据效力的副本。

2）将占有的质物交付受让人。

3）告知受让人行使债权的一切必要情况。

4）应受让人的请求做成让与证书，其费用由受让人承担。

5）承担因债权让与而增加的债务人履行费用。

6）提供其他为受让人行使债权所必需的合作。

同时，让与人应当将债权让与情况及时通知债务人，从而使债权让与对债务人产生法律效力。如果让与人未将其转让行为通知债务人，该转让对债务人不发生法律效力。债权让与的通知应当以到达债务人时产生法律效力，产生法律效力后，让与人不得再行撤销，只有在受让人同意撤销转让以后，债权让与的协议才失去效力。

（6）债权抵消

债权抵消是指当双方互负债务时，各以其债权充当债务的清偿，而使其债务与对方的债务在相同数额内相互消灭，不再履行。《合同法》规定，债务人接到债权转让通知时，债务人对让与人享有债权，并且债务人的债权先于转让的债权到期或者同时到期的，债务人可以向受让人主张抵消。由此可见，债务人对受让人主张抵消必须符合以下条件：

1）债务人在接到债权让与通知之前对让与人享有债权。

2）该债权已经到期。

3）接到了债权让与通知。

4）符合债权抵消的其他条件。

3. 债务承担

（1）债务承担的概念

债务承担又称为合同义务的转移，是指经债权人同意，债务人将债务转移给第三人的行为。债务的转移可分为全部转移和部分转移。全部转移，是指由新的债务人取代原债务人，即合同的主体发生变化，而合同内容保持不变；债务的部分转移则是指债务人将其合同义务的一部分转交给第三人，由第三人对债权人承担一部分债务，原债务人并没有退出合同关系，而是又加入了一个债务人，该债务人就其接受转让的债务部分承担责任。

《合同法》第 272 条规定，工程建设中，总承包人或者勘察、设计、施工承包人经发包人同意，可以将自己承包的部分工作交由第三人完成。承包人不得将其承包的全部建设工程转包给第三人或者将其承包的全部建设工程肢解以后以分包的名义分别转包给第三人。由此可见，在建设工程中，法律明确规定，承包商的债务转移只能是部分转移。

（2）债务承担的构成条件

债务承担生效与成立的条件包括：

1）承担人与债务人订立债务承担合同。

2）存在有效债务。

3）拟转移的债务具有可转移性，即性质上不能进行转让，或者法律、行政法规禁止转让的债务，不得进行转让。

4）合同债务的转移必须取得债权人的同意。

其中，转移必须经债权人同意既是债务承担生效条件，也是债务承担与债权让与最大的不同。因为债务承担直接影响到债权人的利益。债务人的信用、资历是债权人利益得以实现的保障，如果债务人不经债权人同意而将债务转移，则债权人的利益将难以确定，有可能会因为第三人履行债务能力差而使债权人的利益受损。所以，为了保护债权人的利益，债务承担必须事先征得债权人的同意。

（3）债务承担的效力

债务承担的效力主要表现在以下几方面：

1）承担人代替了原债务人承担债务，原债务人免除债务。由于实行了债务转让，转移后的债务应当由第三人承担，债权人只能要求承担人履行债务且不得拒绝承担人的履行。同时，承担人以自己的名义向债权人履行债务并承担未履行或者不适当履行债务的违约责任，原债务人对承担人的履行不承担任何责任。需要说明的是，此处所说的债务是指经债权人同意后转让的债务，否则不能产生法律效力；同时，该债务仅仅限于转让部分，对部分转让的，原债务人不能免除未转移部分的债务。

2）承担人可以主张原债务人对债权人的抗辩。既然承担人经过债务转让而处于债务人的地位，所有与所承担的债务有关的抗辩，都应当同时转让给承担人并由其向债权人提出。承担人拥有的抗辩权包括法定的抗辩事由，如不可抗力，在实际订立合同以后发生的债务人可以加以对抗债权人的一切事由。但这种抗辩必须符合两方面条件：一是该行为必须有效；二是承担人履行的时间应当在转让债务得到债权人的同意之后，如果抗辩事由发生在债务转移之前，则为债务人自己对债权人的抗辩。

3）承担人同时负担从债务。对于附属于主债务的从债务，在原债务人转移债务后，无论在转让协议中是否约定，承担人应当一并对从债务进行承担。但是，从债务专属于原债务人的，承担人不予承担，仍然由原债务人负担，债权人无权要求承担人履行这些债务。

4. 债权债务的概括转移

(1) 债权债务概括转移的概念

债权债务的概括转移是指由原合同的当事人一方将其债权债务一并转移给第三人，由第三人概括地继受这些权利和义务。债权债务的概括转移一般由合同当事人一方与合同以外的第三人通过签订转让协议，约定由第三人取代合同转让人的地位，享有合同中转让人的一切权利并承担转让人在合同中的一切义务。

(2) 债权债务的概括转移成立条件

1）转让人与承受人达成合同转让协议。这是债权债务的概括转移的关键。

2）原合同必须有效。原合同无效的不能产生法律效力，更不能转让。

3）原合同为双务合同。只有双务合同才可能将债权债务一并转移，否则只能为债权让与或者是债务承担。

4）必须经原合同对方当事人的同意。

(3) 债权债务的概括转移发生条件

1）债权债务因合并而发生概括转移。当事人的合并是指合同当事人与其他的民事主体合成一个民事主体。合并有两种形式：一是新设合并，即由原来的两个以上的民事主体合并成为一个新的民事主体；二是吸收合并，即两个以上的民事主体，由其中的一个加入到另一个中去。《合同法》规定，合同当事人与其他民事主体发生合并的，合并后的民事主体承担原合同中的债务，同时享有原合同当事人的权利。

2）债权债务因分立而发生概括转移。当事人的分立是指当事人由一个分成为两个或者两个以上的民事主体。分立也分为两种情况：一是由原来的主体分出另外一个民事主体而原主体并不消灭；二是消灭原主体而形成两个新的民事主体。《合同法》规定，当事人订立合同后分立的，除了债权人与债务人另有约定的以外，由分立的法人或者其他组织对合同的权利义务享有连带债权，承担连带债务。

3.6.3 合同终止

1. 合同终止的基本内容

(1) 合同终止的概念

合同终止，又称为合同的消灭，是指合同关系不再存在，合同当事人之间的债权债务关系终止，当事人不再受合同关系的约束。合同的终止也就是合同效力的完全终结。

(2) 合同终止的条件

根据《合同法》规定，有下列情形之一的，合同终止：

1) 债务已经按照约定履行。

2) 合同被解除。

3) 债务相互抵消。

4) 债务人依法将标的物提存。

5) 债权人免除债务。

6) 债权债务归于一人。

7) 法律规定或者当事人约定终止的其他情形。

(3) 合同终止的效力

合同终止因终止原因的不同而发生不同的效力。根据《合同法》规定，除上述的第2) 项和第7) 项终止条件以外，在消灭因合同而产生的债权债务的同时，也产生了下列效力：

1) 消灭从权利。债权的担保及其他从属的权利，随合同终止而同时消灭，如为担保债权而设定的保证、抵押权或者质权，事先在合同中约定的利息或者违约金因此而消灭。

2) 返还负债字据。负债字据又称为债权证书，是债务人负债的书面凭证。合同终止后，债权人应当将负债字据返还给债务人。如果因遗失、毁损等原因不能返还的，债权人应当向债务人出具债务消灭的字据，以证明债务的了结。

根据《合同法》规定，因上述的第2)、第7) 项规定的情形合同终止的，将消灭当事人之间的合同关系及合同规定的权利义务，但并不完全消灭相互间的债务关系，对此，将适用下列条款：

1) 结算与清理。《合同法》第98条规定，合同的权利义务终止，不影响合同中结算与清理条款的效力。由此可见，合同终止后，尽管消灭了合同，如果当事人在事前对合同中所涉及的金钱或者其他财产约定了清理或结算的方法，则应当以此方法作为合同终止后的处理依据，以彻底解决当事人之间的债务关系。

2) 争议的解决。《合同法》第57条规定，合同无效、被撤销或者终止的，不影响合同中独立存在的有关解决争议方法的条款的效力。这表明了争议条款的相对独立性，即使合同的其他条款因无效、被撤销或者终止而失去法律效力，但是争议条款的效力仍然存在。这充分尊重了当事人在争议解决问题上的自主权，有利于争议的解决。

(4) 合同终止后的义务

后合同义务又称后契约义务，是指在合同关系因一定的事由终止以后，出于对当事人利益保护的需要，合同双方当事人依据诚实信用原则所负有的通知、协助、保密等义务。后契约义务产生于合同关系终止以后，它是与合同的履行中所规定的附随义务一样，也是一种附随义务。

2. 合同的解除

(1) 合同解除的概念

合同的解除是指合同的一方当事人按照法律规定或者双方当事人约定的解除条件使合同不再对双方当事人具有法律约束力的行为或者合同各方当事人经协商消灭合同的行为。合同的解除是合同终止的一种特殊的方式。

合同解除有两种方式：一种称为约定解除，是双方当事人协议解除，即合同双方当事人通过达成协议，约定原有的合同不再对双方当事人产生约束力，使合同归于终止；另一种方式称为法定解除，即在合同有效成立以后，由于产生法定事由，当事人依据法律规定行使解除权而解除合同。

(2) 合同解除的要件

1) 存在有效合同并且尚未完全履行。合同解除是合同终止的一种异常情况，即在合同有效成立以后、履行完毕之前的期间内发生了异常情况，或者因一方当事人违约，或者发生了影响合同履行的客观情况，致使合同当事人可以提前终止合同。

2) 具备了合同解除的条件。合同有效成立后，如果出现了符合法律规定或者合同当事人之间约定的解除条件的事由，则当事人可以行使解除权而解除合同。

3) 有解除合同的行为。解除合同需要一方当事人行使解除权，合同才能解除。

4) 解除产生消灭合同关系的效果。合同解除将使合同效力消灭。如果合同并不消灭，则不是合同解除而是合同变更或者合同中止。

(3) 约定解除

按照达成协议时间的不同，约定解除可以分为两种形式：

1) 约定解除。即在合同订立时，当事人在合同中约定合同解除的条件，在合同生效后、履行完毕之前，一旦这些条件成立，当事人则享有合同解除权，从而可以以自己的意思表示通知对方而终止合同关系。

2) 协议解除。即在合同订立以后，且在合同未履行或者尚未完全履行之前，合同双方当事人在原合同之外，又订立了一个以解除原合同为内容的协议，使原合同被解除。这不是单方行使解除权而是双方都同意解除合同。

(4) 法定解除

法定解除就是直接根据法律规定的解除权解除合同，它是合同解除制度中最核心、最重要的问题。《合同法》第 94 条规定，有下列情形之一的，当事人可以解除合同：因不可抗力致使不能实现合同目的；在履行期限届满之前，当事人一方明确表示或者以自己的行为表明不履行主要债务；当事人一方迟延履行主要债务，经催告后在合理期限内仍未履行；当事人一方迟延履行债务或者有其他违约行为致使不能实现合同目的；法律规定的其他情况。由此可见，法定解除可以分为三种情况：

1) 不可抗力解除权。不可抗力是指不能预见、不可避免并不能克服的客观情况。发生不可抗力，就可能造成合同不能履行。这可以分为三种情况：①如果不可抗力造成全部义务不能履行，发生解除权。②如果造成部分义务不能履行，且部分义务履行对债权人无意义的，发生解除权。③如果造成履行迟延，且迟延履行对债权人无意义的，发生解除权。对不可抗力造成全部义务不能履行的，合同双方当事人均具有解除权；其他情况，只有相对人拥有解除权。

2）违约解除权。当一方当事人违约，相对人在自己的债权得不到履行的情况下，依照《合同法》第 94 条规定，可以行使解除权而单方解除合同，同时对因对方当事人未履行其债务而给自身造成的损失由违约方承担违约责任。所以，解除合同常常作为违约的一种救济方法。

3）其他解除权。其他解除权是指除上述情形以外，法律规定的其他解除权。如在合同履行时，一方当事人行使不安抗辩权，而对方未在合理期限内提供保证的，抗辩方可以行使解除权而将合同归于无效。在《合同法》分则中就具体合同对合同解除也作出了特别规定。对于有特别规定的解除权，应当适用特别规定而不适用上述规定。

（5）解除权的行使

1）解除权行使的方式。解除合同原则上只要符合合同解除条件，一方当事人只需向对方当事人发出解除合同的通知，通知到达对方时即发生解除合同的效力。如果法律、行政法规规定解除合同应当办理批准、登记手续的，还必须按照规定办理。如果使用通知的方式解除合同而对方有异议的，应当通过法院或者仲裁机构确认解除的效力。

2）解除权行使的期限。《合同法》规定，法律规定或者当事人约定解除权行使期限，期限届满当事人不行使的，该权利消灭；法律没有规定或者当事人没有约定解除权行使期限，经对方催告后在合理期限内不行使的，该权利消灭。这条规定主要是为了维护债务人的合法权益。解除权人迟迟不行使解除权对债务人十分不利，因为债务人的义务此时处于不确定的状态，如果继续履行，一旦对方解除合同，就会给自己造成损失；如果不履行，可合同又没有解除，此时仍然有履行的义务。所以，解除权要尽快行使，尽量缩短合同的不确定状态。

（6）合同解除后的法律后果

合同解除后，将产生终止合同的权利义务、消灭合同的效力。效力消灭分为以下三种情况：

1）合同尚未履行的，中止履行。尚未履行合同的状态与合同订立前的状态基本相同，因而解除合同仅仅只是终止了合同的权利义务。但是，除非合同解除是因不可归责于双方当事人的事由或者不可抗力所造成的，否则，对合同解除有过错的一方，应当对另一方承担相应的损害赔偿责任。

2）合同已经履行的，要求恢复原状。恢复原状是指恢复到订立合同以前的状态，它是合同解除具有溯及力的标志和后果。恢复原状一般包括如下内容：返还原物；受领的标的物为金钱的，应当同时返还自受领时起的利息；受领的标的物生有孳息的，应当一并返还；就应当返还之物支出了必要的或者有益的费用，可以在对方得到返还时和所得利益限度内，请求返还；应当返还之物因毁损、灭失或者其他原因不能返还的，应当按照该物的价值以金钱返还。

3）合同已经履行的，采取其他补救措施。这种情形的发生，可能有三方面原因：合同的性质决定了不可能恢复原状、合同的履行情况不适合恢复原状（如建筑工程合同）以及当事人对清理问题经协商达成协议。这里所说的补救措施主要是指要求对方付款、减少价款的支付或者请求返还不当得利等。

（7）合同解除后的损失赔偿

如果合同解除是由于一方当事人违反规定或者构成违约而造成的，对方在解除合同的同时，可以要求损害赔偿，赔偿范围包括：

1）债务不履行的损害赔偿。包括履行利益和信赖利益。

2）因合同解除而产生的损害赔偿。包括：①债权人订立合同所支出的必要的费用。②债权人因相信合同能够履行而作准备所支出的必要费用。③债权人因失去同他人订立合同的机会所造成的损失。④债权人已经履行合同义务，债务人因拒不履行返还给付物的义务而给债权人造成的损失。⑤债权人已经受领债务人的给付物时，因返还该物而支出的必要的费用。

(8)《司法解释》关于合同解除的规定

1)《司法解释》第八条规定："承包人具有下列情形之一，发包人请求解除建设工程施工合同的，应予支持：明确表示或者以行为表明不履行合同主要义务的；合同约定的期限内没有完工，且在发包人催告的合理期限内仍未完工的；已经完成的建设工程质量不合格，并拒绝修复的；将承包的建设工程非法转包、违法分包的。"

2)《司法解释》第九条规定："发包人具有下列情形之一，致使承包人无法施工，且在催告的合理期限内仍未履行相应义务，承包人请求解除建设工程施工合同的，应予支持：未按约定支付工程价款的；提供的主要建筑材料、建筑构配件和设备不符合强制性标准的；不履行合同约定的协助义务的。"

3)《司法解释》第十条规定："建设工程施工合同解除后，已经完成的建设工程质量合格的，发包人应当按照约定支付相应的工程价款；已经完成的建设工程质量不合格的，参照本解释第三条规定处理。因一方违约导致合同解除的，违约方应当赔偿因此而给对方造成的损失。"

3. 抵消

(1) 法定抵消的概念

法定抵消是指合同双方当事人互为债权人和债务人时，按照法律规定，各自以自己的债权充抵对方债权的清偿，而在对方的债权范围内相互消灭。

(2) 法定抵消的要件

1）双方当事人互享债权互负债务。这是抵消的首要条件。

2）互负的债权的种类要相同。即合同的给付在性质上以及品质上是相同的。

3）互负债权必须为到期债权。即双方当事人的各自的债权均已经到了清偿期，只有这样，双方才负有清偿债务的义务。

4）不属于不能抵消的债权。不能抵消的债权包括：

① 按照法律规定不得抵消。又分为禁止强制执行的债务、因故意侵权行为所发生的债务、约定应当向第三人给付的债务、为第三人利益的债务。

② 依合同的性质不得抵消。

③ 当事人特别约定不得抵消的。

(3) 法定抵消的行使与效力

《合同法》规定，当事人主张抵消的，应当通知对方，通知自到达对方时生效。抵消不得附条件或者附期限。

4. 提存

(1) 提存的概念

提存是指由于债权人的原因而使得债务人无法向其交付合同的标的物时，债务人将该标的物提交提存机关而消灭债务的制度。

(2) 提存的条件

1) 提存人具有行为能力，意思表示真实。

2) 提存的债务真实、合法。

3) 存在提存的原因。包括债权人无正当理由拒绝受领、债权人下落不明、债权人失踪或死亡未确定继承人或者丧失民事行为能力未确定监护人，以及法律规定的其他情形。

4) 存在适宜提存的标的物。

5) 提存的物与债的标的物相符。

(3) 提存的方法与效力

提存人应当首先向提存机关申请提存，提存机关收到申请以后，需要按照法定条件对申请进行审查，符合条件的，提存机关应当接受提存标的物并采取必要的措施加以保管。标的物提存后，除了债权人下落不明外，债务人应当及时通知债权人或者债权人的继承人、监护人。无论债权人是否受领提存物，提存都将消灭债务，解除担保人的责任，债权人只能向提存机关收取提存物，不能再向债务人请求清偿。在提存期间，发生一切的提存物的毁损、灭失的风险由债权人承担。同时，提存的费用也由债权人承担。

5. 债权人免除债务

(1) 免除债务的概念

免除债务是指债权人以消灭债务人的债务为目的而抛弃或者放弃债权的行为。

(2) 免除债务的条件

1) 免除人应当对免除的债权拥有处分权并且不损害第三人的利益。

2) 免除应当由债权人向债务人作出抛弃债权的意思表示。

3) 免除应当是无偿的。

(3) 免除的效力

免除债务发生后，债权债务关系消灭。免除部分债务的，部分债务消灭；免除全部债务的，全部债务消灭，与债务相对应的债权也消灭。因债务消灭的结果，债务的从债务也同时归于消灭。

6. 债权债务混同

(1) 债权债务混同的概念

债权债务混同是指因债权债务同归于一人而引起合同终止的法律行为。

(2) 混同的效力

混同是债的主体变为同一人而使合同全部终止，消灭因合同而产生的债的关系。但是，在法律另有规定或者合同的标的涉及第三人的利益时，混同不发生债权债务消灭的效力。

3.7 违反合同的责任

3.7.1 合同违约责任的特点

违约责任是指合同当事人因违反合同约定而不履行债务所应当承担的责任。违约责任和其他民事责任相比较，有以下一些特点。

(1) 是一种单纯的民事责任

民事责任分为侵权责任和违约责任两种。尽管违约行为可能导致当事人必须承担一定的行政责任或者刑事责任，但违约责任仅仅限于民事责任。违约责任的后果承担形式有继续履行、采取补救措施、赔偿损失、支付违约金、定金罚则等。

(2) 是当事人违反合同义务产生的责任

违约责任是合同当事人不履行合同义务或者履行合同义务不符合约定而产生的法律责任，它以合同的存在为基础。这就要求合同本身必须有效，这样合同的权利义务才能受到法律的保护。对合同不成立、无效合同、被撤销合同都不可能产生违约责任。

(3) 具有相对性

违约责任的相对性体现在：

1) 违约责任仅仅产生于合同当事人之间，一方违约的，由违约方向另一方承担违约责任；双方都违约，各自就违约部分向对方承担违约责任。违约方不得将责任推卸给他人。

2) 在因第三人的原因造成债务人不能履行合同义务或者履行合同义务不符合约定的情况下，债务人仍然应当向债权人承担违约责任，而不是由第三人直接承担违约责任。

3) 违约责任不涉及合同以外的第三人，违约方只向债权人承担违约责任，而不向国家或者第三人承担责任。

(4) 具有法定性和任意性双重特征

违约责任的任意性体现在合同当事人可以在法律规定的范围内，通过协议对双方当事人的违约责任事先作出规定，其他人对此不得进行干预。违约责任的法定性表现在：

1) 在合同当事人事先没有在合同中约定违约责任条款的情况下，在合同履行过程中，如果当事人不履行或者履行不符合约定时，违约方并不能因合同中没有违约责任条款而免除责任。《合同法》规定，当事人一方不履行合同义务或者履行合同义务不符合约定的，应当承担继续履行、采取补救措施或者赔偿损失等违约责任。

2) 当事人约定的违约责任条款作为合同内容的一部分，也必须符合法律关于合同的成立与生效要件的规定，如果事先约定的违约责任条款不符合法律规定，则这些条款将被认定为无效或者被撤销。

(5) 具有补偿性和惩罚性双重属性

违约责任的补偿性是指违约责任的主要目的在于弥补或者补偿非违约方因对方违约行为而遭受的损失，违约方通过承担损失的赔偿责任，弥补违约行为给对方当事人造成的损害后果。

违约责任的惩罚性体现在如果合同中约定了违约金或者法律直接规定了违约金的，当合同当事人一方违约时，即使并没有给相对方造成实际损失，或者造成的损失没有超过违约金的，违约方也应当按照约定或者法律规定支付违约金，这完全体现了违约金的惩罚性；如果造成的损失超过违约金的，违约方还应当对超过的部分进行补偿，这体现了补偿性。

3.7.2 违约责任的构成要件

违约责任的构成要件是确定合同当事人是否应当承担违约责任、承担何种违约责任的依据，这对于保护合同双方当事人的合法权益有着重要意义。违约责任的构成要件包括：

1. 一般构成要件

合同当事人必须有违约行为。违约责任实行严格责任制度，违约行为是违约责任的首要条件，只要合同当事人有不履行合同义务或者履行合同义务不符合约定的事实存在，除了发生符合法定的免责条件的情形外，无论主观是否有过错，都应当承担违约责任。

2. 特殊构成要件

除了一般构成要件以外，对于不同的违约责任形式还必须具备一定的特定条件。违约责任的特殊构成要件因违约责任形式的不同而不同。

(1) 损害赔偿责任的特殊构成要件

1) 有因违约行为而导致损害的事实。一方面，损害必须是实际发生的损害，对于尚未发生的损害，不能赔偿；另一方面，损害是可以确定的，受损方可以通过举证加以确定。

2) 违约行为与损害事实之间必须有因果关系。违约方在实施违约行为时必然会引起某些事实结果发生，如果这些结果中包括对方当事人因违约方的违约行为而遭受损失，则违约方必须对此承担损失赔偿责任以补偿对方的损失。如果违约行为与损害事实之间并没有因果关系，则违约方不需要对该损害承担赔偿责任。

(2) 违约金责任形式的特殊构成要件

1) 当事人在合同中事先约定了违约金，或者法律对违约金作出了规定。

2) 当事人对违约金的约定符合法律规定，违约金是有效的。

(3) 强制实际履行的特殊构成要件

1) 非违约方在合理的期限内要求违约方继续履行合同义务。非违约方必须在合理的期限内通知对方，要求对方继续履行。否则超过了期限规定，违约方不能以继续履行来承担违约责任。

2) 违约方有继续履行的能力。如果违约方因客观原因而失去了继续履行能力，非违约方也不得强迫违约方实际履行。

3) 合同债务可以继续履行。《合同法》规定，如果法律上或者事实上不能继续履行的，或者债务的标的不适于强制履行或者履行费用过高的，违约方可以不以继续履行来承担违约责任。

3.7.3 违约行为的种类

违约行为是违约责任产生的根本原因，没有违约行为，合同当事人一方就不应当承担违约责任。而不同的违约行为所产生的后果又各不相同，从而导致违约责任的形式也有所不同。按照我国《合同法》规定，违约行为可分为预期违约和实际违约两种形式。预期违约又可分为明示毁约和默示毁约；实际违约可分为不履行合同义务和履行合同义务不符合约定。

1. 预期违约

(1) 预期违约的概念

预期违约又称为先期违约，是指在合同履行期限届满之前，一方当事人无正当理由而明确地向对方表示，或者以自己的行为表明将来不履行合同义务的行为。预期违约可分为明示毁约和默示毁约两种形式，明确地向对方表示不履行的为明示毁约，以自己的行为表明不履行的为默示毁约。

(2) 预期违约的构成要件

1) 在合同履行期限届满之前有将不履行合同义务的行为。在明示毁约的情况下，违约方必须明确作出将不履行合同义务的意思表示。在默示毁约情况下，违约方的行为必须能够使对方当事人预料到在合同履行期限届满时违约方将不履行合同义务。

2) 毁约行为必须发生在合同生效后履行期限届满之前。预期违约是针对违约方在合同履行期限届满之前的毁约行为，如果在合同有效成立之前发生，则合同不会成立；如果是在合同履行期限届满之后发生，则为实际违约。

3) 毁约必须是对合同中实质性义务的违反。如果当事人预期违约的行为仅仅是不履行合同中的非实质性义务，则该行为不会造成合同的根本目的不能实现，而仅仅是实现的目标出现了偏差，这样的行为不属于预期违约。

4) 违约方不履行合同义务无正当理由。如果债务人有正当理由拒绝履行合同义务的，如诉讼时效届满、发生不可抗力等，则其行为不属于预期违约。

(3) 预期违约的法律后果

1) 解除合同。当合同一方当事人以明示或者默示的方式表明将在合同的履行期限届满时不履行或者不能履行合同义务，另一方当事人即享有法定的解除权，可以单方面解除合同同时要求对方承担违约责任。但是，解除合同的意思表示必须以明示的方式作出，在该意思表示到达违约方时即产生合同解除的效力。

2) 债权人有权在合同的履行期限届满之前要求预期违约责任方承担违约责任。在预期违约情况下，为了使自己尽快从已经不能履行的合同中解脱出来，债权人有权要求违约方承担违约责任。《合同法》规定，当事人一方明确表示或者以自己的行为表明不履行合同义务的，对方可以在履行期限届满之前要求其承担违约责任。

3) 履行期限届满后要求对方承担违约责任。预期违约是在合同履行期限届满之前的行为，这并不代表违约方在履行期限届满时就一定不会履行合同义务，他仍然有履行合同义务的可能性。所以，债权人也可以出于某种考虑，等到履行期限届满后，对方的预期违约行为变为实际违约时再要求违约方承担违约责任。

2. 实际违约

(1) 不履行合同义务

不履行合同义务是指在合同生效后，当事人根本不按照约定履行合同义务。可分为履行不能、拒绝履行两种情况。履行不能是指合同当事人一方出于某些特定的事由而不履行或者不能履行合同义务。这些事由分为客观事由与主观事由。如果不履行或者不能履行是由于不可归责于债务人的事由产生的，则可以就履行不能的范围免除债务人的违约责任。拒绝履行是指在履行期限届满后，债务人能够履行却在无抗辩事由的情形下拒不履行合同义务的行为。这是一种比较严重的违约行为，是对债权的积极损害。

1) 拒绝履行的构成要件

① 存在合法有效的债权债务关系。

② 债务人向债权人拒不履行合同义务。

③ 拒绝履行合同义务无正当理由。

④ 拒绝履行是在履行期限届满后作出。

2）拒绝履行的法律后果

如果违约方拒绝履行合同义务，则必须承担以下法律后果：

① 实际履行。如果违约方不履行合同义务，无论其是否已经承担损害赔偿责任或者违约金责任，都必须根据相对方的要求，并在能够履行的情况下，按照约定继续履行合同义务。

② 解除合同。违约方拒绝履行合同义务，表明了其不愿意继续受合同的约束，此时，相对方也有权选择解除合同的方式，同时可以向违约方主张要求其承担损失赔偿责任或者违约金责任。

③ 赔偿损失或者支付违约金、承担定金罚则。违约方拒绝履行合同义务，相对方根据实际情况可以选择强制实际履行或者解除合同后，相对人仍然有因违约方违约而遭受损害时，相对人有权要求违约方继续履行损失赔偿责任。也可以根据约定要求违约方按照约定，向相对人支付违约金或者定金罚则。

（2）履行合同义务不符合约定

履行合同义务不符合约定又称不适当履行或者不完全履行，是指虽然当事人一方有履行合同义务的行为，但是其履行违反了合同约定或者法律规定。按照其特点，不适当履行又分为以下几种：

1）迟延履行。即违约方在履行期限届满之后才作出的履行行为，或者履行未能在约定的履行期限内完成。

2）瑕疵给付。指债务人没有完全按照合同的约定履行合同义务。

3）提前履行。指债务人在约定的履行期限尚未届满时就履行完合同义务。

对于以上这些不适当履行，债务人都应当承担违约责任，但对提前履行，法律另有规定或者当事人另有约定的除外。

3.7.4 违约责任的承担形式

当合同当事人一方在合同履行过程中出现违约行为，在一般情况下他必须承担违约责任。违约责任的形式有以下几种。

1. 继续履行

（1）继续履行的概念

如果违约方不履行合同义务，无论他是否已经承担损害赔偿责任或者违约金责任，都必须根据相对方的要求，并在能够履行的情况下，按照约定继续履行合同义务。继续履行又称强制继续履行，即如果违约方出现违约行为，非违约方可以借助于国家的强制力使其继续按照约定履行合同义务。要求违约方继续履行是合同法赋予债权人的一种权利，其目的主要是为了维护债权人的合法权益，保证债权人在违约方违约的情况下，还可以实现订立合同的目的。

（2）继续履行的构成要件

1）违约方在履行合同义务过程中有违约行为。

2）非违约方在合理期限内要求违约方继续履行合同义务。

3）违约方能够继续履行合同义务。一方面违约方有履行合同义务的能力；另一方面合同义务是可以继续履行的。

（3）继续履行的例外

由于合同的性质等原因，有些债务主要是非金钱债务，当违约方出现违约行为后，该债务不适合继续履行。对此，合同法作出了专门的规定，包括：

1）法律上或者事实上不能履行。

2）债务的标的不适于强制履行或者履行费用过高。

3）债权人未在合理期限内要求违约方继续履行合同义务。

2. 采取补救措施

（1）采取补救措施的含义

补救措施是指在发生违约行为后，为防止损失的发生或者进一步扩大，违约方按照法律规定或者约定以及双方当事人的协商，采取修理、更换、重做、退货、减少价款或者报酬、补充数量、物资处置等手段，弥补或者减少非违约方的损失的一种违约责任形式。

采取补救措施有两层含义：一是违约方通过对已经作出的履行予以补救，如修理、更换、维修标的物等使履行符合约定；二是采取措施避免或者减少债权人的违约损失。

（2）采取补救措施的条件

1）违约方已经完成履行行为但履行质量不符合约定。

2）采取补救措施必须具有可能性。

3）补救对于债权人来讲是可行的，即采取补救措施并不影响债权人订立合同的根本目的。

4）补救行为必须符合法律规定、约定或者经债权人同意。

3. 赔偿损失

（1）赔偿损失的含义

赔偿损失是指违约方不履行合同义务或者履行合同义务不符合约定而给对方造成损失时，按照法律规定或者合同约定，违约方应当承担受损害方的违约损失的一种违约责任形式。

（2）损害赔偿的适用条件

1）违约方在履行合同义务过程中发生违约行为。

2）债权人有损害的事实。

3）违约行为与损害事实之间必须有因果关系。

（3）损害赔偿的基本原则

1）完全赔偿原则。完全赔偿原则是指违约方应当对其违约行为所造成的全部损失承担赔偿责任。设置完全赔偿原则的目的是补偿债权人因债务人违约所造成的损失，所以，损害的赔偿范围除了包括该违约行为给债权人所造成的直接损害外，还包括该违约行为给债权人的可得利益的损害。

2）合理限制原则。完全赔偿原则是为了保护债权人免于遭受违约损失，因此是完全站在债权人的立场上。根据公平合理原则，债权人也不能擅自夸大损害事实而给违约方造成额外损失。对此，《合同法》也对债权人要求赔偿的范围进行了限制性规定，包括：①应当预见规则。《合同法》规定，当事人一方不履行合同义务或者履行合同义务不符合约定给对方造成损失的，损失赔偿额应当相当于因违约造成的损失，包括合同履行后可以获得的利益，但不得超过违反合同一方订立合同时预见到或者应当预见到的因违反合同可能造成的损失。②减轻损害规则。《合同法》规定，当事人一方违约后，对方应当采取适当措施防止损失的扩大；没有采取适当措施致使损失扩大的，不得就扩大的部分要求赔偿。当事人因防止扩大损失而支出的合理费用，由违约方承担。③损益相抵规则。损益相抵规则是指受违约损失方基于违约行为而发生违约损失的同时，又由于违约行为而获得一定的利益或者减少了一定的支出，受损方应当在其应得的损害赔偿额中，扣除其所得的利益部分。

（4）损害赔偿的计算

1）法定损害赔偿。即法律直接规定违约方应当向受损方赔偿损失时损害赔偿额的计算方法。如上文中所说的应当预见规则、减轻损害规则以及损益相抵规则都属于《合同法》对于损害赔偿的直接规定。

2）约定损害赔偿。即合同当事人双方在订立合同时预先约定违约金或者损害赔偿金额的计算方法。《合同法》规定，当事人可以约定一方违约时应当根据违约情况向对方支付一定数额的违约金，也可以约定因违约产生的损失赔偿额的计算方法。

4. 违约金

（1）违约金的概念

违约金是指当事人在合同中或订立合同后约定的，或者法律直接规定的，违约方发生违约行为时向另一方当事人支付一定数额的货币。

（2）违约金的特点

1）违约金具有约定性。对于约定违约金来说，是双方当事人协商一致的结果，是否约定违约金、违约金的具体数额都是由当事人双方协商确定的。对于法定违约金来说，法律仅仅规定了违约金的支付条件及违约金的大小范围，至于违约金的具体数额还是由双方当事人另行商定。

2）违约金具有预定性。约定违约金的数额是合同当事人预先在订立合同时确定的，法定违约金也是由法律直接规定了违约金上下浮动的范围。一方面，由于当事人知道违约金设定情况，这样在合同履行过程中，违约金可以对当事人起着督促作用；另一方面，一旦违约行为发生，双方对违约责任的处理明确简单。

3）违约金是独立于履行行为以外的给付。违约金是违约方不履行合同义务或者履行合同义务不符合约定时向债权人支付的一定数额的货币，它并不是主债务，而是一种独立于合同义务以外的从债务。如果违约行为发生后，债权人仍然要求违约方履行合同义务而且违约方具有继续履行的可能性，违约方不得以支付违约金为由而免除继续履行合同义务的责任。

4）违约金具有补偿性和担保性双重作用。违约金可以分为赔偿性违约金和惩罚性违约金。赔偿性违约金的目的是为了补偿债权人因债务人违约而造成的损失，这表现了违约金的补偿性；惩罚性违约金的目的是为了对违约行为进行惩罚和制裁，与违约造成的实际损失没有必然联系，违约金的支付是以当事人有违约行为为前提，而不必证明债权人的实际损失究竟有多大，这体现了违约金具有明显的惩罚性。这是违约金不同于一般的损失赔偿金的最显著的地方，也正是违约金担保作用的具体体现。

（3）约定违约金的构成要件

1）违约方存在违约行为。

2）有违约金的约定。

3）约定的违约金条款或者补充协议必须有效。

4）约定违约金的数额不得与违约造成的实际损失有着悬殊的差别。

《合同法》第114条规定，约定的违约金低于造成的损失时，当事人可以请求人民法院或者仲裁机构予以增加；约定的违约金过分高于造成的损失的，当事人可以请求人民法院或者仲裁机构予以适当减少。最高人民法院关于适用《中华人民共和国合同法》若干问题的解释（二）第29条进而规定："当事人约定的违约金超过造成损失的百分之三十的，一般可以认定为合同法第114条第2款规定的'过分高于造成的损失'。"

5. 定金

(1) 定金的概念

定金是指合同双方当事人约定的，为担保合同的顺利履行，在订立合同时，或者订立后履行前，按照合同标的的一定比例，由一方当事人向对方给付一定数额的货币或者其他替代物。定金的数额应当符合法律规定。《担保法》第91条规定"定金的数额由当事人约定，但不得超过主合同标的额的百分之二十。"

(2) 定金的特点

1）定金属于金钱担保。

2）定金的标的物为金钱或其他替代物。

3）定金是预先交付的。

4）定金同时也是违约责任的一种形式。

(3) 定金与工程预付款的区别

定金与预付款都是当事人双方约定的，在合同履行期限届满之前由一方当事人向对方给付的一定数额的金钱，合同履行结束后可以抵作合同价款。两者的本质区别为：

1）定金的作用是担保；而预付款的主要作用是为对方顺利履行合同义务在资金上提供帮助。

2）交付定金的合同是从合同；而预付款的协议是合同内容的组成部分。

3）定金合同只有在交付定金时才能成立；预付款主要在合同中约定合同生效时即可成立。

4）定金合同的双方当事人在不履行合同义务时适用定金罚则；预付款交付后，不履行合同不会发生被没收或者双倍返还的效力。

5）定金适用于以金钱或者其他替代物履行义务的合同；预付款只适用于以金钱履行合同义务的合同。

6）定金一般为一次性给付；预付款可以分期支付。

7）定金有最高限额，《担保法》规定，定金不得超过主合同标的额的20%；而预付款除了不得超过合同标的总额以外，没有最高限额的规定。

(4) 定金的种类

1）立约定金。即当事人为保证以后订立合同而专门设立的定金，如工程招投标中的投标保证金。

2）成约定金。即以定金的交付作为主合同成立要件的定金。

3）证约定金。即以定金作为订立合同的证据，证明当事人之间存在合同关系而设立的定金。

4）违约定金。即定金交付后，当事人一方不履行主合同义务时按照定金罚则承担违约责任。

5）解约定金。即当事人为保留单方面解除合同的权利而交付的定金。

(5) 定金的构成要件

1）相应的主合同及定金合同有效存在。定金合同是担保合同，其目的在于保证主债合同能够实现。所以定金合同是一种从合同，是以主债合同的存在为存在的前提，并随着主合同的消灭而消灭。同时，定金必须是当事人双方完全一致的意思表示，并且定金合同必须采用书面形式。

2）有定金的支付。定金具有先行支付性，定金的支付一定早于合同的履行期限，这是定金能够具备担保作用的前提条件。

3）一方当事人有违约行为。当违约方的违约行为构成拒绝履行或者预期违约的，适用定金罚则。对于履行不符合约定的，只有在违约行为构成根本违约的情况下，才能适用定金罚则。

4）不履行合同一方不存在不可归责的事由。如果不履行合同义务是由于不可抗力或者其他法定的免责事由而造成的，不履行一方不承担定金责任。

5）定金数额不得超过规定。《担保法》中规定，定金的数额不得超过主合同标的的 20%。

(6) 定金的效力

1）所有权的转移。定金一旦给付，即发生所有权的转移。收受定金一方取得定金的所有权是定金给付的首要效力，也是定金具备预付款性质的前提。

2）抵作权。在合同完全履行以后，定金可以抵作价款或者收回。

3）没收权。如果支付定金一方因发生可归责于其的事由而不履行合同义务时，则适用定金罚则，收受定金一方不再负返还义务。

4）双倍返还权。如果收受定金一方因发生可归责于其的事由而不履行合同义务时，则适用定金罚则，收受定金一方必须承担双倍返还定金的义务。

6. 价格制裁

价格制裁是指执行政府定价或者政府指导价的合同当事人，由于逾期履行合同义务而遇到价格调整时，在原价格和新价格中执行对违约方不利的价格。《合同法》规定，逾期交付标的物的，遇价格上涨时，按照原价格执行；价格下降时，按照新价格执行。逾期提取标的物或者逾期付款的，遇价格上涨时，按照新价格执行；遇价格下降时，按照原价格执行。由此可见，价格制裁对违约方来说，是一种惩罚，对债权人来说，是一种补偿其因违约所遭受损失的措施。

7. 违约责任各种形式相互之间的适用情况

(1) 继续履行与采取补救措施

继续履行与采取补救措施是两种相互独立的违约责任承担方式，在实际操作中，一般不被同时适用。强制继续履行是以最终保证合同的全部权利得到实现、全部义务得到履行为目的的，适用于债务人不履行合同义务的情形。

采取补救措施主要是通过补救措施，使被履行而不符合约定的合同义务能够完全得到或者基本得到履行。采取补救措施主要适用于债务人履行合同义务不符合约定的情形，尤其是质量达不到约定的情况。

（2）继续履行、采取补救措施与解除合同

无论是继续履行还是采取补救措施，其目的都是要使合同的权利义务最终得到实现，它们都属于积极的承担违约责任的形式。而解除合同是属于一种消极的违约责任承担方式，一般适用于违约方的违约行为导致合同的权利义务已经不可能实现或者实现合同目的已经没有实际意义的情况。因此，继续履行及采取补救措施与解除合同之间属于两种相矛盾的违约责任形式，两者不能被同时适用。

（3）继续履行（或采取补救措施）与赔偿损失（违约金或定金）

违约金的基本特征与赔偿损失一样，体现在它的补偿性，主要适用于当违约方的违约行为给非违约方造成损害时而提供的一种救济手段，这与继续履行（或采取补救措施）并不矛盾。所以，在承担违约责任时，赔偿损失（或违约金）可以与继续履行（或采取补救措施）同时采用。

违约金在特殊情况下与定金一样，体现在它的惩罚性，这是对违约方违约行为的一种制裁手段。但无论是继续履行还是采取补救措施都不具备这一功能，而且两者之间并不矛盾。所以，在承担违约责任时，定金（或违约金）可以与继续履行（或采取补救措施）同时采用。

需要说明的是，如果违约金是可以替代履行的，即当违约方按照约定交付违约金后即可以免除违约方的合同履行责任，则违约金与继续履行或者采取补救措施不能同时并存；同样，如果定金是解约定金，则定金与继续履行或者采取补救措施不能同时并存。

（4）赔偿损失与违约金

在违约金的性质体现赔偿性的情况下，违约金被视为是损害赔偿额的预定标准，其目的在于补偿债权人因债务人的违约行为所造成的损失。因此，违约金可以替代损失赔偿金，当债务人支付违约金以后，债权人不得要求债务人再承担支付损失赔偿金的责任。所以，违约金与损害赔偿不能同时并用。

（5）定金与违约金

当定金属于违约定金时，其性质与违约金相同。因此，两者不能同时并用。当定金属于解约定金时，其目的是解除合同，而违约金不具备此功能。因此，解约定金与违约金可以同时使用。当定金属于证约定金或成约定金时，与违约金的目的、性质和功能俱不相同，所以两者可以同时使用。

（6）定金与损害赔偿

定金可以与损害赔偿同时使用，并可以独立计算。但在实际操作中可能会出现定金与损害赔偿的并用超过合同总价的情况，因此必须对定金的数额进行适当限制。

3.7.5 《合同法》及《司法解释》关于工程承包违约行为的责任承担

1.《合同法》关于工程承包违约行为的责任承担

(1)《合同法》第 280 条规定：“勘察、设计的质量不符合要求或者未按照期限提交勘察、设计文件拖延工期，造成发包人损失的，勘察人、设计人应当继续完善勘察、设计，减收或者免收勘察、设计费并赔偿损失。”

(2)《合同法》第 281 条规定：“因施工人的原因致使建设工程质量不符合约定的，发包人有权要求施工人在合理期限内无偿修理或者返工、改建。经过修理或者返工、改建后，造成逾期交付的，施工人应当承担违约责任。”

(3)《合同法》第282条规定：“因承包人的原因致使建设工程在合理使用期限内造成人身和财产损害的，承包人应当承担损害赔偿责任。”

(4)《合同法》第283条规定：“发包人未按照约定的时间和要求提供原材料、设备、场地、资金、技术资料的，承包人可以顺延工程日期，并有权要求赔偿停工、窝工等损失。”

(5)《合同法》第284条规定：“因发包人的原因致使工程中途停建、缓建的，发包人应当采取措施弥补或者减少损失，赔偿承包人因此造成的停工、窝工、倒运、机械设备调迁、材料和构件积压等损失和实际费用。”

(6)《合同法》第285条规定：“因发包人变更计划，提供的资料不准确，或者未按照期限提供必需的勘察、设计工作条件而造成勘察、设计的返工、停工或者修改设计，发包人应当按照勘察人、设计人实际消耗的工作量增付费用。”

(7)《合同法》第286条规定：“发包人未按照约定支付价款的，承包人可以催告发包人在合理期限内支付价款。发包人逾期不支付的，除按照建设工程的性质不宜折价、拍卖的以外，承包人可以与发包人协议将该工程折价，也可以申请人民法院将该工程依法拍卖。建设工程的价款就该工程折价或者拍卖的价款优先受偿。”

2.《司法解释》关于工程承包违约行为的责任承担

(1)《司法解释》第11条规定：“因承包人的过错造成建设工程质量不符合约定，承包人拒绝修理、返工或者改建，发包人请求减少支付工程价款的，应予支持。”

(2)《司法解释》第12条规定：“发包人具有下列情形之一，造成建设工程质量缺陷，应当承担过错责任：提供的设计有缺陷；提供或者指定购买的建筑材料、建筑构配件、设备不符合强制性标准；直接指定分包人分包专业工程。承包人有过错的，也应当承担相应的过错责任。”

(3)《司法解释》第27条规定：“因保修人未及时履行保修义务，导致建筑物毁损或者造成人身、财产损害的，保修人应当承担赔偿责任。保修人与建筑物所有人或者发包人对建筑物毁损均有过错的，各自承担相应的责任。”

(4) 需要注意的是，对《合同法》第286条的规定，最高人民法院于2002年6月作出司法解释，认定建设工程承包人的优先受偿权优于抵押权和其他债权。但是，对于商品房，如果消费者交付购买商品房的全部或者大部分款项后，承包人就该商品房享有的工程价款优先受偿权不得对抗买房人。同时，建设工程承包人行使优先权的期限为六个月，自建设工程竣工之日或者建设工程合同约定的竣工之日起计算。

(5) 同时《合同法》及《司法解释》对建设工程竣工验收及交付使用也作出相应的规定。《合同法》第279条规定：“建设工程竣工后，发包人应当根据施工图纸及说明书、国家颁发的施工验收规范和质量检验标准及时进行验收。验收合格的，发包人应当按照约定支付价款，并接收该建设工程。建设工程竣工经验收合格后，方可交付使用；未经验收或者验收不合格的，不得交付使用。”《司法解释》第13条规定：“建设工程未经竣工验收，发包人擅自使用后，又以使用部分质量不符合约定为由主张权利的，不予支持；但是承包人应当在建设工程的合理使用寿命内对地基基础工程和主体结构质量承担民事责任。”

3.8 合同纠纷的解决

3.8.1 当事人对合同文件的解释

合同应当是合同当事人双方完全一致的意思表示。但是，在实际操作中，由于各方面的原因，如当事人的经验不足、素质不高、出于疏忽或是故意，对合同应当包括的条款未作明确规定，或者对有关条款用词不够准确，从而导致合同内容表达不清楚。表现在：合同中出现错误、矛盾以及两义性解释；合同中未作出明确解释，但在合同履行过程中发生了事先未考虑到的事；合同履行过程中出现超出合同范围的事件，使得合同全部或者部分归于无效等等。

一旦在合同履行过程中产生上述问题，合同当事人双方往往就可能会对合同文件的理解出现偏差，从而导致合同争议。因此，如何对内容表达不清楚的合同进行正确的解释就显得尤为重要。

《合同法》第125条规定：“当事人对合同条款的理解有争议的，应当按照合同所使用的词句、合同的有关条款、合同的目的、交易习惯以及诚实信用原则，确定该条款的真实意思。合同文本采用两种以上文字订立并约定具有同等效力的，对各文本使用的词句推定具有相同含义。各文本使用的词句不一致的，应当根据合同的目的予以解释。”由此可见，合同的解释方法主要有以下几种。

1. 词句解释

即首先应当确定当事人双方的共同意图，据此确定合同条款的含义。如果仍然不能作出明确解释，就应当根据与当事人具有同等地位的人处于相同情况下可能作出的理解来进行解释。其规则有：

（1）排他规则。如果合同中明确提及属于某一特定事项的某些部分而未提及该事项的其他部分，则可以推定为其他部分已经被排除在外。例如，某承包商与业主就某酒楼的装修工程达成协议。该酒楼包括2个大厅、20个包厢和1个歌舞厅。在签订的合同中没有对该酒楼是全部装修还是部分装修作出具体规定，在招标文件的工程量表中仅仅开列了包括大厅和包厢在内的工程的装修要求，对歌舞厅未作要求。在工程实施过程中双方产生争议。根据上述规则，应当认为该装修合同中未包含歌舞厅的装修在内。

（2）对合同条款起草人不利规则。虽然合同是经过双方当事人平等协商而作出的一致的意思表示，但是在实际操作过程中，合同往往是由当事人一方提供的，提供方可以根据自己的意愿对合同提出要求。这样，他对合同条款的理解应该更为全面。如果因合同的词义而产生争议，则起草人应当承担由于选用词句的含义不清而带来的风险。

（3）主张合同有效的解释优先规则。双方当事人订立合同的根本目的就是为了正确完整地享有合同权利，履行合同义务，即希望合同最终能够得以实现。如果在合同履行过程中双方产生争议，其中有一种解释可以从中推断出若按照此解释合同仍然可以继续履行，而从其他各种对合同的解释中可以推断出合同将归于无效而不能履行，此时，应当按照主张合同仍然有效的方法来对合同进行解释。

2. 整体解释

即当双方当事人对合同产生争议后，应当从合同整体出发，联系合同条款上下文，从总体上对合同条款进行解释，而不能断章取义，割裂合同条款之间的联系来进行片面解释。整体解释原则包括：

(1) 同类相容规则。即如果有两项以上的条款都包含同样的语句，而前面的条款又对此赋予特定的含义，则可以推断其他条款所表达的含义和前面一样。

(2) 非格式条款优先于格式条款规则。即当格式合同与非格式合同并存时，如果格式合同中的某些条款与非格式合同相互矛盾时，应当按照非格式条款的规定执行。

3. 合同目的解释

即肯定符合合同目的的解释，排除不符合合同目的的解释。例如，在某装修工程合同中没有对材料的防火阻燃等要求进行事先约定，在施工过程中，承包商采用了易燃材料，业主对此产生异议。在此案例中，虽然业主未对材料的防火性能作出明确规定，但是，根据合同目的，装修好的工程必须符合《中华人民共和国消防法》的规定。所以，承包商应当采用防火阻燃材料进行装修。

4. 交易习惯解释

即按照该国家、该地区、该行业所采用的惯例进行解释。

5. 诚实信用原则解释

诚实信用原则是合同订立和合同履行的最根本的原则，因此，无论对合同的争议采用何种方法进行解释，都不能违反诚实信用原则。

3.8.2 《司法解释》关于合同争议的规定

(1)《司法解释》第 14 条规定："当事人对建设工程实际竣工日期有争议的，按照以下情形分别处理：建设工程经竣工验收合格的，以竣工验收合格之日为竣工日期；承包人已经提交竣工验收报告，发包人拖延验收的，以承包人提交验收报告之日为竣工日期；建设工程未经竣工验收，发包人擅自使用的，以转移占有建设工程之日为竣工日期。"

(2)《司法解释》第 15 条规定："建设工程竣工前，当事人对工程质量发生争议，工程质量经鉴定合格的，鉴定期间为顺延工期期间。"

(3)《司法解释》第 16 条规定："当事人对建设工程的计价标准或者计价方法有约定的，按照约定结算工程价款。因设计变更导致建设工程的工程量或者质量标准发生变化，当事人对该部分工程价款不能协商一致的，可以参照签订建设工程施工合同时当地建设行政主管部门发布的计价方法或者计价标准结算工程价款。建设工程施工合同有效，但建设工程经竣工验收不合格的，工程价款结算参照本解释第三条规定处理。"

(4)《司法解释》第 17 条规定："当事人对欠付工程价款利息计付标准有约定的，按照约定处理；没有约定的，按照中国人民银行发布的同期同类贷款利率计息。"

(5)《司法解释》第 18 条规定："利息从应付工程价款之日计付。当事人对付款时间没有约定或者约定不明的，下列时间视为应付款时间：建设工程已实际交付的，为交付之日；建设工程没有交付的，为提交竣工结算文件之日；建设工程未交付，工程价款也未结算的，为当事人起诉之日。"

(6)《司法解释》第 19 条规定："当事人对工程量有争议的，按照施工过程中形成的签证等书面文件确认。承包人能够证明发包人同意其施工，但未能提供签证文件证明工程量发生的，可以按照当事人提供的其他证据确认实际发生的工程量。”

(7)《司法解释》第20条规定：“当事人约定，发包人收到竣工结算文件后，在约定期限内不予答复，视为认可竣工结算文件的，按照约定处理。承包人请求按照竣工结算文件结算工程价款的，应予支持。”

(8)《司法解释》第21条规定：“当事人就同一建设工程另行订立的建设工程施工合同与经过备案的中标合同实质性内容不一致的，应当以备案的中标合同作为结算工程价款的根据。”

(9)《司法解释》第22条规定：“当事人约定按照固定价结算工程价款，一方当事人请求对建设工程造价进行鉴定的，不予支持。”

3.8.3 合同争执的解决方法

当双方当事人在合同履行过程中发生争执后，首先应当按照公平合理和诚实信用原则由双方当事人依据上述合同的解释方法自愿协商解决争端，或者通过调解解决争端。如果仍然不能解决争端的，则可以寻求司法途径解决。

司法途径可分为仲裁或诉讼两种方式。当事人如果采用仲裁方式解决争端，应当是双方协商一致，达成仲裁协议。没有仲裁协议，一方提出申请仲裁，仲裁机关不予受理。

合同争端产生后，如果双方有仲裁协议的，不应当向法院起诉，而应当通过仲裁方式解决，即使向法院起诉，法院也不应当受理。当事人没有仲裁协议或仲裁协议无效的情况下，当事人的任何一方都可以向法院起诉。

《司法解释》第23条规定：“当事人对部分案件事实有争议的，仅对有争议的事实进行鉴定，但争议事实范围不能确定，或者双方当事人请求对全部事实鉴定的除外。”第24条规定：“建设工程施工合同纠纷以施工行为地为合同履行地。”第25条规定：“因建设工程质量发生争议的，发包人可以以总承包人、分包人和实际施工人为共同被告提起诉讼。”第26条规定：“实际施工人以转包人、违法分包人为被告起诉的，人民法院应当依法受理。实际施工人以发包人为被告主张权利的，人民法院可以追加转包人或者违法分包人为本案当事人。发包人只在欠付工程价款范围内对实际施工人承担责任”。

复习思考题

1.《合同法》的适用范围和基本原则有哪些？

2. 订立合同可以采用哪些形式，合同有哪些主要条款？

3. 什么是要约和承诺，其构成要件有哪些？

4. 试用合同的要约承诺理论分析建设工程招标投标过程。

5. 什么是效力待定合同、无效合同和可撤销合同，相互之间有哪些区别？

6. 试述合同无效的种类和法律后果。

7. 合同的履行原则有哪些？

8. 合同履行中有哪些抗辩权，其构成要件及效力有哪些，在施工合同中如何应用？

9. 合同内容约定不明时应当如何处理？

10. 当事人变更合同应当注意哪些问题？

11. 合同转让有哪些形式，其构成要件和效力有哪些？

12. 合同终止和解除的条件与法律后果如何？

13. 代位权、撤销权成立的条件和法律效力有哪些？
14. 什么是违约行为，违约责任承担形式有哪些？
15. 违约责任与缔约过失责任有哪些区别？
16. 试述定金与预付款的异同。
17. 合同争议条款的解释原则有哪些？
18. 发生了合同争议应通过哪些途径加以解决？

4 建设工程采购与招标投标

4.1 建设工程采购模式及内容

4.1.1 工程采购模式的内涵

国内建筑业中习惯使用的“发包”一词在国际建筑业被称为“采购”。这里所说的“采购”，不是泛指材料和设备的采购，而是指建设项目本身的采购。项目采购是从业主角度出发，以项目为标的，通过招标进行“期货”交易。而“承包”从属于采购，服务于采购。采购决定了承包范围，业主采购的范围越大，承包商承担的风险一般就越大，对承包商技术、经济和管理水平的要求也越高。业主为了获得理想的建筑产品或服务就必须进行“采购”，而采购的效果与采购方式的选择密切相关。项目采购方式（Project Procurement Method，PPM）就是指建筑市场买卖双方的交易方式或者业主购买建筑产品或服务所采用的方法。

在英国和英联邦国家（澳大利亚、新加坡等）以及中国香港地区，项目采购模式一般称为“Procurement Method”或者“Procurement System”，这两个名字在含义和使用上没有任何区别，本书所用的“采购模式”即是直接从这两个词翻译过来的。在美国以及受美国建筑业影响比较大的国家，项目采购模式一般称为“Delivery Method”或者“Delivery System”，它们两个在含义和使用上也没有任何区别，如果把它们直接翻译成中文就是“交付方式”。英国的“Procurement Method（System）”和美国的“Delivery Method（System）”从概念上讲是完全相同的。Procurement 的意思是采购，是从购买方（业主）的角度来讲的。Delivery 的意思是交付，是从供货方（设计者、承包商、咨询管理者等）的角度来讲的。不管从哪个角度，它们的意思都是指交易，所以项目采购模式本质上就是指工程项目的交易模式。

4.1.2 工程采购模式的基本形式

目前，国际国内建筑市场普遍采用的项目采购模式有：传统采购模式（Design-Bid-Build，DBB），设计—建造模式（Design-Build，DB）、建设管理模式（Construction Management，CM）、设计—采购—建设模式（Engineering Procurement Construction，EPC）、项目管理模式（Project Management，PM）、管理承包模式（Management Contracting，MC）、项目融资模式（Build-Operate-Transfer，BOT）和项目伙伴模式（Project Partnering）等。下面对几种主要的项目采购模式进行分析比较。

1. 设计—招标—建造模式（Design-Bid-Build，DBB 模式）

该项目采购模式是传统的、国际上通用的项目管理模式，世界银行、亚洲开发银行等贷款项目和采用国际咨询工程师联合会（FIDIC）合同条件的项目均采用该种模式。这种模式最突出的特点是强调工程项目的实施必须按照设计—招标—建造的顺序进行，只有一个阶段结束后另一个阶段才能开始。采用这种方法时，业主与设计商（建筑师或工程师）签订专业服务合同，建筑师或工程师负责提供项目的设计和合同文件。在设计商的协助下，通过竞争性招标将工程施工任务交给报价和质量都满足要求且（或）最具资质的投标人（承包商）来完成。在施工阶段，设计专业人员通常担任重要的监督角色，并且是业主与承包商沟通的桥梁。《FIDIC 土木工程施工合同条件》代表的是工程项目建设的传统模式。同传统模式一样采用单纯的施工招标发包，在施工合同管理方面，业主与承包商为合同双方当事人，工程师处于特殊的合同管理地位，对工程项目的实施进行监督管理。各方合同关系和协调关系如图 4-1 所示。

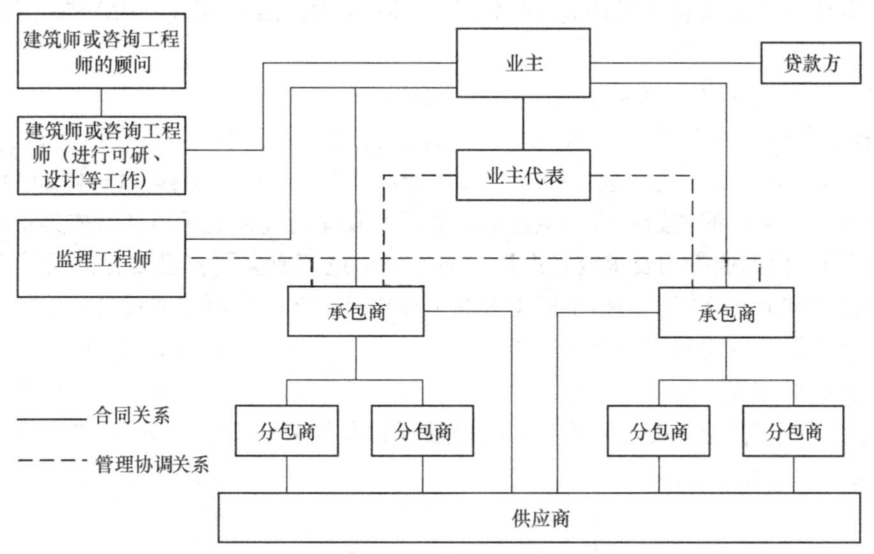

图 4-1 DBB 模式中各方合同关系和协调关系

DBB 模式具有如下优点：

（1）参与项目的三方，即业主、设计商（建筑师或工程师）和承包商在各自合同的约定下，行使自己的权利，并履行自己的义务，因而这种模式可以使三方的权、责、利分配明确，避免相互之间的干扰。

（2）由于受利益驱使以及市场经济的竞争，业主更愿意寻找信誉良好、技术过硬的设计咨询机构，这样具有一定实力的设计咨询公司应运而生。

（3）由于该模式长期、广泛地在世界各地采用，因而管理方法成熟，合同各方都对管理程序和内容熟悉。

（4）业主可自由选择设计咨询人员，对设计要求可进行控制。

（5）业主可自由选择监理机构实施工程监理。

DBB 模式具有如下缺点：

（1）该模式在项目管理方面的技术基础是按照线性顺序进行设计、招标、施工的管理，建设周期长，投资或成本容易失控，业主方管理的成本相对较高，设计师与承包商之间协调比较困难。

（2）由于承包商无法参与设计工作，可能造成设计的“可施工性”差，设计变更频繁，导致设计与施工协调困难，设计商和承包商之间可能发生责任推诿，使业主利益受损。

(3) 按该模式运作的项目周期长，业主管理成本较高，前期投入较大，工程变更时容易引起较多的索赔。

(4) 对于那些技术复杂的大型项目，该模式已显得捉襟见肘。

长期以来，DBB模式在土木建筑工程中得到了广泛的应用。但是随着社会、科技的发展，工程建设变得越来越庞大和复杂，此种模式的缺点也逐渐突显出来。其明显的缺点是整个设计—招标—施工过程的持续时间太长；设计与施工的责任不易明确划分；设计者的设计缺乏可施工性。而工程建设领域技术的进步也使得工程建设的复杂性与日俱增，工程项目投资者在建设期的风险也在不断增大，因而一些新型的项目采购模式也就相应地发展起来，其中较为典型和常见的是DB模式、CM模式、EPC模式、PM模式和BOT模式等。

2. 设计—建造模式（Design-Build，DB模式）

DB模式是近年来国际工程中常用的现代项目管理模式，它又被称为设计和施工（Design-Construction）、交钥匙工程（Turn-key）或者是一揽子工程（Package Deal）。通常的做法是，在项目的初始阶段业主邀请一家或者几家有资格的承包商（或具备资格的设计咨询公司），根据业主的要求或者设计大纲，由承包商或会同自己委托的设计咨询公司提出初步设计和成本概算。根据不同类型的工程项目，业主也可能委托自己的顾问工程师准备更详细的设计纲要和招标文件，中标的承包商将负责该项目的设计和施工。DB模式是一种项目组织方式，DB承包商和业主密切合作，完成项目的规划、设计、成本控制、进度安排等工作，甚至负责土地购买、项目融资和设备采购安装。DB模式中各方关系如图4-2所示。

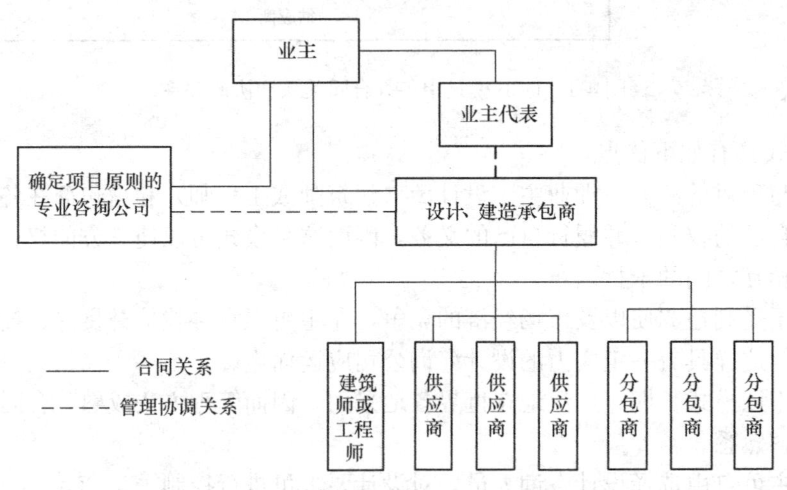

图4-2 DB模式中的各方关系

FIDIC《设计—建造与交钥匙工程合同条件》中规定，承包商应按照业主的要求，负责工程的设计与实施，包括土木、机械、电气等综合工程以及建筑工程。这类“交钥匙”合同通常包括设计、施工、装置、装修和设备，承包商应向业主提供一套配备完整的设施，且在移交“钥匙”时即可投入运行。这种模式的基本特点是在项目实施过程中保持单一的合同责任，但大部分实际施工任务要以竞争性招标方式分包出去。

DB模式是业主和一实体采用单一合同（Single Point Contract）的管理方法，由该实体负责完成项目的设计和施工。一般来说，该实体可以是大型承包商，或具备项目管理能力的设计咨询公司，或者是专门从事项目管理的公司。这种模式主要有两个特点：

（1）具有高效率性。DB合约签订以后，承包商就可进行施工图设计，如果承包商本身拥有设计能力，会促使承包商积极提高设计质量，通过合理和精心的设计创造经济效益，往往达到事半功倍的效果。如果承包商本身不具备设计能力和资质，就需要委托一家或几家专业的咨询公司来做设计和咨询，承包商进行设计管理和协调，使得设计既符合业主的意图，又有利于工程施工和成本节约，使设计更加合理和实用，避免了设计与施工之间的矛盾。

（2）责任的单一性。DB承包商对于项目建设的全过程负有全部的责任，这种责任的单一性避免了工程建设中各方相互矛盾和扯皮，也促使承包商不断提高自己的管理水平，通过科学的管理创造效益。相对于传统模式来说，承包商拥有了更大的权利，不仅可以选择分包商和材料供应商，而且还有权选择设计咨询公司，但需要得到业主的认可。这种模式解决了项目机构臃肿、层次重叠、管理人员比例失调的现象。

DB模式的缺点是业主无法参与建筑师或工程师的选择，工程设计可能会受施工者的利益影响等。

3. 建设管理模式（Construction Management，CM模式）

CM模式是采用快速路径法建设（Fast Track Construction）时，从项目开始阶段业主就雇用具有施工经验的CM单位参与到项目实施过程中来，以便为设计师提供施工方面的建议，并且随后负责管理施工过程。这种模式改变了过去全部设计完成后才进行招标的传统模式，采取分阶段招标，由业主、CM单位和设计商组成联合小组，共同负责组织和管理工程的规划、设计和施工。CM单位负责工程的监督、协调及管理工作，在施工阶段定期与承包商交流，对成本、质量和进度进行监督，并预测和监控成本和进度的变化。CM模式是由美国的Charles B. Thomsen于1968年提出的，他认为，项目的设计过程可看作是一个由业主和设计师共同连续地进行项目决策的过程。这些决策从粗到细，涉及项目各个方面，而某个方面的主要决策一经确定，即可进行这部分工程的施工。

CM模式又称阶段发包方式，它打破过去那种等待设计图纸全部完成后，才进行招标施工的生产方式，只要完成一部分分项（单项）工程设计后，即可对该分项（单项）工程进行招标施工，由业主与各承包商分别签订每个单项工程合同。阶段发包方式与一般招标发包方式的比较如图4-3所示。

根据合同规定的CM经理的工作范围和角色，可将CM模式分为代理型建设管理（“Agency” CM）和风险型建设管理（“At Risk” CM）两种方式：

（1）“Agency” CM方式。在此种方式下，CM经理是业主的咨询和代理。业主选择代理型CM主要是因为其在进度计划和变更方面更具有灵活性。采用这种方式，CM经理可只提供项目某一阶段的服务，也可以提供全过程服务。无论施工前还是施工后，CM经理与业主是委托关系，业主与CM经理之间的服务合同是以固定费用或比例费用的方式计费。施工任务仍然大都通过竞标来实现，由业主与各承包商签订施工合同。CM经理为业主提供项目管理，但他与各专业承包商之间没有任何合同关系。因此，对于代理型CM经理来说，经济风险最小，但是声誉损失的风险很高。

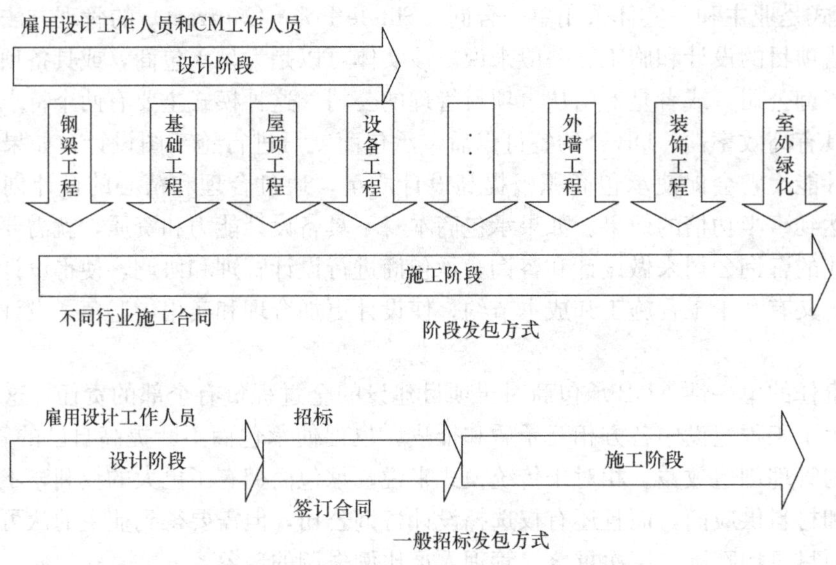

图 4-3 阶段发包方式与一般招标发包方式的比较

(2)"At Risk" CM 方式。采用这种形式，CM 经理同时也担任施工总承包商的角色，业主一般要求 CM 经理提出保证最高成本限额（Guaranteed Maximum Price，GMP），以保证业主的投资控制，如最后结算超过 GMP，则由 CM 公司赔偿；如低于 GMP，则节约的投资归业主所有，但 CM 经理由于额外承担了保证施工成本风险，因而应该得到节约投资的奖励。有了 GMP 的规定，业主的风险减少了，而 CM 经理的风险则增加了。风险型 CM 方式中，各方关系基本上介于传统的 DBB 模式与代理型 CM 模式之间，风险型 CM 经理的地位实际上相当于一个总承包商，他与各专业承包商之间有着直接的合同关系，并负责工程以不高于 GMP 的成本竣工，这使得他所关心的问题与代理型 CM 经理有很大不同，尤其是随着工程成本越接近 GMP 上限，他的风险越大，他对项目最终成本的关注也就越强烈。两种形式的各方关系如图 4-4 所示。

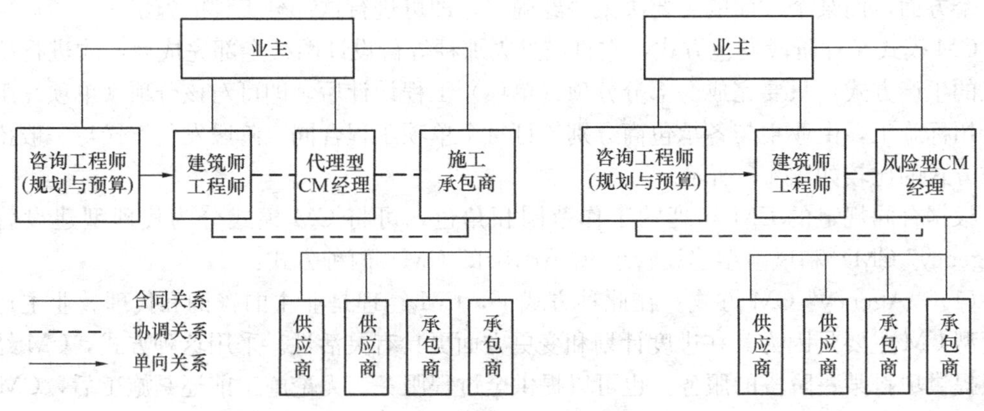

图 4-4 CM 模式下两种管理方式的各方关系

CM 模式具有如下优点：

(1) 建设周期短。这是 CM 模式的最大优点。在组织实施项目时，打破了传统的设计、招标、施工的线性关系，代之以非线性的分阶段建设法（Phased Construction）。CM模式的基本思想就是缩短工程从规划、设计、施工到交付使用的周期，即采用Fast-Track方法，设计一部分，招标一部分，施工一部分，实现有条件的“边设计、边施工”。在这种方法中，设计与施工之间的界限不复存在，二者在时间上产生了搭接，从而提高了项目的实施速度和缩短了项目的施工周期。

（2）CM经理的早期介入。CM模式改变了传统管理模式中项目各方依靠合同调解的做法，代之以依赖建筑师和（或）工程师、CM经理和承包商在项目实施中的合作，业主在项目的初期就选定了建筑师和（或）工程师、CM经理和承包商，由他们组成具有合作精神的项目组，完成项目的投资控制、进度计划与质量控制和设计工作，这种方法被称为项目组法。CM经理与设计商是相互协调关系，CM单位可以通过合理化建议来影响设计。

CM模式具有如下缺点：

（1）对CM经理的要求较高。

（2）CM经理所在单位的资质和信誉都应该比较高，而且具备高素质的从业人员。

（3）分项招标导致承包费用较高。

CM模式可以适用于：设计变更可能性较大的工程项目。时间因素最为重要的工程项目。因总体工作范围和规模不确定而无法准确定价的工程项目。

CM模式在美国、加拿大、欧洲和澳大利亚等许多国家和地区，被广泛地应用于大型建筑项目的采购和项目管理。在20世纪90年代进入我国之后，CM模式也得到了一定程度的应用，如上海证券大厦建设项目、深圳国际会议中心建设项目等。

4. 设计—采购—建设模式（Engineering Procurement Construction，EPC模式）

在EPC模式中，Engineering不仅包括具体的设计工作，而且可能包括整个建设工程的总体策划以及整个建设工程组织管理的策划和具体工作；Procurement也不是一般意义上的建筑设备、材料采购，而更多的是指专业成套设备、材料的采购；Construction应译为“建设”，其内容包括施工、安装、试车、技术培训等。其合同结构形式如图4-5所示。

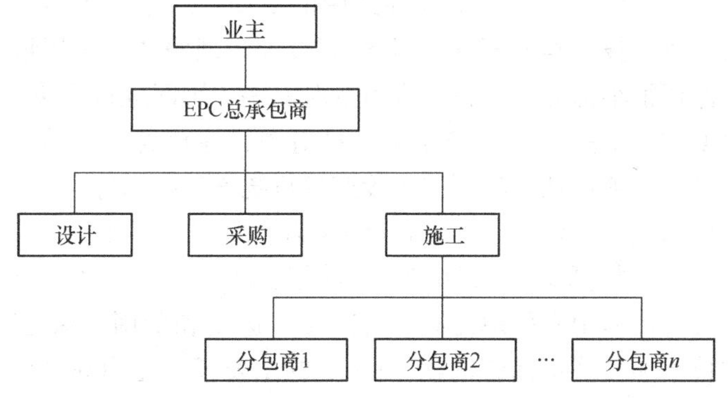

图4-5 EPC模式的合同结构示意图

EPC模式具有以下主要特点：

（1）业主把工程的设计、采购、施工和开车服务工作全部委托给总承包商负责组织实施，业主只负责整体的、原则的、目标的管理和控制。

（2）业主可以自行组建管理机构，也可以委托专业项目管理公司代表业主对工程进行整体的、原则的、目标的管理和控制。业主介入具体项目组织实施的程度较低，总承包商更能发挥主观能动性，运用其管理经验，为业主和承包商自身创造更多的效益。

（3）业主把管理风险转移给总承包商，因而总承包商在经济和工期方面要承担更多的责任和风险，同时承包商也拥有更多的获利机会。

（4）业主只与总承包商签订总承包合同。设计、采购、施工的实施是统一策划、统一组织、统一指挥、统一协调和全过程控制的。总承包商可以把部分工作委托给分包商完成，分包商的全部工作由总承包商对业主负责。

（5）EPC 模式还有一个明显的特点，就是合约中没有咨询工程师这个专业监控角色和独立的第三方。

（6）EPC 模式一般适用于规模较大、工期较长，且具有相当技术复杂性的工程，如化工厂、发电厂、石油开发等项目。

EPC 的利弊主要取决于项目的性质，实际上涉及各方利益和关系的平衡，尽管 EPC 给承包商提供了相当大的弹性空间，但同时也给承包商带来了较高的风险。从“利”的角度看，业主的管理相对简单，因为由单一总承包商牵头，承包商的工作具有连贯性，可以防止设计商与承包商之间的责任推诿，提高了工作效率，减少了协调工作量。由于总价固定，业主基本上不用再支付索赔及追加项目费用（当然也是利弊参半，业主转嫁了风险，同时增加了造价）。从“弊”的角度看，尽管理论上所有工程的缺陷都是承包商的责任，但实际上质量的保障全靠承包商的自觉性，他可以通过调整设计方案包括工艺等来降低成本（另一方面会影响到长远意义上的质量）。因此，业主对承包商监控手段的落实十分重要，而 EPC 中业主又不能过多地参与设计方面的细节要求和意见。另外，承包商获得业主变更令以及追加费用的弹性也很小。

5. 项目管理模式（Project Management，PM 模式）

PM 模式是指项目业主聘请一家公司（一般为具备相当实力的工程公司或咨询公司）代表业主进行整个项目过程的管理，这家公司被称为“项目管理承包商”（Project Management Contractor），简称为 PMC。PM 模式中的 PMC 受业主的委托，从项目的策划、定义、设计、施工到竣工投产全过程为业主提供项目管理服务。选用该种模式管理项目时，业主方面仅需保留很小部分的项目管理力量对一些关键问题进行决策，而绝大部分的项目管理工作都由 PMC 来承担。PMC 是由一批对项目建设各个环节具有丰富经验的专门人才组成的，它具有对项目从立项到竣工投产进行统筹安排和综合管理的能力，能有效地弥补业主项目管理知识与经验的不足。PMC 作为业主的代表或业主的延伸，帮助业主进行项目前期策划、可行性研究、项目定义、计划、融资方案，以及在设计、采购、施工、试运行等整个实施过程中有效地控制工程质量、进度和费用，保证项目的成功实施，达到项目寿命期的技术和经济指标最优化。PMC 的主要任务是自始至终对业主和项目负责，这可能包括项目任务书的编制，预算控制、法律与行政障碍的排除、土地资金的筹集等，同时使设计者、工料测量师和承包商的工作正确地分阶段进行，在适当的时候引入指定分包商的合同和任何专业建造商的单独合同，以使业主委托的活动得以顺利进行。PM 模式各方关系图如图 4-6 所示。

采用 PM 模式的项目，通过 PMC 的科学管理，可大规模节约项目投资：

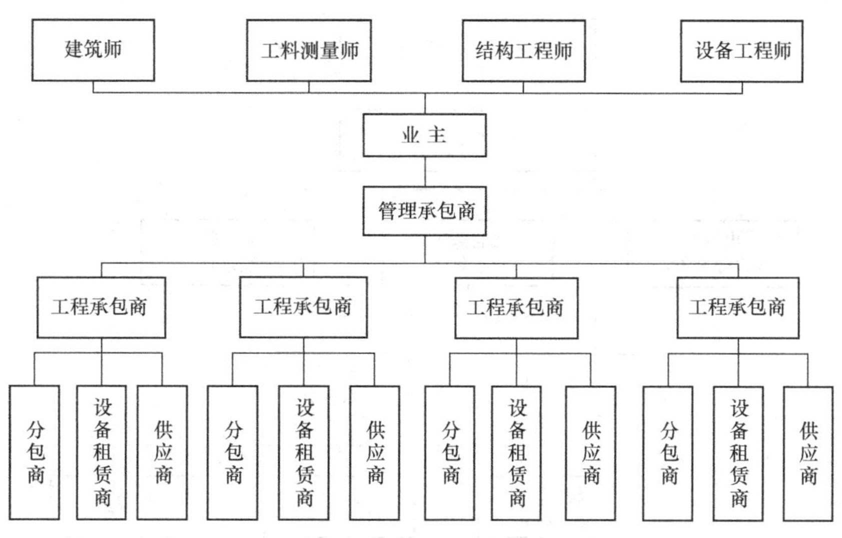

图 4-6 PM 模式的各方关系

(1) 通过项目优化设计以实现项目全寿命期成本最低。PMC 会根据项目所在地的实际条件，运用自身的技术优势，对整个项目进行全方位的技术经济分析与比较，本着功能完善、技术先进、经济合理的原则对整个设计进行优化。

(2) 在完成基本设计之后通过一定的合同策略，选用合适的合同方式进行招标。PMC 会根据不同工作包的设计深度、技术复杂程度、工期长短、工程量大小等因素综合考虑采取何种合同形式，从整体上为业主节约投资。

(3) 通过 PMC 的多项目采购协议及统一的项目采购策略降低投资。多项目采购协议是业主就某种商品（设备、材料）与制造商签订的供货协议。与业主签订该协议的制造商是该项目这种商品（设备、材料）的唯一供应商。业主通过此协议获得价格、日常运行维护等方面的优惠。各个承包商必须按照业主所提供的协议去采购相应的材料、设备。多项目采购协议是 PM 项目采购策略中的一个重要部分。在项目中，要适量地选择商品的类别，以免对承包商限制过多，直接影响积极性。PMC 还应负责促进承包商之间的合作，以符合业主降低项目总投资的目标，包括最优化项目内容和全面符合计划等要求。

6. 建造—运营—移交模式（Build-Operate-Transfer，BOT 模式）

BOT 模式的基本思路是：由项目所在国政府或所属机构为项目的建设和经营提供一种特许权协议作为项目融资的基础，由本国公司或者外国公司作为项目的投资者和经营者安排融资，承担风险，开发建设项目，并在有限的时间内经营项目获取商业利润，最后根据协议将该项目转让给相应的政府机构。BOT 方式是 20 世纪 80 年代在国外兴起的基础设施建设项目依靠私人资本的一种融资、建造的项目管理方式。政府开放本国基础设施建设和运营市场，授权项目公司负责筹资和组织建设，建成后负责运营及偿还贷款，规定的特许期满后，再无偿移交给政府。BOT 模式的各方关系如图 4-7 所示。

BOT 模式具有如下优点：

(1) 降低政府财政负担。通过采取民间资本筹措、建设、经营的方式，吸引各种资金参与道路、码头、机场、铁路、桥梁等基础设施项目建设，以便政府集中资金用于其他公

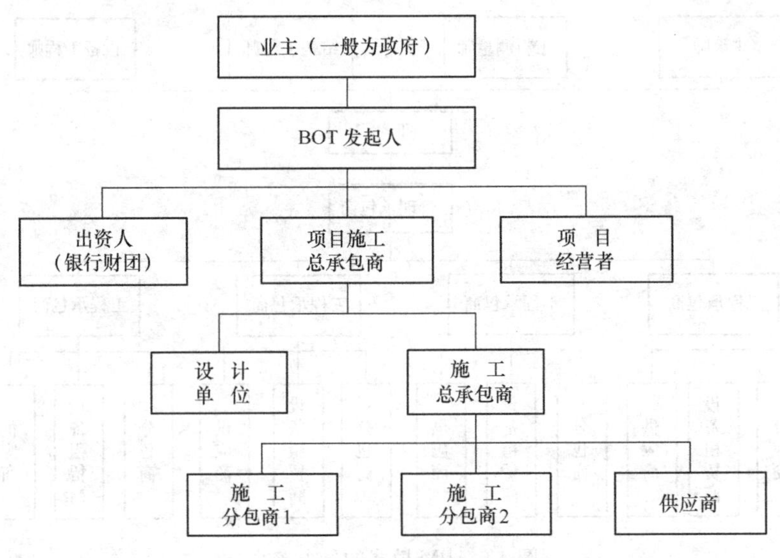

图 4-7 BOT 模式的各方关系图

共物品的投资。项目融资的所有责任都转移给私人企业，减少了政府主权借债和还本付息的责任。

(2) 政府可以避免大量的项目风险。实行该种方式融资，使政府的投资风险由投资者、贷款者及相关当事人等共同分担，其中投资者承担了绝大部分风险。

(3) 有利于提高项目的运作效率。项目资金投入大、周期长，由于有民间资本参加，贷款机构对项目的审查、监督就比政府直接投资方式更加严格。同时，民间资本为了降低风险，获得较多的收益，客观上就更要加强管理，控制造价，这从客观上为项目建设和运营提供了约束机制和有利的外部环境。

(4) 早期的 BOT 项目通常都由外国的公司来承包，这会给项目所在国带来先进的技术和管理经验，既给本国的承包商带来较多的发展机会，也促进了国际经济的融合。

BOT 模式具有如下缺点：

(1) 公共部门和私人企业往往都需要经过一个长期的调查了解、谈判和磋商过程，以致项目前期过长，投标费用过高。

(2) 投资方和贷款人风险过大，没有退路，使融资举步维艰。

(3) 参与项目各方存在某些利益冲突，对融资造成障碍。

(4) 机制不灵活，降低私人企业引进先进技术和管理经验的积极性。

(5) 在特许期内，政府对项目失去控制权。

BOT 模式被认为是代表国际项目融资发展趋势的一种新型结构。BOT 模式不仅得到了发展中国家政府的广泛重视和采纳，一些发达国家政府也考虑或计划采用 BOT 模式来完成政府企业的私有化过程。迄今为止，在发达国家和地区已进行的 BOT 项目中，比较著名的有横贯英法的英吉利海峡海底隧道工程、香港东区海底隧道项目、澳大利亚悉尼港海底隧道工程等。20 世纪 80 年代以后，BOT 模式得到了许多发展中国家政府的重视，中国、马来西亚、菲律宾、巴基斯坦、泰国等发展中国家都有成功运用 BOT 模式的项目，如中国广东深圳的沙角火力发电 B 厂、马来西亚的南北高速公路及菲律宾马尼拉那法塔斯尔（Novotas）一号发电站等都是成功的案例。BOT 模式主要用于基础设施项目，包括发电厂、机场、港口、收费公路、隧道、电信、供水和污水处理设施等，这些项目都是投资较大、建设周期长和可以自己运营获利的项目。

4.2 建设工程招标投标基本制度

4.2.1 招标投标概念

招标投标是市场经济条件下进行大宗货物的买卖、工程建设项目的发包与承包以及服务项目的采购与提供时，所采用的一种交易方式。它的特点是，单一的买方设定包括功能、质量、期限、价值为主的标的，约请若干卖方通过投标进行竞争，买方从中选择优胜者并与其达成交易协议，随后按合同实现标的。

建筑产品也是商品，工程项目的建设以招标投标的方式选择实施单位，是运用竞争机制来体现价值规律的科学管理模式。工程招标指招标人用招标文件将委托的工作内容和要求告之有兴趣参与竞争的投标人，让他们按规定条件提出实施计划和价格，然后通过评审比较选出信誉可靠、技术能力强、管理水平高、报价合理的可信赖单位（设计单位、监理单位、施工单位、供货单位），以合同形式委托其完成。各投标人依据自身能力和管理水平，按照招标文件规定的统一要求投标，争取获得实施资格。属于要约和承诺特殊表现形式的招标投标是合同的形成过程，招标人需要与中标人签订明确双方权利义务的合同。招标投标制是实施项目法人责任制的重要保障措施之一。

《中华人民共和国招标投标法》（1999 年 8 月 30 日第九届全国人民代表大会常务委员会第十一次会议通过，2017 年 12 月 27 日第十二届全国人民代表大会常务委员会第三十一次会议修订，自 2017 年 12 月 28 日起施行，以下简称《招标投标法》）将招标与投标的过程纳入法制管理的轨道，主要内容包括通行的招标投标程序；招标人和投标人应遵循的基本规则；任何违反法律规定应承担的后果责任等。该法的基本宗旨是，招标投标活动属于当事人在法律规定范围内自主进行的市场行为，但必须接受政府行政主管部门的依法监督。

4.2.2 政府主管部门对招标投标的管理

1. 法定必须招标的工程项目

依照我国《招标投标法》及《工程建设项目招标范围和规模标准规定》的规定，在我国境内建设的以下项目必须通过招标投标选择承包人。

（1）关系社会公共利益、公众安全的大型基础设施项目

1）煤炭、石油、天然气、电力、新能源项目。

2）铁路、公路、管道、水运、航空以及其他交通运输业等交通运输项目。

3）邮政、电信枢纽、通信、信息网络等邮电通信项目。

4）防洪、灌溉、排涝、引（供）水、滩涂治理、水土保持、水力枢纽等水利项目。

5）道路、桥梁、地铁和轻轨交通、污水排放及处理、垃圾处理、地下管道、公共停车场等城市设施项目。

6）生态环境保护项目。

7）其他基础设施项目。

(2) 关系社会公共利益、公众安全的公用事业项目

1) 供水、供电、供气、供热等市政工程项目。

2) 科技、教育、文化等项目。

3) 体育、旅游等项目。

4) 卫生、社会福利等项目。

5) 商品住宅，包括经济适用房。

6) 其他公用事业项目。

(3) 全部或部分使用国有资金投资的项目

1) 使用各级财政预算资金的项目。

2) 使用纳入财政管理的各种政府性专项建设基金的项目。

3) 使用国有企业事业单位自有资金，并且国有资产投资者实际拥有投资权的项目。

(4) 全部或部分使用国家融资的项目

1) 使用国家发行债券所筹资金的项目。

2) 使用国家对外借款或者担保所筹资金的项目。

3) 使用国家政策性贷款的项目。

4) 国家授权投资主体融资的项目。

5) 国家特许的融资项目。

(5) 使用国际组织或者外国政府贷款、援助资金的项目

1) 使用世界银行、亚洲开发银行等国际组织贷款资金的项目。

2) 使用外国政府及其机构贷款资金的项目。

3) 使用国际组织或者外国政府援助资金的项目。

以上范围内总投资超过3000万元人民币的各类工程建设项目，包括项目的勘察、设计、施工、监理以及与工程建设有关的重要设备、材料等的采购必须进行招标。另外，总投资虽然低于3000万元人民币，但单项合同估算价达到下列标准之一的，也必须进行招标：

1) 施工单项合同估算价在200万元人民币以上的。

2) 重要设备、材料等货物的采购，单项合同估算价在100万元人民币以上的。

3) 勘察、设计、监理等服务的采购，单项合同估算价在50万元人民币以上的。

若以上规模标准修改的，应按照最新的规模标准执行。

依照我国《招标投标法》及有关规定，在我国境内依法必须招标的以下项目可以不需通过招标投标来确定承包人：

1) 涉及国家安全、国家机密、抢险救灾或者属于利用扶贫资金实行以工代赈，需要使用农民工等特殊情况，不适宜进行招标的项目。

2) 建设项目的勘察设计，采用特定专利或者专有技术的，或者其建筑艺术造型有特殊要求的，经项目主管部门批准，可以不进行招标。

2. 招标备案

工程项目的建设应当按照建设管理程序进行。为了保证工程项目的建设符合国家或地方总体发展规划，以及能使招标后工作顺利进行，因此不同标的招标均需满足相应的条件。

（1）项目招标应满足的要求

1）建设工程已批准立项。

2）向建设行政主管部门履行了报建手续，并取得批准。

3）建设资金能满足建设工程的要求，符合规定的资金到位率。

4）建设用地已依法取得，并领取了建设工程规划许可证。

5）技术资料能满足招标投标的要求。

6）法律、法规、规章规定的其他条件。

（2）招标人应满足的要求

1）有与招标工作相适应的经济、法律咨询和技术管理人员。

2）有组织编制招标文件的能力。

3）有审查投标单位资质的能力。

4）有组织开标、评标、定标的能力。

利用招标方式选择承包单位属于招标单位自主的市场行为，因此《招标投标法》规定，招标人具有编制招标文件和组织评标能力的，可以自行办理招标事宜，向有关行政监督部门进行备案即可。如果招标单位不具备上述能力，则需委托依法设立、从事招标代理业务的社会中介组织代理招标。

（3）招标代理机构应当具备的条件

招标代理机构是依法成立的组织，与行政机关和其他国家机关没有隶属关系。招标代理机构应具备的基本条件包括：

1）有从事招标代理业务的营业场所和相应资金。

2）有能够编制招标文件和组织评标的相应专业力量。

委托代理机构招标是招标人的自主行为，任何单位和个人不得强制委托代理或指定招标代理机构。招标人委托的代理机构应尊重招标人的要求，在委托范围内办理招标事宜，并遵守《招标投标法》对招标人的有关规定。

依法必须招标的建筑工程项目，无论是招标人自行招标还是委托代理招标，均应当按照法规，在发布招标公告或者发出招标邀请书前，持有关材料到县级以上地方人民政府建设行政主管部门备案。

3. 对招标有关文件的核查备案

招标人有权依据工程项目特点编写与招标有关的各类文件，但内容不得违反法律规范的相关规定。建设行政主管部门核查的内容主要包括：

（1）对投标人资格审查文件的核查

1）不得以不合理条件限制或排斥潜在投标人。为了使招标人能在较广泛范围内优选最佳投标人，以及维护投标人进行平等竞争的合法权益，不允许在资格审查文件中以任何方式限制或排斥本地区、本系统以外的法人或组织参与投标。

2）不得对潜在投标人实行歧视待遇。为了维护招标投标的公平、公正原则，不允许在资格审查标准中针对外地区或外系统投标人设立压低分数的条件。

3）不得强制投标人组成联合体投标。以何种方式参与投标竞争是投标人的自主行为，他可以选择单独投标，也可以作为联合体成员与其他人共同投标，但不允许既参加联合体又单独投标。

（2）对招标文件的核查

1）招标文件的组成是否包括招标项目的所有实质性要求和条件，以及拟签订合同的主要条款能使投标人明确承包工作范围和责任，并能够合理预见风险编制投标文件。

2）招标项目需要划分标段时，承包工作范围的合同界限是否合理。承包工作范围可以是包括勘察设计、施工、供货的一揽子交钥匙工程承包，也可以按工作性质划分成勘察、设计、施工、物资供应、设备制造、监理等的分项工作内容承包。施工招标的工作范围应是整个工程、单位工程或特殊专业工程的施工内容，不允许肢解工程招标。

3）招标文件是否有限制公司竞争的条件。在文件中不得要求或标明特定的生产供应者以及含有倾向或排斥潜在投标人的其他内容。主要核查是否有针对地区或外系统设立的不公正评标条件。

4. 对投标活动的监督

全部使用国有资金投资或者国有资金投资占控股或者主导地位，依法必须进行施工招标的工程项目，应当进入有形建筑市场进行招标投标活动。各地建设行政主管部门认可的建设工程交易中心，既为招标投标活动提供场所，又可以使行政主管部门对招标投标活动进行有效的监督。

5. 查处招标投标活动中的违法行为

《招标投标法》明确提出，国务院规定的有关行政监督部门有权依法对招标投标活动中的违法行为进行查处。视情节和对招标的影响程度，承担后果责任的形式可以为：判定招标无效，责令改正后重新招标；对单位负责人或其他直接责任者给予行政或纪律处分；没收非法所得，并处以罚金；构成犯罪的，依法追究刑事责任。

4.2.3 招标方式

为了规范招标投标活动，保护国家利益、社会公共利益和招标投标活动当事人的合法权益，《招标投标法》规定招标方式分为公开招标和邀请招标两大类。

1. 公开招标

公开招标是指招标人以招标公告的方式邀请不特定的法人或者其他组织投标。公开招标的优点是，招标人可以在较广的范围内选择中标人，投标竞争激烈，有利于将工程项目的建设交予可靠的中标人实施并取得有竞争性的报价。但其缺点是，由于申请投标人较多，一般要设置资格预审程序，而且评标的工作量也较大，所需招标时间长、费用高。

招标人选用了公开招标方式，就不得限制或者排斥本地区、本系统以外的法人或者其他组织参加投标，不得对潜在投标人实行歧视待遇。

我国规定，依法必须进行招标的项目，全部或部分使用国有资金投资，或者国有资金投资占控股或主导地位的，都应采取公开招标。国务院发展计划部门确定的国家重点项目和省、自治区、直辖市人民政府确定的地方重点项目不适宜公开招标的，经主管部门批准后可以采用邀请招标。

2. 邀请招标

邀请招标是指招标人以投标邀请书的方式邀请特定的法人或者其他组织投标。邀请对象的数目以5～7家为宜，但不应少于3家。被邀请人同意参加投标后，从招标人处获取招标文件，按规定要求进行投标报价。邀请招标的优点是，不需要发布招标公告和设置资格预审程序，节约招标费用和节省时间；由于对投标人以往的业绩和履约能力比较了解，减少了合同履行过程中承包方违约的风险。为了体现公平竞争和便于招标人选择综合能力最强的投标人中标，仍要求在投标书内报送表明投标人资格能力的有关证明材料，作为评标时的评审内容之一（通常称为资格后审）。邀请招标的缺点是，由于邀请范围较小，选择面窄，可能排斥了某些技术或报价上有竞争实力的潜在投标人，因此投标竞争的激烈程度相对较差。

4.2.4 工程招标投标程序

招标是招标人选择中标人并与其签订合同的过程，而投标则是投标人力争获得实施合同的竞争过程，招标人和投标人均需遵循招标投标法律和法规的规定，进行招标投标活动。图 4-8 所示的公开招标程序，邀请招标可以参照实行。按照招标人和投标人参与程度，可将招标过程划分成招标准备阶段、招标投标阶段和决标成交阶段。

1. 招标准备阶段主要工作

招标准备阶段的工作由招标人单独完成，投标人不参与。主要工作包括以下几个方面。

（1）选择招标方式

1）根据工程特点和招标人的管理能力确定发包范围。

2）依据工程建设总进度计划确定项目建设过程中的招标次数和每次招标的工作内容。如监理招标、设计招标、施工招标、设备供应招标等。

3）按照每次招标前准备工作的完成情况，选择合同的计价方式。如施工招标时，已完成施工图设计的中小型工程，可采用固定总价合同；若为初步设计完成后的大型复杂工程，则可采用单价合同。

4）依据法律法规要求、工程项目的特点、招标前准备工作的完成情况、合同类型等因素的影响程度，最终确定招标方式。

（2）办理招标备案

招标人向建设行政主管部门办理申请招标手续。招标备案文件应说明：招标工作范围；招标方式；计划工期；对投标人的资格要求；招标项目的前期准备工作的完成情况；自行招标还是委托代理招标等内容。获得认可后才可以开展招标工作。

（3）编制招标有关文件

招标准备阶段应编制好招标过程中可能涉及的有关文件，保证招标活动的正常进行。这些文件大致包括：招标公告、资格预审文件、招标文件、合同协议书以及资格预审和评标的方法。

2. 招标阶段主要工作

公开招标时，从发布招标公告开始，若为邀请招标，则从发出投标邀请函开始，到投标截止日期为止的期间称为招标投标阶段。在此阶段，招标人应做好招标的组织工作，投标人则按招标有关文件的规定程序和具体要求进行投标报价竞争。

（1）发布招标公告

招标公告的作用是让潜在投标人获得招标信息，以便进行项目筛选，确定是否参与竞争。招标公告或投标邀请函的具体格式可由招标人自定，内容一般包括：招标单位名称；建设项目资金来源；工程项目概况和本次招标工作范围的简要介绍；购买资格预审文件的地点、时间和价格等有关事项。

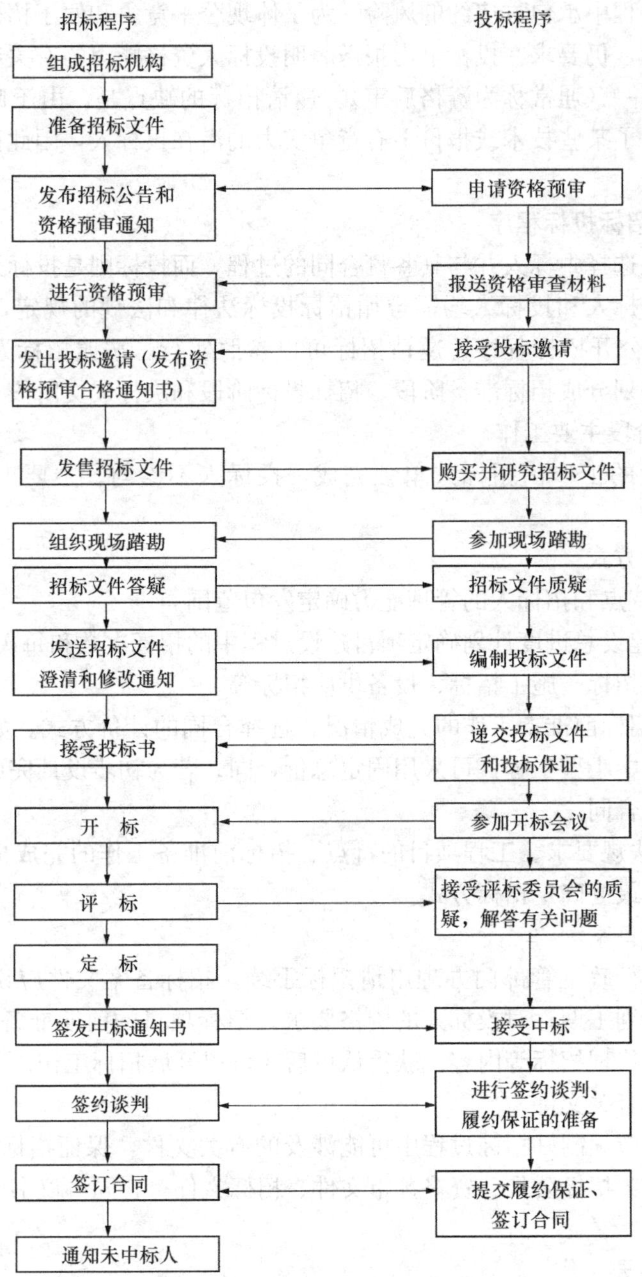

图 4-8 公开招标程序

(2) 资格预审

对潜在投标人进行资格预审，主要考察该企业总体能力是否具备完成招标工作所要求的条件。公开招标时设置资格预审程序，一是保证参与投标的法人或组织在资格和能力等方面能够满足完成招标工作的要求；二是通过评审优选出综合实力较强的一批申请投标人，再请他们参加投标竞争，以减少评标的工作量。资格预审程序主要包括：

1) 招标人依据项目的特点编写资格预审文件。资格预审文件分为资格预审须知和资格预审表两大部分。资格预审须知内容包括招标工程概况和工作范围介绍，对投标人的基本要求和指导投标人填写资格预审文件的有关说明。资格预审表列出对潜在投标人资格条件、实施能力、技术水平、商业信誉等方面需要了解的内容，以应答形式给出的调查文件。资格预审表开列的内容要完整、全面，能反映潜在投标人的综合素质，因为资格预审中评定过的条件在评标时一般不再重复评定，应避免不具备条件的投标人承担项目的建设任务。

2）资格预审表是以应答方式给出的调查文件。所有申请参加投标竞争的潜在投标人都可以购买资格预审文件，由其按要求填报后作为投标人的资格预审文件。

3）招标人依据工程项目特点和发包工作性质划分评审的几大方面，如资格条件、人员能力、设备和技术能力、财务状况、工程经验、企业信誉等，并分别给予不同权重。对其中的各方面再细化评定内容和分项评分标准。通过对各投标人的评定和打分，确定各投标人的综合素质得分。

4）资格预审合格的条件。首先投标人必须满足资格预审文件规定的必要合格条件和附加合格条件，其次评定分必须在预先确定的最低分数线以上。目前采用的合格标准有两种方式：一种是限制合格者数量，以便减少评标的工作量（如5家），招标人按得分高低次序向预定数量的投标人发出邀请投标函并请他予以确认，如果某1家放弃投标则由下1家递补维持预定数量；另一种是不限制合格者的数量，凡达到一定分数（如80分）以上的潜在投标人均视为合格，保证投标的公平性和竞争性。后一种原则的缺点是如果合格者数量较多时，增加评标的工作量。不论采用哪种方法，招标人都不得向他人透露有权参与竞争的潜在投标人的名称、人数以及与招标投标有关的其他情况。

5）投标人必须满足的基本资格文件。资格预审须知中明确列出投标人必须满足的最基本条件，可分为必要合格条件和附加合格条件两类。①必要合格条件通常包括法人地位、资质等级、财务状况、企业信誉、分包计划等具体要求，是潜在投标人应满足的最低标准。②附加合格条件视招标项目是否对潜在投标人有特殊要求而决定。普通工程项目一般承包人均可完成，可不设置附加合格条件。对于大型复杂项目尤其是需要有专门技术、设备或经验的投标人才能完成时，则应设置此类条件。附加合格条件是为了保证承包工作能够保质、保量、按期完成，按照项目特点设定，而不是针对外地区或外系统投标人而设定，因此不违背《招标投标法》的有关规定。招标人可以针对工程所需的特别措施或工艺的专长、专业工程施工要求、环境保护方针和保证体系、同类工程施工经历、项目经理资格要求、安全文明施工要求等方面设立附加合格条件。对于同类工程施工经历，一般以潜在投标人是否完成过与招标工程同类型和同容量工程作为衡量标准。标准不应定得过高，否则会使合格投标人过少，影响竞争，也不应定得过低，避免让实际不具备能力的投标人获得合同而导致项目不能按预期目的完成，只要实施能力、工程经验与招标项目相符即可。

(3) 招标文件

招标人根据招标项目特点和需要编制招标文件，它是投标人编制投标文件和报价的依据，因此应当包括招标项目的所有实质性要求和条件。招标文件通常分为投标须知、合同条件、技术规范、图纸和技术资料、工程量清单等几大部分内容。为进一步完善标准文件编制规则，构建覆盖主要采购对象、多种合同类型、不同项目规模的标准文件体系，提高招标文件编制质量，促进招标投标活动的公开、公平和公正，营造良好市场竞争环境，国家发展和改革委员会等九部委于 2017 年 9 月 4 日印发了《标准设备采购招标文件》等五个标准招标文件的通知（发改法规［2017］1606 号），编制了《标准设备采购招标文件》、《标准材料采购招标文件》、《标准勘察招标文件》、《标准设计招标文件》和《标准监理招标文件》五个标准文件，适用于依法必须招标的与工程建设有关的设备、材料等货物项目和勘察、设计、监理等服务项目。机电产品国际招标项目，应当使用商务部编制的机电产品国际招标标准文本（中英文）。国务院有关行业主管部门可根据本行业招标特点和管理需要，对《标准设备采购招标文件》、《标准材料采购招标文件》中的“专用合同条款”、“供货要求”，对《标准勘察招标文件》、《标准设计招标文件》中的“专用合同条款”、“发包人要求”，对《标准监理招标文件》中的“专用合同条款”、“委托人要求”作出具体规定。其中，“专用合同条款”可对“通用合同条款”进行补充、细化，但除“通用合同条款”明确规定可以作出不同约定外，“专用合同条款”补充和细化的内容不得与“通用合同条款”相抵触，否则抵触内容无效。

（4）现场考察

招标人在投标须知规定的时间组织投标人自费进行现场考察。设置此程序的目的，一方面让投标人了解工程项目的现场情况、自然条件、施工条件以及周围环境条件，以便于编制投标书；另一方面也是要求投标人通过自己的实地考察确定投标的原则和策略，避免合同履行过程中投标人以不了解现场情况为理由推卸应承担的合同责任。

（5）解答投标人的质疑

投标人研究招标文件和现场考察后会以书面形式提出某些质疑问题，招标人应及时给予书面解答。招标人对任何一位投标人所提问题的回答，必须发送每一位投标人，保证招标的公开和公平，但不必说明问题的来源。回答函件作为招标文件的组成部分，如果书面解答的问题与招标文件中的规定不一致，以函件的解答为准。

3. 决标成交阶段主要工作

从开标到签订合同这一期间称为决标成交阶段，是对各投标书进行评审比较，最终确定中标人的过程。

（1）开标

公开招标和邀请招标均应举行开标会议，体现招标的公平、公正和公开原则。在投标须知规定的时间和地点由招标人主持开标会议，所有投标人均应参加，并邀请项目建设有关部门代表出席。开标时，由投标人或其推选的代表检验投标文件的密封情况。确认无误后，工作人员当众拆封，宣读投标人名称、投标价格以及其他主要内容。所有在投标致函中提出的附加条件、补充声明、优惠条件、替代方案等均应宣读，如果有标底也应公开。开标过程应当记录，并存档备查。开标后，任何投标人都不允许更改投标书的内容和报价，也不允许再增加优惠条件。投标书经启封后不得再更改招标文件中说明的评标、定标办法。在开标时，如果发现投标文件出现下列情形之一，应当作为无效投标文件，不再进行评标：

1）投标文件未按照招标文件的要求予以密封。

2）投标文件中的投标函未加盖投标人的企业及企业法定代表人印章，或者企业法定代表人委托代理人没有合法、有效的委托书（原件）及委托代理人印章。

3）投标文件的关键内容字迹模糊、无法辨认。

4）投标人未按照招标文件的要求提供投标保证金或者投标保函。

5）组成联合体投标的，投标文件未附联合体各方共同投标协议。

（2）评标

评标是对各投标书优劣的比较，以便最终确定中标人，由评标委员会负责评标工作。评标委员会由招标人的代表和有关技术、经济等方面的专家组成，成员人数为5人以上单数，其中招标人以外的专家不得少于成员总数的2/3。专家人选应来自于国务院有关部门或省、自治区、直辖市政府有关部门提供的专家名册中以随机抽取方式确定。与投标人有利害关系的人不得进入评标委员会，已经进入的应当更换，保证评标的公平和公开。大型工程项目的评标通常分成初评和详评两个阶段进行。

1）初评。评标委员会以招标文件为依据，审查各投标书是否为响应性投标，确定投标书的有效性。检查内容包括：投标人的资格、投标保证有效性、报价资料的完整性、投标书与招标文件的要求有无实质性背离、报价计算的正确性等。投标文件对招标文件实质性要求和条件响应的偏差分为重大偏差和细微偏差两类。未作实质性响应的重大偏差包括：

① 没有按照招标文件要求提供投标担保或者所提供的投标担保有瑕疵。

② 没有按照招标文件要求由投标人授权代表签字并加盖公章。

③ 投标文件记载的招标项目完成期限超过招标文件规定的完成期限。

④ 明显不符合技术规格、技术标准的要求。

⑤ 投标文件记载的货物包装方式、检验标准和方法等不符合招标文件的要求。

⑥ 投标附有招标人不能接受的实质性条件。

⑦ 不符合招标文件中规定的其他实质性要求。

所谓存在细微偏差的投标文件，指投标文件基本上符合招标文件要求，但在个别地方存在漏项或者提供了不完整的技术信息和数据等情况，并且补正这些遗漏或者不完整不会对其他投标人造成不公平的结果。对招标文件的响应存在细微偏差的投标文件仍属于有效投标书。对于存在细微偏差的投标书，可以书面要求投标人在评标结束前予以澄清、说明或者补正，但不得超出投标文件的实质性内容。

商务标中出现以下情况时，由评标委员会对投标书中的错误加以修正后请该标书的投标授权人予以签字确认，作为详评比较的依据。如果投标人拒绝签字，则按投标人违约对待，不仅投标无效，而且没收其投标保证金。修正错误的原则是：投标文件中的大写金额和小写金额不一致的，以大写金额为准；总价金额与单价金额不一致的，以单价金额为准，但单价金额小数点有明显错误的除外。

2）详评。评标委员会对各投标书实施方案的计划进行实质性评价与比较。评审时不应再采用招标文件中要求投标人考虑因素以外的任何条件作为标准。设有标底的，评标时应参考标底。

详评通常分为两个步骤进行。首先，对各投标书进行技术和商务方面的审查，评定其合理性，以及若将合同授予该投标人在履行过程中可能给招标人带来的风险。评标委员会认为必要时可以单独约请投标人对标书中含义不明确的内容作必要的澄清或说明，但澄清或说明不得超出投标文件的范围或改变投标文件的实质性内容。澄清内容也要整理成文字材料，作为投标书的组成部分。其次，在对标书审查的基础上，评标委员会依据评标规则量化比较各投标书的优劣，并编写评标报告。

由于工程项目的规格不同、各类招标的标的不同，评审方法可以分为定性评审和定量评审两大类。对于标的额较小的中小型工程，评标可以采用定性比较的专家评议法，由评标委员对各标书进行认真分析比较后，以协商和投票的方式确定候选中标人。这种方法评标过程简单，在较短时间内即可完成，但科学性较差。大型工程应采用“综合评分法”或“评标价法”对各投标书进行科学的量化比较。综合评分法是指将评审内容分类后分别赋予不同权重，评标委员依据评分标准对各类内容细分的小项进行相应的打分，最后计算的累计分值反映投标人的综合水平，以得分最高的投标书为最优。评标价法是指评审过程中以该标书的报价为基础，将报价之外需要评定的要素按预先规定的折算办法换算为货币价值，根据对招标人有利或不利的原则在投标报价上增加或扣减一定金额，最终构成评标价格。因此“评标价”既不是投标价也不是中标价，只是用价格指标作为评审标书优劣的衡量方法，评标价最低的投标书为最优。定标签订合同时，仍以报价作为中标的合同价。

3）评标报告。评标报告是评标委员会经过对各投标书评审后向招标人提出的结论性报告，作为定标的主要依据。评标报告应包括评标情况说明；对各个合格投标书的评价；推荐合格的中标候选人等内容。如果评标委员会经过评审，认为所有投标都不符合招标文件的要求，可以否决所有投标。出现这种情况后，招标人应认真分析招标文件的有关要求以及招标过程，对招标工作范围或招标文件的有关内容作出实质性修改后重新进行招标。

4.2.5 定标与签约

1. 定标程序

确定中标人前，招标人不得与投标人就投标价格、投标方案等实质性内容进行谈判。招标人应该根据评标委员会提出的评标报告和推荐的中标候选人确定中标人，也可以授权评标委员会直接确定中标人。中标人确定后，招标人向中标人发出中标通知书，同时将中标结果通知未中标的投标人并退还他们的投标保证金或保函。中标通知书对招标人和中标人具有法律效力，招标人改变中标结果或中标人拒绝签订合同均要承担相应的法律责任。

中标通知书发出后的30天内，双方应按照招标文件和投标文件订立书面合同，不得作实质性修改。招标人不得向中标人提出任何不合理要求作为订立合同的条件，双方也不得私下订立背离合同实质性内容的协议。招标人确定中标人后15天内，应向有关行政监督部门提交招标投标情况的书面报告。

2. 定标原则

《招标投标法》规定，中标人的投标应当符合下列条件之一：

（1）能够最大限度地满足招标文件中规定的各项综合评价标准。

（2）能够满足招标文件的实质性要求，并且经评审的投标价格最低，但投标价格低于成本的除外。

第一种情况即指用综合评分法或评标价法进行比较后，最佳标书的投标人应为中标人。第二种情况适用于招标工作属于一般投标人均可完成的小型工程施工；采购通用的材料；购买技术指标固定、性能基本相同的定型生产的中小型设备等招标，对满足基本条件的投标书主要进行投标价格的比较。

4.3 建设工程监理招标投标

4.3.1 工程监理招标投标的特点

工程监理招标是委托人根据国家法律法规要求，通过招标方式择优选择监理单位的过程。中标的监理单位与委托人签订监理合同后，将依据法律、行政法规及有关的技术标准、设计文件，在授权范围内代表委托人对委托人与第三方所签订合同履行过程中的工程质量、工期、进度、建设资金使用等方面执行监理工作。即监理人凭借自己的知识、经验、技能为委托人提供监督、协调、管理的服务。监理招标的特点主要表现为：

（1）招标宗旨是对监理单位能力的选择。监理服务是监理单位的高智能投入，服务工作完成的好坏不仅依赖于执行监理业务是否遵循了规范化的管理程序和方法，更多地取决于参与监理工作人员的业务专长、经验、判断能力、创新想象力以及风险意识。因此招标选择监理单位时，鼓励的是能力竞争，而不是价格竞争。如果忽视监理单位的资格和能力，只依据报价高低确定中标人，招标人很难采购到高质量的监理服务。

（2）监理报价在选择中居于次要地位。在一般工程项目施工、材料供应招标中，中标人选择的原则是在达到技术要求的前提下，主要考虑价格的竞争性。而监理招标将能力选择放在第一位，因为当价格过低时，监理单位很难把招标人的利益放在第一位，为了维护自身经济利益会采取减少监理人员数量或多派业务水平低、工资低的一般人员，其后果必然导致对工程项目的损害。另外，如果监理单位能提供高质量的增值服务，往往使招标人获得节约工程投资和提前投产的实际效益。当然，监理服务质量与价格之间应有合理的对应关系，高质量的服务理应获得较高的回报，所以招标人应在能力相当的投标人之间再进行价格比较。

（3）邀请投标人数量较少。选择监理单位一般采用邀请招标，邀请数量以3～5家为宜。监理招标是对监理人知识、技能和经验等方面综合能力的选择，招标人基于自己的了解和信息通常会邀请有能力和实力的监理单位参加投标。

4.3.2 监理招标文件的编制

监理招标实际上是征询投标人实施监理工作的方案建议。为了指导投标人正确编制投标书，招标文件应包括以下几方面内容，并提供必要的资料。

（1）投标须知。包括：

1）工程项目综合说明。包括项目的主要建设内容、规模、工程等级、地点、总投资、开竣工日期。

2）委托的监理范围和监理业务。

3）投标文件的格式、编制、递交。

4）无效投标文件的规定。

5）招标文件、投标文件的澄清与修改。

6）评标的原则等。

（2）合同条件。

（3）业主提供的现场办公条件（包括交通、通信、住宿、办公用房等）。

（4）对监理单位的要求。包括对现场监理人员、检测手段、工程技术难点等方面的要求。

（5）有关技术规定。

（6）必要的设计文件、图纸和有关资料。

（7）其他事项。

对于依法必须招标的工程建设监理服务项目，应采用国家发改委等九部委于 2017 年 9 月 4 日印发的《标准监理招标文件》。

4.3.3 监理投标的关键性工作

建设监理制已成为我国建设管理体制中的重要组成部分。建设单位也往往采取招标的办法选择建设监理单位。监理公司如何在市场竞争中取得监理标的，是关系到自身生存和发展的首要问题。这就要求做好监理投标工作，通常监理投标的关键性工作主要有以下几方面。

（1）建立信息网络

在当今信息时代，建立功能强大、敏捷高效的信息网络是十分必要的。首先，在组织机构上，选择较高专业知识和水平的精干人员组建信息管理中心。其次，在手段上充分利用互联网信息量大、简洁高效的特点，广泛采集各类信息。第三，在管理方式上运用计算机建立信息库，对采集的信息进行分类和科学管理。

（2）实施项目跟踪

在占有大量信息的同时，要进行信息分析和筛选，确定主要目标，对项目实施跟踪，主要做法是：重点掌握该项目建议书是否批准，可研报告是否通过，项目是否立项以及建设资金来源的构成；全面了解该项目的技术特点、施工难点以及施工工期和节点工期；了解建设管理单位、设计单位的基本情况，特别是其管理模式和主要业绩，以便在投标中做到有的放矢。

（3）编制高质量的投标文件

编制高质量的投标文件反映了咨询公司的实力与水平，是能否中标的关键。有些单位未能中标，其中主要原因就是投标文件编写的质量不高，不能达到评标委员会（小组）的要求。编制高质量的投标文件，一般应注意以下几点：

1）认真研读招标文件，把握工程建设中的重点和难点，有些业主发售的招标文件比较简单，这就需要与平时积累的相关资料进行对照和佐证，准确理解业主的真实意图。

2）重视监理大纲的编写，监理大纲是监理工作的纲领性文件。它包括对工程难点的理解、节点的控制、提出的保证措施等。监理大纲体现的是监理服务的水平和质量，也是业主和评标专家重点审核的部分。因此，监理大纲的编写一定要做到：找准难点、分析到位、见解独特、控制有力、措施得当。有的招标文件还要求拟任总监提交对项目的理解，这实质是考核总监是否有丰富的监理经验、较高的组织领导水平和较强的协调解决问题的能力。

3）全面展现本单位的综合实力，在投标文件中应全面、准确、如实地反映企业在资格、技术力量、主要业绩、设备仪器等方面的综合实力，并附上相关的证明材料。尤其对拟任总监、副总监以及主要专业工程师，要实事求是地写出他们的工作简历、专业年限以及获取的资格证书。在人员配备上注重老中青搭配、各种专业人才的齐全等。

4）投标文件印制、包装的规范化。投标文件的印制与包装，从一个侧面反映了该单位的管理水平。有些投标人对此不以为然，而差错恰恰就容易出在这些“小事”上，例如标书中的错别字、外包装的整齐干净、密封章的位置等。

(4) 提供优质监理服务，实现工程项目总体目标和价值增值

监理单位在投标中要树立提供优质监理服务，实现工程项目总体目标和价值增值的理念和思想。在提供优质服务的基础上获得合理的监理报酬。建设单位在选择监理单位时，也会将主要精力和重点放在投标监理单位的能力上，报价则放在次要位置上，在能力、业绩相当的投标单位之中再进行价格比较，寻找最优中标者。

4.3.4 监理投标的开标、评标与决标

(1) 对投标文件的评审

评标委员会对各投标书进行审查评阅，主要考察以下几方面的合理性：

1) 投标人的资格。包括资质等级、批准的监理业务范围、主管部门或股东单位、人员综合情况等。

2) 监理大纲。

3) 拟派项目的主要监理人员（重点审查总监理工程师和主要专业监理工程师）。

4) 人员派驻计划和监理人员的素质（通过人员的学历证书、职称证书和上岗证书反映）。

5) 监理单位提供用于工程的检测设备和仪器，或委托有关单位检测的协议。

6) 近几年监理单位的业绩及奖惩情况。

7) 监理费报价和费用组成。

8) 招标文件要求的其他情况。

在审查过程中，对投标书不明确之处可采用澄清问题会的方式请投标人予以说明，并可通过与总监理工程师的会谈，考察他的风险意识、对业主建设意图的理解、应变能力、管理目标的设定等综合素质和能力的高低。

(2) 对投标文件的比较

通常采用综合评分法对各招标人的综合能力进行量化对比。依据招标项目的特点设置评分内容和分值的权重。招标文件中说明的评标原则和预先确定的评分标准开标后不得更改，作为评标委员的打分依据。施工监理招标的评分内容及分值分配参见表 4-1。从表 4-1 可以看出，监理招标的评标主要侧重于监理单位的资格能力、实施监理任务的计划和派驻现场监理人员的素质。

施工监理招标的评分内容及分值分配示例　　　　表 4-1

序号	评审内容	分值
1	投标人资质等级及总体素质	10～15
2	监理规划或监理大纲	10～20
3	监理机构	
	3.1 总监理工程师资格及业绩	10～20
	3.2 专业配套	5～10
	3.3 职称、年龄结构等	5～10
	3.4 各专业监理工程师资格及业绩	10～15

续表

序号	评 审 内 容	分 值
4	监理取费	5～10
5	检测仪器、设备	5～10
6	监理单位业绩	10～20
7	企业奖惩及社会信誉	5～10
	总计	100

4.4 建设工程勘察设计招标投标

4.4.1 勘察设计招标的内容及特点

1. 勘察招标的基本内容及特点

招标人委托勘察任务的目的是为建设项目的可行性研究立项选址和进行设计工作取得现场的实际依据资料，有时可能还要包括某些科研工作内容。由于建设项目的性质、规模、复杂程度，以及建设地点的不同，设计所需的技术条件千差万别，设计前所需做的勘察和科研项目也就各不相同，有下列8大类别：

（1）自然条件观测。

（2）地形图测绘。

（3）资源探测。

（4）岩土工程勘察。

（5）地震安全性评价。

（6）工程水文地质勘察。

（7）环境评价和环境基底观测。

（8）模型试验和科研。

如果仅委托勘察任务而无科研要求，委托工作大多属于常规方法实施的内容，任务明确具体，可以在招标文件中给出数量指标，如地质勘察的孔位、眼数、总钻探进尺长度等。

勘察任务可以单独发包给具有相应资格的勘察单位实施，也可以将其包括在设计招标任务中。由于勘察工作所取得的技术基础资料是工程项目设计的依据，必须满足设计的需要，因此将勘察任务包括在设计招标的发包范围内，由相应能力的设计单位完成或由其再去选择承担勘察任务的分包单位，对招标人较为有利。采用勘察设计总承包，不仅招标人和监理单位可以摆脱实施过程中可能遇到的协调义务，而且能使勘察工作直接根据设计需要进行，满足设计对勘察资料精度、内容和进度的要求，必要时还可以进行补充勘察工作。

2. 设计招标的基本内容及特点

一般工程项目的设计分为初步设计和施工图设计两个阶段进行，对技术复杂而又缺乏经验的项目，在必要时还要增加技术设计阶段。为了保证设计指导思想连续地贯彻于设计的各个阶段，一般多采用技术设计招标或施工图设计招标，不单独进行初步设计招标，由中标的设计单位承担初步设计任务。招标人应依据工程项目的具体特点决定发包的工作范围，可以采用设计全过程总发包的一次性招标，也可以选择分单项或分专业的发包招标。

设计招标不同于工程项目实施阶段的施工招标、材料供应招标、设备订购招标，其特点表现为承包任务是投标人通过自己的智力劳动，将招标人对建设项目的设想变为可实施的蓝图；而后者则是投标人按设计的明确要求完成规定的物质生产劳动。因此，设计招标文件对投标人所提出的要求不那么明确具体，只是简单介绍工程项目的实施条件、预期达到的技术经济指标、投资限额、进度要求等。投标人按规定分别报出工程项目的构思方案、实施计划和报价。招标人通过开标、评标程序对各方案进行比较选择后确定中标人。鉴于设计任务本身的特点，设计招标应采用设计方案竞选的方式招标。设计招标与其他招标在程序上的主要区别表现为如下几个方面：

（1）招标文件的内容不同。设计招标文件中仅提出设计依据、工程项目应达到的技术指标、项目限定的工作范围、项目所在地的基本资料、要求完成的时间等内容，而无具体工作量。

（2）对投标书的编制要求不同。投标人的投标报价不是按规定的工程量清单填报单价后算出总价，而是首先提出设计构思的初步方案，并论述该方案的优点和实施计划，在此基础上进一步提出报价。

（3）开标形式不同。开标时不是由招标单位的主持人宣读投标书并按报价高低排定标价次序，而是由各投标人自己说明投标方案的基本构思和意图，以及其他实质性内容，而且不按报价高低排定标价次序。

（4）评标原则不同。评标时不过分追求投标价的高低，评标委员更多关注于所提供方案的技术先进性、所达到的技术指标、方案的合理性，以及对工程项目投资效益的影响。

4.4.2 勘察设计招标文件

1. 勘察招标文件

勘察招标文件一般包括下列内容：

（1）投标须知。

（2）投标文件格式及主要合同条款。

（3）项目说明书，包括资金来源情况。

（4）勘察范围，对勘察进度、阶段和深度要求。

（5）勘察基础资料。

（6）勘察费用支付方式，对未中标人是否给予补偿及补偿标准。

（7）投标报价要求。

（8）对投标人资格审查的标准。

（9）评标标准和方法。

（10）投标有效期等。

2. 设计招标文件

方案竞选的设计招标文件是指导投标人正确编标报价的依据，既要全面介绍拟建工程项目的特点和设计要求，还应详细提出应当遵守的投标规定。

（1）招标文件的主要内容

招标文件通常由招标人委托有资格的中介机构准备，其内容一般包括以下几个方面：

1）投标须知，包括所有对投标要求的有关事项。

2）设计依据文件，包括设计任务书及经批准的有关行政文件复制件。

3）项目说明书，包括工作内容、设计范围和深度、建设周期和设计进度要求等方面内容，并告知建设项目的总投资限额。

4）合同的主要条件。

5）设计依据资料，包括提供设计所需资料的内容、方式和时间。

6）组织现场考察和召开标前会议的时间、地点。

7）投标截止日期。

8）招标可能涉及的其他有关内容。

（2）设计要求文件的主要内容

招标文件中，对项目设计提出明确要求的“设计要求”或“设计大纲”是最重要的文件部分，文件大致包括以下内容：

1）设计文件编制的依据。

2）国家有关行政主管部门对规划方面的要求。

3）技术经济指标要求。

4）平面布局要求。

5）结构形式方面的要求。

6）结构设计方面的要求。

7）设备设计方面的要求。

8）特殊工程方面的要求。

9）其他有关方面的要求，如节能、环保、消防等。

编制设计要求文件应兼顾：①严格性，文字表达应清楚不被误解；②完整性，任务要求全面不遗漏；③灵活性，要为投标人发挥设计创造性留有充分的自由度。

对于依法必须招标的工程项目勘察、设计项目，应采用国家发改委等九部委于 2017 年 9 月 4 日印发的《标准勘察招标文件》、《标准设计招标文件》。

4.4.3 对投标人的资格审查

无论是公开招标对申请投标人的资格预审，还是邀请招标采用的资格后审，对投标人审查的内容基本相同。

1. 资格审查

资格审查指投标人所持有资质的资格证书是否与招标项目的要求一致，具备实施资格。

（1）证书级别。国家和地方建设主管部门颁发的资格证书，分为“工程勘察证书”和“工程设计证书”。如果勘察任务合并在设计招标中，投标人必须同时拥有两种证书。若仅持有工程设计证书的投标人准备将勘察任务分包，必须同时提交分包人的工程勘察证书。

（2）资质级别。目前我国工程勘察和设计证书分为甲、乙、丙三级，不允许低资质投标人承接高等级工程的勘察、设计任务。

（3）允许承接的任务范围。由于工程项目的勘察和设计有较强的专业性要求，还需审查证书批准允许承揽工作范围是否与招标项目的专业性质一致。

2. 能力审查

判定投标人是否具备承担发包任务的能力，通常审查人员的技术力量和所拥有的技术设备两方面。人员的技术力量主要考察设计负责人的资格能力，以及各类设计人员的专业覆盖面、人员数量、各级职称人员的比例等是否满足完成工程设计的需要。审查设备能力主要是审核开展正常勘察或设计所需的器材和设备，在种类、数量、性能方面是否满足要求。不仅看其总拥有量，还应审查完好程度和在其他工程上的占用情况。

3. 经验审查

通过投标人报送的最近几年完成工程项目表，评定他的设计能力和水平。侧重于考察已完成的设计项目与招标工程在规模、性质、形式上是否相适应。

4.4.4 评标与定标

1. 设计投标书的评审

虽然投标书的设计方案各异，需要评审的内容很多，但大致可以归纳为以下几个方面。

(1) 设计方案的优劣。设计方案评审内容主要包括：设计指导思想是否正确；设计产品方案是否反映了国内外同类工程项目较先进的水平；总体布置的合理性，场地利用系数是否合理；工艺流程是否先进；设备选型的适用性；主要建筑物、构筑物的结构是否合理，造型是否美观大方并与周围环境协调；节能环保、“三废”治理方案是否有效；以及其他有关问题。

(2) 投入、产出经济效益比较。主要涉及以下几个方面：建筑标准是否合理；投资估算是否超过限额；先进的工艺流程可能带来的投资回报；实现该方案可能需要的外汇估算等。

(3) 设计进度快慢。评价投标书内的设计进度计划，看其能否满足招标人制定的项目建设总进度计划要求。有些大型复杂的工程为了缩短建设周期，初步设计完成后就进行施工招标，在施工阶段陆续提供施工详图，此时应重点审查设计进度是否能满足施工进度要求，避免妨碍或延误施工的顺利进行。

(4) 设计资历和社会信誉。不设置资格预审的邀请招标，在评标时还应进行资格后审，作为评审比较条件之一。

(5) 报价的合理性。在方案水平相当的投标人之间再进行设计报价的比较，不仅评定总价，还应审查各分项取费的合理性。

2. 勘察投标书的评审

勘察投标书主要评审以下方面：勘察方案是否合理；勘察技术水平是否先进；各种所需勘察数据能否准确可靠；报价是否合理等。

4.5 建设工程施工招标投标

4.5.1 施工招标资格预审

资格预审是在招标阶段对申请投标人的第一次筛选，主要对申请投标人是否具有适合招标工程的资格和总体能力进行审查。2007 年 11 月 1 日国家发展和改革委员会等九部委联合发布了《标准施工招标资格预审文件》，要求从 2008 年 5 月 1 日开始在政府投资项目中施行，该标准文件共分资格预审公告，申请人须知，资格审查办法（合格制）、资格审查办法（有限数量制），资格预审申请文件格式，项目建设概况五章，全面地规范了整个施工招标资格预审的工作流程和工作内容。

1. 资格预审公告

资格预审公告中的主要内容有：

（1）招标条件（包括项目名称、批文名称及编号、项目业主、资金来源、招标人等）。

（2）项目概况与招标范围（说明本次招标项目的建设地点、规模、计划工期、招标范围、标段划分等）。

（3）申请人资格要求（要求申请人具备资质和业绩条件；在人员、设备、资金等方面具备的施工能力；是否接受联合体资格预审申请等）。

（4）资格预审方法（合格制、有限数量制）。

（5）资格预审文件的获取（具体时间、详细地址、资格预审文件每套售价等）。

（6）资格预审申请文件的递交（明确递交资格预审申请文件截止时间等）。

（7）发布公告的媒介（发布公告的媒介名称）。

（8）联系方式（招标人、招标代理机构）。

2. 申请人须知

申请人须知是申请人正确参加资格预审的指南和指导性文件，由申请人须知前附表（表 4-2）和文字条款构成。

申请人须知前附表 **表 4-2**

条款号	条款名称	编列内容
1.1.2	招标人	名称、地址、联系人、电话
1.1.3	招标代理机构	名称、地址、联系人、电话
	项目名称	
	建设地点	
	资金来源	
	出资比例	
	资金落实情况	
	招标范围	
	计划工期	计划工期：__________日历天 计划开工日期：___年___月__日 计划竣工日期：___年___月__日
	质量要求	
	申请人资质条件、能力和信誉	资质条件、财务要求、业绩要求、信誉要求、项目经理资格、其他要求
	是否接受联合体资格预审申请	□不接受 □接受，应满足下列要求：
	申请人要求澄清资格预审文件的截止时间	

续表

条款号	条款名称	编列内容
	招标人澄清资格预审文件的截止时间	
	申请人确认收到资格预审文件澄清的时间	
	招标人修改资格预审文件的截止时间	
	申请人确认收到资格预审文件修改的时间	
	申请人需补充的其他材料	
	近年财务状况的年份要求	____年
	近年完成的类似项目的年份要求	____年
	近年发生的诉讼及仲裁情况的年份要求	____年
	签字或盖章要求	
	资格预审申请文件副本份数	____份
	资格预审申请文件的装订要求	
	封套上写明	招标人的地址、招标人全称 ____（项目名称）____标段施工招标资格预审申请文件 在____年____月____日____时____分前不得开启
	申请截止时间	____年____月____日____时____分
	递交资格预审申请文件的地点	
	是否退还资格预审申请文件	
	审查委员会人数	
	资格审查方法	
	资格预审结果的通知时间	
	资格预审结果的确认时间	
	需要补充的其他内容	

(1) 总则。包括：项目概况；资金来源和落实情况；招标范围、计划工期和质量要求；申请人资格要求（申请人应具备承担本标段施工的资质条件、能力和信誉；联合体申请资格预审的应遵守的规定；申请人不得存在的情形）；语言文字；费用承担（申请人准备和参加资格预审发生的费用自理）。

(2) 资格预审文件。包括：资格预审文件的组成；资格预审文件的澄清；资格预审文件的修改。

(3) 资格预审申请文件的编制。包括：资格预审申请文件的组成（资格预审申请函；法定代表人身份证明或附有法定代表人身份证明的授权委托书；联合体协议书；申请人基本情况表；近年财务状况表；近年完成的类似项目情况表；正在施工和新承接的项目情况表；近年发生的诉讼及仲裁情况；其他材料）；资格预审申请文件的编制要求；资格预审申请文件的装订、签字。

(4) 资格预审申请文件的递交。包括：资格预审申请文件的密封和标识；资格预审申请文件的递交。

(5) 资格预审申请文件的审查。包括：审查委员会；资格审查。

(6) 通知和确认。包括：通知；解释；确认。

(7) 纪律与监督。包括：严禁贿赂；不得干扰资格审查工作；保密；投诉。

(8) 其他。包括：申请人的资格改变；需要补充的其他内容。

3. 资格审查办法（合格制、有限数量制）

资格审查办法有合格制、有限数量制两种方法，供招标人根据招标项目具体特点和实际需要选择使用。如无特殊情况，鼓励招标人采用合格制。审查标准分初步审查标准和详细审查标准，参见表4-3资格审查办法前附表。资格预审采用合格制的，凡符合表4-3第2.1款和第2.2款规定审查标准的申请人均通过资格预审。资格预审采用有限数量制的，由审查委员会依据规定的审查标准和程序，对通过初步审查和详细审查的资格预审申请文件进行量化打分，按得分由高到低的顺序确定通过资格预审的申请人。通过资格预审的申请人不超过规定的数量。

资格审查办法前附表（合格制） **表4-3**

条款号		审查因素	审查标准
2.1	初步审查标准	申请人名称	与营业执照、资质证书、安全生产许可证一致
		申请函签字盖章	有法定代表人或其委托代理人签字或加盖单位章
		申请文件格式	符合第四章“资格预审申请文件格式”的要求
		联合体申请人	提交联合体协议书，并明确联合体牵头人（如有）
		……	……
2.2	详细审查标准	营业执照	具备有效的营业执照
		安全生产许可证	具备有效的安全生产许可证
		资质等级	符合第二章“申请人须知”第1.4.1项规定
		财务状况	符合第二章“申请人须知”第1.4.1项规定
		类似项目业绩	符合第二章“申请人须知”第1.4.1项规定
		信誉	符合第二章“申请人须知”第1.4.1项规定
		项目经理资格	符合第二章“申请人须知”第1.4.1项规定
		其他要求	符合第二章“申请人须知”第1.4.1项规定
		联合体申请人	符合第二章“申请人须知”第1.4.2项规定
		……	……

4. 资格预审申请文件

资格预审申请文件由投标人填写，主要内容有：

(1) 资格预审申请函。

(2) 法定代表人身份证明。

(3) 授权委托书。

(4) 联合体协议书。

(5) 申请人基本情况表。

(6) 近年财务状况表。

(7) 近年完成的类似项目情况表。

(8) 正在施工的和新承接的项目情况表。

(9) 近年发生的诉讼及仲裁情况。

(10) 其他材料。

4.5.2 施工招标文件的编制

招标文件是投标人投标的依据文件。招标文件编制得好坏，直接关系到招标的成败，而且招标文件中的很多文件将作为未来合同文件的有效组成部分，最好由具备丰富招标投标经验的工程技术专家、管理专家及法律专家合作编制。由于招标文件的内容繁多，必要时可以分卷、分章编写。2007 年 11 月 1 日国家发展和改革委员会等九部委联合发布了《标准施工招标文件》及附件，其招标文件包括下列内容。

(1) 第一卷。包括：

1) 第一章 招标公告（未进行资格预审）。包括招标条件、项目概况与招标范围、投标人资格要求、招标文件的获取、投标文件的递交、发布公告的媒介、联系方式。

2) 第一章 投标邀请书（适用于邀请招标）。包括招标条件、项目概况与招标范围、投标人资格要求、招标文件的获取、投标文件的递交、确认、联系方式。

3) 第一章 投标邀请书（代资格预审通过通知书）。

4) 第二章 投标人须知。包括投标人须知前附表以及总则、招标文件、投标文件、投标、开标、评标、合同授予、重新招标和不再招标、纪律和监督、需要补充的其他内容。此外，还包括开标记录表、问题澄清通知、问题的澄清、中标通知书、中标结果通知书、确认通知等六个附表。

5) 第三章 评标办法（经评审的最低投标价法）。包括评标办法前附表以及评标方法、评审标准、评标程序。

6) 第三章 评标办法（综合评估法）。包括评标方法、评审标准、评标程序。

7) 第四章 合同条款及格式。主要由通用合同条款、专用合同条款、合同附件格式构成。其中，通用合同条款包括：一般约定、发包人义务、监理人、承包人、材料和工程设备、施工设备和临时设施、交通运输、测量放线、施工安全、治安保卫和环境保护、进度计划、开工和竣工、暂停施工、工程质量、试验和检验、变更、价格调整、计量与支付、竣工验收、缺陷责任与保修责任、保险、不可抗力、违约、索赔、争议的解决。

8) 第五章 工程量清单。包括工程量清单说明、投标报价说明、其他说明、工程量清单。

(2) 第二卷。包括：

第六章 图纸。包括图纸目录、图纸。

(3) 第三卷。包括：

第七章 技术标准和要求。

(4) 第四卷。包括：

第八章 投标文件格式。包括目录、投标函及投标函附录、法定代表人身份证明、授权委托书、联合体协议书、投标保证金、已标价工程量清单、施工组织设计、项目管理机构、拟分包项目情况表、资格审查资料、其他材料。

4.5.3 施工投标及管理

按照《招标投标法》的规定，投标人必须是响应招标、参加投标竞争的法人或者其他组织。投标人应具备承担招标项目的能力，国家有相关规定或者招标文件对投标人资格条件有规定的，投标人应当具备规定的资格条件。

1. 施工投标的主要工作

（1）组建投标机构

为了在投标竞争中获胜，投标人应该设置投标工作机构，掌握市场动态、积累有关资料。在建筑施工企业决定要参加某工程项目投标之后，最重要的工作是组建强有力的投标班子。参加投标的人员要经过认真挑选，并具备以下条件：

1）熟悉投标工作。会拟订合同文稿，对投标、合同谈判和签约有丰富的经验。

2）熟悉建设法律、法规。

3）要有经济、技术人员参加。

建筑施工企业应建立一个按专业和承包地区分组的、稳定的投标班子，但应避免把投标人员和工程实施人员完全分开，即部分投标人员必须参加所投标项目的实施，这样才能减少工程失误和损失，不断总结经验，提高投标人员的水平并有利于后续工程施工的顺利进行。

（2）接受资格审查

根据《招标投标法》第 18 条的规定，招标人可以对投标人进行资格预审。投标人在获取招标信息后，可以从招标人获得资格预审调查表，投标工作从填写资格预审调查表开始。

1）为了顺利通过资格预审，投标人应在平时就将一般资格预审的有关资料准备齐全。例如企业的财务状况、施工经验、人员能力等，并进行信息化管理。若要填写某个项目资格预审调查表，可将有关文件调出来加以补充完善。

2）填表时要加强分析，即针对工程特点，填好重要信息。特别是要反映出本公司施工经验、施工水平和施工组织能力，这往往是业主考虑的重点。

3）做好递交资格预审调查表后的跟踪工作，以便及时发现问题，补充资料。

（3）研究招标文件

投标单位报名参加或接受邀请参加某一工程的投标，通过了资格审查，取得招标文件之后，首要的工作就是认真仔细地研究招标文件，充分了解其内容和要求，以便有针对性地安排投标工作。研究招标文件，重点应放在投标者须知、工程范围、合同条款、设计图纸以及工程量表上，当然，对技术规范要求等也要弄清有无特殊要求。对于招标文件中的工程量清单，投标者一定要进行校核，因为这直接影响到中标的机会和投标报价。在校核中如发现相差较大，例如发现工程量有重大出入的，特别是漏项的，投标人不能随便改变工程量，而应致函或直接找业主澄清，要求业主认可，并给予书面声明，这对于固定总价合同尤为重要。

（4）调查投标环境

所谓投标环境，就是招标工程施工的自然、经济和社会条件，这些条件都是工程施工的制约因素，必然会影响到工程成本和进度，是投标单位报价时必须考虑的，所以在报价前要尽可能了解清楚。

1）工程的性质及其与其他工程之间的关系。

2）工地地形、地貌、地质、气候、交通、电力、水源等情况，有无障碍物等。

3）工地附近有无可利用的条件，如料场开采条件、其他加工条件、设备维修条件等。

4）工地所在地的社会治安情况等。

(5) 参加标前会议并提出疑问

在投标前招标人一般都要召开标前会议，投标人应在参加会议前把招标文件或踏勘现场中存在的问题整理成书面文件，传真或邮寄到招标文件指定的地点，或在标前会议上提出来。

(6) 编制投标文件

投标人应当按照招标文件的要求编制投标文件，投标文件应当对招标文件提出的实质性要求和条件做出响应，投标文件一般包括下列内容：

1）投标函。

2）法定代表人证书及其签发的委托代理人授权委托书。

3）投标保证。

4）投标报价。

5）施工组织设计（或者施工方案）。

6）对招标文件中的合同协议条款内容的确认和响应。

7）招标文件要求提供的其他材料。

其中投标报价和施工组织设计是编制投标文件的关键，下面主要介绍报价计算和施工组织设计制定。

1）制定施工方案

施工方案是投标报价的一个前提条件，也是招标单位评标时要考虑的因素之一。施工方案应由投标单位的技术负责人主持制定，主要应考虑施工方法、施工机具的配置，各工种劳动力的安排及现场施工人员的平衡，施工进度的安排，安全措施等。施工方案的制定应在技术和工期两方面对招标单位有吸引力，同时又有助于降低施工成本。

① 选择和确定施工方法。根据工程类型，研究可以采用的施工方法。对于一般的土方工程、混凝土工程、房建工程、灌溉工程等比较简单的工程，结合已有施工机械及工人技术水平来选定施工方法，努力做到节省开支、加快进度。对于大型复杂工程，则要考虑几种施工方案，综合比较。如水利工程中的施工导流方式，对工程造价及工期均有很大影响，承包商应结合施工进度计划及施工机械设备能力来研究确定；又如地下开挖工程、开挖隧洞或洞室，则要进行地质资料分析，确定开挖方法。

② 选择施工设备和施工设施。选择施工设备和施工设施一般与研究施工方法同时进行。在工程估价过程中还要进行施工设备和施工设施的比较，如是修理旧设备还是购买新设备、是国内采购还是国际采购、是租赁还是自备。

③ 编制施工进度计划。编制施工进度计划应紧密结合施工方法和施工设备的选定。施工进度计划中应提出各时段内需完成的工程量及限定日期。施工进度计划可用网络图表示，也可用横道图表示。

④ 确定投标策略。正确的投标策略对提高中标率并获得较高的利润有重要作用。常用的投标策略有以信誉取胜、以低价取胜、以缩短工期取胜、以改进设计取胜，同时也可

采取以退为进的策略、以长远发展为目标的策略等。应综合考虑企业目标、竞争对手情况等来确定投标策略。

2）报价的计算

报价计算是投标单位对承建招标工程所要发生的各种费用的计算。在进行投标报价计算时，必须首先根据招标文件复核或计算工程量。作为投标计算的必要条件，应预先确定施工方案和施工进度。此外，报价计算还必须与采用的合同形式相协调。报价是投标的关键性工作，报价是否合理直接关系到投标的成败。

① 标价的组成。

投标单位在针对某一工程项目的投标中，最关键的工作是计算标价。根据《招标文件范本》，关于投标价格，除非合同另有规定外，具有标价的工程量清单中所报的单价和合价以及报价汇总表中的价格应包括施工设备、劳务、管理、材料、安装、维护、保险、利润、税金、政策性文件规定及合同包含的所有风险、责任等各项费用。投标单位应按招标单位提供的工程量计算工程项目的单价和合价。工程量清单中的每一项均需填写单价和合价，投标单位没有填写出单价和合价的项目将不予支付，并认为此项费用已包括在工程量清单的其他单价和合价中。

② 标价的计算依据。

a. 招标单位提供的招标文件。

b. 招标单位提供的设计图纸及有关的技术说明书等。

c. 国家及地区颁发的现行建筑、安装工程预算定额及与之相配套执行的各种费用定额等。

d. 地方现行材料预算价格、采购地点及供应方式等。

e. 因招标文件及设计图纸等不明确，经咨询后由招标单位书面答复的有关资料。

f. 企业内部制定的有关取费、价格等的规定、标准。

g. 其他与报价计算有关的各项政策、规定及调整系数。

h. 在报价过程中，对于不可预见费用的计算必须慎重考虑，不要遗漏等。

③ 标价的计算过程。

计算标价之前，应充分熟悉招标文件和施工图纸，了解设计意图、工程全貌，同时还要了解并掌握工程现场情况，对招标单位提供的工程量清单进行审核。工程量确定后，即可进行标价的计算。

标价可以按工料单价法计算。即根据已审定的工程量，按照定额的或市场的单价，逐项计算每个项目的合价，分别填入招标单位提供的工程量清单内，计算出全部工程直接费；再根据企业自定的各项费用及法定税率，依次计算出间接费、利润及税金，得出工程总造价。对整个计算过程，要反复进行审核，保证据以报价的基础和工程总造价的正确无误。

标价也可以按综合单价法计算。即所填工程量清单的单价，应包括人工费、材料费、机械费、其他直接费、间接费、利润、税金以及材料价差及风险金等全部费用。将全部单价与工程量相乘汇总后，即得出工程总造价。

（7）投标

投标人应当在招标文件要求提交投标文件的截止时间前，将投标文件送达招标文件规定的投标地点。招标人收到投标文件后，应当签收保存，开标前任何单位或个人均不得开启。逾期送达或未送达指定地点的标书以及未按招标文件要求密封的标书，招标人应当拒收。投标人在招标文件要求提交投标文件的截止时间前，可以补充、修改或者撤回已提交的投标文件，并书面告知招标人。补充、修改的内容同为投标文件的组成部分。

招标人可以在招标文件中要求投标人提交投标担保，投标担保可以采用投标保函或者投标保证金的方式。投标保证金可以使用支票、银行汇票等，一般不得超过投标总价的2%，最高不得超过 80 万元。投标保证金有效期应超出投标有效期 30 天。

递交有效投标文件的投标人少于 3 个的，招标人必须重新组织招标。重新招标后投标人仍少于 3 个的，属于必须审批的建设项目，报经原审批部门批准后可以不再进行招标；其他工程项目，招标人可以自行决定不再进行招标。

从招标文件发出之日起到递交投标文件截止日的时间应是投标人理解招标文件、进行必要的调研、完成投标文件编制所必需的合理时间，不得少于 20 天。

两个以上法人或者其他组织可以组成一个联合体，以一个投标人的身份共同投标。联合体各方均应具备承担招标项目的相应能力。国家或者招标文件对投标人资格条件有规定的，联合体各方均应当具备规定的相应资格条件。由同一专业的单位组成的联合体，按照资质等级较低的单位核定其资质等级。联合体各方应当签订共同投标协议，明确约定各方拟承担的工作和责任，并将共同投标协议连同投标文件一并提交招标人。联合体各方的法定代表人应签署授权书，授权其共同指定的牵头人代表联合体投标及合同履行期间的主办与协调工作。联合体中标的，联合体各方应当共同与招标人签订合同，就中标项目向招标人承担连带责任。但招标人不得强制投标人组成联合体共同投标，不得限制投标人之间的竞争。联合体成员也不得再以任何的名义单独或参加其他联合体在同一个项目中投标。

投标人不得相互串通投标报价，不得排挤其他投标人的公平竞争，损害招标人或者其他投标人的合法权益。投标人不得与招标人串通投标，损害国家利益、社会公共利益或者他人的合法权益。投标人不得以低于成本的报价竞标，也不得以他人名义投标或者以其他方式弄虚作假，骗取中标。

2. 报价技巧与策略

(1) 不平衡报价

不平衡报价是指在一个项目的投标总报价基本确定后，保持工程总价不变，适当调整各项目的工程单价，在不影响中标的前提下，使得结算时得到更好的经济效益的一种报价策略。通常采用的不平衡报价具体有以下几种情况。

1) 前期结算回收工程款的项目。一个有经验的投标人，往往会把投标报价中前期实施项目的单价调高，如进场费、土石方工程、基础和结构部分等，而把后期实施项目的单价调低，做到了“早收钱”。这样既能保证不影响总标价中标，又使项目早日回收资金，形成了项目资金的良性周转。

2) 招标文件的工程量清单中提供的工程量是预估的，实际结算的工程量要按合同约定的计量规则进行计量并最终确定，因此，实际结算的工程量与工程量清单的工程量有存在差异的可能。如果承包商在报价过程中分析判断某一个项目的实际工程量会增加，则可相应调高单价，而且量增加得越多的条目单价调整幅度越大；同时，对判断为工程量要减少的项目则相应调低单价，从而保证工程实施后获得较好的经济效益。

3）在单价合同中，图纸内容不明确或有错误的项目，估计修改图纸后工程量增加的，其单价可以提高些，减少的项目，其单价可以降低些。

4）暂定项目又叫任意项目或选择项目。对这类项目要做具体分析，因这一类项目要开工后由业主研究决定是否实施和由哪一家承包商实施。如果工程不分包，只由一家承包商施工，则其中肯定要做的单价可高些，不一定要做的则应低些。如果工程分包，该暂定项目也可能由其他承包商施工时，则不宜报高价，以免抬高总价。

5）有的招标文件要求投标者对工程量大的项目报"单价分析表"，投标时可将单价分析表中的人工费及机械设备费报得较高，而材料费算得较低。这主要是为了在今后补充项目报价时可以参考选用"单价分析表"中的较高的人工费和机械设备费，而材料则往往采用市场价，因而可获得较高的收益。

不平衡报价一定要建立在对工程量清单中工程量仔细核对风险的基础上，特别是对于报低单价的项目，如工程量一旦增多将造成承包商的重大损失，同时一定要控制在合理幅度内，以免引起业主反对，甚至导致废标。如果不注意这一点，有时业主会选出报价过高的项目，要求投标者进行单价分析，而围绕单价分析中过高的内容压价，以致承包商得不偿失。

(2）多方案报价法

多方案报价有以下两种情况。

第一种情况，有些工程项目，业主要求按某一招标方案报价后，投标者可以再提出几种可供业主参考与选择的报价方法。例如：某地面水磨石项目，工程量清单中规定的是25cm×25cm×2cm规格，投标人应按此规格进行报价。与此同时，投标人也允许采用其他规格进行投标报价。在这种情况下，投标人可以采用更小规格（20cm×20cm×2cm）和更大规格（30cm×30cm×3cm）作为业主可选择的报价方案。投标时要调查惯用水磨石砖的情况并询价，对于将来有可能被选择的使用方案所采用的水磨石砖单价，适当地提高些；对于当地难以提供的某种规格地面砖，可将其价格有意抬高些，以阻挠业主的选用。

第二种情况，是在招标文件中写明，允许投标人另行提出自己的建议。有经验的投标人除了按原招标文件如实填报标价外，常在投标致函中提出某种颇有吸引力的建议，并对报价做出相应的降低。当然，这种建议不是要求业主降低其技术要求和标准，而是应当通过改进工艺流程或工艺方法来降低成本，降低报价。如果属于改变材料和设备的建议，则应说明绝不降低原设计标准和要求，而可以起到降低造价的作用。例如：某招标工程所提出的工期要求过于苛刻，且合同条款中规定每拖延1天工期罚合同总价的1/1000。若要保证实现该工期要求，必须采取特殊措施，从而大大增加成本；并且原设计结构方案采用框架剪力墙体系过于保守。因此，该投标人在投标文件中说明业主的工期要求难以实现，因而按自己认为的合理工期（比业主要求的工期增加2个月）编制施工进度计划并据此报价，还建议将框架剪力墙体系改为框架体系，并对这两种结构体系进行了技术经济分析和比较，证明框架体系不仅能保证工程结构的可靠性和安全性、增加使用面积、提高空间利用的灵活性，而且可降低造价约3%。另外应注意，提出这种建议时可以列出降价数字，但不宜将建议内容写得十分详细、具体。否则，业主可能将你的建议提交给最低报价者研究，并要求可能得标者再进一步降价，将自己的合理化建议免费提供给了竞争对手，对自己的中标很不利。

（3）区别对待报价法

以下情况报价可高些：施工条件差的，如场地狭窄、地处闹市的工程；专业要求高的技术密集型工程，而本公司这方面有专长；总价低的小工程以及自己不愿意做而被邀请投标的工程；特殊的工程，如港口码头工程、地下开挖工程等；业主对工期要求急的；投标竞争对手少的；支付条件不理想的。

在下列情况下报价应低一些：施工条件好的工程；工作简单、工程量大，一般公司都能做的一般房建工程；本公司急于打入某一市场、某一地区；公司任务不足，尤其是机械设备等闲置、无工地转移时；本公司在投标项目附近有工程，可以共享一些资源时；投标对手多，竞争激烈时；支付条件好的，如现汇支付工程。

（4）增加建议方案

有时招标文件中规定，投标人可以提一个建议方案，即可以修改原设计方案，提出投标者的方案。投标者应抓住这样的机会，组织一批有经验的设计师和施工工程师，对原招标文件的设计和施工方案仔细研究，提出更为合理的方案以吸引业主，促成自己的方案中标。这种新建议方案或是降低总造价，或是缩短工期，或是改善工程的功能。建议方案不要写得太具体，要保留方案的技术关键，防止业主将此方案交给其他承包商。同时要强调的是，建议方案一定要比较成熟，有很好的操作性。另外，在编制建议方案的同时，还应组织好对原招标方案的报价。

（5）突然降价法

由于投标竞争激烈，为迷惑对手，有意泄露一点假情报，如制造不打算参加投标、准备投高价标或因无利可图不想干的假象。然而，到投标截止之前，突然前往投标，并压低投标价，从而使对手措手不及。

突然降价法是采用降价系数调整报价，降价系数是指投标人在投标报价时，预先考虑的一个未来可能降低报价的比率，如果考虑在报价方面增加竞争能力是必要的，则应在投标截止日期以前，在投递的投标补充文件内写明降低报价的最终决定。采用这种报价的好处是：

1）可以根据最后的信息，在递交投标文件的最后时刻，提出自己的竞争价格，使竞争对手措手不及。

2）在最后审查已编好的投标文件时，如发现某些个别失误或计算错误，可以采用调整系数来进行弥补，而不必全部重新计算和修改。

3）由于最终的降低价格是由少数人在最后时刻决定的，可以避免自己真实的报价向外泄露，而导致投标竞争失利。降低投标价格可以从两方面入手：①降低计划利润。投标时确定计划利润既要考虑自己企业承建任务饱满程度的情况，又要考虑竞争对手的情况。适当地降低利润和收益目标，从而降低报价会提高投标中标的概率。②降低经营管理费。为了竞争的需要，可降低这部分费用，可以在施工中加强组织管理予以弥补。

4.5.4 施工招标评标

选择一个“最优”的承包商对政府部门和企业来说是个巨大的挑战，业主需要具备丰富的知识和经验，以确保所选择的承包商技术上可行、财务状况良好，同时能够按时、保质地完成任务。目前，世界各国有很多评标方法，其中，“最低评标价中标法”在北美最为流行，特别是在政府采购项目中应用较多。因为“最低评标价中标法”鼓励价格竞争，从而使业主获益匪浅。其他一些方法，如“平均价中标法”、“施工质量评估法”等也被一些国家和地区广泛采用。除了评标以外，选择承包商可能还涉及承包商的“资格预审”或“资格后审”。通过“资格预审”可以在发布招标文件之前对承包商的财务状况和技术能力进行评估，那些资格明显不符合要求的承包商可以节省不必要的投资和时间。而“资格后审”则在开标后同时对承包商的财务状况、技术能力和投标文件进行评估。

1. 评标程序

(1) 评标准备

首先由招标人组织评标委员会成员熟悉和了解招标的目标；招标项目的范围和性质；招标文件中规定的主要技术要求、标准和商务条款；招标文件规定的评标标准、评标方法和在评标过程中考虑的相关因素。然后由招标人向评标委员会提供评标所需的重要信息和数据。

(2) 开标

开标是在招标文件预先规定的时间和地点，有招标人、投标人、评标委员会成员和公证人参加的情况下，现场启封标书并予以公布。开标后对所排除的废标，必须经公证人员检查确认。投标人对招标文件中提出的实质性要求和条件未能在投标书中作出响应的，或者投标偏差重大的标书，应作废标处理。对于报价明显低于标底的，应当要求该投标人作出书面说明并提供相关证明材料。对于投标文件中含义不明确、对同类问题表述不一致或在文字和计算中有错误的内容，投标人应以书面形式作必要的澄清、说明或者补正。

(3) 评标

评标委员会根据招标文件中规定的评标标准和方法，对有效标书的技术标和商务标进行评审、比较，衡量投标文件是否最大限度地满足招标文件中规定的各项评价标准。对技术和商务标中的各个影响因素进行量化处理，计算出每一标书的评估分，以此排序列出清单，写出评标报告，推荐第一、二、三名候选中标人，供招标人进行最终选择。

2. 评标标准和方法

以公平竞争方式进行的招标，评标的标准和方法是事先规定的，竞标的机会对于所有潜在投标人是平等的。根据投标人的报价水平及其评标依据，如工期、质量等级和投标人的人力、物力、财力以及信誉、业绩等因素进行评标，决定中标候选人。评标的标准和方法要最大限度地满足公平竞争的原则，形成买方市场，使招标人有最充分的挑选余地，取得最有利的成交条件。招标人在制定评标标准时，应根据拟建项目的投资量和技术难易程度，确定相应的评标标准和方法，以适应招标工程的技术、管理和投资要求。评标的标准是在满足公平竞争的原则下，以合理的报价和雄厚的实力，使招标人能充分、择优选择中标人。

(1) 综合评分法

施工招标需要评定比较的要素较多，且各项内容的单位又不一致，如工期是天、报价是元等，因此综合评分法可以较全面地反映投标人的素质。评标是各投标人实施工程综合能力的比较，大型复杂工程的评分标准最好设置几级评分目标，以利于评委控制打分标准，减小随意性。评分的指标体系及权重应根据招标工程项目特点设定。报价部分的评分又分为用标底衡量、用复合标底衡量和无标底比较 3 大类。

1）以标底衡量报价得分的综合评分法

评标委员会首先以预先设定的允许报价浮动范围确定入围的有效投标，然后按照评标规则计算各项得分，最后以累计得分比较投标书的优劣。应予注意，若某投标书的总分不低，但其中某1项得分低于该项及格分时，也应充分考虑授标给此投标人实施过程中可能的风险。

【例4-1】某火电站施工采用综合单价合同的邀请招标，评标主要考察4个方面，每个方面再以百分制计分。

① 投标单位的业绩、信誉，权重0.15。内容包括：企业资质等级（30分）；企业信誉、银行信誉（20分）；同容量主体工程的施工经历（20分）；近5年质量回访记录（15分）；近3年重大质量、安全事故（15分）。

② 施工管理能力，权重0.1。内容包括：施工方案（30分）；现场组织机构（30分）；网络进度计划（20分），质量保证体系（20分）。

③ 施工组织设计，权重0.15。内容包括：施工方案（30分）；现场组织机构（30分）；网络进度计划（20分）；质量保证体系（20分）。

④ 投标报价，权重0.6。内容包括：投标报价（60分）；单价表中人工、材料、机械费组成的合理性（30分）；三材用量的合理性（10分）。其中报价项的得分标准以（报价－标底）/标底来衡量，当偏差范围为－(3～5)%时得40分；－(2～1)%时得60分；＋(2～1)%得50分；＋(5～3)%时得30分。

2）以复合标底值作为衡量标准的综合评分法

以标底作为报价评定标准时，有可能因编制的标底没有反映出较为先进的施工技术水平和管理水平，导致报价分的评定不合理。为了弥补这一缺陷，采用标底的修正值作为衡量标准。具体步骤为：

① 计算各投标书报价的算数平均值；

② 将标书平均值与标底再作算数平均；

③ 以②算出的值为中心，按预先确定的允许浮动范围（如±10%）确定入围的有效投标书；

④ 计算入围有效标书的报价算数平均值；

⑤ 将标底和④计算的值进行平均，作为确定报价得分的衡量标准。此步计算可以是简单的算数平均，也可以采用加权平均（如标底的权重为0.4，报价的平均值权重为0.6）；

⑥ 依据评标规则确定的计算方法，按报价与标准的偏离度计算各投标书的该项得分。

3）无标底的综合评分法

前两种方法在商务评标过程中对报价部分的评审都以预先设定的标底作为衡量条件，如果标底编制得不够合理，有可能对某些投标书的报价评分不公平。为了鼓励投标人的报价竞争，可以不预先制定标底，用反映投标人报价平均水平某一值作为衡量基准评定各投标书的报价部分得分。此种方法在招标文件中应说明比较的标准值和报价与标准值偏差的计分方法，视报价与其偏离度的大小确定分值高低。采用较多的方法包括：

① 以最低报价为标准值。

在所有投标书的报价中以报价最低者为标准（该项满分），其他投标人的报价按预先确定的偏离百分数经计算相应得分。但应注意，如果最低的投标报价比次低投标人的报价相差悬殊（例如20%以上），则应首先考察最低报价是否低于其企业成本，若报价的费用组成合理，才可以作为标准值。这种规则适用于工作内容简单，一般承包人采用常规方法都可以完成的施工内容，因此评标时更重视报价的高低。

② 以平均报价为标准值。

开标后，首先计算各主要报价项的标准值。可以采用简单的算数平均值或平均值下浮某一预先规定的百分比作为标准值。标准值确定后，再按预先确定的规则，视各投标书的报价与标准值的偏离程度，计算各投标书的该项得分。对于某些较为复杂的工作任务，不同的施工组织和施工方法可能产生不同效果的情况，不应过分追求报价，因此采用投标人的报价平均水平作为衡量标准。

（2）评标价法

评标委员会首先通过对各投标书的审查淘汰技术方案不满足基本要求的投标书，然后对基本合格的标书按预定的方法将某些评审要素按一定规则折算为评审价格，加到该标书的报价上形成评标价。以评标价最低的标书为最优（不是投标报价最低）。评标价仅作为衡量投标人能力高低的量化比较方法，与中标人签订合同时仍以投标价格为准。可以折算成价格的评审要素一般包括：

1）投标书承诺的工期提前给项目可能带来的超前收益，以月为单位按预定计算规则折算为相应的货币值，从该投标人的报价内扣减此值；

2）实施过程中必然发生而标书又属明显漏项部分，给予相应的补项，增加到报价上去；

3）技术建议可能带来的实际经济效益，按预定的比例折算后，在投标价内减去该值；

4）投标书内提出的优惠条件可能给招标人带来的好处，以开标日为准，按一定的方法折算后，作为评审价格因素之一；

5）对其他可以折算为价格的要素，按照对招标人有利或不利的原则，增加或减少到投标报价上去。

（3）案例分析

1）工程概况

① 工程名称：学生宿舍楼；

② 建筑面积：6500m^2；

③ 结构类型：砖混6层；

④ 计划工期：190d；

⑤ 招标组织形式：公开招标；

⑥ 开标地点：×××建设工程交易市场；

⑦ 投标人：a、b、c、d、e、f、g共7个单位（这里暂且以字母代替）；

⑧ 招标人设定的最高限价为：534.47万元。

2）评标规则

① 总则

A. 根据《中华人民共和国招标投标法》、《××省建设工程招标投标管理办法》、建设部 89 号令及国家、省、市相关现行法律、法规、规章、文件的规定，本工程采用合理低价法进行评标。

B. 本工程招标人设有标底（招标人委托有资格单位编制的标底），标底预算总价的 95 %为本次招标工程的最高限价。最高限价将于开标前 3 天在×××建设工程交易市场公布。

② 评标顺序及办法

A. 在初步评审中，首先确定无效投标文件（符合性审查）。投标文件出现下列情况之一的，视为重大偏差，作无效投标文件处理：

a. 投标文件未按规定密封的；

b. 投标人未按招标文件要求交纳投标保证金的；

c. 投标人（资质证书、营业执照）及投标项目经理（建造师证书、身份证）的合法身份证明原件未带至开标现场的。

B. 投标文件出现下列情况之一的视为重大偏差，作废标处理：

a. 投标文件及投标汇总表未加盖投标法人章和法定代表人或其委托代理人印章的；

b. 法定代表人身份证明或授权委托书无效的；

c. 投标文件的关键内容（工期、质量、投标报价）字迹模糊、无法辨认的；

d. 投标文件未按招标文件的要求编制的；

e. 投标人的预算擅自减少工程造价的构成的；

……

C. 投标文件经过评标委员会的初步评审，确定为无效投标文件或者界定为废标的，视为未通过初步评审（即初步评审不合格），该投标文件不得进入详细评审。

D. 在详细评审中，首先进行技术标评审。投标文件的技术标（即施工组织设计或施工方案）评审按合格与不合格两个标准评定。技术标无下列内容之一的，视为重大偏差，表示技术标未能通过评审（即技术标不合格）：

a. 劳动力安排和施工机具的配置；

b. 施工现场平面布置图。

E. 技术标评审完成后进行商务标评审。除初步评审、技术标评审所列出的重大偏差外，其余均属细微偏差，细微偏差不影响投标文件的有效性。

③ 评标标底价的产生办法

A. 有效投标人（指通过初步评审、技术标评审合格的投标人）多于或等于 5 家，则投标人预算价中去掉一个最高值和一个最低值后的所有预算价的算术平均值即为评标标底价；

B. 如有效投标人少于 5 家，则所有投标人预算价的算术平均值即为评标标底价；

C. 有效投标人的投标报价在评标标底价的［100 %～92%］范围以外的为废标。

3）评标过程

① 初步评审。投标人 e 的建造师证书原件未带至开标现场，违反初步评审规定，即符合性审查未通过。

② 技术标评审。投标人 b 因施工组织设计未加盖单位公章，以暗标形式编制，未按招标文件要求编制（注：招标文件要求施工组织设计以明标形式编制），违反初步评审规

定，被评委视为存在重大偏差而认定为废标，其商务标不参与评审。

③ 商务标评审。首先通过符合性审查和技术标评审的投标人唱标，然后投标人退场，具体记录见表 4-4。

各投标人唱标结果记录 **表 4-4**

投标人名称	预算总价（万元）	投标总价（万元）	工期（日历天）	质量
a	545. 54	504	182	合格
c	601. 11	529	182	合格
d	565. 92	515	182	合格
f	609. 16	510	182	合格
g	565. 73	522. 55	180	合格

投标人 f 因铝合金管理费 4 %未计取（注：投标人投标时铝合金管理费按定额直接费的 4 %计取），违反初步评审规定，被评委视为存在重大偏差而认定为废标。投标人 c 与投标人 f 因同样原因而被评委认定为废标。

根据详细评审的评标标底价产生办法计算，该工程评标标底价为 559. 06 万元（注：招标人公布的最高限价为 534. 47 万元）。

根据详细评审规定，投标人 a 的投标报价在评标标底价的［100%～92%］范围以外，确定为废标。最后，评标委员会推荐中标候选人，第一名为投标人 d ，第二名为投标人 g。至此该工程评标过程基本结束，评标结果经公示 3 个工作日后，若无异议，则投标人 d 即为中标人。

4）分析与总结

① 通过上述评标全过程，不妨假设一下，如果投标人 a、c、d、f 、g 均通过初步评审和技术标评审，根据详细评审规定计算的评标标底价为 577. 59 万元，则 5 家投标人的投标报价均在评标标底价的［ 100 %～92 %］范围以外，本次招标将以失败而告终，招标人需重新组织招标。但该工程工期较紧，重新招标不但浪费人力、物力、财力，更重要的是浪费时间，招标人将面对工程不能如期交付使用的风险。

② 比较各投标人的投标报价与预算总价，发现投标人 f 的让利幅度高达 16. 3 % ，这种大幅度的让利容易导致各投标人之间的恶性竞争。所以，招标人在设定最高限价的同时，也应对投标人的让利幅度进行限制，例如，要求各投标人的投标报价与其自身的预算总价相比，低于预算总价的 92 %或高于预算总价的，投标报价作废标处理。这样既可防止投标人串标而恶意抬标，也可防止投标人以低于成本价的方式任意压低报价，给工程质量留下隐患。

③ 招标人在开标前几天公布最高限价的做法有利有弊，利在警告所有投标人不得抬标，否则就不可能中标。弊在若投标人串标，已公布的最高限价将是他们最好的参考依据，中标价很可能就是招标人公布的最高限价或接近于最高限价。总之，施工招标评标是一项复杂而细致的工作，影响评标结果的不确定性因素也很多，科学、合理地编制招标文件及评标办法是确保招标成功的重要保障。

复 习 思 考 题

1. 试分析各种工程采购模式的主要内容、优缺点和适用范围。

2. 请比较招标投标法与政府采购法的适用范围。
3. 建设工程业主自行招标必须具备哪些条件？
4. 公开招标程序包括哪些步骤？
5. 邀请招标与公开招标相比，其程序上有哪些特点？
6. 合同类型的选择与工程建设发包模式有何关联？
7. 政府行政主管部门对招标活动进行哪些方面的监督？
8. 如何进行对投标人的资格审查？
9. 监理招标有哪些特点？
10. 监理招标评标如何体现对高质量的智力活动的评选？
11. 设计投标书的评比内容有哪些？
12. 请举例说明施工招标的评标有哪些方法。
13. 建设工程物资采购招标评标与施工招标评标有哪些异同？
14. 请列举施工投标容易出现的各种废标情况。

5 建设工程监理合同及管理

5.1 监理合同概述

随着工程项目的大型化、建设周期逐渐缩短，以及实施中大量采用先进技术等的发展变化，要求项目的建设过程必须具有较高的管理水平。在我国，专业化的监理公司或项目管理公司（以下简称“监理人”）作为独立的社会中介组织，在项目实施过程中起着重要的作用。工程发包人（以下简称“委托人”）将项目建设过程中与第三方所签订合同的履行管理任务，以合同的方式委托监理人负责监督、协调和管理。按照《合同法》的分类，监理合同属于委托合同的范畴。

5.1.1 监理合同特点

1. 监理合同的特点

在工程建设项目实施阶段，委托人与监理人签订的监理合同，与其他施工所涉及合同的最大区别，表现在标的性质上的差异。施工承包合同、物资采购供应合同、加工承揽合同等的标的，都会产生新的物质成果或信息成果，而监理合同的标的是“服务”。监理人与委托人签订书面监理委托合同后，依据法律、行政法规及有关的技术标准、设计文件，在授权范围内代表委托人对委托人与第三方所签订合同履行过程中的工程质量、工期和进度、建设资金使用等方面执行监理工作。即监理人凭借自己的知识、经验、技能为委托人提供监督、协调、管理的服务。

鉴于监理合同标的的特殊性，作为合同一方当事人的监理人，仅是接受发包人委托，对工程项目建设过程中的设计、施工、安装、物资供应、设备加工和制造等合同的履行负责监督、管理和协调有关各方的工作，完成国际工程通行的建设活动中“咨询工程师”（以下简称“工程师”）的职能，因此监理合同具有以下几方面的特点：

（1）服务性合同。虽然监理合同也是一种商业合同，但监理人不是建筑产品的直接生产者，而是受聘于委托人为其他工程合同的履行负责监督、管理、协调和服务，保证建筑产品按预期目的实现。

（2）非承包性合同。首先，监理人不向委托人承包工程造价。其次，尽管监理合同也有服务起止期限的规定，但这个期限又与所监理的其他合同能否顺利实现直接相关，如果被监理的合同因非监理人责任的原因延期或延误完成，则监理合同的期限也要相应顺延，所以合同期限也不是一个包死的概念。在合同约定的有效期内，如果所监理的工程不能顺利完成，监理人不仅不对委托人承担赔偿工程延误损失的责任，而且有权要求委托人对相应展延合同期内的服务工作给予额外的酬金补偿。再者，对工程质量的缺陷，监理人不负直接责任，保质、保量完成工程是其他合同承包实施者的义务，监理人仅负责质量的控制和检验。因此监理合同是一种非承包性的服务合同。

（3）非经营性合同。工程项目建设阶段所涉及的合同大多为经营性合同，即承包方签订和履行合同以盈利为目的，一方面在合同承包价格内含有合理的预期利润，另一方面实施过程中通过加强管理、采用先进技术等手段尽可能地降低成本，争取获得更多利润。而监理人接受委托，不是以经营性盈利为目的，提供相应的服务后仅是获得酬金。监理人的预期利润包括在签订合同的酬金内，不允许在合同履行过程中再从委托人或被监理人处获得经营性盈利，否则就失去了监理工作的公平性。监理人开拓和发展业务，是以能够提供优质服务的信誉为基础，争取得到更多委托人聘用为目的。监理人的职责是对被监理合同的履行进行投资控制、质量控制、进度控制和合同管理，如果由于监理人的科学、严格管理，或委托人采纳了其提出的合理化建议，在保证质量的前提下节约了工程投资、缩短了建设工期，监理人只能按监理合同中的约定获得一笔奖金，但这也仅是对其所提供优质服务的奖励。当承包方接受了监理工程师的指导或建议而导致节省了成本支出时，不允许监理人参与工程承包人的盈利分成。

（4）合同内包括有授权内容。在委托人与任何人所签订的其他建设工程承包合同内，均没有授予承包方权力的内容，对于同属于服务合同性质的工程咨询合同，委托人也无需进行授权。但是建设监理具有明确的监理对象，监理人的基本职责之一就是对被监理合同的履行进行控制和协调，因此在监理合同中委托人对监理人有明确的授权范围。

2. 对监理人的要求

由于监理人是凭借自己的知识、经验和技能来完成委托的监理工作，因此作为合同当事人一方的工程建设监理公司应具备相应的资格，不仅要求其是依法成立并已注册的法人组织，而且要求它所承担的监理任务应与其资质等级和营业执照中批准的业务范围相一致。目前按照我国建设法规的规定，经过建设行政主管部门认定资质的监理公司分为甲、乙两个级别，不允许低资质的监理公司承接高等级工程的监理业务，也不允许承接虽与资质级别相适应，但工作内容超越其监理能力范围的工作，以保证所监理工程的目标顺利圆满实现。

5.1.2 监理合同示范文本

为规范建设工程监理活动，维护建设工程监理合同当事人的合法权益，我国相继制定了以下监理合同的示范文本：

（1）1995年10月9日，为了适应建设监理事业发展的需要，提高监理委托合同签订的质量，更好地规范监理合同当事人的行为，建设部和国家工商行政管理局联合发布了《工程建设监理合同（示范文本）》GF—95—0202。

（2）1997年6月27日，电力工业部印发了《水电工程建设监理合同（示范文本）》，该示范文本对于加强水电工程建设管理，深化改革，规范水电监理市场发挥了良好的作用。

（3）1997年9月15日，交通部印发了《公路工程施工监理合同范本》，该文本适应了公路工程监理事业发展的需要，促进了公路工程监理工作制度化、规范化和科学化建设，提高了监理服务委托合同签订的质量，更好地规范了监理服务合同当事人的行为。

（4）2000年2月17日，建设部和国家工商行政管理局在对《工程建设监理合同（示范文本）》GF—95—0202修订的基础上，又联合发布了《建设工程委托监理合同（示范文本）》GF—2000—0202。

(5) 2007年4月20日，水利部与国家工商行政管理总局联合印发了《水利工程施工监理合同示范文本》GF—2007—0211，自2007年6月1日起施行。该文本是在对《水利工程建设监理合同示范文本》GF—2000—0211修订基础上形成的。该示范文本对于规范水利工程建设监理市场秩序，维护建设监理合同双方的合法权益，确保水利工程建设监理健康发展均发挥了良好的作用。

(6) 2012年3月27日，住房城乡建设部与国家工商行政管理总局联合发布了《建设工程监理合同（示范文本）》GF—2012—0202（以下简称《工程监理合同》）。新发布的《工程监理合同》是在2000年发布的《建设工程委托监理合同（示范文本）》的基础上修订完善而成的。2012版《工程监理合同》吸纳了近几年比较成熟的工程监理实践经验，严格依据现行法律法规和标准规范，并借鉴了国际工程合同管理的经验。《工程监理合同》适用于包括房屋建筑、市政工程等14个专业工程类别的建设工程项目，在通用条件中明确了工程监理基本工作内容，对于规范工程监理合同当事人的签约、履约行为，防止合同主体利益失衡，避免或减少合同纠纷，保障合同当事人的合法权益，维护工程监理市场秩序都发挥了积极作用。

(7) 2017年9月4日，国家发展和改革委员会等九部委联合印发了《标准设备采购招标文件》等五个标准招标文件的通知（发改法规［2017］1606号），编制了《标准监理招标文件》等五个标准文件，适用于依法必须招标的与工程建设有关的设备、材料等货物项目和勘察、设计、监理等服务项目。《标准监理招标文件》中的第四章包含了合同条款及格式，由通用合同条款、专用合同条款和合同附件格式三部分组成。通用合同条款包括一般约定、委托人义务、委托人管理、监理人义务、监理要求、开始监理和完成监理、监理责任与保险、合同变更、合同价格与支付、不可抗力、违约、争议的解决共十二个方面。

5.1.3 监理合同构成及解释顺序

1. 监理合同的构成

工程监理合同有广义和狭义之分。狭义的合同是指合同文本，即合同协议书、合同标准条件、合同专用条件；广义的合同是指包括合同文本、中标人的监理投标书和监理大纲、中标通知书以及合同实施过程中双方签署的合同补充或修改文件等关系到双方权利义务的承诺和约定。一个工程监理合同由哪些部分构成由当事人在合同协议书中约定。根据《建设工程监理合同（示范文本）》GF—2012—0202规定，监理合同文件一般由协议书、中标通知书（适用于招标工程）或委托书（适用于非招标工程）、投标文件（适用于招标工程）或监理与相关服务建议书（适用于非招标工程）、专用条件、通用条件和附录等六部分组成。

2. 监理合同的解释顺序

合同的解释顺序是指整个监理合同文件的解释顺序，或者说是合同文件各个组成部分的优先级，其实质是效力等级。当合同内容出现矛盾时，以解释顺序高的，即优先等级高的为准。合同的解释顺序是由合同双方在合同协议书中约定的，但实际上是这些文件形成的逆时间顺序，一般来说，后形成的合同文件可以解释先形成的合同文件。合同文件优先级最高的是在实施过程中双方共同签署的合同补充与修正文件。根据《建设工程监理合同（示范文本）》GF—2012—0202规定，本合同使用中文书写、解释和说明。如专用条件约定使用两种及以上语言文字时，应以中文为准。组成本合同的下列文件彼此应能相互解释、互为说明。除专用条件另有约定外，本合同文件的解释顺序如下：

(1) 协议书；

(2) 中标通知书（适用于招标工程）或委托书（适用于非招标工程）；

(3) 专用条件及附录A（相关服务的范围和内容）、附录B（委托人派遣的人员和提供的房屋、资料、设备）；

(4) 通用条件；

(5) 投标文件（适用于招标工程）或监理与相关服务建议书（适用于非招标工程）。

双方签订的补充协议与其他文件发生矛盾或歧义时，属于同一类内容的文件，应以最新签署的为准。

5.2 监理合同的主要内容

5.2.1 监理投标书

这里的工程监理投标书是指中标人的投标书。工程监理投标书中的投标函及监理大纲是整个投标文件中具有实质性意义的内容。投标函是监理取费的报价和对监理招标文件的响应；而投标监理大纲则是投标人履行监理合同、开展监理工作的具体方法、措施以及人员装备的计划，是投标人为了取得监理报酬而承诺的付出和义务。

工程监理合同当事人应重视监理投标书在监理合同管理中的地位。严格地说，监理的报价是中标人依据其投标书，主要是监理大纲中载明的监理投入作出的。当监理委托人要求监理人提供监理投标书（监理大纲）中没有提到的、监理合同其他条款中也没有约定的服务或人员装备时，监理人就可以要求补偿；当监理人不能按投标书配备监理人员、提供监理装备或服务时，监理委托人有权要求监理人改正或向监理人提出索赔乃至追究违约责任。

5.2.2 中标通知书

监理中标通知书是招标人对监理中标人在投标书中所作要约的全盘接受，是对中标的投标人要约的承诺。中标通知书一旦送达中标人，就和中标人的投标书一同构成了对双方都有法律约束力的文件。直到正式的监理合同签订，中标通知书和投标书都是维系和制约监理招投标双方的文件。

5.2.3 监理合同协议书

监理合同协议书是确定合同关系的总括性文件，定义了监理委托人和监理人，界定了监理项目及监理合同文件构成，原则性地约定了双方的义务，规定了合同的履行期。最后由双方法定代表人或其代理人签章并盖法人章后合同正式成立。主要的条款如下：

(1) 委托人与监理人。

(2) 工程概况：包括工程名称、工程地点、工程规模、工程概算投资额或建筑安装工程费。监理工程概况的描述，要保证对监理工程的理解不产生歧义。

(3) 词语限定：协议书中相关词语的含义与通用条件中的定义与解释相同。

(4) 组成本合同的文件：

1) 协议书；

2）中标通知书（适用于招标工程）或委托书（适用于非招标工程）；

3）投标文件（适用于招标工程）或监理与相关服务建议书（适用于非招标工程）；

4）专用条件；

5）通用条件；

6）附录。包括附录 A：相关服务的范围和内容；附录 B：委托人派遣的人员和提供的房屋、资料、设备；

7）本合同签订后，双方依法签订的补充协议也是本合同文件的组成部分。

（5）总监理工程师。包括总监理工程师姓名、身份证号码、注册号。

（6）签约酬金。包括监理酬金和相关服务酬金。相关服务酬金需要明确：

1）勘察阶段服务酬金；

2）设计阶段服务酬金；

3）保修阶段服务酬金；

4）其他相关服务酬金。

（7）期限。监理期限起止时间，以及相关服务期限的起止时间。包括：

1）勘察阶段服务期限；

2）设计阶段服务期限；

3）保修阶段服务期限；

4）其他相关服务期限。

（8）双方承诺。监理人向委托人承诺，按照本合同约定提供监理与相关服务。委托人向监理人承诺，按照本合同约定派遣相应的人员，提供房屋、资料、设备，并按本合同约定支付酬金。

（9）合同订立。包括合同订立时间和订立地点。

（10）合同双方签字盖章栏。

5.2.4 监理合同通用条件

监理合同通用条件是针对监理合同文件自身以及监理双方一般性的权利义务确定的合同条款，具有普遍性和通用性。

1. 合同用语的定义

（1）“工程”是指按照本合同约定实施监理与相关服务的建设工程。

（2）“委托人”是指本合同中委托监理与相关服务的一方，及其合法的继承人或受让人。

（3）“监理人”是指本合同中提供监理与相关服务的一方，及其合法的继承人。

（4）“承包人”是指在工程范围内与委托人签订勘察、设计、施工等有关合同的当事人，及其合法的继承人。

（5）“监理”是指监理人受委托人的委托，依照法律法规、工程建设标准、勘察设计文件及合同，在施工阶段对建设工程质量、进度、造价进行控制，对合同、信息进行管理，对工程建设相关方的关系进行协调，并履行建设工程安全生产管理法定职责的服务活动。

（6）“相关服务”是指监理人受委托人的委托，按照本合同约定，在勘察、设计、保修等阶段提供的服务活动。

（7）“正常工作”指本合同订立时通用条件和专用条件中约定的监理人的工作。

（8）“附加工作”是指本合同约定的正常工作以外监理人的工作。

（9）“项目监理机构”是指监理人派驻工程负责履行本合同的组织机构。

（10）“总监理工程师”是指由监理人的法定代表人书面授权，全面负责履行本合同、主持项目监理机构工作的注册监理工程师。

（11）“酬金”是指监理人履行本合同义务，委托人按照本合同约定给付监理人的金额。

（12）“正常工作酬金”是指监理人完成正常工作，委托人应给付监理人并在协议书中载明的签约酬金额。

（13）“附加工作酬金”是指监理人完成附加工作，委托人应给付监理人的金额。

（14）“一方”是指委托人或监理人；“双方”是指委托人和监理人；“第三方”是指除委托人和监理人以外的有关方。

（15）“书面形式”是指合同书、信件和数据电文（包括电报、电传、传真、电子数据交换和电子邮件）等可以有形地表现所载内容的形式。

（16）“天”是指第一天零时至第二天零时的时间。

（17）“月”是指按公历从一个月中任何一天开始的一个公历月时间。

（18）“不可抗力”是指委托人和监理人在订立本合同时不可预见，在工程施工过程中不可避免发生并不能克服的自然灾害和社会性突发事件，如地震、海啸、瘟疫、水灾、骚乱、暴动、战争和专用条件约定的其他情形。

2. 监理人的义务

（1）监理的范围和工作内容

监理人应认真、勤奋工作，完成监理合同约定的监理范围内的工作内容。相关服务的范围和内容在附录A中约定。除专用条件另有约定外，监理工作内容包括：

1）收到工程设计文件后编制监理规划，并在第一次工地会议7天前报委托人。根据有关规定和监理工作需要，编制监理实施细则。

2）熟悉工程设计文件，并参加由委托人主持的图纸会审和设计交底会议。

3）参加由委托人主持的第一次工地会议；主持监理例会并根据工程需要主持或参加专题会议。

4）审查施工承包人提交的施工组织设计，重点审查其中的质量安全技术措施、专项施工方案与工程建设强制性标准的符合性。

5）检查施工承包人工程质量、安全生产管理制度及组织机构和人员资格。

6）检查施工承包人专职安全生产管理人员的配备情况。

7）审查施工承包人提交的施工进度计划，核查承包人对施工进度计划的调整。

8）检查施工承包人的试验室。

9）审核施工分包人资格条件。

10）查验施工承包人的施工测量放线成果。

11）审查工程开工条件，对条件具备的签发开工令。

12）审查施工承包人报送的工程材料、构配件、设备质量证明文件的有效性和符合性，并按规定对用于工程的材料采取平行检验或见证取样方式进行抽检。

13）审核施工承包人提交的工程款支付申请，签发或出具工程款支付证书，并报委托人审核、批准。

14）在巡视、旁站和检验过程中，发现工程质量、施工安全存在事故隐患的，要求施工承包人整改并报委托人。

15）经委托人同意，签发工程暂停令和复工令。

16）审查施工承包人提交的采用新材料、新工艺、新技术、新设备的论证材料及相关验收标准。

17）验收隐蔽工程、分部分项工程。

18）审查施工承包人提交的工程变更申请，协调处理施工进度调整、费用索赔、合同争议等事项。

19）审查施工承包人提交的竣工验收申请，编写工程质量评估报告。

20）参加工程竣工验收，签署竣工验收意见。

21）审查施工承包人提交的竣工结算申请并报委托人。

22）编制、整理工程监理归档文件并报委托人。

（2）监理与相关服务依据

监理依据包括：

1）适用的法律、行政法规及部门规章。

2）与工程有关的标准。

3）工程设计及有关文件。

4）本合同及委托人与第三方签订的与实施工程有关的其他合同。

双方应根据工程的行业和地域特点，在专用条件中具体约定监理依据。相关服务依据在专用条件中约定。

（3）项目监理机构和人员

监理人应组建满足工作需要的项目监理机构，配备必要的检测设备。项目监理机构的主要人员应具有相应的资格条件。本合同履行过程中，总监理工程师及重要岗位监理人员应保持相对稳定，以保证监理工作正常进行。

监理人可根据工程进展和工作需要调整项目监理机构人员。监理人更换总监理工程师时，应提前 7 天向委托人书面报告，经委托人同意后方可更换；监理人更换项目监理机构其他监理人员，应以相当资格与能力的人员替换，并通知委托人。监理人应及时更换有下列情形之一的监理人员：

1）严重过失行为的。

2）有违法行为不能履行职责的。

3）涉嫌犯罪的。

4）不能胜任岗位职责的。

5）严重违反职业道德的。

6）专用条件约定的其他情形。

委托人可要求监理人更换不能胜任本职工作的项目监理机构人员。

（4）履行职责

监理人应遵循职业道德准则和行为规范，严格按照法律法规、工程建设有关标准及本合同履行职责。在监理与相关服务范围内，委托人和承包人提出的意见和要求，监理人应及时提出处置意见。当委托人与承包人之间发生合同争议时，监理人应协助委托人、承包人协商解决。当委托人与承包人之间的合同争议提交仲裁机构仲裁或人民法院审理时，监理人应提供必要的证明资料。

监理人应在专用条件约定的授权范围内，处理委托人与承包人所签订合同的变更事宜。如果变更超过授权范围，应以书面形式报委托人批准。在紧急情况下，为了保护财产和人身安全，监理人所发出的指令未能事先报委托人批准时，应在发出指令后的 24 小时内以书面形式报委托人。

除专用条件另有约定外，监理人发现承包人的人员不能胜任本职工作的，有权要求承包人予以调换。

（5）提交报告

监理人应按专用条件约定的种类（包括监理规划、监理月报及约定的专项报告等）、时间和份数向委托人提交监理与相关服务的报告。

（6）文件资料

在本合同履行期内，监理人应在现场保留工作所用的图纸、报告及记录监理工作的相关文件。工程竣工后，应当按照档案管理规定将监理有关文件归档。

（7）使用委托人的财产

监理人无偿使用附录 B 中由委托人派遣的人员和提供的房屋、资料、设备。除专用条件另有约定外，委托人提供的房屋、设备属于委托人的财产，监理人应妥善使用和保管，在本合同终止时将这些房屋、设备的清单提交委托人，并按专用条件约定的时间和方式移交。

3. 委托人的义务

（1）告知

委托人应在委托人与承包人签订的合同中明确监理人、总监理工程师和授予项目监理机构的权限。如有变更，应及时通知承包人。

（2）提供资料

委托人应按照附录 B 约定，无偿向监理人提供工程有关的资料，参见表 5-1。在本合同履行过程中，委托人应及时向监理人提供最新的与工程有关的资料。

委托人提供的资料 **表 5-1**

名　称	份数	提供时间	备注
1. 工程立项文件			
2. 工程勘察文件			
3. 工程设计及施工图纸			
4. 工程承包合同及其他相关合同			
5. 施工许可文件			
6. 其他文件			

(3) 提供工作条件

委托人应为监理人完成监理与相关服务提供必要的条件。委托人应按照附录B约定，派遣相应的人员，提供房屋、设备，供监理人无偿使用，参见表5-2、表5-3和表5-4。委托人应负责协调工程建设中所有外部关系，为监理人履行本合同提供必要的外部条件。

委托人派遣的人员　表5-2

名　　称	数量	工作要求	提供时间
1. 工程技术人员			
2. 辅助工作人员			
3. 其他人员			

委托人提供的房屋　表5-3

名　　称	数量	面积	提供时间
1. 办公用房			
2. 生活用房			
3. 试验用房			
4. 样品用房			
用餐及其他生活条件			

委托人提供的设备　表5-4

名　　称	数量	型号与规格	提供时间
1. 通信设备			
2. 办公设备			
3. 交通工具			
4. 检测和试验设备			

(4) 委托人代表

委托人应授权一名熟悉工程情况的代表，负责与监理人联系。委托人应在双方签订本合同后7天内，将委托人代表的姓名和职责书面告知监理人。当委托人更换委托人代表时，应提前7天通知监理人。

(5) 委托人意见或要求

在本合同约定的监理与相关服务工作范围内，委托人对承包人的任何意见或要求应通知监理人，由监理人向承包人发出相应指令。

(6) 答复

委托人应在专用条件约定的时间内，对监理人以书面形式提交并要求作出决定的事宜，给予书面答复。逾期未答复的，视为委托人认可。

（7）支付

委托人应按本合同约定，向监理人支付酬金。

4. 违约责任

（1）监理人的违约责任

监理人未履行本合同义务的，应承担相应的责任。因监理人违反本合同约定给委托人造成损失的，监理人应当赔偿委托人损失。赔偿金额的确定方法在专用条件中约定。监理人承担部分赔偿责任的，其承担赔偿金额由双方协商确定。监理人向委托人的索赔不成立时，监理人应赔偿委托人由此发生的费用。监理人赔偿金额可按下列方法确定：

赔偿金 = 直接经济损失 × 正常工作酬金 ÷ 工程概算投资额（或建筑安装工程费）

（2）委托人的违约责任

委托人未履行本合同义务的，应承担相应的责任。委托人违反本合同约定造成监理人损失的，委托人应予以赔偿。委托人向监理人的索赔不成立时，应赔偿监理人由此引起的费用。委托人未能按期支付酬金超过28天，应按专用条件约定支付逾期付款利息。委托人逾期付款利息按下列方法确定：

逾期付款利息 = 当期应付款总额 × 银行同期贷款利率 × 拖延支付天数

（3）除外责任

因非监理人的原因，且监理人无过错，发生工程质量事故、安全事故、工期延误等造成的损失，监理人不承担赔偿责任。因不可抗力导致本合同全部或部分不能履行时，双方各自承担其因此而造成的损失、损害。

5. 支付

（1）支付货币

除专用条件另有约定外，酬金均以人民币支付。涉及外币支付的，所采用的货币种类、比例和汇率在专用条件中约定。

（2）支付申请

监理人应在合同约定的每次应付款时间的7天前，向委托人提交支付申请书。支付申请书应当说明当期应付款总额，并列出当期应支付的款项及其金额。

（3）支付酬金

支付的酬金包括正常工作酬金、附加工作酬金、合理化建议奖励金额及费用。正常工作酬金的支付可按表5-5进行。

正常工作酬金的支付表 **表5-5**

支付次数	支付时间	支付比例	支付金额（万元）
首付款	本合同签订后7天内		
第二次付款			
第三次付款			
……			
最后付款	监理与相关服务期届满14天内		

(4) 有争议部分的付款

委托人对监理人提交的支付申请书有异议时，应当在收到监理人提交的支付申请书后7天内，以书面形式向监理人发出异议通知。无异议部分的款项应按期支付，有异议部分的款项按合同争议条款约定办理。

6. 合同生效、变更、暂停、解除与终止

(1) 生效

除法律另有规定或者专用条件另有约定外，委托人和监理人的法定代表人或其授权代理人在协议书上签字并盖单位章后本合同生效。

(2) 变更

任何一方提出变更请求时，双方经协商一致后可进行变更。

除不可抗力外，因非监理人原因导致监理人履行合同期限延长、内容增加时，监理人应当将此情况与可能产生的影响及时通知委托人。增加的监理工作时间、工作内容应视为附加工作。附加工作酬金的确定方法在专用条件中约定。除不可抗力外，因非监理人原因导致本合同期限延长时，附加工作酬金可按下列方法确定：

附加工作酬金＝本合同期限延长时间(天)×正常工作酬金÷协议书约定的监理与相关服务期限(天)

合同生效后，如果实际情况发生变化使得监理人不能完成全部或部分工作时，监理人应立即通知委托人。除不可抗力外，其善后工作以及恢复服务的准备工作应为附加工作，附加工作酬金的确定方法在专用条件中约定。监理人用于恢复服务的准备时间不应超过28天。除不可抗力外，其善后工作以及恢复服务的附加工作酬金可按下列方法确定：

附加工作酬金＝善后工作及恢复服务的准备工作时间(天)×正常工作酬金÷协议书约定的监理与相关服务期限(天)

因非监理人原因造成工程概算投资额或建筑安装工程费增加时，正常工作酬金应作相应调整。调整方法在专用条件中约定。因工程规模、监理范围的变化导致监理人的正常工作量减少时，正常工作酬金应作相应调整。调整方法在专用条件中约定。正常工作酬金增加额按下列方法确定：

正常工作酬金增加额＝工程投资额或建筑安装工程费增加额×正常工作酬金÷工程概算投资额(或建筑安装工程费)

因工程规模、监理范围的变化导致监理人的正常工作量减少时，按减少工作量的比例从协议书约定的正常工作酬金中扣减相同比例的酬金。

合同签订后，遇有与工程相关的法律法规、标准颁布或修订的，双方应遵照执行。由此引起监理与相关服务的范围、时间、酬金变化的，双方应通过协商进行相应调整。

(3) 暂停与解除

除双方协商一致可以解除本合同外，当一方无正当理由未履行本合同约定的义务时，另一方可以根据本合同约定暂停履行本合同直至解除本合同。

在本合同有效期内，由于双方无法预见和控制的原因导致本合同全部或部分无法继续履行或继续履行已无意义，经双方协商一致，可以解除本合同或监理人的部分义务。在解除之前，监理人应作出合理安排，使开支减至最小。因解除本合同或解除监理人的部分义务导致监理人遭受的损失，除依法可以免除责任的情况外，应由委托人予以补偿，补偿金额由双方协商确定。解除本合同的协议必须采取书面形式，协议未达成之前，本合同仍然有效。

在本合同有效期内，因非监理人的原因导致工程施工全部或部分暂停，委托人可通知监理人要求暂停全部或部分工作。监理人应立即安排停止工作，并将开支减至最小。除不可抗力外，由此导致监理人遭受的损失应由委托人予以补偿。

暂停部分监理与相关服务时间超过 182 天，监理人可发出解除本合同约定的该部分义务的通知；暂停全部工作时间超过 182 天，监理人可发出解除本合同的通知，本合同自通知到达委托人时解除。委托人应将监理与相关服务的酬金支付至本合同解除日，且应承担合同约定的责任。

当监理人无正当理由未履行本合同约定的义务时，委托人应通知监理人限期改正。若委托人在监理人接到通知后的 7 天内未收到监理人书面形式的合理解释，则可在 7 天内发出解除本合同的通知，自通知到达监理人时本合同解除。委托人应将监理与相关服务的酬金支付至限期改正通知到达监理人之日，但监理人应承担合同约定的违约责任。

监理人在专用条件约定的支付之日起 28 天后仍未收到委托人按本合同约定应付的款项，可向委托人发出催付通知。委托人接到通知 14 天后仍未支付或未提出监理人可以接受的延期支付安排，监理人可向委托人发出暂停工作的通知并可自行暂停全部或部分工作。暂停工作后 14 天内监理人仍未获得委托人应付酬金或委托人的合理答复，监理人可向委托人发出解除本合同的通知，自通知到达委托人时本合同解除。委托人应承担合同约定的违约责任。

因不可抗力致使本合同部分或全部不能履行时，一方应立即通知另一方，可暂停或解除本合同。本合同解除后，本合同约定的有关结算、清理、争议解决方式的条件仍然有效。

(4) 终止

以下条件全部满足时，本合同即告终止：

1) 监理人完成本合同约定的全部工作。

2) 委托人与监理人结清并支付全部酬金。

7. 争议解决

(1) 协商

双方应本着诚信原则协商解决彼此间的争议。

(2) 调解

如果双方不能在 14 天内或双方商定的其他时间内解决本合同争议，可以将其提交给专用条件约定的或事后达成协议的调解人进行调解。

(3) 仲裁或诉讼

双方均有权不经调解直接向专用条件约定的仲裁机构申请仲裁或向有管辖权的人民法院提起诉讼。

8. 其他规定

(1) 外出考察费用

经委托人同意，监理人员外出考察发生的费用由委托人审核后支付。

(2) 检测费用

委托人要求监理人进行的材料和设备检测所发生的费用，由委托人支付，支付时间在专用条件中约定。

(3) 咨询费用

经委托人同意，根据工程需要由监理人组织的相关咨询论证会以及聘请相关专家等发生的费用由委托人支付，支付时间在专用条件中约定。

(4) 奖励

监理人在服务过程中提出的合理化建议，使委托人获得经济效益的，双方在专用条件中约定奖励金额的确定方法。奖励金额在合理化建议被采纳后，与最近一期的正常工作酬金同期支付。合理化建议的奖励金额可按下列方法确定：

$$奖励金额 = 工程投资节省额 \times 奖励金额的比率$$

在专用条件中明确奖励金额的比率。

(5) 守法诚信

监理人及其工作人员不得从与实施工程有关的第三方处获得任何经济利益。

(6) 保密

双方不得泄露对方申明的保密资料，亦不得泄露与实施工程有关的第三方所提供的保密资料，保密事项在专用条件中约定，如委托人申明的保密事项和期限、监理人申明的保密事项和期限、第三方申明的保密事项和期限。

(7) 通知

本合同涉及的通知均应当采用书面形式，并在送达对方时生效，收件人应书面签收。

(8) 著作权

监理人对其编制的文件拥有著作权。监理人可单独或与他人联合出版有关监理与相关服务的资料。除专用条件另有约定外，如果监理人在本合同履行期间及本合同终止后两年内出版涉及本工程的有关监理与相关服务的资料，应当征得委托人的同意。

5.2.5 监理合同专用条件

专用条件是对标准条件的补充，是标准条件在具体工程项目上的具体化。在使用专用条件时要特别注意的是反映具体监理项目的实际、合同双方的特别约定，切不可把专用条件栏填写成"按标准条件执行"。监理合同需要通过专用条件来约定的内容主要有以下几个方面：

(1) 适用的法律及监理依据。

(2) 监理工作范围和内容。

(3) 对监理人的授权范围。

(4) 委托人应提供的工程资料及提供时间。

(5) 委托人对监理人书面提交的事宜作出书面答复的时间。

(6) 委托人代表。

(7) 委托人免费向监理人提供的房屋、设备等数量和时间。

(8) 委托人免费向监理人提供的工作人员以及服务人员的数量和时间。

(9) 合同双方承担违约责任的方式、赔偿损失的计算方法等。

(10) 监理报酬。监理报酬包括完成监理合同约定任务的正常工作酬金和附加工作酬金的计算方法、支付时间、货币种类（包括计算汇率）、金额。监理报酬可参照国家发展和改革委员会与建设部2007年共同颁布的《建设工程监理与相关服务收费管理规定》，由合同双方协商确定，但法定必须进行监理的施工项目必须执行政府指导价，即监理收费基准价只能按《建设工程监理与相关服务收费管理规定》计算，上下浮动幅度范围不得超过20%；其他建设工程的监理收费实行市场调节价。

(11) 当监理人为监理项目作出特别贡献时的奖励办法，如提出合理化建议被采纳而给委托人带来直接的经济效益时，按可计算效益额的10%～30%奖励给监理人。

(12) 约定在合同履行过程中发生争议且协商不成时，是提请仲裁委员会仲裁还是向人民法院起诉。如果是选择仲裁的，还应达成仲裁协议。

5.2.6 在履约过程中双方签署的补充协议

在监理实施的过程中，难免有一些情况会发生变化。如果这种变化超出了原合同的约定范围，就有必要在原合同的基础上进行适当补充或修改。合同的任何修改和补充都必须取得合同当事人的同意，并经合同双方的法定代表人或其授权代理人签署才能有效。

根据我国《招标投标法》的规定，招标人和中标人不得签署实质上背离中标条件的合同，当然也包括不得签署违背中标条件的合同补充与修改文件。

复习思考题

1. 工程监理的特点是什么，对监理合同签订有何影响？
2. 监理合同的构成有哪些，其解释顺序是什么，监理合同解释顺序的作用是什么？
3. 监理合同当事人双方都有哪些权利？
4. 试分析监理合同的生效、变更与终止的具体内容。
5. 什么是工程监理的正常工作、额外工作？
6. 结合我国建设法律法规的具体规定，谈谈监理工程师应承担哪些法律责任。

6　建设工程勘察设计合同及管理

建设工程勘察设计合同是工程建设合同体系中一种重要的合同种类，在《合同法》中适用建设工程合同分则的规定。虽然勘察设计合同在合同签订及合同管理中没有施工合同那么复杂和多变，但不可否认的是，由于勘察设计工作是工程建设程序中首要和主导性环节，所以对于工程建设项目来说，是否有一份完善的勘察、设计合同来规范承发包双方合同行为、促进双方履行合同义务，对保证工程建设是否能够实现预期的投资计划、建设进度和品质目标是至关重要的。本章主要阐述建设工程勘察设计合同的主要内容、双方的权利义务与责任及勘察设计合同管理的基本过程。

6.1　建设工程勘察设计合同概述

6.1.1　建设工程勘察设计的主要内容

1. 工程勘察的主要内容

建设工程勘察是根据建设工程本身的特点，在查明建设工程场地范围内的地质、地理环境特征基础上，对地形、地质和水文等要素做出分析、评价和建议，并编制建设工程勘察文件的活动。工程勘察可分为通用工程勘察和专业工程勘察。通用工程勘察包括工程测量、岩土工程勘察、岩土工程设计与检测监测、水文地质勘察、工程水文气象勘察、工程物探、室内试验等；专业工程勘察包括煤炭、水利水电、电力、长输管道、铁路、公路、通信、海洋等工程的勘察。工程勘察为地基处理、地基基础设计和施工提供详细的地基土质构成与分布、各土层的物理力学性质、持力层及承载力、变形模量等岩土设计参数，针对不良地质现象的分布设计防治措施，以达到确保工程建设的顺利进行以及建成后能安全和正常使用的目的。

2. 工程设计的主要内容

建设工程设计是在进行可行性研究并经过初步技术经济论证后，根据建设项目总体需求及地质勘察报告，对工程的外形和内在实体进行筹划、研究、构思、设计和描绘，形成设计说明书和图纸等相关文件。按照《建设工程设计合同示范文本（房屋建筑工程）》GF—2015—0209 和《建设工程设计合同示范文本（专业建设工程）》GF—2015—0210 规定，建设工程设计分为房屋建筑工程设计和专业建设工程设计。房屋建筑工程设计一般分为方案设计、初步设计和施工图设计三个阶段。专业建设工程设计一般分为初步设计和施工图设计两个阶段。

（1）房屋建筑工程设计的主要内容

房屋建筑工程设计是指建设用地规划许可证范围内的建筑物构筑物设计、室外工程设计、民用建筑修建的地下工程设计及住宅小区、工厂厂前区、工厂生活区、小区规划设计及单体设计等，以及所包含的相关专业的设计内容（总平面布置、竖向设计、各类管网管线设计、景观设计、室内外环境设计及建筑装饰、道路、消防、智能、安保、通信、防雷、人防、供配电、照明、废水治理、空调设施、抗震加固等）等工程设计活动。

房屋建筑工程设计服务包括工程设计基本服务、工程设计其他服务。

1）工程设计基本服务：是指设计人根据发包人的委托，提供编制房屋建筑工程方案设计文件、初步设计文件（含初步设计概算）、施工图设计文件服务，并相应提供设计技术交底、解决施工中的设计技术问题、参加竣工验收等服务。基本服务费用包含在设计费中。

2）工程设计其他服务：是指发包人根据工程设计实际需要，要求设计人另行提供且发包人应当单独支付费用的服务，包括总体设计服务、主体设计协调服务、采用标准设计和复用设计服务、非标准设备设计文件编制服务、施工图预算编制服务、竣工图编制服务等。

(2) 专业建设工程设计的主要内容

房屋建筑工程以外的各行业建设工程统称为专业建设工程，具体包括煤炭、化工石化、医药、石油天然气（海洋石油）、电力、冶金、军工、机械、商物粮、核工业、电子通信广电、轻纺、建材、铁道、公路、水运、民航、市政、农林、水利、海洋等工程。专业建设工程设计是指房屋建筑工程以外各行业建设工程项目的主体工程和配套工程（含厂、矿区内的自备电站、道路、专用铁路、通信、各种管网管线和配套的建筑物等全部配套工程）以及与主体工程、配套工程相关的工艺、土木、建筑、环境保护、水土保持、消防、安全、卫生、节能、防雷、抗震、照明工程等工程设计活动。

专业建筑工程设计服务包括工程设计基本服务、工程设计其他服务。

1）工程设计基本服务：是指设计人根据发包人的委托，提供编制专业建设工程初步设计文件（含初步设计概算）、施工图设计文件服务，并相应提供设计技术交底、解决施工中的设计技术问题、参加试车（试运行）考核和竣工验收等服务。基本服务费用包含在设计费中。

2）工程设计其他服务：是指发包人根据工程设计实际需要，要求设计人另行提供且发包人应当单独支付费用的服务，包括总体设计服务、主体设计协调服务、采用标准设计和复用设计服务、非标准设备设计文件编制服务、施工图预算编制服务、竣工图编制服务等。

可以看出，建设工程勘察和设计是工程建设的主导环节，它的好坏一方面关系到能否体现建设工程项目在立项阶段所提出的设想，另一方面又关系到能否保证后续施工工作的顺利实施。这一环节如果出现不良市场行为，将直接影响工程建设投资、质量和进度等目标的实现，因此需要完善、公正和合理的勘察设计合同来约束建设单位与勘察设计单位各自的行为，保证当事人的合法权益。

6.1.2 建设工程勘察设计合同及其作用

根据《中华人民共和国合同法》第369条规定，建设工程勘察合同和设计合同属于建设工程合同的一种，它是为了明确发包人和承包人各自的权利、义务以及违约责任等内容和满足完成工程项目勘察（设计）任务的需要，经双方充分协商而订立的。建设工程勘察设计合同的发包人一般是项目业主（建设单位）或建设工程总承包单位；承包人是持有国家认可的勘察设计证书的勘察和设计单位，在《合同法》中称之为勘察人和设计人。建设工程勘察（设计）合同就是指发包人与勘察人（设计人）就勘察人（设计人）完成一定的工程勘察（设计）任务，发包人给付报酬所达成的协议。

对于勘察（设计）发包人来说，为了保证建设工程设计任务按期、按质、按量地顺利完成，需要一个完善的设计合同，以明确自己与勘察人（设计人）各自的权利和义务，并以之作为依据制约和管理设计人的设计进展和成果，从而实现投资者意志。对于勘察人（设计人）来说，为了保证发包人能够及时提供完成勘察（设计）任务所需要的资料和工作条件，促使发包人按时支付完成的勘察（设计）成果的报酬，也需要一个完善、公正和合理的合同维护自己的合法权益。总之，发包人和承包人签订的勘察设计合同在工程建设中可以发挥以下几个方面的作用：

(1) 有利于保证建设工程勘察设计任务按期、按质、按量地顺利完成。

(2) 有利于委托方与承包方明确各自的权利、义务以及违约责任等内容，一旦发生纠纷，责任明确，避免不必要的争执。

(3) 促使双方当事人加强管理与经济核算，提高管理水平。

(4) 为双方的勘察设计管理工作提供法律依据。

6.1.3 建设工程勘察设计合同订立与管理的法律基础

建设工程勘察设计合同及其管理的法律基础主要是国家或地方颁发的法律、法规，国家的主要法规有《合同法》、《建筑法》、《招标投标法》、《建筑工程设计招标投标管理办法》(住房城乡建设部令第 33 号)；《建设工程勘察设计管理条例》(国务院令第 662 号)、《建设工程质量管理条例》(国务院令第 279 号)、《工程建设项目勘察设计招标投标办法》(国家八部委局第 2 号令)、《建设工程勘察设计合同管理办法》(建设［2000］50 号)、《建设工程勘察设计资质管理规定》(建设部第 160 号令)、《工程设计资质标准》(建市［2007］86 号)、《工程勘察设计收费管理规定》(国家计委、建设部计价格［2002］10 号)、《建筑工程设计文件编制深度规定（2016 版）》(建质［2016］247 号)、《市政公用工程设计文件编制深度规定（2013 版）》(建质［2013］57 号)。另外，各地建设行政主管部门根据国家的法规也制定了当地相关的条例、规定和办法等。

6.1.4 建设工程勘察设计合同示范文本

现行勘察合同示范文本分为两种，一种是适用于岩土工程勘察、水文地质勘察（含凿井）、工程测量、工程物探等方面的勘察合同 GF—2000—0203，另一种是适用于岩土工程设计、治理、监测等方面的勘察合同 GF—2000—0204。建设工程设计合同示范文本也分为两类：一类是房屋建筑工程的设计合同 GF—2015—0209，主要适用于建设用地规划许可证范围内的建筑物构筑物设计、室外工程设计、民用建筑修建的地下工程设计及住宅小区、工厂厂前区、工厂生活区、小区规划设计及单体设计等，以及所包含的相关专业的设计内容（总平面布置、竖向设计、各类管网管线设计、景观设计、室内外环境设计及建筑装饰、道路、消防、智能、安保、通信、防雷、人防、供配电、照明、废水治理、空调设施、抗震加固等）等工程设计活动。另一类是专业建设工程的设计合同 GF—2015—0210，主要适用于房屋建筑工程以外各行业建设工程项目的主体工程和配套工程（含厂、矿区内的自备电站、道路、专用铁路、通信、各种管网管线和配套的建筑物等全部配套工程）以及与主体工程、配套工程相关的工艺、土木、建筑、环境保护、水土保持、消防、安全、卫生、节能、防雷、防震、照明工程等工程设计活动。

《建设工程设计合同示范文本（房屋建筑工程）》GF—2015—0209、《建设工程设计合同示范文本（专业建设工程）》GF—2015—0210 由合同协议书、通用合同条款和专用合同条款三部分组成。

(1) 合同协议书。合同协议书集中约定了合同当事人基本的合同权利义务。包括：工程概况（工程名称、地点、规划占地面积、总建筑面积、建筑高度、建筑功能、投资估算），工程设计范围、阶段与服务内容，工程设计周期，合同价格形式与签约合同价，发包人代表与设计项目负责人，合同文件构成，双方承诺，签订地点，补充协议，合同生效，合同份数等。

(2) 通用合同条款。通用合同条款是合同当事人根据《中华人民共和国建筑法》、《中华人民共和国合同法》等法律法规的规定，就工程设计的实施及相关事项，对合同当事人的权利义务作出的原则性约定。通用合同条款既考虑了现行法律法规对工程建设的有关要求，也考虑了工程设计管理的特殊需要。通用合同条款共 17 条，包括一般约定、发包人、设计人、工程设计资料、工程设计要求、工程设计进度与周期、工程设计文件交付、工程设计文件审查、施工现场配合服务、合同价款与支付、工程设计变更与索赔、专业责任与保险、知识产权、违约责任、不可抗力、合同解除、争议解决等。

(3) 专用合同条款。专用合同条款是对通用合同条款原则性约定的细化、完善、补充、修改或另行约定的条款。合同当事人可以根据不同建设工程的特点及具体情况，通过双方的谈判、协商对相应的专用合同条款进行修改补充。在使用专用合同条款时，应注意以下事项：

1) 专用合同条款的编号应与相应的通用合同条款的编号一致。

2) 合同当事人可以通过对专用合同条款的修改，满足具体房屋建筑工程或专业建设工程的特殊要求，避免直接修改通用合同条款。

3) 在专用合同条款中有横道线的地方，合同当事人可针对相应的通用合同条款进行细化、完善、补充、修改或另行约定。

2017 年 9 月 4 日，国家发展和改革委员会第九部委联合印发了《标准设备采购招标文件》等五个标准招标文件的通知（发改法规〔2017〕1606 号），编制了《标准勘察招标文件》、《标准设计招标文件》等五个标准文件（统一简称《标准文件》），适用于依法必须招标的与工程建设有关的设备、材料等货物项目和勘察、设计、监理等服务项目。《标准文件》中的第四章包含了合同条款及格式，由通用合同条款、专用合同条款和合同附件格式三部分组成。

6.1.5 勘察设计合同形式

1. 按委托的内容（即合同标的）分类

(1) 勘察设计总承包合同。这是由具有相应资格的承包人与发包人签订的包含勘察和设计两部分内容的承包合同。其中承包人可以是：

1) 具有勘察设计双重资格的勘察设计单位。

2) 拥有勘察资格的勘察单位和拥有设计资格的设计单位组成的联合体。

3) 设计单位作为总承包单位并承担其中的设计任务，而勘察单位作为勘察分包商。

勘察设计总承包合同可以有效减轻发包人的协调工作，尤其是减少了勘察与设计之间的责任推诿和扯皮。

(2) 勘察合同。发包人与具有相应勘察资格的勘察人签订的委托勘察合同。

(3) 设计合同。发包人与具有相应设计资格的设计人签订的委托设计合同。

2. 按计价方式分类

(1) 按工程造价的比例收费合同。

(2) 总价合同。总价合同可以采用预算包干的方式，一次包死，不再调整；也可以采用中标价加签证的方式，当工作量发生较大的变化时，合同价也作相应的调整。后一种计价方式在勘察合同中用得较多。

(3) 单价合同。即按实际完成工作量结算合同。这在工程设计合同、工程勘察合同中都有大量使用。

6.2 建设工程勘察合同的主要内容

以下根据建设工程勘察合同两个示范文本 GF—2000—0203 和 GF—2000—0204 的主要条款，说明勘察合同的主要内容，并依据相关法规释义。

6.2.1 工程概况和勘察任务基本要求

在勘察合同中，通常首先要对所委托勘察的工程基本情况和勘察任务进行说明，要说明的内容包括：

(1) 工程名称。即建设工程项目的名称。

(2) 工程地点。工程坐落的位置和地点等。

(3) 工程立项批准文件号、日期。我国目前的基本建设程序主要包括项目建议书、可行性研究报告、立项审批、规划审批、勘察、设计、施工、验收和交付等阶段，各阶段有先后顺序关系。承接勘察任务或签订勘察合同时，工程的立项批准文件是必需条件，并需要在勘察协议中注明其批准文号和日期。

(4) 工程勘察任务委托文号、日期。工程勘察任务书是勘察工程发包人所发布的，刊载有勘察工程概况、勘察的目的和要求、勘察点布置要求、工程结构体系和承载力的要求、建筑物布置范围、勘察活动的时间要求等的文件，它是潜在勘察人进行投标或发包人与候选勘察人商谈勘察合同的基本依据。在勘察合同中要注明勘察任务书的文号和日期，以构成勘察合同管理的一个重要依据。

(5) 工程规模、特征。说明工程的单体工程的构成、建筑面积或建筑体量、各单体工程的结构类型、基础形式、基底承载力等。

(6) 工程勘察任务与技术要求。这里主要是明确本合同所要完成的具体的勘察任务，例如，查明建筑范围内岩土层的成因、类型、深度、分布和工程特性，分析和评价地基的稳定性、均匀性和承载力；查明地下水位的变化情况，水质状况对建筑物的影响情况；查明对建筑物不利的埋藏物；判定地基土对建筑材料的腐蚀性，提出整治的措施和建议等。有些工程包括多个单体工程，且业主方出于竞争或工期需要，将工程分成两个或两个以上的合同标段委托勘察，则应在合同中注明本合同所承揽的标段。技术要求则是规定本合同的勘察活动应该符合的勘察技术规范、标准、规程或条例等，或者直接规定本合同的勘察活动应达到的技术要求，如规定“探井应穿透湿陷性黄土层，一般性勘探孔深度控制地基主要受力层、控制性勘探孔深度要超过地基变形的计算深度”等。在勘察合同中，通常发包人向勘察人提供一份“工程勘察布孔图”，或者直接在合同中规定勘察点布置间距。

(7) 承接方式。说明勘察人以什么承包方式执行本合同的勘察任务，如全包方式、半包方式（包人工及机械设备，材料和临时设施由发包人提供）等。半包方式可通过合同附件方式详细规定发包人为勘察人的工作人员提供的必需的生产和生活条件设施标准或生活食宿标准，以及应由发包人提供的材料名称、规格和数量等。

(8) 预计的勘察工作量。说明暂估的勘察点的数量、勘察孔深度等勘察工作量。结算时，合同价款可根据实际工作量进行计算。

6.2.2 发包人应提供的资料和勘察人应提交的勘察成果

1. 发包人应提供的有关资料文件

规定发包人应及时向勘察人提供相关的文件资料，并对其准确性、可靠性负责。在合同中通常要具体说明资料的名称、份数、内容要求及提供的时间。视勘察任务的需要，要求发包人提供的资料可能差异较大，GF—2000—0203 示范文本中列出的应由发包人提供的文件资料包括：

(1) 本工程批准文件（复印件），以及用地（附红线范围）、施工、勘察许可等批件（复印件）；

(2) 工程勘察任务委托书、技术要求和工作范围的地形图、建筑总平面布置图；

(3) 勘察工作范围已有的技术资料及工程所需的坐标与标高资料；

(4) 提供勘察工作范围地下已有埋藏的资料（如电力电信电缆、各种管道、人防设施、洞室等）及具体位置分布图。

2. 勘察人应提交的勘察成果报告

勘察人应按时向发包人提交勘察成果资料并对其质量负责。适用 GF—2000—0203 示范文本的勘察活动一般在勘察任务结束时，提交四份勘察成果资料；而适用 GF—2000—0204 示范文本的勘察活动则可能需要分批提供报告、成果资料或相应的文件。在合同中要注明勘察成果资料的名称、需要的份数、对内容的详细要求及应提交的时间。

3. 相关的其他规定

一些应由发包人提供的资料文件，发包人也可委托勘察人收集，但应向勘察人支付相应的费用，可在本合同中予以专门注明或者双方另行订立提供资料文件的合同。另外，双方在合同中约定了互提资料的份数，如果对方要求增加份数，则应另行支付费用，可在合同中约定额外每份资料的收费标准。

6.2.3 工期、收费标准及付费方式

1. 约定工期

勘察合同中一般以具体日期的形式，明确约定勘察开工以及开工到提交勘察成果资料的时间。由于发包人或勘察人的原因导致未能按期开工或提交成果资料时，应在合同中规定相应的违约责任条款。勘察工作有效期限以发包人下达的开工通知书或合同规定的时间为准，如遇特殊情况（设计变更、工作量变化、不可抗力影响以及非勘察人原因造成的停、窝工等）时，工期应顺延。GF—2000—0204 示范文本还专门约定：如发包人对工程内容与技术要求提出变更，则发包人应在合同约定的天数之前向承包人发出书面变更通知，否则承包人有权拒绝变更；承包人接通知后在合同约定的天数内，提出变更方案的文

件资料，发包人收到该文件资料之日起在合同约定的天数内予以确认，如不确认或不提出修改意见的，变更文件资料自送达之日起到合同约定的天数后自行生效，由此延误的工期应顺延。

2. 收费标准

工程勘察收费是指勘察人根据发包人的委托，收集已有资料、现场踏勘、制定勘察纲要，进行测绘、勘探、取样、试验、测试、检测、监测等勘察作业，以及编制工程勘察文件和岩土工程设计文件等收取的费用。按原国家计委和建设部于 2002 年联合颁布的《工程勘察设计收费管理规定》（计价格［2002］10 号）的规定，建设项目总投资估算额 500 万元及以上的工程勘察收费实行政府指导价，投资估算额 500 万元以下的工程勘察收费实行市场调节价。

实行政府指导价的工程勘察收费，是以工程勘察收费基准价为基础，发包人和勘察人可以根据建设项目的实际情况在上下 20％的浮动幅度内协商确定工程勘察收费合同额。工程勘察收费基准价是根据计价格［2002］10 号文所附的《工程勘察设计收费标准》计算的工程勘察基准收费额。另外，工程勘察收费可以体现优质优价的原则，凡在工程勘察设计中采用新技术、新工艺、新设备、新材料，有利于提高建设项目经济效益、环境效益和社会效益的，发包人和勘察人可以在上浮 25％的幅度内协商确定收费额。《工程勘察设计收费标准》中没有规定的项目，由发包人、勘察人另行议定收费额。

3. 付费方式

（1）GF—2000—0203 和 GF—2000—0204 示范文本均约定，在合同生效后 3 天内，发包人应向勘察人支付勘察费的 20％作为定金。在合同履行后，定金可抵作勘察费。

（2）对于后续勘察费的支付，GF—2000—0203 示范文本则约定，在勘察工作外业结束后，按双方在合同中约定的比例（以预算勘察费用为基数）支付勘察费，而在提交勘察成果资料后 10 天内，发包人应一次付清剩余的全部勘察费。而对于勘察规模大、工期长的大型勘察工程，双方还可约定，在勘察工作过程中，当实际勘察进度达到合同所约定的工程进度百分比时，发包人向勘察人支付一笔约定比例（以预算勘察费为基数）的工程进度款。

（3）对于后续勘察费的支付，GF—2000—0204 示范文本则约定可按具体的时间或实际工程进度，以合同规定的比例（以合同总额为基数）分多次支付工程进度款。

（4）因发包人对工程内容与技术要求提出变更时，除延误的工期需要顺延外，因变更导致勘察人的经济支出和损失应由发包人承担，并在合同中约定变更后的工程勘察费用的调整方法或标准。

6.2.4 双方的合同责任

1. 发包人的责任

GF—2000—0203 和 GF—2000—0204 示范文本对勘察合同发包人的责任有以下主要规定：

（1）发包人委托任务时，必须以书面形式向勘察人明确勘察任务及技术要求，并按合同的规定向勘察人提供其他的资料文件，并对其完整性、正确性及时限性负责。GF—2000—0204 示范文本还规定，发包人提供上述资料、文件超过规定期限 15 天以内，承包人按合同规定交付报告、成果、文件的时间顺延，规定期限超过 15 天以上时，承包人有权重新确定交付报告、成果、文件的时间。

(2) 发包人应向承包人提供工作现场地下已有埋藏物（如电力电信电缆、各种管道、人防设施、洞室等）的资料及其具体位置分布图，若因未提供上述资料、图纸，或提供的资料图纸不可靠，或者地下埋藏物不清，致使勘察人在勘察工作过程中发生人身伤害或造成经济损失时，由发包人承担民事责任。

(3) 发包人应及时为勘察人提供并解决勘察现场的工作条件和出现的问题，并承担其费用。这些工作条件和可能出现的问题主要有：落实土地征用、办理好现场使用许可、青苗树木赔偿、拆除地上地下障碍物、处理施工扰民及影响施工正常进行的有关问题、平整施工现场、修好通行道路、接通电源水源、挖好排水沟渠以及水上作业用船等。

(4) 若勘察现场需要看守，特别是在有毒、有害等危险现场作业时，发包人应派人负责安全保卫工作，按国家有关规定，对从事危险作业的现场人员进行保健防护，并承担费用。

(5) 工程勘察前，若发包人负责提供材料的，应根据勘察人提出的工程用料计划，按时提供各种材料及其产品合格证明，并承担费用和运到现场，派人与勘察人的人员一起验收。

(6) 勘察过程中的任何变更，经办理正式变更手续后，发包人应按实际发生的工作量支付勘察费。

(7) 为勘察人的工作人员提供必要的生产、生活条件，并承担费用；如不能提供时，应一次性付给勘察人临时设施费，并应在合同进行约定临时设施费用的多少及支付时间。

(8) 由于发包人原因造成勘察人停、窝工，除工期顺延外，发包人应支付停、窝工费；发包人若要求在合同规定时间内提前完工（或提交勘察成果资料）时，发包人应按每提前一天向勘察人支付加班费，并在合同中约定每天加班费的数额。

(9) 发包人应保护勘察人的投标书、勘察方案、报告书、文件、资料图纸、数据、特殊工艺（方法）、专利技术和合理化建议，未经勘察人同意，发包人不得复制、不得泄露、不得擅自修改、传送或向第三人转让或用于本合同外的项目；如发生上述情况，发包人应负法律责任，勘察人有权索赔。

(10) 发包人应对工作现场周围建筑物、构筑物、古树名木和地下管道、线路的保护负责，对勘察人提出书面具体保护要求（措施），并承担费用。

2. 勘察人的责任

GF—2000—0203 和 GF—2000—0204 示范文本对勘察合同勘察人（承包人）的责任做了如下主要规定：

(1) 勘察人应按国家技术规范、标准、规程和发包人的任务委托书及技术要求进行工程勘察，按合同规定的内容、时间、数量向发包人交付报告、成果、文件，并对其质量负责。

(2) 勘察人提供的勘察成果资料出现遗漏、错误或其他质量不合格问题，勘察人应无偿给予补充完善使其达到质量合格；若勘察人无力补充完善，需另委托其他单位时，勘察人应承担全部勘察费用。

(3) 在工程勘察前，勘察人提出勘察纲要或勘察组织设计，并派人与发包人的人员一起验收发包人提供的材料。

(4) 勘察过程中，勘察人根据工程的岩土工程条件（或工作现场地形地貌、地质和水文地质条件）及技术规范要求，向发包人提出增减工作量或修改勘察工作的意见，并办理正式变更手续。

(5) 勘察人不得向第三人扩散、转让由发包人提供的技术资料、文件，并承担其有关资料保密义务。发生上述情况，承包人应负法律责任，发包人有权索赔。

(6) 现场工作的勘察人的人员应遵守国家及当地有关部门对工作现场的有关管理规定及发包人的安全保卫及其他有关的规章制度，做好工作现场保卫和环卫工作，并按发包人提出的保护要求（措施），保护好工作现场周围的建筑物、构筑物，古树、名木和地下管线（管道）、文物等。

3. 双方的违约责任

(1) 由于发包人提供的资料、文件错误、不准确，造成工期延误或返工时，除工期顺延外，发包人应向承包人支付停工费或返工费（金额按预算的平均工日产值计算）。造成质量、安全事故时，由发包人承担法律责任和经济责任。

(2) 由于发包人未给勘察人提供必要的工作生活条件而造成停、窝工或来回进出场地，发包人除应付给勘察人停、窝工费（金额按预算的平均工日产值计算），工期按实际工日顺延外，还应付给勘察人来回进出场费和调遣费。

(3) 由于勘察人原因造成勘察成果资料质量不合格，不能满足技术要求时，其返工勘察费用由勘察人承担。因勘察质量造成重大经济损失或工程事故时，勘察人除应负法律责任和免收直接受损失部分的勘察费外，并根据损失程度向发包人支付赔偿金。赔偿金通常按实际损失的比例来计算，双方在合同中约定赔偿金的比例。

(4) 在合同履行期间，由于工程停建而终止合同或发包人要求解除合同时，勘察人未开始工作的，不退还发包人已付的定金；已进行工作的，完成的工作量在50%以内时，发包人应支付勘察人勘察费的50%费用；完成的工作量超过50%时，发包人应支付勘察人勘察费的100%费用。

(5) 发包人不按时支付勘察费或进度款，承包人在约定支付时间10天后，向发包人发出书面催款的通知，发包人收到通知后仍不按要求付款，承包人有权停工，工期顺延，发包人还应承担滞纳金。滞纳金从应拨付之日起计算，合同中可约定具体的滞纳金比例（以应拨付勘察工程费为基数）。在GF—2000—0203示范文本中，滞纳金称为逾期违约金，并规定违约金按天计算，每延误一日，发包人应偿付勘察人以应支付而未支付的勘察费为基数计算的1‰的违约金。

(6) 由于勘察人原因而延误工期或未按规定时间交付报告、成果、文件，每延误一天，勘察人应支付以勘察费为基数计算的1‰的违约金。

(7) 本合同签订后，发包人不履行合同时，无权要求返还定金；承包人不履行合同时，双倍返还定金。

6.2.5 其他规定

1. 材料设备供应

针对岩土工程设计、治理、监测等勘察活动材料设备供应的特点，GF—2000—0204示范文本约定：发包人、承包人应对各自负责供应的材料设备负责，提供产品合格证明，并经发包人、承包人代表共同验收认可，如有与设计和规范要求不符的产品，应重新采购符合要求的产品，并经发包人、承包人代表重新验收认定，各自承担发生的费用。若造成停、窝工的，原因是承包人的，则责任自负；原因是发包人的，则应向承包人支付停、窝工费。承包人需使用代用材料时，必须经发包人代表批准方可使用，增减的费用由发包人、承包人商定。

2. 报告、成果、文件检查验收

针对岩土工程设计、治理、监测等勘察成果验收的复杂性，GF—2000—0204 示范文本对此进行了专门约定，主要包括以下几个方面：

（1）由发包人负责组织对承包人交付的报告、成果、文件进行检查验收。

（2）发包人收到承包人交付的报告、成果、文件后应在约定的天数内检查验收完毕，并出具检查验收证明，以示承包人已完成任务，逾期未检查验收的，视为接受承包人的报告、成果、文件。

（3）隐蔽工程工序质量检查，由承包人自检后，书面通知发包人检查；发包人接通知后，当天组织质检，经检验合格，发包人、承包人签字后方能进行下一道工序；检验不合格，承包人在限定时间内修补后重新检验，直至合格；若发包人接通知后 24 小时内仍未能到现场检验，承包人可以顺延工程工期，发包人应赔偿停、窝工的损失。

（4）工程完工，承包人向发包人提交岩土治理工程的原始记录、竣工图及报告、成果、文件，发包人应在合同规定的天数内组织验收，如有不符合规定要求及存在质量问题，承包人应采取有效补救措施。

（5）工程未经验收，发包人提前使用和擅自动用，由此发生的质量、安全问题，由发包人承担责任，并以发包人开始使用日期为完工日期。

（6）完工工程经验收符合合同要求和质量标准，自验收之日起在合同规定的天数内，承包人向发包人移交完毕，如发包人不能按时接管，致使已验收工程发生损失，应由发包人承担，如承包人不能按时交付，应按逾期完工处理，发包人不得因此而拒付工程款。

3. 合同争议的解决

通常约定当勘察合同发生争议时，发包人、勘察人应该本着友好合作的精神及时协商解决合同争议。同时，双方应在合同中约定，当双方协商不成时，是向合同中约定的仲裁委员会提请仲裁，还是依法向人民法院起诉。

4. 合同的生效与鉴证

勘察合同自发包人、勘察人（承包人）签字盖章后生效；同时，应按规定到省级建设行政主管部门规定的审查部门备案；发包人、勘察人（承包人）认为必要时，到项目所在地工商行政管理部门申请鉴证。发包人、勘察人（承包人）履行完勘察合同规定的义务后，勘察合同终止。

6.3 建设工程设计合同的主要内容

以下主要依据《建设工程勘察设计管理条例》、《建设工程设计合同示范文本（房屋建筑工程）》GF—2015—0209、《建设工程设计合同示范文本（专业建设工程）》GF—2015—0210，以及结合建设工程设计的实践，介绍设计合同的主要内容。

1. 设计依据

设计依据是设计人按合同开展设计工作的依据，也是发包人验收设计成果的依据。《建设工程勘察设计管理条例》中列出了以下几个最基本的设计依据。

（1）项目批准文件

项目批准文件是指政府有关部门批准的建设项目成立的项目建议书、可行性研究报告或者其他准予立项文件。项目批准文件确定了该工程项目建设的总原则、总要求，是编制设计文件的主要依据。在编制建设工程设计文件中，不得擅自改变或者违背项目批准文件确定的总原则、总要求，如果确需调整变更时，必须报原审批部门重新批准。项目批准文件由发包人负责提供给设计人，变更项目批准也由发包人负责，对此双方应当在设计合同中予以约定。

（2）城乡规划

根据《中华人民共和国城乡规划法》（以下简称《城乡规划法》）的规定，新建、扩建和改建建筑物、构筑物、道路、管线和其他工程设施，必须提出申请，由城市规划行政部门根据城市规划提出的规划设计要求，核发建设工程规划许可证件。编制建设工程设计文件应当以这些要求和许可证作为依据，使建设项目符合所在地的城市规划的要求。编制建设工程设计文件所需的城市规划资料，以及有关许可证件一般由发包人负责申领，并提供给设计人。如需设计人提供代办及相应服务的，应当在合同中专门约定。

（3）工程建设强制性标准

我国工程建设标准体制将工程建设标准分为强制性标准和推荐性标准两类。前者是指工程建设标准中直接涉及工程质量、安全、卫生及环境保护等方面的工程建设标准强制性条文，在建设工程勘察、设计中必须严格执行的强制性条款。工程建设强制性标准是编制建设工程设计文件最重要的依据。《建设工程质量管理条例》第 19 条规定，“勘察、设计单位必须按照工程建设强制性标准勘察、设计，并对其勘察、设计的质量负责”，同时对违反工程建设强制性标准的行为规定了相应的罚则。

（4）国家规定的建设工程设计深度要求

建设工程设计文件编制深度的规定包括设计文件的内容、要求、格式等具体规定，它既是编制设计文件的依据和标准，也是衡量设计文件质量的依据和标准。国家规定的建设工程设计文件的深度要求，由国务院各有关部门组织制定，电力、水利、石油、化工、冶金、机械、建筑等不同类型建设项目的建设工程设计分别执行本专业设计编制深度规定。设计合同中可约定按国家规定的建设工程设计深度的规定执行，如建筑工程设计应当执行《建筑工程设计文件编制深度规定（2016 版）》（建质［2016］247 号）以及《民用建筑设计通则》GB 50352—2005。发包人对编制建设工程设计文件深度有特殊要求的，也可以在合同中专门约定。

2. 合同所涉及的设计项目内容

合同中确定的设计项目的内容，一般包括设计项目的名称、规模、设计的阶段、投资及设计费等。通常，在设计合同中以表格形式明确列出设计项目内容。各行业项目建设有各自的特点，在设计内容上有所不同，在合同签订过程中可根据行业的特点进行确定。

（1）方案设计内容

方案设计内容包括：①按照批准的立项文件要求，对建设项目进行总体部署和安排，使设计构思和设计意图具体化；②细化总平面布局、功能分区、总体布置、空间组合、交通组织等；③细化总用地面积、总建筑面积等各项技术经济指标。方案设计的内容与深度应当满足编制初步设计和总概算的需要。

(2) 初步设计内容

建筑工程的初步设计内容是对方案设计的深化，专业建设工程的初步设计内容是对批准的可行性研究报告的深化。初步设计要具体阐明设计原则，细化设计方案，解决关键技术问题，计算各种技术经济指标，编制总概算等。初步设计的内容和深度要满足设计方案比选、主要设备材料订货、征用土地、控制投资、编制施工图、编制施工组织设计、进行施工准备和生产准备等的要求。对于初步设计批准后就要进行施工招标的工作，初步设计文件还应当满足编制施工招标文件的需要。

(3) 施工图设计内容

施工图设计内容是按照初步设计确定的具体设计原则、设计方案和主要设备订货情况进行编制，要求绘制出各部分的施工详图和设备、管线安装图等。施工图文件编制的内容和深度应当满足设备材料的安排和非标准设备制作、编制施工图预算和进行施工等的要求。

3. 设计合同文件构成及优先顺序

组成合同的各项文件应互相解释，互为说明。除专用合同条款另有约定外，解释合同文件的优先顺序如下：

(1) 合同协议书。

(2) 专用合同条款及其附件。

(3) 通用合同条款。

(4) 中标通知书（如果有）。

(5) 投标函及其附录（如果有）。

(6) 发包人要求（或称设计任务书）。

(7) 技术标准。

(8) 发包人提供的上一阶段图纸（如果有）。

(9) 其他合同文件。

上述各项合同文件包括合同当事人就该项合同文件所作出的补充和修改，属于同一类内容的文件，应以最新签署的为准。在合同履行过程中形成的与合同有关的文件均构成合同文件组成部分，并根据其性质确定优先解释顺序。

4. 发包人及其主要工作

(1) 发包人一般义务

发包人应遵守法律，并办理法律规定由其办理的许可、核准或备案，包括但不限于建设用地规划许可证、建设工程规划许可证等许可、核准或备案。

发包人负责项目各阶段设计文件向有关管理部门的送审报批工作，并负责将报批结果书面通知设计人。因发包人原因未能及时办理完毕上述许可、核准或备案手续，导致设计工作量增加和（或）设计周期延长时，由发包人承担由此增加的设计费用和（或）延长的设计周期。

发包人应当负责工程设计的所有外部关系的协调（包括但不限于当地政府主管部门

等)，为设计人履行合同提供必要的外部条件，以及专用合同条款约定的其他义务。

(2) 任命发包人代表

发包人应在专用合同条款中明确其负责工程设计的发包人代表的姓名、职务、联系方式及授权范围等事项。发包人代表在发包人的授权范围内，负责处理合同履行过程中与发包人有关的具体事宜。发包人代表在授权范围内的行为由发包人承担法律责任。发包人更换发包人代表的，应在专用合同条款约定的期限内提前书面通知设计人。发包人代表不能按照合同约定履行其职责及义务，并导致合同无法继续正常履行的，设计人可以要求发包人撤换发包人代表。

(3) 提供资料

发包人应按专用合同条款约定的时间向设计人提供工程设计所必需的工程设计资料。

(4) 发包人决定

发包人在法律允许的范围内有权对设计人的设计工作、设计项目和（或）设计文件作出处理决定，设计人应按照发包人的决定执行，涉及设计周期或设计费用等问题按通用合同条款“工程设计变更与索赔”的约定处理。发包人应在专用合同条款约定的期限内对设计人书面提出的事项作出书面决定，如发包人不在确定时间内作出书面决定，设计人的设计周期相应延长。

(5) 支付合同价款

发包人应按合同约定向设计人及时足额支付合同价款。

(6) 接收设计文件

发包人应按合同约定及时接收设计人提交的工程设计文件。

5. 设计人及其主要工作

(1) 设计人一般义务

设计人应遵守法律和有关技术标准的强制性规定，完成合同约定范围内的建设工程初步设计、施工图设计，提供符合技术标准及合同要求的工程设计文件，提供施工配合服务。

设计人应当按照专用合同条款约定配合发包人办理有关许可、核准或备案手续的，因设计人原因造成发包人未能及时办理许可、核准或备案手续，导致设计工作量增加和（或）设计周期延长时，由设计人自行承担由此增加的设计费用和（或）设计周期延长的责任。

设计人应当完成合同约定的工程设计其他服务，以及专用合同条款约定的其他义务。

(2) 任命项目负责人

项目负责人应为合同当事人所确认的人选，并在专用合同条款中明确项目负责人的姓名、执业资格及等级与注册执业证书编号或职称、联系方式及授权范围等事项，项目负责人经设计人授权后代表设计人负责履行合同。

设计人需要更换项目负责人的，应在专用合同条款约定的期限内提前书面通知发包人，并征得发包人书面同意。未经发包人书面同意，设计人不得擅自更换项目负责人。设计人擅自更换项目负责人的，应按照专用合同条款的约定承担违约责任。

发包人有权书面通知设计人更换其认为不称职的项目负责人，通知中应当载明要求更换的理由。对于发包人有理由的更换要求，设计人应在收到书面更换通知后在专用合同条款约定的期限内进行更换。设计人无正当理由拒绝更换项目负责人的，应按照专用合同条款的约定承担违约责任。

（3）设计人人员

设计人应在接到开始设计通知后7天内，向发包人提交设计人项目管理机构及人员安排的报告，其内容应包括工艺、土建、设备等专业负责人名单及其岗位、注册执业资格或职称等。

设计人委派到工程设计中的设计人员应相对稳定。设计过程中如有变动，设计人应及时向发包人提交工程设计人员变动情况的报告。设计人更换专业负责人时，应提前7天书面通知发包人。

发包人对于设计人主要设计人员的资格或能力有异议的，设计人应提供资料证明被质疑人员有能力完成其岗位工作或不存在发包人所质疑的情形。发包人要求撤换不能按照合同约定履行职责及义务的主要设计人员的，设计人认为发包人有理由的，应当撤换。设计人无正当理由拒绝撤换的，应按照专用合同条款的约定承担违约责任。

（4）设计分包

设计人不得将其承包的全部工程设计转包给第三人，或将其承包的全部工程设计肢解后以分包的名义转包给第三人。设计人不得将工程主体结构、关键性工作及专用合同条款中禁止分包的工程设计分包给第三人，工程主体结构、关键性工作的范围由合同当事人按照法律规定在专用合同条款中予以明确。设计人不得进行违法分包。

设计人应按专用合同条款的约定或经过发包人书面同意后进行分包，确定分包人。按照合同约定或经过发包人书面同意后进行分包的，设计人应确保分包人具有相应的资格和能力。设计人应按照专用合同条款的约定向发包人提交分包人的主要工程设计人员名单、注册执业资格或职称及执业经历等。工程设计分包不减轻或免除设计人的责任和义务，设计人和分包人就分包工程设计向发包人承担连带责任。

（5）联合体设计

联合体各方应共同与发包人签订合同协议书，联合体各方应为履行合同向发包人承担连带责任。联合体各方应签订联合体协议，约定联合体各成员工作分工，经发包人确认后作为合同附件。在履行合同过程中，未经发包人同意，不得修改联合体协议。联合体牵头人负责与发包人联系，并接受指示，负责组织联合体各成员全面履行合同。

6. 发包人提供资料和设计人提交设计文件

（1）发包人提供资料

发包人提供必需的工程设计资料是设计人开展设计工作的依据之一，发包人提交资料的时间和质量直接影响设计人的工作成果和进度。发包人应当在工程设计前或专用合同条款约定的时间向设计人提供工程设计所必需的工程设计资料，并对所提供资料的真实性、准确性和完整性负责。按照法律规定确需在工程设计开始后方能提供的设计资料，发包人应及时地在相应工程设计文件提交给设计人前的合理期限内提供，合理期限应以不影响设计人的正常设计为限。

发包人提交上述文件和资料超过约定期限的，超过约定期限15天以内，设计人按本合同约定的交付工程设计文件时间相应顺延；超过约定期限15天以外时，设计人有权重新确定提交工程设计文件的时间。工程设计资料逾期提供导致增加了设计工作量的，设计人可以要求发包人另行支付相应设计费用，并相应延长设计周期。

（2）设计人提交设计文件

在建设项目确立以后，工程设计就成为工程建设最关键的环节，建设工程设计文件是设备材料采购、非标准设备制作和工程施工的主要依据，设计文件提交的时间将决定项目实施后续工作的开展，决定了项目整体建设周期的长短。因此，在设计合同中应按照项目整个建设进度的安排、合理的设计周期及各专业设计之间的逻辑关系等，规定分批或分类的工程设计文件提交的名称、份数、时间和地点等。通常，在设计合同专用条款中可用表格的形式对设计人提交的设计文件予以约定。

7. 工程设计文件审查

（1）设计文件的审查期间

设计人的工程设计文件应报发包人审查同意。除专用合同条款对期限另有约定外，自发包人收到设计人的工程设计文件以及设计人的通知之日起，发包人对设计人的工程设计文件审查期不超过 15 天。发包人不同意工程设计文件的，应以书面形式通知设计人，并说明不符合合同要求的具体内容。设计人应根据发包人的书面说明，对工程设计文件进行修改后重新报送发包人审查，审查期重新起算。合同约定的审查期满，发包人没有做出审查结论也没有提出异议的，视为设计人的工程设计文件已获发包人同意。

（2）发包人对设计文件的审查

设计人的工程设计文件不需要政府有关部门审查或批准的，设计人应当严格按照经发包人审查同意的工程设计文件进行修改，如果发包人的修改意见超出或更改了发包人要求，发包人应当根据合同“工程设计变更与索赔”的约定，向设计人另行支付费用。

（3）政府有关部门对设计文件的审查

工程设计文件需政府有关部门审查或批准的，发包人应在审查同意设计人的工程设计文件后在专用合同条款约定的期限内，向政府有关部门报送工程设计文件，设计人应予以协助。对于政府有关部门的审查意见，不需要修改发包人要求的，设计人需按该审查意见修改设计人的工程设计文件；需要修改发包人要求的，发包人应重新提出发包人要求，设计人应根据新提出的发包人要求修改设计人的工程设计文件，发包人应当根据合同“工程设计变更与索赔”的约定，向设计人另行支付费用。

（4）组织审查会议对工程设计文件进行审查

发包人需要组织审查会议对工程设计文件进行审查的，审查会议的审查形式和时间安排，在专用合同条款中约定。发包人负责组织工程设计文件审查会议，并承担会议费用及发包人的上级单位、政府有关部门参加审查会议的费用。设计人有义务参加发包人组织的设计审查会议，向审查者介绍、解答、解释其工程设计文件，并提供有关补充资料。设计人有义务按照相关设计审查会议批准的文件和纪要，并依据合同约定及相关技术标准，对工程设计文件进行修改、补充和完善。

工程设计文件的审查，不减轻或免除设计人依据法律应当承担的责任。

8. 设计合同价格与支付

（1）设计合同价格

合同价格又称设计费，是指发包人用于支付设计人按照合同约定完成工程设计范围内全部工作的金额，包括合同履行过程中按合同约定发生的价格变化。签约合同价是指发包人和设计人在合同协议书中确定的总金额。

发包人和设计人应当在专用合同条款中明确约定合同价款各组成部分的具体数额，主要包括：工程设计基本服务费用、工程设计其他服务费用，以及在未签订合同前发包人已经同意或接受或已经使用的设计人为发包人所做的各项工作的相应费用等。

(2) 合同价格形式

发包人和设计人应在合同协议书中选择下列一种合同价格形式：

1) 单价合同。单价合同是指合同当事人约定以建筑面积（包括地上建筑面积和地下建筑面积）每平方米单价或实际投资总额的一定比例等进行合同价格计算、调整和确认的建设工程设计合同，在约定的范围内合同单价不作调整。合同当事人应在专用合同条款中约定单价包含的风险范围和风险费用的计算方法，并约定风险范围以外的合同价格的调整方法。

2) 总价合同。总价合同是指合同当事人约定以发包人提供的上一阶段工程设计文件及有关条件进行合同价格计算、调整和确认的建设工程设计合同，在约定的范围内合同总价不作调整。合同当事人应在专用合同条款中约定总价包含的风险范围和风险费用的计算方法，并约定风险范围以外的合同价格的调整方法。

3) 其他价格形式。合同当事人可在专用合同条款中约定其他合同价格形式。

(3) 定金或预付款

定金的比例不应超过合同总价款的 20%。预付款的比例由发包人与设计人协商确定，一般不低于合同总价款的 20%。

定金或预付款的支付按照专用合同条款约定执行。发包人逾期支付定金或预付款超过专用合同条款约定的期限的，设计人有权向发包人发出要求支付定金或预付款的催告通知，发包人收到通知后 7 天内仍未支付的，设计人有权不开始设计工作或暂停设计工作。

(4) 进度款支付

发包人应当按照专用合同条款约定的付款条件及时向设计人支付进度款。在对已付进度款进行汇总和复核中发现错误、遗漏或重复的，发包人和设计人均有权提出修正申请。经发包人和设计人同意的修正，应在下期进度付款中支付或扣除。

(5) 合同价格的结算与支付

对于采取固定总价形式的合同，发包人应当按照专用合同条款的约定及时支付尾款。对于采取固定单价形式的合同，发包人与设计人应当按照专用合同条款约定的结算方式及时结清工程设计费，并将结清未支付的款项一次性支付给设计人。对于采取其他价格形式的，也应按专用合同条款的约定及时结算和支付。

9. 工程设计变更与索赔

发包人变更工程设计的内容、规模、功能、条件等，应当向设计人提供书面要求，设计人在不违反法律规定以及技术标准强制性规定的前提下应当按照发包人要求变更工程设计。发包人变更工程设计的内容、规模、功能、条件或因提交的设计资料存在错误或作较大修改时，发包人应按设计人所耗工作量向设计人增付设计费，设计人可按合同约定，与发包人协商对合同价格和（或）完工时间作可共同接受的修改。

如果由于发包人要求更改而造成的项目复杂性的变更或性质的变更使得设计人的设计工作减少，发包人可按合同约定，与设计人协商对合同价格和（或）完工时间作可共同接受的修改。

基准日期后，与工程设计服务有关的法律、技术标准的强制性规定的颁布及修改，由此增加的设计费用和（或）延长的设计周期由发包人承担。

如果发生设计人认为有理由提出增加合同价款或延长设计周期的要求事项，除专用合同条款对期限另有约定外，设计人应于该事项发生后5天内书面通知发包人。除专用合同条款对期限另有约定外，在该事项发生后10天内，设计人应向发包人提供证明设计人要求的书面声明，其中包括设计人关于因该事项引起的合同价款和设计周期的变化的详细计算。除专用合同条款对期限另有约定外，发包人应在接到设计人书面声明后的5天内，予以书面答复。逾期未答复的，视为发包人同意设计人关于增加合同价款或延长设计周期的要求。

10. 专业责任与保险

设计人应运用一切合理的专业技术和经验知识，按照公认的职业标准尽其全部职责和谨慎、勤勉地履行其在本合同项下的责任和义务。除专用合同条款另有约定外，设计人应具有发包人认可的、履行本合同所需要的工程设计责任保险并使其于合同责任期内保持有效。工程设计责任保险应承担由于设计人的疏忽或过失而引发的工程质量事故所造成的建设工程本身的物质损失以及第三者人身伤亡、财产损失或费用的赔偿责任。

11. 双方违约责任

（1）发包人违约责任

1）合同生效后，发包人因非设计人原因要求终止或解除合同，设计人未开始设计工作的，不退还发包人已付的定金或发包人按照专用合同条款的约定向设计人支付违约金；已开始设计工作的，发包人应按照设计人已完成的实际工作量计算设计费，完成工作量不足一半时，按该阶段设计费的一半支付设计费；超过一半时，按该阶段设计费的全部支付设计费。

2）发包人未按专用合同条款约定的金额和期限向设计人支付设计费的，应按专用合同条款约定向设计人支付违约金。逾期超过15天时，设计人有权书面通知发包人中止设计工作。自中止设计工作之日起15天内发包人支付相应费用的，设计人应及时根据发包人要求恢复设计工作；自中止设计工作之日起超过15天后发包人支付相应费用的，设计人有权确定重新恢复设计工作的时间，且设计周期相应延长。

3）发包人的上级或设计审批部门对设计文件不进行审批或本合同工程停建、缓建，发包人应在事件发生之日起15天内按通用合同条款“合同解除”的约定向设计人结算并支付设计费。

4）发包人擅自将设计人的设计文件用于本工程以外的工程或交第三方使用时，应承担相应法律责任，并应赔偿设计人因此遭受的损失。

（2）设计人违约责任

1）合同生效后，设计人因自身原因要求终止或解除合同，设计人应按发包人已支付的定金金额双倍返还给发包人，或设计人按照专用合同条款的约定向发包人支付违约金。

2）由于设计人原因，未按专用合同条款约定的时间交付工程设计文件的，应按专用合同条款的约定向发包人支付违约金，违约金经双方确认后可在发包人应付设计费中扣减。

3）设计人对工程设计文件出现的遗漏或错误负责修改或补充。由于设计人原因产生的设计问题造成工程质量事故或其他事故时，设计人除负责采取补救措施外，应当通过所投建设工程设计责任保险向发包人承担赔偿责任或者根据直接经济损失程度按专用合同条款约定向发包人支付赔偿金。

4）设计人未经发包人同意擅自对工程设计进行分包的，发包人有权要求设计人解除未经发包人同意的设计分包合同，设计人应当按照专用合同条款的约定承担违约责任。

6.4 建设工程勘察设计合同管理

勘察设计合同是发包人和勘察人（设计人）在工程勘察、设计过程中的最高行为准则。勘察设计合同管理是指勘察设计合同条件的拟订、合同的签订和履行、合同的变更与解除、合同争议的解决和合同索赔等管理工作，目的是促使合同双方全面而有序地完成合同规定各方的义务与责任，从而保证工程勘察设计工作的顺利实施。

6.4.1 勘察设计合同主体与客体的法律地位

勘察设计合同法律关系的主体是合同双方当事人，即发包人和勘察人（设计人）；其客体是指发包人委托勘察设计的建设工程项目。合同主体与客体的地位必须符合有关法律的规定，否则合同的有效性得不到法律的承认与保护。因此，合同管理第一步是确认合同法律关系主体与客体是否合法。

1. 勘察设计合同法律关系主体的法律地位

按照《建设工程勘察设计合同管理办法》第 4 条规定，勘察设计合同的发包人应当是法人或者自然人，勘察人（设计人）必须具有法人资格。发包人可以是建设单位或者项目管理部门，勘察人（设计人）则应是持有建设行政主管部门颁发的工程勘察设计资格证书、工程勘察设计收费资格证书和工商行政管理部门核发的企业法人营业执照的工程勘察设计单位。

从发包人合同管理角度来看，发包人在选择勘察人和设计人时，审查候选勘察人（设计人）的资格证书是合同管理的首要环节。《建设工程勘察设计管理条例》第 17 条规定，发包人不得将建设工程勘察、设计业务发包给不具有相应勘察、设计资质等级的建设工程勘察、设计单位。如果发包人明知勘察人（设计人）没有资质或者资质等级达不到发包工程所要求的等级而将工程勘察设计任务授予勘察人（设计人），是一种不合法的行为，将直接影响到合同的有效性。

从勘察人（设计人）合同管理角度来看，勘察人（设计人）寻求和承接勘察设计业务时，要审查本企业的勘察设计资质等级与所承接工程所要求的等级是否相符。目前的《建筑法》第 26 条、《建设工程勘察设计管理条例》第 21 条都明确规定，承包方必须在建设工程勘察、设计资质证书规定的资质等级和业务范围内承揽建设工程的勘察、设计业务。禁止建设工程勘察、设计单位超越其资质等级许可的范围或者以其他建设工程勘察、设计单位的名义承揽建设工程勘察、设计业务。禁止建设工程勘察、设计单位允许其他单位或者个人以本单位的名义承揽建设工程勘察、设计业务。《建筑法》第 65 条规定，超越本单位资质等级承揽工程的，责令停止违法行为，处以罚款，可以责令停业整顿，降低资质等级；情节严重的，吊销资质证书；有违法所得的，予以没收。因此，勘察人（设计人）采用虚假或伪造资质、超过资质等级承揽勘察设计任务，都属于违法行为，除了所签订的合同属于无效合同外，企业还将受到法律的处罚。

2. 勘察设计合同法律关系客体的法律地位

在建设工程勘察设计示范文本中均有条款要求发包人提供工程批准文件、用地红线、施工许可证等项目审批手续。在相关法规中，工程招标作为发包签订合同前的一个重要环节，则对招标项目的法定手续有着明确的要求。《招标投标法》第 9 条规定，招标项目按照国家有关规定需要履行项目审批手续的，应当先履行审批手续，取得批准。招标人应当有进行招标项目的相应资金或者资金来源已经落实，并应当在招标文件中如实载明。《工程建设项目勘察设计招标投标办法》第 9 条规定：依法必须进行勘察设计招标的工程建设项目，在招标时应当具备下列条件：①招标人已经依法成立；②按照国家有关规定需要履行项目审批、核准或者备案手续的，已经审批、核准或者备案；③勘察设计有相应资金或者资金来源已经落实；④所必需的勘察设计基础资料已经收集完成；⑤法律法规规定的其他条件。

6.4.2　勘察设计合同的签订程序

勘察设计合同的当事人双方进行协商，就合同的各项条款取得一致意见，合同双方法人代表或其指定的代理人在合同文本上签字，并加盖各自单位法人公章，合同即生效。

根据《建设工程勘察设计管理条例》第 12 条规定，建设工程勘察设计发包依法实行招标发包或直接发包。按照《招标投标法》第 3 条规定，在中华人民共和国境内进行下列工程建设项目的勘察设计必须进行招标：①大型基础设施、公用事业等关系社会公共利益、公众安全的项目；②全部或者部分使用国有资金投资或者国家融资的项目；③使用国际组织或者外国政府贷款、援助资金的项目。《工程建设项目招标范围和规模标准规定》进一步明确，勘察设计服务的采购必须招标的项目，是上述三类项目中合同估算价在 50 万元人民币以上的或者项目总投资额在 3000 万元人民币以上的。如果上述规模标准修改的，按最新的规模标准执行。

按照《工程建设项目招标范围和规模标准规定》第 8 条、《工程建设项目勘察设计招标投标办法》第 4 条规定，按照国家规定需要履行项目审批、核准手续的依法必须进行招标的项目，有下列情形之一的，经项目审批、核准部门审批、核准，项目的勘察设计可以不进行招标：①涉及国家安全、国家秘密、抢险救灾或者属于利用扶贫资金实行以工代赈、需要使用农民工等特殊情况，不适宜进行招标；②主要工艺、技术采用不可替代的专利或者专有技术，或者其建筑艺术造型有特殊要求；③采购人依法能够自行勘察、设计；④已通过招标方式选定的特许经营项目投资人依法能够自行勘察、设计；⑤技术复杂或专业性强，能够满足条件的勘察设计单位少于三家，不能形成有效竞争；⑥已建成项目需要改、扩建或者技术改造，由其他单位进行设计影响项目功能配套性；⑦国家规定的其他特殊情形。

6.4.3　勘察设计过程中的合同管理

勘察设计合同的双方当事人都应重视合同管理工作，应建立自己的合同管理专门机构，负责勘察设计合同的起草、协商和签订工作，同时在每个勘察设计项目中指定合同管理人员参加设计项目管理班子，专门负责勘察设计合同的实施控制和管理。

1. 合同资料文档管理

合同资料文档管理是合同管理的一个基本业务。勘察设计中主要合同资料包括：

(1) 勘察设计招标投标文件（若有）。

(2) 中标通知书（若有）。

(3) 勘察设计合同及附件，包括：委托设计任务书、工程设计收费表、补充协议书等。

(4) 发包人的各种指令、签证，双方的往来书信和电函，会谈纪要等。

(5) 各种变更指令、变更申请和变更记录等。

(6) 各种检测、试验和鉴定报告等。

(7) 勘察设计文件。

(8) 勘察设计工作的各种报表、报告等。

(9) 政府部门和上级机构的各种批文、文件和签证等。

2. 设计进度管理

(1) 工程设计进度计划

设计人应按照专用合同条款约定提交工程设计进度计划，经发包人批准后实施。工程设计进度计划是控制工程设计进度的依据，发包人有权按照工程设计进度计划中列明的关键性控制节点检查工程设计进度情况。工程设计进度计划中的设计周期应由发包人与设计人协商确定，明确约定各阶段设计任务的完成时间区间。

工程设计进度计划不符合合同要求或与工程设计的实际进度不一致的，设计人应向发包人提交修订的工程设计进度计划，并附具有关措施和相关资料。除专用合同条款对期限另有约定外，发包人应在收到修订的工程设计进度计划后及时完成审核和批准或提出修改意见，否则视为发包人同意设计人提交的修订的工程设计进度计划。

(2) 工程设计开始

发包人应按照法律规定获得工程设计所需的许可。发包人发出的开始设计通知应符合法律规定，一般应在计划开始设计日期 7 天前向设计人发出开始工程设计工作通知，工程设计周期自开始设计通知中载明的开始设计的日期起算。

设计人应当在收到发包人提供的工程设计资料及专用合同条款约定的定金或预付款后，开始工程设计工作。各设计阶段的开始时间均以设计人收到的发包人发出开始设计工作的书面通知书中载明的开始设计的日期起算。

(3) 工程设计进度延误

发包人导致工程设计进度延误的情形主要有：

1) 发包人未能按合同约定提供工程设计资料或所提供的工程设计资料不符合合同约定或存在错误或疏漏的。

2) 发包人未能按合同约定日期足额支付定金或预付款、进度款的。

3) 发包人提出影响设计周期的设计变更要求的。

4) 专用合同条款中约定的其他情形。

发包人上述工程设计进度延误情形导致增加了设计工作量的，发包人应当另行支付相应设计费用。

因设计人原因导致工程设计进度延误的，设计人应当按照合同条款约定承担违约责任。设计人支付逾期完成工程设计违约金后，不免除设计人继续完成工程设计的义务。

（4）暂停设计

1）发包人原因引起的暂停设计。因发包人原因引起暂停设计的，发包人应及时下达暂停设计指示。因发包人原因引起的暂停设计，发包人应承担由此增加的设计费用和（或）延长的设计周期。

2）设计人原因引起的暂停设计。因设计人原因引起的暂停设计，设计人应当尽快向发包人发出书面通知并按合同约定承担责任，且设计人在收到发包人复工指示后 15 天内仍未复工的，视为设计人无法继续履行合同的情形，设计人应按合同约定解除合同并承担责任。

3）其他原因引起的暂停设计。当出现非设计人原因造成的暂停设计，设计人应当尽快向发包人发出书面通知。设计人的设计周期应当相应延长，导致设计人增加设计工作量的，发包人应当另行支付相应设计费用。

4）暂停设计后的复工。暂停设计后，发包人和设计人应采取有效措施积极消除暂停设计的影响。当工程具备复工条件时，发包人向设计人发出复工通知，设计人应按照复工通知要求复工。

（5）提前交付工程设计文件

发包人要求设计人提前交付工程设计文件的，发包人应向设计人下达提前交付工程设计文件指示，设计人应向发包人提交提前交付工程设计文件建议书，提前交付工程设计文件建议书应包括实施的方案、缩短的时间、增加的合同价格等内容。发包人接受该提前交付工程设计文件建议书的，发包人和设计人协商采取加快工程设计进度的措施，并修订工程设计进度计划，由此增加的设计费用由发包人承担。设计人认为提前交付工程设计文件的指示无法执行的，应向发包人提出书面异议，发包人应在收到异议后 7 天内予以答复。任何情况下，发包人不得压缩合理设计周期。

发包人要求设计人提前交付工程设计文件，或设计人提出提前交付工程设计文件的建议能够给发包人带来效益的，合同当事人可以在专用合同条款中约定提前交付工程设计文件的奖励。

3. 合同实施的跟踪与监督

在发包人方面，合同的跟踪与监督就是掌握勘察人（设计人）勘察设计工作的进程，监督其是否按合同进度和合同规定的质量标准进行，发现拖延应立即督促勘察人（设计人）进行弥补，以保证勘察设计工作能够按期按质完成。同时，也应及时将本方的合同变更指令通知对方。

在勘察人（设计人）方面，合同的跟踪与监督就是对合同实施情况进行跟踪，将实际情况和合同要求进行对比分析，发现偏差。合同管理人员应及时将合同的偏差信息及原因分析结果和建议提供给勘察设计项目的负责人，以便及早采取措施，调整偏差。同时，合同管理人员应及时将发包人的变更指令传达到本方勘察设计项目负责人或直接传达给各专业勘察设计部门和人员。

无论是合同的哪一方，合同跟踪与监督的对象有四个：

（1）勘察设计工作的质量。工程勘察设计质量是否符合工程建设国家标准、行业标准或地方标准。勘察设计质量监督的法律依据包括《建设工程质量管理条例》（国务院第 279 号令）、《建设工程勘察设计管理条例》（国务院令第 662 号）、《建筑工程设计招标投标管理办法》(住房城乡建设部令 2017 年第 33 号)、《工程建设项目勘察设计招标投标办法》(国家八部委局第 2 号令)、《建设工程勘察设计合同管理办法》(建设[2000] 50 号)、《建设工程勘察设计资质管理规定》(建设部令第 160 号)、《工程设计资质标准》(建市[2007] 86 号)、《工程勘察设计收费管理规定》(计价格[2002] 10 号)、《建筑工程设计文件编制深度规定(2016 版)》(建质[2016] 247 号)、《市政公用工程设计文件编制深度规定(2013 版)》(建质[2013] 57 号)、《实施工程建设强制性标准监督规定》(2015 年修正)。

(2) 勘察设计工作量。合同规定的勘察设计任务是否完成,有无合同规定以外的增加勘察设计任务或附加勘察设计项目。

(3) 勘察设计进度。勘察设计工作的总体进展状况;分析项目勘察设计是否能在合同规定的期限内完成;各专业勘察设计的进展如何,是否按计划进行,相互之间是否能衔接配套,不会相互延误。

(4) 项目的设计概算。所提出的勘察设计方案的设计概算是否超过了合同中发包人的投资计划额。

另外,按照《建设工程勘察设计合同管理办法》第 7 条规定,在合同履行过程中,勘察人(设计人)经发包人同意,可以将自己承包的部分工作分包给具有相应资格条件的第三人。第三人就其完成的工作成果与勘察人(设计人)向发包人承担连带责任。禁止勘察人(设计人)将其承包的工作全部转包给第三人或者肢解以后以分包的名义转包给第三人。禁止第三人将其承包的工作再分包。严禁出卖图章、图签等行为。

4. 合同变更管理

勘察设计合同的变更表现为设计图纸和说明的非勘察设计错误的修改、勘察设计进度计划的变动、勘察设计规范的改变、增减合同中约定的勘察设计工作量等。这些变更导致了合同双方的责任变化。例如,由于发包人产生了新的想法,要求设计人对按合同进度计划已完的设计图纸进行返工修改,这就增加了设计人的合同责任及费用开支,并拖延了设计进度。对此,发包人应给予设计人应有的补偿,这往往又是引起双方合同纠纷的原因。合同变更是合同管理中频繁遇到的一个工作内容。在合同变更管理中要注意以下几个方面:

(1) 应尽快提出或下达变更要求或指令。因为时间拖得越长,造成的损失越多,双方的争执越大。

(2) 应迅速而全面地落实和执行变更指令。对于勘察人(设计人)来说,迅速地执行发包人的变更指令,调整工作部署,可以减少费用和时间的浪费。这种浪费往往被认为是勘察人(设计人)管理失误造成的,难以得到补偿。

(3) 应严格遵守变更程序。即变更指令应以书面形式下达,如果是口头指令,勘察人(设计人)应在指令执行后立即得到发包人的书面认可。若非紧急情况,双方应首先签署变更协议,对变更的内容、变更后的费用与工期的补偿达成一致意见后,再下达变更指令。

6.4.4 勘察设计合同的索赔管理

在勘察设计合同履行的过程中,合同一方因合同另一方未能履行或未能正确履行合同中所规定的义务而受到损失,则可向另一方提出索赔。

1. 勘察人（设计人）向发包人提出索赔要求

勘察人（设计人）在下列情况下可向发包人提出索赔要求：

（1）发包人不能按合同要求及时提交满足勘察设计要求的资料，致使勘察设计人员无法正常开展勘察设计工作，勘察人（设计人）可提出延长合同工期索赔。

（2）因发包人未能履行其合同规定的责任或在勘察设计中途提出变更要求，而造成勘察设计工作的返工、停工、窝工或修改设计，勘察人（设计人）可向发包人提出增加设计费和延长合同工期索赔。

（3）发包人不按合同规定按时支付价款，勘察人（设计人）可提出合同违约金索赔。

（4）因其他原因属发包人责任造成勘察人（设计人）利益损害时，勘察人（设计人）可提出增加设计费索赔。

2. 发包人向勘察人（设计人）提出索赔要求

发包人在下列情况下可向勘察人（设计人）提出索赔：

（1）勘察人（设计人）未能按合同规定工期提交勘察设计文件，拖延了项目建设工期，发包人可向勘察人（设计人）提出违约金索赔。

（2）由于勘察人（设计人）提交的勘察设计成果错误或遗漏，使发包人在工程施工或使用时遭受损失，发包人可向勘察人（设计人）提出减少支付设计费或赔偿索赔。

（3）因勘察人（设计人）的其他原因造成发包人损失的，发包人可向勘察人（设计人）提出索赔。

6.4.5 勘察设计合同管理实际问题与案例

在实际勘察设计合同管理工作中，要尤其注意以下一些问题。

1. 主体不合格问题

（1）以“×××基建办”或“×××工程指挥部”等名义作为发包人主体签署的合同，因主体不合格，从而形成无效合同。

（2）目前政府对房地产开发企业也实行行业准入制度，并有相应的资质分级，越级开发或者超越其营业执照范围的开发建设所签订的勘察设计合同无效。

（3）合同任一方使用已被工商行政管理部门吊销营业执照或者被撤销行业资质的企业作为法人主体签订勘察设计合同是无效的。

（4）合同任一方资质证书期限到期而又未及时办理续期的法人主体签订合同的效力得不到保证。

2. 客体不合法或不详

这类问题在勘察设计合同履行中引起纠纷的比例最大。主要有两种情况：

（1）合同内容不合法。如某些发包人故意隐瞒甚至修改有关城市规划等主管部门对于容积率、绿化率、建筑限高、建筑规模、建筑标准等方面的要求，委托勘察设计单位按自己的意愿进行服务并签订合同，引起勘察设计企业工作返工、合同延期、投标等一系列后果、纠纷和不良影响的发生。

（2）合同规定勘察设计任务内容不详。每一个勘察设计合同是针对特定的对象、特定的条件而制定的特殊约定，但由于某些发包人对该方面的业务不熟悉，委托设计任务书或合同中未能将委托内容详细提供，而在合同执行中又要求承包人提供未被委托的服务，从而引起的各种纠纷。

3. 代理人问题

在工程勘察设计市场上存在着一些代理人，作为中介，代理发包人或承包人签订合同。尽管《合同法》第 49 条规定，行为人没有代理权、超越代理权或者代理权终止后以被代理人名义订立合同，相对人有理由相信行为人有代理权的，该代理行为有效。但这是指代理行为有效，并不是指签订的合同是有效的。因为在《合同法》第 48 条明确规定，在这种情况下，如果行为人未经被代理人追认代理权，对被代理人不发生效力，由行为人承担责任。所以，如果没有被代理人的授权，所签订的勘察设计合同是不一定成立的。在实际勘察设计合同管理中，需要注意代理人是否取得被代理人的书面授权文件。

【案例 6-1】甲建设单位新建一市政构筑物，与乙设计院和丙工程公司分别订立了设计合同和施工合同。工程按期竣工，但不久新建的市政构筑物一侧墙壁出现裂缝塌落。甲建设单位为此找到丙工程公司，要求该公司承担责任。丙工程公司认为其严格按施工合同履行了义务，不应承担责任。后经勘验，墙壁裂缝是由于地基不均匀沉降所引起。甲建设单位于是又找到设计院，认为设计院结构设计图纸出现差错，造成墙壁的裂缝，设计院应承担事故责任。设计院则认为其设计图纸所依据的地质资料是甲建设单位自己提供的，不同意承担责任。于是甲建设单位状告丙工程公司和乙设计院，要求该两家单位承担相应责任。法院审理后查明，甲建设单位提供的地质资料不是新建市政构筑物的地质资料，却是相邻地块的有关资料，对于该情况，事故发生前乙设计院一无所知。判决乙设计院承担一定的民事责任。

本案涉及两个合同关系，其中施工合同的主体是甲建设单位和丙工程公司，设计合同的主体是甲建设单位和乙设计院。根据查明的事实，导致市政构筑物墙壁出现裂缝并塌落的事故的原因是地基不均匀沉降，与施工无关，所以丙工程公司不应承担责任。但是，乙设计院认为错误设计图纸的地质资料系由甲建设单位提供故不承担责任的辩称不成立。《合同法》第 280 条规定："勘察、设计的质量不符合要求或者未按照期限提交勘察、设计文件拖延工期，造成发包人损失，勘察人、设计人应当继续完善勘察、设计，减收或者免收勘察、设计费并赔偿损失。"本案按照设计合同，甲建设单位应当提供准确的地质资料，但工程设计的质量好坏直接影响到工程的施工质量以及整个工程质量的好坏，设计院应当对本单位完成的设计图纸的质量负责，对于有关的设计文件应当符合能够真实地反映工程地质、水文地质状况，评价准确，数据可靠的要求。本案设计院在整个设计过程中未对甲建设单位提供的地质资料进行认真审查，造成设计差错，应当承担相应的违约责任，而甲建设单位提供错误的地质资料，应承担主要责任。

【案例 6-2】某房地产开发公司（下称甲开发公司）欲开发建设某大厦，经甲开发公司与某建筑设计公司（下称乙设计公司）协商，2009 年 3 月双方签订了委托设计合同，合同规定由乙设计公司为甲开发公司开发建设的某大厦的工程提供设计，设计费用为人民币 105 万元。此外，乙设计公司完成该大厦的总体设计和施工图设计后，还应当为甲开发公司制作该大厦 200∶1 的模型一件，制作费用为人民币 15 万元。合同没有就设计作品著作权的归属做明确的规定。合同签订后，乙设计公司依照合同规定完成了相关设计并制作了模型一件。甲开发公司在支付了设计费人民币 23 万元后，以资金没有到位，且以该设计不能令开发公司满意为由要求解除合同，并退还了乙设计公司相关的图纸及其说明。

2010 年 3 月，乙设计公司发现开发公司建设的某大厦已经完成土建施工，而且其销售现场摆放的大厦模型与设计公司的模型基本一样。经调查了解，甲开发公司在退还乙设计公司的图纸时作了备份。后该设计工作由另一家丙设计公司在乙设计公司设计的基础上完成了全部设计，模型也由甲开发公司委托某模型公司按照乙设计公司的模型重新制作。

2010 年 6 月，乙设计公司在掌握了以上证据后，即委托律师向甲开发公司及丙设计公司、某模型公司提出索赔要求。经律师调解，甲开发公司、丙设计公司及某模型公司共计向乙设计公司支付了赔偿费用人民币 75 万元后，本案终结。

本案是实践中典型的侵害工程设计图纸及其说明、工程模型著作权的案件。依照《中华人民共和国著作权法》第 3 条之规定，工程设计、产品设计图纸及其说明是受著作权法保护的作品。该作品的著作权由创作该作品的公民、法人或者非法人单位享有。作品的著作权人依法享有发表作品的权利，在作品上署名的权利，修改作品的权利，保护作品完整的权利，使用该作品或者许可他人使用该作品并获得报酬的权利。未经著作权人同意使用其作品和未支付报酬使用其作品的行为均是侵害著作权的违法行为，依法应当承担侵权民事责任。

本案中，甲开发公司委托乙设计公司完成某大厦的工程设计，依照《著作权法》第 17 条之规定：受委托创作的作品，著作权的归属由委托人和受托人通过合同约定；合同未作明确约定或者没有订立合同的，著作权属于受托人。因此如果甲开发公司委托乙设计公司完成设计时已经明确约定设计作品著作权的归属，则按照合同的规定确定设计作品著作权的归属。就本案而言，甲开发公司与乙设计公司没有在合同中约定著作权的归属，因此某大厦工程设计的著作权应当属于乙设计公司。

如果甲开发公司与乙设计公司继续履行原委托设计合同的规定，则甲开发公司依照该合同的规定享有使用该工程设计图纸的权利是明确的。但本案中，甲开发公司在乙设计公司解除了设计合同，则甲开发公司不能依照设计合同的规定使用该产品；甲开发公司欲使用该作品，必须取得乙设计公司的同意或者许可。

甲开发公司未经乙设计公司同意使用乙设计公司的作品——工程设计图纸，则是侵害乙设计公司著作权的行为；丙设计公司没有取得原著作权人即乙设计公司的同意，擅自使用和修改乙设计公司工程图纸的行为也侵害了乙设计公司的著作权；某模型公司未经原著作权人——乙设计公司同意擅自复制乙设计公司模型的行为，同样是侵害乙设计公司著作权的行为。因此，他们均应当承担侵害著作权的民事责任。

6.5 国际工程设计合同

6.5.1 国际工程设计业务和咨询服务

“咨询服务”一词广泛地应用于国际工程中和一些发达国家，它是指利用专家的知识、经验、信息和技术等为客户提供知识与技术密集型的服务。咨询人（常称为“咨询工程师”）与客户（委托方）为此而签订的合同，称为“咨询服务合同”。根据国际咨询工程师联合会、世界银行等国际组织和机构对咨询工程师的定义，咨询服务一般可分为以下四种类型：

（1）投资前的研究。主要是对具体项目做投资前的调查研究。

（2）准备性服务（可行性研究和工程设计等）。这类服务包括详细的资金安排、经营费用估算、详细设计、交钥匙项目的实施规范及准备土建施工项目和设备采购项目的招标等。有时，客户也要求咨询工程师在编写采购文件、决定保险要求、承包商的资格要求、承包商的资格预审、标书分析及授标建议等方面提供咨询服务。

(3) 项目实施性服务（施工监理与项目管理等）。受客户委托进行工程施工监理和项目管理，如检查和催促项目进度、审批承包商和供货人呈交的货物发货清单以及对合同有关文件进行解释等。项目实施性服务还包括：帮助客户采购工程设备和材料，对同一项目的各承包人和供货人的各项投入资源进行协调，以及各种设施试运转等。

(4) 技术性援助。为客户提供支援性的各种技术咨询服务，如制定开发计划和部门计划，机构制度的建立和健全，组织和管理方面的调查研究，员工应具备的条件与素质的研究及培训等。

由此看出，在国际工程中勘察、设计、监理、招标代理、项目管理等业务均属于咨询服务范畴。

6.5.2 国际工程设计合同的主要内容

国际咨询工程师联合会（FIDIC）1990年编制出版了《业主/咨询工程师标准服务协议书条件》的标准文本，推荐用于国际工程和国内工程的投资前研究、设计、施工监理和项目管理的咨询服务合同。该标准文本和FIDIC编制的其他标准文本一样，由三个部分组成：协议书、协议书标准条件（通用条款）和特殊应用条件（特殊条款）。《特殊应用条件》是针对具体的服务，拟订的专门性的内容。它包括两个部分：第一部分是与《标准条件》中的一些条款相应的具体规定，由条款的相应顺序编号相联系；第二部分是附加条款。下面着重介绍1990年版本中《协议书》的形式和《标准条件》的主要内容。

1. 协议书

以下是《协议书》的形式。

本协议书于______年____月____日由_______（以下简称“业主”）为一方与______（以下简称“咨询工程师”）为另一方签订。

鉴于业主欲请咨询工程师履行某些服务，即__________，并已接受咨询工程师为履行该类服务所提出的建议书。

兹就以下事项达成本协议：

1. 本协议书中的措辞和用语应与下文的“业主/咨询工程师标准服务协议书条件”中分别赋予它们的含义相同。

2. 下列文件应被认为是组成本协议书的一部分，并应被作为其一部分进行阅读和理解，即：

(a) 中标函；

(b) 业主/咨询工程师标准服务协议书条件（第一部分——标准条件和第二部分——特殊应用条件）；

(c) 附件，即：

附件A——服务范围

附件B——业主提供的职员、设备、设施和其他人员的服务

附件C——报酬和支付

3. 考虑到下文提及的业主对咨询工程师的支付，咨询工程师在此对业主承诺他将遵照本协议书的规定履行服务。

4. 业主在此同意按本协议书注明的期限和方式，向咨询工程师支付根据协议书规定应支付的款项，以此作为履行服务的报酬。

本协议书谨于上述所写明之年月日，由立约双方根据其有关的法律签署并开始执行。

特此证明。

由______在场的情况下
业主的具有约束力的签名
(如需要时盖章)
姓名
签字
地址

由______在场的情况下
咨询工程师的具有约束力的签名
(如需要时盖章)
姓名
签字
地址

---

2. 标准条件

《标准条件》包括九个部分，共 44 条。以下是《标准条件》的主要内容。

(1) 定义与解释

对合同条件中涉及的措辞和用语的含义界定，包括：项目、服务、工程、业主、咨询工程师、协议书、日、月、当地货币等。

(2) 咨询工程师（咨询单位）的义务

1) 咨询服务范围（3、4 条）。咨询工程师应履行与项目有关的咨询服务范围，包括正常的、附加的和额外的服务。正常的服务是指附件 A 中所述的那类服务；附加的服务是指附件 A 中所述的那类服务或双方的书面协议另外附加于正常服务的那类服务；额外的服务是指那些既不是正常的也不是附加的，但根据第 28 条咨询工程师必须履行的服务。

2) 认真地尽职和行使职权（5 条）。咨询工程师应运用合理的技能，谨慎而勤奋地工作。如果合同（如项目监理合同）是要求咨询工程师在业主与第三方的合同中行使职权或是当业主与第三方签订的合同条款有这样的要求时，则咨询工程师在业主与第三方之间应公正地证明和作出决定或行使自己的处理权。

3) 业主的财产（6 条）。任何由业主提供或支付的供咨询工程师使用的物品都属于业主的财产，并在服务终止时进行移交。

(3) 业主的义务

1) 资料（7 条）。业主应在一个合理的时间内免费向咨询工程师提供他能够获取的并与服务有关的一切资料。

2) 决定（8 条）。业主应在一个合理的时间内就咨询工程师以书面形式提交给他的一切事宜作出书面决定。

3) 协助（9 条）。在项目所在国，业主应尽一切力量对咨询工程师和他的职员提供诸如出入境、居留、工作等方面的协助。

4) 设备与设施（10 条）。业主应免费向咨询工程师提供服务所需的设备和设施。

5) 业主的职员（11、12 条）。业主应按附件 B 的规定，自费从自己的雇员中挑选和提供为咨询工程师所需的职员。

(4) 职员

1) 职员的提供(13条)。双方提供的职员要得到对方的认可。

2) 代表(14条)。每一方应指定一位高级职员或个人作为其代表。

3) 职员的更换(15条)。如果有必要更换任何人员,则负责任命的一方应立即安排,代之以一位具有同等能力的人员,并承担更换的费用。

(5) 责任与保险

1) 双方的责任与赔偿(16、17条)。如果确定任何一方违约造成了对另一方的损失,则违约一方应对另一方支付赔偿。赔偿额应限于由此违约所造成的合同可预见到的损失或损害的数额,并应限于合同规定的此类赔偿的限额。

2) 赔偿限额与保障(18条)。任何一方向另一方支付赔偿的最大数额应限于《特殊应用条件》中规定违约的赔偿最高数额。如果与适用的法律不相抵触,则业主应保障咨询工程师免受一切索赔造成的不利影响,包括本合同及业主与第三方签订的合同。

3) 对责任的保险(19条)。业主可以书面要求咨询工程师对其合同责任及公共的或第三方的责任进行保险,保险费用由业主承担。

4) 业主财产的保险(20条)。除非业主另有书面要求,咨询工程师应对业主提供或支付的业主财产进行保险,保险费用由业主承担。

(6) 协议书的开始、完成、变更与终止

1) 协议书生效(21条)。协议书生效日期的规定,一般为业主给咨询工程师发出中标函之日或正式协议书签字之日。

2) 开始和完成(22条)。在《特殊应用条件》中所规定的时间或期限内,服务必须开始和完成。

3) 更改(23条)。当任何一方提出申请并经双方书面同意时,可对本协议书进行更改。

4) 进一步的建议(24条)。如果业主书面要求的话,则咨询工程师应提交变更服务的建议。此类建议的编制和提交应作为一项附加的服务。

5) 延误(25条)。如果业主或其承包商使服务受到阻碍或延误,以致增加了服务的工作量或持续时间,此增加部分应被视为附加的服务,完成服务的时间应相应地予以延长。

6) 情况的改变(26条)。如果出现非咨询工程师责任和义务范围内的情况,并且该情况使得咨询工程师无法全部或部分履行服务或者使得其对履行的全部或部分服务不承担责任,咨询工程师应立即通知业主。如果该情况使得某些服务暂停或速度减慢,则该类服务时间应予延长。

7) 撤销、暂停或终止(27条)。①业主可至少在56天前通知咨询工程师暂停全部或部分服务或终止本协议书,咨询工程师应立即安排停止服务并将开支减至最小。如果业主认为咨询工程师无正当理由而未履行其义务时,他可通知咨询工程师,说明发出该通知的原委。若业主在21天内没有收到满意的答复,他可发出进一步的通知终止本协议书,但该进一步的通知应在业主第一个通知发出后35天内发出。②当咨询工程师在一支付单据应支付日期后的30天,仍未收到且业主也未提出书面异议的情况下,或者业主通知暂停服务期限已超过 182 天情况下，他向业主发出终止服务通知，并在至少 14 天后进一步发出通知，在进一步通知 42 天后，他才能终止本协议书。或在不损害其终止权利的情况下，可以自行暂停或继续暂停履行全部或部分的服务。

8）额外的服务（28 条）。当第 26 条情况发生时，或撤销或暂停或恢复服务时，或非因咨询工程师未履行义务而业主提出终止协议时，除正常的或附加的服务之外，咨询工程师需做的任何工作或支出的费用应被视为额外的服务。咨询工程师有权得到为履行额外服务所需的额外时间和费用。

（7）支付

1）对咨询工程师服务报酬的支付（30 条）。业主应按合同条件和附件 C 中规定的细则向咨询工程师支付正常的服务、附加服务和额外服务的报酬等。

2）支付时间（31 条）。给咨询工程师的到期款项应迅速支付。如果在《特殊应用条件》里规定的时间内咨询工程师没有收到付款时，则应按照《特殊应用条件》规定的利率向其支付商定的补偿，每月将该补偿加到过期未付的金额中。

3）支付的货币（32 条）。支付的货币为《特殊应用条件》中规定的货币。当使用其他货币进行支付时，应按《特殊应用条件》中规定的汇率计算并支付没有任何折扣的净额。除非在附件 C 中另有规定，否则业主应保证咨询工程师能将其在业主所在国内收到的与履行服务有关的那部分当地货币或外币迅速汇往国外。

4）有关第三方对咨询工程师的收费（33 条）。业主应为咨询工程师就项目所在国政府或授权的第三方所要求的支付款项办理豁免，若未能豁免，应由业主补偿。

5）咨询工程师支付的争议（34 条）。如果业主对咨询工程师提交的发票中的任何费用项目或某费用项目的一部分提出异议，业主立即发出通知说明理由，但不得延误支付发票中的其他项目。

6）独立的审计（35 条）。咨询工程师应保存能清楚证明有关时间和费用的最新的记录。除非是固定总价合同，否则业主可以在完成或终止服务的 12 个月之内，至少提前 7 天通知他将由业主指定的有信誉的会计师事务所对咨询工程师申报的任何金额进行审计。

（8）一般规定

1）语言、法律与立法的变动（36、37 条）。在《特殊应用条件》中将规定协议书所采用的语言及协议书应遵循的法律；如果在订立协议之后，因采用的法律变动而导致咨询工程师服务费用或服务持续期的改变，则应相应地调整商定的报酬和完成时间。

2）转让与分包合同（38 条）。没有对方的书面同意，无论业主或咨询工程师均不得将本协议书规定的义务转让出去；没有业主的书面同意，咨询工程师不得开始实行、更改或终止履行全部或部分服务的任何分包合同。

3）版权与出版（39、42 条）。咨询工程师对其编制的所有文件拥有版权；除非在《特殊应用条件》中另有规定，否则咨询工程师可单独或与他人联合出版有关工程和服务的材料，但如果在服务完成或终止后两年内出版有关材料时，则必须得到业主的批准。

4）利益的冲突（41 条）。除非业主另外书面同意，咨询工程师及其职员不应接受协议书规定以外的与项目有关的利益和报酬，也不得参与可能与协议书中规定的业主的利益相冲突的任何活动。

5）通知（41 条）。本协议书的有关通知应为书面的，并从在《特殊应用条件》中规定的地点收到时生效。

（9）争端的解决

1）对损失或损害的索赔（43 条）。因违反或终止协议书而引起的对损失或损害的任何赔偿，业主与咨询工程师之间应达成一致意见，如未能达成一致，按第 44 条的规定提交仲裁。

2）仲裁（44 条）。由协议书引起或与之有关的任何争议或索赔，或者违约、终止协议书或使之无效，均应根据《特殊应用条件》中所订的规则和协议书有效时间内，提交仲裁。双方同意遵守仲裁裁决的结果，并在有效的弃权声明书的范围内，放弃任何形式的上诉权。

6.5.3 国际工程设计合同的签订

国际工程咨询服务合同的签订一般遵循下面的程序。

（1）业主编制委托任务大纲

业主在招聘咨询工程师之前，首先应将需要委托咨询工程师完成的任务和事项系统整理出来，编制任务大纲。任务大纲一般包括：

1）对咨询工作目的的准确说明；

2）对所需咨询服务的范围和时间的要求；

3）业主应提供的设施与服务条件；

4）需要咨询工程师提供的设施与服务。

（2）确定咨询工程师初选名单（长名单）

业主根据自己掌握的各咨询工程师资料或向有关机构咨询，列出本项目咨询工程师的初选名单。

（3）确定精选名单（短名单）

业主根据各咨询工程师的专业能力、社会信誉、经验和咨询专家情况，从初选名单中进行筛选，确定一个精选名单。

（4）业主发出邀请信

业主向精选名单中的咨询工程师发出邀请信，招请咨询工程师递交建议书。邀请信包括任务大纲和咨询工程师选择与评审程序等。

（5）咨询工程师编制和提交建议书

咨询工程师根据邀请信的要求，及时编制并向业主提交建议书。建议书一般包括建议函、咨询公司机构设置和人员配备及工作经历介绍、目前正在进行的其他咨询工作业务、拟在项目上采用的技术方法、工作计划与进度、要求业主提供的服务与支持等。

（6）业主评审建议书

业主通常从咨询公司是否具有足够的经验、提出的计划与方法是否合理、咨询专家与人员配备是否具备资格与经验并满足数量要求等几个方面对建议书进行评审，采用选择程序中确定的方法，通过打分确定咨询公司的排名。按照排名顺序，进行合同谈判。

（7）合同谈判与签订

业主与在竞争中获胜的咨询工程师进行合同谈判。合同谈判的主要内容包括职责范围与工作计划、人员配备、所需业主提供的服务与设施、财务条款和合同条件等。所有谈判内容必须按规定程序逐条讨论并达成一致后才可进行下一条的谈判。谈判双方在各方面达成一致后，就可以签订合同。如不能取得一致意见，业主就可邀请排名第二的咨询工程师进行谈判、签订合同，以此类推。

复习思考题

1. 建设工程勘察设计合同的概念和作用是什么?

2. 目前我国的建设工程勘察设计合同示范文本有几种，分别适用于什么情况?

3. 分析下面的论点是否正确，为什么?

(1) 勘察设计合同中，违约金是指承包方的设计质量达不到规定要求的罚金。

(2) 勘察设计合同中的定金与建筑安装工程承包合同中的预付款的性质相同。

(3) 只要设计任务书或初步设计有变动，那么双方就需要重新签订合同。

(4) 由于承包方的勘察设计错误造成重大质量事故，承包方应赔偿委托方的全部损失。

4. 根据《合同法》等法规及现行的勘察设计合同示范文本条款，归纳总结勘察合同双方的权利、义务及违约责任。

5. 在勘察设计过程中，勘察设计合同管理包括哪几个方面，着重关注哪些问题?

6. 比较分析国际工程设计合同和我国的工程设计合同之间的异同之处。

7. 某企业（甲方）于2001年与本地一家设计院（乙方）按《建设工程设计合同（示范文本)》的主要条款签订了合同，合同中约定：甲方委托设计单位乙方进行某工程的全过程设计，其中包括土建、水电、内装工程设计，乙方收取设计费总计56万元包干。2003年5月施工单位依据设计单位的施工图施工完成该工程。建设单位于2003年6月份组织了竣工验收，验收结果为合格。但是，在后面的使用过程中，建设单位发现该工程内的几组大的配电箱经常出现缺相、跳闸、电缆发烫等现象，建设单位随即对设计单位提交的设计图纸进行分析，初步认定出现的问题是由于设计的线径和材质有问题所造成（因为技术监督局在施工期间对该工程所用电缆按要求进行了抽样检查，结论为合格），设计单位也承认设计不当。如果要解决该工程存在的问题，将花费施工费用共计40万元。建设单位认为该损失是由于设计院的设计失误造成，理应由设计院全部赔偿，而设计院只同意免收该部分工程的设计费（约1万元）并另赔偿与设计费相等的损失。请依据合同及相关法规对此设计合同纠纷进行剖析。

8. 选择建设工程勘察设计合同主要内容中的某一项，分析研究哪些法规（不限本章或本书所列的法规）可作为其合同条款拟订、合同管理及合同纠纷解决的依据。

9. 以某一实际工程为背景，试拟订其勘察或设计合同文本。

10. 结合实际工程项目，谈谈建筑师和设计师的主要工作内容和作用。

11. 结合我国建设法律法规的具体规定，谈谈设计师应承担哪些法律责任。

12. 试分析全过程工程咨询的定义、内涵和主要工作内容。

13. 试分析建筑工程领域推行“建筑师负责制”的制度环境和发展目标。

7 建设工程施工合同及管理

7.1 建设工程施工合同概述

7.1.1 工程施工合同的概念

工程施工合同是发包人（建设单位、业主或总包单位）与承包人（施工单位）之间为完成商定的建设工程项目，确定双方权利和义务的协议。建设工程施工合同也称为建筑安装承包合同，建筑是指对工程进行营造的行为，安装主要是指与工程有关的线路、管道、设备等设施的装配。依照施工合同，承包人应完成一定的建筑、安装工程任务，发包人应提供必要的施工条件并支付工程价款。

工程施工合同是建设工程的主要合同，是工程建设质量控制、进度控制、投资控制的主要依据。在市场经济条件下，建设市场主体之间相互的权利义务关系主要是通过合同确立的，因此，在建设领域加强对施工合同的管理具有十分重要的意义。国家立法机关、国务院、国家建设行政管理部门都十分重视施工合同的规范工作，《中华人民共和国合同法》对建设工程合同作了专章规定，《中华人民共和国建筑法》、《中华人民共和国招标投标法》等也有许多涉及建设工程施工合同的规定，这些法律法规是我国建设工程施工合同订立和管理的依据。

施工合同的当事人是发包人和承包人，双方是平等的民事主体，双方签订施工合同，必须具备相应资格条件和履行施工合同的能力。

发包人是指在协议书中约定、具有工程发包主体资格和支付工程价款能力的当事人以及取得该当事人资格的合法继承人。可以是具备法人资格的国家机关、事业单位、国有企业、集体企业、私营企业、经济联合体和社会团体，也可以是依法登记的个人合伙、个体经营户或个人，即一切以协议、法院判决或其他合法完备手续取得发包人的资格，承认全部合同条件，能够而且愿意履行合同规定义务的合同当事人。与发包人合并的单位、兼并发包人的单位、购买发包人合同和接受发包人出让的单位和人员（合法继承人），均可成为发包人，履行合同规定的义务，享有合同规定的权利。

承包人是指在协议书中约定、被发包人接受的具有工程施工承包主体资格的当事人以及取得该当事人资格的合法继承人。承包人必须具备有关部门核定的资质等级并持有营业执照等证明文件。《建筑法》第 13 条规定：建筑施工企业按照其拥有的注册资本、专业技术人员、技术装备和已完成的建筑工程业绩等资质条件，划分为不同的资质等级，经资质审查合格，取得相应等级的资质证书后，方可在其资质等级许可的范围内从事建筑活动。

7.1.2 工程施工合同的特点

1. 合同标的物的特殊性

施工合同的标的物是特定建筑产品，不同于其他一般商品。首先建筑产品的固定性和施工生产的流动性是区别于其他商品的根本特点。建筑产品是不动产，其基础部分与大地相连，不能移动，这就决定了每个施工合同相互之间具有不可替代性，而且施工队伍、施工机械必须围绕建筑产品不断移动。其次由于建筑产品各有其特定的功能要求，其实物形态千差万别，种类庞杂，其外观、结构、使用目的、使用人都各不相同，这就要求每一个建筑产品都需单独设计和施工，即使可重复利用的标准设计或重复使用图纸，也应采取必要的修改设计才能施工，造成建筑产品的单体性和生产的单件性。再次建筑产品体积庞大，消耗的人力、物力、财力多，一次性投资额大。所有这些特点，必然在施工合同中表现出来，使得施工合同在明确标的物时，需要将建筑产品的幢数、面积、层数或高度、结构特征、内外装饰标准和设备安装要求等一一规定清楚。

2. 合同内容的多样性和复杂性

施工合同实施过程中涉及的主体有多种，且其履行期限长、标的额大。涉及的法律关系，除承包人与发包人的合同关系外，还涉及与劳务人员的劳动关系、与保险公司的保险关系、与材料设备供应商的买卖关系、与运输企业的运输关系，还涉及监理单位、分包人、保证单位等。施工合同除了应当具备合同的一般内容外，还应对安全施工、专利技术使用、地下障碍和文物发现、工程分包、不可抗力、工程设计变更、材料设备供应、运输和验收等内容作出规定。所有这些，都决定了施工合同的内容具有多样性和复杂性的特点，要求合同条款必须具体明确和完整。

3. 合同履行期限的长期性

由于建设工程结构复杂、体积大、材料类型多、工作量大，使得工程生产周期都较长。因为工程建设的施工应当在合同签订后才开始，且需加上合同签订后到正式开工前的施工准备时间和工程全部竣工验收后、办理竣工结算及保修期间。在工程的施工过程中，还可能因为不可抗力、工程变更、材料供应不及时、一方违约等原因而导致工期延误，因而施工合同的履行期限具有长期性，变更较频繁，合同争议和纠纷也比较多。

4. 合同监督的严格性

由于施工合同的履行对国家经济发展、公民的工作与生活都有重大的影响，因此，国家对施工合同的监督是十分严格的。具体表现在以下几个方面：

(1) 合同主体监督的严格性。建设工程施工合同主体一般是法人。发包人一般是经过批准进行工程项目建设的法人，必须有国家批准的建设项目，落实投资计划，并且应当具备相应的组织协调能力；承包人则必须具备法人资格，而且应当具备相应的从事施工的资质。无营业执照或无承包资质的单位不能作为建设工程施工合同的主体，资质等级低的单位不能越级承包建设工程。

(2) 合同订立监督的严格性。订立建设工程施工合同必须以国家批准的投资计划为前提，即使是国家投资以外的、以其他方式筹集的投资也要受到当年的贷款规模和批准限额的限制，纳入当年投资规模的平衡，并经过严格的审批程序。建设工程施工合同的订立，还必须符合国家关于建设程序的规定。考虑到建设工程的重要性和复杂性，在施工过程中经常会发生影响合同履行的各种纠纷，因此，《合同法》要求：建设工程施工合同应当采用书面形式。

(3) 合同履行监督的严格性。在施工合同的履行过程中，除了合同当事人应当对合同进行严格的管理外，合同的主管机关（工商行政管理部门）、建设主管部门、合同双方的上级主管部门、金融机构、解决合同争议的仲裁机关或人民法院，还有税务部门、审计部门及合同公证机关或鉴证机关等机构和部门，都要对施工合同的履行进行严格的监督。

7.1.3 工程施工合同订立

1. 订立施工合同应具备的条件

(1) 初步设计已经批准；

(2) 工程项目已经列入年度建设计划；

(3) 有能够满足施工需要的设计文件和有关技术资料；

(4) 建设资金和主要建筑材料设备来源已经落实；

(5) 对于招投标工程，中标通知书已经下达。

2. 订立施工合同应当遵守的原则

(1) 遵守国家法律、法规和国家计划原则。订立施工合同，必须遵守国家法律、法规，也应遵守国家的建设计划和其他计划（如贷款计划）。建设工程施工对经济发展、社会生活有多方面的影响，国家有许多强制性的管理规定，施工合同当事人都必须遵守。

(2) 平等、自愿、公平的原则。签订施工合同当事人双方具有平等的法律地位，任何一方都不得强迫对方接受不平等的合同条件。当事人有权决定是否订立合同和合同内容，合同内容应当是双方当事人真实意思的体现，合同内容还应当是公平的，不能单纯损害一方的利益。对于显失公平的施工合同，当事人一方有权申请人民法院或仲裁机构予以变更或撤销。

(3) 诚实信用的原则。当事人订立施工合同应该诚实信用，不得有欺诈行为，双方应当如实将自身和工程的情况介绍给对方。在施工合同履行过程中，当事人也应守信用，严格履行合同。

3. 订立施工合同的程序

施工合同的订立同样包括要约和承诺两个阶段。其订立方式有直接发包和招标发包两种。对于必须进行招标的建设项目，工程建设的施工都应通过招标投标确定承包人。

中标通知书发出后，中标人应当与招标人及时签订合同。《招标投标法》规定：招标人和中标人应当自中标通知书发出之日起 30 天内，按照招标文件和中标人的投标文件订立书面合同。招标人和中标人不得再行订立背离合同实质性内容的其他协议。

7.1.4 建设工程施工合同示范文本简介

为了规范和指导合同当事人双方的行为，完善合同管理制度，解决施工合同中存在的合同文本不规范、条款不完备、合同纠纷多等问题，1991 年 3 月 31 日就发布了《建设工程施工合同》GF—91—0201，1999 年 12 月 24 日又颁发了修改后的《建设工程施工合同（示范文本）》GF—99—0201。该文本适用于土木工程，包括各类公用建筑、民用住宅、工业厂房、交通设施及线路、管道的施工和设备安装。《建设工程施工合同（示范文本）》GF—99—0201 由“协议书”、“通用条款”、“专用条款”三部分组成，并附有三个附件。

2007 年 11 月 1 日，国家发展和改革委员会等九部委联合发布了《中华人民共和国标准施工招标文件》及附件，要求从 2008 年 5 月 1 日开始在政府投资项目中施行，该标准施工招标文件中的合同条款及格式包括：通用条款、专用条款和合同附件格式（包括合同协议书、履约担保格式、预付款担保格式）。

2013 年 4 月 3 日，住房城乡建设部和国家工商行政管理总局根据新颁布和实施的工程建设有关法律、法规，总结十多年施工合同示范文本推行的经验，借鉴国际通用土木工程施工合同的成熟经验和有效做法，结合我国建设工程施工的实际情况，又颁布了新的《建设工程施工合同（示范文本）》GF—2013—0201。

2017年9月22日，住房城乡建设部、工商总局对《建设工程施工合同》（示范文本）（GF—2013—0201），又进行修订，制定了最新的《建设工程施工合同（示范文本）》（GF—2017—0201），自2017年10月1日起执行。以下简称《2017版施工合同》。《2017版施工合同》主要根据《住房城乡建设部、财政部关于印发建设工程质量保证金管理办法的通知》（建质［2017］38号）中对缺陷责任期及工程质量保证金的修改内容，对2013版示范文本中与此相关的条款进行了修改和完善。

1.《2017版施工合同》的适用范围

《2017版施工合同》适用于房屋建筑工程、土木工程、线路管道和设备安装工程、装修工程等建设工程的施工承发包活动，合同当事人可结合建设工程具体情况，根据《2017版施工合同》订立合同，并按照法律法规规定和合同约定承担相应的法律责任及合同权利义务。

2.《2017版施工合同》的组成

《2017版施工合同》由合同协议书、通用合同条款和专用合同条款三部分组成，并有11个协议书附件。

（1）合同协议书

合同协议书共计13条，集中约定了合同当事人基本的合同权利义务。包括：

1）工程概况。包括工程名称、工程地点、工程立项批准文号、资金来源、工程内容（群体工程应附《承包人承揽工程项目一览表》）、工程承包范围。

2）合同工期。包括计划开工日期、计划竣工日期、工期总日历天数。工期总日历天数与根据计划开竣工日期计算的工期天数不一致的，以工期总日历天数为准。

3）质量标准。应明确达到的工程质量等级和标准。

4）签约合同价和合同价格形式。包括签约合同价（其中安全文明施工费、材料和工程设备暂估价金额、专业工程暂估价金额、暂列金额），以及合同价格形式。

5）项目经理。应明确承包人派出的项目经理。

6）合同文件构成。本协议书与下列文件一起构成合同文件：

① 中标通知书（如果有）；

② 投标函及其附录（如果有）；

③ 专用合同条款及其附件；

④ 通用合同条款；

⑤ 技术标准和要求；

⑥ 图纸；

⑦ 已标价工程量清单或预算书；

⑧ 其他合同文件。

在合同订立及履行过程中形成的与合同有关的文件均构成合同文件组成部分。上述各项合同文件包括合同当事人就该项合同文件所作出的补充和修改，属于同一类内容的文件，应以最新签署的为准。专用合同条款及其附件必须经合同当事人签字或盖章。

7）承诺。双方合同当事人承诺包括：

① 发包人承诺按照法律规定履行项目审批手续、筹集工程建设资金并按照合同约定的期限和方式支付合同价款。

② 承包人承诺按照法律规定及合同约定组织完成工程施工，确保工程质量和安全，不进行转包及违法分包，并在缺陷责任期及保修期内承担相应的工程维修责任。

③ 发包人和承包人通过招投标形式签订合同的，双方理解并承诺不再就同一工程另行签订与合同实质性内容相背离的协议。

8）词语含义。本协议书中词语含义与通用合同条款中赋予的含义相同。

9）签订时间。

10）签订地点。

11）补充协议。合同未尽事宜，合同当事人另行签订补充协议，补充协议是合同的组成部分。

12）合同生效。应明确合同生效的条件或方式。

13）合同份数。

（2）通用合同条款

通用合同条款共20条，包括一般约定、发包人、承包人、监理人、工程质量、安全文明施工与环境保护、工期和进度、材料与设备、试验与检验、变更、价格调整、合同价格、计量与支付、验收和工程试车、竣工结算、缺陷责任与保修、违约、不可抗力、保险、索赔和争议解决。上述条款安排既考虑了现行法律法规对工程建设的有关要求，也考虑了建设工程施工管理的特殊需要。

（3）专用合同条款

专用合同条款是对通用合同条款原则性约定的细化、完善、补充、修改或另行约定的条款。合同当事人可以根据不同建设工程的特点及具体情况，通过双方的谈判、协商对相应的专用合同条款进行修改补充。在使用专用合同条款时，应注意以下事项：

1）专用合同条款的编号应与相应的通用合同条款的编号一致。

2）合同当事人可以通过对专用合同条款的修改，满足具体建设工程的特殊要求，避免直接修改通用合同条款。

3）在专用合同条款中有横道线的地方，合同当事人可针对相应的通用合同条款进行细化、完善、补充、修改或另行约定；如无细化、完善、补充、修改或另行约定，则填写“无”或划“/”。

（4）协议书附件

1）附件1：承包人承揽工程项目一览表，包括单位工程名称、建设规模、建筑面积、结构形式、层数、生产能力、设备安装内容、合同价格、开工日期、竣工日期。

2）附件2：发包人供应材料设备一览表，包括材料设备品种、规格型号、单位、数量、单价、质量等级、供应时间、送达地点等。

3）附件3：工程质量保修书，包括工程质量保修范围和内容、质量保修期（分别规定地基基础工程和主体结构工程、屋面防水工程、有防水要求的卫生间房间和外墙面的防渗、装修工程、电气管线、给水排水管道、设备安装工程、供热与供冷系统、住宅小区内的给水排水设施、道路等配套工程、其他项目等的保修期）、缺陷责任期、质量保修责任、保修费用、双方约定的其他工程质量保修事项。

4）附件 4：主要建设工程文件目录，包括文件名称、套数、费用、质量、移交时间、责任人。

5）附件 5：承包人用于本工程施工的机械设备表，包括机械或设备名称、规格型号、数量、产地、制造年份、额定功率、生产能力等。

6）附件 6：承包人主要施工管理人员表，包括承包人的总部人员、现场人员（含项目经理、项目副经理、技术负责人、造价管理、质量管理、材料管理、计划管理、安全管理）、其他人员的姓名、职务、职称、主要资历、经验及承担过的项目。

7）附件 7：分包人主要施工管理人员表，包括分包人的总部人员、现场人员（含项目经理、项目副经理、技术负责人、造价管理、质量管理、材料管理、计划管理、安全管理）、其他人员的姓名、职务、职称、主要资历、经验及承担过的项目。

8）附件 8：履约担保格式，包括担保人、担保责任形式、担保金额、担保有效期、赔偿支付条件和时间、争议处理等内容。

9）附件 9：预付款担保格式，包括担保人、担保责任形式、担保金额、担保有效期、赔偿支付条件和时间、争议处理等内容。

10）附件 10：支付担保格式，包括担保人、保证的范围及保证金额、保证的方式及保证期间、承担保证责任的形式、代偿的安排、保证责任的解除、免责条款、争议解决、保函的生效等内容。

11）附件 11：暂估价一览表，包括材料暂估价表、工程设备暂估价表、专业工程暂估价表三种，具体内容包括名称、单位、数量、单价、合价等。

7.2 建设工程施工合同的主要内容

本节按照《建设工程施工合同（示范文本）》GF—2017—0201 介绍通用条款的主要内容。

7.2.1 一般约定

1. 词语定义与解释

合同协议书、通用合同条款、专用合同条款中的下列词语具有本款所赋予的含义，包括 6 大类共 45 个词语。

（1）合同

1）合同：指根据法律规定和合同当事人约定具有约束力的文件，构成合同的文件包括合同协议书、中标通知书（如果有）、投标函及其附录（如果有）、专用合同条款及其附件、通用合同条款、技术标准和要求、图纸、已标价工程量清单或预算书以及其他合同文件。

2）合同协议书：指构成合同的由发包人和承包人共同签署的称为“合同协议书”的书面文件。

3）中标通知书：指构成合同的由发包人通知承包人中标的书面文件。

4）投标函：指构成合同的由承包人填写并签署的用于投标的称为“投标函”的书面文件。

5）投标函附录：指构成合同的附在投标函后的称为“投标函附录”的书面文件。

6）技术标准和要求：指构成合同的施工应当遵守的或指导施工的国家、行业或地方的技术标准和要求，以及合同约定的技术标准和要求。

7）图纸：指构成合同的图纸，包括由发包人按照合同约定提供或经发包人批准的设计文件、施工图、鸟瞰图及模型等，以及在合同履行过程中形成的图纸文件。图纸应当按照法律规定审查合格。

8）已标价工程量清单：指构成合同的由承包人按照规定的格式和要求填写并标明价格的工程量清单，包括说明和表格。

9）预算书：指构成合同的由承包人按照发包人规定的格式和要求编制的工程预算文件。

10）其他合同文件：指经合同当事人约定的与工程施工有关的具有合同约束力的文件或书面协议。合同当事人可以在专用合同条款中进行约定。

（2）合同当事人及其他相关方

1）合同当事人：指发包人和（或）承包人。

2）发包人：指与承包人签订合同协议书的当事人及取得该当事人资格的合法继承人。

3）承包人：指与发包人签订合同协议书的，具有相应工程施工承包资质的当事人及取得该当事人资格的合法继承人。

4）监理人：指在专用合同条款中指明的，受发包人委托按照法律规定进行工程监督管理的法人或其他组织。

5）设计人：指在专用合同条款中指明的，受发包人委托负责工程设计并具备相应工程设计资质的法人或其他组织。

6）分包人：指按照法律规定和合同约定，分包部分工程或工作，并与承包人签订分包合同的具有相应资质的法人。

7）发包人代表：指由发包人任命并派驻施工现场在发包人授权范围内行使发包人权利的人。

8）项目经理：指由承包人任命并派驻施工现场，在承包人授权范围内负责合同履行，且按照法律规定具有相应资格的项目负责人。

9）总监理工程师：指由监理人任命并派驻施工现场进行工程监理的总负责人。

（3）工程和设备

1）工程：指与合同协议书中工程承包范围对应的永久工程和（或）临时工程。

2）永久工程：指按合同约定建造并移交给发包人的工程，包括工程设备。

3）临时工程：指为完成合同约定的永久工程所修建的各类临时性工程，不包括施工设备。

4）单位工程：指在合同协议书中指明的，具备独立施工条件并能形成独立使用功能的永久工程。

5）工程设备：指构成永久工程的机电设备、金属结构设备、仪器及其他类似的设备和装置。

6）施工设备：指为完成合同约定的各项工作所需的设备、器具和其他物品，但不包括工程设备、临时工程和材料。

7）施工现场：指用于工程施工的场所，以及在专用合同条款中指明作为施工场所组成部分的其他场所，包括永久占地和临时占地。

8）临时设施：指为完成合同约定的各项工作所服务的临时性生产和生活设施。

9）永久占地：指专用合同条款中指明为实施工程需永久占用的土地。

10）临时占地：指专用合同条款中指明为实施工程需要临时占用的土地。

（4）日期和期限

1）开工日期：包括计划开工日期和实际开工日期。计划开工日期是指合同协议书约定的开工日期；实际开工日期是指监理人按照本通用条款【开工通知】约定发出的符合法律规定的开工通知中载明的开工日期。

2）竣工日期：包括计划竣工日期和实际竣工日期。计划竣工日期是指合同协议书约定的竣工日期；实际竣工日期按照本通用条款【竣工日期】的约定确定。

3）工期：指在合同协议书约定的承包人完成工程所需的期限，包括按照合同约定所作的期限变更。

4）缺陷责任期：指承包人按照合同约定承担缺陷修复义务，且发包人预留质量保证金（已缴纳履约保证金的除外）的期限，自工程实际竣工日期起计算。

5）保修期：指承包人按照合同约定对工程承担保修责任的期限，从工程竣工验收合格之日起计算。

6）基准日期：招标发包的工程以投标截止日前28天的日期为基准日期，直接发包的工程以合同签订日前28天的日期为基准日期。

7）天：除特别指明外，均指日历天。合同中按天计算时间的，开始当天不计入，从次日开始计算，期限最后一天的截止时间为当天24∶00。

（5）合同价格和费用

1）签约合同价：指发包人和承包人在合同协议书中确定的总金额，包括安全文明施工费、暂估价及暂列金额等。

2）合同价格：指发包人用于支付承包人按照合同约定完成承包范围内全部工作的金额，包括合同履行过程中按合同约定发生的价格变化。

3）费用：指为履行合同所发生的或将要发生的所有必需的开支，包括管理费和应分摊的其他费用，但不包括利润。

4）暂估价：指发包人在工程量清单或预算书中提供的用于支付必然发生但暂时不能确定价格的材料、工程设备的单价、专业工程以及服务工作的金额。

5）暂列金额：指发包人在工程量清单或预算书中暂定并包括在合同价格中的一笔款项，用于工程合同签订时尚未确定或者不可预见的所需材料、工程设备、服务的采购，施工中可能发生的工程变更、合同约定调整因素出现时的合同价格调整以及发生的索赔、现场签证确认等的费用。

6）计日工：指合同履行过程中，承包人完成发包人提出的零星工作或需要采用计日工计价的变更工作时，按合同中约定的单价计价的一种方式。

7）质量保证金：指按照本通用条款【质量保证金】约定承包人用于保证其在缺陷责任期内履行缺陷修补义务的担保。

8）总价项目：是指在现行国家、行业以及地方的计量规则中无工程量计算规则，在已标价工程量清单或预算书中以总价或以费率形式计算的项目。

（6）其他

书面形式：指合同文件、信函、电报、传真等可以有形地表现所载内容的形式。

2. 合同文件及优先顺序

组成合同的各项文件应互相解释，互为说明。除专用合同条款另有约定外，解释合同文件的优先顺序如下：

（1）合同协议书。

（2）中标通知书（如果有）。

（3）投标函及其附录（如果有）。

（4）专用合同条款及其附件。

（5）通用合同条款。

（6）技术标准和要求。在专用条款中约定：

1）适用于工程的国家标准、行业标准、工程所在地的地方性标准，以及相应的规范、规程等，合同当事人有特别要求的，应在专用合同条款中约定。

2）发包人要求使用国外标准、规范的，发包人负责提供原文版本和中文译本，并在专用合同条款中约定提供标准规范的名称、份数和时间。

3）发包人对工程的技术标准、功能要求高于或严于现行国家、行业或地方标准的，应当在专用合同条款中予以明确。除专用合同条款另有约定外，应视为承包人在签订合同前已充分预见前述技术标准和功能要求的复杂程度，签约合同价中已包含由此产生的费用。

（7）图纸。

（8）已标价工程量清单或预算书。

（9）其他合同文件。

上述各项合同文件包括合同当事人就该项合同文件所作出的补充和修改，属于同一类内容的文件，应以最新签署的为准。

在合同订立及履行过程中形成的与合同有关的文件均构成合同文件组成部分，并根据其性质确定优先解释顺序。

合同以中国的汉语简体文字编写、解释和说明。合同当事人在专用合同条款中约定使用两种以上语言时，汉语为优先解释和说明合同的语言。

3. 图纸和承包人文件

（1）图纸的提供和交底

发包人应按照专用合同条款约定的期限、数量和内容向承包人免费提供图纸，并组织承包人、监理人和设计人进行图纸会审和设计交底。发包人至迟不得晚于本通用条款【开工通知】载明的开工日期前14天向承包人提供图纸。因发包人未按合同约定提供图纸导致承包人费用增加和（或）工期延误的，按照本通用条款【因发包人原因导致工期延误】约定办理。

（2）图纸的错误

承包人在收到发包人提供的图纸后，发现图纸存在差错、遗漏或缺陷的，应及时通知监理人。监理人接到该通知后，应附具相关意见并立即报送发包人，发包人应在收到监理人报送的通知后的合理时间内作出决定。合理时间是指发包人在收到监理人的报送通知后，尽其努力且不懈怠地完成图纸修改补充所需的时间。

(3) 图纸的修改和补充

图纸需要修改和补充的，应经图纸原设计人及审批部门同意，并由监理人在工程或工程相应部位施工前将修改后的图纸或补充图纸提交给承包人，承包人应按修改或补充后的图纸施工。

(4) 承包人文件

承包人应按照专用合同条款的约定提供应当由其编制的与工程施工有关的文件，并按照专用合同条款约定的期限、数量和形式提交监理人，并由监理人报送发包人。除专用合同条款另有约定外，监理人应在收到承包人文件后 7 天内审查完毕，监理人对承包人文件有异议的，承包人应予以修改，并重新报送监理人。监理人的审查并不减轻或免除承包人根据合同约定应当承担的责任。

(5) 图纸和承包人文件的保管

除专用合同条款另有约定外，承包人应在施工现场另外保存一套完整的图纸和承包人文件，供发包人、监理人及有关人员进行工程检查时使用。

4. 联络

(1) 联络形式

与合同有关的通知、批准、证明、证书、指示、指令、要求、请求、同意、意见、确定和决定等，均应采用书面形式，并应在合同约定的期限内送达接收人和送达地点。

(2) 联络人和地点

发包人和承包人应在专用合同条款中约定各自的送达接收人和送达地点。任何一方合同当事人指定的接收人或送达地点发生变动的，应提前 3 天以书面形式通知对方。

(3) 有关责任

发包人和承包人应当及时签收另一方送达至送达地点和指定接收人的来往信函。拒不签收的，由此增加的费用和（或）延误的工期由拒绝接收一方承担。

5. 严禁贿赂

合同当事人不得以贿赂或变相贿赂的方式，谋取非法利益或损害对方权益。因一方合同当事人的贿赂造成对方损失的，应赔偿损失，并承担相应的法律责任。

承包人不得与监理人或发包人聘请的第三方串通损害发包人利益。未经发包人书面同意，承包人不得为监理人提供合同约定以外的通信设备、交通工具及其他任何形式的利益，不得向监理人支付报酬。

6. 交通运输

(1) 出入现场的权利

除专用合同条款另有约定外，发包人应根据施工需要，负责取得出入施工现场所需的批准手续和全部权利，以及取得因施工所需修建道路、桥梁以及其他基础设施的权利，并承担相关手续费用和建设费用。承包人应协助发包人办理修建场内外道路、桥梁以及其他基础设施的手续。承包人应在订立合同前查勘施工现场，并根据工程规模及技术参数合理预见工程施工所需的进出施工现场的方式、手段、路径等。因承包人未合理预见所增加的费用和（或）延误的工期由承包人承担。

(2) 场外交通

发包人应提供场外交通设施的技术参数和具体条件，承包人应遵守有关交通法规，严格按照道路和桥梁的限制荷载行驶，执行有关道路限速、限行、禁止超载的规定，并配合交通管理部门的监督和检查。场外交通设施无法满足工程施工需要的，由发包人负责完善并承担相关费用。

(3) 场内交通

发包人应提供场内交通设施的技术参数和具体条件，并应按照专用合同条款的约定向承包人免费提供满足工程施工所需的场内道路和交通设施。因承包人原因造成上述道路或交通设施损坏的，承包人负责修复并承担由此增加的费用。除发包人按照合同约定提供的场内道路和交通设施外，承包人负责修建、维修、养护和管理施工所需的其他场内临时道路和交通设施。发包人和监理人可以为实现合同目的使用承包人修建的场内临时道路和交通设施。

场外交通和场内交通的边界由合同当事人在专用合同条款中约定。

(4) 超大件和超重件的运输

由承包人负责运输的超大件或超重件，应由承包人负责向交通管理部门办理申请手续，发包人给予协助。运输超大件或超重件所需的道路和桥梁临时加固改造费用和其他有关费用，由承包人承担，但专用合同条款另有约定除外。

(5) 道路和桥梁的损坏责任

因承包人运输造成施工场地内外公共道路和桥梁损坏的，由承包人承担修复损坏的全部费用和可能引起的赔偿。

(6) 水路和航空运输

本款前述各项的内容适用于水路运输和航空运输，其中“道路”一词的含义包括河道、航线、船闸、机场、码头、堤防以及水路或航空运输中其他相似结构物；“车辆”一词的含义包括船舶和飞机等。

7. 知识产权

(1) 知识产权认定和使用要求

除专用合同条款另有约定外，发包人提供给承包人的图纸、发包人为实施工程自行编制或委托编制的技术规范以及反映发包人要求的或其他类似性质的文件的著作权属于发包人，承包人可以为实现合同目的而复制、使用此类文件，但不能用于与合同无关的其他事项。未经发包人书面同意，承包人不得为了合同以外的目的而复制、使用上述文件或将之提供给任何第三方。

除专用合同条款另有约定外，承包人为实施工程所编制的文件，除署名权以外的著作权属于发包人，承包人可因实施工程的运行、调试、维修、改造等目的而复制、使用此类文件，但不能用于与合同无关的其他事项。未经发包人书面同意，承包人不得为了合同以外的目的而复制、使用上述文件或将之提供给任何第三方。

(2) 有关责任

合同当事人保证在履行合同过程中不侵犯对方及第三方的知识产权。承包人在使用材料、施工设备、工程设备或采用施工工艺时，因侵犯他人的专利权或其他知识产权所引起的责任，由承包人承担；因发包人提供的材料、施工设备、工程设备或施工工艺导致侵权的，由发包人承担责任。

除专用合同条款另有约定外，承包人在合同签订前和签订时已确定采用的专利、专有技术、技术秘密的使用费已包含在签约合同价中。

8. 工程量清单错误的修正

除专用合同条款另有约定外，发包人提供的工程量清单，应被认为是准确的和完整的。出现下列情形之一时，发包人应予以修正，并相应调整合同价格：

(1) 工程量清单存在缺项、漏项的。

(2) 工程量清单偏差超出专用合同条款约定的工程量偏差范围的。

(3) 未按照国家现行计量规范强制性规定计量的。

7.2.2 发包人主要工作

1. 获得许可或批准

发包人应遵守法律，并办理法律规定由其办理的许可、批准或备案，包括但不限于建设用地规划许可证、建设工程规划许可证、建设工程施工许可证、施工所需临时用水、临时用电、中断道路交通、临时占用土地等许可和批准。发包人应协助承包人办理法律规定的有关施工证件和批件。

因发包人原因未能及时办理完毕前述许可、批准或备案，由发包人承担由此增加的费用和（或）延误的工期，并支付承包人合理的利润。

2. 任命发包人代表和人员

发包人应在专用合同条款中明确其派驻施工现场的发包人代表的姓名、职务、联系方式及授权范围等事项。发包人代表在发包人的授权范围内，负责处理合同履行过程中与发包人有关的具体事宜。发包人代表在授权范围内的行为由发包人承担法律责任。发包人更换发包人代表的，应提前 7 天书面通知承包人。

发包人代表不能按照合同约定履行其职责及义务，并导致合同无法继续正常履行的，承包人可以要求发包人撤换发包人代表。不属于法定必须监理的工程，监理人的职权可以由发包人代表或发包人指定的其他人员行使。

发包人应要求在施工现场的发包人人员遵守法律及有关安全、质量、环境保护、文明施工等规定，并保障承包人免于承受因发包人人员未遵守上述要求给承包人造成的损失和责任。

发包人人员包括发包人代表及其他由发包人派驻施工现场的人员。

3. 提供施工现场、施工条件和基础资料

(1) 提供施工现场

除专用合同条款另有约定外，发包人应最迟于开工日期 7 天前向承包人移交施工现场。

(2) 提供施工条件

除专用合同条款另有约定外，发包人应负责提供施工所需要的条件，包括：

1) 将施工用水、电力、通信线路等施工所必需的条件接至施工现场内；

2) 保证向承包人提供正常施工所需要的进入施工现场的交通条件；

3) 协调处理施工现场周围地下管线和邻近建筑物、构筑物、古树名木的保护工作，并承担相关费用；

4) 按照专用合同条款约定应提供的其他设施和条件。

（3）提供基础资料

发包人应当在移交施工现场前向承包人提供施工现场及工程施工所必需的毗邻区域内供水、排水、供电、供气、供热、通信、广播电视等地下管线资料，气象和水文观测资料，地质勘察资料，相邻建筑物、构筑物和地下工程等有关基础资料，并对所提供资料的真实性、准确性和完整性负责。

按照法律规定确需在开工后方能提供的基础资料，发包人应尽其努力及时地在相应工程施工前的合理期限内提供，合理期限应以不影响承包人的正常施工为限。

（4）逾期提供的责任

因发包人原因未能按合同约定及时向承包人提供施工现场、施工条件、基础资料的，由发包人承担由此增加的费用和（或）延误的工期。

4. 提供资金来源证明及支付担保

除专用合同条款另有约定外，发包人应在收到承包人要求提供资金来源证明的书面通知后 28 天内，向承包人提供能够按照合同约定支付合同价款的相应资金来源证明。发包人要求承包人提供履约担保的，发包人应当向承包人提供支付担保。支付担保可以采用银行保函或担保公司担保等形式，具体由合同当事人在专用合同条款中约定。

5. 支付合同价款

发包人应按合同约定向承包人及时支付合同价款。

6. 组织竣工验收

发包人应按合同约定及时组织竣工验收。

7. 签署现场统一管理协议

发包人应与承包人、由发包人直接发包的专业工程的承包人签订施工现场统一管理协议，明确各方的权利义务。施工现场统一管理协议作为专用合同条款的附件。

7.2.3 承包人义务和主要工作

1. 承包人的一般义务

承包人在履行合同过程中应遵守法律和工程建设标准规范，并履行以下义务：

（1）办理法律规定应由承包人办理的许可和批准，并将办理结果书面报送发包人留存。

（2）按法律规定和合同约定完成工程，并在保修期内承担保修义务。

（3）按法律规定和合同约定采取施工安全和环境保护措施，办理工伤保险，确保工程及人员、材料、设备和设施的安全。

（4）按合同约定的工作内容和施工进度要求，编制施工组织设计和施工措施计划，并对所有施工作业和施工方法的完备性和安全可靠性负责。

（5）在进行合同约定的各项工作时，不得侵害发包人与他人使用公用道路、水源、市政管网等公共设施的权利，避免对邻近的公共设施产生干扰。承包人占用或使用他人的施工场地，影响他人作业或生活的，应承担相应责任。

（6）按照本通用条款【环境保护】约定负责施工场地及其周边环境与生态的保护工作。

（7）按本通用条款【安全文明施工】约定采取施工安全措施，确保工程及其人员、材料、设备和设施的安全，防止因工程施工造成的人身伤害和财产损失。

(8) 将发包人按合同约定支付的各项价款专用于合同工程，且应及时支付其雇用人员工资，并及时向分包人支付合同价款。

(9) 按照法律规定和合同约定编制竣工资料，完成竣工资料立卷及归档，并按专用合同条款约定的竣工资料的套数、内容、时间等要求移交发包人。

(10) 应履行的其他义务。

2. 项目经理

(1) 承包人任命项目经理

项目经理应为合同当事人所确认的人选，并在专用合同条款中明确项目经理的姓名、职称、注册执业证书编号、联系方式及授权范围等事项，项目经理经承包人授权后代表承包人负责履行合同。项目经理应是承包人正式聘用的员工，承包人应向发包人提交项目经理与承包人之间的劳动合同，以及承包人为项目经理缴纳社会保险的有效证明。承包人不提交上述文件的，项目经理无权履行职责，发包人有权要求更换项目经理，由此增加的费用和（或）延误的工期由承包人承担。

(2) 项目经理应常驻施工现场

项目经理应常驻施工现场，且每月在施工现场时间不得少于专用合同条款约定的天数。项目经理不得同时担任其他项目的项目经理。项目经理确需离开施工现场时，应事先通知监理人，并取得发包人的书面同意。项目经理的通知中应当载明临时代行其职责的人员的注册执业资格、管理经验等资料，该人员应具备履行相应职责的能力。承包人违反上述约定的，应按照专用合同条款的约定，承担违约责任。

(3) 紧急情况下的项目经理职责

项目经理按合同约定组织工程实施。在紧急情况下为确保施工安全和人员安全，在无法与发包人代表和总监理工程师及时取得联系时，项目经理有权采取必要的措施保证与工程有关的人身、财产和工程的安全，但应在 48 小时内向发包人代表和总监理工程师提交书面报告。

(4) 项目经理更换

1) 承包人更换项目经理。承包人需要更换项目经理的，应提前 14 天书面通知发包人和监理人，并征得发包人书面同意。通知中应当载明继任项目经理的注册执业资格、管理经验等资料，继任项目经理继续履行前任项目经理约定的职责。未经发包人书面同意，承包人不得擅自更换项目经理。承包人擅自更换项目经理的，应按照专用合同条款的约定承担违约责任。

2) 发包人更换项目经理。发包人有权书面通知承包人更换其认为不称职的项目经理，通知中应当载明要求更换的理由。承包人应在接到更换通知后 14 天内向发包人提出书面的改进报告。发包人收到改进报告后仍要求更换的，承包人应在接到第二次更换通知的 28 天内进行更换，并将新任命的项目经理的注册执业资格、管理经验等资料书面通知发包人。继任项目经理继续履行前任项目经理约定的职责。承包人无正当理由拒绝更换项目经理的，应按照专用合同条款的约定承担违约责任。

3. 承包人人员

(1) 承包人提交人员名单和信息

除专用合同条款另有约定外，承包人应在接到开工通知后 7 天内，向监理人提交承包人项目管理机构及施工现场人员安排的报告，其内容应包括合同管理、施工、技术、材料、质量、安全、财务等主要施工管理人员名单及其岗位、注册执业资格等，以及各工种技术工人的安排情况，并同时提交主要施工管理人员与承包人之间的劳动关系证明和缴纳社会保险的有效证明。

（2）承包人更换主要施工管理人员

承包人派驻到施工现场的主要施工管理人员应相对稳定。施工过程中如有变动，承包人应及时向监理人提交施工现场人员变动情况的报告。承包人更换主要施工管理人员时，应提前7天书面通知监理人，并征得发包人书面同意。通知中应当载明继任人员的注册执业资格、管理经验等资料。特殊工种作业人员均应持有相应的资格证明，监理人可以随时检查。

（3）发包人要求撤换主要施工管理人员

发包人对于承包人主要施工管理人员的资格或能力有异议的，承包人应提供资料证明被质疑人员有能力完成其岗位工作或不存在发包人所质疑的情形。发包人要求撤换不能按照合同约定履行职责及义务的主要施工管理人员的，承包人应当撤换。承包人无正当理由拒绝撤换的，应按照专用合同条款的约定承担违约责任。

（4）主要施工管理人员应常驻现场

除专用合同条款另有约定外，承包人的主要施工管理人员离开施工现场每月累计不超过5天的，应报监理人同意；离开施工现场每月累计超过5天的，应通知监理人，并征得发包人书面同意。主要施工管理人员离开施工现场前应指定一名有经验的人员临时代行其职责，该人员应具备履行相应职责的资格和能力，且应征得监理人或发包人的同意。承包人擅自更换主要施工管理人员，或前述人员未经监理人或发包人同意擅自离开施工现场的，应按照专用合同条款约定承担违约责任。

4. 承包人现场查勘

承包人应对基于发包人按照本通用条款【提供基础资料】提交的基础资料所作出的解释和推断负责，但因基础资料存在错误、遗漏导致承包人解释或推断失实的，由发包人承担责任。承包人应对施工现场和施工条件进行查勘，并充分了解工程所在地的气象条件、交通条件、风俗习惯以及其他与完成合同工作有关的资料。因承包人未能充分查勘、了解前述情况或未能充分估计前述情况所可能产生后果的，承包人承担由此增加的费用和（或）延误的工期。

5. 分包确定和管理

（1）分包的一般约定

承包人不得将其承包的全部工程转包给第三人，或将其承包的全部工程肢解后以分包的名义转包给第三人。承包人不得将工程主体结构、关键性工作及专用合同条款中禁止分包的专业工程分包给第三人，主体结构、关键性工作的范围由合同当事人按照法律规定在专用合同条款中予以明确。

承包人不得以劳务分包的名义转包或违法分包工程。

（2）分包的确定

承包人应按专用合同条款的约定进行分包，确定分包人。已标价工程量清单或预算书中给定暂估价的专业工程，按照本通用条款【暂估价】确定分包人。按照合同约定进行分包的，承包人应确保分包人具有相应的资格和能力。工程分包不减轻或免除承包人的责任和义务，承包人和分包人就分包工程向发包人承担连带责任。除合同另有约定外，承包人应在分包合同签订后 7 天内向发包人和监理人提交分包合同副本。

（3）分包管理

承包人应向监理人提交分包人的主要施工管理人员表，并对分包人的施工人员进行实名制管理，包括但不限于进出场管理、登记造册以及各种证照的办理。

（4）分包合同价款

除本通用条款【暂估价】约定的情况或专用合同条款另有约定外，分包合同价款由承包人与分包人结算，未经承包人同意，发包人不得向分包人支付分包工程价款；生效法律文书要求发包人向分包人支付分包合同价款的，发包人有权从应付承包人工程款中扣除该部分款项。

（5）分包合同权益的转让

分包人在分包合同项下的义务持续到缺陷责任期届满以后的，发包人有权在缺陷责任期届满前，要求承包人将其在分包合同项下的权益转让给发包人，承包人应当转让。除转让合同另有约定外，转让合同生效后，由分包人向发包人履行义务。

6. 工程照管与成品、半成品保护

除专用合同条款另有约定外，自发包人向承包人移交施工现场之日起，承包人应负责照管工程及工程相关的材料、工程设备，直到颁发工程接收证书之日止。在承包人负责照管期间，因承包人原因造成工程、材料、工程设备损坏的，由承包人负责修复或更换，并承担由此增加的费用和（或）延误的工期。对合同内分期完成的成品和半成品，在工程接收证书颁发前，由承包人承担保护责任。因承包人原因造成成品或半成品损坏的，由承包人负责修复或更换，并承担由此增加的费用和（或）延误的工期。

7. 履约担保

发包人需要承包人提供履约担保的，由合同当事人在专用合同条款中约定履约担保的方式、金额及期限等。履约担保可以采用银行保函或担保公司担保等形式，具体由合同当事人在专用合同条款中约定。因承包人原因导致工期延长的，继续提供履约担保所增加的费用由承包人承担；非因承包人原因导致工期延长的，继续提供履约担保所增加的费用由发包人承担。

8. 联合体

联合体各方应共同与发包人签订合同协议书。联合体各方应为履行合同向发包人承担连带责任。联合体协议经发包人确认后作为合同附件。在履行合同过程中，未经发包人同意，不得修改联合体协议。联合体牵头人负责与发包人和监理人联系，并接受指示，负责组织联合体各成员全面履行合同。

7.2.4 监理人一般规定和主要工作

1. 监理人的一般规定

工程实行监理的，发包人和承包人应在专用合同条款中明确监理人的监理内容及监理权限等事项。监理人应当根据发包人授权及法律规定，代表发包人对工程施工相关事项进行检查、查验、审核、验收，并签发相关指示，但监理人无权修改合同，且无权减轻或免除合同约定的承包人的任何责任与义务。除专用合同条款另有约定外，监理人在施工现场的办公场所、生活场所由承包人提供，所发生的费用由发包人承担。

2. 监理人员

发包人授予监理人对工程实施监理的权力由监理人派驻施工现场的监理人员行使，监理人员包括总监理工程师及监理工程师。监理人应将授权的总监理工程师和监理工程师的姓名及授权范围以书面形式提前通知承包人。更换总监理工程师的，监理人应提前7天书面通知承包人；更换其他监理人员，监理人应提前48小时书面通知承包人。

3. 监理人的指示

监理人应按照发包人的授权发出监理指示。监理人的指示应采用书面形式，并经其授权的监理人员签字。紧急情况下，为了保证施工人员的安全或避免工程受损，监理人员可以口头形式发出指示，该指示与书面形式的指示具有同等法律效力，但必须在发出口头指示后24小时内补发书面监理指示，补发的书面监理指示应与口头指示一致。

监理人发出的指示应送达承包人项目经理或经项目经理授权接收的人员。因监理人未能按合同约定发出指示、指示延误或发出了错误指示而导致承包人费用增加和（或）工期延误的，由发包人承担相应责任。除专用合同条款另有约定外，总监理工程师不应将【商定或确定】约定应由总监理工程师作出确定的权力授权或委托给其他监理人员。

承包人对监理人发出的指示有疑问的，应向监理人提出书面异议，监理人应在48小时内对该指示予以确认、更改或撤销，监理人逾期未回复的，承包人有权拒绝执行上述指示。

监理人对承包人的任何工作、工程或其采用的材料和工程设备未在约定的或合理期限内提出意见的，视为批准，但不免除或减轻承包人对该工作、工程、材料、工程设备等应承担的责任和义务。

4. 商定或确定

合同当事人进行商定或确定时，总监理工程师应当会同合同当事人尽量通过协商达成一致，不能达成一致的，由总监理工程师按照合同约定审慎作出公正的确定。

总监理工程师应将确定以书面形式通知发包人和承包人，并附详细依据。合同当事人对总监理工程师的确定没有异议的，按照总监理工程师的确定执行。任何一方合同当事人有异议，按照本通用条款【争议解决】约定处理。争议解决前，合同当事人暂按总监理工程师的确定执行；争议解决后，争议解决的结果与总监理工程师的确定不一致的，按照争议解决的结果执行，由此造成的损失由责任人承担。

7.2.5　施工合同的进度控制条款

进度控制是施工合同管理的重要组成部分。施工合同的进度控制可以分为施工准备阶段、施工阶段和竣工验收阶段的进度控制。

1. 施工准备阶段的进度控制

（1）合同工期的约定

工期是指在合同协议书约定的承包人完成工程所需的期限，包括按照合同约定所作的期限变更，按总日历天数（包括法定节假日）计算的承包天数。合同工期是施工的工程从开工起到完成专用条款约定的全部内容，工程达到竣工验收标准所经历的时间。承发包双方必须在协议书中明确约定工期，包括开工日期（包括计划开工日期和实际开工日期）和竣工日期（包括计划竣工日期和实际竣工日期）。计划开工日期是指合同协议书约定的开工日期；实际开工日期是指监理人按照通用条款【开工通知】约定发出的符合法律规定的开工通知中载明的开工日期。计划竣工日期是指合同协议书约定的竣工日期；实际竣工日期按照通用条款【竣工日期】的约定确定。工程竣工验收通过，实际竣工日期为承包人送交竣工验收报告的日期；工程按发包人要求修改后通过竣工验收的，实际竣工日期为承包人修改后提请发包人验收的日期。合同当事人应当在开工日期前做好一切开工的准备工作，承包人则应当按约定的开工日期开工。

对于群体工程，双方应在合同附件中具体约定不同单位工程的开工日期和竣工日期。对于大型、复杂工程项目，除了约定整个工程的开工日期、竣工日期和合同工期的总日历天数外，还应约定重要里程碑事件的开工与竣工日期，以确保工期总目标的顺利实现。

(2) 提交施工组织设计

1) 施工组织设计的内容。施工组织设计应包含以下内容：

① 施工方案；

② 施工现场平面布置图；

③ 施工进度计划和保证措施；

④ 劳动力及材料供应计划；

⑤ 施工机械设备的选用；

⑥ 质量保证体系及措施；

⑦ 安全生产、文明施工措施；

⑧ 环境保护、成本控制措施；

⑨ 合同当事人约定的其他内容。

2) 施工组织设计的提交和修改。除专用合同条款另有约定外，承包人应在合同签订后14天内，但至迟不得晚于【开工通知】载明的开工日期前7天，向监理人提交详细的施工组织设计，并由监理人报送发包人。除专用合同条款另有约定外，发包人和监理人应在监理人收到施工组织设计后7天内确认或提出修改意见。对发包人和监理人提出的合理意见和要求，承包人应自费修改完善。根据工程实际情况需要修改施工组织设计的，承包人应向发包人和监理人提交修改后的施工组织设计。

(3) 编制和修订施工进度计划

1) 施工进度计划的编制。承包人应按照施工组织设计的约定提交详细的施工进度计划，施工进度计划的编制应当符合国家法律规定和一般工程实践惯例，施工进度计划经发包人批准后实施。施工进度计划是控制工程进度的依据，发包人和监理人有权按照施工进度计划检查工程进度情况。

2) 施工进度计划的修订。施工进度计划不符合合同要求或与工程的实际进度不一致的，承包人应向监理人提交修订的施工进度计划，并附具有关措施和相关资料，由监理人报送发包人。除专用合同条款另有约定外，发包人和监理人应在收到修订的施工进度计划后7天内完成审核和批准或提出修改意见。

发包人和监理人对承包人提交的施工进度计划的确认，不能减轻或免除承包人根据法律规定和合同约定应承担的任何责任或义务。

(4) 开工

1) 开工准备。除专用合同条款另有约定外，承包人应按照施工组织设计约定的期限，向监理人提交工程开工报审表，经监理人报发包人批准后执行。开工报审表应详细说明按施工进度计划正常施工所需的施工道路、临时设施、材料、工程设备、施工设备、施工人员等落实情况以及工程的进度安排。除专用合同条款另有约定外，合同当事人应按约定完成开工准备工作。

2）开工通知。发包人应按照法律规定获得工程施工所需的许可。经发包人同意后，监理人发出的开工通知应符合法律规定。监理人应在计划开工日期7天前向承包人发出开工通知，工期自开工通知中载明的开工日期起算。

除专用合同条款另有约定外，因发包人原因造成监理人未能在计划开工日期之日起90天内发出开工通知的，承包人有权提出价格调整要求，或者解除合同。发包人应当承担由此增加的费用和（或）延误的工期，并向承包人支付合理利润。

（5）测量放线

1）发包人及时提供测量基准点等书面资料。除专用合同条款另有约定外，发包人应在至迟不得晚于本通用条款【开工通知】载明的开工日期前7天通过监理人向承包人提供测量基准点、基准线和水准点及其书面资料。发包人应对其提供的测量基准点、基准线和水准点及其书面资料的真实性、准确性和完整性负责。

承包人发现发包人提供的测量基准点、基准线和水准点及其书面资料存在错误或疏漏的，应及时通知监理人。监理人应及时报告发包人，并会同发包人和承包人予以核实。发包人应就如何处理和是否继续施工作出决定，并通知监理人和承包人。

2）承包人负责施工测量放线工作。承包人负责施工过程中的全部施工测量放线工作，并配置具有相应资格的人员、合格的仪器、设备和其他物品。承包人应校正工程的位置、标高、尺寸或基准线中出现的任何差错，并对工程各部分的定位负责。

施工过程中对施工现场内水准点等测量标志物的保护工作由承包人负责。

2. 施工阶段的进度控制

（1）发包人代表或总监理工程师对进度计划的检查与监督

开工后，承包人必须按照发包人代表或总监理工程师确认的进度计划组织施工，接受发包人代表或总监理工程师对进度的检查、监督，检查、督促的依据一般是双方已经确认的月度进度计划。一般情况下，发包人代表或总监理工程师每月检查一次承包人的进度计划执行情况，由承包人提交一份上月进度计划实际执行情况和本月的施工计划。同时，发包人代表或总监理工程师还应进行必要的现场实地检查。

工程实际进度与经确认的进度计划不符时，承包人应按发包人代表或总监理工程师的要求提出改进措施，经发包人代表或总监理工程师确认后执行。但是，对于因承包人自身的原因导致实际进度与进度计划不符时，所有的后果都应由承包人自行承担，承包人无权就改进措施追加合同价款，发包人代表或总监理工程师也不对改进措施的效果负责。如果采用改进措施后，经过一段时间工程实际进展赶上了进度计划，则仍可按原进度计划执行。如果采用改进措施一段时间后，工程实际进展仍明显与进度计划不符，则发包人代表或总监理工程师可以要求承包人修改原进度计划，并经发包人代表或总监理工程师确认后执行。但是，这种确认并不是发包人代表或总监理工程师对工程延期的批准，而仅仅是要求承包人在合理的状态下施工。因此，如果承包人按修改后的进度计划施工不能按期竣工的，承包人仍应承担相应的违约责任。发包人代表或总监理工程师应当随时了解施工进度计划执行过程中所存在的问题，并帮助承包人予以解决，特别是承包人无力解决的内外关系协调问题。

（2）工期延误

1）因发包人原因导致工期延误。在合同履行过程中，因下列情况导致工期延误和（或）费用增加的，由发包人承担由此延误的工期和（或）增加的费用，且发包人应支付承包人合理的利润：

① 发包人未能按合同约定提供图纸或所提供图纸不符合合同约定的；

② 发包人未能按合同约定提供施工现场、施工条件、基础资料、许可、批准等开工条件的；

③ 发包人提供的测量基准点、基准线和水准点及其书面资料存在错误或疏漏的；

④ 发包人未能在计划开工日期之日起 7 天内同意下达开工通知的；

⑤ 发包人未能按合同约定日期支付工程预付款、进度款或竣工结算款的；

⑥ 监理人未按合同约定发出指示、批准等文件的；

⑦ 专用合同条款中约定的其他情形。

因发包人原因未按计划开工日期开工的，发包人应按实际开工日期顺延竣工日期，确保实际工期不低于合同约定的工期总日历天数。因发包人原因导致工期延误需要修订施工进度计划的，按照本通用条款【施工进度计划的修订】的规定执行。

2）因承包人原因导致工期延误。因承包人原因造成工期延误的，可以在专用合同条款中约定逾期竣工违约金的计算方法和逾期竣工违约金的上限。承包人支付逾期竣工违约金后，不免除承包人继续完成工程及修补缺陷的义务。

（3）不利物质条件

不利物质条件是指有经验的承包人在施工现场遇到的不可预见的自然物质条件、非自然的物质障碍和污染物，包括地表以下物质条件和水文条件以及专用合同条款约定的其他情形，但不包括气候条件。

承包人遇到不利物质条件时，应采取克服不利物质条件的合理措施继续施工，并及时通知发包人和监理人。通知应载明不利物质条件的内容以及承包人认为不可预见的理由。监理人经发包人同意后应当及时发出指示，指示构成变更的，按本通用条款【变更】的约定执行。承包人因采取合理措施而增加的费用和（或）延误的工期由发包人承担。

（4）异常恶劣的气候条件

异常恶劣的气候条件是指在施工过程中遇到的，有经验的承包人在签订合同时不可预见的，对合同履行造成实质性影响的，但尚未构成不可抗力事件的恶劣气候条件。合同当事人可以在专用合同条款中约定异常恶劣的气候条件的具体情形。

承包人应采取克服异常恶劣的气候条件的合理措施继续施工，并及时通知发包人和监理人。监理人经发包人同意后应当及时发出指示，指示构成变更的，按本通用条款【变更】的约定办理。承包人因采取合理措施而增加的费用和（或）延误的工期由发包人承担。

（5）暂停施工

1）发包人原因引起的暂停施工。因发包人原因引起暂停施工的，监理人经发包人同意后，应及时下达暂停施工指示。情况紧急且监理人未及时下达暂停施工指示的，按照本通用条款【紧急情况下的暂停施工】执行。因发包人原因引起的暂停施工，发包人应承担由此增加的费用和（或）延误的工期，并支付承包人合理的利润。

2）承包人原因引起的暂停施工。因承包人原因引起的暂停施工，承包人应承担由此增加的费用和（或）延误的工期，且承包人在收到监理人复工指示后 84 天内仍未复工的，视为本通用条款【承包人违约的情形】约定的承包人无法继续履行合同的情形。

3）指示暂停施工。监理人认为有必要时，并经发包人批准后，可向承包人作出暂停施工的指示，承包人应按监理人指示暂停施工。

4）紧急情况下的暂停施工。因紧急情况需暂停施工，且监理人未及时下达暂停施工指示的，承包人可先暂停施工，并及时通知监理人。监理人应在接到通知后 24 小时内发出指示，逾期未发出指示，视为同意承包人暂停施工。监理人不同意承包人暂停施工的，应说明理由，承包人对监理人的答复有异议，按照本通用条款【争议解决】的约定处理。

5）暂停施工后的复工。暂停施工后，发包人和承包人应采取有效措施积极消除暂停施工的影响。在工程复工前，监理人会同发包人和承包人确定因暂停施工造成的损失，并确定工程复工条件。当工程具备复工条件时，监理人应经发包人批准后向承包人发出复工通知，承包人应按照复工通知要求复工。承包人无故拖延和拒绝复工的，承包人承担由此增加的费用和（或）延误的工期；因发包人原因无法按时复工的，按照本通用条款【因发包人原因导致工期延误】的约定办理。

6）暂停施工持续 56 天以上。监理人发出暂停施工指示后 56 天内未向承包人发出复工通知，除该项停工属于本通用条款【承包人原因引起的暂停施工】及【不可抗力】约定的情形外，承包人可向发包人提交书面通知，要求发包人在收到书面通知后 28 天内准许已暂停施工的部分或全部工程继续施工。发包人逾期不予批准的，则承包人可以通知发包人，将工程受影响的部分视为按本通用条款【变更的范围】可取消的工作。

暂停施工持续 84 天以上不复工的，且不属于本通用条款【承包人原因引起的暂停施工】及【不可抗力】约定的情形，并影响到整个工程以及合同目的实现的，承包人有权提出价格调整要求，或者解除合同。解除合同的，按照本通用条款【因发包人违约解除合同】的规定执行。

7）暂停施工期间的工程照管。暂停施工期间，承包人应负责妥善照管工程并提供安全保障，由此增加的费用由责任方承担。

8）暂停施工的措施。暂停施工期间，发包人和承包人均应采取必要的措施确保工程质量及安全，防止因暂停施工扩大损失。

（6）变更

1）变更的范围。除专用合同条款另有约定外，合同履行过程中发生以下情形的，应按照本条约定进行变更：

① 增加或减少合同中任何工作，或追加额外的工作；

② 取消合同中任何工作，但转由他人实施的工作除外；

③ 改变合同中任何工作的质量标准或其他特性；

④ 改变工程的基线、标高、位置和尺寸；

⑤ 改变工程的时间安排或实施顺序。

2）变更权。发包人和监理人均可以提出变更。变更指示均通过监理人发出，监理人发出变更指示前应征得发包人同意。承包人收到经发包人签认的变更指示后，方可实施变更。未经许可，承包人不得擅自对工程的任何部分进行变更。涉及设计变更的，应由设计人提供变更后的图纸和说明。如变更超过原设计标准或批准的建设规模时，发包人应及时办理规划、设计变更等审批手续。

3）变更程序。

① 发包人提出变更。发包人提出变更的，应通过监理人向承包人发出变更指示，变更指示应说明计划变更的工程范围和变更的内容。

② 监理人提出变更建议。监理人提出变更建议的，需要向发包人以书面形式提出变更计划，说明计划变更工程范围和变更的内容、理由，以及实施该变更对合同价格和工期的影响。发包人同意变更的，由监理人向承包人发出变更指示。发包人不同意变更的，监理人无权擅自发出变更指示。

③ 变更执行。承包人收到监理人下达的变更指示后，认为不能执行，应立即提出不能执行该变更指示的理由。承包人认为可以执行变更的，应当书面说明实施该变更指示对合同价格和工期的影响，且合同当事人应当按照本通用条款【变更估价】的约定确定变更估价。

4）变更或承包人合理化建议引起的工期调整。

因变更引起工期变化的，合同当事人均可要求调整合同工期，由合同当事人按照本通用条款【商定或确定】的规定，并参考工程所在地的工期定额标准确定增减工期天数。

承包人提出合理化建议的，应向监理人提交合理化建议说明，说明建议的内容和理由，以及实施该建议对工期和合同价格的影响，合理化建议由监理人审查并报送发包人，合理化建议经发包人批准的，监理人应及时发出变更指示，由此引起的工期变化和合同价格调整按照合同相关规定执行。

3. 竣工验收阶段的进度控制

工程竣工验收的条件、程序等内容参见本书 7.2.6 施工合同的质量控制条款。

(1) 实际竣工日期的确定

工程经竣工验收合格的，以承包人提交竣工验收申请报告之日为实际竣工日期，并在工程接收证书中载明；因发包人原因，未在监理人收到承包人提交的竣工验收申请报告 42 天内完成竣工验收，或完成竣工验收不予签发工程接收证书的，以提交竣工验收申请报告的日期为实际竣工日期；工程未经竣工验收，发包人擅自使用的，以转移占有工程之日为实际竣工日期。

(2) 提前竣工

发包人要求承包人提前竣工的，发包人应通过监理人向承包人下达提前竣工指示，承包人应向发包人和监理人提交提前竣工建议书，提前竣工建议书应包括实施的方案、缩短的时间、增加的合同价格等内容。发包人接受该提前竣工建议书的，监理人应与发包人和承包人协商采取加快工程进度的措施，并修订施工进度计划，由此增加的费用由发包人承担。承包人认为提前竣工指示无法执行的，应向监理人和发包人提出书面异议，发包人和监理人应在收到异议后 7 天内予以答复。任何情况下，发包人不得压缩合理工期。

发包人要求承包人提前竣工，或承包人提出提前竣工的建议能够给发包人带来效益的，合同当事人可以在专用合同条款中约定提前竣工的奖励。

7.2.6 施工合同的质量控制条款

工程施工中的质量控制是合同履行中的重要环节。施工合同的质量控制涉及许多方面的因素，任何一个方面的缺陷和疏漏，都会使工程质量无法达到预期的标准。承包人应按照合同约定的标准、规范、图纸、质量等级以及工程师发布的指令认真施工，并达到合同约定的质量等级。在施工过程中，承包人要随时接受工程师对材料、设备、中间部位、隐蔽工程、竣工工程等质量的检查、验收与监督。

1. 质量标准和要求

(1) 质量标准约定

工程质量标准必须符合现行国家有关工程施工质量验收规范和标准的要求。有关工程质量的特殊标准或要求由合同当事人在专用合同条款中约定。

(2) 达不到质量标准的处理

因发包人原因造成工程质量未达到合同约定标准的，由发包人承担由此增加的费用和（或）延误的工期，并支付承包人合理的利润。因承包人原因造成工程质量未达到合同约定标准的，发包人有权要求承包人返工直至工程质量达到合同约定的标准为止，并由承包人承担由此增加的费用和（或）延误的工期。

(3) 质量争议的处理

合同当事人对工程质量有争议的，由双方协商确定的工程质量检测机构鉴定，由此产生的费用及因此造成的损失，由责任方承担。合同当事人均有责任的，由双方根据其责任分别承担。合同当事人无法达成一致的，按照本通用条款【商定或确定】执行。

2. 质量保证措施

(1) 发包人的质量管理

发包人应按照法律规定及合同约定完成与工程质量有关的各项工作。

(2) 承包人的质量管理

承包人按照本通用条款【施工组织设计】约定向发包人和监理人提交工程质量保证体系及措施文件，建立完善的质量检查制度，并提交相应的工程质量文件。对于发包人和监理人违反法律规定和合同约定的错误指示，承包人有权拒绝实施。

承包人应对施工人员进行质量教育和技术培训，定期考核施工人员的劳动技能，严格执行施工规范和操作规程。承包人应按照法律规定和发包人的要求，对材料、工程设备以及工程的所有部位及其施工工艺进行全过程的质量检查和检验，并作详细记录，编制工程质量报表，报送监理人审查。此外，承包人还应按照法律规定和发包人的要求，进行施工现场取样试验、工程复核测量和设备性能检测，提供试验样品、提交试验报告和测量成果以及其他工作。

(3) 监理人的质量检查和检验

监理人按照法律规定和发包人授权对工程的所有部位及其施工工艺、材料和工程设备进行检查和检验。承包人应为监理人的检查和检验提供方便，包括监理人到施工现场，或制造、加工地点，或合同约定的其他地方进行查看和查阅施工原始记录。监理人为此进行的检查和检验，不免除或减轻承包人按照合同约定应当承担的责任。

监理人的检查和检验不应影响施工正常进行。监理人的检查和检验影响施工正常进行的，且经检查检验不合格的，影响正常施工的费用由承包人承担，工期不予顺延；经检查检验合格的，由此增加的费用和（或）延误的工期由发包人承担。

3. 材料和工程设备的质量控制

(1) 发包人供应材料与工程设备

发包人自行供应材料、工程设备的，应在签订合同时在专用合同条款的附件《发包人供应材料设备一览表》中明确材料、工程设备的品种、规格、型号、数量、单价、质量等级和送达地点。

承包人应提前30天通过监理人以书面形式通知发包人供应材料与工程设备进场。承包人按照本通用条款【施工进度计划的修订】的约定修订施工进度计划时，需同时提交经修订后的发包人供应材料与工程设备的进场计划。

(2) 承包人采购材料与工程设备

承包人负责采购材料、工程设备的，应按照设计和有关标准要求采购，并提供产品合格证明及出厂证明，对材料、工程设备质量负责。合同约定由承包人采购的材料、工程设备，发包人不得指定生产厂家或供应商，发包人违反本款约定指定生产厂家或供应商的，承包人有权拒绝，并由发包人承担相应责任。

(3) 材料与工程设备的接收与拒收

1) 发包人提供材料、设备的责任

发包人应按《发包人供应材料设备一览表》约定的内容提供材料和工程设备，并向承包人提供产品合格证明及出厂证明，对其质量负责。发包人应提前24小时以书面形式通知承包人、监理人材料和工程设备到货时间，承包人负责材料和工程设备的清点、检验和接收。

发包人提供的材料和工程设备的规格、数量或质量不符合合同约定的，或因发包人原因导致交货日期延误或交货地点变更等情况的，按照【发包人违约】约定办理。

2) 承包人提供材料、设备的责任

承包人采购的材料和工程设备，应保证产品质量合格，承包人应在材料和工程设备到货前24小时通知监理人检验。承包人进行永久设备、材料的制造和生产的，应符合相关质量标准，并向监理人提交材料的样本以及有关资料，并应在使用该材料或工程设备之前获得监理人同意。

承包人采购的材料和工程设备不符合设计或有关标准要求时，承包人应在监理人要求的合理期限内将不符合设计或有关标准要求的材料、工程设备运出施工现场，并重新采购符合要求的材料、工程设备，由此增加的费用和（或）延误的工期，由承包人承担。

(4) 材料与工程设备的保管与使用

1) 发包人供应材料、设备的保管与使用

发包人供应的材料和工程设备，承包人清点后由承包人妥善保管，保管费用由发包人承担，但已标价工程量清单或预算书已经列支或专用合同条款另有约定除外。因承包人原因发生丢失毁损的，由承包人负责赔偿；监理人未通知承包人清点的，承包人不负责材料和工程设备的保管，由此导致丢失毁损的由发包人负责。发包人供应的材料和工程设备使用前，由承包人负责检验，检验费用由发包人承担，不合格的不得使用。

2) 承包人采购材料、设备的保管与使用

承包人采购的材料和工程设备由承包人妥善保管，保管费用由承包人承担。法律规定材料和工程设备使用前必须进行检验或试验的，承包人应按监理人的要求进行检验或试验，检验或试验费用由承包人承担，不合格的不得使用。发包人或监理人发现承包人使用不符合设计或有关标准要求的材料和工程设备时，有权要求承包人进行修复、拆除或重新采购，由此增加的费用和（或）延误的工期，由承包人承担。

（5）禁止使用不合格的材料、设备

监理人有权拒绝承包人提供的不合格材料或工程设备，并要求承包人立即进行更换。监理人应在更换后再次进行检查和检验，由此增加的费用和（或）延误的工期由承包人承担。监理人发现承包人使用了不合格的材料和工程设备，承包人应按照监理人的指示立即改正，并禁止在工程中继续使用不合格的材料和工程设备。

发包人提供的材料或工程设备不符合合同要求的，承包人有权拒绝，并可要求发包人更换，由此增加的费用和（或）延误的工期由发包人承担，并支付承包人合理的利润。

（6）样品

1）样品的报送与封存

需要承包人报送样品的材料或工程设备，样品的种类、名称、规格、数量等要求均应在专用合同条款中约定。样品的报送程序如下：

① 承包人应在计划采购前 28 天向监理人报送样品。承包人报送的样品均应来自供应材料的实际生产地，且提供的样品的规格、数量足以表明材料或工程设备的质量、型号、颜色、表面处理、质地、误差和其他要求的特征。

② 承包人每次报送样品时应随附申报单，申报单应载明报送样品的相关数据和资料，并标明每件样品对应的图纸号，预留监理人批复意见栏。监理人应在收到承包人报送的样品后 7 天内向承包人回复经发包人签认的样品审批意见。

③ 经发包人和监理人审批确认的样品应按约定的方法封样，封存的样品作为检验工程相关部分的标准之一。承包人在施工过程中不得使用与样品不符的材料或工程设备。

④ 发包人和监理人对样品的审批确认仅为确认相关材料或工程设备的特征或用途，不得被理解为对合同的修改或改变，也并不减轻或免除承包人任何的责任和义务。如果封存的样品修改或改变了合同约定，合同当事人应当以书面协议予以确认。

2）样品的保管

经批准的样品应由监理人负责封存于现场，承包人应在现场为保存样品提供适当和固定的场所并保持适当和良好的存储环境条件。

（7）材料与工程设备的替代

1）替代材料和设备的使用规定

出现下列情况需要使用替代材料和工程设备的，承包人应按照合同约定的程序执行：

① 基准日期后生效的法律规定禁止使用的；

② 发包人要求使用替代品的；

③ 因其他原因必须使用替代品的。

2）替代材料和设备的使用程序

承包人应在使用替代材料和工程设备 28 天前书面通知监理人，并附下列文件：

① 被替代的材料和工程设备的名称、数量、规格、型号、品牌、性能、价格及其他相关资料；

② 替代品的名称、数量、规格、型号、品牌、性能、价格及其他相关资料；

③ 替代品与被替代产品之间的差异以及使用替代品可能对工程产生的影响；

④ 替代品与被替代产品的价格差异；

⑤ 使用替代品的理由和原因说明；

⑥ 监理人要求的其他文件。

监理人应在收到通知后 14 天内向承包人发出经发包人签认的书面指示；监理人逾期发出书面指示的，视为发包人和监理人同意使用替代品。

3）替代材料和设备的价格确定

发包人认可使用替代材料和工程设备的，替代材料和工程设备的价格，按照已标价工程量清单或预算书相同项目的价格认定；无相同项目的，参考相似项目价格认定；既无相同项目也无相似项目的，按照合理的成本与利润构成的原则，由合同当事人按照本通用条款【商定或确定】确定价格。

（8）施工设备和临时设施

1）承包人提供的施工设备和临时设施

承包人应按合同进度计划的要求，及时配置施工设备和修建临时设施。进入施工场地的承包人设备需经监理人核查后才能投入使用。承包人更换合同约定的承包人设备的，应报监理人批准。除专用合同条款另有约定外，承包人应自行承担修建临时设施的费用，需要临时占地的，应由发包人办理申请手续并承担相应费用。

2）发包人提供的施工设备和临时设施

发包人提供的施工设备或临时设施在专用合同条款中约定。

3）要求承包人增加或更换施工设备

承包人使用的施工设备不能满足合同进度计划和（或）质量要求时，监理人有权要求承包人增加或更换施工设备，承包人应及时增加或更换，由此增加的费用和（或）延误的工期由承包人承担。

（9）材料与设备专用要求

承包人运入施工现场的材料、工程设备、施工设备以及在施工场地建设的临时设施，包括备品备件、安装工具与资料，必须专用于工程。未经发包人批准，承包人不得运出施工现场或挪作他用；经发包人批准，承包人可以根据施工进度计划撤走闲置的施工设备和其他物品。

4. 隐蔽工程检查

（1）承包人自检

承包人应当对工程隐蔽部位进行自检，并经自检确认是否具备覆盖条件。

（2）检查程序

除专用合同条款另有约定外，工程隐蔽部位经承包人自检确认具备覆盖条件的，承包人应在共同检查前 48 小时书面通知监理人检查，通知中应载明隐蔽检查的内容、时间和地点，并应附有自检记录和必要的检查资料。

监理人应按时到场并对隐蔽工程及其施工工艺、材料和工程设备进行检查。经监理人检查确认质量符合隐蔽要求，并在验收记录上签字后，承包人才能进行覆盖。经监理人检查质量不合格的，承包人应在监理人指示的时间内完成修复，并由监理人重新检查，由此增加的费用和（或）延误的工期由承包人承担。

除专用合同条款另有约定外，监理人不能按时进行检查的，应在检查前 24 小时向承包人提交书面延期要求，但延期不能超过 48 小时，由此导致工期延误的，工期应予以顺延。监理人未按时进行检查，也未提出延期要求的，视为隐蔽工程检查合格，承包人可自行完成覆盖工作，并作相应记录报送监理人，监理人应签字确认。监理人事后对检查记录有疑问的，可按本通用条款【重新检查】的约定重新检查。

（3）重新检查

承包人覆盖工程隐蔽部位后，发包人或监理人对质量有疑问的，可要求承包人对已覆盖的部位进行钻孔探测或揭开重新检查，承包人应遵照执行，并在检查后重新覆盖恢复原状。经检查证明工程质量符合合同要求的，由发包人承担由此增加的费用和（或）延误的工期，并支付承包人合理的利润；经检查证明工程质量不符合合同要求的，由此增加的费用和（或）延误的工期由承包人承担。

（4）承包人私自覆盖

承包人未通知监理人到场检查，私自将工程隐蔽部位覆盖的，监理人有权指示承包人钻孔探测或揭开检查，无论工程隐蔽部位质量是否合格，由此增加的费用和（或）延误的工期均由承包人承担。

5. 不合格工程的处理

因承包人原因造成工程不合格的，发包人有权随时要求承包人采取补救措施，直至达到合同要求的质量标准，由此增加的费用和（或）延误的工期由承包人承担。无法补救的，按照本通用条款【拒绝接收全部或部分工程】约定执行。

因发包人原因造成工程不合格的，由此增加的费用和（或）延误的工期由发包人承担，并支付承包人合理的利润。

6. 试验与检验

（1）试验设备与试验人员

承包人根据合同约定或监理人指示进行的现场材料试验，应由承包人提供试验场所、试验人员、试验设备以及其他必要的试验条件。监理人在必要时可以使用承包人提供的试验场所、试验设备以及其他试验条件，进行以工程质量检查为目的的材料复核试验，承包人应予以协助。

承包人应按专用合同条款的约定提供试验设备、取样装置、试验场所和试验条件，并向监理人提交相应进场计划表。承包人配置的试验设备要符合相应试验规程的要求并经过具有资格的检测单位检测，且在正式使用该试验设备前，需要经过监理人与承包人共同校定。

承包人应向监理人提交试验人员的名单及其岗位、资格等证明资料，试验人员必须能够熟练进行相应的检测试验，承包人对试验人员的试验程序和试验结果的正确性负责。

（2）取样

试验属于自检性质的，承包人可以单独取样。试验属于监理人抽检性质的，可由监理人取样，也可由承包人的试验人员在监理人的监督下取样。

（3）材料、工程设备和工程的试验和检验

承包人应按合同约定进行材料、工程设备和工程的试验和检验，并为监理人对上述材料、工程设备和工程的质量检查提供必要的试验资料和原始记录。按合同约定应由监理人与承包人共同进行试验和检验的，由承包人负责提供必要的试验资料和原始记录。

试验属于自检性质的，承包人可以单独进行试验。试验属于监理人抽检性质的，监理人可以单独进行试验，也可由承包人与监理人共同进行。承包人对由监理人单独进行的试验结果有异议的，可以申请重新共同进行试验。约定共同进行试验的，监理人未按照约定参加试验的，承包人可自行试验，并将试验结果报送监理人，监理人应承认该试验结果。

监理人对承包人的试验和检验结果有异议的，或为查清承包人试验和检验成果的可靠性要求承包人重新试验和检验的，可由监理人与承包人共同进行。重新试验和检验的结果证明该项材料、工程设备或工程的质量不符合合同要求的，由此增加的费用和（或）延误的工期由承包人承担；重新试验和检验结果证明该项材料、工程设备和工程的质量符合合同要求的，由此增加的费用和（或）延误的工期由发包人承担。

(4) 现场工艺试验

承包人应按合同约定或监理人指示进行现场工艺试验。对大型的现场工艺试验，监理人认为必要时，承包人应根据监理人提出的工艺试验要求，编制工艺试验措施计划，报送监理人审查。

7. 分部分项工程验收

分部分项工程质量应符合国家有关工程施工验收规范、标准及合同约定，承包人应按照施工组织设计的要求完成分部分项工程施工。

除专用合同条款另有约定外，分部分项工程经承包人自检合格并具备验收条件的，承包人应提前 48 小时通知监理人进行验收。监理人不能按时进行验收的，应在验收前 24 小时向承包人提交书面延期要求，但延期不能超过 48 小时。监理人未按时进行验收，也未提出延期要求的，承包人有权自行验收，监理人应认可验收结果。分部分项工程未经验收的，不得进入下一道工序施工。分部分项工程的验收资料应当作为竣工资料的组成部分。

8. 工程试车

(1) 试车程序

工程需要试车的，除专用合同条款另有约定外，试车内容应与承包人承包范围相一致，试车费用由承包人承担。工程试车应按如下程序进行：

1) 单机无负荷试车。具备单机无负荷试车条件，承包人组织试车，并在试车前 48 小时书面通知监理人，通知中应载明试车内容、时间、地点。承包人准备试车记录，发包人根据承包人要求为试车提供必要条件。试车合格的，监理人在试车记录上签字。监理人在试车合格后不在试车记录上签字，自试车结束满 24 小时后视为监理人已经认可试车记录，承包人可继续施工或办理竣工验收手续。

监理人不能按时参加试车，应在试车前 24 小时以书面形式向承包人提出延期要求，但延期不能超过 48 小时，由此导致工期延误的，工期应予以顺延。监理人未能在前述期限内提出延期要求，又不参加试车的，视为认可试车记录。

2) 无负荷联动试车。具备无负荷联动试车条件，发包人组织试车，并在试车前 48 小时以书面形式通知承包人。通知中应载明试车内容、时间、地点和对承包人的要求，承包人按要求做好准备工作。试车合格，合同当事人在试车记录上签字。承包人无正当理由不参加试车的，视为认可试车记录。

3）投料试车。如需进行投料试车的，发包人应在工程竣工验收后组织投料试车。发包人要求在工程竣工验收前进行或需要承包人配合时，应征得承包人同意，并在专用合同条款中约定有关事项。

投料试车合格的，费用由发包人承担；因承包人原因造成投料试车不合格的，承包人应按照发包人要求进行整改，由此产生的整改费用由承包人承担；非因承包人原因导致投料试车不合格的，如发包人要求承包人进行整改的，由此产生的费用由发包人承担。

（2）试车责任

1）设计原因。因设计原因导致试车达不到验收要求，发包人应要求设计人修改设计，承包人按修改后的设计重新安装。发包人承担修改设计、拆除及重新安装的全部费用，工期相应顺延。

2）承包人原因。因承包人原因导致试车达不到验收要求，承包人按监理人要求重新安装和试车，并承担重新安装和试车的费用，工期不予顺延。

3）设备制造原因。因工程设备制造原因导致试车达不到验收要求的，由采购该工程设备的合同当事人负责重新购置或修理，承包人负责拆除和重新安装，由此增加的修理、重新购置、拆除及重新安装的费用及延误的工期由采购该工程设备的合同当事人承担。

9. 竣工验收

竣工验收是全面考核建设工作，检查施工是否符合设计要求和工程质量标准的重要环节。工程未经竣工验收或竣工验收未通过的，发包人不得使用。发包人强行使用时，由此发生的质量问题及其他问题，由发包人承担责任，但在此情况下发包人主要是对强行使用直接产生的质量问题和其他问题承担责任，不能免除承包人对工程的保修等责任。

（1）竣工验收条件

工程具备以下条件的，承包人可以申请竣工验收：

1）除发包人同意的甩项工作和缺陷修补工作外，合同范围内的全部工程以及有关工作，包括合同要求的试验、试运行以及检验均已完成，并符合合同要求。

2）已按合同约定编制了甩项工作和缺陷修补工作清单以及相应的施工计划。

3）已按合同约定的内容和份数备齐竣工资料。

（2）竣工验收程序

除专用合同条款另有约定外，承包人申请竣工验收的，应当按照以下程序进行：

1）承包人向监理人报送竣工验收申请报告，监理人应在收到竣工验收申请报告后14天内完成审查并报送发包人。监理人审查后认为尚不具备验收条件的，应通知承包人在竣工验收前承包人还需完成的工作内容，承包人应在完成监理人通知的全部工作内容后，再次提交竣工验收申请报告。

2）监理人审查后认为已具备竣工验收条件的，应将竣工验收申请报告提交发包人，发包人应在收到经监理人审核的竣工验收申请报告后28天内审批完毕并组织监理人、承包人、设计人等相关单位完成竣工验收。

3）竣工验收合格的，发包人应在验收合格后14天内向承包人签发工程接收证书。发包人无正当理由逾期不颁发工程接收证书的，自验收合格后第15天起视为已颁发工程接收证书。

4）竣工验收不合格的，监理人应按照验收意见发出指示，要求承包人对不合格工程返工、修复或采取其他补救措施，由此增加的费用和（或）延误的工期由承包人承担。承包人在完成不合格工程的返工、修复或采取其他补救措施后，应重新提交竣工验收申请报告，并按本项约定的程序重新进行验收。

5）工程未经验收或验收不合格，发包人擅自使用的，应在转移占有工程后 7 天内向承包人颁发工程接收证书；发包人无正当理由逾期不颁发工程接收证书的，自转移占有后第 15 天起视为已颁发工程接收证书。

除专用合同条款另有约定外，发包人不按照本项约定组织竣工验收、颁发工程接收证书的，每逾期一天，应以签约合同价为基数，按照中国人民银行发布的同期同类贷款基准利率支付违约金。

（3）拒绝接收全部或部分工程

对于竣工验收不合格的工程，承包人完成整改后，应当重新进行竣工验收，经重新组织验收仍不合格的且无法采取措施补救的，则发包人可以拒绝接收不合格工程，因不合格工程导致其他工程不能正常使用的，承包人应采取措施确保相关工程的正常使用，由此增加的费用和（或）延误的工期由承包人承担。

（4）移交、接收全部与部分工程

除专用合同条款另有约定外，合同当事人应当在颁发工程接收证书后 7 天内完成工程的移交。发包人无正当理由不接收工程的，发包人自应当接收工程之日起，承担工程照管、成品保护、保管等与工程有关的各项费用，合同当事人可以在专用合同条款中另行约定发包人逾期接收工程的违约责任。

承包人无正当理由不移交工程的，承包人应承担工程照管、成品保护、保管等与工程有关的各项费用，合同当事人可以在专用合同条款中另行约定承包人无正当理由不移交工程的违约责任。

10. 提前交付单位工程的验收

发包人需要在工程竣工前使用单位工程的，或承包人提出提前交付已经竣工的单位工程且经发包人同意的，可进行单位工程验收，验收的程序按照本通用条款【竣工验收】的约定进行。

验收合格后，由监理人向承包人出具经发包人签认的单位工程接收证书。已签发单位工程接收证书的单位工程由发包人负责照管。单位工程的验收成果和结论作为整体工程竣工验收申请报告的附件。

发包人要求在工程竣工前交付单位工程，由此导致承包人费用增加和（或）工期延误的，由发包人承担由此增加的费用和（或）延误的工期，并支付承包人合理的利润。

11. 施工期运行

施工期运行是指合同工程尚未全部竣工，其中某项或某几项单位工程或工程设备安装已竣工，根据专用合同条款约定，需要投入施工期运行的，经发包人按本通用条款【提前交付单位工程的验收】的约定验收合格，证明能确保安全后，才能在施工期投入运行。在施工期运行中发现工程或工程设备损坏或存在缺陷的，由承包人按本通用条款【缺陷责任期】的约定进行修复。

12. 竣工退场

（1）现场清理

颁发工程接收证书后，承包人应按以下要求对施工现场进行清理：

1）施工现场内残留的垃圾已全部清除出场；

2）临时工程已拆除，场地已进行清理、平整或复原；

3）按合同约定应撤离的人员、承包人施工设备和剩余的材料，包括废弃的施工设备和材料，已按计划撤离施工现场；

4）施工现场周边及其附近道路、河道的施工堆积物，已全部清理；

5）施工现场其他场地清理工作已全部完成。

施工现场的竣工退场费用由承包人承担。承包人应在专用合同条款约定的期限内完成竣工退场，逾期未完成的，发包人有权出售或另行处理承包人遗留的物品，由此支出的费用由承包人承担，发包人出售承包人遗留物品所得款项在扣除必要费用后应返还承包人。

（2）地表还原

承包人应按发包人要求恢复临时占地及清理场地，承包人未按发包人的要求恢复临时占地，或者场地清理未达到合同约定要求的，发包人有权委托其他人恢复或清理，所发生的费用由承包人承担。

13. 缺陷责任与工程保修

承包人应按法律、行政法规或国家关于工程质量保修的有关规定，在工程移交发包人后，因承包人原因产生的质量缺陷，承包人应承担质量缺陷责任和保修义务。所谓质量缺陷是指工程不符合国家或行业现行的有关技术标准、设计文件以及合同中对质量的要求。缺陷责任期届满，承包人仍应按合同约定的工程各部位保修年限承担保修义务。

承包人应在工程竣工验收之前，与发包人签订质量保修书，作为施工合同附件，其有效期限至保修期满。

（1）缺陷责任期

1）缺陷责任期期限。缺陷责任期从工程通过竣工验收之日起计算，合同当事人应在专用合同条款约定缺陷责任期的具体期限，但该期限最长不超过 24 个月。单位工程先于全部工程进行验收，经验收合格并交付使用的，该单位工程缺陷责任期自单位工程验收合格之日起算。因承包人原因导致工程无法按合同约定期限进行竣工验收的，缺陷责任期从实际通过竣工验收之日起计算。因发包人原因导致工程无法按合同约定期限进行竣工验收的，在承包人提交竣工验收报告 90 天后，工程自动进入缺陷责任期；发包人未经竣工验收擅自使用工程的，缺陷责任期自工程转移占有之日起开始计算。

2）缺陷责任期期限的延长。由承包人原因造成的缺陷，承包人应负责维修，并承担鉴定及维修费用。如承包人不维修也不承担费用，发包人可按合同约定从保证金或银行保函中扣除，费用超出保证金额的，发包人可按合同约定向承包人进行索赔。承包人维修并承担相应费用后，不免除对工程的损失赔偿责任。发包人有权要求承包人延长缺陷责任期，并应在原缺陷责任期届满前发出延长通知，但缺陷责任期（含延长部分）最长不能超过 24 个月。由他人原因造成的缺陷，发包人负责组织维修，承包人不承担费用，且发包人不得从保证金中扣除费用。

3）缺陷责任期期限内的试验。任何一项缺陷或损坏修复后，经检查证明其影响了工程或工程设备的使用性能，承包人应重新进行合同约定的试验和试运行，试验和试运行的全部费用应由责任方承担。

4）颁发缺陷责任期终止证书。除专用合同条款另有约定外，承包人应于缺陷责任期届满后7天内向发包人发出缺陷责任期届满通知，发包人应在收到缺陷责任期届满通知后14天内核实承包人是否履行缺陷修复义务，承包人未能履行缺陷修复义务的，发包人有权扣除相应金额的维修费用。发包人应在收到缺陷责任期届满通知后14天内，向承包人颁发缺陷责任期终止证书。

（2）保修责任

1）工程保修期

工程保修期从工程竣工验收合格之日起算，具体分部分项工程的保修期由合同当事人在专用合同条款中约定，但不得低于法律、法规规定的法定最低保修年限。在工程保修期内，承包人应当根据有关法律规定以及合同约定承担保修责任。发包人未经竣工验收擅自使用工程的，保修期自转移占有之日起算。

2）修复费用

保修期内，修复的费用按照以下约定处理：

① 保修期内，因承包人原因造成工程的缺陷、损坏，承包人应负责修复，并承担修复的费用以及因工程的缺陷、损坏造成的人身伤害和财产损失；

② 保修期内，因发包人使用不当造成工程的缺陷、损坏，可以委托承包人修复，但发包人应承担修复的费用，并支付承包人合理利润；

③ 因其他原因造成工程的缺陷、损坏，可以委托承包人修复，发包人应承担修复的费用，并支付承包人合理的利润，因工程的缺陷、损坏造成的人身伤害和财产损失由责任方承担。

3）修复通知

在保修期内，发包人在使用过程中，发现已接收的工程存在缺陷或损坏的，应书面通知承包人予以修复，但情况紧急必须立即修复缺陷或损坏的，发包人可以口头通知承包人并在口头通知后48小时内书面确认，承包人应在专用合同条款约定的合理期限内到达工程现场并修复缺陷或损坏。

4）未能修复

因承包人原因造成工程的缺陷或损坏，承包人拒绝维修或未能在合理期限内修复缺陷或损坏，且经发包人书面催告后仍未修复的，发包人有权自行修复或委托第三方修复，所需费用由承包人承担。但修复范围超出缺陷或损坏范围的，超出范围部分的修复费用由发包人承担。

5）承包人出入权

在保修期内，为了修复缺陷或损坏，承包人有权出入工程现场，除情况紧急必须立即修复缺陷或损坏外，承包人应提前24小时通知发包人进场修复的时间。承包人进入工程现场前应获得发包人同意，且不应影响发包人正常的生产经营，并应遵守发包人有关保安和保密等规定。

7.2.7 施工合同的投资控制条款

1. 合同价格形式

发包人和承包人应在合同协议书中选择下列一种合同价格形式：

（1）单价合同

单价合同是指合同当事人约定以工程量清单及其综合单价进行合同价格计算、调整和确认的建设工程施工合同，在约定的范围内合同单价不作调整。合同当事人应在专用合同条款中约定综合单价包含的风险范围和风险费用的计算方法，并约定风险范围以外的合同价格的调整方法，其中因市场价格波动引起的调整按本通用条款【市场价格波动引起的调整】的约定执行。

(2) 总价合同

总价合同是指合同当事人约定以施工图、已标价工程量清单或预算书及有关条件进行合同价格计算、调整和确认的建设工程施工合同，在约定的范围内合同总价不作调整。合同当事人应在专用合同条款中约定总价包含的风险范围和风险费用的计算方法，并约定风险范围以外的合同价格的调整方法，其中因市场价格波动引起的调整按本通用条款【市场价格波动引起的调整】的约定执行，因法律变化引起的调整按【法律变化引起的调整】的约定执行。

(3) 其他价格形式

合同当事人可在专用合同条款中约定其他合同价格形式。合同当事人可以根据实际情况选择成本加酬金或者定额计价等方式计取工程价款。

2. 预付款

(1) 预付款的支付

预付款的支付按照专用合同条款约定执行，但至迟应在开工通知载明的开工日期7天前支付。预付款应当用于材料、工程设备、施工设备的采购及修建临时工程、组织施工队伍进场等。

除专用合同条款另有约定外，预付款在进度付款中同比例扣回。在颁发工程接收证书前，提前解除合同的，尚未扣完的预付款应与合同价款一并结算。

发包人逾期支付预付款超过7天的，承包人有权向发包人发出要求预付的催告通知，发包人收到通知后7天内仍未支付的，承包人有权暂停施工，并按本通用条款【发包人违约的情形】的规定执行。

(2) 预付款担保

发包人要求承包人提供预付款担保的，承包人应在发包人支付预付款7天前提供预付款担保，专用合同条款另有约定除外。预付款担保可采用银行保函、担保公司担保等形式，具体由合同当事人在专用合同条款中约定。在预付款完全扣回之前，承包人应保证预付款担保持续有效。

发包人在工程款中逐期扣回预付款后，预付款担保额度应相应减少，但剩余的预付款担保金额不得低于未被扣回的预付款金额。

3. 计量

(1) 计量原则

工程量计量按照合同约定的工程量计算规则、图纸及变更指示等进行计量。工程量计算规则应以相关的国家标准、行业标准等为依据，由合同当事人在专用合同条款中约定。

(2) 计量周期

除专用合同条款另有约定外，工程量的计量按月进行。

(3) 单价合同的计量

除专用合同条款另有约定外，单价合同的计量按照本项约定执行：

1）承包人应于每月 25 日向监理人报送上月 20 日至当月 19 日已完成的工程量报告，并附具进度付款申请单、已完成工程量报表和有关资料。

2）监理人应在收到承包人提交的工程量报告后 7 天内完成对承包人提交的工程量报表的审核并报送发包人，以确定当月实际完成的工程量。监理人对工程量有异议的，有权要求承包人进行共同复核或抽样复测。承包人应协助监理人进行复核或抽样复测，并按监理人要求提供补充计量资料。承包人未按监理人要求参加复核或抽样复测的，监理人复核或修正的工程量视为承包人实际完成的工程量。

3）监理人未在收到承包人提交的工程量报表后的 7 天内完成审核的，承包人报送的工程量报告中的工程量视为承包人实际完成的工程量，据此计算工程价款。

（4）总价合同的计量

除专用合同条款另有约定外，按月计量支付的总价合同，按照本项约定执行：

1）承包人应于每月 25 日向监理人报送上月 20 日至当月 19 日已完成的工程量报告，并附具进度付款申请单、已完成工程量报表和有关资料。

2）监理人应在收到承包人提交的工程量报告后 7 天内完成对承包人提交的工程量报表的审核并报送发包人，以确定当月实际完成的工程量。监理人对工程量有异议的，有权要求承包人进行共同复核或抽样复测。承包人应协助监理人进行复核或抽样复测并按监理人要求提供补充计量资料。承包人未按监理人要求参加复核或抽样复测的，监理人审核或修正的工程量视为承包人实际完成的工程量。

3）监理人未在收到承包人提交的工程量报表后的 7 天内完成复核的，承包人提交的工程量报告中的工程量视为承包人实际完成的工程量。

总价合同采用支付分解表计量支付的，可以按照本通用条款【总价合同的计量】的约定进行计量，但合同价款按照支付分解表进行支付。

4. 工程进度款支付

（1）付款周期

除专用合同条款另有约定外，付款周期应按照本通用条款【计量周期】的约定与计量周期保持一致。

（2）进度付款申请单的编制

除专用合同条款另有约定外，进度付款申请单应包括下列内容：

1）截至本次付款周期已完成工作对应的金额。

2）根据本通用条款【变更】应增加和扣减的变更金额。

3）根据本通用条款【预付款】约定应支付的预付款和扣减的返还预付款。

4）根据本通用条款【质量保证金】约定应扣减的质量保证金。

5）根据本通用条款【索赔】应增加和扣减的索赔金额。

6）对已签发的进度款支付证书中出现错误的修正，应在本次进度付款中支付或扣除的金额。

7）根据合同约定应增加和扣减的其他金额。

（3）进度付款申请单的提交

1）单价合同进度付款申请单的提交。单价合同的进度付款申请单，按照本通用条款

【单价合同的计量】约定的时间按月向监理人提交，并附上已完成工程量报表和有关资料。单价合同中的总价项目按月进行支付分解，并汇总列入当期进度付款申请单。

2）总价合同进度付款申请单的提交。总价合同按月计量支付的，承包人按照本通用条款【总价合同的计量】约定的时间按月向监理人提交进度付款申请单，并附上已完成工程量报表和有关资料。总价合同按支付分解表支付的，承包人应按照本通用条款【支付分解表】及【进度付款申请单的编制】的约定向监理人提交进度付款申请单。

3）其他价格形式合同的进度付款申请单的提交。合同当事人可在专用合同条款中约定其他价格形式合同的进度付款申请单的编制和提交程序。

（4）进度款审核和支付

1）进度款审核。除专用合同条款另有约定外，监理人应在收到承包人进度付款申请单以及相关资料后 7 天内完成审查并报送发包人，发包人应在收到后 7 天内完成审批并签发进度款支付证书。发包人逾期未完成审批且未提出异议的，视为已签发进度款支付证书。

2）对进度付款申请单异议的处理。发包人和监理人对承包人的进度付款申请单有异议的，有权要求承包人修正和提供补充资料，承包人应提交修正后的进度付款申请单。监理人应在收到承包人修正后的进度付款申请单及相关资料后 7 天内完成审查并报送发包人，发包人应在收到监理人报送的进度付款申请单及相关资料后 7 天内，向承包人签发无异议部分的临时进度款支付证书。存在争议的部分，按照本通用条款【争议解决】的约定处理。

3）进度款支付。除专用合同条款另有约定外，发包人应在进度款支付证书或临时进度款支付证书签发后 14 天内完成支付，发包人逾期支付进度款的，应按照中国人民银行发布的同期同类贷款基准利率支付违约金。

发包人签发进度款支付证书或临时进度款支付证书，不表明发包人已同意、批准或接受了承包人完成的相应部分的工作。

（5）进度付款的修正

在对已签发的进度款支付证书进行阶段汇总和复核中发现错误、遗漏或重复的，发包人和承包人均有权提出修正申请。经发包人和承包人同意的修正，应在下期进度付款中支付或扣除。

（6）支付分解表

1）支付分解表的编制要求

① 支付分解表中所列的每期付款金额，应为本通用条款【进度付款申请单的编制】项下的估算金额；

② 实际进度与施工进度计划不一致的，合同当事人可按照本通用条款【商定或确定】修改支付分解表；

③ 不采用支付分解表的，承包人应向发包人和监理人提交按季度编制的支付估算分解表，用于支付参考。

2）总价合同支付分解表的编制与审批

① 除专用合同条款另有约定外，承包人应根据本通用条款【施工进度计划】约定的施工进度计划、签约合同价和工程量等因素对总价合同按月进行分解，编制支付分解表。

承包人应当在收到监理人和发包人批准的施工进度计划后 7 天内，将支付分解表及编制支付分解表的支持性资料报送监理人。

② 监理人应在收到支付分解表后 7 天内完成审核并报送发包人。发包人应在收到经监理人审核的支付分解表后 7 天内完成审批，经发包人批准的支付分解表为有约束力的支付分解表。

③ 发包人逾期未完成支付分解表审批的，也未及时要求承包人进行修正和提供补充资料的，则承包人提交的支付分解表视为已经获得发包人批准。

3）单价合同的总价项目支付分解表的编制与审批

除专用合同条款另有约定外，单价合同的总价项目，由承包人根据施工进度计划和总价项目的总价构成、费用性质、计划发生时间和相应工程量等因素按月进行分解，形成支付分解表，其编制与审批参照总价合同支付分解表的编制与审批执行。

(7) 支付账户

发包人应将合同价款支付至合同协议书中约定的承包人账户。

5. 变更估价

(1) 变更估价原则

除专用合同条款另有约定外，变更估价按照本款约定处理：

1）已标价工程量清单或预算书有相同项目的，按照相同项目单价认定。

2）已标价工程量清单或预算书中无相同项目，但有类似项目的，参照类似项目的单价认定。

3）变更导致实际完成的变更工程量与已标价工程量清单或预算书中列明的该项目工程量的变化幅度超过 15%的，或已标价工程量清单或预算书中无相同项目及类似项目单价的，按照合理的成本与利润构成的原则，由合同当事人按照【商定或确定】确定变更工作的单价。

(2) 变更估价程序

承包人应在收到变更指示后 14 天内，向监理人提交变更估价申请。监理人应在收到承包人提交的变更估价申请后 7 天内审查完毕并报送发包人，监理人对变更估价申请有异议，通知承包人修改后重新提交。发包人应在承包人提交变更估价申请后 14 天内审批完毕。发包人逾期未完成审批或未提出异议的，视为认可承包人提交的变更估价申请。

因变更引起的价格调整应计入最近一期的进度款中支付。

(3) 承包人的合理化建议对合同价格的影响

承包人提出合理化建议的，应向监理人提交合理化建议说明，说明建议的内容和理由，以及实施该建议对合同价格和工期的影响。

合理化建议由监理人审查后并报送发包人，经发包人批准的，监理人应及时发出变更指示，由此引起的合同价格调整按照本通用条款【变更估价】的约定执行。合理化建议降低了合同价格或者提高了工程经济效益的，发包人可对承包人给予奖励，奖励的方法和金额在专用合同条款中约定。

6. 暂估价

暂估价中包含的专业分包工程、服务、材料和工程设备的明细由合同当事人在专用合同条款中约定。

（1）依法必须招标的暂估价项目

对于依法必须招标的暂估价项目，采取以下第 1 种方式确定。合同当事人也可以在专用合同条款中选择其他招标方式。

1）第 1 种方式：对于依法必须招标的暂估价项目，由承包人招标，对该暂估价项目的确认和批准按照以下约定执行。

① 承包人应当根据施工进度计划，在招标工作启动前 14 天将招标方案通过监理人报送发包人审查，发包人应当在收到承包人报送的招标方案后 7 天内批准或提出修改意见。承包人应当按照经过发包人批准的招标方案开展招标工作。

② 承包人应当根据施工进度计划，提前 14 天将招标文件通过监理人报送发包人审批，发包人应当在收到承包人报送的相关文件后 7 天内完成审批或提出修改意见；发包人有权确定招标控制价并按照法律规定参加评标。

③ 承包人与供应商、分包人在签订暂估价合同前，应当提前 7 天将确定的中标候选供应商或中标候选分包人的资料报送发包人，发包人应在收到资料后 3 天内与承包人共同确定中标人；承包人应当在签订合同后 7 天内，将暂估价合同副本报送发包人留存。

2）第 2 种方式：对于依法必须招标的暂估价项目，由发包人和承包人共同招标确定暂估价供应商或分包人的，承包人应按照施工进度计划，在招标工作启动前 14 天通知发包人，并提交暂估价招标方案和工作分工。发包人应在收到后 7 天内确认。确定中标人后，由发包人、承包人与中标人共同签订暂估价合同。

（2）不属于依法必须招标的暂估价项目

除专用合同条款另有约定外，对于不属于依法必须招标的暂估价项目，采取以下第 1 种方式确定。

1）第 1 种方式：对于不属于依法必须招标的暂估价项目，按本项约定确认和批准。

① 承包人应根据施工进度计划，在签订暂估价项目的采购合同、分包合同前 28 天向监理人提出书面申请。监理人应当在收到申请后 3 天内报送发包人，发包人应当在收到申请后 14 天内给予批准或提出修改意见，发包人逾期未予批准或提出修改意见的，视为该书面申请已获得同意。

② 发包人认为承包人确定的供应商、分包人无法满足工程质量或合同要求的，发包人可以要求承包人重新确定暂估价项目的供应商、分包人。

③ 承包人应当在签订暂估价合同后 7 天内，将暂估价合同副本报送发包人留存。

2）第 2 种方式：承包人按照本通用条款【依法必须招标的暂估价项目】约定的第 1 种方式确定暂估价项目。

3）第 3 种方式：承包人直接实施的暂估价项目。承包人具备实施暂估价项目的资格和条件的，经发包人和承包人协商一致后，可由承包人自行实施暂估价项目，合同当事人可以在专用合同条款约定具体事项。

因发包人原因导致暂估价合同订立和履行迟延的，由此增加的费用和（或）延误的工期由发包人承担，并支付承包人合理的利润。因承包人原因导致暂估价合同订立和履行迟延的，由此增加的费用和（或）延误的工期由承包人承担。

7. 暂列金额

暂列金额应按照发包人的要求使用，发包人的要求应通过监理人发出。合同当事人可以在专用合同条款中协商确定有关事项。

8. 计日工

需要采用计日工方式的，经发包人同意后，由监理人通知承包人以计日工计价方式实施相应的工作，其价款按列入已标价工程量清单或预算书中的计日工计价项目及其单价进行计算；已标价工程量清单或预算书中无相应的计日工单价的，按照合理的成本与利润构成的原则，由合同当事人按照本通用条款【商定或确定】确定变更工作的单价。

采用计日工计价的任何一项工作，承包人应在该项工作实施过程中，每天提交以下报表和有关凭证报送监理人审查：

(1) 工作名称、内容和数量。

(2) 投入该工作的所有人员的姓名、专业、工种、级别和耗用工时。

(3) 投入该工作的材料类别和数量。

(4) 投入该工作的施工设备型号、台数和耗用台时。

(5) 其他有关资料和凭证。

计日工由承包人汇总后，列入最近一期进度付款申请单，由监理人审查并经发包人批准后列入进度付款。

9. 价格调整

(1) 市场价格波动引起的调整

除专用合同条款另有约定外，市场价格波动超过合同当事人约定的范围，合同价格应当调整。合同当事人可以在专用合同条款中约定选择以下一种方式对合同价格进行调整。

1) 第 1 种方式：采用价格指数进行价格调整。

① 价格调整公式。因人工、材料和设备等价格波动影响合同价格时，根据专用合同条款中约定的数据，按以下公式计算差额并调整合同价格：

$$\Delta P = P_0\left[A + \left(B_1 \times \frac{F_{t1}}{F_{01}} + B_2 \times \frac{F_{t2}}{F_{02}} + B_3 \times \frac{F_{t3}}{F_{03}} + \cdots + B_n \times \frac{F_{tn}}{F_{0n}}\right) - 1\right]$$

式中 ΔP——需调整的价格差额；

P_0——约定的付款证书中承包人应得到的已完成工程量的金额，此项金额应不包括价格调整、不计质量保证金的扣留和支付、预付款的支付和扣回，约定的变更及其他金额已按现行价格计价的，也不计在内；

A——定值权重（即不调部分的权重）；

$B_1, B_2, B_3, \cdots, B_n$——各可调因子的变值权重（即可调部分的权重），为各可调因子在签约合同价中所占的比例；

$F_{t1}, F_{t2}, F_{t3}, \cdots, F_{tn}$——各可调因子的现行价格指数，指约定的付款证书相关周期最后一天的前 42 天的各可调因子的价格指数；

$F_{01}, F_{02}, F_{03}, \cdots, F_{0n}$——各可调因子的基本价格指数，指基准日期的各可调因子的价格指数。

以上价格调整公式中的各可调因子、定值和变值权重，以及基本价格指数及其来源在投标函附录价格指数和权重表中约定，非招标订立的合同，由合同当事人在专用合同条款中约定。价格指数应首先采用工程造价管理机构发布的价格指数，无前述价格指数时，可采用工程造价管理机构发布的价格代替。

② 暂时确定调整差额。在计算调整差额时无现行价格指数的，合同当事人同意暂用前次价格指数计算。实际价格指数有调整的，合同当事人进行相应调整。

③ 权重的调整。因变更导致合同约定的权重不合理时，按照本通用条款【商定或确定】执行。

④ 因承包人原因工期延误后的价格调整。因承包人原因未按期竣工的，对合同约定的竣工日期后继续施工的工程，在使用价格调整公式时，应采用计划竣工日期与实际竣工日期的两个价格指数中较低的一个作为现行价格指数。

2）第 2 种方式：采用造价信息进行价格调整。

合同履行期间，因人工、材料、工程设备和机械台班价格波动影响合同价格时，人工、机械使用费按照国家或省、自治区、直辖市建设行政管理部门、行业建设管理部门或其授权的工程造价管理机构发布的人工、机械使用费系数进行调整；需要进行价格调整的材料，其单价和采购数量应由发包人审批，发包人确认需调整的材料单价及数量，作为调整合同价格的依据。

① 人工单价发生变化且符合省级或行业建设主管部门发布的人工费调整规定，合同当事人应按省级或行业建设主管部门或其授权的工程造价管理机构发布的人工费等文件调整合同价格，但承包人对人工费或人工单价的报价高于发布价格的除外。

② 材料、工程设备价格变化的价款调整按照发包人提供的基准价格，按以下风险范围规定执行：

a. 承包人在已标价工程量清单或预算书中载明材料单价低于基准价格的：除专用合同条款另有约定外，合同履行期间材料单价涨幅以基准价格为基础超过 5%时，或材料单价跌幅以在已标价工程量清单或预算书中载明材料单价为基础超过 5%时，其超过部分据实调整。

b. 承包人在已标价工程量清单或预算书中载明材料单价高于基准价格的：除专用合同条款另有约定外，合同履行期间材料单价跌幅以基准价格为基础超过 5%时，材料单价涨幅以在已标价工程量清单或预算书中载明材料单价为基础超过 5%时，其超过部分据实调整。

c. 承包人在已标价工程量清单或预算书中载明材料单价等于基准价格的：除专用合同条款另有约定外，合同履行期间材料单价涨跌幅以基准价格为基础超过±5%时，其超过部分据实调整。

d. 承包人应在采购材料前将采购数量和新的材料单价报发包人核对，发包人确认用于工程时，应确认采购材料的数量和单价。发包人在收到承包人报送的确认资料后 5 天内不予答复的视为认可，作为调整合同价格的依据。未经发包人事先核对，承包人自行采购材料的，发包人有权不予调整合同价格。发包人同意的，可以调整合同价格。

前述基准价格是指由发包人在招标文件或专用合同条款中给定的材料、工程设备的价格，该价格原则上应当按照省级或行业建设主管部门或其授权的工程造价管理机构发布的信息价编制。

③ 施工机械台班单价或施工机械使用费发生变化超过，省级或行业建设主管部门或其授权的工程造价管理机构规定的范围时，按规定调整合同价格。

第3种方式：专用合同条款约定的其他方式。

(2) 法律变化引起的调整

基准日期后，法律变化导致承包人在合同履行过程中所需要的费用发生除本通用条款【市场价格波动引起的调整】约定以外的增加时，由发包人承担由此增加的费用；减少时，应从合同价格中予以扣减。基准日期后，因法律变化造成工期延误时，工期应予以顺延。

因法律变化引起的合同价格和工期调整，合同当事人无法达成一致的，由总监理工程师按本通用条款【商定或确定】的约定处理。

因承包人原因造成工期延误，在工期延误期间出现法律变化的，由此增加的费用和（或）延误的工期由承包人承担。

10. 施工中涉及的其他费用

(1) 化石、文物

在施工现场发掘的所有文物、古迹以及具有地质研究或考古价值的其他遗迹、化石、钱币或物品属于国家所有。一旦发现上述文物，承包人应采取合理有效的保护措施，防止任何人员移动或损坏上述物品，并立即报告有关政府行政管理部门，同时通知监理人。

发包人、监理人和承包人应按有关政府行政管理部门要求采取妥善的保护措施，由此增加的费用和（或）延误的工期由发包人承担。承包人发现文物后不及时报告或隐瞒不报，致使文物丢失或损坏的，应赔偿损失，并承担相应的法律责任。

(2) 安全文明施工费

1) 安全文明施工要求

承包人应当按照有关规定编制安全技术措施或者专项施工方案，建立安全生产责任制度、治安保卫制度及安全生产教育培训制度，并按安全生产法律规定及合同约定履行安全职责，如实编制工程安全生产的有关记录，接受发包人、监理人及政府安全监督部门的检查与监督。

承包人在工程施工期间，应当采取措施保持施工现场平整，物料堆放整齐。工程所在地有关政府行政管理部门有特殊要求的，按照其要求执行。合同当事人对文明施工有其他要求的，可以在专用合同条款中明确。

2) 安全文明施工费的承担

安全文明施工费由发包人承担，发包人不得以任何形式扣减该部分费用。因基准日期后合同所适用的法律或政府有关规定发生变化，增加的安全文明施工费由发包人承担。

承包人经发包人同意采取合同约定以外的安全措施所产生的费用，由发包人承担。未经发包人同意的，如果该措施避免了发包人的损失，则发包人在避免损失的额度内承担该措施费。如果该措施避免了承包人的损失，由承包人承担该措施费。

3) 安全文明施工费的支付

除专用合同条款另有约定外，发包人应在开工后28天内预付安全文明施工费总额的50%，其余部分与进度款同期支付。发包人逾期支付安全文明施工费超过7天的，承包人有权向发包人发出要求预付的催告通知，发包人收到通知后7天内仍未支付的，承包人有权暂停施工，并按【发包人违约的情形】执行。

4) 安全文明施工费应专款专用

承包人对安全文明施工费应专款专用，承包人应在财务账目中单独列项备查，不得挪作他用，否则发包人有权责令其限期改正；逾期未改正的，可以责令其暂停施工，由此增加的费用和（或）延误的工期由承包人承担。

5）紧急情况处理及费用承担

在工程实施期间或缺陷责任期内发生危及工程安全的事件，监理人通知承包人进行抢救，承包人声明无能力或不愿立即执行的，发包人有权雇用其他人员进行抢救。此类抢救按合同约定属于承包人义务的，由此增加的费用和（或）延误的工期由承包人承担。

11. 竣工结算

（1）竣工结算申请

除专用合同条款另有约定外，承包人应在工程竣工验收合格后28天内向发包人和监理人提交竣工结算申请单，并提交完整的结算资料。有关竣工结算申请单的资料清单和份数等要求由合同当事人在专用合同条款中约定。除专用合同条款另有约定外，竣工结算申请单应包括以下内容：

1）竣工结算合同价格。

2）发包人已支付承包人的款项。

3）应扣留的质量保证金。已缴纳履约保证金的或提供其他工程质量担保方式的除外。

4）发包人应支付承包人的合同价款。

（2）竣工结算审核

1）除专用合同条款另有约定外，监理人应在收到竣工结算申请单后14天内完成核查并报送发包人。发包人应在收到监理人提交的经审核的竣工结算申请单后14天内完成审批，并由监理人向承包人签发经发包人签认的竣工付款证书。监理人或发包人对竣工结算申请单有异议的，有权要求承包人进行修正和提供补充资料，承包人应提交修正后的竣工结算申请单。

发包人在收到承包人提交竣工结算申请书后28天内未完成审批且未提出异议的，视为发包人认可承包人提交的竣工结算申请单，并自发包人收到承包人提交的竣工结算申请单后第29天起视为已签发竣工付款证书。

2）除专用合同条款另有约定外，发包人应在签发竣工付款证书后的14天内，完成对承包人的竣工付款。发包人逾期支付的，按照中国人民银行发布的同期同类贷款基准利率支付违约金；逾期支付超过56天的，按照中国人民银行发布的同期同类贷款基准利率的两倍支付违约金。

3）承包人对发包人签认的竣工付款证书有异议的，对于有异议部分应在收到发包人签认的竣工付款证书后7天内提出异议，并由合同当事人按照专用合同条款约定的方式和程序进行复核，或按照本通用条款【争议解决】的约定处理。对于无异议部分，发包人应签发临时竣工付款证书，并按上述第2）项完成付款。承包人逾期未提出异议的，视为认可发包人的审批结果。

（3）甩项竣工协议

发包人要求甩项竣工的，合同当事人应签订甩项竣工协议。在甩项竣工协议中应明确，合同当事人按照本通用条款【竣工结算申请】及【竣工结算审核】的约定，对已完合格工程进行结算，并支付相应合同价款。

12. 质量保证金

经合同当事人协商一致扣留质量保证金的，应在专用合同条款中予以明确。在工程项目竣工前，承包人已经提供履约担保的，发包人不得同时预留工程质量保证金。

(1) 承包人提供质量保证金的方式

承包人提供质量保证金有以下 3 种方式：

1) 质量保证金保函。

2) 相应比例的工程款。

3) 双方约定的其他方式。

除专用合同条款另有约定外，质量保证金原则上采用上述第 1) 种方式。

(2) 质量保证金的扣留

质量保证金的扣留有以下 3 种方式：

1) 在支付工程进度款时逐次扣留，在此情形下，质量保证金的计算基数不包括预付款的支付、扣回以及价格调整的金额。

2) 工程竣工结算时一次性扣留质量保证金。

3) 双方约定的其他扣留方式。

除专用合同条款另有约定外，质量保证金的扣留原则上采用上述第 1) 种方式。

发包人累计扣留的质量保证金不得超过工程价款结算总额的 3%，如承包人在发包人签发竣工付款证书后 28 天内提交质量保证金保函，发包人应同时退还扣留的作为质量保证金的工程价款；保函金额不得超过工程价款结算总额的 3%。发包人在退还质量保证金的同时按照中国人民银行发布的同期同类贷款基准利率支付利息。

(3) 质量保证金的退还

缺陷责任期内，承包商认真履行合同约定的责任，到期后，承包人可向发包人申请返还保证金。发包人在接到承包人返还保证金申请后，应于 14 日内会同承包人按照合同约定的内容进行核实。如无异议，发包人应当按照约定将保证金返还给承包人。对返还期限没有约定或者约定不明确的，发包人应当在核实后 14 天将保证金返还承包人，逾期未返还的，依法承担违约责任。发包人在接到承包人返还保证金申请后 14 天内不予答复，经催告后 14 天仍不予答复，视同认可承包人的返还保证金申请。发包人和承包人对保证金预留、返还以及工程维修质量、费用有争议的，按本合同约定的争议和纠纷解决程序处理。

13. 最终结清

(1) 最终结清申请单

1) 除专用合同条款另有约定外，承包人应在缺陷责任期终止证书颁发后 7 天内，按专用合同条款约定的份数向发包人提交最终结清申请单，并提供相关证明材料。最终结清申请单应列明质量保证金、应扣除的质量保证金、缺陷责任期内发生的增减费用。

2) 发包人对最终结清申请单内容有异议的，有权要求承包人进行修正和提供补充资料，承包人应向发包人提交修正后的最终结清申请单。

(2) 最终结清证书和支付

1) 除专用合同条款另有约定外，发包人应在收到承包人提交的最终结清申请单后 14 天内完成审批并向承包人颁发最终结清证书。发包人逾期未完成审批，又未提出修改意见的，视为发包人同意承包人提交的最终结清申请单，且自发包人收到承包人提交的最终结清申请单后 15 天起视为已颁发最终结清证书。

2）除专用合同条款另有约定外，发包人应在颁发最终结清证书后 7 天内完成支付。发包人逾期支付的，按照中国人民银行发布的同期同类贷款基准利率支付违约金；逾期支付超过 56 天的，按照中国人民银行发布的同期同类贷款基准利率的两倍支付违约金。

3）承包人对发包人颁发的最终结清证书有异议的，按本通用条款【争议解决】的约定办理。

7.2.8 施工合同的安全、健康和环境（SHE）控制条款

1. 安全控制（Safety Management）

（1）安全生产要求

合同履行期间，合同当事人均应当遵守国家和工程所在地有关安全生产的要求，合同当事人有特别要求的，应在专用合同条款中明确施工项目安全生产标准化达标目标及相应事项。承包人有权拒绝发包人及监理人强令承包人违章作业、冒险施工的任何指示。

在施工过程中，如遇到突发的地质变动、事先未知的地下施工障碍等影响施工安全的紧急情况，承包人应及时报告监理人和发包人，发包人应当及时下令停工并报政府有关行政管理部门采取应急措施。因安全生产需要暂停施工的，按照本通用条款【暂停施工】的约定执行。

（2）安全生产保证措施

承包人应当按照有关规定编制安全技术措施或者专项施工方案，建立安全生产责任制度、治安保卫制度及安全生产教育培训制度，并按安全生产法律规定及合同约定履行安全职责，如实编制工程安全生产的有关记录，接受发包人、监理人及政府安全监督部门的检查与监督。

（3）特别安全生产事项

承包人应按照法律规定进行施工，开工前做好安全技术交底工作，施工过程中做好各项安全防护措施。承包人为实施合同而雇用的特殊工种的人员应受过专门的培训并已取得政府有关管理机构颁发的上岗证书。

承包人在动力设备、输电线路、地下管道、密封防振车间、易燃易爆地段以及临街交通要道附近施工时，施工开始前应向发包人和监理人提出安全防护措施，经发包人认可后实施。

实施爆破作业，在放射、毒害性环境中施工（含储存、运输、使用）及使用毒害性、腐蚀性物品施工时，承包人应在施工前 7 天以书面通知发包人和监理人，并报送相应的安全防护措施，经发包人认可后实施。

需单独编制危险性较大分部分项专项工程施工方案的，及要求进行专家论证的超过一定规模的危险性较大的分部分项工程，承包人应及时编制和组织论证。

（4）治安保卫

除专用合同条款另有约定外，发包人应与当地公安部门协商，在现场建立治安管理机构或联防组织，统一管理施工场地的治安保卫事项，履行合同工程的治安保卫职责。

发包人和承包人除应协助现场治安管理机构或联防组织维护施工场地的社会治安外，还应做好包括生活区在内的各自管辖区的治安保卫工作。

除专用合同条款另有约定外，发包人和承包人应在工程开工后 7 天内共同编制施工场地治安管理计划，并制定应对突发治安事件的紧急预案。在工程施工过程中，发生暴乱、爆炸等恐怖事件，以及群殴、械斗等群体性突发治安事件的，发包人和承包人应立即向当地政府部门报告。发包人和承包人应积极协助当地有关部门采取措施平息事态，防止事态扩大，尽量避免人员伤亡和财产损失。

（5）文明施工

承包人在工程施工期间，应当采取措施保持施工现场平整，物料堆放整齐。工程所在地有关政府行政管理部门有特殊要求的，按照其要求执行。合同当事人对文明施工有其他要求的，可以在专用合同条款中明确。

在工程移交之前，承包人应当从施工现场清除承包人的全部工程设备、多余材料、垃圾和各种临时工程，并保持施工现场清洁整齐。经发包人书面同意，承包人可在发包人指定的地点保留承包人履行保修期内的各项义务所需要的材料、施工设备和临时工程。

（6）紧急情况处理

在工程实施期间或缺陷责任期内发生危及工程安全的事件，监理人通知承包人进行抢救，承包人声明无能力或不愿立即执行的，发包人有权雇用其他人员进行抢救。此类抢救按合同约定属于承包人义务的，由此增加的费用和（或）延误的工期由承包人承担。

（7）事故处理

工程施工过程中发生事故的，承包人应立即通知监理人，监理人应立即通知发包人。发包人和承包人应立即组织人员和设备进行紧急抢救和抢修，减少人员伤亡和财产损失，防止事故扩大，并保护事故现场。需要移动现场物品时，应作出标记和书面记录，妥善保管有关证据。发包人和承包人应按国家有关规定，及时如实地向有关部门报告事故发生的情况，以及正在采取的紧急措施等。

（8）安全生产责任

1）发包人的安全责任。发包人应负责赔偿以下各种情况造成的损失：

① 工程或工程的任何部分对土地的占用所造成的第三者财产损失；

② 由于发包人原因在施工场地及其毗邻地带造成的第三者人身伤亡和财产损失；

③ 由于发包人原因对承包人、监理人造成的人员人身伤亡和财产损失；

④ 由于发包人原因造成的发包人自身人员的人身伤亡以及财产损失。

2）承包人的安全责任。由于承包人原因在施工场地内及其毗邻地带造成的发包人、监理人以及第三者人员伤亡和财产损失，由承包人负责赔偿。

2. 健康控制（Health Management）

（1）劳动保护

承包人应按照法律规定安排现场施工人员的劳动和休息时间，保障劳动者的休息时间，并支付合理的报酬和费用。承包人应依法为其履行合同所雇用的人员办理必要的证件、许可、保险和注册等，承包人应督促其分包人为分包人所雇用的人员办理必要的证件、许可、保险和注册等。

承包人应按照法律规定保障现场施工人员的劳动安全，提供劳动保护，并应按国家有关劳动保护的规定，采取有效的防止粉尘、降低噪声、控制有害气体和保障高温、高寒、高空作业安全等劳动保护措施。承包人雇佣人员在施工中受到伤害的，承包人应立即采取有效措施进行抢救和治疗。

承包人应按法律规定安排工作时间，保证其雇佣人员享有休息和休假的权利。因工程施工的特殊需要占用休假日或延长工作时间的，应不超过法律规定的限度，并按法律规定给予补休或付酬。

(2) 生活条件

承包人应为其履行合同所雇用的人员提供必要的膳宿条件和生活环境；承包人应采取有效措施预防传染病，保证施工人员的健康，并定期对施工现场、施工人员生活基地和工程进行防疫和卫生的专业检查和处理，在远离城镇的施工场地，还应配备必要的伤病防治和急救的医务人员与医疗设施。

3. 环境控制 (Environment Management)

承包人应在施工组织设计中列明环境保护的具体措施。在合同履行期间，承包人应采取合理措施保护施工现场环境。对施工作业过程中可能引起的大气、水、噪声以及固体废物污染采取具体可行的防范措施。

承包人应当承担因其原因引起的环境污染侵权损害赔偿责任，因上述环境污染引起纠纷而导致暂停施工的，由此增加的费用和（或）延误的工期由承包人承担。

7.2.9 施工合同的其他约定

1. 不可抗力

(1) 不可抗力的确认

不可抗力是指合同当事人在签订合同时不可预见，在合同履行过程中不可避免且不能克服的自然灾害和社会性突发事件，如地震、海啸、瘟疫、骚乱、戒严、暴动、战争和专用合同条款中约定的其他情形。

不可抗力发生后，发包人和承包人应收集证明不可抗力发生及不可抗力造成损失的证据，并及时认真统计所造成的损失。合同当事人对是否属于不可抗力或其损失的意见不一致的，由监理人按【商定或确定】的约定处理。发生争议时，按本通用条款【争议解决】的约定处理。

(2) 不可抗力的通知

合同一方当事人遇到不可抗力事件，使其履行合同义务受到阻碍时，应立即通知合同另一方当事人和监理人，书面说明不可抗力和受阻碍的详细情况，并提供必要的证明。

不可抗力持续发生的，合同一方当事人应及时向合同另一方当事人和监理人提交中间报告，说明不可抗力和履行合同受阻的情况，并于不可抗力事件结束后 28 天内提交最终报告及有关资料。

(3) 不可抗力后果的承担

不可抗力引起的后果及造成的损失由合同当事人按照法律规定及合同约定各自承担。不可抗力发生前已完成的工程应当按照合同约定进行计量支付。不可抗力导致的人员伤亡、财产损失、费用增加和（或）工期延误等后果，由合同当事人按以下原则承担：

1) 永久工程、已运至施工现场的材料和工程设备的损坏，以及因工程损坏造成的第三方人员伤亡和财产损失由发包人承担。

2) 承包人施工设备的损坏由承包人承担。

3) 发包人和承包人承担各自人员伤亡和财产的损失。

4）因不可抗力影响承包人履行合同约定的义务，已经引起或将引起工期延误的，应当顺延工期，由此导致承包人停工的费用损失由发包人和承包人合理分担，停工期间必须支付的工人工资由发包人承担。

5）因不可抗力引起或将引起工期延误，发包人要求赶工的，由此增加的赶工费用由发包人承担。

6）承包人在停工期间按照发包人要求照管、清理和修复工程的费用由发包人承担。

不可抗力发生后，合同当事人均应采取措施尽量避免和减少损失的扩大，任何一方当事人没有采取有效措施导致损失扩大的，应对扩大的损失承担责任。因合同一方迟延履行合同义务，在迟延履行期间遭遇不可抗力的，不免除其违约责任。

（4）因不可抗力解除合同

因不可抗力导致合同无法履行连续超过 84 天或累计超过 140 天的，发包人和承包人均有权解除合同。合同解除后，由双方当事人按照本通用条款【商定或确定】的规定商定或确定发包人应支付的款项，该款项包括：

1）合同解除前承包人已完成工作的价款。

2）承包人为工程订购的并已交付给承包人，或承包人有责任接受交付的材料、工程设备和其他物品的价款。

3）发包人要求承包人退货或解除订货合同而产生的费用，或因不能退货或解除合同而产生的损失。

4）承包人撤离施工现场以及遣散承包人人员的费用。

5）按照合同约定在合同解除前应支付给承包人的其他款项。

6）扣减承包人按照合同约定应向发包人支付的款项。

7）双方商定或确定的其他款项。

除专用合同条款另有约定外，合同解除后，发包人应在商定或确定上述款项后 28 天内完成上述款项的支付。

2. 保险

（1）工程保险

除专用合同条款另有约定外，发包人应投保建筑工程一切险或安装工程一切险；发包人委托承包人投保的，因投保产生的保险费和其他相关费用由发包人承担。

（2）工伤保险

发包人应依照法律规定参加工伤保险，并为在施工现场的全部员工办理工伤保险，缴纳工伤保险费，并要求监理人及由发包人为履行合同聘请的第三方依法参加工伤保险。

承包人应依照法律规定参加工伤保险，并为其履行合同的全部员工办理工伤保险，缴纳工伤保险费，并要求分包人及由承包人为履行合同聘请的第三方依法参加工伤保险。

（3）其他保险

发包人和承包人可以为其施工现场的全部人员办理意外伤害保险并支付保险费，包括其员工及为履行合同聘请的第三方的人员，具体事项由合同当事人在专用合同条款中约定。除专用合同条款另有约定外，承包人应为其施工设备等办理财产保险。

（4）持续保险

合同当事人应与保险人保持联系，使保险人能够随时了解工程实施中的变动，并确保按保险合同条款要求持续保险。

(5) 保险凭证

合同当事人应及时向另一方当事人提交其已投保的各项保险的凭证和保险单复印件。

(6) 未按约定投保的补救

发包人未按合同约定办理保险，或未能使保险持续有效的，则承包人可代为办理，所需费用由发包人承担。发包人未按合同约定办理保险，导致未能得到足额赔偿的，由发包人负责补足。

承包人未按合同约定办理保险，或未能使保险持续有效的，则发包人可代为办理，所需费用由承包人承担。承包人未按合同约定办理保险，导致未能得到足额赔偿的，由承包人负责补足。

(7) 通知义务

除专用合同条款另有约定外，发包人变更除工伤保险之外的保险合同时，应事先征得承包人同意，并通知监理人；承包人变更除工伤保险之外的保险合同时，应事先征得发包人同意，并通知监理人。保险事故发生时，投保人应按照保险合同规定的条件和期限及时向保险人报告。发包人和承包人应当在知道保险事故发生后及时通知对方。

3. 担保

除专用合同条款另有约定外，发包人要求承包人提供履约担保的，发包人应当向承包人提供支付担保。

(1) 承包人提供履约担保

发包人需要承包人提供履约担保的，由合同当事人在专用合同条款中约定履约担保的方式、金额及期限等。履约担保可以采用银行保函或担保公司担保等形式。因承包人原因导致工期延长的，继续提供履约担保所增加的费用由承包人承担；非因承包人原因导致工期延长的，继续提供履约担保所增加的费用由发包人承担。

(2) 发包人提供资金来源证明和支付担保

除专用合同条款另有约定外，发包人应在收到承包人要求提供资金来源证明的书面通知后 28 天内，向承包人提供能够按照合同约定支付合同价款的相应资金来源证明。发包人要求承包人提供履约担保的，发包人应当向承包人提供支付担保。支付担保可以采用银行保函或担保公司担保等形式，具体由合同当事人在专用合同条款中约定。

4. 索赔

索赔包括承包人的索赔和发包人的索赔。

(1) 承包人的索赔

1) 索赔程序

根据合同约定，承包人认为有权得到追加付款和（或）延长工期的，应按以下程序向发包人提出索赔：

① 承包人应在知道或应当知道索赔事件发生后 28 天内，向监理人递交索赔意向通知书，并说明发生索赔事件的事由；承包人未在前述 28 天内发出索赔意向通知书的，丧失要求追加付款和（或）延长工期的权利。

② 承包人应在发出索赔意向通知书后 28 天内，向监理人正式递交索赔报告；索赔报告应详细说明索赔理由以及要求追加的付款金额和（或）延长的工期，并附必要的记录和

证明材料。

③ 索赔事件具有持续影响的，承包人应按合理时间间隔继续递交延续索赔通知，说明持续影响的实际情况和记录，列出累计的追加付款金额和（或）工期延长天数。

④ 在索赔事件影响结束后 28 天内，承包人应向监理人递交最终索赔报告，说明最终要求索赔的追加付款金额和（或）延长的工期，并附必要的记录和证明材料。

2）对承包人索赔的处理

① 监理人应在收到索赔报告后 14 天内完成审查并报送发包人。监理人对索赔报告存在异议的，有权要求承包人提交全部原始记录副本。

② 应在监理人收到索赔报告或有关索赔的进一步证明材料后的 28 天内，由监理人向承包人出具经发包人签认的索赔处理结果。发包人逾期答复的，则视为认可承包人的索赔要求。

③ 承包人接受索赔处理结果的，索赔款项在当期进度款中进行支付；承包人不接受索赔处理结果的，按照本通用条款【争议解决】的约定处理。

（2）发包人的索赔

1）索赔程序

根据合同约定，发包人认为有权得到赔付金额和（或）延长缺陷责任期的，监理人应向承包人发出通知并附有详细的证明。发包人应在知道或应当知道索赔事件发生后 28 天内通过监理人向承包人提出索赔意向通知书，发包人未在前述 28 天内发出索赔意向通知书的，丧失要求赔付金额和（或）延长缺陷责任期的权利。发包人应在发出索赔意向通知书后 28 天内，通过监理人向承包人正式递交索赔报告。

2）对发包人索赔的处理

① 承包人收到发包人提交的索赔报告后，应及时审查索赔报告的内容、查验发包人证明材料。

② 承包人应在收到索赔报告或有关索赔的进一步证明材料后 28 天内，将索赔处理结果答复发包人。如果承包人未在上述期限内作出答复的，则视为对发包人索赔要求的认可。

③ 承包人接受索赔处理结果的，发包人可从应支付给承包人的合同价款中扣除赔付的金额或延长缺陷责任期；发包人不接受索赔处理结果的，按本通用条款【争议解决】的约定处理。

（3）提出索赔的期限

1）承包人按本通用条款【竣工结算审核】约定接收竣工付款证书后，应被视为已无权再提出在工程接收证书颁发前所发生的任何索赔。

2）承包人按本通用条款【最终结清】提交的最终结清申请单中，只限于提出工程接收证书颁发后发生的索赔。提出索赔的期限自接受最终结清证书时终止。

5. 违约责任

（1）发包人的违约责任

1）发包人违约的情形

① 因发包人原因未能在计划开工日期前 7 天内下达开工通知的。

② 因发包人原因未能按合同约定支付合同价款的。

③ 发包人违反本通用条款【变更的范围】的约定，自行实施被取消的工作或转由他人实施的。

④ 发包人提供的材料、工程设备的规格、数量或质量不符合合同约定，或因发包人原因导致交货日期延误或交货地点变更等情况的。

⑤ 因发包人违反合同约定造成暂停施工的。

⑥ 发包人无正当理由没有在约定期限内发出复工指示，导致承包人无法复工的。

⑦ 发包人明确表示或者以其行为表明不履行合同主要义务的。

⑧ 发包人未能按照合同约定履行其他义务的。

发包人发生除本项第⑦项以外的违约情况时，承包人可向发包人发出通知，要求发包人采取有效措施纠正违约行为。发包人收到承包人通知后 28 天内仍不纠正违约行为的，承包人有权暂停相应部位工程施工，并通知监理人。

2）发包人违约的责任

发包人应承担因其违约给承包人增加的费用和（或）延误的工期，并支付承包人合理的利润。此外，合同当事人可在专用合同条款中另行约定发包人违约责任的承担方式和计算方法。发包人承担违约责任的方式有以下 4 种：

① 赔偿损失。赔偿损失是发包人承担违约责任的主要方式，其目的是补偿因违约给承包人造成的经济损失。承发包人双方应当在专用条款内约定发包人赔偿承包人损失的计算方法。损失赔偿额应当相当于因违约所造成的损失，包括合同履行后可以获得的利益，但不得超过发包人在订立合同时预见或者应当预见到的因违约可能造成的损失。

② 支付违约金。支付违约金的目的是补偿承包人的损失，双方在专用条款中约定发包人应当支付违约金的数额或计算方法。

③ 顺延工期。对于因为发包人违约而延误的工期，应当相应顺延。

④ 继续履行。发包人违约后，承包人要求发包人继续履行合同的，发包人应当在承担上述违约责任后继续履行施工合同。

（2）承包人的违约责任

1）承包人违约的情形

① 承包人违反合同约定进行转包或违法分包的。

② 承包人违反合同约定采购和使用不合格的材料和工程设备的。

③ 因承包人原因导致工程质量不符合合同要求的。

④ 承包人违反本通用条款【材料与设备专用要求】的约定，未经批准，私自将已按照合同约定进入施工现场的材料或设备撤离施工现场的。

⑤ 承包人未能按施工进度计划及时完成合同约定的工作，造成工期延误的。

⑥ 承包人在缺陷责任期及保修期内，未能在合理期限对工程缺陷进行修复，或拒绝按发包人要求进行修复的。

⑦ 承包人明确表示或者以其行为表明不履行合同主要义务的。

⑧ 承包人未能按照合同约定履行其他义务的。

承包人发生除本项第⑦项约定以外的其他违约情况时，监理人可向承包人发出整改通知，要求其在指定的期限内改正。

2）承包人违约的责任

承包人应承担因其违约行为而增加的费用和（或）延误的工期。此外，合同当事人可在专用合同条款中另行约定承包人违约责任的承担方式和计算方法。承包人承担违约责任的方式有以下 4 种：

① 赔偿损失。承发包人双方应当在专用条款内约定承包人赔偿发包人损失的计算方法。损失赔偿额应当相当于因违约所造成的损失，包括合同履行后可以获得的利益，但不得超过承包人在订立合同时预见或者应当预见到的因违约可能造成的损失。

② 支付违约金。双方可以在专用条款中约定承包人应当支付违约金的数额或计算方法。发包人在确定违约金的费率时，一般要考虑以下因素：发包人盈利损失；由于工期延长而引起的贷款利息增加；工程拖期带来的附加监理费；由于本工程拖期竣工不能使用，租用其他建筑物时的租赁费等。

③ 采取补救措施。对于施工质量不符合要求的违约，发包人有权要求承包人采取返工、修理、更换等补救措施。

④ 继续履行。承包人违约后，如果发包人要求承包人继续履行合同时，承包人承担上述违约责任后仍应继续履行施工合同。

(3) 担保人承担责任

如果施工合同双方当事人设定了担保方式，一方违约后，另一方可按双方约定的担保条款，要求提供担保的第三人承担相应的责任。

(4) 第三人造成的违约责任

在履行合同过程中，一方当事人因第三人的原因造成违约的，应当向对方当事人承担违约责任。一方当事人和第三人之间的纠纷，依照法律规定或者按照约定解决。

6. 施工合同的解除

(1) 可以解除合同的情形

1) 发包人承包人协商一致，可以解除合同。

2) 因发包人违约解除合同。除专用合同条款另有约定外，承包人按本通用条款【发包人违约的情形】约定暂停施工满 28 天后，发包人仍不纠正其违约行为并致使合同目的不能实现的，或出现【发包人违约的情形】第⑦项约定的违约情况，承包人有权解除合同，发包人应承担由此增加的费用，并支付承包人合理的利润。

3) 因承包人违约解除合同。除专用合同条款另有约定外，出现本通用条款【承包人违约的情形】第⑦项约定的违约情况时，或监理人发出整改通知后，承包人在指定的合理期限内仍不纠正违约行为并致使合同目的不能实现的，发包人有权解除合同。合同解除后，因继续完成工程的需要，发包人有权使用承包人在施工现场的材料、设备、临时工程、承包人文件和由承包人或以其名义编制的其他文件，合同当事人应在专用合同条款约定相应费用的承担方式。发包人继续使用的行为不免除或减轻承包人应承担的违约责任。

4) 因不可抗力致使合同无法履行，发包人承包人可以解除合同。

(2) 解除合同的程序

合同当事人一方依据上述约定要求解除合同的，应以书面形式向对方发出解除合同的通知，并在发出通知前提前告知对方，通知到达对方时合同解除。对解除合同有争议的，双方可按本通用条款【争议解决】的约定处理。合同解除后，不影响双方在合同中约定的结算和清理条款的效力。

（3）合同解除后的善后处理

1）因发包人违约解除合同后的付款。承包人按照本款约定解除合同的，发包人应在解除合同后 28 天内支付下列款项，并解除履约担保：

① 合同解除前所完成工作的价款；

② 承包人为工程施工订购并已付款的材料、工程设备和其他物品的价款；

③ 承包人撤离施工现场以及遣散承包人人员的款项；

④ 按照合同约定在合同解除前应支付的违约金；

⑤ 按照合同约定应当支付给承包人的其他款项；

⑥ 按照合同约定应退还的质量保证金；

⑦ 因解除合同给承包人造成的损失。

合同当事人未能就解除合同后的结清达成一致的，按照本通用条款【争议解决】的约定处理。承包人应妥善做好已完工程和与工程有关的已购材料、工程设备的保护和移交工作，并将施工设备和人员撤出施工现场，发包人应为承包人撤出提供必要条件。

2）因承包人违约解除合同后的处理。因承包人原因导致合同解除的，则合同当事人应在合同解除后 28 天内完成估价、付款和清算，并按以下约定执行：

① 合同解除后，按本通用条款【商定或确定】的约定来商定或确定承包人实际完成工作对应的合同价款，以及承包人已提供的材料、工程设备、施工设备和临时工程等的价值；

② 合同解除后，承包人应支付的违约金；

③ 合同解除后，因解除合同给发包人造成的损失；

④ 合同解除后，承包人应按照发包人要求和监理人的指示完成现场的清理和撤离；

⑤ 发包人和承包人应在合同解除后进行清算，出具最终结清付款证书，结清全部款项。

因承包人违约解除合同的，发包人有权暂停对承包人的付款，查清各项付款和已扣款项。发包人和承包人未能就合同解除后的清算和款项支付达成一致的，按照本通用条款【争议解决】的约定处理。

3）采购合同权益转让。因承包人违约解除合同的，发包人有权要求承包人将其为实施合同而签订的材料和设备的采购合同的权益转让给发包人，承包人应在收到解除合同通知后 14 天内，协助发包人与采购合同的供应商达成相关的转让协议。

7. 争议解决

（1）和解

合同当事人可以就争议自行和解，自行和解达成协议的经双方签字并盖章后作为合同补充文件，双方均应遵照执行。

（2）调解

合同当事人可以就争议请求建设行政主管部门、行业协会或其他第三方进行调解，调解达成协议的，经双方签字并盖章后作为合同补充文件，双方均应遵照执行。

（3）争议评审

合同当事人在专用合同条款中约定采取争议评审方式解决争议以及评审规则，并按下列约定执行：

1）争议评审小组的确定

合同当事人可以共同选择一名或三名争议评审员，组成争议评审小组。除专用合同条款另有约定外，合同当事人应当自合同签订后 28 天内，或者争议发生后 14 天内，选定争议评审员。

选择一名争议评审员的，由合同当事人共同确定；选择三名争议评审员的，各自选定一名，第三名成员为首席争议评审员，由合同当事人共同确定或由合同当事人委托已选定的争议评审员共同确定，或由专用合同条款约定的评审机构指定第三名首席争议评审员。除专用合同条款另有约定外，评审员报酬由发包人和承包人各承担一半。

2）争议评审小组的决定

合同当事人可在任何时间将与合同有关的任何争议共同提请争议评审小组进行评审。争议评审小组应秉持客观、公正原则，充分听取合同当事人的意见，依据相关法律、规范、标准、案例经验及商业惯例等，自收到争议评审申请报告后 14 天内作出书面决定，并说明理由。合同当事人可以在专用合同条款中对本项事项另行约定。

3）争议评审小组决定的效力

争议评审小组作出的书面决定经合同当事人签字确认后，对双方具有约束力，双方应遵照执行。任何一方当事人不接受争议评审小组决定或不履行争议评审小组决定的，双方可选择采用其他争议解决方式。

（4）仲裁或诉讼

因合同及合同有关事项产生的争议，合同当事人可以在专用合同条款中约定以下一种方式解决争议：

1）向约定的仲裁委员会申请仲裁。

2）向有管辖权的人民法院起诉。

（5）争议解决条款效力

合同有关争议解决的条款独立存在，合同的变更、解除、终止、无效或者被撤销均不影响其效力。

8. 合同生效与终止

（1）合同生效

双方在合同协议书中约定本合同的生效方式，如双方当事人可选择以下几种方式之一：

1）本合同于××年××月××日签订，自即日起生效。

2）本合同双方约定应进行公（鉴）证，自公（鉴）证之日起生效。

3）本合同签订后，自发包人提供支付担保、承包人提供履约担保后生效。

4）其他方式等。

（2）合同终止

承包人按照合同规定完成了所有的施工、竣工和保修义务，发包人支付了所有工程进度款、竣工结算款，向承包人颁发最终结清证书，并在颁发最终结清证书后 7 天内完成最终支付，施工合同就正常终止。

7.3 建设工程总承包合同内容及管理

7.3.1 工程总承包合同的含义和特点

1. 工程总承包合同的含义

工程总承包是指从事工程总承包的企业受业主委托，按照合同约定对工程项目的勘察、设计、采购、施工、试运行（竣工验收）等实行全过程或若干阶段的承包。工程总承包的具体方式、工作内容和责任等，由业主与工程总承包企业在合同中约定。工程总承包模式主要包括设计—建造（Design-Build，DB）、交钥匙工程（Turnkey）和设计-采购-施工（Engineering Procurement Construction，EPC）。根据工程项目的不同规模、类型和业主要求，工程总承包还可采用设计—采购总承包（E-P）、采购—施工总承包（P-C）等方式。

工程总承包是指承包人受发包人委托，按照合同约定对工程建设项目的设计、采购、施工（含竣工试验）、试运行等实行全过程或若干阶段的工程承包。工程总承包合同的发包人一般是项目业主（建设单位），承包人是持有国家认可的相应资质证书的工程总承包企业。

2. 工程总承包合同的特点

工程总承包的内容、性质和特点，决定了工程总承包合同除了具备建设工程合同的一般特征外，还有自身的特点：

（1）设计施工一体化。工程项目总承包商不仅负责工程设计与施工（Design and Building），还需负责材料与设备的供应工作（Procurement）。因此，如果工程出现质量缺陷，总承包商将承担全部责任，不会导致设计、施工等多方之间相互推卸责任的情况发生；同时设计与施工的深度交叉，有利于缩短建设周期，降低工程造价。

（2）投标报价复杂。工程总承包合同价格不仅仅包括工程设计与施工费用，根据双方合同约定情况，还可能包括设备购置费、总承包管理费、专利转让费、研究试验费、不可预见风险费用和财务费用等。签订总承包合同时，由于尚缺乏详细计算投标报价的依据，不能分项详细计算各个费用项目，通常只能依据项目环境调查情况，参照类似已完工程资料和其他历史成本数据完成项目成本估算。

（3）合同关系单一。在工程总承包合同中，业主将规定范围内的工程项目实施任务委托给总承包商负责，总承包商一般具有很强的技术和管理的综合能力，业主的组织和协调任务量少，只需面对单一的承包商，合同关系简单，工程责任目标明确。

（4）合同风险转移。由于业主将工程完全委托给承包商，并常常采用固定总价合同，将项目风险的绝大部分转移给承包商。承包商除了承担施工过程中的风险外，还需承担设计及采购等更多的风险。特别是由于在只有发包人要求或只完成概念设计的情况下，就要签订总价合同，和传统模式下的合同相比，承包商的风险要大得多，需要承包商具有较高的管理水平和丰富的工程经验。

（5）价值工程应用。在工程总承包合同中，承包商负责设计和施工，打通了设计与施工的界面障碍，在设计阶段便可以考虑设计的可施工性问题（Construction Ability），有利于降低成本、提高利润。承包商常常还可根据自身丰富的工程经验，对发包人要求和设计文件提出合理化建议，从而降低工程投资，改善项目质量或缩短项目工期。因此，在工程总承包合同中常常包括“价值工程”或“承包商合理化建议”与“奖励”条款。

(6) 知识产权保护。由于工程总承包模式常常被运用于石油化工、建材、冶金、水利、电厂、节能建筑等项目，常常设计成果文件中包含多项专利或著作权，总承包合同中一般会有关于知识产权及其相关权益的约定。承包商的专利使用费一般包含在投标报价中。

7.3.2 工程总承包合同文本

国家发展和改革委员会等九部委联合编制了《标准设计施工总承包招标文件》(2012年版)，自2012年5月1日起实施，在政府投资项目中试行，其他项目也可参照使用。为促进建设项目工程总承包的健康发展，指导和规范工程总承包合同当事人的市场行为，维护合同当事人的合法权益，依据《中华人民共和国合同法》、《中华人民共和国建筑法》、《中华人民共和国招标投标法》以及相关法律、法规，住房城乡建设部、国家工商行政管理总局联合制定了《建设项目工程总承包合同示范文本（试行)》以下简称《示范文本》GF—2011—0216，自2011年11月1日起试行。

1.《示范文本》的适用范围

《示范文本》适用于建设项目工程总承包发包方式。工程总承包是指承包人受发包人委托，按照合同约定对工程建设项目的设计、采购、施工（含竣工试验)、试运行等实施阶段，实行全过程或若干阶段的工程承包。为此，在《示范文本》的条款设置中，将“技术与设计、工程物资、施工、竣工试验、工程接收、竣工后试验”等工程建设实施阶段相关工作内容皆分别作为一条独立条款，发包人可根据发包建设项目实施阶段的具体内容和要求，确定对相关建设实施阶段和工作内容的取舍。

2.《示范文本》的组成

《示范文本》由合同协议书、通用条款和专用条款三部分组成。

合同协议书：根据《合同法》的规定，合同协议书是双方当事人对合同基本权利、义务的集中表述，主要包括：建设项目的功能、规模、标准和工期的要求，合同价格及支付方式等内容。合同协议书的其他内容，一般包括合同当事人要求提供的主要技术条件的附件及合同协议书生效的条件等。

通用条款是合同双方当事人根据《建筑法》、《合同法》以及有关行政法规的规定，就工程建设的实施阶段及其相关事项，双方的权利、义务作出的原则性约定。通用条款共20条，其中包括：

(1) 核心条款。这部分条款是确保建设项目功能、规模、标准和工期等要求得以实现的实施阶段的条款，共8条，包括一般规定、进度计划、延误和暂停、技术与设计、工程物资、施工、竣工试验、工程接收和竣工后试验。

(2) 保障条款。这部分条款是保障核心条款顺利实施的条款，共4条，包括质量保修责任、变更和合同价格调整、合同总价和付款、保险。

(3) 合同执行阶段的干系人条款。这部分条款是根据建设项目实施阶段的具体情况，依法约定了发包人、承包人的权利和义务，共3条，包括发包人、承包人和工程竣工验收。合同双方当事人在实施阶段已对工程设备材料、施工、竣工试验、竣工资料等进行了检查、检验、检测、试验及确认，并经接收后进行竣工后试验考核确认了设计质量；而工程竣工验收是发包人针对其上级主管部门或投资部门的验收，故将工程竣工验收列入干系人条款。

(4) 违约、索赔和争议条款。这部分条款是约定若合同当事人发生违约行为，或合同履行过程中出现工程物资、施工、竣工试验等质量问题及出现工期延误、索赔等争议，如何通过友好协商、调解、仲裁或诉讼程序解决争议的条款。

(5) 不可抗力条款。约定了不可抗力发生时双方当事人的义务和不可抗力的后果。

(6) 合同解除条款。分别对由发包人解除合同、由承包人解除合同的情形作出了约定。

(7) 合同生效与合同终止条款。对合同生效的日期、合同的份数以及合同义务完成后合同终止等内容作出了约定。

(8) 补充条款。合同双方当事人需要对通用条款细化、完善、补充、修改或另行约定的，可将具体约定写在专用条款内。

专用条款是合同双方当事人根据不同建设项目合同执行过程中可能出现的具体情况，通过谈判、协商对相应通用条款的原则性约定细化、完善、补充、修改或另行约定的条款。

7.3.3 工程总承包合同重点条款

以下主要按照住房城乡建设部、国家工商行政管理总局联合制定的《建设项目工程总承包合同示范文本（试行）》GF—2011—0216，以及国家发展与改革委员会等九部委联合编制的《标准设计施工总承包招标文件》第四章中的合同条款及格式，说明建设工程总承包合同与建设工程施工合同不同的重点条款。

1. 发包人要求

“发包人要求”是指构成合同文件组成部分的名为发包人要求的文件，包括招标项目的目的、范围、设计与其他技术标准和要求，以及合同双方当事人约定对其所作的修改或补充。发包人要求是招标文件的有机构成，工程总承包合同签订后，也是合同文件的组成部分，对双方当事人具有法律约束力。承包人应认真阅读、复核发包人要求，发现错误的，应及时书面通知发包人，发包人要求中的错误导致承包人增加费用和（或）工期延误的，发包人应承担由此增加的费用和（或）工期延误，并向承包人支付合理利润。发包人要求违反法律规定的，承包人发现后应书面通知发包人，并要求其改正。发包人收到通知书后不予改正或不予答复的，承包人有权拒绝履行合同义务，直至解除合同。发包人应承担由此引起的承包人全部损失。

发包人要求应尽可能清晰准确，对于可以进行定量评估的工作，发包人要求不仅应明确规定其产能、功能、用途、质量、环境、安全，并且要规定偏离的范围和计算方法，以及检验、试验、试运行的具体要求。对于承包人负责提供的有关设备和服务，对发包人人员进行培训和提供一些消耗品等，在发包人要求中应一并明确规定。“发包人要求”通常包括但不限于以下内容。

(1) 功能要求：包括工程的目的、工程规模、性能保证指标（性能保证表）、产能保证指标。

(2) 工程范围：①包括的工作。包括永久工程的设计、采购、施工范围；临时工程的设计与施工范围；竣工验收工作范围；技术服务工作范围；培训工作范围；保修工作范围。②工作界区。③发包人提供的现场条件。包括施工用电、施工用水、施工排水。④发包人提供的技术文件。除另有批准外，承包人的工作需要遵照发包人需求任务书、发包人已完成的设计文件。

(3) 工艺安排或要求（如有）。

(4) 时间要求：包括开始工作时间、设计完成时间、进度计划、竣工时间、缺陷责任期和其他时间要求。

(5) 技术要求：包括设计阶段和设计任务；设计标准和规范；技术标准和要求；质量标准；设计、施工和设备监造、试验（如有）；样品；发包人提供的其他条件，如发包人或其委托的第三人提供的设计、工艺包、用于试验检验的工器具等，以及据此对承包人提出的予以配套的要求。

(6) 竣工试验：第一阶段，如对单车试验等的要求，包括试验前准备。第二阶段，如对联动试车、投料试车等的要求，包括人员、设备、材料、燃料、电力、消耗品、工具等必要条件。第三阶段，如对性能测试及其他竣工试验的要求，包括产能指标、产品质量标准、运营指标、环保指标等。

(7) 竣工验收。

(8) 竣工后试验（如有）。

(9) 文件要求：包括设计文件及其相关审批、核准、备案要求；沟通计划；风险管理计划；竣工文件和工程的其他记录；操作和维修手册；其他承包人文件。

(10) 工程项目管理规定：包括质量；进度；里程碑进度计划（如果有）；支付；HSE（健康、安全与环境管理体系）；沟通；变更。

(11) 其他要求：包括对承包人的主要人员资格要求；相关审批、核准和备案手续的办理；对项目业主人员的操作培训；分包；设备供应商；缺陷责任期的服务要求。

《标准设计施工总承包招标文件》中要求“发包人要求”用13个附件清单明确列出，主要包括性能保证表，工作界区图，发包人需求任务书，发包人已完成的设计文件，承包人文件要求，承包人人员资格要求及审查规定，承包人设计文件审查规定，承包人采购审查与批准规定，材料、工程设备和工程试验规定，竣工试验规定，竣工验收规定，竣工后试验规定，工程项目管理规定。

2. 设计文件与协调

(1) 承包人的设计范围

按照我国工程建设基本程序，工程设计依据工作进程和深度不同，一般按初步设计、施工图设计两个阶段进行，技术上复杂的建设项目可按初步设计、技术设计和施工图设计三个阶段进行。民用建筑工程设计一般分为方案设计、初步设计和施工图设计三个阶段。国际上一般分为概念设计（Concept Design）、基本设计（Basic Engineering）和详细设计（Detailed Engineering）三个阶段。

方案设计（概念设计）是项目投资决策后，由咨询单位将项目策划和可行性研究提出的意见和问题，经与业主协商认可后提出的具体开展建设的设计文件，其深度应当满足编制初步设计文件和控制概算的需要。

初步设计（基本设计）的内容根据项目类型不同而有所变化，一般来说，它是项目的宏观设计，即项目的总体设计、布局设计、主要的工艺流程、设备的选型和安装设计、土建工程量及费用的估算等。初步设计文件应当满足编制施工招标文件、主要设备材料订货和编制施工图设计文件的需要，是下一阶段施工图设计的基础。

施工图设计（详细设计）的主要内容是根据批准的初步设计，绘制出正确、完整和尽可能详细的建筑、安装图纸，包括建设项目部分工程的详图，零部件结构明细表，验收标准、方法，施工图预算等。此设计文件应当满足设备材料采购、非标准设备制作和施工的需要，并注明建筑工程合理使用年限。

在工程总承包合同中应明确地定义设计的范围，确定谁应该参与设计及参与的程度。承包人的设计范围可以是施工图设计，也可以是初步设计和施工图设计，还可以是包括方案设计、初步设计、施工图设计的所有设计，由双方在总承包合同中明确。

承包人应按合同约定的工作内容和进度要求，编制设计、施工的组织和实施计划，并对所有设计、施工作业和施工方法，以及全部工程的完备性和安全可靠性负责。承包人不得将设计和施工的主体、关键性工作分包给第三人。除专用合同条款另有约定外，未经发包人同意，承包人也不得将非主体、非关键性工作分包给第三人。

（2）承包人的设计义务

承包人应按照法律规定，以及国家、行业和地方的规范和标准完成设计工作，并符合发包人要求。除合同另有约定外，承包人完成设计工作所应遵守的法律规定，以及国家、行业和地方的规范和标准，均应视为在基准日适用的版本。基准日之后，前述版本发生重大变化，或者有新的法律以及国家、行业和地方的规范和标准实施的，承包人应向发包人或发包人委托的监理人提出遵守新规定的建议。发包人或其委托的监理人应在收到建议后7天内发出是否遵守新规定的指示。发包人或其委托的监理人指示遵守新规定的，按照变更条款执行。或者在基准日后，因法律变化导致承包人在合同履行中所需费用发生除合同约定的物价波动引起的调整以外的增减时，监理人应根据法律以及国家或省、自治区、直辖市有关部门的规定，商定或确定需调整的合同价格。

（3）承包人设计进度计划

承包人应按照发包人要求，在合同进度计划中专门列出设计进度计划，报发包人批准后执行。承包人需按照经批准后的计划开展设计工作。

因承包人原因影响设计进度的，未能按合同进度计划完成工作，或监理人认为承包人工作进度不能满足合同工期要求的，承包人应采取措施加快进度，并承担加快进度所增加的费用。发包人或其委托的监理人有权要求承包人提交修正的进度计划、增加投入资源并加快设计进度。由于承包人原因造成工期延误，承包人应支付逾期竣工违约金。逾期竣工违约金的计算方法和最高限额在专用合同条款中约定。承包人支付逾期竣工违约金，不免除承包人完成工作及修补缺陷的义务。

因发包人原因影响设计进度的，按合同约定的变更条款处理。

（4）设计审查

承包人的设计文件应报发包人审查同意。审查的范围和内容在发包人要求中约定。除合同另有约定外，自监理人收到承包人的设计文件以及承包人的通知之日起，发包人对承包人的设计文件审查期不超过21天。承包人的设计文件对于合同约定有偏离的，应在通知中说明。承包人需要修改已提交的承包人文件的，应立即通知监理人，并向监理人提交修改后的承包人的设计文件，审查期重新起算。

发包人不同意设计文件的，应通过监理人以书面形式通知承包人，并说明不符合合同要求的具体内容。承包人应根据监理人的书面说明，对承包人文件进行修改后重新报送发包人审查，审查期重新起算。合同约定的审查期满，发包人没有作出审查结论也没有提出异议的，视为承包人的设计文件已获发包人同意。

承包人的设计文件不需要政府有关部门审查或批准的，承包人应当严格按照经发包人审查同意的设计文件设计和实施工程。设计文件需政府有关部门审查或批准的，发包人应在审查同意承包人的设计文件后 7 天内，向政府有关部门报送设计文件，承包人应予以协助。

对于政府有关部门的审查意见，不需要修改发包人要求的，承包人需按该审查意见修改承包人的设计文件；需要修改发包人要求的，发包人应重新提出发包人要求，承包人应根据新提出的发包人要求修改承包人文件。上述情形还应适用变更条款、发包人要求中的错误条款的有关约定。

政府有关部门审查批准的，承包人应当严格按照批准后的承包人的设计文件设计和实施工程。

3. 变更

(1) 变更权

在履行合同过程中，经发包人同意，监理人可按照合同约定的变更程序向承包人作出有关发包人要求改变的变更指示，承包人应遵照执行。变更应在相应内容实施前提出，否则发包人应承担承包人损失。没有监理人的变更指示，承包人不得擅自变更。

(2) 承包人的合理化建议

在履行合同过程中，承包人对发包人要求的合理化建议，均应以书面形式提交监理人。合理化建议书的内容应包括建议工作的详细说明、进度计划和效益以及与其他工作的协调等，并附必要的设计文件。监理人应与发包人协商是否采纳建议。建议被采纳并构成变更的，应按照变更程序约定向承包人发出变更指示。承包人提出的合理化建议降低了合同价格、缩短了工期或者提高了工程经济效益的，发包人可按国家有关规定在专用合同条款中约定给予奖励。

(3) 变更程序

变更程序按照提出变更、变更估价、变更指示执行。

变更的提出：①在合同履行过程中，监理人可向承包人发出变更意向书。变更意向书应说明变更的具体内容和发包人对变更的时间要求，并附必要的相关资料。变更意向书应要求承包人提交包括拟实施变更工作的设计和计划、措施和竣工时间等内容的实施方案。发包人同意承包人根据变更意向书要求提交的变更实施方案的，由监理人按约定发出变更指示。②承包人收到监理人按合同约定发出的文件，经检查认为其中存在对发包人要求变更情形的，可向监理人提出书面变更建议。变更建议应阐明要求变更的依据，以及实施该变更工作对合同价款和工期的影响，并附必要的图纸和说明。监理人收到承包人书面建议后，应与发包人共同研究，确认存在变更的，应在收到承包人书面建议后的 14 天内作出变更指示。经研究后不同意作为变更的，应由监理人书面答复承包人。③承包人收到监理人的变更意向书后认为难以实施此项变更的，应立即通知监理人，说明原因并附详细依据。监理人与承包人和发包人协商后确定撤销、改变或不改变原变更意向书。

变更估价：监理人应按照合同约定和合同当事人商定或确定变更价格。变更价格应包括合理的利润，并应按照合同约定考虑承包人提出的合理化建议后的奖励。

变更指示：变更指示只能由监理人发出。变更指示应说明变更的目的、范围、内容以及变更的工程量及其进度和技术要求，并附有关图纸和文件。承包人收到变更指示后，应按变更指示进行变更工作。

(4) 暂列金额

经发包人同意，承包人可使用暂列金额，但应按照合同中暂估价规定的程序进行，并对合同价格进行相应调整。

(5) 计日工

发包人认为有必要时，由监理人通知承包人以计日工方式实施变更的零星工作。其价款按列入合同中的计日工计价子目及其单价进行计算。

采用计日工计价的任何一项变更工作，应从暂列金额中支付，承包人应在该项变更的实施过程中，每天提交以下报表和有关凭证报送监理人批准：①工作名称、内容和数量。②投入该工作所有人员的姓名、专业（工种）、级别和耗用工时。③投入该工作的材料类别和数量。④投入该工作的施工设备型号、台数和耗用台时。⑤监理人要求提交的其他资料和凭证。

计日工由承包人汇总后，按合同约定列入进度付款申请单，由监理人复核并经发包人同意后列入进度付款。

如果签约合同价包括计日工的，按合同约定进行支付。

(6) 暂估价

发包人在价格清单中给定暂估价的专业服务、材料、工程设备和专业工程属于依法必须招标的范围并达到规定的规模标准的，由发包人和承包人以招标的方式选择供应商或分包人。发包人和承包人的权利义务关系在专用合同条款中约定。中标金额与价格清单中所列的暂估价的金额差以及相应的税金等其他费用列入合同价格。

发包人在价格清单中给定暂估价的专业服务、材料和工程设备不属于依法必须招标的范围或未达到规定的规模标准的，应由承包人按照合同约定提供材料和工程设备。经监理人确认的专业服务、材料、工程设备的价格与价格清单中所列的暂估价的金额差以及相应的税金等其他费用列入合同价格。

发包人在价格清单中给定暂估价的专业工程不属于依法必须招标的范围或未达到规定的规模标准的，由监理人按照变更估价的约定进行估价，但专用合同条款另有约定的除外。经估价的专业工程与价格清单中所列的暂估价的金额差以及相应的税金等其他费用列入合同价格。

如果签约合同价包括暂估价的，按合同约定进行支付。

4. 合同价格与支付

(1) 合同价格

除专用合同条款另有约定外，合同价格包括签约合同价以及按照合同约定进行的调整；合同价格包括承包人依据法律规定或合同约定应支付的规费和税金；价格清单列出的任何数量仅为估算的工作量，不得将其视为要求承包人实施的工程的实际或准确的工作量。在价格清单中列出的任何工作量和价格数据应仅限用于变更和支付的参考资料，而不能用于其他目的。

合同约定工程的某部分按照实际完成的工程量进行支付的，应按照专用合同条款的约定进行计量和估价，并据此调整合同价格。

(2) 预付款

预付款用于承包人为合同工程的设计和工程实施购置材料、工程设备、施工设备、修建临时设施以及组织施工队伍进场等。预付款的额度和支付在专用合同条款中约定。预付款必须专用于合同工作。

除专用合同条款另有约定外，承包人应在收到预付款的同时向发包人提交预付款保函，预付款保函的担保金额应与预付款金额相同。保函的担保金额可根据预付款扣回的金额相应递减。

预付款在进度付款中扣回，扣回办法在专用合同条款中约定。在颁发工程接收证书前，由于不可抗力或其他原因解除合同时，预付款尚未扣清的，尚未扣清的预付款余额应作为承包人的到期应付款。

(3) 工程进度付款

工程进度付款条款包括付款时间、支付分解表、进度付款申请单、进度付款证书和支付时间、工程进度付款的修正等方面。

1) 付款时间：除专用合同条款另有约定外，工程进度付款按月支付。

2) 支付分解表：除专用合同条款另有约定外，承包人应根据价格清单的价格构成、费用性质、计划发生时间和相应工作量等因素，按照以下分类和分解原则，结合合同约定的合同进度计划，汇总形成月度支付分解报告。①勘察设计费。按照提供勘察设计阶段性成果文件的时间、对应的工作量进行分解。②材料和工程设备费。分别按订立采购合同、进场验收合格、安装就位、工程竣工等阶段和专用条款约定的比例进行分解。③技术服务培训费。按照价格清单中的单价，结合合同约定的合同进度计划对应的工作量进行分解。④其他工程价款。除合同价格约定按已完成工程量计量支付的工程价款外，按照价格清单中的价格，结合合同约定的合同进度计划拟完成的工程量或者比例进行分解。承包人应当在收到经监理人批复的合同进度计划后 7 天内，将支付分解报告以及形成支付分解报告的支持性资料报监理人审批，监理人应当在收到承包人报送的支付分解报告后 7 天内给予批复或提出修改意见，经监理人批准的支付分解报告为有合同约束力的支付分解表。合同进度计划进行了修订的，应相应修改支付分解表，并报监理人批复。

3) 进度付款申请单：承包人应在每笔进度款支付前，按监理人批准的格式和专用合同条款约定的份数，向监理人提交进度付款申请单，并附相应的支持性证明文件。除合同另有约定外，进度付款申请单应包括下列内容：①当期应支付金额总额，以及截至当期期末累计应支付金额总额、已支付的进度付款金额总额。②当期根据支付分解表应支付金额，以及截至当期期末累计应支付金额。③当期根据合同价格约定计量的已实施工程应支付金额，以及截至当期期末累计应支付金额。④当期根据变更条款应增加和扣减的变更金额，以及截至当期期末累计变更金额。⑤当期根据索赔条款应增加和扣减的索赔金额，以及截至当期期末累计索赔金额。⑥当期根据预付款条款约定应支付的预付款和扣减的返还预付款金额，以及截至当期期末累计返还预付款金额。⑦当期根据合同约定应扣减的质量保证金金额，以及截至当期期末累计扣减的质量保证金金额。⑧当期根据合同约定应增加和扣减的其他金额，以及截至当期期末累计增加和扣减的金额。

4）进度付款证书和支付时间：①监理人在收到承包人进度付款申请单以及相应的支持性证明文件后的14天内完成审核，提出发包人到期应支付给承包人的金额以及相应的支持性材料，经发包人审批同意后，由监理人向承包人出具经发包人签认的进度付款证书。监理人未能在前述时间完成审核的，视为监理人同意承包人进度付款申请。监理人有权核减承包人未能按照合同要求履行任何工作或义务的相应金额。②发包人最迟应在监理人收到进度付款申请单后的28天内，将进度应付款支付给承包人。发包人未能在前述时间内完成审批或不予答复的，视为发包人同意进度付款申请。发包人不按期支付的，按专用合同条款的约定支付逾期付款违约金。③监理人出具进度付款证书，不应视为监理人已同意、批准或接收了承包人完成的该部分工作。④进度付款涉及政府投资资金的，按照国库集中支付等国家相关规定和专用合同条款的约定执行。

5）工程进度付款的修正：在对以往历次已签发的进度付款证书进行汇总和复核中发现错、漏或重复的，监理人有权予以修正，承包人也有权提出修正申请。经监理人、承包人复核同意的修正，应在本次进度付款中支付或扣除。

（4）质量保证金

监理人应从发包人的每笔进度付款中，按专用合同条款的约定扣留质量保证金，直至扣留的质量保证金总额达到专用合同条款约定的金额或比例为止。质量保证金的计算额度不包括预付款的支付、扣回以及价格调整的金额。

在合同约定的缺陷责任期满时，承包人向发包人申请到期应返还的承包人剩余质量保证金，发包人应在14天内会同承包人按照合同约定的内容核实承包人是否完成缺陷责任。如无异议，发包人应当在核实后将剩余质量保证金返还承包人。

在合同约定的缺陷责任期满时，承包人没有完成缺陷责任的，发包人有权扣留与未履行责任剩余工作所需金额相应的质量保证金余额，并有权根据合同约定要求延长缺陷责任期，直至完成剩余工作为止。但缺陷责任期最长不超过2年。

（5）竣工结算

竣工结算条款包括竣工付款申请单、竣工付款证书及支付时间。

1）竣工付款申请单：①工程接收证书颁发后，承包人应按专用合同条款约定的份数和期限向监理人提交竣工付款申请单，并提供相关证明材料。除专用合同条款另有约定外，竣工付款申请单应包括下列内容：竣工结算合同总价、发包人已支付承包人的工程价款、应扣留的质量保证金、应支付的竣工付款金额。②监理人对竣工付款申请单有异议的，有权要求承包人进行修正和提供补充资料。经监理人和承包人协商后，由承包人向监理人提交修正后的竣工付款申请单。

2）竣工付款证书及支付时间：①监理人在收到承包人提交的竣工付款申请单后的14天内完成核查，提出发包人到期应支付给承包人的价款送发包人审核并抄送承包人。发包人应在收到后14天内审核完毕，由监理人向承包人出具经发包人签认的竣工付款证书。监理人未在约定时间内核查，又未提出具体意见的，视为承包人提交的竣工付款申请单已经监理人核查同意；发包人未在约定时间内审核又未提出具体意见的，监理人提出发包人到期应支付给承包人的价款视为已经发包人同意。②发包人应在监理人出具竣工付款证书后的14天内，将应支付款支付给承包人。发包人不按期支付的，按照合同约定将逾期付款违约金支付给承包人。③承包人对发包人签认的竣工付款证书有异议的，发包人可出具竣工付款申请单中承包人已同意部分的临时付款证书。存在争议的部分，按照争议条款的约定执行。④竣工付款涉及政府投资资金的，按照国库集中支付等国家相关规定和专用合同条款的约定执行。

(6) 最终结清

最终结清条款包括最终结清申请单、最终结清证书和支付时间。

1) 最终结清申请单：①缺陷责任期终止证书签发后，承包人可按专用合同条款约定的份数和期限向监理人提交最终结清申请单，并提供相关证明材料。②发包人对最终结清申请单内容有异议的，有权要求承包人进行修正和提供补充资料，由承包人向监理人提交修正后的最终结清申请单。

2) 最终结清证书和支付时间：①监理人收到承包人提交的最终结清申请单后的14天内，提出发包人应支付给承包人的价款送发包人审核并抄送承包人。发包人应在收到后14天内审核完毕，由监理人向承包人出具经发包人签认的最终结清证书。监理人未在约定时间内核查，又未提出具体意见的，视为承包人提交的最终结清申请已经监理人核查同意；发包人未在约定时间内审核又未提出具体意见的，监理人提出应支付给承包人的价款视为已经发包人同意。②发包人应在监理人出具最终结清证书后的14天内，将应支付款支付给承包人。发包人不按期支付的，按照合同约定将逾期付款违约金支付给承包人。③承包人对发包人签认的最终结清证书有异议的，按争议条款的约定执行。④最终结清付款涉及政府投资资金的，按照国库集中支付等国家相关规定和专用合同条款的约定执行。

5. 竣工试验和竣工验收

(1) 竣工试验

承包人按照合同约定提交竣工文件、操作和维修手册后，进行竣工试验。承包人应提前21天将可以开始进行竣工试验的日期通知监理人，监理人应在该日期后14天内，确定竣工试验具体时间。除专用合同条款中另有约定外，竣工试验应按下述顺序进行：①第一阶段，承包人进行适当的检查和功能性试验，保证每一项工程设备都满足合同要求，并能安全地进入下一阶段试验。②第二阶段，承包人进行试验，保证工程或区段工程满足合同要求，在所有可利用的操作条件下安全运行。③第三阶段，当工程能安全运行时，承包人应通知监理人，可以进行其他竣工试验，包括各种性能测试，以证明工程符合发包人要求中列明的性能保证指标。

承包人应按合同约定进行工程及工程设备试运行。试运行所需人员、设备、材料、燃料、电力、消耗品、工具等必要的条件以及试运行费用等由专用合同条款规定。某项竣工试验未能通过的，承包人应按照监理人的指示限期改正，并承担合同约定的相应责任。

(2) 竣工验收申请报告

当工程具备以下条件时，承包人即可向监理人报送竣工验收申请报告：①除监理人同意列入缺陷责任期内完成的尾工（甩项）工程和缺陷修补工作外，合同范围内的全部区段工程以及有关工作，包括合同要求的试验和竣工试验均已完成，并符合合同要求。②已按合同约定的内容和份数备齐了符合要求的竣工文件。③已按监理人的要求编制了在缺陷责任期内完成的尾工（甩项）工程和缺陷修补工作清单以及相应施工计划。④监理人要求在竣工验收前应完成的其他工作。⑤监理人要求提交的竣工验收资料清单。

(3) 竣工验收

监理人收到承包人按照合同约定提交的竣工验收申请报告后，应审查申请报告的各项内容，并按以下不同情况进行处理。

1) 监理人审查后认为尚不具备竣工验收条件的，应在收到竣工验收申请报告后的28天内通知承包人，指出在颁发接收证书前承包人还需进行的工作内容。承包人完成监理人通知的全部工作内容后，应再次提交竣工验收申请报告，直至监理人同意为止。监理人收到竣工验收申请报告后28天内不予答复的，视为同意承包人的竣工验收申请，并应在收到该竣工验收申请报告后28天内提请发包人进行竣工验收。

2) 监理人同意承包人提交的竣工验收申请报告的，应在收到该竣工验收申请报告后的28天内提请发包人进行工程验收。

3) 发包人经过验收后同意接收工程的，应在监理人收到竣工验收申请报告后的56天内，由监理人向承包人出具经发包人签认的工程接收证书。发包人验收后同意接收工程但提出整修和完善要求的，限期修好，并缓发工程接收证书。整修和完善工作完成后，监理人复查达到要求的，经发包人同意后，再向承包人出具工程接收证书。

4) 发包人验收后不同意接收工程的，监理人应按照发包人的验收意见发出指示，要求承包人对不合格工程认真返工重做或进行补救处理，并承担由此产生的费用。承包人在完成不合格工程的返工重做或补救工作后，应重新提交竣工验收申请报告，并按照以上1)、2)、3) 的约定进行。

5) 除专用合同条款另有约定外，经验收合格工程的实际竣工日期，以提交竣工验收申请报告的日期为准，并在工程接收证书中写明。

6) 发包人在收到承包人竣工验收申请报告56天后未进行验收的，视为验收合格，实际竣工日期以提交竣工验收申请报告的日期为准，但发包人由于不可抗力不能进行验收的除外。

(4) 国家验收

需要进行国家验收的，竣工验收是国家验收的一部分。竣工验收所采用的各项验收和评定标准应符合国家验收标准。发包人和承包人为竣工验收提供的各项竣工验收资料应符合国家验收的要求。

(5) 区段工程验收

发包人根据合同进度计划安排，在全部工程竣工前需要使用已经竣工的区段工程时，或承包人提出经发包人同意时，可进行区段工程验收。验收的程序可参照竣工验收申请报告与竣工验收的约定进行。验收合格后，由监理人向承包人出具经发包人签认的区段工程接收证书。已签发区段工程接收证书的区段工程由发包人负责照管。区段工程的验收成果和结论作为全部工程竣工验收申请报告的附件。

发包人在全部工程竣工前，使用已接收的区段工程导致承包人费用增加的，发包人应承担由此增加的费用和（或）工期延误，并支付承包人合理利润。

(6) 施工期运行

施工期运行是指合同工程尚未全部竣工，其中某项或某几项区段工程或工程设备安装已竣工，根据专用合同条款约定，需要投入施工期运行的，经发包人按区段工程验收的约定验收合格，证明能确保安全后，才能在施工期投入运行。

在施工期运行中发现工程或工程设备损坏或存在缺陷的，由承包人按缺陷责任条款的约定进行修复。

(7) 竣工清场

除合同另有约定外，工程接收证书颁发后，承包人应按以下要求对施工场地进行清理，直至监理人检验合格为止。竣工清场费用由承包人承担。

1) 施工场地内残留的垃圾已全部清除出场。

2) 临时工程已拆除，场地已按合同要求进行清理、平整或复原。

3) 按合同约定应撤离的承包人设备和剩余的材料，包括废弃的施工设备和材料，已按计划撤离施工场地。

4) 工程建筑物周边及其附近道路、河道的施工堆积物，已按监理人指示全部清理。

5) 监理人指示的其他场地清理工作已全部完成。

承包人未按监理人的要求恢复临时占地，或者场地清理未达到合同约定的，发包人有权委托其他人恢复或清理，所发生的金额从拟支付给承包人的款项中扣除。

(8) 施工队伍的撤离

工程接收证书颁发后的56天内，除了经监理人同意需在缺陷责任期内继续工作和使用的人员、施工设备和临时工程外，其余的人员、施工设备和临时工程均应撤离施工场地或拆除。除合同另有约定外，缺陷责任期满时，承包人的人员和施工设备应全部撤离施工场地。

(9) 竣工后试验

《标准设计施工总承包招标文件》中的合同条款及格式提供了竣工后试验（A、B）两种选项，供合同当事人选择使用。

竣工后试验（A）。除专用合同条款另有约定外：①发包人应为竣工后试验提供必要的电力、设备、燃料、仪器、劳力、材料，以及具有适当资格和经验的工作人员。②发包人应根据承包商提供的操作和维修手册，以及承包人给予的指导进行竣工后试验。③发包人应提前21天将竣工后试验的日期通知承包人。如果承包人未能在该日期出席竣工后试验，发包人可自行进行，承包人应对检验数据予以认可。④因承包人原因造成某项竣工后试验未能通过的，承包人应按照合同的约定进行赔偿，或者承包人提出修复建议，按照发包人指示的合理期限内改正，并承担合同约定的相应责任。

竣工后试验（B）。除专用合同条款另有约定外：①发包人为竣工后试验提供必要的电力、材料、燃料、发包人人员和工程设备。②承包人应提供竣工后试验所需要的所有其他设备、仪器，以及有资格和经验的工作人员。③承包人应在发包人在场的情况下，进行竣工后试验。发包人应提前21天将竣工后试验的日期通知承包人。④因承包人原因造成某项竣工后试验未能通过的，承包人应按照合同的约定进行赔偿，或者承包人提出修复建议，按照发包人指示的合理期限内改正，并承担合同约定的相应责任。

6. 违约

(1) 承包人违约

承包人违约条款包括承包人违约情形，对承包人违约的处理，因承包人违约解除合同，发包人发出合同解除通知后的估价、付款和结清，协议利益的转让，紧急情况下无能力或不愿进行抢救等方面。

1）承包人违约情形：在履行合同过程中发生下列情况之一的，属承包人违约：①承包人的设计、承包人文件、实施和竣工的工程不符合法律以及合同约定。②承包人违反合同约定，私自将合同的全部或部分权利转让给其他人，或私自将合同的全部或部分义务转移给其他人。③承包人违反合同约定，未经监理人批准，私自将已按合同约定进入施工场地的施工设备、临时设施或材料撤离施工场地。④承包人违反合同约定使用了不合格材料或工程设备，工程质量达不到标准要求，又拒绝清除不合格工程。⑤承包人未能按合同进度计划及时完成合同约定的工作，造成工期延误。⑥由于承包人原因未能通过竣工试验或竣工后试验的。⑦承包人在缺陷责任期内，未能对工程接收证书所列的缺陷清单的内容或缺陷责任期内发生的缺陷进行修复，而又拒绝按监理人指示再进行修补。⑧承包人无法继续履行或明确表示不履行或实质上已停止履行合同。⑨承包人不按合同约定履行义务的其他情况。

2）对承包人违约的处理：如果承包人发生上述第⑥种约定的违约情况时，按照发包人要求中的未能通过竣工或竣工后试验的损害进行赔偿。发生延期的，承包人应承担延期责任。如果承包人发生上述第⑧种约定的违约情况时，发包人可通知承包人立即解除合同，并按以下"因承包人违约解除合同"、"发包人发出合同解除通知后的估价、付款和结清"以及"协议利益的转让"的约定处理。如果承包人发生上述除第⑥和第⑧种约定以外的其他违约情况时，监理人可向承包人发出整改通知，要求其在指定的期限内纠正。除合同条款另有约定外，承包人应承担其违约所引起的费用增加和（或）工期延误。

3）因承包人违约解除合同：监理人发出整改通知 28 天后，承包人仍不纠正违约行为的，发包人有权解除合同并向承包人发出解除合同通知。承包人收到发包人解除合同通知后 14 天内，承包人应撤离现场，发包人派员进驻施工场地完成现场交接手续，发包人有权另行组织人员或委托其他承包人。发包人因继续完成该工程的需要，有权扣留使用承包人在现场的材料、设备和临时设施。但发包人的这一行动不免除承包人应承担的违约责任，也不影响发包人根据合同约定享有的索赔权利。

4）发包人发出合同解除通知后的估价、付款和结清：①承包人收到发包人解除合同通知后 28 天内，监理人按商定或确定承包人实际完成工作的价值，包括发包人扣留承包人的材料、设备及临时设施和承包人已提供的设计、材料、施工设备、工程设备、临时工程等的价值。②发包人发出解除合同通知后，发包人有权暂停对承包人的一切付款，查清各项付款和已扣款金额，包括承包人应支付的违约金。③发包人发出解除合同通知后，发包人有权按合同约定向承包人索赔由于解除合同给发包人造成的损失。④合同双方确认合同价款后，发包人颁发最终结清付款证书，并结清全部合同款项。⑤发包人和承包人未能就解除合同后的结清达成一致而形成争议的，按合同约定执行。

5）协议利益的转让：因承包人违约解除合同的，发包人有权要求承包人将其为实施合同而签订的材料和设备的订货协议或任何服务协议利益转让给发包人，并在承包人收到解除合同通知后的 14 天内，依法办理转让手续。发包人有权使用承包人文件和由承包人或以其名义编制的其他设计文件。

6）紧急情况下无能力或不愿进行抢救：在工程实施期间或缺陷责任期内发生危及工程安全的事件，监理人通知承包人进行抢救，承包人声明无能力或不愿立即执行的，发包人有权雇用其他人员进行抢救。此类抢救按合同约定属于承包人义务的，由此发生的金额和（或）工期延误由承包人承担。

(2) 发包人违约

发包人违约条款包括发包人违约的情形，因发包人违约解除合同，解除合同后的付款，解除合同后的承包人撤离等方面。

1) 发包人违约的情形：在履行合同过程中发生下列情形之一的，属发包人违约：①发包人未能按合同约定支付价款，或拖延、拒绝批准付款申请和支付凭证，导致付款延误。②发包人原因造成停工。③监理人无正当理由没有在约定期限内发出复工指示，导致承包人无法复工。④发包人无法继续履行或明确表示不履行或实质上已停止履行合同。⑤发包人不履行合同约定其他义务。

2) 因发包人违约解除合同：如果发生上述第④种违约情况时，承包人可书面通知发包人解除合同。承包人在发包人违约暂停施工 28 天后，发包人仍不纠正违约行为的，承包人可向发包人发出解除合同通知。但承包人的这一行为不免除发包人承担的违约责任，也不影响承包人根据合同约定享有的索赔权利。

3) 解除合同后的付款：因发包人违约解除合同的，发包人应在解除合同后 28 天内向承包人支付下列款项，承包人应在此期限内及时向发包人提交要求支付下列金额的有关资料和凭证：①承包人发出解除合同通知前所完成工作的价款。②承包人为该工程施工订购并已付款的材料、工程设备和其他物品的金额。发包人付款后，该材料、工程设备和其他物品归发包人所有。③承包人为完成工程所发生的，而发包人未支付的金额。④承包人撤离施工场地以及遣散承包人人员的金额。⑤因解除合同造成的承包人损失。⑥按合同约定在承包人发出解除合同通知前应支付给承包人的其他金额。

发包人应按本项约定支付上述金额并退还质量保证金和履约担保，但有权要求承包人支付应偿还给发包人的各项金额。

4) 解除合同后的承包人撤离：因发包人违约而解除合同后，承包人应妥善处理正在施工的工程和已购材料、设备的保护和移交工作，并按发包人的要求将承包人设备和人员撤出施工场地。承包人撤出施工场地应遵守竣工清场的合同约定，发包人应为承包人撤出提供必要条件并办理移交手续。

(3) 第三人造成的违约

在履行合同过程中，一方当事人因第三人的原因造成违约的，应当向对方当事人承担违约责任。一方当事人和第三人之间的纠纷，依照法律规定或者按照约定解决。

7. 索赔

(1) 承包人索赔的提出

根据合同约定，承包人认为有权得到追加付款和（或）延长工期的，应按以下程序向发包人提出索赔：①承包人应在知道或应当知道索赔事件发生后 28 天内，向监理人递交索赔意向通知书，并说明发生索赔事件的事由。承包人未在前述 28 天内发出索赔意向通知书的，工期不予顺延，且承包人无权获得追加付款。②承包人应在发出索赔意向通知书后 28 天内，向监理人正式递交索赔通知书。索赔通知书应详细说明索赔理由以及要求追加的付款金额和（或）延长的工期，并附必要的记录和证明材料。③索赔事件具有连续影响的，承包人应按合理时间间隔继续递交延续索赔通知，说明连续影响的实际情况和记录，列出累计的追加付款金额和（或）工期延长天数。④在索赔事件影响结束后的 28 天内，承包人应向监理人递交最终索赔通知书，说明最终要求索赔的追加付款金额和延长的工期，并附必要的记录和证明材料。

（2）承包人索赔处理程序

1）监理人收到承包人提交的索赔通知书后，应及时审查索赔通知书的内容、查验承包人的记录和证明材料，必要时监理人可要求承包人提交全部原始记录副本。

2）监理人应按商定或确定追加的付款和（或）延长的工期，并在收到上述索赔通知书或有关索赔的进一步证明材料后的 42 天内，将索赔处理结果答复承包人。监理人在收到索赔通知书或有关索赔的进一步证明材料后的 42 天内不予答复的，视为认可索赔。

3）承包人接受索赔处理结果的，发包人应在作出索赔处理结果答复后 28 天内完成赔付。承包人不接受索赔处理结果的，按争议条款的约定执行。

（3）承包人提出索赔的期限

承包人按合同竣工结算的约定接受了竣工付款证书后，应被认为已无权再提出在合同工程接收证书颁发前所发生的任何索赔。

承包人按合同最终结清的约定提交的最终结清申请单中，只限于提出工程接收证书颁发后发生的索赔。提出索赔的期限自接受最终结清证书时终止。

（4）发包人的索赔

发包人应在知道或应当知道索赔事件发生后 28 天内，向承包人发出索赔通知，并说明发包人有权扣减的付款和（或）延长缺陷责任期的细节和依据。发包人未在前述 28 天内发出索赔通知的，丧失要求扣减付款和（或）延长缺陷责任期的权利。发包人提出索赔的期限和要求与承包人提出索赔的期限的约定相同，要求延长缺陷责任期的通知应在缺陷责任期届满前发出。

发包人按合同规定商定或确定发包人从承包人处得到赔付的金额和（或）缺陷责任期的延长期。承包人应付给发包人的金额可从拟支付给承包人的合同价款中扣除，或由承包人以其他方式支付给发包人。

8. 争议的解决

（1）争议的解决方式

发包人和承包人在履行合同中发生争议的，可以友好协商解决或者提请争议评审组评审。合同当事人友好协商解决不成、不愿提请争议评审或者不接受争议评审组意见的，可在专用合同条款中约定下列一种方式解决：①向约定的仲裁委员会申请仲裁。②向有管辖权的人民法院提起诉讼。

（2）友好解决

在提请争议评审、仲裁或者诉讼前，以及在争议评审、仲裁或诉讼过程中，发包人和承包人均可共同努力友好协商解决争议。

（3）争议评审

1）采用争议评审的，发包人和承包人应在开工日后的 28 天内或在争议发生后，协商成立争议评审组。争议评审组由有合同管理和工程实践经验的专家组成。

2）合同双方的争议，应首先由申请人向争议评审组提交一份详细的评审申请报告，并附必要的文件、图纸和证明材料，申请人还应将上述报告的副本同时提交给被申请人和监理人。

3）被申请人在收到申请人评审申请报告副本后的28天内，向争议评审组提交一份答辩报告，并附证明材料。被申请人应将答辩报告的副本同时提交给申请人和监理人。

4）除专用合同条款另有约定外，争议评审组在收到合同双方报告后的14天内，邀请双方代表和有关人员举行调查会，向双方调查争议细节；必要时争议评审组可要求双方进一步提供补充材料。

5）除专用合同条款另有约定外，在调查会结束后的14天内，争议评审组应在不受任何干扰的情况下进行独立、公正的评审，作出书面评审意见，并说明理由。在争议评审期间，争议双方暂按总监理工程师的确定执行。

6）发包人和承包人接受评审意见的，由监理人根据评审意见拟订执行协议，经争议双方签字后作为合同的补充文件，并遵照执行。

7）发包人或承包人不接受评审意见，并要求提交仲裁或提起诉讼的，应在收到评审意见后的14天内将仲裁或起诉意向书面通知另一方，并抄送监理人，但在仲裁或诉讼结束前应暂按总监理工程师的确定执行。

复习思考题

1. 试述施工合同的概念和特点。
2. 试述工程总承包合同的概念和特点。
3. 什么是施工合同工期和施工期？
4. 简述《2017版施工合同》的组成及特点。
5. 发包人和承包人的工作有哪些？
6. 简述工程师的产生及职权。
7. 在施工工期上，发包人和承包人的义务各是什么？
8. 简述施工进度计划的提交及确认。
9. 简述工期顺延的理由及确认程序。
10. 发包人供应的材料设备与约定不符时如何处理？
11. 工程验收有哪些内容，如何进行隐蔽工程和中间验收？
12. 简述工程试车的组织和责任。
13. 承包人在何种情况下可以要求调整合同价款？
14. 简述变更价款的确定程序和确定方法。
15. 因不可抗力导致的费用增加及延误的工期如何分担？
16. 描述工程竣工验收和竣工结算的流程和步骤。
17. 施工合同对工程分包有何规定？
18. 施工合同双方在工程保险上有何义务？
19. 简述施工合同争议的解决方式。
20. 哪些情况下施工合同可以解除？
21. 试述工程总承包合同的特点和主要内容。
22. 结合工程实际，试述如何控制施工合同中规定的工期、质量、投资以及环境和安全目标。
23. 结合我国建设法律法规的具体规定，谈谈项目经理应承担哪些法律责任。

8　建设工程物资采购合同及管理

8.1　建设工程物资采购合同概述

1. 建设工程物资采购的合同分类

工程项目的建设需要采购大量的建筑材料和永久工程设备，建设工程的物资采购合同按照《合同法》的分类，涉及买卖合同和承揽合同两大类。采购建筑材料和定型生产的中小型设备，由于规格、质量有统一标准属于买卖合同范畴，主要特点是采购方不关心合同标的生产过程，条款内容集中于交货阶段的责任约定（以下简称“物资采购合同”）。采购永久工程的大型设备，生产厂家订立合同后才开始生产制作，采购方关注制造过程，而且交货后还可能包括安装或指导安装的服务（以下简称“设备采购合同”）。因此，两类合同的内容有很大区别。

2. 物资采购合同与大型设备采购合同的主要区别

（1）合同标的物的特点不同

1）物资采购合同标的是物的转移，而大型设备采购合同标的是完成约定的工作，并表现为一定的劳动成果。大型设备采购合同的定作物是供货方按照采购方提出的特殊要求加工制造的，或虽有定型生产的设计和图纸但不是批量生产的产品。还可能采购方根据工程项目特点，对生产厂家定型设计的设备图纸提出更改某些技术参数或结构要求后，厂家再进行制造。

2）物资采购合同的标的物可以是合同成立时已经存在；也可能是签订合同时还未生产，而后按采购方要求数量生产。而作为大型设备采购合同的标的物，必须是合同成立后供货方依据采购方的要求而制造的特定产品，它在合同签约前并不存在。

（2）合同条款内容涉及的范围不同

1）物资采购合同的采购方只能在合同约定期限到来时要求供货方履行，一般不过问供货方是如何组织生产的。而大型设备采购合同的供货方必须按照采购方交付的任务和要求去完成工作，在不影响供货方正常制造的情况下，采购方还要对加工制造过程中的质量和工期等进行检查和监督，一般情况下都派有驻厂代表或聘请监理工程师（也称设备监造）负责对生产过程进行监督控制。

2）物资采购合同中订购的货物不一定是供货方自己生产的，也可以通过各种渠道去组织货源，完成供货任务。而大型设备采购合同则要求供货方必须用自己的劳动、设备、技能独立地完成定作物的加工制造。

3）物资采购合同供货方按质、按量、按期将订购货物交付采购方后即完成了合同义务；而设备采购合同中有时还可能包括要求供货方承担设备安装，或在其他供货方进行设备安装时提供协助、指导，以及对生产技术人员的培训等服务内容。

8.2 建筑材料和中小型设备采购合同

8.2.1 建设工程物资采购合同的特点

1. 合同内容涉及的范围

工程项目建设中需要大量的水泥、钢材、木材、电缆等建筑材料，经常采用批量订购分期交货的方式采购。

物资采购合同主要围绕采购标的物的交货约定条款内容，不涉及材料的生产过程，主要保证供货方按质、按量、按期交货，采购方按时付款。

2. 合同当事人

物资采购合同的当事人是采购方和供货方。采购方可能是工程发包人，也可能是承包人，依据施工合同的承包方式来确定。施工中使用的建筑材料采购责任，按照施工合同专用条款的约定执行。通常分为发包人负责采购供应；承包人负责采购，包工包料承包；大宗建筑材料由发包人采购供应，当地材和数量较少的材料由承包人负责三类方式。

采购合同的供货人，可以是生产厂家，也可以是从事物资流转业务的供应商。由于采购方不关注物资的生产过程，因此供货方可以是采购标的的生产厂家或供货商，不论其是法人还是经济组织，只要具有合法经营的资格及履行合同义务的能力即可以作为合同的当事人，而不像设计合同、施工合同、监理合同等需要承包方具备相应的资格条件。如果供货商是不直接生产采购标的物、仅负责组织货源和运输的物资供应公司，但作为合同的一方当事人，如果交付的货物不符合合同要求，存在质量缺陷、交付的数量短缺或拖延交货时间，仍需直接对采购方承担合同约定的责任。

8.2.2 物资采购合同的订立

1. 国内物资采购合同的主要条款

采购建筑材料和通用设备的合同，分为约首、合同条款和约尾三部分。约首主要写明采购方和供货方的单位名称、合同编号和签订合同地点。约尾是双方当事人就条款内容达成一致后，最终签字盖章使合同生效的有关内容，包括签字的法定代表人或委托代理人、开户银行和账号、合同的有效起止日期等。双方在合同中的权利和义务，均由条款部分来约定。国内物资购销合同的示范文本（工矿产品订购合同）包括以下主要条款：

(1) 产品名称、商标、型号、订购数量、合同金额、供货时间及每次供应数量；

(2) 质量要求、技术标准、供货方对质量负责的条件和期限；

(3) 交（提）货地点、方式；

(4) 运输方式及到达站（港）的费用负担责任；

(5) 验收方式及提出异议的期限；

(6) 包装标准、包装物的供应与回收和费用负担；

(7) 超欠幅度、损耗及计算方法；

(8) 随机备品、配件、工具数量及供应办法；

(9) 结算方式及期限；

(10) 违约责任；

(11) 如需提供担保，应签订担保书作为合同附件；

（12）解决合同争议的方法；

（13）其他约定事项。

2017 年 9 月 4 日，国家发展和改革委员会等九部委联合印发了《标准设备采购招标文件》等五个标准招标文件的通知（发改法规［2017］1606 号），编制了《标准材料采购招标文件》等五个标准文件。该《标准文件》适用于依法必须招标的与工程建设有关的设备、材料等货物项目和勘察、设计、监理等服务项目。《标准材料采购招标文件》适用于材料采购招标，其中的第四章包含了合同条款及格式，由通用合同条款、专用合同条款和合同附件格式三部分组成。通用合同条款包括：一般约定、合同范围、合同价格与支付、包装、标记、运输和交付、检验和验收、相关服务、质量保证期、履约保证金、保证、违约责任、合同的解除、争议的解决等十二个方面。合同附件格式包括合同协议书和履约保证金格式。

2. 订立合同约定的内容

建设工程物资采购合同的标的品种繁多，供货条件差异较大，是工程项目建设涉及数量最多、合同条款差异较大的合同。就某一具体合同而言，订立合同时应依据采购标的物的特点对范本规定的条款加以详细约定。

（1）标的物的约定

1）物资名称。合同标的物应按行业主管部门颁布的产品目录规定正确填写，不能用习惯名称或自行命名，以免产生由于订货差错而造成物资积压、缺货、拒收或拒付等情况。订购产品的商品牌号、品种、规格型号是标的物的具体化，综合反映产品的内在素质和外观形态，因此应填写清楚。订购特定产品，最好还注明其用途，以免事后产生不必要的纠纷。但对品种、型号、规格、等级明确的产品，则不必再注明用途，如订购 42.5 级硅酸盐水泥，名称本身就已说明了它的品种、规格和等级要求。

2）质量要求和技术标准。产品质量应满足规定用途的特性指标，因此合同内必须约定产品应达到的质量标准。约定质量标准的一般原则是：

① 按颁布的国家标准执行；

② 无国家标准而有部颁标准的产品，按部颁标准执行；

③ 没有国家标准和部颁标准作为依据时，可按企业标准执行；

④ 没有上述标准，或虽有上述某一标准但采购方有特殊要求时，按双方在合同中商定的技术条件、样品或补充的技术要求执行。

合同内必须写明执行的质量标准代号、编号和标准名称。采购成套产品时，合同内也需规定附件的质量要求。

3）产品的数量。合同内约定产品数量时，应写明订购产品的计量单位、供货数量、允许的合理磅差范围和计算方法。凡国家、行业或地方规定有计量标准的产品，合同中应按统一标准注明计量单位。应予以注意的是，某些建筑材料或产品有计量换算问题，应按标准计量单位签订订购数量。如国家规定的平板玻璃计量单位为标准重量箱，即某一厚度的玻璃每一块有标准尺寸，在每一标准箱中规定放置若干块。因此，采购方则要依据设计图纸计算所需玻璃的平方米数后，按重量箱换算系数折算成订购的标准重量箱数，并在合同中写明，而不能用平方米数作为计量单位。

订购数量必须在合同内注明，尤其是一次订购分期供货的合同，还应明确每次交货的时间、地点、数量。对于某些机电产品，要明确随机的易耗品备件和安装修理专用工具的数量。若为成套供应的产品，需明确成套的供应范围，详细列出成套设备清单。为了避免合同履行过程中发生纠纷，一般建筑材料的购销合同中，应列明每次交货时允许的交货数量与订购数量之间的合理磅差、自然损耗的计算方法，以及最终的合理尾差范围。

(2) 订购产品的交付

建设工程物资采购供应合同与施工进度密切相关，供货方必须严格按照合同约定的时间交付订购的货物。延误交货将导致工程施工的停工待料，不能使建设项目及时发挥效益。提前交货通常采购方也不同意接收，一方面货物将占用施工现场有限的场地影响施工，另一方面增加了采购方的仓储保管费用。如供货方将50t水泥提前发运到施工现场，而买受人仓库已满只好露天存放，为了防潮则需要投入很多物资进行维护保管。签订合同时双方应明确约定的内容主要包括：

1) 产品的交付方式。订购物资或产品的供应方式，可以分为采购方到合同约定地点自提货物和供货方负责将货物送达指定地点两大类；供货方送货又可细分为将货物负责送抵现场或委托运输部门代运两种形式。为了明确货物的运输责任，应在相应条款内写明所采用的交（提）货方式、交（接）货物的地点、接货单位（或接货人）的名称。

2) 交货期限。货物的交（提）货期限，是指货物交接的具体时间要求。它不仅关系到合同是否按期履行，还可能会出现货物意外灭失或损坏时的责任承担问题。合同内应对交（提）货期限写明月份或更具体的时间（如旬、日）。如果合同内规定分批交货时，还需注明各批次交货的时间，以便明确责任。

3) 产品包装。凡国家或行政主管部门对包装有技术规定的产品，应按技术规定的类型、规格、容量、印刷标志，以及产品的盛放、衬垫、封袋方法等要求执行。无技术规定可循的某些专用产品，双方应在合同内约定包装方法。除特殊情况外，包装材料一般由供货方负责并包括在产品价格内，不得向采购方另行收取费用。如果采购方对包装提出特殊要求时，双方应在合同内商定，超过原标准费用部分，由采购方承担。反之，若议定的包装标准低于有关规定标准时，相应降低产品价格。对于可以多次使用的包装材料，或使用一次后还可以加工利用的包装物，双方应协商回收办法作为合同附件。包装物的回收办法可以采用以下两种形式之一：①押金回收。适用于专用的包装物，如电缆卷筒、集装箱、大中型木箱等。②折价回收。适用于可以多次利用的包装器材，如油桶等。

回收办法中还要明确规定回收品的质量、回收价格、回收期限和验收办法等事项。

(3) 产品验收

合同内应对验收明确以下几方面问题。

1) 验收依据。供货方交付产品时，可以作为双方验收依据的资料包括：①双方签订的采购合同；②供货方提供的发货单、计量单、装箱单及其他有关凭证；③合同内约定的质量标准，应写明执行的标准代号、标准名称；④产品合格证、检验单；⑤图纸、样品或其他技术证明文件；⑥双方当事人共同封存的样品。

2) 验收方法。具体写明检验的内容和手段，以及检测应达到的质量标准。对于抽样检查的产品，还应约定抽检的比例和取样的方法，以及双方共同认可的检测单位。

3) 对产品提出异议的时间和办法。合同内应具体写明采购方对不合格产品提出异议的时间和拒付货款的条件。采购方提出的书面异议中，应说明检验情况，出具检验证明和对不符合规定产品提出具体处理意见。凡因采购方使用、保管、保养不善原因导致的质量下降，供货方不承担责任。在接到采购方的书面异议通知后，供货方应在10天内（或合同商定的时间内）负责处理，否则即视为默认采购方提出的异议和处理意见。

（4）货款结算

合同内应明确约定以下各项内容。

1）办理结算的时间和手续。合同内首先需明确是验单付款还是验货付款，然后再约定结算方式和结算时间。尤其对分批交货的物资，每批交付后应在多少天内支付货款也应明确注明。结算方式可以是现金支付、转账结算或异地托收承付。现金结算只适用于成交货物数量少，且金额小的购销合同；转账结算适用于同城市或同地区内的结算；托收承付适用于合同双方不在同一城市的结算方式。

2）拒付货款条件。采购方有权部分或全部拒付货款的情况大致包括：①交付货物的数量少于合同约定，拒付少交部分货款；②有权拒付质量不符合合同要求部分货物的货款；③供货方交付的货物多于合同规定的数量且采购方不同意接收部分的货物，在承付期内可以拒付。

3）逾期付款的利息。合同内应规定采购方逾期付款应偿付违约金的计算办法。

（5）违约责任

当事人任何一方不能正确履行合同义务时，均应以违约金的形式承担违约赔偿责任。双方应通过协商，将各种可能违约情况的违约金计算办法写明在合同条款内。

3. 国际物资采购合同的主要差异

随着我国经济的快速发展，工程建设项目也日益向大型化、复杂化、技术水平先进的方向发展。加入WTO后，物资设备的采购已从原来只限于国内市场的范围，转向面对国际大市场。由于国际采购的特殊性，因此国际采购合同比国内采购合同要相对复杂得多。国际采购合同除应包括国内采购合同应遵循的基本原则外，还将涉及有关价格、国际运输、保险、关税等问题，以及支付方式中的汇率、支付手段等内容。国际货物买卖合同具有涉外因素，调整国际货物买卖合同的法律涉及不同国家的法律制度、国际贸易公约或国际贸易惯例。概括起来，国际货物买卖合同适用的规则有三种：

1）国内法。如《中华人民共和国合同法》、《中华人民共和国对外贸易法》等。

2）国际条约。如《联合国国际货物销售合同公约》等。

3）国际贸易惯例。如《2010年国际贸易术语解释通则》、《跟单信用证统一惯例（UCP600）》等。

由于国际采购货物的买卖都是按照货物的价格条件成交，而在国际贸易中，货物的价格不同于国内采购时其价格仅反映货物的生产成本和供货商计取的利润，它还涉及货物交接过程中的各种费用由哪一方承担，并反映了双方权利义务的划分。采购方就某一产品询价时，对方可能报出几种价格，并非此产品的出厂价在浮动，而是说明不同价格中除了出厂价之外，在货物交接过程中还会发生许多其他费用。按照国际惯例，不同的计价合同类型，反映着采购方和供货方之间在货物交接过程中不同的权利和责任。

（1）到岸价（CIF价）合同

这种计价方式是国际上采用最多的合同类型，也可称之为成本、保险加运费合同。按照国际商会《2010年国际贸易术语解释通则》中的规定，合同双方的责任应分别为：

1）供货方责任

① 提供符合合同规定的货物：提供符合采购合同规定的货物和商业发票或相等的电信单证，以及合同可能要求的证明货物符合合同标准的任何其他凭证。

② 许可证、批准证件及海关手续：自行承担风险和费用，取得出口许可证或其他官方批准证件，并办理货物出口所必需的一切海关手续。

③ 运输合同与保险合同：按照通常条件自行负担费用订立运输合同；根据合同约定自行负担费用取得货物保险，使采购方或任何其他对货物拥有保险权益的人直接向保险人索赔，并向采购方提供保险单或其他形式的保险凭证。

④ 交付运输：在规定的日期或期间内，在装运港将货物交付至船上。

⑤ 风险转移：除采购方第④项责任外，承担货物灭失或损坏的一切风险，直至货物在装运港已越过船舷时为止。

⑥ 费用划分：支付运费、保险费以及出口所需的一切关税、捐税和官方收取的费用。

⑦ 通知采购方：给予采购方货物已装船的充分通知，以及为使采购方采取通常必要的措施能够提取货物所需要的其他任何通知。

⑧ 交货凭证：除非另有约定，应自行负担费用，毫不迟延地向采购方提供约定目的港通常所需的运输单证。

⑨ 核查、包装、标记：支付根据供货方责任第④项所需的货物核查费用。自行负担费用提供为安排货物运输所要求的包装。

⑩ 其他义务。

2）采购方责任

① 支付价款：支付采购合同规定的价款。

② 许可证、批准证件及海关手续：采购方自行承担风险及费用，取得进口许可证或其他官方批准证件，办理货物进口以及必要时需经由另一国家过境运输所需的一切海关手续。

③ 受领货物：在指定的目的港从承运人那里接收货物。

④ 风险转移；自货物在装运港已越过船舷起，承担货物灭失或损坏的一切风险。

⑤ 费用划分：支付进口税、捐税及其他各项清关手续费。

⑥ 通知供货方：在采购方有权确定装运货物的时间和（或）目的港时，给予供货方充分的通知。

⑦ 接收凭证：根据供货方第⑧项责任，接收符合合同规定的运输单证。

⑧ 货物检验：除非另有规定，支付装运前货物的检验费用，出口国有关当局的强制检验除外。

⑨ 其他义务。

从以上责任分担可以看出，CIF 价合同规定，除了在供货方所在国进行的发运前货物检验费用由采购方承担外，运抵目的港前所发生的各种费用支出均由供货方承担，也即他应将这些开支计入到货物价格之内。这些费用包括：货物包装费、出口关税、制单费、租船费、装船费、海运费、运输保险费，以及到达目的港卸船前可能发生的各种费用。而采购方则负责卸船及以后所发生的各种费用开支，包括卸船费、港口仓储费、进口关税、进口检验费、国内运输费等。另外，CIF 价采用的是验单付款方式，即供货方是按货单交货、凭单索付的原则向对方交付合同规定的一切有效单证，采购方审查无误后即应通过银行拨付，而不是验货后再付款。这里可能有某种风险，即供货方已向船主交了货，向保险公司办理了投保手续，并将合同规定的一切单据交付给银行即可拿到货款。尽管采购方尚未见到货物，只要提货单和一切单据内容符合合同规定，采购方银行即应向对方银行拨付此笔款项。如果到货后发现货物损坏、短少或灭失情况时，只要发运单与合同要求相符，供货方不负责任，由采购方会同有关方面查找受损原因后，向海运公司或保险公司索赔。

（2）离岸价（FOB价）合同

离岸价合同与到岸价（CIF价）合同的主要区别表现在费用承担责任的划分上。离岸价合同由采购方负责租船定仓，办理好有关手续后，将装船时间、船名、泊位通知供货方。供货方负责包装、供货方所在国的内陆运输、办理出口有关手续、装船时货物吊运过船舷前发生的有关费用等。采购方负责租船订仓、装船后的平仓、办理海运保险，以及货物运达目的港后的所有费用开支。风险责任的转移也以货物装船吊运至船上越过船舷空间的时间作为风险转移的时间界限。

（3）成本加运费价（C&F价）合同

成本加运费价合同与到岸价（CIF价）合同的主要差异，仅为办理海运保险的责任和费用的承担不同。由到岸价合同双方责任的划分可以看到，尽管合同规定由供货方负责办理海运保险并支付保险费，但这只是属于为采购方代办性质，因为合同规定供货方承担风险责任的时间仅限于货物在启运港吊运过船舷空间时为止。也就是说，虽然由供货方负责办理海运保险并承担该项费用支出，但在海运过程中出现货物损坏或灭失时，供货方不负有向保险公司索赔的责任，仍由采购方向保险公司索赔，供货方只承担采购方向保险公司索赔时的协助义务。由于这一原因，从到岸价合同演变出成本加运费价合同，即其他责任和费用都与到岸价规定相同，只是将办理海运保险一项工作，转由采购方负责办理并承担其费用支出。

8.2.3 物资采购合同的履行管理

1. 交货期限

合同履行过程中，判定是否按期交货或提货，依照约定的交（提）货方式不同，可能有以下几种情况：

（1）供货方送货到现场。供货方送货到现场的交货日期，以采购方接收货物时在货单上签收的日期为准。

（2）供货方负责代运货物。供货方负责代运货物，以发货时承运部门签发货单上的戳记日期为准。合同内约定采用代运方式时，供货方必须根据合同规定的交货期、数量、到站、接货人等，按期编制运输作业计划，办理托运、装车（船）、查验等发货手续，并将货运单、合格证等交寄对方，以便采购方在指定车站或码头接货。如果因单证不齐导致采购方无法接货，由此造成的站场存储费和运输罚款等额外支出费用，应由供货方承担。

（3）采购方自提。采购方自提产品，以供货方通知提货的日期为准。但供货方的提货通知中，应给对方合理预留必要的途中时间。采购方如果不能按时提货，应承担逾期提货的违约责任。当供货方早于合同约定日期发出提货通知时，采购方可根据施工的实际需要和仓储保管能力，决定是否按通知的时间提前提货。采购方有权拒绝提前提货，也可以按通知时间提货后仍按合同规定的交货时间付款。

实际交（提）货日期早于或迟于合同规定的期限，都应视为提前或逾期交（提）货，由有关方承担相应责任。

2. 交货验收的依据

按照合同的约定，供货方交付产品时，可以作为双方验收依据的资料包括：

（1）双方签订的采购合同。

（2）供货方提供的发货单、计量单、装箱单及其他有关凭证。

（3）合同内约定的质量标准。应写明执行的标准代号、标准名称。

（4）产品合格证、检验单。

（5）图纸、样品或其他技术证明文件。

（6）双方当事人共同封存的样品。

3. 交货数量的检验

（1）供货方代运货物的到货检验

由供货方代运的货物，采购方在站场提货地点应与运输部门共同验货，以便发现灭失、短少、损坏等情况时，能及时分清责任。采购方接收后，运输部门不再负责。属于交运前出现的问题，由供货方负责；运输过程中发生的问题，由运输部门负责。

（2）现场交货的数量检验方法

1）衡量法。即根据各种物资不同的计量单位进行检尺、检斤，以衡量其长度、面积、体积、重量是否与合同约定一致。如胶管衡量其长度；钢板衡量其面积；木材衡量其体积；钢筋衡量其重量等。

2）理论换算法。如管材等各种定尺、倍尺的金属材料，量测其直径和壁厚后，再按理论公式换算验收。换算依据为国家规定标准或合同约定的换算标准。

3）查点法。采购定量包装的计件物资，如袋装水泥的交货清点，只要查点到货数量即可。包装内的产品数量或重量应与包装物的标明一致，否则应由厂家或封装单位负责。

（3）交货数量的允许增减范围

合同履行过程中，经常会发生发货数量与实际验收数量不符，或实际交货数量与合同约定的交货数量不符的情况。其原因可能是供货方的责任，也可能是运输部门的责任，或由于运输过程中的合理损耗。前两种情况要追究有关方的责任。第三种情况则应控制在合理的范围之内。有关主管部门对通用的物资和材料规定了货物交接过程中允许的合理磅差和尾差界限，如果合同约定供应的货物无规定可循，也应在条款内约定合理的差额界限，以免交接验收时发生合同争议。交付货物的数量在合理的尾差和磅差内，不按多交或少交对待，双方互不退补。超过界限范围时，按合同约定的方法计算多交或少交部分的数量。

合同内对磅差和尾差规定出合理的界限范围，既可以划清责任，还可以为供货方合理组织发运提供灵活变通的条件。如果超过合理范围，则按实际交货数量计算。不足部分由供货方补齐或退回不足部分的货款；采购方同意接收的多交付部分，进一步支付溢出数量货物的货款。但在计算多交或少交数量时，应按订购数量与实际交货数量比较，均不再考虑合理磅差和尾差因素。

4. 交货质量检验

（1）质量责任

不论采用何种交接方式，采购方均应在合同规定由供货方对质量负责的条件和期限内，对交付产品进行验收和试验。某些必须安装运转后才能发现内在质量缺陷的设备，应于合同内规定保修期。在此期限内，凡检测不合格的物资或设备，均由供货方负责。如果采购方在规定时间内未提出质量异议，或因其使用、保管、保养不善造成的质量下降，供货方不再负责。

(2) 验收方法

合同内应具体写明检验的内容和手段，以及检测应达到的质量标准。对于抽样检查的产品，还应约定抽检的比例和取样的方法，以及双方共同认可的检测单位。质量验收的方法可以采用：

1) 经验鉴别法。即通过目测、手触或以常用的检测工具量测后，判定质量是否符合要求。

2) 物理试验。根据对产品的性能检验目的，可以进行拉伸试验、压缩试验、冲击试验、金相试验及硬度试验等。

3) 化学分析。即抽出一部分样品进行定性分析或定量分析的化学试验，以确定其内在质量。

(3) 对产品质量提出异议的时间和办法

合同内应具体写明采购方对不合格产品提出异议的时间和拒付货款的条件。采购方提出的书面异议中，应说明检验情况，出具检验证明和对不符合规定产品提出具体处理意见。凡因采购方使用、保管、保养不善原因导致的质量下降，供货方不承担责任。在接到采购方的书面异议通知后，供货方应在10天内（或合同商定的时间内）负责处理，否则即视为默认采购方提出的异议和处理意见。如果当事人双方对产品的质量检测、试验结果发生争议，应按《中华人民共和国标准化法实施条例》的规定，由标准化行政主管部门设置的检验机构或者授权其他单位的检验机构的检验数据为准。

5. 合同的变更或解除

合同履行过程中，如需变更合同内容或解除合同，都必须依据《合同法》的有关规定执行。一方当事人要求变更或解除合同时，在未达成新的协议以前，原合同仍然有效。要求变更或解除合同一方应及时将自己的意图通知对方，对方也应在接到书面通知后的15天或合同约定的时间内予以答复，逾期不答复的视为默认。

物资采购合同变更的内容可能涉及订购数量的增减、包装物标准的改变、交货时间和地点的变更等方面。采购方对合同内约定的订购数量不得少要或不要，否则要承担中途退货的责任。只有当供货方不能按期交付货物，或交付的货物存在严重质量问题而影响工程使用时，采购方认为继续履行合同已成为不必要，才可以拒收货物，甚至解除合同关系。如果采购方要求变更到货地点或接货人，应在合同规定的交货期限前40天通知供货方，以便供货方修改发运计划和组织运输工具。迟于上述规定期限，双方应当立即协商处理。如果已不可能变更或变更后会发生额外费用支出，其后果均应由采购方负责。

6. 支付结算管理

(1) 货款结算

1) 支付货款的条件。合同内需明确是验单付款还是验货后付款，然后再约定结算方式和结算时间。验单付款是指委托供货方代运的货物，供货方把货物交付承运部门并将运输单证寄给采购方，采购方在收到单证后在合同约定的期限内即应支付的结算方式。尤其对分批交货的物资，每批交付后应在多少天内支付货款也应明确注明。

2）结算支付的方式。结算方式可以是现金支付、转账结算或异地托收承付。现金结算只适用于成交货物数量少，且金额小的购销合同；转账结算适用于同城市或同地区内的结算；托收承付适用于合同双方不在同一城市的结算方式。

（2）拒付货款

采购方拒付货款，应当按照中国人民银行结算办法的拒付规定办理。采购方对拒付货款的产品必须负责接收，并妥为保管不准动用。如果发现动用，由银行代供货方扣收货款，并按逾期付款对待。采用托收承付结算时，如果采购方的拒付手续超过承付期，银行不予受理。采购方有权部分或全部拒付货款的情况大致包括：

1）交付货物的数量少于合同约定，拒付少交部分的货款。

2）拒付质量不符合合同要求部分货物的货款。

3）供货方交付的货物多于合同规定的数量且采购方不同意接收部分的货物，在承付期内可以拒付。

8.2.4 违约责任

1. 供货方的违约责任

供货方的违约行为可能包括不能按合同约定数量供货和不能按期供货两种情况，由于这两种违约行为给对方造成的损失不同，因此承担违约责任的形式也不完全一样。

（1）交货数量不符合约定的责任

1）不能交付合同约定数量的货物。如果因供货方应承担责任原因导致不能全部或部分交货，应按合同约定的违约金比例乘以不能交货部分货款计算违约金。若违约金不足以偿付采购方所受到的实际损失时，可以修改违约金的计算方法，使实际受到的损害能够得到合理的补偿。如施工供货方为了避免停工待料，不得不以较高价格紧急采购不能供应部分的货物而受到的价差损失等。

2）交货数量与合同不符。交付的数量多于合同规定，且采购方不同意接收时，可在承付期内拒付多交部分的贷款和运杂费。合同双方在同一城市，采购方可以拒收多交部分；双方不在同一城市，采购方应先把货物接收下来并负责保管，然后将详细情况和处理意见在到货后的 10 天内通知对方。当交付的数量少于合同规定时，采购方凭有关的合法证明在承付期内可以拒付少交部分的货款，也应在到货后的 10 天内将详情和处理意见通知对方。供货方接到通知后应在 10 天内答复，否则视为同意对方的处理意见。

（2）未按期交付货物

供货方不能按期交货的行为，又可以进一步区分为逾期交货和提前交货两种情况。

1）逾期交货。不论合同内规定由供货方将货物送达指定地点交接，还是采购方去自提，均要按合同约定依据逾期交货部分货款价格计算违约金。对约定由采购方自提货物而不能按期交付时，若发生采购方的其他额外损失，这笔实际开支的费用也应由供货方承担。如采购方已按期派车到指定地点接收货物，而供货方又不能交付时，则派车损失应由供货方支付费用。发生逾期交货事件后，供货方还应在发货前与采购方就发货的有关事宜进行协商。采购方仍需要时，可继续发货照数补齐，并承担逾期付货责任；如果采购方认为已不再需要，有权在接到发货协商通知后的 15 天内，通知供货方办理解除合同手续。但逾期不予答复视为同意供货方继续发货。

2）提前交付货物。属于约定由采购方自提货物的合同，采购方接到对方发出的提前提货通知后，可以根据自己的实际情况拒绝提前提货；对于供货方提前发运或交付的货物，采购方仍可按合同规定的时间付款，而且对多交货部分，以及品种、型号、规格、质量等不符合合同规定的产品，在代为保管期内实际支出的保管、保养等费用由供货方承担。代为保管期内，不是因采购方保管不善原因而导致的损失，仍由供货方负责。

（3）产品的质量缺陷

交付货物的品种、型号、规格、质量不符合合同规定，如果采购方同意利用，应当按质论价；当采购方不同意使用时，由供货方负责包换或包修。不能修理或调换的产品，按供货方不能交货对待。

（4）供货方的运输责任

主要涉及包装责任和发运责任两个方面。

1）合理的包装是安全运输的保障，供货方应按合同约定的标准对产品进行包装。凡因包装不符合规定而造成货物运输过程中的损坏或灭失，均由供货方负责赔偿。

2）供货方如果将货物错发到货地点或接货人时，除应负责运交合同规定的到货地点或接货人外，还应承担对方因此多支付的一切实际费用和逾期交货的违约金。供货方应按合同约定的路线和运输工具发运货物，如果未经对方同意私自变更运输工具或路线，要承担由此增加的费用。

2. 采购方的违约责任

（1）不按合同约定接收货物

合同签订以后或履行过程中，采购方要求中途退货，应向供货方支付按退货部分货款总额计算的违约金。对于实行供货方送货或代运的物资，采购方违反合同规定拒绝接货，要承担由此造成的货物损失和运输部门的罚款。约定为自提的产品，采购方不能按期提货，除需支付按逾期提货部分货款总值计算延期付款的违约金之外，还应承担逾期提货时间内供货方实际发生的代为保管、保养费用。逾期提货，可能是未按合同约定的日期提货；也可能是已同意供货方逾期交付货物，而接到提货通知后未在合同规定的时限内去提货两种情况。

（2）逾期付款

采购方逾期付款，应按照合同内约定的计算办法，支付逾期付款利息。按照中国人民银行有关延期付款的规定，延期付款利率一般按每天万分之五计算。

（3）货物交接地点错误的责任

不论是由于采购方在合同内错填到货地点或接货人，还是未在合同约定的时限内及时将变更的到货地点或接货人通知对方，导致供货方送货或代运过程中不能顺利交接货物，所产生的后果均由采购方承担。责任范围包括，自行运到所需地点或承担供货方及运输部门按采购方要求改变交货地点的一切额外支出。

8.3 大型设备采购合同管理

8.3.1 大型设备制造和安装合同的特点

1. 合同当事人

大型设备采购合同指采购方（通常为业主，也可能是供货方）与供货方（大多为生产厂家，也可能是供货商）为提供工程项目所需的大型复杂设备而签订的合同。

2. 订购合同标的物的特点

大型设备采购合同的标的物可能是需要专门加工制作的非标准产品，也可能是生产厂家定型设计的产品，但由于其大型化、制造周期长、产品价值高、技术复杂而市场需求量又较小，一般没有现货供应，待双方签订合同后由供货方专门进行加工制作。

大型设备是生产厂家自行开发、设计、研制的定型产品，不同厂家生产的同样性质和相同容量设备在产品具体使用参数上又存在很大差异。由于合同标的金额高，产品的好坏对项目周期的预期投资效益影响很大，因此采购方需要通过招标选择承包实施者。招标文件中一般只提出设备容量和功能要求，不规定型号和品牌，供货方在投标书内要对投标设备明确写明具体的参数指标。这些指标不仅作为评标的比较条件，而且是在合同履行过程中判定供货方是否按合同履行义务的标准。

3. 合同内容涉及的承包工作范围

合同规定的承包范围包括设计、设备制造、运输、安装、调试和保修全过程。投标设备是投标厂家定型生产的设备，承包工作的设计可能涉及以下两种情况。一种是采购方出于项目特点，要求对定型设备的某些方面进行局部修改，以满足功能的特殊要求；另一种情况是由供货方负责按照设备的安装和运行要求，完成与主体工程土建施工相关衔接部位的设计。鉴于设备的生产、安装是一个连续的过程，应该由一个供货方实施。但由于我国目前能够承担大型设备安装工作的生产厂家较少，目前的发包和承包方式中有几类不同的模式。

（1）设备制造和安装施工分别发包，生产厂家承包设备制造并负责指导安装，施工企业承担设备安装任务。由于存在设备采购和施工安装两个合同，需要采购方和工程师协调工作量较大，且经常发生事故或事件的责任不易准确确定的问题。

（2）总包后再分包的模式。总包商可能是设备的生产厂家，由其再与安装供货方订立分包合同。另一类为安装供货方总承包，对厂家的制造过程进行监督，并在厂家指导下进行安装施工，然后由厂家负责设备调试。

4. 对合同履行全过程实施监督

采购方聘请工程师对合同全过程的履行进行监督、协调和管理，制造阶段的工程师管理有时也称“设备监造”。工程师的工作包括：

（1）组织对设计图纸的审查。

（2）对制造设备使用材料的监督。

（3）制造过程中进行必要的检查和试验。

（4）设备运抵现场的协调管理。

（5）设备安装施工过程的监督、协调和管理。

（6）安装工程的竣工检验。

（7）保修期间，设备达到正常生产状态后的性能考核试验等。

8.3.2 合同的订立

1. 合同条款的主要内容

当事人双方在合同内根据具体订购设备的特点和要求，约定以下几方面的内容：合同中的词语定义；合同标的；供货范围；合同价格；付款；交货和运输；包装与标记；技术服务；质量监造与检验；安装、调试、试运和验收；保证与索赔；保险；税费；分包与外购；合同的变更、修改、中止和终止；不可抗力；合同争议的解决；其他。

为了对合同中某些约定条款涉及内容作出更为详细的说明，还需要编制一些附件作为合同的一个组成部分。附件通常可能包括：技术规范；供货范围；技术资料的内容和交付安排；交货进度；监造、检验和性能验收试验；价格表；技术服务的内容；分包和外购计划；大部件说明表等。

2. 订立合同应约定的主要内容

合同内容来源于招标文件和投标文件，需要明确约定的内容通常包括以下几个方面。

（1）承包工作范围。大型复杂设备的采购在合同内约定的供货方承包范围可能包括：

1）按照采购方的要求对生产厂家定型设计图纸的局部修改。

2）设备制造。

3）提供配套的辅助设备。

4）设备运输。

5）设备安装（或指导安装）。

6）设备调试和检验。

7）提供备品、备件。

8）对采购方的运行管理人员、操作人员和维修人员的技术培训等。

合同内容涵盖从设计到竣工的全部工作内容，但对具体项目而言可能为全部工作，也可能只是其中的部分工作，因此承包工作范围必须明确、具体。如果采购方对供货方制造的设备没有特殊要求，按照定型图纸即可生产和完成安装工作，则可以不包括供货方的设计内容；但若采购方对定型设备提出相应的改进要求，则承包内容中将包括设备的设计和与土建工程连接的设备基础工程设计。设备产品应明确设备供货范围，包括主辅机、配套设备、专用修理工具、备品备件等。施工工作需明确工程范围，是工程的全部工作，还是包括基础土建在内的安装工作。服务工作包括培训和售后服务两部分，培训工作涉及培训时间、地点、人数和内容等；售后服务主要为供货方的维修站点以及缺陷通知期后取得备品备件的地点和方式等。

（2）性能参数表。性能参数表是包括在资料表中的供货方对提供设备的主要性能指标表。作为供货方承诺的设备性能指标参数，将在“竣工试验”和“竣工后试验”中作为考察供货方是否按照合同规定履行义务的标准。

（3）试验。专用条件内应详细开列设备制造和安装施工阶段所需要进行的各种试验，包括“竣工试验”，但不包括“竣工后试验”。约定试验的时间、地点、内容、检验方法和检测标准等。试验可以在供货方所有的制造厂、施工现场进行，也可以在委托的专门检测机构进行。

有关试验的明确约定，既可以保证试验在项目实施过程中按规定的程序进行，还可以明确区分工程师指示的试验是合同规定的检查还是属于额外的检查试验。

8.3.3 合同价格与支付

1. 合同价格

设备采购合同通常采用固定总价合同，在合同交货期内为不变价格。合同价内包括合同设备（含备品备件、专用工具）、技术资料、技术服务等费用，还包括合同设备的税费、运杂费、保险费等与合同有关的其他费用。

2. 付款

支付的条件、支付的时间和费用内容应在合同内具体约定。目前大型设备采购合同较多采用如下的程序。

(1) 设备价款的支付程序。订购的合同设备价款可以分四次支付:

1) 设备制造前供货方提交履约保函和金额为合同设备价格10%的商业发票后，采购方支付合同设备价格的10%作为预付款。

2) 供货方按交货顺序在规定的时间内将每批设备(部组件)运到交货地点，并将该批设备的商业发票、清单、质量检验合格证明、货运提单提供给采购方，支付该批设备价格的40%。

3) 设备安装完毕并通过竣工检验后，支付合同价的40%。

4) 剩余合同设备价格的10%作为设备保证金，待每套设备保证期满没有问题，采购方签发设备最终验收证书后支付。

(2) 技术服务费的支付。合同约定的技术服务费分两次支付:

1) 第一批设备交货后，采购方支付给供货方该套合同设备技术服务费的30%。

2) 每套合同设备通过该套机组性能验收试验，初步验收证书签署后，采购方支付该套合同设备技术服务费的70%。

(3) 运杂费的支付。运杂费在设备交货时由供货方分批向采购方结算，结算总额为合同规定的运杂费。

3. 采购方的支付责任

付款时间以采购方银行承付日期为实际支付日期，若此日期晚于规定的付款日期，即从规定的日期开始按合同约定计算迟付款违约金。

8.3.4 违约责任

为了保证合同双方的合法权益，应在合同内约定承担违约责任的条件、违约金的计算办法和违约金的最高赔偿限额。违约金通常包括以下几方面内容。

1. 供货方的违约责任

(1) 延误责任的违约金

1) 按合同约定的设备延误到货的违约金方法计算。

2) 未能按合同规定时间交付，严重影响施工的关键技术资料违约金，按合同约定的方法计算。

3) 因技术服务的延误、疏忽或错误导致工程延误的违约金，按合同约定方法计算。

(2) 质量责任的违约金

经过二次性能试验后，一项或多项性能指标仍达不到保证指标时，各项具体性能指标违约金按合同约定的方法计算。

(3) 由于供货方责任导致采购方人员的返工费

如果供货方委托采购方施工人员进行加工、修理、更换设备，或由于供货方设计图纸错误以及因供货方技术服务人员的指导错误造成返工，供货方应承担因此所发生合理费用的责任。向采购方支付的费用可按发生时的费率水平用如下公式计算:

$$P = ah + M + cm$$

式中 P——总费用（元）；

a——人工费(元/小时·人)；

h——人员工时(小时·人)；

M——材料费(元)；

c——机械台班数(台·班)；

m——每台机械设备的台班费(元/台·班)。

(4) 不能供货的违约金

合同履行过程中如果因供货方原因不能交货，按合同约定不能交货部分设备价格的某一百分比计算违约金。

2. 采购方的违约责任

延期付款违约金按合同约定的办法计算。延期付款利息按合同约定的利率计算。如果因采购方原因中途要求退货，按退货部分设备价格约定的某一百分比计算违约金。在违约责任条款内还应分别列明任何一方严重违约时，对方可以单方面终止合同的条件、终止程序和后果责任。

8.3.5 设备设计阶段的合同管理

1. 供货方提供设计依据和检验资料

设备制造前，供货方应向工程师提交设备的设计、制造和检验的标准以及制造阶段的质量保证体系，可以包括与设备监造有关的标准、图纸、资料、工艺要求。

2. 对设计文件的审查

采购方对生产厂家定型设计的图纸需要作部分改动时，对修改后的设计要进行慎重审查。在合同约定的时间内，工程师应组织有关方面和人员进行会审后尽快给予同意与否的答复。审查的结果可能为：

(1) 同意供货方的设计。设计图纸经过工程师认可后，供货方即可按设计图纸开始制造。但由于做好满足采购方要求的设计是供货方的义务，因此工程师的认可程序并不能解除供货方由于设计错误或缺陷而应承担的责任。

(2) 不同意供货方的设计。经过专家审查后，对供货方设计可能有两种不满意的情况：①设计缺陷属于局部问题。工程师可针对设计图纸上的缺陷部分提出改进建议，要求供货方“修改后开始制造”，如何改进属于供货方的责任。供货方按照工程师的指示修改后，不需要经过工程师的再次审查。②设计存在严重缺陷。工程师书面指出缺陷之处后，要求供货方修改后再次提交工程师审查。

3. 供货方要求修改设计

如果供货方希望对此前已提交审核并经认可的任何设计或文件进行修改，应立即通知工程师，随后仍需再次经过工程师的批准后方可执行。凡在合同中说明需要经过工程师审核的文件，未经认可供货方不得执行。

8.3.6 设备制造阶段的合同管理

1. 供货方按期报送有关文件

(1) 在合同约定的时间内向工程师提交设备的设计、制造和检验的标准。包括与设备监造有关的标准、图纸、资料、工艺要求。

(2) 合同设备开始投料制造时，向工程师提供整套设备的生产计划。

（3）每个月末均应提供月报表，说明本月包括工艺过程和检验记录在内的实际生产进度，以及下一月的生产、检验计划。中间检验报告需说明检验的时间、地点、过程、试验记录，以及不一致性原因分析和改进措施。

2. 工程师的监造

派驻制造厂的工程师负责设备的监造工作，对供货方提供合同设备的关键部位进行质量监督和协调。但质量监造不解除供货方对合同设备质量应负的责任。

（1）质量监督

1）工程师的监督责任。①工程师在制造现场的监造检验和见证，应尽量结合供货方工厂实际生产过程进行，不应影响正常的生产进度（不包括发现重大问题时的停工检验）。②工程师应按时参加合同规定的检查和试验。若工程师不能按供货方通知时间及时到场，供货方工厂的试验工作可以正常进行，试验结果有效。但是工程师有权事后了解、查阅、复制检查试验报告和结果。若供货方未及时通知工程师而单独检验，采购方将不承认该检验结果，供货方应在工程师在场的情况下进行该项试验。

2）监造方式。工程师的监造实行现场见证和文件见证方式。①现场见证。以巡视的方式监督生产制造过程，检查使用的原材料、元器件的质量是否合格，制造操作工艺是否符合技术规范的要求等；接到供货方的通知后，参加合同内规定的中间检查试验和出厂前的检查试验；在认为必要时，有权要求进行合同内没有规定的检验，如对某一部分的焊接质量有疑问，可以对该部分进行无损探伤试验。②文件见证。指对所进行的检查或检验认为质量达到合同规定的标准后，在检查或试验记录上签署认可意见，以及就制造过程中有关问题发给供货方的相关文件。

3）按合同内约定的监造内容。在专用条件的相应条款内应对监造内容给予明确说明，以便工程师进行检查和试验。具体内容应包括监造的部套（以订购范围确定）；每套的监造内容；监造方式（可以是现场见证、文件见证或停工待检之一）；检验的数量等。检查和试验的范围可以包括：①原材料和元器件的进厂检验。②部件的加工检验和试验。③出厂前预组装检验。④包装检验等。供货方使用的所有合同设备、部件（包括分包与外购部分），在生产过程中都需进行严格的检验和试验，出厂前还需进行部套或整机总装试验。所有检查、试验和总装（装配）必须有正式的记录文件。只有以上所有工作完成后才能出厂发运。这些正式记录文件和合格证明提交给工程师，作为技术资料的一部分。此外，供货方还应在随机附带文件中提供合格证和质量证明文件。

4）制造质量缺陷。①工程师在监造中对发现的设备和材料质量问题，或不符合规定标准的包装有权提出改正意见并暂不予以签字时，供货方需采取相应改进措施保证交货质量。无论工程师是否要求和是否知道，供货方均有义务主动及时地向工程师提供设备制造过程中出现的较大的质量缺陷和问题。在工程师没有发布相应指示前，供货方不得擅自处理。②工程师发现重大问题要求停工检验时，供货方应当遵照执行。③不论工程师是否参与监造与出厂检验，或者参加了监造与检验并签署了监造与检验报告，均不能被视为免除供货方对设备质量应负的责任。

（2）对生产进度的监督

1）供货方在合同设备开始投料制造前，应向工程师提交整套设备的生产计划。

2）每个月末供货方均应向工程师提供月报表，说明本月包括制造工艺过程和检验记录在内的实际生产进度，以及下一月的生产、检验计划。中间检验报告需说明检验的时间、地点、过程、试验记录，以及不一致性原因分析和改进措施。工程师审查同意后，作为对制造进度控制和与其他合同及外部关系进行协调的依据。

3. 设备运输

（1）货物发运前的准备

1）货物包装。大型生产设备包括主机、辅机、配件等，性质各异、内容繁多、数量大，既有耐碰撞的机械产品又有易损的电子产品。大型设备通常为分阶段分批以部件形式发运，至施工现场再进行组装。供货方对每批发运的货物应按照安全运输的原则进行认真包装，避免运输过程中发生损失。工程师对发运前的货物包装应进行认真的检查。

2）运输保险。按照通用条件的规定，供货方需对货物进行保险。由于工程保险只对发生在施工现场的保险范围内的灭失和损害承担赔偿责任，准备交运的货物从材料加工为产品已具有较高的实际价值，供货方应当对从制造厂至施工现场间运输过程可能发生的损失投保运输保险。

3）供货方取得发运许可。合同条件规定，供货方应在获得工程师的允许后将货物发运至现场。没有得到工程师的允许，不得运送任何货物。因为施工场地狭窄，大型设备运至现场后将占用大量场地，对正在进行的土建工程施工造成障碍，为了便于工程师的协调管理，供货方发运前需要取得工程师的同意。另一种情况可能涉及某项生产设备属于大件运输，采购方需要与公用交通管理部门办理批准手续，以及对运输途径的道路和桥梁进行必要的加宽和加固工作。基于上述考虑，也允许在合同专用条件内规定，对超出某一规定尺寸或重量的货物，发运前需要取得工程师的许可。

4）发运通知。供货方向承运部门办理申请发运设备所需的运输工具计划，负责合同设备从制造厂到现场交货地点的运输。供货方在每批货物备妥及装运车辆（船）发出的合理时间内，应将该批货物的如下内容通知采购方和工程师，以便工程师协调组织现场接收：合同号；机组号；货物备妥发运日；货物名称及编号和价格；货物总毛重；货物总体积；总包装件数；交运车站（码头）的名称、车号（船号）和运单号；重量超过 20t 或尺寸超过 9m×3m×3m 的每件特大型货物的名称、重量、体积和件数，以及对每件该类设备（部件）还必须标明重心和吊点位置，并附有草图。

（2）到货接收

1）接收。采购方现场人员应在接到发运通知后做好接货的准备工作，包括通行的道路、储存方案、场地清理、保管工作等，并按时到运输部门提货。

2）到货检验。设备的制造、运输、交接都属于供货方义务的范围，工程师对运抵现场的货物质量要进行监督。

3）货物清点。双方代表共同根据运单和装箱单对货物的包装、外观和件数进行清点。如果发现任何不符之处经过双方代表确认属于制造厂家的责任，由厂家处理解决。

4）开箱检验。货物运到现场后，双方代表应尽快共同进行开箱检验，如果采购方未通知供货方而自行开箱或每一批设备到达现场后在合同规定时间内不开箱，产生的后果由采购方承担。

在约定的时间，双方代表共同检验货物的数量、规格和质量，检验结果和记录对双方有效。如果发生货物的损坏、缺陷、短少时，按以下情况分担责任：

① 现场检验时，如发现设备由于制造商原因（包括运输）有任何损坏、缺陷、短少或不符合合同中规定的质量标准和规范时，应做好记录，并由双方代表签字，各执一份，作为向供货方提出修理或更换的索赔依据。

② 由于采购方卸货、保管等原因造成货物的损坏或短缺，供货方接到采购方通知后，应尽快提供或替换相应的部件，但费用由采购方承担。

③ 供货方如对采购方提出的修理、更换、索赔要求有异议，应在接到采购方书面通知后合同约定的时间内派代表赴现场同采购方代表共同复验。

④ 双方代表在共同检验中对检验记录不能取得一致意见时，可由双方委托的权威第三方检验机构进行裁定检验。检验结果对双方都有约束力，检验费用由责任方负担。

8.3.7 设备安装阶段的合同管理

1. 现场的使用

如果属于供货方负责设备的安装，应在获得工程师允许使用现场的通知后，供货方的施工人员才可以进入安装工程施工现场。为了保障几个同时在现场施工的承包商都能按计划顺利施工，供货方应将其作业限制在合同规定的现场范围，以及经工程师同意作为工作场地的附加区域内。施工期间，供货方应保持施工现场没有任何不必要的障碍，并妥善存放和处置供货方设备或剩余材料，保持文明施工。

2. 安装施工

由供货方的施工人员负责设备安装施工时，应在遵守安全程序的条件下，使用恰当、精细和科学的方法认真作业，保证设备安装达到合同要求的标准。如果供货方只提供安装服务，而由采购方选择的施工承包商负责设备安装施工，则供货方应提供必要的现场服务。供货方的现场服务通常可能涉及以下几方面。

（1）派出必要的现场服务人员。供货方现场服务人员的职责包括指导安装和调试、处理设备的质量问题、参加试车和验收试验等。

（2）技术交底。安装和调试前，供货方的技术服务人员应向安装施工人员进行技术交底，讲解和示范将要进行工作的程序和方法。对合同约定的重要工序，供货方的技术服务人员要对施工情况进行确认和签证，否则安装施工不能进行下一道工序。经过确认和签证的工序，如果因技术服务人员指导错误而发生问题，由供货方负责。

（3）指导安装。整个安装过程应在供货方现场技术服务人员指导下进行，重要工序须经供货方现场技术服务人员签字确认。安装、调试过程中，若安装承包商未按供货方的技术资料规定和现场技术服务人员指导、未经供货方现场技术服务人员签字确认而出现问题，安装承包商自行负责（设备质量问题除外）；若安装承包商按供货方技术资料规定和现场技术服务人员的指导施工、经供货方现场技术服务人员签字确认后出现问题，由供货方承担责任。

（4）调试。设备安装完毕后的调试工作由供货方的技术人员负责，或安装承包商的人员在其指导下进行。供货方应尽快解决调试中出现的设备问题，其所需时间应不超过合同约定的时间，否则将视为对安装承包商施工的延误，需赔偿相应的损失。

8.3.8 竣工检验阶段的合同管理

竣工试验包括总体工程竣工试验和单项工程分部移交前的竣工试验。竣工试验并未涵盖对设备性能指标各个方面的检查和检验，只是考察机组的运行是否达到可以移交采购方使用的要求。

1. 竣工试验应满足的条件

由于工程竣工是工程师颁发工程接收证书前的一项重要工作，证明供货方已按合同规定履行了施工安装和竣工义务，因此合同约定范围内以下的工作全部完成后，供货方才可以向工程师申请进行竣工试验。

(1) 施工完成。工程设备的安装施工完毕，并进行了相应的设备调试。

(2) 提交相应文件。供货方依照合同规定，提交了竣工文件和操作维修手册，并经过工程师认可。

1) 竣工文件。包括：①施工情况的竣工记录。如实记载竣工工程各部分的准确位置、尺寸和已实施工作的详细说明。由于这些记录是施工过程在现场的记录，故经过整理后向工程师提供 2 套副本。②竣工图，说明整个工程实施完毕的实际情况，并取得工程师对尺寸、基准系统以及其他相关细节的同意。

2) 操作和维修手册。手册的内容和详细程度，应能满足设备投入运行后，采购方操作、维修、拆卸、重新组装、调整和修复生产设备的需要。

(3) 人员培训任务完成。对采购方人员的培训可以在现场或其他地点进行，培训费用由哪一方承担也需在合同内写明。如果合同内有培训任务的约定，供货方应在竣工前完成培训工作，以便采购方接收工程后能够顺利投入设备的运行。

2. 竣工试验

(1) 确定竣工试验的时间。供货方将准备好可以进行竣工试验的日期提前通知工程师。接到通知后，工程师应确定进行竣工试验的具体日期。

(2) 竣工试验程序。竣工试验由供货方负责组织，具体工程竣工试验的内容、步骤、考察的数据等在专用条件内应有详细的规定。竣工试验可能包括电气、液压和机械试验的组合，通过工程连续运行以考察设备的可靠性、产量、效率等。由于设备从安装阶段的静态转入到动态运行，竣工试验按如下顺序进行：

1) 启动前试验。应包括适当的检验和性能试验（干或冷的性能试验），以证明每项生产设备都能安全地承受下一阶段的试验。

2) 启动试验。应包括规定的运行试验，以证明工程或分项工程能根据规定在所有可应用的操作条件下安全运行。通常从无负荷试车的空运开始，逐步过渡到带负荷运行，且每一阶段均应按技术规范要求的程序维持一定的持续时间，以检验设备的质量。

3) 试运行。通过试运行考核设备运行是否可靠，符合合同的规定。检验设备的质量；产出品和副产品的质量；生产效率；电力、材料和其他资源的消耗等。由于不同设备要求的试运行时间不同，如水力发电机组要求连续运转 72 小时，而火力发电机组则要求连续运行 168 小时，因此试运行的时间按照采购方要求文件中的规定执行。

(3) 试验结果。竣工试验完成后，供货方应提交竣工试验报告。工程师依据竣工试验检验的数据，可能判定合格或不合格两种情况。试验合格，工程师应在验收报告上签字确认。如果不合格，工程师应书面指出工程缺陷，要求供货方修复后在相同条件下进行重新试验。重新试验仍未能够通过竣工试验的，工程师的处理原则包括：

1) 再次进行重复竣工试验。适用于存在的缺陷通过再次修理可以改正的情况。

2) 拒收。适用于严重不易修复的缺陷，采购方按照供货方违约的原则终止合同，拒收工程并要求供货方予以赔偿。

3）折价接收工程。存在的缺陷不影响工程的使用，但某些试验的参数未达到合同约定的指标，可以按照供货方违约的责任折价接收工程。

8.3.9 竣工后试验

进入设备保修期后，供货方另一项重要的工作是参加“竣工后试验”。在我国目前的工程实践中又称为“性能验收”或“性能指标达标考核”。竣工试验只是检验设备安装完毕后是否能够顺利安全运行，但各项具体的技术性能指标是否达到供货方在合同内承诺的持续稳定运行状态下的保证值还无法判定，因此合同中均要约定设备移交生产稳定运行多少个月后进行竣工后试验。

1. 试验日期

竣工后试验应在采购方接收工程后满足试验条件的合理时间内尽快进行，但对于某些类型工程的试验可能有必要在一年中的某个特定季节内，如水利发电机组应在汛期后水库蓄水位较高的时间进行。采购方应在试验准备工作完成的21天前通知供货方，除非另有商定，采购方确定的试验日期应为预计准备工作完成后的14天内开始，具体日期由采购方确定后通知供货方。如果因采购方对竣工后试验的无故拖延，致使供货方受到损害，供货方可以提出索赔，要求采购方补偿相应的费用和利润。

2. 组织竣工后试验

由于合同规定的竣工后试验时间在采购方已将设备正式投产运行期间，这项验收试验由采购方负责，供货方参加。采购方应为进行竣工后试验提供必要的电力、设备、燃料、仪器、劳力、材料，以及具有适当资格和经验的工作人员。按照操作和维修手册的规定编制试验大纲，与供货方讨论后确定，在供货方指导下进行试验。采购方应提供试验所需的测点、一次性元件和装设的试验仪表，以及做好技术配合和人员配合工作。

供货方未在商定的时间和地点参加试验，采购方可以自行进行试验，供货方应承认试验数据的正确性。竣工后试验的结果由双方整理和评价，对采购方人员不正确使用工程造成的影响应予以考虑，合理区分责任。在不影响合同设备安全、可靠运行的条件下，如有个别微小缺陷，供货方在双方商定的时间内负责免费修理，可以视为通过竣工后试验。

3. 未能通过竣工后试验

（1）准许供货方进入现场。由于工程已进入正常运行状态，工程或某分项工程未能通过试验，供货方建议对工程进行调整和修正时，采购方为了保障生产的进行可以通知供货方在采购方方便时才能给予供货方进入权。准许进入现场后，供货方应在采购方通知的合理期限内对工程进行调整和修缺。如果供货方为调查缺陷原因或进行调整及修缺工作等待采购方准入通知时，采购方无故拖延许可，致使供货方增加了费用，可以按照索赔程序有权获得包括利润在内的合理补偿。

（2）重复试验。如果竣工后试验达不到合同规定的一项或多项性能保证值，则双方应共同分析原因，澄清责任，由责任一方采取措施。未能通过的原因可能来自多方面，诸如设计、制造、安装以及采购方的使用等。任何一方可以要求重复进行竣工后试验，包括对已完成修复缺陷工作后任何相关部分的试验。在第一次试验结束后双方约定的时间内进行第二次重复试验，重复试验的次数没有限定。

（3）未能通过试验的后果。经过多次重复试验，如果合同设备经过性能测试检验表明仍未能达到合同约定的一项或多项保证指标时，应按照专用条件相应约定的违约赔偿金方法计算，作为供货方未能履约给采购方的赔偿费。如供货方在投标文件中承诺锅炉热效应满足 98.4％，而实际试验值为 97.6％，则可按照专用条件约定每相差 1％应承担的违约赔偿金，计算给采购方的赔偿费。供货方支付赔偿费后，不再需要进行相关的竣工后试验，视为通过竣工后试验。竣工后试验通过后，仍不能代表采购方已对工程最终接收。只有保修期满，工程运行经受考验满足合同规定的条件后，才可以解除供货方的责任。

复习思考题

1. 材料采购合同如何进行交货的检验？
2. 材料采购合同履行过程中，哪些情况采购方可以拒付货款？
3. 设备采购合同承包内容包括哪些工作？
4. 采购方对设备制造的监造包括哪些监督工作？
5. 设备安装完工后，确认供货方设备的质量是否达到合同要求需要进行哪些检验，若不合格如何处理？

9 建设工程其他合同

工程建设中，除了常见的施工合同、勘察合同、设计合同、工程监理合同、物资采购合同等之外，还有诸如各类建筑和施工技术咨询服务合同、施工设备租赁合同、建设资金借贷合同、工程造价咨询合同、招标代理合同等一些合同。这些合同适用于《合同法》相应的分则规定，本章将分别予以阐述。

9.1 技术咨询和技术服务合同

技术咨询合同与技术服务合同都是技术合同的一种。技术合同是当事人就技术开发、转让、咨询或者服务订立的确立相互之间权利义务关系的合同，是技术开发合同、技术转让合同、技术咨询合同和技术服务合同的总称。技术合同是《合同法》中的有名合同，它区别于其他合同的特征是其标的是技术或者与技术有关的行为，同时技术合同也是双务合同和有偿合同。工程建设是一种涉及多种技术和高难技术的活动，所以技术合同是工程建设中常见的一种合同。本章主要介绍技术咨询合同和技术服务合同。

9.1.1 技术咨询与技术服务合同概述

1. 技术咨询合同

技术咨询合同是指就特定技术项目提供可行性论证、技术预测、专题技术调查、分析评价报告等所订立的合同。技术咨询合同实际是完成技术咨询工作并交付工作成果的技术性承揽合同。上述定义强调了技术咨询必须是对特定的技术项目提供咨询，从而对技术咨询合同的基本法律特征和范围进行了高度概括。

(1) 技术咨询合同的主要特征

1) 技术咨询是为特定的技术项目的科学决策提供咨询意见的智力服务和软科学研究活动的课题；是科研人员综合运用科学技术、专业知识、经验和信息手段进行的分析、论证、评价和预测；工作成果是为科技决策所提供的咨询报告和意见而完成的技术性服务工作。这是技术咨询合同的本质特征。

2) 技术咨询的范围，可以包括宏观的科技决策和微观的技术方案选择，这也是技术咨询合同标的的范围或界限。

3) 技术咨询合同标的的特征表现为技术咨询合同履行的结果，即供委托人选择的咨询报告，具有不确定性。这种不确定性表现在两个方面：一是履行技术咨询合同的目的在于为科学研究、技术开发、成果推广、技术改造、工程建设、科技管理等特定技术项目提供可行性论证等软科学研究成果，供委托人决策时参考，并不要求受托人必须提供行之有效的技术成果或技术方案；二是受托人向委托人提交的咨询报告和意见可以是一种，也可以是数种，究竟选择哪一种，由委托人择优自由选择。

4) 技术咨询合同有其特殊的风险责任承担原则，即除合同另有约定外，技术咨询合同的受托人对委托人按照咨询报告和意见作出决策并付诸实施所发生的损失不承担责任。这一特殊的风险责任承担原则是技术开发合同、技术转让合同和技术服务合同所不具有的，这一特征是由技术咨询合同的本质特征及技术咨询合同标的物具有不确定性的特征派生出来的。

（2）技术咨询合同的适用范围

《全国法院知识产权审判工作会议关于审理技术合同纠纷案件若干问题的纪要》第70条指出："合同法第三百五十六条第一款所称的特定技术项目，包括有关科学技术与经济、社会协调发展的软科学研究项目和促进科技进步和管理现代化，提高经济效益和社会效益的技术项目以及其他专业性技术项目。"

1）有关科学技术、社会协调发展的软科学研究项目。主要包括：科技发展战略研究；技术政策和技术选择的研究；科技发展规划的研究。

2）促进科技进步和管理现代化，提高经济效益和社会效益的技术咨询项目。主要包括：

① 对重大工程项目、研究开发项目、技术改造和成果推广等可行性分析论证；

② 对技术成果、重大工程和特定技术系统的技术评估；

③ 对特定技术领域、行业、专业和技术转移的预测；

④ 就专项技术进行技术调查，包括技术、社会和经济领域，但必须是属于特定技术项目并且进行技术性调查，而非技术性的一般社会调查的经济项目调查不属于技术咨询合同的范畴。

3）为技术成果和专业性技术项目提供咨询。主要包括：

① 对技术产品和工艺一个方面或几个方面所进行的调查与分析，包括某项产品的技术原理、结构、物理性能、化学成分、材料、功能、用途以及成本、价格、质量、市场竞争能力、产品寿命、工艺原理、工艺方法、工艺流程以及工艺装备等；

② 技术方案的比较，即新技术、新产品、新工艺、新材料及其系统的开发、引进和推广应用等技术方案的比较和优选；

③ 专用设施、设备的对策研究，即对在用的设施、设备是否经济、是否安全的问题等进行技术分析和安全对策咨询。

（3）技术咨询合同与技术开发合同的区别

技术开发合同以当事人尚未掌握的新的技术方案为目标，是科学技术的创新和探索，完成的是可供实施的技术成果。而技术咨询合同是为科技决策服务而订立的合同，是反复运用所掌握和储备的科学知识和技术手段提供决策服务，是社会化的科学劳动，完成的工作成果是可供参考选择的建议和意见。

但在实践中有时会存在这样的情况，即新产品研制单位委托某专业研究机构就其新产品的设计方案进行可行性论证，研究机构在进行这部分咨询工作中常常对原设计方案加以修改甚至提出重新设计的方案。这时，当事人之间可能会发生权利归属争议。委托人一般认为合同关系是咨询，成果是自己独立开发的，当然归己所有；而咨询方则认为，虽然形式是咨询或开始时是咨询，但实质上演变为咨询方参与了新的设计，是双方共同的创新性研究。因此，在这种情况下主张双方关系应视为合作开发，成果归双方共同所有。对于这种情况，双方可事先在合同中加以约定，或者另行订立合同，将技术咨询关系转化为合作开发关系。

2. 技术服务合同

技术服务合同是指当事人一方以技术知识为另一方解决特定技术问题所订立的技术合同，不包括建设工程的勘察、设计、施工、安装合同和加工承揽合同。在技术服务合同中，要求为自己解决特定技术问题的一方为委托人，以技术知识为委托人提供服务的一方为受托人。

(1) 技术服务合同特征

1) 订立技术服务合同的目的是解决特定技术问题，其所称技术服务不是为一般的生产经营活动提供的服务，也不能理解为所有与技术开发、转让和咨询有关的活动的总和，而是解决特定技术问题的活动。《全国法院知识产权审判工作会议关于审理技术合同纠纷案件若干问题的纪要》第 74 条指出："合同法第三百五十六条第二款所称特定技术问题，是指需要运用科学技术知识解决专业技术工作中的有关改进产品结构、改良工艺流程、提高产品质量、降低产品成本、节约资源能耗、保护资源环境、实现安全操作、提高经济效益和社会效益等问题。"技术服务合同所要解决的技术问题有几个特点：

① 专业性，是要运用科学技术知识解决具有一定难度的专业性技术问题；

② 广泛性，它不限于特定的领域和类型，不受技术类型和难易程度的限制；

③ 效益性，即解决这些技术问题的目的，是为了提高经济效益和社会效益；

④ 相对性，技术服务所要解决的技术问题，只是在一定期限一定地区具有技术难度的问题。

2) 技术服务合同的标的是智力劳动。在技术服务合同的履行中，受托人通过提供技术知识密集的智力劳动，为委托人进行一定的专业技术工作，所以该技术服务所运用的技术一般说来没有专有权，没有严格的保密性。

3) 技术服务的过程伴随着专业技术知识的传递。技术服务合同的受托人在完成一个专业技术工作的同时，要向委托人传授解决有关技术问题的知识、经验和手段。

(2) 技术服务合同的范围

下列专业技术项目有明确技术问题和解决难度的，可以认定为属于技术服务合同的范围。

1) 设计服务。包括：改进现有产品结构的设计；专用工具、模具及工装的设计；有特殊技术要求的非标准专用设备的设计；引进设备和其他先进设备仪器的测绘和关键零部件及国产化配套件的设计。

2) 工艺服务。包括：工艺流程的改进；有特殊技术要求的工艺编制：新产品试制中的工艺技术指导。

3) 测试分析服务。包括：新产品、新材料性能的测试分析；非标准化的测试分析；有特殊技术要求的技术成果的测试分析。

4) 计算机技术应用服务。计算机系统软件编制和辅助设计一类智力密集型的服务列入技术服务的范围。

5) 新型或者复杂生产线的调试。需要运用专业技术知识解决特定技术问题的仪器装备、生产线调试，符合技术服务的定义，可以列入技术服务合同范畴。

6) 特定技术项目的信息加工、分析和检索。该项服务属于特定科技信息服务。

7）当事人一方委托另一方对指定的专业技术人员进行特定项目的技术指导和业务训练服务。但就职工培训、文化学习和按行业、单位计划进行职工业余教育的除外。

8）当事人一方以知识、技术、经验和信息为另一方与第三方订立技术合同进行联系、介绍、组织工业化开发并对履行合同提供技术中介服务的项目。

9）就下列项目订立的合同，其履行确需进行相应专业技术工作并有较大解决难度的，可以认定为属于技术服务合同标的范围：为特殊产品制定技术标准；为重大事故进行定性定量技术分析；为重大科技成果进行定性定量技术鉴定或者技术评价。但上述三项内容属于一般经营业务范围的情况除外。

下列合同不属于技术服务合同范围：

① 对现有产品、工艺无改进设计的合同；

② 工模量具及工装的设计沿用标准或定型设计的合同；

③ 没有特殊要求的一般通用设备的设计合同；

④ 对引进的设备、仪器的关键零部件及国产化配套件的设计沿用已有的设计，没有解决特定的技术问题的合同；

⑤ 没有特殊技术要求的工艺性审查和工艺文件编制，仅就描绘技术图纸、复印、翻译技术文件资料所订立的合同；

⑥ 以对原有产品工艺技术没有改进的工艺服务为标的的合同；

⑦ 采用常规手段，从事标准化计量分析测试服务的合同；

⑧ 属于简单劳动的计算机数据录入、数据存储和取用等一类的劳务合同；

⑨ 生产销售性的试车、开机、检修一类的运用常规手段按例行程序就可以完成的工作合同；

⑩ 无需运用一定的专业技术知识即可完成，而且也不传授、传递一定专业技术知识的简单科技信息服务合同。

（3）技术服务合同与其他相关合同的区分

1）与开发合同的区别。技术开发是一项具有创造性的工作，在工作特点上具有比较复杂的研究开发性质，要创造出新的科技成果。技术服务工作则通常表现为科技人员在其熟悉的专业范围内对自己现有知识、技术、经验、信息的重复运用，带有比较简单的技术传授和技术协助的性质。在技术开发合同履行过程中，也经常会附带有技术服务活动，但此类技术服务工作在整个技术开发活动中所起的作用只是辅助性的，在整个技术开发工作中所占的比重也是比较小的。

2）与技术转让合同的区别。技术转让合同所转移的技术应当是建立在一定技术权益基础上的某种特定的现有技术，如专利技术和专有技术等，是相当完整的产品技术和工艺技术的转让。技术服务合同所转移的技术则是一般的不受专利法保护或不需要加以保密的现有的公有技术，通过一般的专业科学技术知识、经验来完成合同约定的技术服务工作的行为，只同某一具体技术细节或技术难题相关联，或者笼统地表现为对某一类技术知识的传授。

3）与技术咨询合同的区别。技术咨询合同与技术服务合同在实践中常常被人们不加区分地统称为技术咨询服务合同，其原因在于两者都属于一定的专业科技人员利用自己掌握的技术知识、经验或信息为社会提供服务的合同。《合同法》对技术合同进行了科学分类，将技术咨询合同和技术服务合同规定为两类不同的合同。技术服务合同与技术咨询合同的主要区别在于：

① 技术咨询合同中的受托人只是一个为委托人进行决策提供参考性意见和方案的受托人，其本身并不从事合同所指向的科技工作。而技术服务合同中的服务方则要负责进行合同约定的具体的专业科技工作，不仅要向委托人传授技术知识和经验，还往往要运用上述知识和经验达到解决某一技术问题的目的。

② 技术咨询属于决策服务，除合同另有约定外，受托人只是按照合同要求提出咨询报告或者咨询意见，受托人并不承担委托人采纳或者部分采纳受托人的建议付诸实施所发生的损失，包括决策失误和实施不当所引起的损失。与之相反，技术服务是实施服务，受托人要按期完成约定的专业技术工作，解决技术问题，保证工作质量，并对实施结果负责。

4）与承揽合同的区别。从广义上说，技术服务合同与承揽合同都是为社会提供服务的合同，但在《合同法》都予以专门规定，这在于两者之间存在以下的区别：

① 技术服务合同受委托方的工作需要运用一定专业的科学技术知识来完成，而在一般的承揽合同中，承揽方的工作一般不需要具备较高的科学技术知识技能就能完成。

② 技术服务的劳动成果大都表现为一定的信息状态，如数据、图纸、软盘等，或者伴随着专业科技知识的传授和转移，附加于一定的知识接受者的大脑之中。而一般承揽合同的成果则表现为附加进一定量的劳动而使价值增加的实物，合同当事人之间并没有传递专业技术知识的主观愿望。

3. 工程建设中的技术咨询与技术服务合同

尽管建设工程的勘察、设计和施工合同的履行会涉及大量的专业技术问题，包括了技术转让、技术咨询、技术服务等，甚至还含有技术开发，但技术服务合同不包括建设工程的勘察、设计和施工合同。《合同法》对建设工程合同进行了专章规定，这是因为建设工程活动是一类特殊的行业，长期以来已经形成了自身独特的、一整套行之有效的管理制度。从法律意义上说，建设工程合同具有一般技术合同不具备的法律特征，建设工程合同应当适用《合同法》的专章规定。但是，这并不意味着那些与建设工程合同有着直接或间接联系的单项技术开发、技术转让、技术咨询、技术服务项目不能够适用技术合同。实际上，实际工程建设过程中存在着许多包括技术咨询和技术服务合同在内的技术合同，有些工程勘察设计合同和工程施工承包合同也附有从属的技术合同。

工程建设中可纳入技术咨询合同的咨询项目主要有：

(1) 宏观的建筑科技政策，包括建筑技术政策、各类建筑新技术体系规划（如绿色建筑技术导则等）、各专业建筑技术管理规定或办法、各类建筑技术体系评价等。

(2) 工程建设项目投资咨询、项目建议书编制、可行性研究分析论证、工程建设管理咨询等。

(3) 各类专业建筑技术或大型建设工程的技术体系评估、专项技术调查与评价、特定建筑技术的技术扩散和转移预测分析、建筑技术成果推广建议等。

(4) 专项建筑产品和施工工艺的技术或工艺原理、性能、工艺装备、市场竞争力等的调查分析。

(5) 工程项目的新技术、新材料、新产品、新工艺等技术方案的比选。

(6) 建筑专用设施、设备的运行经济性与安全性的咨询等。

工程建设中可纳入技术服务合同范畴的服务主要有:

(1) 施工设备、模板、支撑等的改进设计，特殊工程的施工工具系统的设计等。

(2) 施工工艺流程的改进、特殊工程的施工工艺流程的编制等。

(3) 新型建筑体系、建筑新结构、新材料、特殊建筑物的性能测试分析。

(4) 建筑业企业辅助设计、辅助施工、管理支持软件的编制。

(5) 新型建筑产品、建筑结构、建筑材料等施工的技术指导和协助，新型施工设备调试等。

(6) 施工设备使用、施工工艺运用的技术指导、培训等。

(7) 建筑业企业各类管理体系建立、指导、协助和员工培训等。

(8) 新型建筑产品、结构、材料和工艺的研究与开发中介服务等。

9.1.2 技术咨询与技术服务合同的主要内容

根据《合同法》的规定，技术合同的内容由当事人约定。考虑到技术合同涉及的技术交易比较复杂，订立一份完备的技术合同是一项专业性较强的工作。为了帮助和指导当事人正确地订立技术合同，《合同法》规定了技术合同一般包括的内容，目的在于引导当事人全面地、正确地设定权利、承担义务、明确责任。这一规定，同样适合于技术咨询合同和技术服务合同。按《合同法》第324条，技术合同一般包括以下内容;

(1) 项目名称

项目名称是指各类技术合同所涉及的技术合同标的项目的全称。技术合同的项目名称应反映合同的技术特征和法律特征，应使用规范表述并与合同内容相符。

(2) 标的内容、范围和要求

技术合同标的内容、范围和要求等是当事人双方权利和义务的主要依据。按标的性质划分技术合同的类型。标的范围是从定量的角度去界定技术合同标的，明确技术合同包括哪些标的，以及标的物的合理数量，界定履行合同应提交的全部成果。具体来说，技术咨询合同标的是对特定技术项目进行分析、论证、评价、预测和调查等决策服务项目，应载明咨询项目的内容、咨询报告和意见的要求；技术服务合同的标的是为解决特定技术问题，提高经济效益和社会效益的专业服务项目，应载明服务项目的内容、工作成果和实施效果。

(3) 履行的计划、进度、期限、地点和方式

履行技术合同的计划和进度应订在合同中。合同履行的期限包括合同签订日期、完成日期和合同有效期限。合同履行方式是指当事人以什么样的手段完成、实现技术合同标的所要求的技术指标和经济指标。技术咨询合同履行方式可以是顾问方向委托方提交可行性论证、技术预测、专题技术调研及分析评价报告等方式。技术服务合同履行方式可以是工艺产品结构的设计、新产品新材料性能的测试分析、新型或者复杂生产线的调试、非标准化的测试分析以及利用新技术和经验为特定项目服务等方式。

(4) 技术情报和资料的保密

合同内容涉及国家安全和重大利益需要保密的，应在合同中载明国家保密事项的范围、密级和保密期限以及各方承担保密义务的责任。当事人可约定对技术合同中所涉及仅为少数专家掌握，并使拥有者在竞争中获得优势的技术情报、资料、数据、信息和其他技

术秘密承担保密义务。当事人可以根据所订立的技术合同的种类，所涉及技术的先进程度、生命周期以及其在竞争中的优势等因素，商定技术保密的范围、时间以及对方承担的责任。当事人还可约定，无论本合同是否变更、解除或终止，合同保密条款不受其影响而继续有效，各方均应继续承担保密条款的约定。

(5) 风险责任的承担

技术合同往往会存在经过当事人的主观努力仍无法排除的技术困难，从而使合同难以履行，这就是技术合同的风险。法律对一些存在风险的合同规定了风险责任，以减少当事人的相应责任。风险责任由当事人在合同中约定，具体应载明合同的风险责任由谁负担，约定由双方分担的，载明各方分担的份额或者比例。

(6) 技术成果的归属和分享

技术合同中应载明履行技术合同中一方向另一方提供的技术成果和双方所完成的技术成果，其权利的归属，如何使用和转让，以及由此产生的利益怎样分配。

(7) 验收标准和方式

一般需要载明技术合同的验收项目，技术经济指标，验收时所采取的评价、鉴定和其他考核办法，合同验收标准可以是技术合同标的所约定的各项内容，也可以是当事人双方约定的国家标准、行业标准、企业标准或者是双方当事人约定的其他验收标准。技术合同的验收方式，可以采用技术鉴定会、专家技术评估，同时也不排除委托方、受让方单方认可即视为验收通过。但是，不管采用哪一种验收方式，最后应由验收方出具验收证明及文件，作为合同验收通过的依据。

(8) 价款、报酬或者使用费及其支付方式

技术合同标的价款、报酬或者使用费没有统一的现成标准，必须综合市场需要、成本大小、经济效益、同类技术状况、风险大小以及供求关系等多种因素协商确定。技术合同的价款或者报酬、使用费往往是通过不同的支付方式来计算的。《合同法》第325条规定，技术合同价款、报酬或者使用费的支付方式由当事人约定，可以采取一次总算、一次总付或者一次总算、分期支付，也可以采取提成支付或者提成支付附加预付入门费的方式。约定提成支付的，可以按照产品价格、实施专利技术后新增的产值、利润或者产品销售额的一定比例提成，也可以按照约定的其他方式计算。提成支付的比例可以采取固定比例、逐年递增比例或者逐年递减比例。约定提成支付的，当事人应当在合同中约定查阅有关会计账目的办法。

(9) 违约金或者损失赔偿额的计算方法

违约金或者损失赔偿额是指当事人出现不履行技术合同或者履行合同义务不符合合同约定条件的行为，当事人应就其违约行为向对方支付一定数额的违约金或者由于违约给对方造成经济损失而支付一定数额的损失赔偿金。当事人应当在违约或者损失赔偿额的计算方法中约定，如果在合同有效期内当事人一方或双方违反合同条款中某一款，根据违约情况不同，规定违约方向另一方支付一定数额的违约金，也可以约定因一方违约而给另一方造成一定经济损失而支付损失赔偿额。当事人如果在合同中约定了违约金的，违约金就视为违反技术合同的损失赔偿额。违反合同的一方支付违约金以后，一般可不再计算和赔偿损失。合同也可特别约定一方违约给另一方造成的损失超过违约金时，应当补偿违约金的不足部分。当事人在合同中约定违约金不得超过合同价款、报酬或者使用费的总额。

（10）争议的解决办法

技术合同当事人应当在合同中约定合同履行中一旦出现争议或者纠纷的解决办法。技术合同争议，一般由当事人双方协商或者调解解决。合同中规定了仲裁条款或者事后达成仲裁协议的，可以按照合同约定，向法定仲裁机构申请仲裁。合同中没有约定仲裁条款，事后双方又没有达成仲裁协议的，可以向人民法院起诉。

（11）名词和术语的解释

技术合同专业性很强，为避免对关键词和术语的理解发生歧义引起争议，可对不特定的词语和概念作特定的界定，以免引起误解或留下漏洞；也可以对冗长的表述约定简称，使合同更为简洁。

9.1.3 技术咨询合同当事人的权利义务和责任

1. 委托人的权利和义务

（1）委托人的权利

技术咨询合同中，委托人权利包括：①委托人有接受受托人符合合同约定条件的科学研究项目或者技术项目的权利。②受托人在接到委托人提供的技术资料和数据之日起两个月内，不进行调查论证的，委托人有权解除合同。③受托人提供的咨询报告和意见，在合同中没有约定保密条件的，委托人有引用、发表和向第三者提供的权利。

（2）委托人的义务

技术咨询合同中，委托人义务包括：①阐明咨询的问题，并按照合同的约定向受托人提供有关技术背景资料及有关材料、数据。②为受托人进行调查论证提供必要的工作条件，补充有关技术资料的数据，必要时还应依合同约定为受托人作现场调查、测试、分析等工作提供方便。③按期接受受托人的工作成果，并支付约定的报酬。④在接到受托人关于所提供的技术资料和数据有错误和缺陷的通知后，委托人有进行补充、修改，保证咨询报告和意见符合合同约定条件的义务。⑤按照合同约定的保密范围和期限，承担保密的义务。《全国法院知识产权审判工作会议关于审理技术合同纠纷案件若干问题的纪要》第72条指出："技术咨询合同委托人提供的技术资料和数据或者受托人提出的咨询报告和意见，当事人没有约定保密义务的，在不侵害对方当事人对此享有的合法权益的前提下，双方都有引用、发表和向第三人提供的权利。"

2. 受托人的权利和义务

（1）受托人的权利

在技术咨询合同中，受托人的权利包括：①有权接受委托人按照合同约定支付的价款或报酬。②受托人发现委托人提供的技术资料、数据有明显错误和缺陷的，有权及时通知委托人。《全国法院知识产权审判工作会议关于审理技术合同纠纷案件若干问题的纪要》第73条指出："技术咨询合同受托人发现委托人提供的资料、数据等有明显错误和缺陷的，应当及时通知委托人。委托人应当及时答复并在约定的期限内予以补正。受托人发现前款所述问题不及时通知委托人的，视为其认可委托人提供的技术资料、数据等符合约定的条件。"③委托人提供的技术资料和意见，在合同中没有约定保密期限的，受托人有引用、发表和向第三者提供的权利。④委托人逾期两个月不提供或不补充有关技术资料、数据和工作条件，导致受托人无法开展工作的，受托人有权解除合同。

（2）受托人的义务

在技术咨询合同中，受托人的义务包括：①利用自己的技术知识，按照合同约定，按期完成咨询报告或者解答委托人提出的问题。②提出的咨询报告必须达到合同约定的要求。③承担工作过程中的费用。《全国法院知识产权审判工作会议关于审理技术合同纠纷案件若干问题的纪要》第71条指出："除当事人另有约定的以外，技术咨询合同受托人进行调查研究、分析论证、试验测定等所需费用，由受托人自己负担。"④按照合同约定的保密范围和期限，承担保密义务。

3. 违反技术咨询合同的责任

(1) 委托人违反合同的责任

1) 委托人未按合同约定提供背景材料、技术资料和数据，造成合同履行迟延和中止，影响工作进度和质量的，受托人不承担责任，委托人应如数向受托人支付报酬。由此造成受托人持续待工、蒙受损失的，受托人依据合同法的规定，有权要求委托人及时采取补救措施和赔偿损失。

2) 委托人应对其提交的技术背景材料、技术资料和数据负责，如果委托人所提供的数据、资料有严重缺陷，影响工作进度和质量的，应当如数支付报酬，给受托人造成损失的，应当支付违约金或赔偿损失。对于委托人提供的资料和数据中的明显错误，受托人有权要求委托人补充、修改，如委托人拒绝修改或补充，导致受托人所作的咨询报告和意见存在缺陷的，受托人不承担责任。

3) 委托人未按期支付报酬的，应当补交报酬，并支付违约金或赔偿损失。

4) 委托人未按期接受受托人的工作成果，受托人因此而造成的损失由委托人承担。

5) 未按合同约定履行保密义务的，应支付违约金或赔偿损失。

(2) 受托人违反合同的责任

1) 受托人不提交咨询报告和意见，不仅不得收取报酬，而且应支付违约金或赔偿损失，即合同约定违约金的，支付违约金；合同没有约定违约金的，应赔偿由此给委托人造成的损失。

2) 受托人在合同约定提交咨询报告和意见的期限内，未能完成工作成果，造成迟延交付，应承担迟延履行合同的责任，向委托人支付违约金。但咨询报告和意见符合合同约定条件的，委托人仍应支付报酬。如果受托人迟延两个月以上仍未提交咨询报告和意见的，视为受托人未提交咨询报告和意见。

3) 受托人在接到委托人提供的背景材料、技术资料和数据后，不进行分析、论证、评价等履行合同的工作时，委托人有权要求其履行并采取适当补救措施，包括加快进度、弥补迟延履行损失等。受托人在接到委托人提供的有关资料和数据之日起两个月内，不进行调查论证的，委托人有权单方解除合同，受托人应当返还已收取的报酬，并承担因合同解除使委托人所受到的损失。

4) 受托人所提交的咨询报告和意见，经依合同约定组织的专家评估或成果鉴定，认为不符合合同约定的验收条件的，受托人应承担相应的民事责任；对于咨询报告和意见的基本部分或主要部分符合合同要求，但也存在明显缺陷的，可责令受托人采取补救措施，已收取全部报酬的，应返还部分报酬。受托人进行追加调研工作的费用自理。咨询报告和意见有一定学术价值和决策参考价值，但其基本部分或者主要部分达不到合同约定的条件的，受托人尚未收取报酬的，应当免收报酬；已经收取报酬的，应当如数返还。但是，如果受托人有能力根据鉴定和评价意见经过追加或重新进行调查研究或咨询工作，委托人同意受托人要求的，有关报酬的支付可由当事人另行约定。咨询报告和意见学术水平低劣，没有参考价值，甚至其分析、评价、论证、调查、预测的结论完全错误，不能成立的，则受托人不仅应当免收报酬，还应当支付违约金或赔偿委托人的损失。

5）受托人违反合同约定保密义务的，应当支付违约金或赔偿损失。

9.1.4 技术服务合同当事人的权利义务与责任

1. 委托人的权利与义务

（1）委托人的权利

在技术服务合同中，委托人的权利包括：①有权按合同约定的期限接受受托人完成的全部工作成果。②有权要求受托人传授合同约定的解决技术问题的知识、经验、方法。③受托人逾期两个月不交付工作成果，有权解除合同、拒付报酬，追回提供的资料、数据、文件，索要违约金或者要求赔偿因此而造成的损失。

（2）委托人的义务

在技术服务合同中，委托人的义务包括：①按照合同的约定为受托人提供工作条件，完成合同约定的配合事项。一般来说，委托人配合事项至少应当包括以下各项内容：技术问题的内容、目标；有关的数据、图纸和其他资料；已经进行的试验和努力；设备的特征、性能等资料；人员的组织、安排；有关技术调查的安排；样品、样机；试验、测试场地；必要的材料、经费；有关的计划和安排的资料等。②对受托人提出的有关资料、数据、样品、材料及场地等的问题，应按合同约定期限及时答复。③按期接受受托人的工作成果，支付约定的报酬。合同当事人应当在合同中约定服务成果的内容、要求、提交方式和时间，委托人应按照合同约定时间和要求验收工作成果，向受托人支付约定的报酬。

2. 受托人的权利义务

（1）受托人的权利

在技术服务合同中，受托人的权利包括：①有权接受委托人提供的技术资料、技术数据、相关材料及其他有助于技术服务顺利开展的工作条件。②有权按合同约定支付报酬的方式、时间、地点接受委托人支付的报酬。③在委托人逾期两个月不接受技术服务工作成果时解除合同，并要求委托人支付违约金或者赔偿损失。④在委托人逾期六个月不接受工作成果时，有权处分工作成果，并从处分的收益中扣除应得的报酬和委托人应支付的费用（违约金、保管费、损失费等）。

（2）受托人的义务

在技术服务合同中，受托人的义务主要是按照合同约定完成服务项目，解决技术问题，保证工作质量，并传授解决技术问题的知识，具体包括：①依合同约定的期限、质量和数量完成技术辅助工作。②未经委托人同意，不得擅自改动合同中注明的技术指标和要求。③在合同中有保密条款时，不得将有关技术资料、数据、样品或其他工作成果擅自引用、发表或提供给第三人。④发现委托人提供的技术资料、数据、样品、材料或工作条件不符合合同约定时，应在约定期限内通知委托人改进或者更换。⑤应对委托人交付的技术资料、样品等妥善保管，在合同履行过程中如发现继续工作对材料、样品等有损害危险时，应中止工作并及时通知委托人。⑥技术服务过程的费用通常由受托人自己负担。《全国法院知识产权审判工作会议关于审理技术合同纠纷案件若干问题的纪要》第75条指出：

“除当事人另有约定的以外，技术服务合同受托人完成服务项目、解决技术问题所需费用，由受托人自己负担。”

3. 违反技术服务合同的责任

(1) 委托人的违约责任

1) 委托人不履行合同义务或者履行合同义务不符合约定，包括未按合同约定向受托人提供工作条件、完成配合事项，或者完成配合事项时不符合合同约定的，如未提供有关技术资料、数据、样品等，或者提供的技术资料、数据、样品存在严重缺陷等。如果因为委托人的上述行为，影响了工作进度和质量，就应当承担违约责任。按《合同法》第 362 条规定，这种情况下已经支付给受托人的报酬不得追回，未支付的报酬应当支付。

2) 委托人不接受或者逾期接受工作成果，除了应当按照《合同法》第 362 条规定支付报酬外，还应当以支付违约金的形式承担违约责任，受托人还可要求委托人支付保管费。受托人也可以按照《合同法》第 101 条的规定，将工作成果提存或者拍卖、变卖后提存价款。

(2) 受托人的违约责任

1) 受托人未按照合同约定完成服务工作的，包括在约定的期间内未做完该项技术工作，或者虽已完成工作但不符合约定的质量要求，按《合同法》第 362 条规定，不论何种情况，受托人都应当按照约定承担违约责任，如免收报酬或者减少报酬，支付违约金，或者赔偿损失等。

2) 受托人发现委托人提供的资料、数据、样品、材料、场地等工作条件不符合约定而又没有及时通知委托人的，视为其认可委托人提供的技术资料、数据等工作条件符合约定的条件，并由受托人承担相应的责任。

3) 受托人在履约期间，发现继续工作对材料、样品或者设备等有损坏危险时，未中止工作或者不及时通知委托人并且未采取适当措施的，因此发生的危险后果由受托人承担相应的责任。

【案例 9-1】 某年 6 月 19 日，某钢铁厂（委托人）为了客观地掌握本厂生产的螺纹钢产品的设计、质量、销售渠道、制造及使用情况，与某研究机构（受托人）订立了一份市场调查分析合同。合同约定：

(1) 受托人接受委托人的委托，对同年 1 月 1 日以来使用委托人生产的螺纹钢的用户访问调查，调查内容包括：委托人当年生产的螺纹钢技术状况、社会经济效益、产品质量、价格、售后维修及该产品与国外同类产品在上述方面的对比。受托人需对调查结果逐一分析论证后，撰写一份包括上述内容的调查报告提交委托人。

(2) 受托人应在 4 个月内完成上述咨询项目，在同年 10 月 20 日前向委托人提交调查报告，调查、回访螺纹钢用户的方式包括上门走访用户和发征求意见函两种，本市和本省的用户采用上门走访的方式调查，外埠、外国用户采用发征求意见函的方式调查，接受调查的用户不得低于全部用户的 90%。

(3) 委托人在合同签订后 1 个月内向受托人提供当年 1 月 1 日以来各种型号的螺纹钢用户名称、地址、售出时间等背景材料。在履行该咨询服务合同期间，受托人不得再与第三人签订有与上述内容重复的技术咨询合同。

(4) 合同双方负有保密的义务。受托人不得将产品销售情况、用户名单、产品质量等调查结果向第三人或社会公布；委托人也不得将受托人的调查方式、受托人人员情况向第三人或社会公开。

(5) 委托人支付受托人10万元的技术咨询费，分二次付清，合同签订后10日内付清4万元，调查报告验收后再支付6万元。委托人不得拒绝接受调查报告，也不得无故不按合同支付费用。

(6) 如委托人不及时提供用户名单、地址、技术资料等材料，导致受托人无法开展工作的，由委托人承担违约责任，委托人除应付给咨询费外，还应另行支付违约金2万元；受托人没有完成合同规定的调查项目，或泄露调查报告内容，给委托人造成损失的，受托人不得再要求委托人支付6万元的第二笔咨询费，并应按实际经济损失向委托人赔偿。

(7) 对合同内容双方理解不一致，由双方协商解决，协商不成，向委托人所在地的人民法院起诉，通过诉讼程序解决纠纷。

合同签订后，委托人按合同规定向受托人支付了第一笔调查费4万元，受托人即开始按照合同要求开展调查工作。审查有关材料后，受托人发现委托人未提供当年1月1日以来国际市场上有关各种型号螺纹钢的价格表，由于没有该价格表，故无法就委托人的产品与国际市场上同期、同类产品进行对比。受托人要求委托人提供国际市场上螺纹钢的价格参数，事隔一个半月后委托人表示无法找到当年1月1日以来的国际市场上螺纹钢详细价目表，要求受托人提供这一数据，如受托人无法提供则取消这一调查项目，双方表示同意。在这一个半月时间中，受托人没有开展实质性调查工作。

同年12月2日，受托人向委托人提交了自当年1月1日以来委托人生产的螺纹钢产品跟踪调查的综合报告，该报告基本上包括了合同规定的内容，只是缺少与同期国际市场该类产品的对比情况。受托人认为，委托人没有按合同规定提供这方面数据，而且从社会公开的报纸杂志上也找不到这方面详细的价格数字，根据双方事后达成的协议，取消了这一调查项目。受托人还提出委托人按合同规定应当支付10万元是制作调查报告的报酬，并不应当包括在省内出差上门走访用户的出差费用，这笔出差费用共计20365元应由委托人凭单据报销。委托人接受报告后认为，受托人制作综合报告的时间超过合同规定的期限，而且调查项目也减少了，应当适当减少报酬。委托人亦不同意受托人提出的报销出差费要求，认为这部分费用应当算在调查费成本中，委托人除已支付的4万元外，同意再付给受托人2.15万元。受托人表示不能接受，双方为此发生争执。在争执期间，受托人一工作人员擅自将委托人的部分客户名单及销售渠道告知第三人（另一钢铁企业）。该工作人员从第三人处领取信息费1.5万元。委托人得知这一情况后，诉至合同约定管辖的人民法院，要求受托人赔偿由此造成的损失。

一审人民法院受理此案后，经审理认为：原、被告所签订的委托调查合同属于技术咨询合同，合同内容基本清楚、明确，具有法律约束力，应当认定合法、有效。在履行合同过程中，委托人没有按规定期限提供自当年1月1日以来国际市场上螺纹钢的销售价格表，致使受托人无法按期开展工作，委托人应当承担迟延履行责任，委托人应当按合同规定在受托人提交报告后支付第二笔费用6万元；受托人所提要求委托人报销其走访用户的出差费用，不予支持；受托人工作人员擅自泄露委托人的销售渠道及用户名单，属于违反合同规定泄露委托人商业秘密的侵权行为，受托人应当承担责任，赔偿损失。经人民法院调解，原、被告自愿达成协议，委托人一次性再支付给受托人1.5万元咨询费，其他责任互不追究。

9.2 建设工程借款合同

借款合同，又称贷款合同，是当事人约定一方将一定种类和数额的货币转移给另一方，另一方于一定期间后返还同种类同数额货币并支付约定利息的合同。其中，提供货币的一方叫作贷款人，接受货币的一方叫作借款人。《合同法》第196条规定：“借款合同是借款人向贷款人借款，到期返还借款并支付利息的合同。”发放贷款是银行等金融机构的一项基本业务。银行等金融机构作为贷款人与企业、个人等作为借款人而签订的借款合同，又称为信贷合同。建设工程涉及的借款包括银行发放给建筑施工企业的贷款、发放给建设单位的工程建设贷款、发放给房地产开发企业的开发贷款、发放给工程建设各类咨询单位的贷款及发放给个人的住房按揭贷款等。这里主要介绍前三类的借款合同。

9.2.1 借款合同的特征与分类

借款合同具有区别于其他类型合同的明显特征：一是借款合同当事人一方特定，即贷款人必须是经中国人民银行批准可以经营贷款业务的金融机构；二是借款合同的标的只能是货币，包括人民币和外币；三是借款合同一般是有偿合同，也可以是无偿合同。如果当事人双方在借款合同中约定利息，则此借款合同为有偿合同；如果双方在借款合同中不约定利息，则此合同为无偿合同。借款合同有许多不同的分类，下面是几种最常见的分类。

1. 信用借款合同与担保借款合同

以贷款的发放有无担保，借款合同可以分为信用借款合同和担保借款合同。

(1) 信用借款合同

信用借款合同是指贷款人以借款人的信誉发放贷款而与之签订的借款合同。信用借款不需要借款人提供担保。银行发放信用贷款的基本条件是：

1) 企业客户信用等级为AA-级及以上的，经国有商业银行省级分行审批可以发放信用贷款。

2) 经营收入核算利润总额近三年持续增长，资产负债率控制在60%的良好值范围，现金流量充足、稳定。

3) 企业承诺不以其有效经营资产向他人设定抵（质）押或对外提供保证，或在办理抵（质）押等及对外提供保证之前征得贷款银行同意。

4) 企业经营管理规范，无逃债、欠息等不良信用记录。

(2) 担保借款合同

担保借款合同是指贷款人根据借款人提供的担保发放贷款而与借款人签订的借款合同。根据担保方式的不同，担保借款合同又可分为：

1) 保证借款合同是指贷款人根据第三人的保证发放贷款而与借款人签订的借款合同。这里的“保证”是指按《担保法》规定的保证方式，第三人（即保证人）承诺在借款人不能偿还贷款时按约定承担一般保证责任或者连带责任。

2) 抵押借款合同是指贷款人根据抵押人提供的抵押发放贷款而与借款人签订的借款合同。这里的“抵押”包括以借款人自身的财产作为抵押、以第三人的财产作为抵押两种抵押方式。以借款人自身的财产作为抵押的，借款人同时又是抵押人。

3）质押借款合同是指贷款人根据质押人提供的质押发放贷款而与借款人签订的借款合同。这里的“质押”包括以借款人自身的财产作为质押、以第三人的财产作为质押两种质押方式。以借款人自身的财产作为质押的，借款人同时又是出质人。

在实务中，经常有一笔借款中几种担保方式同时存在，既有保证又有抵押，甚至还有质押。出现这种情况的原因主要是单凭某一种担保方式不足以保障贷款人的债权安全。

一般来说，贷款人发放贷款，借款人应当提供担保。贷款人应当对保证人的偿还能力，抵押物、质押物的权属和价值以及实现抵押权和质押权的可能性进行严格审查。经贷款人审查、评估，确认借款人资信良好，确能偿还借款的，可以不提供担保，对借款人发放信用借款。

2. 固定资产借款合同与流动资金借款合同

按照借款用途的不同，可将借款合同划分为固定资产借款合同与流动资金借款合同。固定资产借款合同是指贷款人向借款人发放的专用于固定资产购建、改造等方面的贷款而与之签订的借款合同。流动资金借款合同是指贷款人发放的专用于满足借款人流动资金需要的贷款而与之签订的借款合同。

借款人不得将获得的流动资金借款用于固定资产方面的支出，也不得将固定资产借款改作流动资金之用。根据《合同法》的规定，借款人未按照约定的借款用途使用借款的，贷款人可以停止发放贷款、提前收回借款或者解除合同。

3. 企业借款合同与个人借款合同

按照借款人的不同，借款合同划分为企业借款合同和个人借款合同。企业借款合同是指贷款人以企业为借款人发放贷款而与之签订的借款合同。个人借款合同是指贷款人以个人（自然人）为借款人发放贷款而与之签订的借款合同。

9.2.2 借款合同主要条款

1. 借款种类

借款种类是借款合同不可缺少的重要条款，必须明确清晰。借款种类是根据借款人的行业属性、借款用途以及资金的来源和运用方式等进行划分的。划分的目的在于，对不同种类的贷款发放所掌握的政策界限和原则有所不同。

根据借款人的行业属性，借款种类分为农业、工业、基建借款等。根据借款的用途，借款种类分为固定资产借款、流动资金借款或者生产性借款、消费性借款等。根据资金的来源和运用方式，借款种类分为自营借款、委托贷款、特定贷款等。

2. 借款币种

借款币种，是指是人民币借款还是外币借款，如果为外币借款，要写明是何种外币，如美元、欧元、日元等。

3. 借款用途

借款用途是指借款人使用借款的特定范围，是贷款方决定是否贷款、贷款数量、期限长短、利率高低的重要依据，借款人必须如实填写，并且借款人只能按照借款合同约定的借款用途使用借款，不能移作他用。

4. 借款数额

借款数额是指借款货币的数量，它是指借款人可以取得的最高借款限额。依实际情况，借款由贷款人一次或分次发给。

5. 借款利率

借款利率是指借款人在一定时期内应收利息的数额与所贷资金的比率，是借贷当事人双方计算利息的主要依据，因此，是借款合同的必备条款。借款利率从结构上划分，可以分为基准利率、法定利率、优惠利率、差别利率、加息、贴息借款利率等几种主要形式。

我国现行的借款利率管理体制实行借款基准利率和法定利率，由中国人民银行统一规定和管理。中国人民银行依据国家有关贷款政策对各类金融机构的借款利率进行管理。各金融机构可以在中国人民银行规定的贷款利率浮动范围内以法定利率为浮动基础，自行确定各类、各档次的借款利率。因此，一份借款合同究竟采用何种利率，应根据具体贷款的种类、用途、期限的不同来确定。

我国的法律、法规对民间借款利率没有硬性规定，目前执行的是最高人民法院于2015年6月发布的《最高人民法院关于审理民间借贷案件适用法律若干问题的规定》的有关规定。该意见规定，借贷双方约定的利率超过年利率36%，超过部分的利息约定无效。借款人请求出借人返还已支付的超过年利率36%部分的利息的，人民法院应予支持。签订民间借款合同时，采用利率应根据上述意见规定及具体贷款种类、期限的不同来确定。

6. 借款期限

借款期限是指借贷双方依照有关规定，在合同中约定的借款的使用期限，包括有效期限和履行期限。有效期限是指对当事人双方均有约束力的时间范围，借款方从贷款方取得第一笔贷款到还清全部贷款所占用的时间。履行期限是指当事人一方履行合同义务，另一方接受履行，合同当事人双方实现权利、履行义务的时间界限。借款期限应根据借款种类、借款性质、借款用途来确定。在借款合同中，当事人订立借款期限条款必须详细、具体、全面、明确，以确保合同的顺利履行，防止产生合同纠纷。

7. 还款的资金来源和还款方式

还款的资金来源是指借款方可以用于归还贷款的资金取得渠道，按照有关信贷管理办法的规定，固定资产投资贷款还款的资金来源主要有：项目投产后所得税前的新增利润，新增折旧基金，基本建设收入，基建投资包干结余分成和经税务机关批准减免的税收以及其他自有资金。签订借款合同时按照有关信贷管理办法对不同种类的借款写明其还款的资金来源。

还款方式是指借款方采用什么结算方式将借款归还给贷款方，还款人是一次还是分次还清借款，是采用电汇还是信汇或者其他方式还清借款，必须在合同中写明；并且应写明每次履行的具体时间，如果有法律规定的还款方式，应依法定方式还款。

8. 保证条款

保证条款是借款合同保障贷款人实现债权的重要约定。对借款合同担保的方式有保证、抵押、质押，因此，担保贷款的种类有保证贷款、抵押贷款和质押贷款。借款合同的担保，当事人既可以采用由借、贷、担保三方当事人共同协商签订担保借款合同的形式，也可采用由担保人在借款合同中签字，并同时向贷款方出具书面还款保证书的形式。

9. 当事人双方的权利与义务

根据实际需要，可在合同中约定当事人双方的义务。借款合同当事人双方有以下权利与义务。

贷款人的主要权利包括：①有权按照国家规定的利率或者按照与借款人约定的利率收取利息。②有权按照约定检查、监督借款的使用情况，要求借款人定期提供有关财务会计报表等资料，但公民之间借款另有约定的除外。③借款人无力归还贷款时，贷款人有权依法处理借款人作为贷款担保的抵押物或者质押物，并优先受偿。

贷款人的主要义务包括：①按合同约定的日期、数额提供借款。②对政策性贷款的使用情况进行监督检查。

借款人的主要权利包括：①有权按照约定的日期、数额取得贷款。②有权按照约定的借款用途使用借款，并依法取得收益。

借款人的主要义务包括：①按照贷款人的要求提供与借款有关的业务活动和财务状况的真实情况。②按照约定的日期、数额提取借款。借款人未按时提款，应当支付逾期提款的利息。③按照约定的借款用途使用借款。借款人如将借款挪作他用，贷款人可以停止发放借款、提前收回借款或者解除合同。④向贷款人支付利息，但公民之间借款另有约定的除外。⑤按照约定的期限返还借款、支付利息。

10. 违约责任

借款合同依法成立便具有法律约束力，违反合同者应当承担一定的法律责任，因此，借贷合同必须明确规定违约责任条款。

除上述主要合同条款外，借款合同当事人还应约定合同的变更与解除条款、争议的解决方式以及当事人双方商定的其他条款等。

9.2.3 流动资金借款合同

1. 流动资金借款

流动资金借款是指借款人从商业银行申请到的用于正常生产经营周转或临时性资金需要的本外币贷款。流动资金借款是借款人生产经营资金的一个重要来源。经国家工商行政管理机关（或主管机关）核准登记的企业（事业）法人、其他经济组织、个体商户均可向银行申请流动资金借款。

根据《关于合理确定流动资金贷款期限的通知》（银发［1997］417号），按借款期限不同，流动资金借款分为临时借款、短期借款、中期借款。临时借款期限在3个月（含3个月）以内，主要用于借款人一次性进货的临时资金需要和弥补其他支付性资金不足；短期借款期限为3个月到1年（含1年），主要是满足借款人正常生产经营周转的资金需求；中期借款期限为1年至3年（含3年），主要是满足借款人正常生产经营中的经常占用。

按行业不同，流动资金借款可分为工业企业流动资金借款、商业企业流动资金借款、建筑业企业流动资金借款、房地产企业流动资金借款、公共企业流动资金借款等。

2. 流动资金借款合同签订程序

（1）借款人提出借款申请

借款人应当向银行提出流动资金借款申请。银行一般均有借款申请书的固定格式。借款人应当特别注意写清借款用途和还款来源、借款期限和借款金额等，借款用途应当与自己的生产经营范围一致，借款人应当提供与借款用途或还款来源有关的商务合同、订单或意向书。借款人还应当提供营业执照、法定代表人身份证明、财务报表、中国人民银行颁发的《贷款证（卡）》以及贷款人要求的其他材料等，借款人为公司的，应当提供公司章程以及董事会同意借款的决议等。

(2) 贷款人受理申请并初步审查

借款申请由贷款人的信贷业务经营部门受理：信贷业务经营部门应当对申请材料进行初步审查，审查申请人是否符合借款条件、材料是否完备等；应当对借款人进行调查，了解其生产经营、财务状况、组织管理、担保措施等基本情况，并作出评价；应当审查借款用途是否合理、是否超出其生产经营范围、还款来源是否可靠、担保措施是否合法可行、《贷款证（卡）》是否通过中国人民银行的年检、还款记录是否良好、借款申请是否与董事会决议一致等；应当对借款期限、借款金额的合理性提出意见，并初步确定拟借金额及期限，借款期限要根据借款人的生产经营周期、还款能力和贷款人的资金供应能力合理确定。对生产经营正常，生产规模较大，产品有市场、有效益、有信誉，归还贷款本息有保证的企业，均可发放中期流动资金借款。借款金额不得多于购货合同订明的一次或分期付款金额，一般地，借款人应当有不少于正常流动资金周转需要量30%的自有流动资金。

(3) 借款审批及合同签订

贷款人内部负责审批借款的机构根据审批程序对是否发放借款作出决定。审批机构应当对借款人是否符合借款资格、借款条件，借款人提交的材料是否完整，借款申请是否合理、合法，担保措施是否落实，贷款风险及收益等进行审查。

经审批不同意发放的借款，应当及时通知借款人并做好解释工作；经审批需要补充材料或者落实某些条件的，应及时通知借款人；经审批同意发放的借款，通知借款人签订流动资金借款合同，按贷款人规章制度规定办理借款支用。

3. 流动资金借款合同的主要条款

贷款人同意发放流动资金借款后，应当与借款人签订流动资金借款合同。流动资金借款合同的主要条款包括：借款金额、借款期限、借款用途、借款利率及计结息方式、借款支用、还款计划及方式、担保措施、双方权利义务、违约责任、争议解决等。

需要注意的是，借款合同中借款用途、借款金额、借款期限、借款利率必须与借款审批相一致，填写应当清楚、准确。中期流动资金借款利率执行同期同档次固定资产借款利率标准。

【案例 9-2】 2001 年 6 月 6 日，A 银行与 B 建筑安装工程公司（以下简称 B 公司）签订借款合同。合同约定：借款金额为 200 万元，2001 年 6 月 10 日前、7 月 10 日前分别提供贷款 100 万元；借款期限均到 2001 年 12 月 10 日；借款用途为购买建筑材料。2001 年 6 月 9 日，A 银行给 B 公司提供贷款 100 万元。B 公司用此 100 万元之中的 20 万元购进建筑材料，80 万元用于归还其所欠某信用社的贷款。A 银行在得知 B 公司转移贷款用途后，遂于 2001 年 6 月 25 日向人民法院起诉，请求解除借款合同，要求 B 公司立即归还贷款 100 万元，并停止发放剩余的 100 万元贷款。B 公司诉称：借款尚未到期，且合同中亦未约定转移贷款用途的违约责任。所以，A 银行尚未取得诉权，并应继续履行借款合同。本案争议的焦点是，在借款合同尚未到期，借款人转移贷款用途的情况下，贷款人能否享有起诉借款人的权利。

法院经审理认为，A 银行与 B 公司所签订的借款合同有效。在借款合同中明确约定购进建筑材料，而在合同履行中，B 公司严重违约，将首批取得的 100 万元贷款中的 80 万元用于归还某信用社贷款，擅自改变借款用途。据此，借款人 B 公司未按约定借款用途使用借款，贷款人 A 银行可依《合同法》第 203 条之规定，行使解除合同的权利，停止发放剩余贷款100万元，提前收回已发放的贷款100万元。因此，判决支持A银行的诉讼请求。

本案涉及借款人的义务与贷款人的权利问题。借款人负有按合同约定的借款用途使用借款的义务；贷款人发现借款人转移贷款用途的，享有停止发放借款、提前收回借款或者解除合同的权利。《合同法》第203条规定："借款人未按照约定的借款用途使用借款的，贷款人可以停止发放借款、提前收回借款或者解除合同。"

适用这一条款需要注意，借款人的下列行为均属不按约定的借款用途使用借款：1）用借款进行股本权益性投资；2）用借款在有价证券、期货等方面从事投机经营的，自然人之间当事人另有约定的除外；3）套取借款相互借贷牟取非法收入的；4）违反国家外汇管理规定使用外币借款的。

9.2.4 固定资产借款合同

1. 固定资产借款

固定资产借款是指借款人从贷款人处申请到的用于固定资产项目投资的中长期本外币贷款。固定资产借款是借款人固定资产投资资金的一个重要来源。经国家工商行政管理机关（或主管机关）核准登记的企业（事业）法人均可向银行申请固定资产借款。

申请固定资产借款的借款人应当具有良好的经营业绩和信誉，能够按期偿还贷款本息；持有中国人民银行颁发的《贷款证》；建设项目符合国家产业政策和信贷政策，具有相关主管部门批准的项目建议书和论证通过的可行性研究报告；借款人应当在贷款人处开立基本存款账户或一般存款账户；借款人对外权益性投资比例符合国家有关规定；需要政府有关部门审批的项目，借款人必须持有批准文件；申请使用固定资产贷款的额度，原则上不得超过项目建设总投资的75%；借款人具有不少于正常流动资金周转需要总量30%的营运资金。固定资产投资项目（经营性）拥有一定比例的资本金：①交通运输、煤炭、房地产开发项目，资本金的比例为35%及以上；②钢铁、邮电、化肥项目，资本金的比例为25%及以上；③电力、机电、建材、化工、石油加工、有色、轻工、纺织、商贸及其他行业项目，资本金的比例为25%及以上。

根据借款用途不同，固定资产借款可分为基本建设借款和技术改造借款。基本建设借款是指用于经国家有关机关批准的基本建设项目的中长期借款；技术改造借款是指用于经国家有关机关批准的技术改造项目的中长期借款。

2. 固定资产借款合同签订程序

（1）借款人提出申请

目前，基本建设项目的借款人大致可以分为三类：第一类是具有独立法人资格、完整财务制度和还款能力的企业法人；第二类借款人往往具有行政管理和企业（事业）的双重职能，如电力局、交通厅、电信局、项目建设指挥部、公路项目的改建办等；第三类是为建设项目而成立的具有独立法人资格的经济实体或有限责任公司。

借款人申请出具贷款意向书的，应当提供报批的项目建议书和项目的有关背景材料；借款人申请出具贷款承诺书的，应当提供项目建议书或项目申请报告及批准文件、报批的可行性研究报告、项目概算资料、项目前期准备情况报告以及自筹资金和其他建设资金、生产资金筹措方案、落实资金来源的证明材料。

（2）贷款人受理申请并进行调查、评估

贷款人的信贷业务经营部门受理申请后应当对申请材料进行初步审查，审查申请人是否符合借款条件、材料是否完备等。应当调查借款人的基本情况、生产经营状况、经济效益、市场前景等；申请人为项目法人的，还应当对项目法人的注册登记、注册资金等进行核实。应当对项目基本情况进行调查，了解项目性质、建设条件、项目产品市场前景、建设进度计划、总投资估算、资金来源计划及落实情况等，核实有关批准文件。审查项目是否符合国家产业政策、信贷政策，是否符合贷款人的贷款条件。

(3) 借款审批及合同签订

贷款人审批机构应当综合考虑贷款项目的可行性和必要性，工艺技术、装备的先进性和适用性，项目产品的国内外市场供求现状、竞争能力及其发展趋势等，项目总投资及构成的合理性，各项投资来源的落实情况及可靠性，贷款项目运营后的经济效益、偿债能力，贷款项目综合效益，贷款风险规避措施，保证人主体资格及偿债能力，抵押物的合法有效性等。

经审查符合发放借款条件的，贷款人通知借款人签订借款合同。借款人按照贷款人内部规章制度规定办理借款支用手续，如：借款人应按项目工程进度和借款合同约定用途使用借款，项目资本金和其他资金应按照约定一次到位或与贷款同比例到位，不得将项目借款作为项目资本金、股本金等使用等。

经审批同意后，借款人应向贷款人提交项目用款计划。在发放贷款前，贷款人应注意：借款人条件是否发生变化；评估测算指标是否变动；保证、抵押、质押是否合法有效并已落实。对贷款条件发生较大变化、可能危及贷款安全的，应停止办理贷款发放手续。

3. 固定资产借款合同的主要条款

贷款人同意发放固定资产借款后，应当与借款人签订借款合同。固定资产借款合同的主要条款包括：借款金额、借款期限、借款用途、借款利率及计结息方式、借款支用、还款计划及方式、担保措施、双方权利义务、违约责任、争议解决等。由于固定资产借款期限一般较长，因此在签订合同时借款支用、借款利率及计结息方式、还款计划及方式等条款一定要准确、清楚，以免在合同履行过程中发生不必要的纠纷。

【案例 9-3】 2001 年，贷款人与借款人签订了固定资产借款合同，双方约定借款金额为人民币 2300 万元，同时，贷款人与保证人签订了保证合同，保证合同约定，保证人对借款本金、利息及实现债权的费用承担连带保证责任担保。在此基础上，贷款人、借款人和保证人又签订了一份补充协议，补充协议约定：自本协议签订之日起，借款人自愿在贷款人辖内的营业机构，开立或指定建设期项目资金专户，账号为：××××。在项目建设期内，与项目建设有关的资金（含银行贷款资金、项目资本金及其他来源资金）愿意存入专户，由贷款人实施监督支付管理，贷款人信贷部门对资金的支付逐笔确认，确保资金用于项目建设，不得挪作他用。

该固定资产借款合同签订后，贷款银行发放借款 2300 万元，但并未将借款存入专用账户，之后该借款也未用于借款合同约定的用途。因借款人到期不能偿还借款，贷款银行遂提起诉讼，要求被告偿还借款 2300 万元，并要求保证人承担连带保证责任。

保证人的代理律师基于贷款未能进入专用账户的事实，提出两点主张：①担保合同项下主债务未成立，即银行未将借款存入借款人在该行开立的专用账户；②即使担保合同项下主债务成立，但银行未能尽到借款用途的监督管理义务，即未履行保证人承担保证责任的先合同义务，故应当免除保证人的担保责任。

一审法院认定贷款银行未尽到借款监督管理义务，具有一定的责任，但法院并未因此而减少保证人的担保责任。一审判决后，保证人上诉至最高人民法院，最高人民法院以原审法院认定事实不清楚发回重审。原审法院重新组成合议庭，对该案认定，贷款银行未尽到借款用途的监督管理义务，免除保证人60%的担保责任。

9.2.5 房地产开发贷款合同

1. 房地产开发贷款

房地产开发贷款的种类主要包括住房开发贷款、商业用房开发贷款、其他房地产开发贷款。住房开发贷款，是指银行向房地产开发企业发放的用于开发建造向市场销售住房的贷款。商业用房开发贷款，是指银行向房地产开发企业发放的用于开发建造向市场销售，主要用于商业行为而非家庭居住用房的贷款。其他房地产开发贷款，是指住房和商业用房开发贷款以外的土地开发和楼宇装饰、修缮等房地产贷款。

经济适用住房开发贷款是指贷款人用信贷资金向借款人发放的用于支持经济适用住房开发建设的贷款。经济适用住房是指已列入国家计划，由城市政府组织房地产开发企业或集资建房单位建造，以微利价向城镇中低收入家庭出售的住房。

2. 房地产开发贷款的借款人和贷款人

房地产开发贷款的借款人为在工商行政管理部门注册登记，并取得企业法人营业执照及由行业主管部门核发的房地产开发企业资质证书的各类房地产开发企业。

经济适用住房开发贷款中，向社会销售经济适用住房的，其借款人为具有独立法人资格并取得建设行政主管部门核准资质证明，有一定资质等级的房地产开发企业；单位组织职工集资自建的经济适用住房，其借款人应为具有承担项目风险能力的企业法人或事业法人，或经法人授权的法人分支机构。

房地产开发贷款的贷款人为中国人民银行批准设立的国有独资商业银行和住房储蓄银行。

（1）申请房地产开发贷款，借款人应具备以下条件：

1）经营管理制度健全，有良好的经营管理层，财务状况良好。

2）企业信用良好，具有偿还贷款本息的能力。

3）持有贷款证，在贷款人处开立基本结算账户或一般存款账户。

4）项目已纳入国家或地方建设开发计划，且已经取得《国有土地使用权证》、《建设用地规划许可证》、《建设工程规划许可证》、《建设工程开工许可证》、《房屋销售许可证》，并完成各项立项手续，全部立项文件完整、真实、有效。

5）贷款项目实际用途与项目规划相符，符合当地市场的需求。

6）项目工程预算报告合理真实，具有一定比例的自有资金（一般应达到项目预算投资总额的30%），并能够在贷款之前投入项目建设。

7）有贷款人认可的有效担保。

8）贷款人规定的其他条件。

（2）借款人申请经济适用住房贷款，应具备以下条件：

1）在贷款银行开立基本账户或一般存款账户。

2）经营管理制度健全，财务状况良好，核心管理人员素质较高。

3）信用良好，具有按期偿还贷款本息的能力。

4）已落实贷款保证单位，或有与申请贷款数额相对应的贷款人认可的合法抵押物或质押物。

5）项目已纳入国家建设计划、信贷指导性计划，已通过划拨方式取得建设用地或所需建设用地已纳入年度土地供应计划，能够进行实质性开发建设。

6）已获得《国有土地使用权证》、《建设用地规划许可证》、《建设工程规划许可证》和《建设工程开工许可证》。

7）基础设施、公共设施建设能及时配套，项目建成后，能投入正常使用。

8）借款人投入贷款项目的自有资金不低于规定的比例，并在贷款使用前投入项目建设。

9）建设项目能适应当地市场需求，具有良好的销售前景。

10）贷款人规定的其他条件。

3. 房地产开发借款合同签订程序

（1）借款申请

借款人申请借款应提交借款申请书，其主要内容包括：借款项目名称、金额、用途、期限、用款计划和还款来源等。借款人还应向贷款人提交下列文件、证明和材料：

1）借款人营业执照、章程、资质证书副本和资信证明材料。

2）经主管部门或会计（审计）事务所核准的近三年及最近一个月的财务报表。

3）贷款项目开发方案或可行性研究报告。

4）开发项目立项文件、工程设计和批准文件。

5）土地使用权使用证书、土地使用权转让合同和施工合同。

6）企业董事会或相应决策机构关于借款和抵（质）押、担保的决议和授权书。

7）开发项目资金落实文件。

8）开发项目的现金流量预测表及销售和预售对象、销售价格和计划。

9）抵（质）押财产（有价证券除外）的资产评估报告书、鉴定书、保险单和抵（质）押物清单、权属证明、抵（质）押人同意抵（质）押的承诺函、保证人的资信证明材料。

10）贷款人要求提供的其他材料。

（2）受理、审批

贷款人收到借款人提交的借款申请和有关文件、资料后，应对提交的材料进行审查，并进行贷前调查和评估，调查借款人是否符合贷款条件，核实抵押物、质押物、保证人情况，对工程项目的可行性和概预算情况进行评估，测定贷款的风险度。调查、评估后，按有关贷款审批程序进行审批。

（3）借款合同的签订与管理

符合借款发放条件的，贷款人应及时通知借款人签订借款合同，并根据采取的担保方式签订相应的担保合同。房地产开发贷款一般均为担保贷款。

以在建工程作为抵押的，贷款人可以要求借款人在合同签订前办理在建工程保险。是否办理在建工程保险，由借贷双方根据项目实际情况，协商确定。在建工程保险的第一受益人为贷款人。以房屋作为贷款抵押的，借款人在偿还全部贷款本息之前，应当向保险公司办理房屋意外灾害保险。投保金额不得低于贷款本息金额。保险合同中应明确贷款人为保险的第一受益人。在保险期间，保险单交由贷款人保管。

借款人根据贷款人核准的用款计划和贷款人规定的借款支用程序办理用款手续。贷款发放以后，贷款人要经常对借款人执行借款合同情况、贷款使用情况及借款人的经营情况进行监督和检查。借款人应定期向贷款人提供项目进度、贷款使用情况以及财务会计报表等有关资料，并为贷款人定期检查、了解、监督其贷款使用或项目经营管理情况提供便利条件。

4. 房地产开发借款合同的主要条款

房地产开发借款合同包括以下主要条款：借款金额、借款期限、借款用途、借款利率、借款支用、还本付息方式、借款担保、保险、双方权利义务、违约责任等。

房地产开发借款合同的借款期限一般不超过三年，最长不超过五年。房地产开发借款的利率，执行中国人民银行公布的有关贷款利率。

申请房地产开发贷款的借款人，应在签订借款合同之前提供贷款人认可的财产抵（质）押或第三方连带责任保证。贷款的抵押物、质押物应当符合《中华人民共和国担保法》的有关规定。

借款人不能提供足额抵押（质押）的，应由贷款人认可的第三方提供承担连带责任的保证。保证贷款应当由保证人与贷款人签订保证合同或保证人在借款合同上载明与贷款人协商一致的保证条款，加盖保证人的法人公章，并由保证人的法定代表人或其授权代理人签署姓名。抵押贷款、质押贷款应当由抵押人、出质人与贷款人签订抵押合同、质押合同，需要办理登记的，应依法办理登记。保证合同、抵押合同和质押合同的有关内容及事项，按《中华人民共和国担保法》的规定执行。

以在建工程作抵押的，借款人对在建工程的自有投资应达到项目总投资的30%以上。作为抵押物的在建工程必须到当地房屋和土地管理部门办理登记，并有房屋和土地管理部门出具的合法证明。

【案例 9-4】上诉人××银行海南分行（以下简称海南分行）因借款合同纠纷一案，不服海南省海口市中级人民法院（××××）海中法民重字第×号民事判决，向海南省高级人民法院提起上诉。海南省高级人民法院依法组成合议庭公开开庭审理了该案。

原审认定：海南分行与甲公司签订的借款合同意思表示真实，内容合法，应确认有效予以保护。甲公司未依约偿还借款付息，已构成违约，应依法承担违约责任。海南分行主张其偿还借款本金及利息、罚息有理，应予支持。甲公司用于抵押担保的三块土地，系其与三案外人合作建房之合作用地中的部分土地使用权，在合作建房合同未依法履行完毕之前，甲公司并无合法依据取得合作土地的使用权。甲公司独自隐瞒土地合作的事实，将合作土地使用权作为借款抵押担保，严重侵犯了合作土地方的合法权益，因此其抵押行为应确认无效，依法不予保护。海南分行对抵押物的合法有效性审查不严，应负一定责任。海南分行主张抵押权有效无理，应予驳回。据此判决：一、甲公司于本判决生效之日起10日内向海南分行偿付1993年12月25日的1800万元的利息、罚息（其中，利息按月利率10.98‰自转款之日分段计付至1995年5月1日止；罚息自1995年5月2日至1996年4月30日按日万分之五计付、自1996年5月1日至1998年1月5日按日万分之四计付）。甲公司已付利息2933716元应予扣除。二、甲公司于本判决生效之日起10日内向海南分行偿付1997年11月6日借款1800万元的本金及利息、罚息（利息按月7.92‰自1998年

1月6日计付至同年12月6日止，罚息按中国人民银行同期逾期罚息标准自1998年12月7日分段计付至本判决确定的还款期内实际还款之日止）。三、驳回海南分行的其他诉讼请求。案件受理费人民币157872元由甲公司负担。宣判后，海南分行不服上诉称：原判认定抵押权无效，使上诉人的债权与物权相分离，损害了上诉人的合法权益，请求二审法院依法判令抵押权有效。被上诉人甲公司未作书面答辩意见，其在庭审中辩称：我公司同意上诉人的意见。

海南省高级人民法院经审理查明：1993年12月25日，海南分行与甲公司签订一份《抵押借款合同》，约定，海南分行借给甲公司2300万元用于建设“××大厦”项目，借款利率为月10.98‰，借期10个月。合同还就违约责任等作了约定。签约后，海南分行分别于同年12月30日转款800万元、1994年1月6日及21日转款各500万元给甲公司。1994年10月17日，双方签订一份《借款展期协议书》，约定，甲公司的借款期限展延6个月即延至1995年5月1日。截至1994年12月21日，甲公司共向海南分行偿还利息合计人民币2933716元。此后，甲公司再未偿还借款本息。1997年11月6日，双方又续签一份《借款合同》，约定甲公司向海南分行借款1800万元用于偿还上述借款本金，月利率为7.92‰，借期11个月，即自1997年11月7日至1998年10月7日。同日，双方还签订一份《借款抵押合同》，约定，甲公司用其三宗合作土地使用权为上述借款提供抵押担保，并办理了抵押他项权利登记。签约后，海南分行于1998年1月5日转款1800万元还清了原借款本金，而1997年11月6日的借款合同期限届满后，甲公司并未依约偿还借款本息。

另查，甲公司用作抵押担保的三宗土地的土地使用权人分别是案外人海口市××联合会、××研究站和××村经济社。甲公司与该三案外人分别签订了合作建房合同，约定由甲公司出资，该三案外人分别提供土地，合作建房，在房屋建成后按照约定比例分享房产。甲公司在办理合作建房审批手续和土地使用权变更登记手续时，将部分合作土地使用权办至自己名下，且未经该三案外人许可即以此作为本案借款抵押担保。因甲公司未依约对合作建房项目进行开发建设，故该三案外人分别诉至海口市中级人民法院，请求解除其与甲公司签订的合同，收回合作土地使用权。案经海口市中级人民法院审理认为，因甲公司未依合同约定出资建房，已构成违约，故对三宗合作建房合同纠纷案均判决解除合作合同，甲公司则退还合作用地。现三宗合作建房合同纠纷案均已审结，所作出的民事判决均已发生法律效力，其中，（××××）海中法民初字第××号民事判决已执行完毕，另一个（××××）海中法民初字第××号民事判决正在执行中。

以上事实，有当事人签订的合同、协议、收付款凭证、国有土地使用证、（××××）海中法民初字第××号民事判决认定的事实以及当事人陈述等证据在案为凭，足以认定。

海南省高级人民法院认为：海南分行与甲公司签订的借款合同，双方当事人意思表示真实，内容合法，应认定有效。原审对此认定正确，应予维持。因甲公司未依约偿还借款及付息，已构成违约，依法应承担违约责任。故甲公司应向海南分行偿还借款本金及利息、罚息。甲公司向海南分行提供抵押担保的三块土地，系其与三案外人合作建房合同约定的合作用地中的部分土地使用权，在合作建房合同未依法履行完毕之前，则无法按约定由双方分享房屋产权和相应的土地使用权，故甲公司取得合建土地的部分土地使用权则无合法依据，且其隐瞒合作建房的事实，将合建土地使用权用作借款抵押担保，亦侵犯了合建土地方的合法权益，故原判认定该抵押行为无效，并无不当。上诉人海南分行主张原判使上诉人的债权与物权相分离，该抵押权应为有效，该主张没有法律依据，其上诉理由不成立，海南省高级人民法院不予支持。依照《中华人民共和国民事诉讼法》第一百五十三条第一款（一）项之规定，海南省高院对此案判决如下：驳回上诉，维持原判，二审案件受理费人民币157872元由海南分行负担，此为终审判决。

9.3 建设工程保险合同

建筑施工是一个风险频发的领域，在国际工程中为工程建设活动投保是一个必经的环节。目前，我国处于建设的高峰期，不仅建设规模大，工程建设的复杂程度也远远超过以往，工程风险发生频率也很高，国家和地方的建设行政主管部门对工程保险问题也日益重视。工程保险合同也将成为工程建设中常见的一种合同。

9.3.1 保险合同概述

1. 保险和保险合同的概念

保险是保险人用投保人缴纳的保险费建立的保险基金，补偿投保人或受益人因自然灾害或意外事故所致财产或人身损害的一项制度。保险合同是指投保方与保险方就投保方向保险方交付约定的保险费，在被保险方遭遇特定灾害事故造成其财产损毁或人身伤害时，由保险方承担经济损失或给付保险金责任而达成的协议。

根据保险的标的性质，保险可分为财产保险和人身保险。财产保险是以物质财富或经济利益为标的的保险。财产保险在广义上包括有形财产保险（直接财产保险）和无形财产保险（责任保险、保证保险和信用保险）。一般的财产保险仅指有形财产保险。工程保险合同是一种财产保险合同。

保险合同的当事人是投保人和保险人。投保人是对保险标的有保险利益而向保险人申请订立保险合同，并承担支付保险费义务的当事人，又称为要保人、保单持有人。保险人是收取保险费而在保险事故发生时或者保险期限届满时承担保险责任的当事人，又称为承保人。保险人一般是经政府许可经营保险业务的机构，如保险公司等。

2. 保险合同的法律特征

财产保险合同除具有一般经济合同的法律特征之外，还具有其自己的特点：

(1) 财产保险合同是一种典型的附和合同。保险合同的基本条款是由保险人统一制定的，不存在保险人与投保人临时协商拟订条款的问题。对于投保人来说，除了保险费的支付办法外，对于其他条款并没有什么选择余地，不得要求增加或减少保险条款或改变保险责任范围。一般说来，只要投保人填签保险单，即视为认同统一的保险条款。

(2) 财产保险中的一方当事人必须是特定的法人。对于保险人，各国几乎都有特殊规定。我国规定保险人必须是经中国人民银行批准成立、专门从事保险业务的保险公司及其分支机构。

(3) 财产保险合同是一种要式合同。《中华人民共和国保险法》第十三条规定："投保人提出保险要求，经保险人同意承保，保险合同成立。保险人应当及时向投保人签发保险单或者其他保险凭证。保险单或者其他保险凭证应当载明当事人双方约定的合同内容。当事人也可以约定采用其他书面形式载明合同内容。"根据这个规定，保险单并不是保险合同成立的必要条件，它只是保险合同的组成部分，成为保险合同的正式书面凭证。只要保险合同双方当事人意思表示一致，保险合同即告成立。即使保险事故发生于保险单签发之前，保险人亦应承担保险合同规定的责任。

(4) 财产保险合同是一种双务有偿合同。在保险合同关系中，投保人有如数按时缴纳保险费的义务，有妥善保管所投保的财产的义务，有采取必要措施避免保险危险发生后财产损失扩大的义务；保险方则负有保障投保方财产不受危险损害的义务，一旦发生损失即承担赔偿的责任。

(5) 财产保险合同是一种射幸契约。射幸契约，又称机会性合同或机会性行为，是以一个将来可能发生的不确定的事件作为当事人双方权利义务关系标的的合同。保险合同中保险方所收取的保险费，是从该种财产损失的历史资料中通过科学计算方法得出的，但其所承保的财产损失危险则是不确定的，也可能发生，也可能不发生。如危险不发生，除两全保险中保险方必须退还保险费外，投保方无权收回保险费，保险方不承担任何责任；反之，如危险发生，则保险方的赔偿责任远远超过其所收的保险费。

3. 保险合同的主要条款

(1) 保险人与投保人

该条款主要说明保险人的名称和住所，投保人、被保险人名称与住所，以及人身保险的受益人的名称与住所。

(2) 保险标的

保险标的是指保险合同所保障的财产和利益。保险标的条款包括保险财产的名称、品质、数量、价款以及投保金额、财产坐落地等。如标的物是在途货物，应指出承载该批货物的运输工具及其航程。

(3) 保险责任和除外责任

保险责任是指保险人承担的风险或保险范围。保险危险即产生保险责任的事故原因。保险危险是将来可能发生的，其发生具有偶然性的危险。保险责任一般由中国人民保险集团股份有限公司发布的各类财产保险条款所限定，投保人很少有选择的余地。

除外责任是指保险人不承担赔偿责任的风险范围，它也由中国人民保险集团股份有限公司统一的财产保险条款所规定。

(4) 保险起讫期限

保险起讫期限指保险合同的效力发生和终止的期限。这里涉及两个问题：①起始日和到期日的生效、止效时间。我国目前财产保险条款规定，保险合同自保单约定的起保日的零时起，至保险期满日的 24 时有效，期满可以续保并另办手续。②保险期间的计算。一般为 1 年。我国通常办 1 年，但根据投保人的要求也可以少于 1 年或多于 1 年。有些保险合同通常以事件的始末为存续期限，如货物运输险，以一个航程为有效期；建筑安装工程险的保险期限应是保单列明的建筑期限内自投保工程动工日或自被保险项目被卸至建筑工地时起生效，直至建筑工程完毕经验收时终止，但最晚终止期应不超过保单中所列的终止日期。

(5) 保险金额

保险金额是指在保险事故发生后，保险人承担赔偿责任的最高限额，也是确定支付多少保险费的依据。保险金额一般由投保人根据投保财产的实际价值或实际利益的全部或一部分申报，但最高不得超过其实际价值或实际利益。

建筑安装工程险的保险金额，应为保险标的完成时的总价值，包括运费、安装费、关税等。建筑用机器、设备、装置应按重置价值计算。其他承保项目应按双方商定的金额确定。保险费则按不同项目的危险程度、地理位置、工地环境、工期长短和免赔额高低等因素确定。

(6) 保险费及支付办法

保险费是投保人按照保险人确定的保险费率，以保险人承保的保险金额为基础而计算的、并向保险人缴纳的费用，即投保人将一定范围内的危险转嫁给保险人而必须付出的代价。保险人再将危险平均分配给许许多多的投保人。保险合同通常要明确保险费的计算办法和缴付办法。

(7) 保险金赔偿或者给付办法

赔偿办法是保险事故发生后确定和支付赔偿金的办法和程序。其中应当规定被保险人在保险事故发生后的及时通知，采取一切必要手段避免损害扩大，请示赔偿的时限，保险人在接到被保险人的损失通知或赔偿请求时，应当及时查验损害原因和程度，并在规定的时间内确定应承担的赔偿责任和赔偿金额。

(8) 违约责任和争议处理

规定投保人和保险人双方违反合同的责任，约定双方发生合同纠纷时解决纠纷的方法。

4. 建设工程涉及的保险种类

目前，建设工程涉及的保险种类主要有：

(1) 建筑、安装工程一切险

建筑、安装工程一切险是对工程项目提供全面保险的险种。它既对施工期间的工程本身、施工机械、建筑设备所遭受的损失予以保险，也对因施工给第三者造成的人身、财产伤害承担赔偿责任（第三者责任险是建筑、安装工程一切险的附加险）。被保险人包括业主、承包商、分包商、咨询工程师及贷款的银行等。

(2) 施工机具和设备险

该险是一切险的附加险，对承包商施工用的工程机械承保。以设备重置价格作为保额。保期为1年，从设备到达工地之日起，1年到期后需要决定是否续保。

(3) 第三者责任险

该险也是一切险的附加险，对所承保工程直接相关的意外事故，引起工地内及邻近区域的第三者人身伤亡、疾病或财产损失进行承保。以工期为保期。每次事故赔偿限额和最低保险金额在工程合同中有明确规定。

(4) 雇主责任险

对雇员在受雇期间因工作遭受意外而致受伤、死亡或患有与业务有关的职业性疾病情况下获取医疗费、工伤休假期间的工资及必要的诉讼费用等承保。人身伤害险是主险，可以选择附加医疗费险和诉讼费险。保险受益人是承包商。

(5) 十年责任险和两年责任险

属于工程质量保险，主要针对工程建成后使用周期长、承包商流动性大的特点而设立的，为合理使用年限内工程本身及其他有关人身财产提供保障。如法国的《建筑职责与保险》中规定，工程项目竣工后，承包商应对工程主体部分在十年内承担缺陷保证责任，对设备在两年内承担功能保证责任。2006 年，中国保监会、建设部和中国人保财险联合在北京、上海、青岛、大连等 14 个城市启动"建筑工程保险"试点，要求建筑企业投保新推出的"建筑工程险"，该险是类似于十年责任险的工程质量险。

5. 工程保险合同的特点

(1) 多个被保险人

建设工程涉及的保险种类中最主要的是工程保险。工程保险是一种特殊形式的财产保险，它与其他财产保险合同相区别的显著特点是有多个被保险人。保险公司可以在一张保险单上对工程的所有参与者都给予所需的保险保障，建筑安装工程险的被保险人可以包括业主（建设单位）、承包商（施工单位）、咨询工程师（设计单位、监理单位和其他专业顾问）。

被保险人中的第一个被保险人常常是协商投保保险的人，他必须代表自己和其他一起投保的被保险人缴付保险费，实际上他成为与保险人协商保险的中间人。这个第一被保险人可以是业主，也可以是总承包人。他同保险人商定的保险合同必须包括其他各方在内。所以，在许多建筑工程承包合同中都有相应的条款规定：保险合同提供的保险保障不仅对承包人，而且对业主有效。

由于被保险人不止一个，为了避免有关各方相互之间追偿责任，大部分保险单都加贴"共保交叉责任条款"。根据这一条款，每一个被保险人如同各自有一张单独的保险单，与其有关的那部分"保险责任"发生问题，财产遭受损失，就可以从保险人那里得到相应的赔偿。如果各个被保险人之间发生相互的责任事故，每一个负有责任的被保险人都可以在保单下得到保障。这样，这些责任事故造成的损失，都可由保险人负责赔偿，无须根据各自的责任相互进行追偿。

(2) 免赔额

工程保险另一个特点是在保险单中规定一个免赔额，它是保险人要求被保险人根据其不同的损失自行承担的一部分责任，保险人仅对超过的部分负赔偿责任。免赔额的高低，应根据工程危险程度、工地的自然地理条件、工期长短等因素，由保险人与被保险人协商确定。

9.3.2 建设工程保险合同的主要内容

建筑、安装工程险是承保建设单位或施工单位在建筑、安装工程中，施工项目的财产在遭受火灾及其他灾害事故时所造成的损失，以及设备安装完毕后在试车验收时发生意外事故所造成的损失。国内各财产保险公司有关建筑、安装工程一切险合同条款基本相同，以下根据中国人民财产保险股份有限公司的保险条款阐述建筑工程一切险保险合同的主要内容。

1. 物质损失

(1) 责任范围

由于下列原因造成的损失和费用，对这些损失和费用，保险公司将根据保单明细表的规定承担赔偿责任：

1) 在本保险期限内，若保险单明细表中分项列明的保险财产在列明的工地范围内，因保险单除外责任以外的任何自然灾害或意外事故造成的物质损失或灭失（以下简称

“损失”)，保险人按保险单的规定负责赔偿。自然灾害是指地震、海啸、雷电、飓风、台风、龙卷风、风暴、暴雨、洪水、水灾、冻灾、冰雹、地崩、山崩、雪崩、火山爆发、地面下陷下沉及其他人力不可抗拒的破坏力强大的自然现象；意外事故是指不可预料的以及被保险人无法控制并造成物质损失或人身伤亡的突发性事件，包括火灾和爆炸。

2）对经保险单列明的因发生上述损失所产生的有关费用，保险人亦可负责赔偿。

3）保险人对每一保险项目的赔偿责任均不得超过保险单明细表中对应列明的分项保险金额以及保险单特别条款或批单中规定的其他适用的赔偿限额。但在任何情况下，保险人在保险单项下承担的对物质损失的最高赔偿责任不得超过保险单明细表中列明的总保险金额。

(2) 除外责任

保险人对下列各项不负责赔偿：

1）设计错误引起的损失和费用。

2）自然磨损、内在或潜在缺陷、物质本身变化、自燃、自热、氧化、锈蚀、渗漏、鼠咬、虫蛀、大气（气候或气温）变化、正常水位变化或其他渐变原因造成的保险财产自身的损失和费用。

3）因原材料缺陷或工艺不善引起的保险财产本身的损失以及为换置、修理或矫正这些缺点错误所支付的费用。

4）非外力引起的机械或电气装置的本身损失，或施工用机具、设备、机械装置失灵造成的本身损失。

5）维修保养或正常检修的费用。

6）档案、文件、账簿、票据、现金、各种有价证券、图表资料及包装物料的损失。

7）盘点时发现的短缺。

8）领有公共运输行驶执照的，或已由其他保险予以保障的车辆、船舶和飞机的损失。

9）除非另有约定，在保险工程开始以前已经存在或形成的位于工地范围内或其周围的属于被保险人的财产的损失。

10）除非另有约定，在保险单保险期限终止以前，保险财产中已由工程所有人签发完工验收证书或验收合格或实际占有或使用或接收的部分。

2. 第三者责任险

(1) 责任范围

1）在本保险期限内，因发生与保险单所保工程直接相关的意外事故引起工地内及邻近区域的第三者人身伤亡、疾病或财产损失，依法应由被保险人承担的经济赔偿责任，保险人按下列条款的规定负责赔偿。

2）对被保险人因上述原因而支付的诉讼费用以及事先经保险人书面同意而支付的其他费用，保险人亦负责赔偿。

3）保险人对每次事故引起的赔偿金额以法院或政府有关部门根据现行法律裁定的应由被保险人偿付的金额为准，但在任何情况下，均不得超过保险单明细表中对应列明的每次事故赔偿限额。在本保险期限内，保险人在保险单项下对上述经济赔偿的最高赔偿责任不得超过保险单明细表中列明的累计赔偿限额。

(2) 除外责任

保险人对下列各项不负责赔偿:

1) 保险单物质损失项下或本应在该项下予以负责的损失及各种费用。

2) 由于振动、移动或减弱支撑而造成的任何财产、土地、建筑物的损失及由此造成的任何人身伤害和物质损失。

3) 工程所有人、承包人或其他关系方或他们雇用的在工地现场从事与工程有关工作的职员、工人以及他们的家庭成员的人身伤亡或疾病。

4) 工程所有人、承包人或其他关系方或他们雇用的职员、工人所有的或由其照管、控制的财产发生的损失。

5) 领有公共运输行驶执照的车辆、船舶、飞机造成的事故。

6) 被保险人根据与他人的协议应支付的赔款或其他款项,但即使没有这种协议,被保险人仍应承担的责任不在此限。

3. 总除外责任

在保险单项下,保险人对下列各项不负责赔偿:

1) 战争、类似战争行为、敌对行为、武装冲突、恐怖活动、谋反、政变引起的任何损失、费用和责任。

2) 政府命令或任何公共当局的没收、征用、销毁或毁坏。

3) 罢工、暴动、民众骚乱引起的任何损失、费用和责任。

4) 被保险人及其代表的故意行为或重大过失引起的任何损失、费用和责任。

5) 核裂变、核聚变、核武器、核材料、核辐射及放射性污染引起的任何损失、费用和责任。

6) 大气、土地、水污染及其他各种污染引起的任何损失、费用和责任。

7) 工程部分停工或全部停工引起的任何损失、费用和责任。

8) 罚金、延误、丧失合同及其他后果损失。

9) 保险单明细表或有关条款中规定的应由被保险人自行负担的免赔额。

4. 保险金额

(1) 保险单明细表中列明的保险金额应不低于:

1) 建筑工程——保险工程建筑完成时的总价值,包括原材料费用、设备费用、建造费、安装费、运输费、保险费、关税、其他税项和费用,以及由工程所有人提供的原材料和设备的费用。

2) 施工用机器、装置和机械设备——重置同型号、同负荷的新机器、装置和机械设备所需的费用。

3) 其他保险项目——由被保险人与保险人商定的金额。

(2) 若被保险人是以保险工程合同规定的工程概算总造价投保,被保险人应:

1) 在本保险项下工程造价中包括的各项费用因涨价或升值原因而超出原保险工程造价时,必须尽快书面通知保险人,保险人据此调整保险金额。

2) 在保险期限内对相应的工程细节作出精确记录,并允许保险人在合理的时候对该项记录进行查验。

3) 若保险工程的建造期超过三年,必须从保险单生效日起每隔十二个月向保险人申报当时的工程实际投入金额及调整后工程总造价，保险人将据此调整保险费。

4）在保险单列明的保险期限届满后三个月内向保险人申报最终的工程总造价，保险人据此以多退少补的方式对预收保险费进行调整。否则，针对以上各条，保险人将视为保险金额不足，一旦发生本保险责任范围内的损失时，保险人将根据保险单总则中的规定对各种损失按比例赔偿。

5. 保险期限

（1）建筑期物质损失及第三者责任保险

1）保险人的保险责任自保险工程在工地动工或用于保险工程的材料、设备运抵工地之时起始，至工程所有人对部分或全部工程签发完工验收证书或验收合格，或工程所有人实际占用或使用或接收该部分或全部工程之时终止，以先发生者为准。但在任何情况下，建筑期保险期限的起始或终止不得超出保险单明细表中列明的建筑期保险生效日或终止日。

2）不论安装的保险设备的有关合同中对试车和考核期如何规定，保险人仅在保险单明细表中列明的试车和考核期限内对试车和考核所引发的损失、费用和责任负责赔偿；若保险设备本身是在本次安装前已被使用过的设备或转手设备，则自其试车之时起，保险人对该项设备的保险责任即行终止。

3）上述保险期限的展延，必须事先获得保险人的书面同意，否则，从保险单明细表中列明的建筑期保险期限终止日起至保证期终止日止期间内发生的任何损失、费用和责任，保险人不负责赔偿。

（2）保证期物质损失保险

保证期的保险期限与工程合同中规定的保证期一致，从工程所有人对部分或全部工程签发完工验收证书或验收合格，或工程所有人实际占用或使用或接收该部分或全部工程时起算，以先发生者为准。但在任何情况下，保证期的保险期限不得超出保险单明细表中列明的保证期。

6. 总则

（1）保单效力。被保险人严格地遵守和履行保险单的各项规定，是保险人在保险单项下承担赔偿责任的先决条件。

（2）保单无效。如果被保险人或其代表漏报、错报、虚报或隐瞒有关本保险的实质性内容，则保险单无效。

（3）保单终止。除非经保险人书面同意，保险单将在下列情况下自动终止：①被保险人丧失保险利益。②承保风险扩大。保险单终止后，保险人将按日比例退还被保险人在保险单项下未到期部分的保险费。

（4）权益丧失。如果任何索赔含有虚假成分，或被保险人或其代表在索赔时采取欺诈手段企图在保险单项下获取利益，或任何损失是由被保险人或其代表的故意行为或纵容所致，被保险人将丧失其在保险单项下的所有权益，对由此产生的包括保险人已支付的赔款在内的一切损失，应由被保险人负责赔偿。

（5）合理查验。保险人的代表有权在任何适当的时候对保险财产的风险情况进行现场查验。被保险人应提供一切便利及保险人要求的用以评估有关风险的详情和资料。但上述查验并不构成保险人对被保险人的任何承诺。

(6) 比例赔偿。在发生本保险物质损失项下的损失时，若受损保险财产的分项或总保险金额低于对应的应保保险金额，其差额部分视为被保险人所自保，保险人按保险单明细表中列明的保险金额与应保保险金额的比例负责赔偿。

(7) 重复保险。保险单负责赔偿损失、费用或责任时，若另有其他保障相同的保险存在，不论是否由被保险人或他人以其名义投保，也不论该保险赔偿与否，保险人仅负责按比例分摊赔偿的责任。

(8) 权益转让。若保险单项下负责的损失涉及其他责任方时，不论保险人是否已赔偿被保险人，被保险人应立即采取一切必要的措施行使或保留向该责任方索赔的权利。在保险人支付赔款后，被保险人应将向该责任方追偿的权利转让给保险人，移交一切必要的单证，并协助保险人向责任方追偿。

(9) 争议处理。被保险人与保险人之间的一切有关本保险的争议应通过友好协商解决。如果协商不成，可申请仲裁或向法院提起诉讼。除事先另有协议外，仲裁或诉讼应在被告方所在地进行。

安装工程一切险的适用范围、承保的责任范围与建筑工程一切险相同，除外责任只是在下面两个方面有些差异：①因设计错误、铸造或原材料缺陷或工艺不善引起的被保险财产本身的损失以及为换置、修理或矫正这些缺点错误所支付的费用。②由于超负荷、超电压、碰线、电弧、漏电、短路、大气放电及其他电气原因造成电气设备或电气用具本身的损失。

9.3.3 建筑、安装工程保险合同格式

1. 投保单

下面是建筑、安装工程投保单格式示例。

建筑、安装工程投保单

本投保单由投保人如实和尽可能详尽地填写并签字后作为向本公司投保建筑、安装工程险的依据，本投保单为该工程保单的组成部分。

本投保单在未经保险公司同意或未签发保险单之前不发生保险效力。

投保人：＿＿＿＿＿＿＿＿　　地址：＿＿＿＿＿＿＿＿

联系人：＿＿＿＿＿＿＿＿　　电话：＿＿＿＿＿＿＿＿

工程关系方	名称和地址	是否被保险人
所有人		
承包人及其承包能力（级、类）		
转包人及其承包能力（级、类）		
工程名称和地址		

工程期限	
首批被保险项目运至工地日期	年　月　日
建筑、安装工程期限	自　年　月　日至　年　月　日

续表

保险项目和保险金额				
保险项目	保险金额	费率%	免赔额	特别约定
(1) 建筑安装工程（包括永久和临时工程及物料）				
(2) 安装工程项目				
(3) 场地清理费				
(4) 被保险人在工地上的其他财产（列明名称）				
(5) 建筑、安装用机器、设备及装置（另附清单）				
保险金额合计人民币				
保险费：人民币				

2. 保险单

下面是建筑、安装工程保险单格式示例。

建筑、安装工程保险单

保险单号码：

投保人姓名、地址	
被保险人姓名、地址及其在本工程中的身份	
建筑、安装工程名称、地址	

本公司依照建筑、安装工程险条款及在保险单上注明的其他条件，承保下列财产：

保险项目	保险金额	费率%	保险费	免赔费	备注
(1) 建筑、安装工程（包括永久和临时工程及物料）					
(2) 安装工程项目					
(3) 场地清理费					
(4) 被保险人在工地上的其他财产（另附清单）					
(5) 建筑、安装用机器、设备及装置（另附清单）					
(6) 其他财产					

总保险金额：人民币（大写）￥ ____________

保险期限：　　个月：　自　　年　　月　　日起至　　年　　月　　日 24 时止

保险费：　人民币（大写）￥____________

经理签章：　　　　　　　　　　保险公司盖章：

注意：收到保险单后请核对， 如有错误应通知更正

签单：　　复核：　　登记：　　会计：　　　　签单日期：　　　年　　月　　日

9.3.4 建筑安装工程保险合同管理

1. 保险合同的订立程序

(1) 投保人填写投保单

在保险实务中，投保单又称要保单，它是投保人向保险人申请订立保险合同的书面要约。通常，保险人事先印制好各类险种的统一投保单。投保人在申领投保单后，应根据其要求如实填写各项内容。填写完毕后，即可送交保险人。

(2) 保险人承保

保险人在收到投保人所填具的保险单后，经逐项审查，认为符合保险条件，在双方就投保单中未明事项，如保险费率、保险费支付办法等，商定一致之后，保险人承诺接受投保，即为承保。这时，保险合同即已宣告成立。

(3) 保险人向投保人签发保险单或其他保险凭证

保险单是保险合同的正式证明文件，是完成保险合同的最后手续。保险人一经签发保险单，则先前当事人议定事项（包括暂保单）的内容尽归并其中。保险合同的内容以保险单所载为准，若投保人接受保险单，即推定其对保险单所载内容已完全同意。

2. 建筑安装工程保险合同的履行

(1) 被保险人应履行的义务

在建筑安装工程保险合同执行过程中，被保险人应履行的主要义务有：

1) 被保险人或其代表应根据保险单明细表和批单中的规定按期缴付保险费。

2) 在本保险期限内，被保险人应采取一切合理的预防措施，包括认真考虑并付诸实施保险人代表提出的合理的防损建议，谨慎选用施工人员，遵守一切与施工有关的法规和安全操作规程，由此产生的一切费用，均由被保险人承担。

3) 在发生引起或可能引起保险单下索赔的事故时，被保险人或其代表应：

① 立即通知保险人，并在七天或经保险人书面同意延长的期限内以书面报告提供事故发生的经过、原因和损失程度；

② 采取一切必要措施防止损失的进一步扩大并将损失减少到最低程度；

③ 在保险人的代表或检验师进行勘查之前，保留事故现场及有关的实物证据；

④ 在保险财产遭受盗窃或恶意破坏时，立即向公安部门报案；

⑤ 在预知可能引起诉讼时，立即以书面形式通知保险人，并在接到法院传票或其他法律文件后，立即将其送交保险人；

⑥ 根据保险人的要求提供作为索赔依据的所有证明文件、资料和单据。

4) 若在某一保险财产中发现的缺陷表明或预示类似缺陷亦存在于其他保险财产中时，被保险人应立即自付费用进行调查并纠正该缺陷。否则，由类似缺陷造成的一切损失应由被保险人自行承担。

(2) 保险人应履行的义务

在合同执行过程中，保险人应履行的主要义务是在保险事故发生后履行其理赔职责。即保险人在接到出险通知后，应迅速到现场检验核实，研究损失责任、受损程度，核算赔偿数额并在保险金额范围内承担赔偿责任。赔款仅以恢复投保项目受损前的状态为限（受损项目的残值应予扣除），可以现金支付，也可以重置受损项目或予以修理代替，但总赔款不能超过保单规定的保险金额。如保险金额低于工程完成时的总价值，则赔偿将按保金与总价值的比例支付。

3. 赔偿处理

(1) 对保险财产遭受的损失，保险人可选择支付赔款或以修复、重置受损项目的方式予以赔偿，但对保险财产在修复或重置过程中发生的任何变更、性能增加或改进所产生的额外费用，保险人不负责赔偿。

(2) 在发生保险单物质损失项下的损失后，保险人按下列方式确定赔偿金额：

1) 可以修复的部分损失。以将保险财产修复至其基本恢复受损前状态的费用扣除残值后的金额为准。但若修复费用等于或超过保险财产损失前的价值时，则按下列第 2) 项的规定处理。

2) 全部损失或推定全损。以保险财产损失前的实际价值扣除残值后的金额为准，但保险人有权不接受被保险人对受损财产的委付。

3) 发生损失后，被保险人为减少损失而采取必要措施所产生的合理费用，保险人可予以赔偿，但本项费用以保险财产的保险金额为限。

(3) 保险人赔偿损失后，由保险人出具批单将保险金额从损失发生之日起相应减少，并且不退还保险金额减少部分的保险费。如被保险人要求恢复至原保险金额，应按约定的保险费率加缴恢复部分从损失发生之日起至保险期限终止之日止按日比例计算的保险费。

(4) 在发生保险单第三者责任项下的索赔时：

1) 未经保险人书面同意，被保险人或其代表对索赔方不得作出任何责任承诺或拒绝、出价、约定、付款或赔偿。在必要时，保险人有权以被保险人的名义接办对任何诉讼的抗辩或索赔的处理。

2) 保险人有权以被保险人的名义，为保险人的利益自付费用向任何责任方提出索赔的要求，未经保险人书面同意，被保险人不得接受责任方就有关损失作出的付款或赔偿安排或放弃对责任方的索赔权利，否则，由此引起的后果将由被保险人承担。

3) 在诉讼或处理索赔过程中，保险人有权自行处理任何诉讼或解决任何索赔案件，被保险人有义务向保险人提供一切所需的资料和协助。

(5) 被保险人的索赔期限，从损失发生之日起，不得超过两年。

9.4 建筑施工物资租赁合同

一般来说，大型的建筑施工物资和设备价值量大，并不是所有的施工企业都拥有全套建筑施工设备，也没有这个必要。在工程建设过程中，许多施工企业并不购置某些大型建筑施工物资，而采取租赁的方式取得建筑施工物资的使用权，这样既满足建筑施工的需要，又能缓解资金的压力、降低成本，还有助于拥有建筑施工物资的企业盘活资产，充分发挥建筑施工物资的社会经济效益。因此，在实践中建筑施工设备租赁成为适应建筑市场特点、满足建筑施工单位对建筑施工物资需要的重要形式。建筑物资租赁合同也成为工程建设中常见的一类合同。

9.4.1 租赁合同概述

1. 租赁合同的概念与特征

租赁合同是出租人将租赁物交付承租人使用、收益，承租人向出租人支付租金的合同。其特征是：租赁合同是诺成、双务和有偿合同；租赁合同的标的物是特定的非消耗物；租赁合同转移的是租赁物的用益权，而非所有权；租赁合同具有期限性和连续性，时间是租赁合同的基本要素。

2. 租赁合同分类

租赁合同根据不同的标准，从不同的角度，可以作不同的分类，常见的主要有以下几种：

(1) 动产租赁合同与不动产租赁合同

不动产租赁就是标的物（租赁物）是不动产的租赁，主要是房屋租赁，在我国以土地使用权为租赁标的的，也可视为不动产租赁，不动产租赁需要登记。动产租赁是以动产为标的物的租赁，各种各样的只要是可以反复使用不改变形态和价值的有体物都可以租赁。

(2) 一般租赁合同与特殊租赁合同

租赁合同根据法律有无特别规定可分为一般租赁合同和特别租赁合同。一般租赁是指法律没有特别规定的租赁。特别租赁是指法律有特别规定的租赁。例如，房屋租赁在《城市房地产管理法》上有特别规定，船舶租赁在《海商法》上有特别规定，航空器租赁在《航空法》上有特别规定。一般租赁适用《民法通则》和《合同法》等具有一般效力的法律，而特殊租赁适用具有特殊效力的法律。

(3) 定期租赁合同与不定期租赁合同

定期租赁合同是指当事人双方约定有租期的租赁合同。不定期租赁合同有两种，一是当事人双方未约定租期的租赁；二是租赁期届满的不定期租赁。不定期租赁合同的当事人未约定租赁期限，所以除法律另有规定外，当事人任何一方可随时终止合同，但出租人终止合同时，应当给承租人一个必要准备的宽限期。定期租赁合同的当事人约定了租赁的期限，在合同约定的租赁期限没有届满时，不能随便终止合同，否则，就构成违约。

3. 租赁合同形式与内容

租赁期限 6 个月以下的，可以由当事人自由选择合同的形式，无论采用书面形式还是口头形式，都不影响合同的效力。租赁期限 6 个月以上的，应当采用书面形式。未采用书面形式的，不论当事人对期限是否作了约定，都视为不定期租赁。租赁合同的主要内容包括以下几个方面：

(1) 租赁物的名称

当事人在合同中必须详细、具体规定租赁物的名称，有的要注明牌号、商标、品种、型号、规格、等级等。这是租赁合同的首要条款，没有租赁物租赁合同不可能存在，如果名称规定得不详细、不具体，容易导致双方发生误解。

(2) 租赁物的数量、质量

租赁物的数量要精确规定，不能含糊不清，计量单位按照《中华人民共和国计量法》的规定执行。对租赁物的质量标准也必须规定清楚，这是确保承租人得以正常使用租赁物的关键。另外，有的租赁合同租期较长，应规定合理的磨损或消耗标准，作为出租人交付或接收租赁物以及承租方接收和返还租赁物的标准和依据，同时也作为区分责任的依据。

(3) 租赁物的用途

在合同中规定租赁物用途的目的是为了使承租人能按照租赁物的性能正确、合理地加以使用，避免由于使用不当而使租赁物受到损失。

(4) 租赁期限

租赁期限是合同的主要条款之一。当事人可以明确约定期限，也可以不明确约定期限，对于明确约定期限的租赁合同，到期后合同自然终止，承租人返还原物。但双方当事人可以采用明示或默示的方式将租赁的期限延长，也就是“续租”，续租期限内双方当事人的权利义务不变。所谓明示方式即明示更新，是指当事人于租赁合同期限届满后另订合同，约定延长租赁期限。默示方式即默示更新，是源于法律的规定的更新，我国合同法规定，租赁期间届满之后，承租人继续使用租赁物，而出租人没有提出异议的，原租赁合同继续有效。

(5) 租金

租金是租赁合同的本质特征之一，是双方当事人经济利益的集中体现。租金由双方当事人协商约定，当事人在订立租金条款时，应注意以下几个问题：①租金的标准。国家有统一规定的，按统一规定执行，没有统一规定，当事人自行协商确定。②租金的支付及结算方式。租金一般以货币支付，但当事人也可以在合同中约定以其他物代替货币支付。以货币支付的，还应对租金的结算方式及结算银行、银行账号等做出规定。③租金的支付时间。租金是定期支付还是不定期支付，是一次性支付还是分期分批支付，应在合同中明确规定，并且将总金额及每次分别支付的金额及期限都规定清楚，如果需要预付租金，也应在合同中注明。

(6) 押金

押金，又称为保证金，它并不是法定的必要条款。实践中有些租赁合同有押金条款，如租用照相机、自行车时，出租人一般要收取押金。押金是出租人要求承租人预付的担保出租财产的安全以及租金支付的抵押财产。如果承租人到期不返还出租物和支付租金，出租人就从押金中扣除。出租人对某些灭失可能性较大的财产要求收取押金是合理的，但押金不能乱用，在大额标的物出租时，法律不允许收取押金。

(7) 租赁物的维修

租赁物的维修保养责任具体由哪方承担，双方可以根据实际情况协商确定。一般情况下，出租方承担租赁物的维修和保养责任，但在某些特殊情况下，出租方进行维修和保养有困难，也可以约定由承租方在租赁期限内承担维修和保养的责任。实践中一般做法是：如果承租方按规定正常使用租赁物而发生磨损或出现故障，需要大修，那么应由出租方负责。双方当事人对这些都要协商决定，并在合同中明确规定出来，至于租赁物的日常保养维修，由承租方负责也切合实际。对于这项工作的费用支出，也应在合同中做出规定，如果没规定，一般要由出租方支付。

(8) 出租方与承租方的变更

按照合同法的规定，双方当事人在合同中相互约定变更合同的情况和条件。

9.4.2 建筑施工物资租赁合同特点与格式

建筑施工物资租赁合同是指出租人将建筑施工物资交付承租人使用，承租人支付租金的协议，是承租人支付租金为对价取得建筑物资使用权的双务有偿合同。作为财产租赁合同的一种，建筑施工物资租赁合同除具有财产租赁合同的一般特征外，还有以下三个方面的独特之处：

(1) 建筑施工物资租赁合同中合同的标的物通常都是价值量大、技术含量高的大型设备，合同风险往往比一般财产租赁合同的风险大。

(2) 建筑施工物资租赁合同的承租人一般是建筑施工单位，而出租人则是拥有施工物资的企业（租赁企业或有富余物资的施工企业）或个人。

(3) 建筑施工物资的租赁期限往往与建筑施工的周期相同，为了不影响承租人的正常施工，出租人一般不得提前终止合同，当工程施工工期延长时，承租人可以要求延长租期。因此，在当事人订立租赁合同时，必须对租赁期限进行比较灵活的约定，至少应当包括可以延长租期的条款。

建筑施工物资所涉及的租赁物种类比较广泛，包括各种大中型建筑施工机械、模板、支撑、脚手架等。国家工商行政管理局发布（工商市字［2000］第231号）的《建筑施工物资租赁合同（示范文本）》GF 2000—0604 是一个较好的参照文本，实际工作中可以参照这个文本，并结合租赁合同标的物的特点，进行适当的修改采用。下面是 GF 2000—0604 示范文本的基本格式。

合同编号：＿＿＿＿＿＿＿＿

出租人：＿＿＿＿＿＿签订地点：＿＿＿＿＿＿＿＿

承租人：＿＿＿＿＿＿签订时间：＿＿年＿＿月＿＿日

根据《中华人民共和国合同法》的有关规定，按照平等互利的原则，为明确出租人与承租人的权利义务，经双方协商一致，签订本合同。

第一条　租赁物资的品名、规格、数量、质量（详见合同附件）：＿＿＿＿＿＿＿＿＿＿＿＿＿＿＿＿＿＿。

第二条　租赁物资的用途及使用方法：＿＿＿＿＿＿＿＿＿＿＿＿＿＿＿＿

第三条　租赁期限：自＿＿＿＿年＿＿＿＿月＿＿＿＿日至＿＿＿＿年＿＿＿＿月＿＿＿＿日，共计＿＿＿＿天。承租人因工程需要延长租期，应在合同届满前＿＿＿＿日内，重新签订合同。

第四条　租金、租金支付方式和期限

收取租金的标准：＿＿＿＿＿＿＿＿＿＿＿＿＿＿＿＿＿＿＿＿。

租金的支付方式和期限：＿＿＿＿＿＿＿＿＿＿＿＿＿＿＿＿＿＿＿＿＿＿＿＿＿＿＿＿＿＿。

第五条　押金（保证金）

经双方协商，出租人收取承租人押金＿＿＿＿元。承租人交纳押金后办理提货手续。租赁期间不得以押金抵作租金；租赁期满，承租人返还租赁物资后，押金退还承租人。

第六条　租赁物资交付的时间、地点及验收方法：＿＿＿＿＿＿＿＿＿＿＿＿＿＿＿＿＿＿＿＿＿＿＿＿＿＿。

第七条　租赁物资的保管与维修

一、承租人对租赁物资要妥善保管。租赁物资返还时，双方检查验收，如因保管不善造成租赁物资损坏、丢失的，要按照双方议定的《租赁物资缺损赔偿办法》，由承租人向出租人偿付赔偿金。

二、租赁期间，租赁物资的维修及费用由＿＿＿＿人承担。

第八条　出租人变更

一、在租赁期间，出租人如将租赁物资所有权转移给第三人，应正式通知承租人，租赁物资新的所有权人即成为本合同的当然出租人。

二、在租赁期间，承租人未经出租人同意，不得将租赁物资转让、转租给第三人使用，也不得变卖或作抵押品。

第九条　租赁期满租赁物资的返还时间为：____________________。

第十条　本合同解除的条件：______________________________________。

第十一条　违约责任

一、出租人违约责任：

1. 未按时间提供租赁物资，应向承租人偿付违约期租金______%的违约金。

2. 未按质量提供租赁物资，应向承租人偿付违约期租金______%的违约金。

3. 未按数量提供租赁物资，致使承租人不能如期正常使用的，除按规定如数补齐外，还应偿付违约期租金______%的违约金。

4. 其他违约行为：____。

二、承租人违约责任：

1. 不按时交纳租金，应向出租人偿付违约期租金______%的违约金。

2. 逾期不返还租赁物资，应向出租人偿付违约期租金________%的违约金。

3. 如有转让、转租或将租赁物资变卖、抵押等行为，除出租人有权解除合同，限期如数收回租赁物资外，承租人还应向出租人偿付违约期租金______%的违约金。

4. 其他违约行为：____。

第十二条　本合同在履行过程中发生的争议，由双方当事人协商解决；也可由当地工商行政管理部门调解；协商或调解不成的，按下列第________种方式解决：

（一）提交____________仲裁委员会仲裁；

（二）依法向人民法院起诉。

第十三条　其他约定事项：____
__________________________。

第十四条　本合同未作规定的，按照《中华人民共和国合同法》的规定执行。

第十五条　本合同一式________份，合同双方各执________份。本合同附件________份都是合同的组成部分，与合同具有同等效力。

出租人	承租人	鉴（公）证意见：
出租人（章）：	承租人（章）：	
法定代表人（签名）：	法定代表人（签名）：	
委托代理人（签名）：	委托代理人（签名）：	
电话：	电话：	
传真：	传真：	
开户银行：	开户银行：	鉴（公）证机关（章）：
账号：	账号：	经办人：
邮政编码：	邮政编码：	年　月　日

大型建筑施工设备的租赁合同除了上述的条款之外，在合同中还有一些特别的规定。

下面是施工机械租赁合同的一个文本。

签订日期：______

合同编号：______

承租方：（以下简称乙方）______

______

出租方：（以下简称甲方）______

______

根据《合同法》的有关规定，按照平等互利的原则，为明确甲、乙双方的权利义务，经双方协商一致，特签订本合同。

第一条：租赁机械的名称：______

规格：______

型号：______

数量：______

使用地点：______

______。

第二条：甲方为租赁机械配备操作手______名，其每人工资______元/月，由______方负责承担，并负责安排操作手的食宿，其食宿费用也由______方负责承担。

第三条：租赁期限

自______年______月______日至______年______月______日止，如需继续租用，应在本合同期满前五日内，重新签订合同。

第四条：租赁机械的所有权

1. 在租赁期间，合同附件所列租赁机械的所有权属于甲方。乙方对租赁机械只有使用权，没有所有权。

2. 在租赁期间，乙方如对租赁机械进行改善或者增设他物，必须征得甲方的书面同意。

3. 在租赁期间，乙方如将租赁机械转租给第三人，必须征得甲方书面同意。

第五条：租金的计算和支付

1. 自______年______月______日至______年______月______日止，租赁期满，乙方将设备完好交给甲方办理退场手续，若乙方继续使用，应在本合同期满前五日内重新签订续租合同。

2. 租赁期间原则上每天平均工作时间不超过 8 小时（折合 1 个台班），每月累计不得超过______小时（甲方免收租金天数对应的台班时间不计入累计时间），确因工作所需超出______小时部分应视为加班，按超出工作小时数计收加班租赁费。设备租赁费按月租结算______元/月，______元/小时，如设备租赁期不足一个月，租赁费按实际天数乘以 8 小时结算，超出工作小时加班部分，另计收加班费。

第六条：保证金

经甲、乙双方协商，甲方收取乙方保证金____________________元，作为履行本合同的保证。乙方交纳保证金及第一期租金后办理提货手续。租赁期间不得以保证金抵作租金。租赁期满，扣除应付租赁机械的缺损赔偿金后，保证金余额应退还乙方。

第七条：租赁机械的交货和验收

1. 租赁机械在交货地点，由甲方向乙方（或其代理人）交货。因不能预见、不能避免并不能克服的客观情况造成租赁机械延迟交货时，甲方不承担责任。

2. 乙方应自收货时起 24 小时内在交货地点检查验收租赁机械，同时将签收盖章后的租赁机械的验收收据交给甲方。

3. 如果乙方未按前款规定的时间办理验收，甲方则视为租赁机械已在完整状态下由乙方验收完毕，并视同乙方已经将租赁机械的验收收据交付给甲方。

4. 如果乙方在验收时发现租赁机械的型号、规格、数量和技术性能等有不符、不良或瑕疵等属于甲方的责任时，乙方应在交货当天，最迟不超过交货日期三天内，立即将上述情况书面通知甲方，由甲方负责处理，否则，视为租赁机械符合本合同及附件的约定要求。

第八条：租赁机械的使用、维修、保养和费用

1. 租赁机械在租赁期内由乙方使用。乙方应负责日常燃油、维修、保养，使设备保持良好状态，并承担由此产生的全部费用。维修一次使用的配件_______________元以下由乙方负责承担，在__________元以上由甲方负责承担。

2. 在工作过程中乙方若不能对设备故障进行排除，应及时通知甲方进行维修。正常维修一般不超过三天，如超过三天，每超一天，应免收乙方相应天数乘以 8 小时租金。

3. 租赁机械在安装、保管、使用等过程中，致使第三者遭受损失时，由乙方对此承担全部责任。

4. 租赁机械在安装、保管、使用等过程中发生的一切费用、税款，均由乙方承担。

第九条：租赁机械运费的承担

租赁机械的进退场的费用、运费由甲、乙双方各承担一半。进场费由乙方承担，退场费用由甲方承担。

第十条：租赁机械的毁损和灭失

1. 乙方承担在租赁期内发生的租赁机械的毁损（正常损耗不在此限）和灭失的风险。

2. 在租赁机械发生毁损或灭失时，乙方应立即通知甲方，甲方有权选择下列方式之一，由乙方负责处理并承担其一切费用：(1) 将租赁机械复原或修理至完全能正常使用的状态；(2) 更换与租赁机械同等型号、性能的部件或配件使其能正常使用；(3) 当租赁机械毁损或灭失至无法修理的程度时，乙方应赔偿甲方。

第十一条：违约责任

1. 乙方延迟支付租金时，甲方将在当日停机，如付款后继续租（使）用，造成的损失均由乙方负责。

2. 未经对方书面同意，任何一方不得中途变更或解除本合同；任何一方违反本合同约定，都应向对方偿付本合同总租金额______%的违约金。

3. 乙方如不按期支付租金或违反本合同的任何条款时，甲方有权采取下列措施：

(1) 要求乙方及时付清租金和其他费用，并要求乙方赔偿甲方的损失；

(2) 终止本合同，收回或要求归还租赁机械，并要求乙方赔偿甲方的一切损失。

第十二条：争议的解决

凡因履行本合同所发生的或与本合同有关的一切争议，甲、乙双方应通过友好协商解决；如果协商不能解决，应提交________________仲裁委员会，根据仲裁的有关程序进行仲裁裁决。仲裁费用和胜诉方的律师费用应由败诉方承担。

第十三条：未尽事宜，双方另行协商解决，本协议壹式肆份，甲乙双方各执两份，双方签字盖章并在甲方收到乙方月租或预付定金后生效。

承租方（乙方）：	出租方（甲方）：
法定代表人：	法定代表人：
委托代理人：	委托代理人：
地址：	地址：
电话：	电话：
开户行：	开户行：
账号：	账号：
税号：	税号：

另外，不同的施工机械，如塔式起重机、施工电梯、混凝土输送泵、挖掘机、路拌机、摊铺机等，在运输、安装、操作过程中又有许多差异，因此在合同条款上也会有不同。通常，可以结合各类机械在现场安装及使用的特点，规定特别的技术要求条款、易损刀具等零件的更换费用条款、对操作人员的特殊要求条款、安全作业条款等。例如，在塔式起重机租赁合同中，在规格条款中要规定塔高、臂长、臂头起重量、轨道长度、建设行政管理部门或行业管理部门颁发的统一编号、塔吊电缆、钢轨、枕木及随机工具等，在技术要求条款中要规定塔吊的安装、调试、验收要求，在人员条款中要规定起重机司机与信号员的特种作业操作证书、操作人员工作时间等，在作业条款中要对施工作业安全及防护设施等方面有专门的约定。

9.4.3 建筑施工物资租赁合同的管理

1. 建筑施工物资租赁合同的签订

当事人为了设立租赁关系，必须进行磋商，以使各方的意思表示达成一致，这个磋商的过程就是订立租赁合同的过程。与其他合同的订立一样，订立租赁合同一般采用要约与承诺的方式。要约与承诺是当事人计价还价并达成一致意思表示的外在表现形式，当事人达成一致的意思表示是合同成立的标志，通过要约与承诺能够反映其意思表示的交换过程以及达成一致的结果。

在建筑施工物资租赁合同订立过程中，特别要注意：一是慎重选择交易对象，二是尽量订立书面合同，三是合同内容尽可能详尽全面。建筑施工物资租赁合同标的物的价值通常较大，合同履行过程中有关物资损坏、毁灭等纠纷也较多，利用建筑施工物资租赁合同诈骗的犯罪案例也时有发生，特别是一些可以容易销赃的模板、脚手架等租赁物。因此，在订立合同之前，应当对对方当事人的资信进行全面调查，对其履约能力进行评估，选择重合同、守信用、有实力、履约能力强的企业或个人作为交易对象，对出租人而言，应尽量选择有施工资质的建筑企业作为承租人，或者指定使用在确定的施工项目上。即使 6 个月以内的短期租赁，也尽量采用书面合同形式，并在合同中对租赁物在租赁过程中可能遇到的各种问题进行约定。

2. 建筑施工物资租赁合同当事人的权利与义务

(1) 出租人的权利义务

出租人是建筑施工物资的所有权人或者出租权人，其在建筑施工物资租赁合同中享有的权利义务包括：

1) 收取租金的权利。作为交付建筑施工物资使用权与收益权得到的对价，出租人有权依照合同约定的数额、期限、地点、方式、币种向承租人收取租金，承租人不得拒绝，否则就要承担违约责任。

2) 收回租赁物的权利。承租人出现重大违约或者租赁期限届满而又没有续租的，出租人有权收回租赁的建筑施工物资。

3) 转移租赁物所有权的权利。在租赁期间，只要出租人是建筑施工物资的所有权人，就有权处分该建筑施工物资，且无须征得承租人的同意，只要通知承租人即可。

4) 交付租赁物的义务。出租人应当按照合同约定的时间、地点、方式向承租人交付符合合同约定的品名、规格、数量、质量的建筑施工物资，并保证承租人在租赁期间能正常使用该建筑施工物资，且不会因第三人对建筑施工物资主张所有权或使用权而影响承租人的使用或收益。

5) 对租赁物的维修义务。如果当事人在合同中没有特别约定，出租人应当负责租赁期间建筑施工物资的维修保养，确保租赁物符合约定的品质状态、标准和用途。

(2) 承租人的权利义务

1) 取得租赁物的使用权和收益权的权利。承租人有权按照合同约定的时间、地点、方式取得租赁物的使用、收益权，并在整个租赁期内不受影响地使用、收益租赁物。即使出租人在租赁期间转移租赁物的所有权，受让出租物所有权人则成为该建筑施工物资合同的当然出租人，即“买卖不破租”。

2) 支付租金的义务。租金是承租人取得建筑施工物资使用权与收益权的对价。承租人应当及时足额地支付租金，即按照合同约定的时间、地点、数额和方式等向出租人支付租金，否则就要承担违约责任。

3) 保管租赁物的义务。在租赁期间，建筑施工物资在承租人的控制之下，承租人应当负责对建筑施工物资的保管，因承租人的过错导致建筑施工物资毁损、灭失、被盗，承租人应当承担赔偿责任。

4) 不得转让、转租租赁物的义务。未经出租人同意，承租人不得转让建筑施工物资所有权或转租。未经出租人同意的转让或转租行为无效，且出租人有权解除合同，造成损失的，出租人还可要求赔偿损失。

5) 不得在租赁物上设定抵押、质押等担保权的义务。承租人不是租赁物的所有权人，对建筑施工物资没有处分权，故不得在承租的建筑施工物资上设定担保权。否则，出租人有权解除合同并要求赔偿损失。

6) 返还租赁物的义务。租赁期届满而又没有办理续租，或者合同终止时，承租人应当将租赁物返还给出租人。

(3) 违约责任

1）承租方的违约责任主要有：

① 按合同规定负责日常维修保养的，由于使用、维修不当，造成租赁物损坏、灭失的，应负责修复或赔偿。

② 因擅自拆改设备、机具等租赁的建筑施工物资而造成损失的，必须负责赔偿。

③ 未经出租方同意擅自将建筑施工物资转租或用其进行非法活动的，出租方有权解除合同。出租方也可以要求承租方偿付一定数额的违约金。

④ 未按规定的时间、金额交纳租金，出租方有权追索欠租，应加罚利息，过期不还租赁物，除补交租金外，还应偿付违约金。

2）出租方的违约责任主要有：

① 未按合同规定的时间和数量提供租赁的建筑施工物资，应向承租方偿付违约金，承租方还有权要求在限期内继续履行合同或解除合同，并要求赔偿损失。

② 未按合同规定的质量标准提供建筑施工物资，影响承租方使用的，应赔偿因此而造成的损失，并负责调整或修理，以达到合同规定的质量标准。

③ 合同规定出租方应提供有关设备、附件等，如未提供致使承租方不能如期正常使用的，除按规定如数补齐外，还应偿付违约金。

④ 按合同规定派员就建筑施工物资为承租方提供技术服务的，如因技术水平低、操作不当或有过错的，致使不能正常提供服务时，应偿付违约金。违约金不足以补偿由此造成的经济损失时，应负责赔偿。

3. 转租、第三人对租赁物主张权利、租赁物收益的归属及租赁权的性质

承租人对租赁物进行转租，应取得出租人的同意。未经出租人同意的，出租人可以行使合同解除权。经出租人同意的转租，承租人与出租人之间的合同关系仍然有效；第三人对租赁物造成损失的，由承租人负赔偿责任。第三人对租赁物主张权利的，承租人应及时通知出租人，由此给承租人对租赁物的使用、收益造成不利影响的，承租人可以要求减少租金或不支付租金。在承租人占有、使用租赁物期间的收益，除当事人有约定的外，归承租人所有。租赁物在租赁期间发生所有权变动的，不影响租赁合同的效力。

4. 租赁合同的解除

除合同解除的一般法定条件外，租赁合同中，出租人和承租人还可以在一些特殊情况下享有合同解除权。出租人的合同解除权情形有：①承租人未按约定方法或租赁物的性质使用租赁物，致使租赁物受到损害的。②承租人未经出租人同意转租的。③承租人逾期不支付租金的。④对租赁期限没有约定或约定不明，又未达成补充协议的。以上情形出租人可以随时解除合同，但应在合理期限内通知承租人。承租人的合同解除权情形有：①对租赁期限没有约定或约定不明确的，事后又未达成补充协议的，承租人可以随时解除合同。②租赁物危及承租人的安全或健康的，即使承租人订立合同时明知该租赁物质量不合格，承租人可以随时解除合同。③因不可归责于承租人的事由，致使租赁物部分或全部毁损、灭失，不能实现合同目的，承租人可以解除合同。

【案例 9-5】某年 6 月 15 日，某建筑工程公司（以下简称出租人）与某建筑队（以下简称承租人）签订了一份吊车出租合同。吊车负荷 2t，租金为每小时 5 元，共租用 1000 个小时，租金总额为 5000 元，出租人负责保证吊车质量，出现故障及时排除。因吊车故障造成的损失，由出租人赔偿。同年 7 月 18 日，吊车在工作中突然倾倒，造成直接经济

损失 1.5 万元。承租人多次与出租人交涉修复吊车、赔偿损失，因不得解决，故按合同规定向某仲裁委员会申请仲裁。

承租人诉称，其与出租人签订该吊车租赁合同后，出租人不守信用，提供的设备是一个使用多年的旧设备。投入运行后，经常发生故障，承租人通知出租人修理，但出租人总是一拖再拖。从某年 6 月 17 日吊车安装起到 7 月 18 日吊车倾倒为止的一个月时间里，该吊车共出现大小故障 8 起，停工 9 天，加上这次吊车倾倒，共给承租人造成直接经济损失 1.5 万元。承租人要求出租人承担违约责任并赔偿损失。

出租人答辩称，其所出租的吊车质量是好的，在出租给承租人之前一直在出租使用，从未见用户所反映的质量问题。出租人在帮承租人安装调试后，还进行了 2 天的试运行，设备运行正常，根本不存在任何质量问题。该吊车后来发生倾倒，出租人认为是承租人操作不当造成的，出租人不应承担违约责任。

仲裁委员会认真听取了双方当事人的陈述和答辩。争议的焦点：一是租赁物的质量问题；二是承租人使用不当问题。经查明，出租人在与承租人签订租赁合同前，该吊车一直在外单位使用，运行正常。合同签订后，出租人帮助承租人安装了吊车，并进行了试运行，也是正常的。承租人使用过程中，在吊车倾倒前共发生过 8 次故障，均系零件老化引起，除一次维修不及时引起停工 3 天造成损失 800 元外，其他故障出租人都及时进行了维修，没有影响承租人的生产。吊车倾倒的直接原因是承租人强行超负荷吊 3t 预制板引起的，其经济损失为 1100 元。依照《中华人民共和国合同法》第 222 条规定："承租人应妥善保管租赁物，因保管不善造成租赁物毁损、灭失的，应当承担损害赔偿责任。"仲裁机关认为承租人应该承担违约责任。经调解未成，遂做出如下裁决：①原合同终止履行。②由于承租人使用不当，吊车倾倒，摔毁臂架和烧毁电机应负责修复，所欠交的 24 小时的租金应予补交，吊车倾倒造成的 1100 元损失应由承租人承担；由于出租人未及时修理排除故障，故承租人停工 3 天，造成损失 800 元，由出租人赔偿。③仲裁费 200 元由承租人承担。

9.5 其他合同

9.5.1 仓储合同

根据《合同法》第 381 条规定，仓储合同是保管人储存存货人交付的仓储物，存货人支付仓储费的合同。

1. 仓储合同的特征

（1）以保管人向他人提供仓储保管服务为合同标的。仓储合同是一种给付劳务的合同，其储存有两个含义，一是堆藏仓储物，二是保管仓储物。保管人对仓储物保有占有权，没有所有权及处分权。

（2）保管人以仓库为堆藏保管仓储物的设备。仓库不必是专门为储存物品而建筑的场所，只要是适于储存之用的场所都可作为仓库。仓库也不必一定属于保管人所有，只要保管人享有仓库的使用权即可。

（3）仓储物必须是动产。仓储保管合同的标的物必须是物品，同时也必须是动产。

（4）仓储合同的保管人必须是仓库营业人，即专为收取报酬而经营仓库之人，这仓储合同主体的特殊性，是仓储合同区别于一般保管合同的一个重要标志。仓库营业人，可以是法人，也可以是个体工商户、合伙人、其他组织等，但必须具备一定的资格，即必须具备仓储设备和专门从事仓储保管业务的资格。在我国，仓储保管人应当是在工商行政管理机关登记，从事仓储保管业务，并领取营业执照的法人或其他组织。根据《仓储保管合同实施细则》的规定，经工商行政管理机关核准，是一切民事主体从事仓储经营业务的必要资格条件。

（5）仓储合同是双务有偿、诺成、非要式合同。仓储合同的有偿性和双务性是由保管人为专业的仓库营业人的性质所决定的。仓储合同的订立无须以交付特定物或履行特定行为为其成立要件，所以应视为诺成合同，这也是仓储合同的保管人为特定主体所决定的。仓储合同的订立无须遵循特别的形式，签发仓单也并非合同的成立要件而仅是一种履行行为，因此可认为其是非要式合同。

2. 仓储合同的主要条款与仓单

仓储合同的主要条款有：①货物的品名和种类；②货物的数量、质量及包装；③货物验收的内容、标准、方法和时间；④进出库存手续、时间、地点、运输方式；⑤货物损耗标准和损耗处理；⑥计费项目、标准和结算方式、银行、账号、时间；⑦责任的划分和违约处理；⑧合同的有效期限；⑨合同应订明提出变更或解除合同的期限，以便对方做好相应的准备。

《合同法》第385条规定，存货人交付仓储物的，保管人应当给付仓单。所谓仓单，就是指由保管人在收到仓储物时向存货人签发的表示已经收到一定数量的仓储物的法律文书。根据《合同法》第386条，仓单包括下列事项：①存货人的名称或者姓名和住所；②仓储物的品种、数量、质量、包装、件数和标记；③仓储物的损耗标准；④储存场所；⑤储存期间；⑥仓储费；⑦仓储物已经办理保险的，其保险金额、期间以及保险人的名称；⑧填发人、填发地和填发日期。仓单生效必须具备两个要件：①保管人必须在仓单上签字或者盖章；②仓单中事项必须记载。

由此可见，仓单即是存货人已经交付仓储物的凭证，又是存货人或者持单人提取仓储物的凭证，仓单实际上是仓储物所有权的一种凭证。同时，仓单在经过存货人的背书和保管人的签署后可以转让，任何持仓单的人都拥有向保管人请求给付仓储物的权利。因此，仓单实际上又是一种以给付一定物品为标的的有价证券。

由于仓单上所记载的权利义务与仓单密不可分，因此，仓单有如下效力：①受领仓储物的效力。保管人一经签发仓单，不管仓单是否由存货人持有，持单人均可凭仓单受领仓储物，保管人不得对此提出异议。②转移仓储物所有权的效力。仓单上所记载的仓储物，只要存货人在仓单上背书并经保管人签字或者盖章，提取仓储物的权利即可发生转让。

3. 仓储合同双方的权利义务

仓储合同存货人的权利主要有：①要求保管人填发仓单；②要求保管人按约定接收货物；③在仓储物存入期间，检查货物和抽取样本；④在仓储物存在危险时，要求保管人告知；⑤要求保管人妥善保管货物；⑥取走仓储物。存货人应担负的主要义务有：①按合同的约定将存储物交付入库；②向保管人说明该仓储物的性质以及预防危险、腐烂的方法；③货物的包装应符合标准；④按合同给定的期限提供仓储物；⑤按合同规定支付仓储费用和其他费用。

仓储合同保管人享有的权利有：①仓储费用请求权；②损害赔偿请求权；③留置权；④提存权。保管人应承担的义务有：①给付仓单义务；②接收和验收存货人的货物入库的义务；③危险通知义务；④对仓储物实行储存和保管的义务；⑤返还仓储物的义务；⑥允许存货人检查和采取样品的义务。

【案例 9-6】 2004 年 6 月 3 日，××市××粮油进出口有限责任公司（下称甲公司）与该市××储运公司（下称乙公司）签订一份仓储保管合同。合同主要约定：由乙公司为甲公司储存保管小麦 60 万 kg，保管期限自 2004 年 7 月 10 日至 11 月 10 日，储存费用为 50000 元，任何一方违约，均按储存费用的 20%支付违约金。合同签订后，乙公司即开始清理其仓库，并拒绝其他有关单位在这三个仓库存货的要求。同年 7 月 8 日，甲公司书面通知乙公司：因收购的小麦尚不足 10 万 kg，故不需存放贵公司仓库，双方于 6 月 3 日所签订的仓储合同终止履行，请谅解。乙公司接到甲公司书面通知后，遂电告甲公司：同意仓储合同终止履行，但贵公司应当按合同约定支付违约金 10000 元。甲公司拒绝支付违约金，双方因此形成纠纷，乙公司于 2004 年 11 月 21 日向人民法院提起诉讼，请求判令甲公司支付违约金 10000 元。

在本案例中，甲公司与乙公司所签订的仓储保管合同，依据《合同法》第 382 条“仓储合同自成立时生效”之规定，双方所签订的合同自签订之日起生效，该合同应为合法有效合同。双方当事人均应严格按合同的约定履行，若未按合同约定履行即构成违约，应承担违约责任。在本案中甲公司通知乙公司终止合同，构成违约，依双方合同之约定，甲公司应当支付违约金 10000 元。因此，乙公司的诉讼请求应予支持。

9.5.2 承揽合同

承揽合同是日常生活中除买卖合同外最为常见和普遍的合同，也是工程建设中常见的一种合同。《合同法》第 251 条第 1 款将承揽合同定义为：“承揽人按照定作人的要求完成工作，交付工作成果，定作人给付报酬的合同。”在承揽合同中，完成工作并交付工作成果的一方为承揽人；接受工作成果并支付报酬的一方称为定作人。

1. 承揽合同的特征

(1) 承揽合同的标的物是按照定作人的要求完成的工作成果，而不是一般的商品。这是与买卖合同的主要区别。承揽合同的标的物只能是特定物，买卖合同的标的物可以是特定物，也可以是种类物。承揽合同中，原材料、半成品及图纸或技术要求等可以由定作人提供，标的物在加工制作过程中定作人可以监督和检验，而买卖合同则没有这些情况。

(2) 工作成果不仅要体现定作人的要求，而且要有相应的物质形态。加工定作要有符合定作人要求的物品，修理、复制要有符合定作人要求的修复完好的物品。这是承揽合同区别于工程施工中的劳务作业合同的一个重要方面。劳务作业合同的劳务承揽方并不对产品质量负责，而只是负责提供合格的劳务及接受劳务发包方的技术和作业指导，产品生产过程的质量监控及最终产品质量责任都由劳务发包方承担。

(3) 承揽人以自己的名义，并应以自己的设备、技术和劳力完成主要工作。承揽人可以将其承揽任务中的辅助工作交给第三人完成，但他应当就该第三人完成的工作成果向定作人负责。这是与委托合同的最大区别，委托合同是受委托人以委托人的名义完成工作。

(4) 承揽合同是诺成、非要式、双务、有偿、固有继续性合同。承揽合同的成立仅需双方就主要条款达成合意即可，合意的表现不拘形式，书面、口头均可。订立合同后，如需交付标的物，该交付行为也不是使合同成立的行为，而是履行合同的行为，是定作人履行已经成立的合同义务的行为。在承揽合同中，承揽人负有完成工作并支付工作成果的义务，而定作人则负有支付报酬的义务。合同双方均为对价给付，一方要获得对方的给付，必须向对方为相应给付，故又是有偿合同。继续性合同是与一时性合同相对应的概念，二者之间，以时间因素在合同履行中所处的地位为区分标准。继续性合同是指合同内容非一次性给付可完结，而是继续地实现的合同，其基本特色在于时间因素在合同履行上居于重要地位，总给付的内容取决于为给付时间的长短。承揽合同一般都不能即时履行，因为承揽人的工作常常需要持续一段时间，此点与租赁合同、保管合同、仓储合同一样，属于固有的继续性合同。

2. 承揽合同的种类

根据《合同法》第 251 条第 2 款之规定，承揽合同“包括加工、定作、修理、复制、测试、检验等工作”。因承揽合同的包容性极强，法律对承揽合同的规定实际上是对一大类合同的规定，这是承揽合同与其他典型合同的一大区别。

(1) 加工合同。即承揽人以自己的设备、技术，用定作人提供的原材料，为其加工制作成特定产品，定作人接受产品并给付报酬的合同，亦称来料加工合同。如服装店为他人缝制衣服、装裱人为他人裱字画。

(2) 定作合同。即承揽人以自己的设备、技术和原材料，为定作人制作特定产品，定作人接受产品并支付报酬的合同。如木器厂用自备材料为定作人制作家具。

(3) 修理合同。即承揽人为定作人修复损坏的物品，使其恢复原状，定作人为承揽人支付报酬的合同。在修理中所需要的机件、配件可由承揽人提供，也可由定作人提供。

(4) 复制合同。即承揽人按照定作人提供的样品，重新制作一个或数个成品，定作人接受复制品并支付价款的合同。如承揽人为文物部门复制文物，制成复制品用于展览。

(5) 测试合同。即承揽人根据定作人的要求，利用自己的技术和设备为定作人完成某一项目的性能检测试验，定作人接受测试成果并支付报酬的合同。

(6) 检验合同。即承揽人以自己的技术和仪器、设备等为定作人提出的特定事物的性能、问题、质量等进行检查化验，定作人接受检验成果并支付报酬的合同。

工程建设过程中也涉及大量的承揽合同，如承揽方为定作人（建设单位、总承包单位或施工单位）制作商品混凝土、混凝土制品、木制或金属门窗制品等，为定作人提供工程检测、成品检测与检验等业务合同。

建设工程合同从本质上来说，也是承揽合同的一类，但由于建设工程具有较大的特殊性，《合同法》中专门列名“建设工程合同”，两者之间的关系是普遍与特殊的关系。因此，《合同法》第 287 条规定，对于建设工程合同，《合同法》“建设工程合同”一章中没有规定的，适用“承揽合同”一章的有关规定。实际工作中，还会出现一些既可以作为工程施工承包合同又可以作为承揽合同的合同，像一些与工程主要结构安全性无关的专业工程承包合同，如闭路监控系统、网络工程系统、LED 电子显示屏工程系统的工程，如果承包方有专业承包资质，则可以签订工程施工合同，否则可签订工程承揽合同。

3. 承揽合同的签订与主要条款

承揽合同是诺成、非要式合同，当事人可任意选择口头形式、书面形式和其他形式。但是，因为书面合同形式有较强的证据力，在发生纠纷时，便于取证，所以当事人应尽量采取书面形式。当然，对那些能够即时清结的承揽合同，比如少量的复印、修理、快速扩充等，自无订立书面合同的必要。承揽合同通常有以下的主要条款：

（1）承揽的标的。是承揽合同中规定的工作，也可叫承揽的品名或项目。

（2）数量和质量。承揽合同标的物的数量和质量应明确、具体地加以规定。

（3）报酬或酬金。承揽合同中应对报酬或酬金作出明确规定，包括报酬的数量、支付方式、支付期限等。

（4）承揽方式。承揽人必须以自己的设备、技术和劳动力完成主要工作，但可以将辅助工作交由第三人完成。

（5）材料的提供。在承揽合同中，用于完成承揽工作的材料是很重要的。因此，《合同法》第225、226条分别就材料的提供进行了规定。承揽人提供材料的，承揽人应当按照约定选用材料，并接受定作人检验。而定作人提供材料的，定作人应当按照约定提供材料。

（6）履行期限。承揽合同要就承揽工作的履行期限作出具体规定。履行期限包括：完成工作的期限、交付定作物的时间、移交工作成果的时间、交付报酬的时间等。这些期限都应在合同中明确、具体地加以规定。

（7）验收标准和方法。验收由定作人进行，主要就承揽人完成的工作在数量、质量等方面是否符合承揽合同的约定加以检验。

除上述条款外，承揽合同还应就结算方式、违约责任等进行规定。其中，特别要注意以下几个方面：①在签订承揽合同时，定作人要充分了解承揽人是否真正具备相应的履约能力，即承揽人在设备、技术水平、工艺水平等方面的情况是否符合完成工作的需求。②在承揽合同中，既有以价款形式偿付承揽人产品的，也有以酬金形式支付承揽人劳务的，但要注意的是价款与酬金是有区别的，在违约金核定比例计算式等方面也有所不同。另外，承揽合同中可以约定定作方向承揽方给付预付款，注意预付款与定金是不同的概念。③原材料的质量及工作的质量是容易引起双方合同争议的重要方面，因此合同条款中要强调双方均应对另一方所提供的材料及时按约定条件进行检验，定作人在接收承揽人工作成果时也应当及时检验。

4. 承揽合同双方的权利和义务

（1）承揽人的义务

1）承揽人应当以自己的设备、技术和劳力，完成主要工作，但当事人另有约定的除外。未经定作人同意，承揽人不得将其承揽的主要工作交由第三人完成。

2）承揽人可以将其承揽的辅助工作交由第三人完成。承揽人将其承揽的辅助工作交由第三人完成的，应当就该第三人完成的工作成果向定作人负责。

3）承揽人提供材料的，承揽人应当按照约定选用材料，并接受定作人检验。

4）承揽人对定作人提供的材料，应当及时检验，发现不符合约定时，应当及时通知定作人更换、补齐或者采取其他补救措施。承揽人不得擅自更换定作人提供的材料，不得更换不需要修理的零部件。

5）承揽人发现定作人提供的图纸或者技术要求不合理的，应当及时通知定作人。

6）承揽人在工作期间，应当接受定作人必要的监督检验。

7）承揽人完成工作的，应当向定作人交付该工作成果，并提交必要的技术资料和有关质量证明。

8）承揽人应当妥善保管定作人提供的材料。

9）定作人提供的材料在承揽人占有期间毁损、灭失的风险，由承揽人承担，但不可抗力的除外。承揽人完成的工作成果在交付定作人之前毁损、灭失的风险，由承揽人承担，但毁损、灭失发生在定作人受领迟延后的，由定作人承担。

10）承揽人应当按照定作人的要求保守秘密，未经定作人许可，不得留存复制品或者技术资料。

（2）承揽人的权利

1）承揽人可以将其承揽的辅助工作交由第三人完成。

2）定作人不履行协助义务致使承揽工作不能完成的，承揽人可以催告定作人在合理期限内履行义务，并可以顺延履行期限；定作人逾期不履行的，承揽人可以解除合同。

3）定作人未向承揽人支付报酬或者材料等价款的，承揽人对完成的工作成果享有留置权，但当事人另有约定的除外。

（3）定作人的义务

1）定作人提供材料的，定作人应当按照约定提供材料。

2）当承揽人发现定作人提供的图纸或者技术要求不合理而及时通知了定作人后，定作人因怠于答复等原因造成承揽人损失的，应当赔偿损失。

3）定作人中途变更承揽工作的要求，给承揽人造成损失的，应当赔偿损失。

4）承揽工作需要定作人协助的，定作人有协助的义务。

5）定作人不得因监督检验妨碍承揽人的正常工作。

6）定作人应当验收承揽人完成的工作成果。

7）定作人应当按照约定的期限支付报酬。对支付报酬的期限没有约定或者约定不明确，依照《合同法》第61条的规定仍不能确定的，定作人应当在交付工作成果的同时支付；工作成果部分交付的，定作人应当相应支付。

8）当事人对保管费用没有约定或者约定不明确，依照《合同法》第61条的规定仍不能确定的，由定作人支付。

9）定作人单方随时解除合同的，应当向承揽人赔偿损失。

（4）定作人的权利

1）承揽人未经定作人同意而将其承揽的主要工作交由第三人完成的，定作人可以解除合同。

2）承揽人交付的工作成果不符合质量要求的，定作人可以请求承揽人承担修理、重作、减少报酬、赔偿损失等违约责任。

3）定作人可以随时解除承揽合同，但应当向承揽人赔偿损失。

【案例9-7】某化妆品公司（定作人）要对其办公大楼进行装修，于是与该市的某建筑公司（承揽人）签订了一份装修合同。合同规定：承揽人负责对定作人大楼进行装修，装修用的原料由承揽人负责。双方对于合同交工的时间、装修费用等作了规定。双方还约定对大楼中的地面采用大理石铺地。合同签订以后，承揽人按照约定购买了原料开始工作。不久定作人要求对于大楼其中的几间办公室和会议室进行改装。为了购买木料，对已经装修完毕的办公室和会议室进行重新装修等花费50000元。装修工作完成以后，承揽人要求，定作人承担承揽人为了改装大理石地板为木质地板支出的费用。定作人不同意支付这部分费用，只同意按照合同的约定支付装修费。双方因而发生争议，协商不成，承揽人按合同规定向法院起诉，要求定作人承担变更合同要求而使自己多支出的费用。

法院审理认为：原被告之间签订的装修合同合法有效，当事人应当按照合同的约定履行自己的义务。被告定作人在原告已经开始工作以后，对双方达成的关于地板装修的要求进行变更，承揽人未提出异议，因此双方在协商一致的情况下，对于合同进行了变更，也是合法有效的。但是合同的变更并不能解除引起变更的责任人的民事责任。本案中的合同变更是由于被告自己变更修理内容引起的，因此应当承担由此导致的原告的损失。受诉法院根据《合同法》第 258 条的规定作出判决：被告向原告支付因为变更合同而多支出的 50000 元。

本案中，定作人在与承揽人签订装修合同以后，擅自变更了合同的要求，造成了承揽人的损失。根据《合同法》第 258 条的规定，定作人中途变更承揽工作的要求，给承揽人造成损失的，应当承担赔偿责任。本案中由于定作人变更了地板的板材，使承揽人多支出了 50000 元，定作人应当对此承担责任。

9.5.3 委托合同

委托合同，又称委任合同，是指委托人和受托人约定，由受托人处理委托人事务的合同。其中，委托他方处理事务的人为委托人，接受他方委托并处理其事务的人为受托人。所以，委托合同是指受托人以委托人的名义为委托人办理委托事务，委托人按照约定支付报酬或者不支付报酬的协议。

1. 委托合同的特征

（1）委托合同是双务、诺成、非要式合同。委托合同的当事人双方意思表示一致时，合同即告成立，无需以物之交付或当事人的义务履行作为合同成立的要件。因此，委托合同为诺成合同，而非实践合同。委托合同为非要式合同，当事人可以根据实际情况选择适当形式。

（2）委托合同的标的是委托事务。委托人和受托人委托合同的目的，在于通过受托人办理委托事务来实现委托人追求的结果，这是委托合同区别于劳动合同的一个主要特点。委托合同和劳动合同一样，都要付出劳务，但劳动合同以付出劳务为目的，而委托合同付出劳务只是手段，目的是委托追求的结果。劳动合同提供劳务或服务，必须严格按照雇主的要求；而委托合同中，委托事务是确定的，受托人如何去完成，有独立的处理权。

（3）委托合同的受托人既可以以委托人的名义、也可以以自己的名义为委托人处理事务。虽然委托合同是委托代理关系产生的基础，但又区别于一般的代理关系。代理是指代理人在代理权限范围内，必须以被代理人的名义与第三人实施的民事法律行为，由此产生的法律效果直接归属于被代理人。而委托合同的受托人有自己的主动权，并可以以自己的名义，发挥主观能动性，完成委托事务。

（4）委托合同中受托人是代表委托人处理事务，发生的费用也由委托人承担。但委托人所负担的此项义务，并不构成委托合同关系中受托人处理委托事务的对价。委托合同可以是有偿的，也可以是无偿的，当事人对受托人处理委托事务的报酬没有约定时，委托人无支付报酬义务。如果是有偿委托合同，《合同法》第 405 条规定："受托人完成委托事务的，委托人应当向其支付报酬。因不可归责于受托人的事由，委托合同解除或者委托事务不能完成的，委托人应当向受托人支付相应的报酬。”这一特点区别于承揽合同。承揽合同一定是有偿合同，而且承揽人必须在完成一定工作并支付了工作成果后，才能获得报酬。

(5) 委托合同是在相互信任的特定主体之间发生的。委托人选定某个受托人为其处理委托事务，是以他对受托人的能力和信誉的了解为基础的。受托人愿意为委托人服务，也是完全自愿的。因而在委托合同关系成立并生效后，如果一方对另一方产生了不信任，可随时终止委托合同。

2. 委托合同的主要条款

(1) 合同当事人条款

委托合同的当事人条款必须明确具体。在委托合同中应写明委托人和受托人的姓名(或名称)、国籍、住址(或主营业所)。如果是多个委托人或受托人的，应当分别书写，并由各个当事人分别签字盖章。未经授权的代理人，不得代为签字。如果有关当事人是法人的，应由其法定代理人或其授权的代理人签字，并加盖公章。

(2) 委托事务条款

委托合同的客体是受托人办理委托事务的行为，因此合同中的委托事务条款必须详尽。在此条款中，要明确写出委托人委托受托人办理事务的内容和权限范围。例如，委托受托人代买商品的，应当写明代买商品的名称、规格、型号、质量、数量、价格幅度、交货的方式、地点等。

(3) 当事人权利义务条款

委托合同属于双务合同，委托人、受托人均享有权利、承担义务。因此，在签订委托合同时，应当详细地规定双方当事人的各项权利义务，以利于督促当事人认真履约。

(4) 委托报酬及其支付方式条款

当委托合同为有偿合同时，委托报酬条款是必不可少的条款之一。双方当事人应当根据受托人办理委托事务的难易程度、所涉及专业知识、技术的复杂程度以及有关惯例等，协商议定委托报酬的数额，明确载入报酬条款。

(5) 办理委托事务所需支出的合理费用条款

无论委托合同是否有偿，委托人都有义务提供和补偿受托人办理委托事务所必需的费用。比如差旅费用、咨询费用、有关财物的运输费用、包装费用和仓储保管费用等。

(6) 合同履行的期限、地点和方式条款

其中，履行期限是指履行委托合同义务的时间界限，这是确定委托合同是否按时履行或迟延履行的标准。履行地点是指委托人与受托人约定履行义务的地方。履行方式是指完成受托合同约定义务的方式方法。

(7) 合同的违约责任条款

在委托合同的违约责任条款中，双方当事人可以约定违约金，也可以约定赔偿金的数额和计算方法；可以约定什么性质的违约行为承担什么性质的违约责任，也可以概括约定各类违约责任承担的前提条件。同时双方当事人还应对不可抗力和免责事由作具体、详尽的规定。

另外，委托合同还应包括合同签订日期和地点条款、争议条款、合同终止条款等。

3. 委托合同双方的权利义务

（1）委托人的权利

1）委托人可以特别委托受托人处理一项或者数项事务，也可以概括委托受托人处理一切事务。

2）有偿的委托合同，因受托人的过错给委托人造成损失的，委托人可以要求赔偿损失。

3）无偿的委托合同，因受托人的故意或者重大过失给委托人造成损失的，委托人可以要求赔偿损失。

4）委托人可以随时解除委托合同。因解除委托合同给对方造成损失的，除不可归责于该当事人的事由以外，应当赔偿损失。

（2）委托人的义务

1）委托人应当预付处理委托事务的费用。受托人为处理委托事务垫付的必要费用，委托人应当偿还该费用及其利息。

2）受托人完成委托事务的，委托人应当向其支付报酬。因不可归责于受托人的事由，委托合同解除或者委托事务不能完成的，委托人应当向受托人支付相应的报酬。当事人另有约定的，按照其约定。

（3）受托人的权利

1）受托人处理委托事务时，因不可归责于自己的事由受到损失的，可以向委托人要求赔偿损失。

2）委托人经受托人同意，可以在受托人之外另行委托第三人处理委托事务。因此给受托人造成损失的，受托人可以向委托人要求赔偿损失。

3）受托人可以随时解除委托合同。因解除委托合同给对方造成损失的，除不可归责于该当事人的事由以外，应当赔偿损失。

（4）受托人的义务

1）受托人应当按照委托人的指示处理委托事务。需要变更委托人指示的，应当经委托人同意；而情况紧急，难以和委托人取得联系的，受托人应当妥善处理委托事务，但事后应当将该情况及时报告委托人。

2）受托人应当亲自处理委托事务。经委托人同意，受托人可以转委托。转委托经同意的，委托人可以就委托事务直接指示转委托的第三人，受托人仅就第三人的选任及其对第三人的指示承担责任。转委托未经同意的，受托人应当对转委托的第三人的行为承担责任，但在紧急情况下受托人为维护委托人的利益需要转委托的除外。

3）受托人应当按照委托人的要求，报告委托事务的处理情况。委托合同终止时，受托人应当报告委托事务的结果。

4）受托人处理委托事务取得的财产，应当转交给委托人。

5）受托人超越权限给委托人造成损失的，应当赔偿损失。

6）两个以上的受托人共同处理委托事务的，对委托人承担连带责任。

【案例 9-8】2001 年 2 月 20 日，国际××投资有限公司（以下简称甲公司）向北京市××区人民法院提起诉讼，将北京××房地产开发有限公司（以下简称乙公司）告上法庭。原告甲公司诉称，甲公司和被告签订了独家策划销售顾问合同，并已经开始认真履行合同，对方无故单方面解除合同，属于违约行为，侵害了他们作为合同另一方的利益，请求法院判令被告乙公司继续履行合同。而被告辩称，他和甲公司签订的合同是一个委托合同，因此完全有权利解除合同。此案案由是2000年7月6日，这两家公司签订了一份名为“独家策划销售顾问合同”的合同。合同中约定，由甲公司为乙公司独家策划并代理销售位于北京的××大厦第二期项目。合同签订后，甲公司着手为××大厦的销售进行策划、推广，而乙公司于4个月后致函甲公司，以该项目尚未取得施工许可证和销售许可证为由，要求解除合同。

在诉讼过程中，被告的策略是以不变应万变，坚持认为这个合同就是一个委托合同，目的就是要解除合同。而原告也是围绕这个关键问题，通过各种方式和角度，强调这个合同中的其他因素，否认这个合同是一份纯粹的委托合同，目的就是为了不让被告行使任意解除权，继续履行这个合同。2001年11月27日，北京市××中级人民法院对该案做出终审判决：认定这个合同属于委托合同，被告乙公司可以解除合同，驳回原告甲公司关于继续履行合同的诉讼请求。

法院判决的依据是该合同具备了委托合同的性质和特征。按《合同法》规定，委托合同的委托人或者受托人可以随时解除委托合同。法律之所以这样规定，是因为委托合同是以当事人相互信任关系为基础，以双方的主观意志达成一致为前提，而且信任本身就有主观的任意性。如果一方或双方当事人主观意志发生了变化，或者是出于不信任，或者是出于其他原因改变了意志，那么委托合同就不应当再存在了，法律这样的规定是为了保障合同的契约自由原则。另外，根据《合同法》第410条规定，解除合同的一方，对于另一方因为解除合同而造成的损失应当给予赔偿。在本案当中，由于甲公司一方没有就赔偿问题提出诉讼请求，因此案件的审理也没有涉及这一问题。如果甲公司再次提出赔偿问题的话，那将是另外一个案件。

4. 招标代理合同

（1）招标代理合同是典型的委托合同

招标代理合同是工程建设中一个比较典型的委托合同，可从以下方面进行判断：

1）招标代理合同是建设工程招标人将工程建设项目招标工作委托给具有相应招标代理资格的招标代理机构所签订的合同，其合同标的是委托招标代理事务。招标人有权自行选择招标代理机构，委托其办理招标事宜。招标代理机构是依法设立、从事招标代理业务并提供相关服务的社会中介组织。

2）招标代理合同中委托人的目的是通过受托人的专业知识和能力，完成工程招标工作，追求的是招标结果，即中标候选人。在招标过程中，尽管委托人有权向受托人询问招标工作的进展情况和相关内容，也有权检查受托人编制的招标文件等内容并提出意见，但并不干涉受托人的工作过程，受托人就招标过程和具体的事务工作有独立的处理权。

3）在实际工作中，既有招标代理机构以招标人名义进行招标活动，也有独立地以招标代理机构的名义代理招标人进行招标工作。《招标投标法》第十五条规定，招标代理机构应当在招标人委托的范围内办理招标事宜，并遵守本法关于招标人的规定。这就是说，在招标人委托范围内招标代理机构可以按《招标投标法》以招标人名义开展招标工作，这赋予了招标代理人进行招标活动的主动权。这也与委托合同的特征相符合。

4）招标代理合同也是在招标人与招标代理机构相互信任的基础上签订的。《招标投标法》第十二条规定，招标人有权自行选择招标代理机构，任何单位和个人不得以任何方式为招标人指定招标代理机构。

（2）招标代理合同示范文本

为了规范工程建设项目招标代理机构的行为，加强工程建设项目招标代理市场监管，2005年建设部与国家工商行政管理总局根据《中华人民共和国合同法》和《中华人民共和国招标投标法》的规定，联合制定并印发了《建设工程招标代理合同（示范文本）》GF—2005—0215，要求从2005年10月1日开始，凡是在中华人民共和国境内开展工程建设项目招标代理业务，签订工程建设项目招标代理合同时，应参照《建设工程招标代理合同（示范文本）》订立合同，并要求签订工程建设项目招标代理合同的受托人应当具有法人资格，并持有建设行政主管部门颁发的招标代理资质证书。

该示范文本由《协议书》、《通用条款》和《专用条款》等三部分组成。《建设部、国家工商行政管理总局关于印发〈建设工程招标代理合同（示范文本）〉的通知》中要求，《通用条款》应全文引用，不得删改；《专用条款》可根据工程建设项目的实际情况进行修改和补充，但不得违反公正、公平的原则。

（3）招标代理合同示范文本通用条款的构成

1）词语定义和适用法律

该条款对招标代理合同、通用条款、专用条款、委托人、受托人、招标代理项目负责人、工程建设项目、招标代理业务、代理报酬等做了定义。其中，定义委托人是“指在合同中约定的，具有建设项目招标委托主体资格的当事人，以及取得该当事人资格的合法继承人”。受托人是“指在合同中约定的，被委托人接受的具有建设项目招标代理主体资格的当事人，以及取得该当事人资格的合法继承人”。

2）双方一般权利和义务

除了《合同法》规定的双方权利和义务之外，GF—2005—0215示范文本根据建设工程招标工作及代理过程的特点，规定了委托人提供工程前期资料和技术资料与图纸、支付代理报酬、第三方协调、接受受托人合理化建议、保护受托人知识产权等义务，以及受托人成立项目招标团队、组织招标工作、向委托人介绍招标相关法规和程序、为委托人提供招标工作咨询、保证招标工作中本方所计算的数据和技术资料的准确性、不得接受所代理项目招标范围内的投标咨询业务、未经委托人同意不得分包或转让合同的权利和义务、不得泄露与项目相关的需要保密的招标资料与情况等义务。

GF—2005—0215示范文本规定的委托人权利包括接收招标代理结果、询问招标工作进展、审查招标文件、要求受托人提供招标代理业务报告、建议更换受托人的项目工作人员、选择中标人及受托方违约情况的终止合同等权利；规定的受托人权利包括收取代理报酬、提出合理化建议、要求委托人补足资料、要求委托人对存在问题的明确答复、拒绝委托人提出的有违反法规情况的要求、参加委托人组织的涉及招标工作的会议和活动、保护自己的知识产权等。

3）委托代理报酬与收取

GF—2005—0215示范文本规定双方应在专用条款中约定代理报酬的计算方法、金额、币种、汇率和支付方式、支付时间；受托人对所承接的招标代理业务需要出外考察的，其费用可向委托人实报实销；在招标代理业务范围内所发生的评标专家的差旅费、劳务费、公证费等，可在补充条款中约定。

对于代理报酬支付时间，GF—2005—0215 示范文本则规定，由委托人支付报酬的，在合同签订后 10 日内，委托人应向受托人支付不少于全部代理报酬 20%的代理预付款；由中标人支付代理报酬的，在中标人与委托人签订承包合同 5 日内，将本合同约定的全部委托代理报酬一次性支付给受托人。受托人完成委托人委托的招标代理工作范围以外的工作，为附加服务项目，应收取的报酬由双方协商，签订补充协议。

4）违约、索赔和争议

GF—2005—0215 示范文本列出了分别属于委托人和受托人的违约情形，并规定各方在违约情形下应承担违约责任，赔偿因其违约给对方造成的经济损失，按双方在合同专用条款内约定赔偿损失的计算方法和应当支付违约金的数额或计算方法，计算违约金和赔偿。同时也规定，受托人承担违约责任，赔偿金额最高不应超过委托代理报酬的金额（扣除税金）。对于第三方违约，示范文本规定：如果一方的违约被认定为是与第三方共同造成的，则应由合同双方中有违约的一方先行向另一方承担全部违约责任，再由承担违约责任的一方向第三方追索。示范文本同时也规定发生双方按合同进行索赔的程序，以及发生争议时的调解、仲裁或诉讼方式。

5）合同变更、生效与终止

GF—2005—0215 示范文本对招标代理合同代理业务的暂停和恢复、合同约定的服务报酬和期限、合同的变更与解除等条件均有相应的规定，并说明合同自双方签字盖章之日起生效，至受托人完成委托人全部委托招标代理业务，且委托人或中标人支付了全部代理报酬（含附加服务的报酬）后本合同终止。

复习思考题

1. 依据《合同法》等法规及合同，试阐述本章案例【案例 9-1】中一审法院审理的主要依据有哪些？

2. 以本章【案例 9-1】为背景，拟订该技术咨询合同的协议书。

3. A 施工企业承揽了某穹顶预应力结构的仓库工程施工任务，因其是第一次施工这种结构类型建筑，所以 A 企业与在这类工程上有较多经验的 B 施工企业签订了技术咨询合同，委托 B 企业指导 A 企业的技术人员和现场操作人员进行该工程的施工，技术咨询费 20 万元，合同签订后一次付清。合同签订后，B 企业只是在工程开工前提供了类似工程的一份施工组织设计和 B 企业的该类工程施工工法，并委托相关人员进行了施工交底，但之后未派人员进入施工现场。虽 A 企业多次催派，但因 B 企业施工任务繁忙，未能对该工程的施工进行进一步的技术指导。后该工程因质量问题，出现返工现象，并使得工期拖延，A 企业因此而遭受损失。工程完工后，A 企业以 B 企业违约要求 B 企业退还技术咨询费并赔偿 A 企业损失，为此双方发生合同纠纷。试对该纠纷案例进行评析。

4. 从本章【案例 9-2】和【案例 9-3】的案情及相关法律，阐述借款合同中订立借款用途条款的意义。

5. 从本章【案例 9-3】和【案例 9-4】的案情及相关法规，说明借款合同的担保方式，分析担保条款的意义和作用。

6. 根据本章【案例 9-2】背景，拟订该流动资金借款合同协议书。

7. 自学《担保法》及《合同法》中有关担保合同的规定，分析本章【案例 9-3】中担保方的责任纠纷如何处理（可进行课堂讨论）。

8. 1992 年 11 月 21 日，某保险公司承保深圳某广场建筑工程一切险，有扩展“有限责任保证期条款”，保险金额1.5亿元，建筑期从1992年11月21日至1994年12月31日，保证期12个月，从1995年1月1日至1995年12月31日。1995年1月16日下午，施工人员在进行土建电气切割钢筋时，不慎将火星溅落到竹篱笆上引发火灾，造成工程重大损失。后经分析，确认起火原因是施工人员在第十四层楼气焊切割螺纹钢筋头时，产生的高温金属熔珠飞溅到第十层楼墙外排水架可燃物上，引燃竹片后火势蔓延成灾，属意外火灾事故。1995年2月21日，被保险人（业主）就受火灾损失的玻璃幕墙工程向保险公司提出索赔。但经调查：核定最终净损失额11000000元，事故发生时实际工程造价260000000元。请分析本案应该如何赔付，并说明原因。

9. 某挖掘机租赁合同包含的全部条款如下表所示，试对该合同进行评析。

一、甲方为乙方提供日立ZX160LC—3型挖掘机1台。 二、本设备仅限于自2008年2月15日12时至2008年5月14日止，用于××市长风大厦工程的施工。 三、甲方拥有对租赁设备的所有权，乙方仅在租赁期内在本合同规定的范围内拥有该租赁设备的使用权。 四、甲方为该设备配备操作手2人，食宿由乙方负责。 五、设备的租赁费按吨位（每吨150元）计算，每月根据操作手的工作统计表，必须由乙方签字（盖章）方可生效。月底统一结算。 六、设备每次的进场和出场费用全部由乙方负担。 七、甲方收取乙方保证金10000元，作为履行本合同的保证。

10. 自学《合同法》中有关保管合同的规定，分析仓储合同与保管合同之间的异同。

11. 某维修队承揽某高校的教学楼暑期维修业务，主要施工项目包括内墙面的涂料粉刷、桌椅维修、黑板更换等，乳胶漆及黑板板面材料由高校总务处负责采购，其他辅材由维修队采购，价格、规格等必须经总务处批准，实报实销。工期50天，维修报酬10万元。试拟一份该维修工程承揽合同。

12. 试根据所学的合同、工程技术及工程造价等知识，分析本章【案例9-7】中定作人变更合同后造成承揽人损失的范围、费用的构成及费用的承担方。

13. 本章【案例9-8】中，甲公司如何就乙公司解除合同提出赔偿要求？如果您是合同的管理者，在该合同签订前应如何对该项业务进行合同策划？

14. 阅读《建设工程招标代理合同（示范文本）》，以一实际工程项目为背景，完成该工程招标代理合同的协议书和专用条款的编制。

10 FIDIC 土木工程合同及管理

10.1 FIDIC 合同条件概述

1. FIDIC组织简介

FIDIC是国际咨询工程师联合会的法文（Fédération Internationale des Ingénieurs Conseils）缩写，相应的英文名称为 International Federation of Consulting Engineers。FIDIC成立于1913年，目前全球有60多个国家和地区的成员加入了FIDIC，是享有很高声誉的国际权威组织。FIDIC编制的标准化合同文本和管理性文件在国际承包活动中被广泛采用，我国各行业、部委颁布的合同范本均大量参考FIDIC文本的编制原则和条款责任的规定，很多大型复杂工程项目的建设直接应用FIDIC的文本。FIDIC总结了一百多年来国际承包工程施工的经验和教训，编制的合同文本涵盖了施工中可能发生的正常情况和非正常情况责任的划分，以及合同履行过程中参与项目施工有关各方的规范化管理程序。

2. FIDIC出版的合同条件

FIDIC针对工程项目的建设，编制出版了6个标准合同文本：

(1)《业主/咨询工程师标准服务协议书条件》，属于工程咨询合同，推荐用于可行性研究、施工设计和管理、项目管理等合同。

(2)《施工合同条件》，推荐用于承包商按照雇主提供的设计进行工程施工的合同。

(3)《生产设备和设计一施工合同条件》，推荐用于承包商按照雇主的要求，设计和提供生产设备和其他工程，可以包括土木、机械、电气和构筑物的任何组合的合同。

(4)《设计采购施工（EPC）/交钥匙工程合同条件》，推荐用于承包商完成全部的设计、采购和施工，提供一个配备完善的设施或工程的合同。

(5)《简明合同格式》，推荐用于雇主提供设计的投资金额较小（例如50万美元以下）或工期较短（例如6个月以内），不需进行专业分包的简单工程施工合同。

(6)《土木工程施工分包合同条件》，推荐用于承包商将部分施工任务分包给分包商实施，承包商与分包商签订的合同。

本章主要简单介绍《施工合同条件》、《设计采购施工（EPC）/交钥匙工程合同条件》和《土木工程施工分包合同条件》的主要责任划分和实施过程中的管理程序。

10.2 施 工 合 同 条 件

10.2.1 施工合同条件的文本结构

《施工合同条件》作为用于土木工程类施工的标准化合同文本，为了保证其广泛的适用面，由通用条件和专用条件两部分组成。通用条件条款的标题分别为："一般规定"；"雇主"；"工程师"；"承包商"；"指定的分包商"；"员工"；"生产设备、材料和工艺"；"开工、延误和暂停"；"竣工试验"；"雇主的接收"；"缺陷责任"；"测量和估价"；"变更和调整"；"合同价格和付款"；"由雇主终止"；"由承包商暂停和终止"；"风险与职责"；"保险"；"不可抗力"；"索赔、争端和仲裁"，共20条163款。专用条件的条款是针对通用条件相应条款规定，结合具体项目的特点和要求进行细化、补充或删改的约定。

10.2.2 施工合同涉及的有关各方

1. 合同当事人

施工合同的当事人是雇主和承包商，以及双方各自财产所有权的合法继承人。雇主即工程所有者和建设资金持有人的发包人，相当于我国目前采用的"项目法人"概念。承包商即雇主招标选择的承包实施者。

2. 工程师

(1) 工程师在合同管理中的地位

《施工合同条件》中所指的"工程师"，是指与雇主签订咨询服务协议书，对某一项具体工程项目的施工进行监督、管理、协调的"咨询工程师"，他既不是施工合同的当事人，也与承包商没有任何合同关系，他只能依据雇主与承包商签订的施工合同判定各方的责任、发布有关指示，而无权修改合同。

通用条件的条款赋予工程师在施工阶段管理过程中居于核心地位，不仅各种指示的发布实施、工程的质量确认、支付款项的审核签认、重要证书的颁发等属于他的权利和职责，而且雇主或承包商对履行合同中发生的重大事项的建议和要求也应首先提交给工程师确定，然后再执行。如工程师可以贯彻雇主对项目的某种考虑，发布变更部分工程标高、位置或尺寸的指令。再如，承包商向雇主的索赔和雇主向承包商的索赔均应将索赔要求提交给工程师，而不是直接送达对方，由工程师判定索赔条件是否成立以及确定合理补偿的数额。这样规定的目的，一方面使施工中发生的有关问题能够公平合理地解决，减少合同争议；另一方面还可以保证施工现场的高效率管理，避免承包商同时接到来自雇主和工程师发来的不同指示，无所适从而延误施工。

(2)《施工合同条件》赋予工程师的权力

《施工合同条件》是建立在以工程师为管理核心模式基础上编制的条款，包括正常管理工作和非正常情况下的处理都应首先由工程师确认和确定。通用条件规定："工程师可以行使合同中规定的，或必然隐含的应属于工程师的权力。如果要求工程师在行使权力前须取得雇主批准，这些要求应在专用条件中写明。除得到承包商同意外，雇主承诺不对工程师的权力作进一步的限制。"

雇主是工程的所有者和建设资金的持有人，虽然将具体的管理工作委托给工程师负责，但对工程建设的重大事项有控制权和决定权。专用条件中条款写明限制工程师权力的事项可能是工程师依据某一条款行动前以首先征得雇主同意为前提条件，如对工程质量的变更、工程设计的变更、接受承包商提出的变更要求等对工期和投资有重大影响事件发出指示；也可能属于对工程师依据某条款采取相应的行动未加限制，但当此行动对合同价格的变动或工期的顺延超过一定数额时，需要事先征得雇主同意两类情况。

必然隐含的权力通常指，尽管专用条件中对某些方面的权力加以了限制，但当工程师认为出现危及人身安全、工程或毗邻建筑物安全等紧急事件时，在不解除合同规定的承包商任何义务和职责的条件下（事件责任的原因可能属于雇主，也可能属于承包商），仍可以指示承包商实施为解除或减小这些危险可能必须进行的有关工作，事后再将此项决定通知雇主。

工程师行使权力时，必须承担与雇主签订协议书中明确规定的与之相连的责任。如果承包商执行工程师的某项指示而增加了费用，即使工程师无权对该项工作发出指示，承包商也有权从雇主处获得该项工作的付款，而工程师将按与雇主签订的服务协议书承担越权的责任。

3. 分包商和指定分包商

(1) 分包商

分包商指由承包商选择，将合同承包范围内部分工作内容交与其实施并与其签订分包合同的承包商。为了保证工程的进度和质量，通用条件对工程分包作了如下规定：

1) 承包商不得将整个工程分包。雇主通过招标比较，出于对承包商实施能力的信赖才与其订立施工合同，因此不允许承包商将合同以分包的形式整体转让，或以多个合同的形式肢解承包工作后由其他人实施。主体工程和主要工程量应由承包商自己完成。分包商可能涉及施工分包商、设计分包商、材料设备供应分包商等。

2) 承包商应对分包商的行为或违约承担责任。分包商与雇主没有合同关系，工程师也不负责分包商施工的协调管理工作。因此对分包商的任何行为，雇主均视为承包商的行为。

3) 分包商应取得工程师的同意。承包商在投标书内说明的分包工作及选择的施工分包商和材料供应分包商，已作为当事人双方认可的分包商。对于实施过程中承包商还需分包时，与拟选择的承包商签订分包合同前应首先取得工程师的同意，工程师主要考察分包商的资格、能力等是否与准备承担的分包工程要求相适应。

(2) 指定分包商

指定分包商是由雇主（或工程师）指定、选定，完成某项特定工作内容并与承包商签订分包合同的特殊分包商。通用条件规定，雇主有权将部分工程项目的施工任务或涉及提供材料、设备、服务等工作内容发包给指定分包商实施。

合同内规定有承担施工任务的指定分包商，大多因雇主在招标阶段划分合同包时，考虑到某部分施工的工作内容有较强的专业技术要求，一般承包单位不具备相应的能力，如果以一个单独的合同对待又限于现场的施工条件或合同管理的复杂性，工程师无法合理地进行协调管理，为避免各独立合同之间的干扰，则只能将这部分工作发包给指定分包商实施。由于指定分包商是与承包商签订分包合同，因而在合同关系和管理关系方面与一般分包商处于同等地位，对其施工过程中的监督、协调工作纳入承包商的管理之中。指定分包工作内容可能包括部分工程的施工；供应工程所需的货物、材料、设备；设计；提供技术服务等。

由此可以看出，雇主选择指定分包商不是将合同约定承包范围内承包商可以完成的工作删减后交与其他人实施的随意行为，而是为了保证工程的质量和安全采取的措施。

(3) 指定分包商与一般分包商的区别

虽然指定分包商与一般分包商处于相同的合同地位，但二者并不完全一致，主要差异体现在以下几个方面：

1）选择分包单位的权利不同。承担指定分包工作任务的单位由雇主或工程师选定，而一般分包商则由承包商选择。

2）分包合同的工作内容不同。指定分包工作属于承包商无力完成，不在合同约定承包商必须完成范围之内的工作，即承包商投标报价时没有摊入间接费、管理费、利润、税金的工作，因此不损害承包商的合法权益。而一般分包商的工作则为承包商承包工作范围的一部分。

3）工程款的支付开支项目不同。为了不损害承包商的利益，给指定分包商的付款应从“暂列金额”内开支。而对一般分包商的付款，则从工程量清单中相应工作内容项内支付。由于雇主选定的指定分包商要与承包商签订分包合同，并需承包商指派专职人员负责施工过程中的监督、协调、管理工作，因此也应在分包合同内具体约定双方的权利和义务，明确收取分包管理费的标准和方法。如果施工中需要指定分包商，在招标文件中应给予较详细说明，承包商在投标书中填写收取分包合同价的某一百分比作为协调管理费。该费用包括现场管理费、公司管理费和利润。

4）雇主对分包商利益的保护不同。尽管指定分包商与承包商签订分包合同后，按照权利义务关系他直接对承包商负责，但由于指定分包商终究是雇主选定的，因此通用条件规定，承包商在每个月末报送工程进度款支付报表时，工程师有权要求他出示以前已按指定分包合同给指定分包商付款的证明。如果承包商没有合法理由而扣押了指定分包商上个月应得工程款的话，雇主有权按工程师出具的证明从本月应得款内扣除这笔金额直接付给指定分包商。对于一般分包商则无此类规定，雇主和工程师不介入一般分包合同履行的监督。

5）承包商对分包商违约行为承担责任的范围不同。除非由于承包商向指定分包商发布了错误的指示要承担责任外，对指定分包商的任何违约行为给业主或第三者造成损害而导致索赔或诉讼，承包商不承担责任。如果一般分包商有违约行为，雇主将其视为承包商的违约行为，按照主合同的规定追究承包商的责任。

某项工作将由指定分包商负责实施是招标文件规定，并已由承包商在投标时认可，因此他不能反对该项工作由指定分包商完成，并负责协调管理工作。但雇主必须保护承包商合法利益不受侵害是选择指定分包商的基本原则，因此当承包商有合法理由时，有权拒绝某一单位作为指定分包商。为了保证工程施工的顺利进行，雇主选择指定分包商时应征求承包商意见，不能强行要求承包商接受他有理由反对的，或是拒绝与承包商签订保障承包商利益不受损害分包合同的指定分包商。

10.2.3 合同履行中涉及的几个阶段的概念

按照施工的进程为了便于合同管理，通用条件中规定了几个时间阶段，每个阶段均有相应签署的文件证明该阶段的开始和结束，以便于判定当事人各方的责任。

1. 合同工期

合同工期指所签合同内注明的自开工日期起，至完成全部工程竣工时间的日历天数，再加上合同履行过程中因非承包商应负责原因导致变更和索赔事件发生后，经工程师批准顺延工期之和。如合同内约定有分部移交工程，也需要在专用条件的条款内明确约定。而合同内约定的工期指承包商在投标书中承诺完成招标范围内工作的时间。合同工期的时间界限作为衡量承包商是否按合同约定期限履行施工义务的标准。

2. 施工期

施工期是承包商完成合同工程实际使用的时间，从工程师按合同约定发布的“开工令”中指明的应开工之日起，至竣工验收后工程师颁发的“工程接收证书”中注明竣工日止的日历天数。用施工期与合同工期比较，可以判定承包商的施工是提前竣工，还是延误竣工。

3. 缺陷通知期

缺陷通知期是自“工程接收证书”中写明的竣工日开始，至合同约定的保修期满工程师颁发“履约证书”为止的日历天数。尽管工程移交前进行了竣工检验，但只是证明承包商的施工工艺达到了合同规定的标准，设置缺陷通知期的目的是为了考验工程在动态运行条件下是否达到了合同中技术规范的要求。因此，从开工之日起至颁发履约证书日止，承包商要对工程的施工质量负责。合同工程的缺陷通知期及分阶段移交工程的缺陷通知期，应在专用条件内具体约定。次要部位工程通常为半年；主要工程及设备大多为一年；个别重要设备也可以约定为一年半。

4. 合同有效期

自合同签字日起至承包商提交给雇主的“结清单”生效日止，施工承包合同对雇主和承包商均具有法律约束力。颁发“履约证书”只是表示承包商的施工义务终止，合同约定的权利义务并未完全结束，还剩有管理和结算等手续。结清单生效以雇主已按工程师签发的最终支付证书中的金额付款，并退还承包商的履约保函为标志。结清单一经生效，雇主和承包商在合同内享有的索赔权利也自行终止。

10.2.4 承包合同价

1. 合同价格

通用条件中分别定义了“中标合同金额”和“合同价格”的概念。“中标合同金额”指雇主在“中标函”中对实施、完成和修复工程缺陷所接受的款额，来源于承包商的投标报价并对其的确认。中标合同金额是固定金额，主要用于计算履约担保金额、预付款、保留金限额和中期付款证书的最低限额。

“合同价格”则指按照合同各条款的约定，承包商完成建造和保修任务后，对所有合格工程有权获得的全部工程款。由于合同履行过程中会有很多的不确定因素，如变更、索赔等，因此最终结算的合同价不一定与中标函中注明的接受的合同款额相等。

2. 暂列金额

某些项目的工程量清单中包括有“暂列金额”款项，尽管这笔款额计入在合同价格内，但其使用却归工程师控制。暂列金额实际上是一笔雇主方的备用金，用于招标时对尚未确定或不可预见项目的储备金额。施工过程中工程师有权依据工程进展的实际需要经雇主同意后，用于施工或提供物资、设备以及技术服务等内容的开支，也可以作为供意外用途的开支。工程师有权全部使用、部分使用或完全不用，可以用于承包商完成的工作，也可以用于指定分包商完成的工作。

（1）承包商完成的工作。施工过程中，工程师依据雇主的要求和项目的实际情况发布变更指示，要求承包商增加工作内容，提供用于永久工程的设备、材料或服务等工作。承包商完成后，按照变更估价的程序应当补偿给承包商的款项，从暂列金额内支付。

(2) 指定分包商完成的工作。按照工程师的指示，由施工指定分包商、供货指定分包商或提供其他服务的指定分包商完成的工作，也由暂列金额内支付。由于指定分包商归承包商负责协调管理，从承包商处获得分包合同的价款，因此承包商有权获得相应的管理费用。

由于暂列金额是用于招标文件规定承包商必须完成的承包工作之外的费用，承包商报价时不将承包范围内发生的间接费、利润、税金等摊入其中，所以他未获或少获得投标书的报价单内暂列金额的款额并不损害其利益。

10.2.5 风险责任的划分

合同履行过程中可能发生的某些风险是有经验的承包商在准备投标时无法合理预见的，就雇主利益而言，不应要求承包商在其报价中计入这些不可合理预见风险的损害补偿费，以便取得有竞争性的合理报价。为了使雇主和承包商公平地分担风险，通用条件对施工过程中可能发生的风险责任给予了明确的界定。

1. 按事件发生的时间划分风险责任

"基准日"为专用条件内规定的投标截止日期前的某一特定日期，《施工合同条件》的通用条件内采用投标截止日期前的第 28 天。基准日作为雇主与承包商划分合同风险的时间点，而不是以签订合同的日期或风险事件发生的时间判定。在基准日后发生的作为一个有经验承包商在投标阶段不可能合理预见的风险事件，按承包商受到的实际损害影响给予补偿；若雇主获得好处，也应取得相应的利益。某一不利于承包商的风险损害是否应给予补偿，工程师不是简单看承包商的报价内包括或未包括对此事件的费用，而是以作为有经验的承包商在投标阶段能否合理预见作为判定准则。

2. 按损害事件发生的原因划分风险责任

(1) 雇主应承担的风险。通用条件规定的雇主风险包括：

1) 战争、敌对行动、入侵、外敌行动。

2) 工程所在国内的叛乱、恐怖行动、革命、暴动、军事政变或篡夺政权，或内战(在我国实施的工程均不采用此条款)。

3) 承包商人员及承包商和分包商的其他雇员以外的人员在工程所在国内的暴乱、骚动或混乱。

4) 工程所在国内的战争军火、爆炸物资、电离辐射或放射性引起的污染，但可能有承包商使用此类军火、炸药、辐射或放射性引起的情况除外。

5) 由音速或超音速飞行的飞机或飞行装置所产生的压力波对施工造成的损害。

6) 除合同规定以外雇主使用或占有的永久工程的任何一部分造成的损害。

7) 由雇主人员或雇主对其负责的其他人员所作的工程任何部分的设计错误造成的损害。

8) 不可预见的，或不能合理预期的一个有经验承包商已采取适宜预防措施的任何自然力的作用造成的损害。

前 5 种风险都是雇主或承包商无法预测、防范和控制而保险公司又不承保的事件，损害后果又很严重，雇主应对承包商受到的实际损失（不包括利润损失）给予补偿。

(2) 不可抗力。通用条件在雇主风险的基础上定义了"不可抗力"。

1) 符合不可抗力的事件应同时满足的条件：① 一方无法控制的。排除了受影响方的故意行为引起的后果。② 该方在签订合同前不能对之进行合理准备的。排除了施工期间发生的可合理预见事件，受影响方应采取适宜的预防措施。③ 发生后，该方不能合理避免或克服的。排除了通过采取适当措施，可以避免或克服的事件和情况。尽管也可能发生额外费用或导致施工延误，但应归于其他条款范围（如变更等），而不依据不可抗力条款处理。④ 不能主要归因于其他方的。排除了其他第三方的行为导致违反合同的事件，如由于设计错误导致对承包商的损害不应归于不可抗力，此时承包商有权获得的补偿不仅是所发生的费用，还应当包括合理利润。雇主风险的第5）条不能作为无法控制的特殊情况，第6）和7）条应归于雇主的责任范围。

2）不可抗力的范围：对于雇主风险的8种情况及不可抗力需满足的4个条件，通用条件明确说明的不可抗力包括雇主风险中的前4条风险，以及将第8）条风险细化为自然灾害，如地震、飓风、台风或火山活动，并进一步说明包括但不限于这5类情况。

3）不可抗力发生后的管理程序：发出不可抗力通知。受到影响的一方在察觉到不可抗力事件的14天内，向对方发出通知，说明有关义务的履行受到阻碍的情况。通知发出后，该方在不可抗力影响期间可以免于履行此项义务。①双方都应努力将不可抗力对履行合同造成的延误减至最小。②当一方不再受不可抗力影响时，也应及时通知对方。

4）不可抗力的后果：①不可抗力影响消失后继续施工。承包商因不可抗力影响应获得工期和费用补偿，但不包括利润。②不可抗力导致被迫终止合同。若不可抗力的影响持续84天以上，或同一通知原因断续的影响累计超过140天，任何一方可视情况决定终止合同，并向对方发出终止合同的通知。解除合同的通知发出7天后生效，承包商撤离现场，并与雇主办理结算手续。工程师应签署付款证书，支付项目包括：已完成合格工程的价值；承包商订购材料和设备已支付的款项；承包商的施工设备和人员的撤场费用以及其他合理开支。

（3）双方共同承担的风险

在合同履行过程中可能发生与订立合同时产生变化的情况对某一方有利，而对另一方不利，这些情况包括：

1）外币支付部分由于汇率变化的影响。当合同内约定给承包商的全部或部分付款为某种外币，或约定整个合同期内始终以基准日承包商报价所依据的投标汇率为不变汇率按约定百分比支付某种外币时，汇率的实际变化对支付外币的计算不产生影响。若合同内规定按支付日当天中央银行公布的汇率为标准，则支付时需随汇率的市场浮动进行换算。由于合同期内汇率的浮动变化是双方签约时无法预计的情况，不论采用何种方式雇主均应承担汇率实际变化对工程总造价影响的风险，可能对其有利，也可能不利。

2）法令、政策变化对工程成本的影响。如果基准日后由于法律、法令和政策变化引起承包商实际投入成本的增加，应由雇主给予补偿。若导致施工成本的减少，也由雇主获得其中的好处。如施工期内国家或地方对税收的调整，可能增加或减少。

（4）承包商风险

承包商在投标阶段已经对工程、现场和相关资料进行过深入研究后提出的投标文件，通用条件说明，“承包商应被认为已确信中标金额的正确性和充分性”，即“中标合同金额应包括根据合同承包商所承担的全部义务，以及为正确地实施和完成工程并修补任何缺陷所需的全部有关事项”，因此雇主风险以外的其他风险归于承包商应承担的风险。如不利的气候条件对施工的影响等。

10.2.6 施工合同的订立

1. 合同文件

(1) 合同文件的组成

构成对雇主和承包商有约束力的施工合同，不仅指合同协议书或合同条件的条款，而是由合同协议书、中标函、投标函、专用条件、规范要求、图纸、资料表和构成合同组成部分的任何其他文件组成的文件系统。当合同生效时，重要的不是这些文件的定义，而是文件中所包括的实际相关内容。

1) 合同协议书。雇主发出中标函的 28 天内，并接到承包商提交的有效履约保证后，双方签署合同协议书。虽然合同条件给出的协议书格式只是一页简单的格式化标准文件，为了避免履行合同过程中产生争议，招标文件中包括的有关合同文件在招标过程中产生的修正或补充也应以协议书附录的形式予以明确。

2) 中标函。雇主签署的对投标书的正式接受函，可能包含作为备忘录记载的合同签订前谈判时达成一致并共同签署的备忘录。备忘录内可能包括中标合同金额的细目，以及由于投标文件工程量清单报价计算错误修改后的正确值，或雇主接受承包商投标书提出的备选替代方案相应的中标合同价格。

3) 投标函。承包商填写并签字具有法律效力的投标函和投标函附录，包括报价、工期，作为对招标文件及合同条款的确认文件。

4) 合同专用条件。专用条件是指根据工程特点，结合通用条件相应条款的内容和序号编写的，具体实施项目所需细化、补充内容的条款。

5) 合同通用条件。直接采用 FIDIC 编制的施工合同通用条件。

6) 规范要求。指承包商履行合同义务期间应遵循的准则，也是工程师进行合同管理的依据，即合同管理中通常所称的技术条款。除了工程各主要部位施工应达到的技术标准和规范以外，还可以包括以下方面的内容：对承包商文件的要求；应由雇主获得的许可；对基础、结构、工程设备、通行手段阶段性占有；承包商设计；放线的基准点、基准线和参考标高；合同涉及的第三方；环境限制；电、水、气和其他现场供应的设施；雇主的设备和免费提供的材料；指定分包商说明；合同内规定承包商应为雇主提供的人员和设施；承包商负责采购材料和设备需提供的样本；制造和施工过程中的检验；竣工检验；暂列金额等。

7) 图纸。由雇主提供的本工程的设计资料和图纸。不仅指招标文件中的图纸，还包括合同履行过程中雇主发出的任何补充和修改的图纸。

8) 资料表以及其他构成合同一部分的文件。资料表是指由承包商填写并随投标函一起提交的文件，包括工程量表、计日工作计划表等。如果承包范围内包括承包商负责部分设计任务，则资料表中写明承包商负责设计的类型、范围和其他相关资料。其他构成合同一部分的文件，是指在合同协议书或中标函中列明范围的文件（包括合同履行过程中构成对双方有约束力的文件）。

(2) 合同文件的解释

构成合同的各文件应能互相说明，但由于合同涉及的文件较多、内容庞杂，经常会在各文件之间出现矛盾或歧义，如某一部分混凝土的强度等级，工程量清单中的说明与图纸或规范中的要求不一致。合同各文件出现不一致时，只能由工程师负责解释。上述组成合同的文件序号即为文件的优先次序，工程师对矛盾或歧义的解释不是修改合同文件的内容，而是指示承包商应该如何施工时，判定是否应给予承包商补偿的原则。

2. 分项工程的移交

如果雇主出于提前获得收益的角度考虑，可以在专用条件内约定某些可以独立发挥效益的分项工程（单位工程或分部工程）在总体工程竣工前分阶段移交。对于分阶段移交的工程，应在专用条件中准确约定分项工程的界定范围、竣工时间和拖期违约的赔偿责任，以便于履行中的合同管理。

3. 承包商的履约担保

合同条款中规定，承包人签订合同时应提供履约担保，接受预付款前应提供预付款担保。在范本中给出了担保书的格式，分为企业法人提供的保证书和金融机构提供的保函两类格式。保函均为不需承包商确认违约的无条件担保形式。

（1）履约担保的保证期限

履约保函应担保承包商圆满完成施工和保修的义务，有效期并非到工程师颁发“工程接收证书”为止，而应至工程师颁发“履约证书”。但工程接收证书的颁发是对承包商按合同约定完满完成施工义务的证明，承包商还应承担的义务仅为保修义务，因此范本中推荐的履约保函格式内说明，如果双方有约定的话，允许颁发整个工程的接收证书后将履约保函的担保金额减少一定的百分比。

（2）雇主凭保函索赔

由于无条件保函对承包商的风险较大，因此通用条件中明确规定，只有 4 种情况雇主可以凭履约保函索赔，承包商的其他违约情况则按合同约定的违约责任条款处理。这些情况包括：

1）专用条款内约定的缺陷通知期满后仍未能解除承包商的保修义务时，承包商应延长履约保函有效期而未延长。

2）按照雇主索赔或争议、仲裁等决定，承包商未向雇主支付相应款项。

3）缺陷通知期内承包商接到雇主修补缺陷通知后 42 天内未派人修补。

4）由于承包商的严重违约行为雇主终止合同。

4. 涉及支付款项的有关约定

（1）误期损害赔偿。按期竣工是承包商的义务，因承包商的原因延误竣工将影响雇主的预期效益，因此在每个合同内均有误期损害赔偿的条款。签订合同时双方需约定日拖期赔偿额和最高赔偿限额。如果因承包商应负责原因竣工时间迟于合同工期，将按日拖期赔偿额乘以延误天数计算拖期违约赔偿金，但以约定的最高赔偿限额为赔偿雇主延迟发挥工程效益的最高款额。专用条款中的日拖期赔偿额视合同金额的大小，可在 0.03%～0.2% 合同价的范围内约定具体数额或百分比，最高赔偿限额一般不超过合同价的 5%～15%。合同约定的误期损害赔偿，是雇主因承包商推迟竣工受到损害的唯一赔偿，而不按雇主延迟发挥工程效益可能受到的实际损失计算赔偿额。

如果合同内规定有分阶段移交的工程，在整个合同工程竣工日期以前，工程师已对部分分阶段移交的工程颁发了工程接收证书，且证书中注明的该部分工程竣工日期未超过约定的分阶段竣工时间，则全部工程剩余部分的日拖期违约赔偿额应相应折减。折减的原则是，将拖延竣工部分的合同金额除以整个合同工程的总金额所得比例乘以日拖期赔偿额，但不影响约定的最高赔偿限额。即：

$$折减的误期损害赔偿金/天 = 合同约定的误期损害赔偿金/天 \times \frac{拖期部分工程的合同金额}{合同工程总金额}$$

$$误期损害赔偿总金额 = 折减的误期损害赔偿金/天 \times 延误天数(\leqslant 最高赔偿限额)$$

(2) 提前竣工及奖励。承包商通过自己的努力使工程提前竣工是否应得到奖励，在《施工合同条件》中列入可选择条款一类。雇主要看提前竣工的工程或区段是否能让其得到提前使用的收益，而决定该条款的取舍。如果招标工作内容仅为整体工程中的部分工程且这部分工程的提前不能单独发挥效益，则没有必要鼓励承包商提前竣工，可以不设奖励条款。若选用奖励条款，则需在专用条件中具体约定奖金的计算办法。

当合同内约定有部分分项工程的竣工时间和奖励办法时，为了使雇主能够在完成全部工程之前占有并启用工程的某些部分提前发挥效益，约定的分项工程完工日期应固定不变。也就是说，除非合同中另有规定，不因该部分工程施工过程中出现非承包商应负责原因工程师批准顺延合同工期，而对计算奖励的应竣工时间予以调整。

(3) 物价浮动的调价方式。对于施工期较长的合同，为了合理分担市场价格浮动变化对施工成本影响的风险，在合同内要约定调价的方法。实际实施中约定的调价方法可以有文件法、票据法和公式法，具体合同内采用哪种方法应在专用条件内明确约定。通用条件内规定为公式法调价。调价公式为：

$$P_n = a + b \times \frac{L_n}{L_o} + c \times \frac{M_n}{M_o} + d \times \frac{E_n}{E_o} + \cdots$$

式中 P_n——第 n 期内所完成工作以相应货币估算的合同价值所采用的调整倍数，此期间通常是一个月，除非投标函附录中另有规定；

a——在数据调整表中规定的一个系数，代表合同支付中不调整的部分；

b、c、d——数据调整表中规定的系数，代表与实施工程有关的每项可调整费用因素的估算比例；

L_n、E_n、M_n——第 n 期间时使用的可调整项目（如劳务、设备和材料等）的现行费用指数或参照价格，以该期间（具体的支付证书的相关期限）最后一日之前第 49 天当天对于相关表中的费用因素适用的费用指数或参照价格确定；

L_o、E_o、M_o——订立合同时确定的可调整价格项目的基本费用参数或参照价格。

有关可调整的内容和基价，由承包商在投标书内填写，并在合同签订前的谈判中确定。

10.2.7 施工准备阶段的合同管理

1. 保险

(1) 投保责任

通用条件规定，应由承包商负责办理保险，但签订合同时也可以在专用条件内约定雇主为投保方。不论谁为投保方，均必须以双方的名义投保，以便都能在保险合同内享有保险权益。任何未保险或未能从保险人收回的款项的损失，应由雇主和承包商按照合同约定的义务和责任规定，承担损失或赔偿对方。如保险合同通常有免赔额，若因毗邻建筑物的失火烧到施工现场，承包商蒙受15万元的实际损失，而保险公司按照保险合同只赔偿12万元，则雇主还应补偿承包商3万元。

(2) 保险的种类

1) 工程保险。投保方应为工程、生产设备、材料和承包商文件（设计部分）投保，保险金额不低于全部复原的费用，包括拆除、运走废弃物的费用，以及专业费用和利润。保险有效期从开工起，至颁发工程接收证书日止。由于工程险是保险人承担施工期间造成工程损失责任的合同，保险责任到工程竣工为止，但通用条件进一步要求，“投保方应维持该保险直到颁发履约证书的日期为止的期间继续有效，以便对承包商应负责的，由颁发接收证书前的某项原因引起的损失或损害，以及由承包商在任何其他作业（指缺陷通知期内的施工）过程中造成的损失或损害提供保险”。即投保方还应办理相应的保险，但由于总体工程已经竣工，即使有损害的话也较小，因此保险金额要少很多。

2) 承包商设备保险。承包商设备的保险金额应不低于全部重置价值，包括运至现场的费用。对每项承包商设备的保险期限，从该设备运往现场的过程起，直到设备撤离现场时止。

3) 第三者责任保险。投保人应办理因施工而对第三方人员或财产造成损害的保险，保险金额不低于招标文件中规定的数额，期限至颁发履约证书为止。

4) 承包商人员保险。此项保险只由承包商办理。保险范围包括承包商人员的伤害、患病或死亡引起的索赔、损害赔偿费、损失和开支等。

2. 移交施工现场

给承包商进入和使用现场的权利是雇主的义务。进入现场的权利包括使用施工场地和进入施工场地的通行道路。施工现场可以一次性移交，也可以分阶段移交，只要不影响工程按计划开展即可。施工现场的进入和占用权可以不是承包商独享，因为有时交通道路和施工场地供同时在现场施工的几个承包商共同使用。规范内应明确现场的范围和移交的时间。如果雇主未能及时提供而对承包商的施工造成影响，应顺延合同工期，补偿承包商的费用和利润损失。

3. 支付预付款

预付款是雇主为了帮助承包商解决施工前期开展工作时的资金短缺，从未来的工程款中提前支付的一笔款项。合同工程是否有预付款，以及预付款的金额多少、支付（分期支付的次数及时间）和扣还方式等均要在专用条款内约定。

(1) 预付款的支付。预付款的数额由承包商在投标书内确认，因为承包人在投标文件中可能承诺所需的预付款少于招标文件说明雇主拟支付的预付款金额作为对雇主的优惠条件之一，以争取在投标竞争时获得合同。签订合同后，承包商需首先将银行出具的履约保函和预付款保函交给雇主并通知工程师，工程师在21天内签发“预付款支付证书”，雇主按合同约定的数额和外币比例支付预付款。

(2) 预付款的扣还。预付款在分期支付工程进度款中按百分比扣减的方式偿还。

1) 起扣。自承包商获得工程进度款累计总额（不包括预付款的支付和保留金的扣减）达到合同总价（减去暂列金额）10%的那个月起扣。即：

$$\frac{\text{工程师签证累计支付款总额}-\text{预付款}-\text{已扣保留金}}{\text{接受的合同价}-\text{暂定金额}}=10\%$$

2）每次支付时的扣减额度。后续工程进度款的支付过程中，本期支付证书内承包商应获得的合同款额（不包括含在本期内分阶段支付的预付款及保留金的扣减）中扣除25%作为预付款的偿还，直至还清全部预付款。即：

每次扣还金额＝（本次支付证书中承包商应获得的款额－本次应扣的保留金）×25%

10.2.8 施工阶段的合同管理

从工程师指示的开工日期起，至工程通过竣工验收后颁发工程接收证书止的时间阶段为施工阶段。

1. 开工

开工时间在合同内可能有两种约定方式，一种是在专用条件内未明确开工时间，则开工日期应在承包商接到中标函后的 42 天内；另一种是在专用条件内明确约定开工的日期，则以此时间为准，如由于征地的拆迁工作尚未全部完成，雇主在 42 天内还不能向承包商移交施工现场，则需在合同内注明开工日期。

不论以何种方式约定，开工日期以工程师发出的“开工令”中确定的时间为准，作为计算承包商施工期的依据。工程师根据现场准备工作的完成情况，应至少提前 7 天通知承包商开工日期，以便于承包商做好开工的准备工作。

2. 施工进度管理

（1）施工进度计划

尽管承包商的投标书内已包括有实施项目的计划，但依据招标文件中的说明编制的此计划通常较粗略，主要用于评标比较之用。承包商中标并与雇主签订合同后，还需要进一步考虑承包范围内的工作开展和实施方案，在编制详细施工组织设计的基础上，保证投标书内承诺的总工期和重要阶段里程碑工期能够如期实现的前提下，制定详细的实施进度计划。为了保证承包商施工进度能够按计划实现，需要雇主和工程师做好配合工作，因此承包商制定的施工进度计划应该经过工程师的认可。

1）承包商提交进度计划。承包商收到开工通知后的 28 天内，需按工程师要求的格式和详细程度提交施工进度计划，说明为完成施工任务而打算采用的施工方法、施工组织方案、进度计划安排。通用条件要求进度计划的内容一般应包括：①实施工程的时间计划。视承包工程的任务范围不同，可能还涉及设计进度（如果承包范围包括部分工程施工图设计的话）；材料采购计划；永久工程设备的制造、运到现场、施工、安装、调试和检验各个阶段的预期时间（永久工程设备包括在承包范围内的话）。②每个指定分包商施工各阶段的安排。不包括承包商自己选择的一般分包商的实施安排，因为合同中将分包商的工作视为承包商完成的工作。③合同中规定的重要检查、检验的次序和时间。④保证计划实施的说明文件，包括：承包商在各施工阶段准备采用的方法和主要阶段的总体描述；各主要阶段承包商准备投入的人员和设备数量的计划等。

2）工程师审核并确认进度计划。工程师对承包商提交的施工计划审查主要涉及以下方面：①计划实施工程的总工期和重要阶段的里程碑工期是否与合同的约定一致。②承包商各阶段准备投入的机械和人力资源计划能否保证进度计划的实现。③承包商拟采用的施工方案与同时实施的其他合同是否有冲突或干扰等。如果出现上述情况，工程师可以要求承包商修改计划方案。由于编制计划和按计划施工是承包商的基本义务之一，因此承包商将计划提交的 21 天内，工程师未提出需修改计划的通知，则该计划已被工程师认可。

3）进度计划的作用。尽管施工进度计划是承包人自主编制并要求其按计划实施，但经过工程师签字认可后，对雇主、工程师也具有约束力。雇主对现场的移交、图纸的发放是否延误了施工，以及工程师的协调工作是否影响了计划的施工时间，均以此计划进行判定，承包商也会以计划作为索赔的证据之一。

（2）施工进度管理

1）工程师对施工进度的监督。为了便于工程师对合同的履行进行有效的监督和管理以及协调各合同之间的配合，承包商每个月都应向工程师提交进度报告，说明前一阶段的进度情况和施工中存在的问题，以及下一阶段的实施计划和准备采取的相应措施。

2）施工进度计划的修订。实际施工过程中经常会出现由于各种原因导致实际施工进度与计划进度不相符的情况，这些原因可能是承包商的原因，也可能属于非承包商应负责的原因；可能实际进度拖后，也可能比计划提前。但当工程师发现实际进度与计划进度严重偏离时，不论实际进度是超前还是滞后于计划进度，为了使进度计划有实际指导意义以便于协调管理，随时有权指示承包商编制改进的施工进度计划，并再次提交工程师认可后执行，用新进度计划代替原来的计划。

（3）顺延合同工期

1）可以顺延合同工期的情况。实际施工进度滞后于计划进度将会导致工程不能按期竣工，只有发生非承包商应负责原因事件导致的延误，才可以顺延合同工期。通用条件的条款中规定，可以给承包商合理延长合同工期的条件通常可能包括以下几种情况：

① 延误发放图纸；

② 延误移交施工现场；

③ 承包商依据工程师提供的错误数据导致放线错误；

④ 不可预见的外界条件；

⑤ 发生工程变更；

⑥ 施工中遇到文物和古迹而对施工进度的干扰；

⑦ 非承包商原因而进行的检验导致施工的延误；

⑧ 发生变更或合同中实际工程量与计划工程量出现实质性变化；

⑨ 施工中遇到有经验的承包商不能合理预见的异常不利气候条件影响；

⑩ 由于传染病或政府行为导致工期的延误；

⑪ 施工中受到雇主或其他承包商的干扰；

⑫ 施工涉及有关公共部门原因引起的延误；

⑬ 雇主提前占用工程导致对后续施工的延误；

⑭ 非承包商原因使竣工检验不能按计划正常进行；

⑮ 后续法规调整引起的延误；

⑯ 雇主或在现场的雇主其他承包商造成的延误、妨碍或阻碍引起的延误；

⑰ 发生不可抗力事件的影响。

2）可以顺延合同工期的条件。虽然发生上述情况之一，承包商均可以要求顺延合同工期，但还要看被延误的工作是否为施工进度网络计划中“关键线路”上的工作及延误时间的长短。因为非关键工作虽然受到了延误影响，但该项工作有可以利用的“时差”，不会对总工期产生影响，而关键线路上的工作没有时差可以利用，必然会导致总工期的延误。另外，非关键工作如果延误时间较长超过了可以利用的时差，则会引起关键线路的转换，对总工期也会产生影响。

（4）暂停施工

1）工程师指示的暂停施工。暂停施工指示可能源于属于承包商应负责原因、非承包商原因、合同约定的暂停三类。承包商应负责的原因较多表现为，使用不合格的材料施工、施工工艺有问题、已完成的工程部分发现质量缺陷、承包商在对工程质量有不利影响的气候条件下继续施工、施工中存在危及人身安全或工程安全的隐患等。对于此类工程师指示的暂停施工，暂停的延误后果承包商无权要求任何补偿。属于非承包商责任的暂停可能发生的原因很广，可能来源于雇主、外部环境影响、工程师的现场协调需要、现场异常恶劣的气候条件、施工中发现有价值的文物和古迹等。第二类情况都是承包商在基准日前投标阶段所无法合理预见的情况，因此对于这类暂停施工和复工受到的损失，应给予承包商工期顺延和费用补偿。第三类属于按合同中规定发布的暂停施工，如承包商完成设备基础施工后，工程师发布暂停施工指示要求承包商的施工人员暂时撤离现场，由设备安装承包商进行机组安装，待安装工作结束或告一段落后，工程师再发布复工指示，承包商继续完成后续工作。这类原因的暂停，承包商的施工计划中已予以考虑，因此不应给承包商补偿。

待工程师发布暂停施工指示的原因消除、满足继续施工的条件后，工程师发布复工指示。承包商和工程师共同对受暂停影响的工程、永久工程设备和材料进行检查，首先由承包商负责修复因施工暂停引起的缺陷和损坏，然后再恢复正常施工。如果非承包商应负责原因的暂停施工持续时间超过 84 天以上，承包商为了维护自己的合法权益可以向雇主书面提出允许继续施工的要求。如果提出复工要求的 28 天内工程师没有给予许可，承包商有权通知工程师认为被停工的工程属于按合同规定被删减的工程，不再承担继续施工义务。若是整个合同工程被暂停，此项停工可视为雇主违约终止合同，宣布解除合同关系。如果承包商还愿意继续实施这部分工程，也可以不发这一通知而等待复工指示。

2）承包商暂停施工的权利。如果工程师或雇主未能遵守工程进度款的支付程序，严重拖欠承包商应得的工程款，承包商有权发出暂停施工或放慢施工速度的通知，以保护自己的合法权益。该通知发出 21 天后生效。当承包商获得相应支付后，应在合理情况下尽快恢复正常工作。由于该事件属于雇主责任，除了雇主的延误付款应计算利息外，承包商停工或放慢施工进度的影响，仍应获得工期、费用和利润的补偿。如果雇主收到通知后仍不履行支付义务，承包商可以进一步采取解除合同的行动。

3. 工程质量管理

（1）承包商的质量保证体系

通用条件规定，承包商应按照合同的要求建立一套质量保证体系，以保证施工符合合同要求。在每一工作阶段开始实施之前，承包商应将所有工作程序的细节和执行文件提交工程师，供其参考。工程师有权审查质量保证体系的任何方面，包括月进度报告中包含的质量文件，对不完善之处可以提出改进要求。由于保证工程的质量是承包商的基本义务，当其遵守工程师认可的质量保证体系施工，并不能解除依据合同应承担的任何职责、义务和责任。

(2) 质量的检查和试验

1) 施工放线。放线是施工的第一项工作，承包商按照合同中的图纸和资料，依据合同工程师提供的原始基点、基线和基准标高进行准确放线。放线前，承包商应对工程正确定位的依据数据进行认真核对，如果发现位置、标高、尺寸或定线中的任何错误应提请工程师予以纠正或确认。

2) 施工质量检验。确保工程质量是承包商的最基本义务，应当遵循合同技术规范的要求进行施工作业。雇主人员和工程师可以在所有合理时间内进入承包商管理的施工现场、材料场和加工场所进行检查，承包商应提供相应的方便条件和配合工作。

3) 附加检验或试验。为了保证工程的质量，工程师除了按合同规定进行正常的检验外，还可以在认为必要时依据变更程序指示承包商变更规定检验的位置或细节，以及进行附加检验或试验，包括对承包商采购的材料进行额外的物理、化学、金相等试验；对已覆盖的工程进行重新剥露检查；对已完成的工程进行穿孔检查等。由于额外检查和试验是基准日前承包商无法合理预见的情况，如果影响到费用和工期，则视检验结果是否合格划分责任归属。如果检验合格，应根据具体情况给承包商以相应的费用和工期损失补偿。若检验不合格，承包商必须修复缺陷后在相同条件下进行重复检验，直到合格为止，并由其承担额外检验费用。但对于承包商未通知工程师检查而自行隐蔽的任何工程部位，工程师要求进行剥露或穿孔检查时，不论检验结果表明质量是否合格，均由承包商承担全部费用。属于额外的检验包括：①合同内没有指明或规定的检验。②采用与合同规定不同方法进行的检验。③在承包商有权控制的场所之外进行的检验（包括合同内规定的检验情况），如在工程师指定的检验机构进行。

4) 有缺陷的工程和材料。①工程师对任何不符合合同要求的设备和材料可以要求承包商移出施工现场，并予以更换。作出此项要求是由于施工场地不应有多余的障碍影响施工，也可以防止承包商继续使用不合格的设备和材料。②对于不合格的工程，工程师可以根据质量缺陷的程度和范围，指示承包商拆除重做或修补缺陷。上述规定同样适用于以前已认可质量的工程部分，后来又发现质量问题的情况。如果承包商未能遵从工程师的指示，雇主有权雇用并付款给其他人从事移出材料或修复缺陷工程的工作，然后从承包商应得款内扣除这笔费用支出。

(3) 对承包商设备的控制

工程质量的好坏和施工进度的快慢，很大程度上取决于投入施工的机械设备、临时工程在数量和型号上的满足程度。而且承包人在投标书中报送的设备计划，是雇主决标时考虑的主要因素之一。

1) 承包人自有的施工设备。承包人自有的施工机械、设备、临时工程和材料，一经运抵施工现场后就被视为专门为本合同工程施工之用。除了运送承包商人员和物资的运输车辆以外，其他施工机具和设备虽然承包商拥有所有权和使用权，但未经过工程师的批准，不能将其中的任何一部分运出施工现场。作出上述规定的目的是为了保证本工程的施工，但并非绝对不允许在施工期内承包人将自有设备运出工地。某些使用台班数较少的施工机械在现场闲置期间，如果承包人的其他合同工程需要使用时，可以向工程师申请暂时运出。当工程师依据施工计划考虑该部分机械暂时不用而同意运出时，应同时指示何时必须运回以保证本工程的施工之用，要求承包人遵照执行。对于后期施工不再使用的设备，竣工前经过工程师批准后，承包人可以提前撤出工地。

2）要求承包工程增加或更换施工设备。若工程师发现承包人使用的施工设备影响了工程进度或施工质量时，有权要求承包人增加或更换施工设备，由此增加的费用和工期延误责任由承包人承担。

4. 变更管理

土建工程受自然条件等外界的影响较大，工程情况比较复杂，且在招标阶段依据初步设计图纸招标，因此在施工合同履行过程中不可避免地会发生变更。

（1）工程变更的范围

由于工程变更属于合同履行过程中的正常管理工作，工程师可以根据施工进展的实际情况，在认为必要时发布变更指令。通用条件规定，构成变更的范围包括以下 6 个方面。

1）合同中任何工作工程量的改变。由于招标文件中的工程量清单中所列的工程量是依据初步设计概算的量值，作为承包人编制投标书时合理进行施工组织设计及报价之用，因此实施过程中允许工程师发出增加或减少任何工作内容数量的指示。

2）任何工作质量或其他特性的变更。

3）工程任何部分标高、位置和尺寸的改变。

4）删减任何合同约定的工作内容。省略的工作应是不再需要的工程，不允许用变更指令的方式将承包范围内的工作变更给其他承包商实施。

5）进行永久工程所必需的任何附加工作、永久设备、材料供应或其他服务，包括任何联合竣工检验、钻孔和其他检验以及勘察工作。

6）改变原定的施工顺序或时间安排。此类情况可能源于工程师为了协调现场同时工作的几个承包商施工的干扰而发布的变更指示，也可能由于几个合同的衔接关系。

（2）变更程序

颁发工程接收证书前的任何时间，工程师可以通过发布变更指示或以要求承包商递交建议书的任何一种方式提出变更。前一种情况是，工程师在雇主授权范围内根据施工现场的实际情况，在确属需要时可直接发布变更指示。指示的内容应包括详细的变更内容、变更工程量、变更项目的施工技术要求和有关文件图纸，以及变更处理的原则。后一种情况是要求承包商递交建议书后再确定是否发布变更指示，其程序为：

1）工程师将计划变更事项通知承包商，并要求他递交实施变更的建议书。

2）承包商应尽快予以答复。一种情况可能是通知工程师由于受到某些非自身原因的限制而无法执行此项变更，如无法得到变更所需的物资等，工程师应根据实际情况和工程的需要再次发出取消、确认或修改变更指示的通知。另一种情况是承包商依据工程师的指示递交实施此项变更的说明，内容包括：①将要实施的工作的说明书以及该工作实施的进度计划；②承包商依据合同规定对进度计划和竣工时间作出任何必要修改的建议，提出工期顺延要求；③承包商对变更估价的建议，提出变更费用要求。

3）工程师根据承包商的答复再作出是否变更的决定，尽快通知承包商说明批准与否或提出意见。

4）承包商在等待答复期间，不应延误任何工作。

5）工程师发出每一项实施变更的指示，应要求承包商记录支出的费用。

承包商提出的变更建议书，只是作为工程师决定是否实施变更的参考。除了工程师作出指示或批准以总价方式支付的情况外，每一项变更应依据计量工程量进行估价和支付。

(3) 变更估价

1) 变更工作估价的原则。承包商按照工程师的变更指示实施变更工作后，往往会涉及对变更工程的估价问题。变更工程的价格或费率，往往是双方协商时的焦点。计算变更工程应采用的费率或价格，可分为三种情况：

① 变更工作在工程量表中有同种工作内容的单价，应以该费率计算变更工程费用。实施变更工作未引起工程施工组织和施工方法发生实质性变动，不应调整该项目的单价。

② 工程量表中虽然列有同类工作的单价或价格，但对具体变更工作而言已不适用，则应在原单价和价格的基础上制定合理的新单价或价格。

③ 变更工作的内容在工程量表中没有同类工作的费率和价格，应按照与合同单价水平相一致的原则，确定新的费率或价格。任何一方不能以工程量表中没有此项价格为借口，将变更工作的单价定得过高或过低。

2) 可以调整合同工作单价的原则。以单价支付的工作当满足以下条件时，允许对某一项工作规定的费率或价格加以调整：

① 此项工作实际测量的工程量比工程量表或其他报表中规定的工程量的变动大于10%；

② 工程量的变更与对该项工作约定的具体费率的乘积超过了接受的合同款额的0.01%；

③ 由于工程量的变更直接造成该项工作每单位工程量费用的变动超过1%。

对于单价支付的工作内容，工程师发布删减工作的变更指示后承包商不再实施部分工作，合同价格中包括的直接费部分没有受到损失，但摊销在该部分的间接费、税金和利润则实际不能合理回收。因此承包商可以就其损失向工程师发出通知并提供具体的证明资料，工程师与合同双方协商后确定一笔补偿金额加入到合同价内。

5. 支付管理

(1) 工程量计量

工程量清单中所列的工程量仅是对工程的估算量，不能作为承包商完成合同规定施工义务的结算依据。每次支付工程进度款前，均需通过测量来核实实际完成的工程量，以计量值作为支付依据。约定采用单价支付的施工工作内容，应以计量的数量作为支付进度款的依据；而按总价承包的部分可以按图纸工程量作为支付依据，仅对变更部分予以计量。工程师应在每次计量前通知承包商共同计量，双方签字后作为支付的依据。工程师发出计量通知后，承包商未能派人按时到场参加测量的，对工程师单方所作的计量结果应予以认可。

(2) 保留金

保留金是按合同约定从承包商应得的工程进度款中相应扣减的一笔金额，保留在雇主手中，作为约束承包商严格履行合同义务的措施之一。当承包商有一般违约行为使雇主受到损失时，可从该项金额内直接扣除损害赔偿费。例如，承包商未能在工程师规定的时间内修复缺陷工程部位，雇主雇用其他人完成后，这笔费用可从保留金内扣除。

1) 保留金的约定。承包商在投标书附录中按招标文件提供的信息和要求确认了每次扣留保留金的百分比和保留金限额。每次月进度款支付时扣留的百分比一般为5%～10%，累计扣留的最高限额为合同价的2.5%～5%。

2）每次中期支付时扣除的保留金。从首次支付工程进度款开始，用该月承包商完成合格工程应得款加上因后续法规政策变化的调整和市场价格浮动变化的调价款为基数，乘以合同约定保留金的百分比作为本次支付时应扣留的保留金。逐月累计扣到合同约定的保留金最高限额为止。

3）保留金的返还。扣留承包商的保留金分两次返还：

① 颁发工程接收证书后的返还。颁发了整个工程的接收证书时，将保留金的一半支付给承包商。如果颁发的接收证书只是限于一个单位工程或分部工程部分，则该部分应返还的相应保留金为：

$$返还金额 = 保留金总额 \times \frac{移交工程区段或部分的合同价值}{最终合同价值的估算值} \times 40\%$$

② 保修期满颁发履约证书后的返还。整个合同的缺陷通知期满，返还剩余的保留金。如果颁发的接收证书只限于一个单位工程或分部工程，则在这部分工程的缺陷通知期满后，并不全部返还该部分剩余的保留金，应返还的金额为：

$$返还金额 = 保留金总额 \times \frac{移交工程区段或部分的合同价值}{最终合同价值的估算值} \times 40\%$$

合同内以履约保函和保留金两种手段作为约束承包商忠实履行合同义务的措施，当承包商严重违约而使合同不能继续顺利履行时，雇主可以凭履约保函向银行获取损害赔偿；而因承包商的一般违约行为令雇主蒙受损失时，通常利用保留金补偿损失。履约保函和保留金的约束期均是承包商负有施工义务的责任期限，包括施工期和保修期。

4）保留金保函代换保留金。当保留金已累计扣留到保留金限额的60%时，为了使承包商有较充裕的流动资金用于工程施工，可以允许承包商提交保留金保函代换保留金。雇主返还保留金限额的50%，剩余部分待颁发履约证书后再返还。保留金保函金额在颁发接收证书后不递减。

（3）用于永久工程的设备和材料款预付

由于合同条件是针对包工包料承包的单价合同编制的，因此规定由承包商自筹资金采购工程材料和设备，只有当材料和设备用于永久工程后，才能将这部分费用计入工程进度款内结算支付。通用条件的条款规定，为了帮助承包商解决订购大宗主要材料和设备所占用资金的周转，订购物资经工程师确认合格后，按发票价值80%作为材料预付的款额，包括在当月应支付的工程进度款内。

1）承包商申请支付材料预付款。专用条款中规定的工程材料到达工地并满足以下条件后，承包商向工程师提交预付材料款的支付清单：①材料的质量和储存条件符合技术条款的要求；②材料已到达工地并经承包商和工程师共同验点入库；③承包商按要求提交了订货单、收据价格证明文件（包括运至现场的费用）。

2）工程师核查提交的证明材料。预付金额为经工程师审核后实际材料价乘以合同约定的百分比，包括在月进度付款签证中。

3）预付材料款的扣还。当已预付款项的材料或设备用于永久工程，构成永久工程合同价格的一部分后，在计量工程量的承包商应得款内扣除预付的款项，扣除金额与预付金额的计算方法相同。

4）物价浮动对合同价格的调整。对于施工期较长的合同，为了合理分担市场价格浮动变化对施工成本影响的风险，按合同内约定的调价公式调整支付的工程进度款。

（4）工程进度款的支付程序

1）承包商提供报表。每个月的月末，承包商应按工程师规定的格式提交一式 6 份本月支付报表。内容包括提出本月已完成合格工程的应付款要求和对应扣款的确认，一般包括以下几个方面：

① 本月完成的工程量清单中工程项目及其他项目的应付金额（包括变更）。

② 法规变化引起的调整应增加和扣减的任何款额；作为保留金扣减的任何款额。

③ 预付款的支付（分期支付的预付款）和扣还应增加和扣减的任何款额。

④ 承包商采购用于永久工程的设备和材料应预付和扣减的款额。

⑤ 根据合同或其他规定（包括索赔、争端裁决和仲裁），应付的任何其他应增加和扣减的款额。

⑥ 对所有以前的支付证书中证明的款额的扣除或减少（对已付款支付证书的修正）。

2）工程师签证。工程师接到报表后，对承包商完成的工程形象、项目、质量、数量以及各项价款的计算进行核查。若有疑问时，可要求承包商共同复核工程量。在收到承包商的支付报表的 28 天内，按核查结果以及总价承包分解表中核实的实际完成情况签发支付证书。工程师可以不签发证书或扣减承包商报表中部分金额的情况包括：

① 合同内约定有工程师签证的最小金额时，本月应签发的金额小于签证的最小金额，工程师不出具月进度款的支付证书。本月应付款接转下月，超过最小签证金额后一并支付。

② 承包商提供的货物或施工的工程不符合合同要求，可扣发修正或重置相应的费用，直至修整或重置工作完成后再支付。

③ 承包商未能按合同规定进行工作或履行义务，并且工程师已经通知了承包商，则可以扣留该工作或义务的价值，直至工作或义务履行为止。

工程进度款支付证书属于临时支付证书，工程师有权对以前签发过的证书中发现的错、漏或重复予以修正，承包商也有权提出更改或修正，经双方复核同意后，将增加或扣减的金额纳入本次签证中。

3）雇主支付。承包商的报表经过工程师认可并签发工程进度款的支付证书后，雇主应在接到证书后及时给承包商付款，付款时间不应超过工程师收到承包商的月进度付款申请单后的 56 天。如果逾期支付将承担延期付款的违约责任，延期付款的利息按银行贷款利率加 3%计算。

10.2.9 索赔管理

索赔是合同履行过程中的重要管理程序，雇主或承包商发现按照合同责任的约定自己的合法权益受到侵害时，均有权向对方提出相应的补偿要求。合同条件内许多条款使用了“雇主索赔”和“承包商索赔”专用术语，即受到损害方首先提出索要，当理由满足合同中相应条款的约定时，对方才会予以补偿或赔偿。为了避免和减少合同争议，任何一方提出的索赔要求均应通过工程师予以处理，由工程师判定索赔条件是否成立以及确定工期的延长天数和费用金额。

1. 雇主索赔

当雇主认为按照任何合同条件或其他与合同有关的条款规定，有权获得支付和（或）缺陷通知期的延长时，则雇主或工程师应向承包商发出通知并说明细节。

（1）索赔程序

1）雇主提出索赔要求。当雇主意识到某事件或情况可能导致索赔时，应尽快向承包商发出索赔通知，通知中应详细说明索赔根据的条款或其他依据，包括雇主按照合同认为自己有权获得的费用和（或）延期的证明。涉及任何延期的通知应在相关缺陷通知期满前发出。

2）工程师确定。工程师应首先与双方进行协商，争取达成一致，进而依据事件影响和责任范围做出确定：①雇主有权获得的由承包商支付的款额。经过工程师确定的款额，在签发支付证书中予以扣除。②缺陷通知期的延长。工程师核定由于工程缺陷应顺延缺陷通知期的天数。

（2）通用条件内涉及雇主索赔的主要条款

1）对不合格的材料和工程的拒收。

2）承包商未能按照工程师的指示完成缺陷补救工作。

3）由于承包商的原因修改进度计划导致雇主有额外投入。

4）未能按期完工的拖期违约赔偿。

5）雇主为承包商提供的电、气、水等应收款项。

6）工程未能通过竣工检验而要求的赔偿或对工程相应部分的折价接收。

7）由于承包商施工质量原因的缺陷通知期延长。

8）缺陷通知期内由于承包商未能及时补救缺陷而应给予的赔偿。

9）因承包商严重违约终止合同后的结算支付扣款。

10）承包商办理的保险，在风险事件发生后损失未能获得保险公司补偿的部分等。

2. 承包商的索赔

合同内很多条款说明应给予承包商顺延合同工期、费用和利润补偿的内容。

（1）索赔程序

1）承包商递交索赔通知。在承包商察觉影响事件的28天内发出索赔通知并进行现场的同期记录。索赔通知并非正式的索赔报告，不需提出具体的索赔数额要求，其作用只是告知工程师根据合同的某一条款受到了损害影响，提请工程师予以关注。发生影响事件后，每天承包商均应做好现场的“同期记录”，记录下当天的气候条件，干扰的影响，人、机、物、料的投入量，施工的产出量等，可以采用文字记录、照片、录像等手段。现场的同期记录是索赔要求的证据资料。工程师可以随时检查承包商的同期记录，以保证记录的真实性和正确性。

2）承包商递交索赔报告。承包商察觉影响事件的42天内或建议并经工程师认可的其他期限内，向工程师递交正式的索赔报告。索赔报告包括索赔的依据、索赔的证据、索赔要求和计算等内容。如果引起索赔的事件或情况具有连续影响，承包商应按月递交中间索赔报告，说明累计索赔的延误时间和索赔金额，以及工程师要求的相关资料。在事件影响结束后的28天内，递交最终索赔报告。

3）工程师审核。工程师接到承包商的索赔报告后，首先判定承包商的索赔是否成立，进而复核承包商索赔要求的数额。承包商索赔成立应同时满足三个条件：①承包商受到了实际损害，包括施工成本的增加和工程竣工时间的延误；②事件的原因按照合同约定不属于承包商的责任，包括应承担的行为责任或风险责任；③承包商按照合同规定的程序提交了索赔通知和索赔报告。在索赔成立的基础上，检查承包商提供的证据资料和复查索赔要求的合理性。工期要求中应考虑受影响的施工工作是否为施工计划中关键线路上的关键工作，事件的影响时间对合同工期是否产生推迟作用等。费用索赔要审查计算中取费项目的合理性、计算方法的正确性和计算结果的准确性。如果工程师对索赔报告中任何部分认为承包商的证据不够充分，可以要求提供进一步的补充资料。

4）工程师确定。就索赔事件与雇主和承包商协商后，独立作出该项索赔的确定，包括批准顺延的工期天数和（或）补偿的金额。承包商仅有权获得索赔中证明有依据的部分。工程师不得无礼扣押承包商的索赔报告，应在收到索赔报告或承包商提交的进一步证明资料后的42天内，对承包商的索赔要求作出回应，表示批准或不批准并说明具体意见。

（2）通用条件内涉及承包商索赔的主要条款

1）延误发放图纸；

2）延误移交施工现场；

3）承包商依据工程师提供的错误数据导致放线错误；

4）不可预见的外界条件导致承包商的额外费用支出和工期延误；

5）施工中遇到需要保护的文物或古迹导致的额外费用支出和工期延误；

6）非承包商原因的检验导致施工延误；

7）变更导致竣工时间的延长；

8）由于异常不利的气候条件影响导致的工期延误；

9）由于传染病或政府行为导致工期的延误；

10）雇主或其他承包商的干扰影响；

11）公共部门原因引起的延误；

12）雇主提前占用工程导致后续工程施工的费用增加和工期延误；

13）非承包商原因对竣工检验的干扰导致竣工时间的延长；

14）施工过程中因后续颁布的法规调整导致费用的增加和工期延误；

15）雇主办理的保险未能从保险公司获得补偿部分；

16）不可抗力事件导致的费用增加和工期延误等。

3. 不可预见的物质条件

通用条件定义的“不可预见的物质条件”是指施工中遇到合同内未予说明或影响程度超过合同说明情况的不利外界条件，导致施工的成本增加和工期延误的事件。

（1）不可预见物质条件的范围

指承包商施工过程中遇到不利于施工的外界自然条件、人为干扰、招标文件和图纸均未说明的外界障碍物、污染物的影响、招标文件未提供或与提供资料不一致的地表以下的地质和水文条件等情况。但不包括现场不利的气候条件。

（2）承包商及时发出通知

遇到上述情况后，承包商递交给工程师的通知中应具体描述该外界条件，并说明为什么承包商认为是不可预见的。发生这类情况后承包商仍应继续实施工程，采用在此外界条件下合适的以及合理的措施，并且应该遵守工程师给予的任何指示。

（3）工程师确定

接到承包商通知后，工程师首先与承包商根据以下 4 项原则进行协商，判定是否应给予补偿；若应给予补偿则进一步确定补偿的数额。工程师确定的原则是：

1）承包商在多大程度上对该外界条件不可预见。事件的原因可能属于雇主风险或属于有经验的承包商应该合理预见，也可能双方都应负有一定责任，工程师应合理划分责任或责任限度。

2）不属于承包商责任事件的影响程度。依据合同条款、现场记录以及相应的证明材料评定承包商受到损害或损失的额度，确定此事件影响应给予承包商的工期和费用的相应补偿，即为克服不利条件影响比正常工作额外增加的施工成本和消耗的时间。

3）在与雇主和承包商协商或决定补偿之前，按照公平合理分担风险的原则，还可以审查承包商在此事件发生前的施工中，是否在工程类似部分（如有时）上出现过其他外界条件比承包商在提交投标书时应该合理预见的物质条件更为有利的情况。如果在一定程度上承包商遇到过此类更为有利的条件，工程师还需在确定补偿时对承包商因已遇到过类似有利条件获得的好处（节约的施工成本）予以扣减。通过与承包商协商或独立作出确定后，作为扣除计到合同价格和支付证书中。应予注意的是，遇到更有利条件的工程其他部分，必须与遇到不利的不可预见条件的工作性质类似，而不是将以前施工中承包商遇到的所有更有利条件全部考虑。

4）由于招标文件是雇主单方起草，外界条件的资料应由雇主提供，因此对承包商在工程类似部分遇到的所有外界有利条件而作的对已支付工程款的调整结果，不应导致合同价格的净减少。即如果承包商不依据“不可预见的物质条件”条款提出索赔时，工程师不得主动考虑类似情况下由于有利条件使承包商所得到的好处，另外对有利部分的扣减不应超过对不利补偿的金额。

10.2.10 竣工验收管理

1. 竣工检验和移交工程

（1）竣工试验

工程施工完成后需进行竣工试验，如果合同内约定有单位工程完成后的分部移交，则单位工程施工完成也应进行相应的竣工试验。竣工试验的范围、内容和应满足的标准在合同的“规范要求”中已有详细规定。这些试验一般包括某些性能试验，以确定工程或单位工程是否符合规定的性能标准，是否满足雇主接收工程的条件。承包商完成工程并准备好竣工报告所需报送的资料后，应提前 21 天将某一确定的日期通知工程师，说明此日期后已准备好进行竣工检验。工程师应指示在该日期后 14 天内的某日进行。此项规定同样适用于按合同规定分部移交的工程。

（2）颁发工程接收证书

工程通过竣工检验达到了合同规定的“基本竣工”要求后，承包商在他认为可以完成移交工作前 14 天以书面形式向工程师申请颁发移交证书。基本竣工是指工程已通过竣工检验，能够按照预定目的交给雇主占用或使用，而非完成了合同规定的包括扫尾、清理施工现场及不影响工程使用的某些次要部位缺陷修复工作后的最终竣工，剩余工作允许承包商在缺陷通知期内继续完成。这样规定有助于准确判定承包商是否按合同规定的工期完成施工义务，也有利于雇主尽早使用或占有工程，及时发挥工程效益。

工程师接到承包商申请后的 28 天内，如果认为已满足竣工条件，即可颁发工程接收证书；若不满意，则应书面通知承包商，指出还需完成哪些工作后才达到基本竣工条件。工程接收证书中包括确认工程达到竣工的具体日期。工程接收证书颁发后，不仅表明承包商对该部分工程的施工义务已经完成，而且对工程照管的责任也转移给雇主。如果合同约定工程不同区段有不同竣工日期时，每完成一个区段均应按上述程序颁发部分工程的移交证书。

2. 延误试验

由于竣工试验是竣工验收和移交工程的前提，竣工验收的时间在很大程度上不仅影响提前或拖期完工，而且影响雇主将工程投入使用而获得利益，因此有关各方在工程的施工达到完工条件后应及时进行竣工试验。

(1) 雇主原因延误试验

如果由于雇主应负责的原因不当地妨碍承包商进行竣工试验达 14 天以上时，应视为雇主已在竣工试验原应完成的日期接收了工程或单位工程，工程师也应颁发移交证书。但工程的接收并不能解除合同规定承包商对工程质量的责任，因此在缺陷通知期内还应尽快进行竣工试验。承包商进行缺陷通知期内的补充试验有可能发生额外费用，如施工中某些竣工时必须拆除的临时设施可以为试验提供方便，但竣工后的检验又需设置新的设施等。还有可能发生约定时间之后随之进行的竣工试验，将直接影响工程的正式移交，即影响到确定承包商的竣工时间。因此合同规定，如果影响确定竣工日期时，应对延误的时间给予合同工期的合理顺延；承包商有额外支出时，应补偿费用和合理利润。

(2) 承包商原因延误试验

如果承包商不当地延误了竣工试验，工程师可通知承包商，要求在接到通知后 21 天内进行竣工试验。承包商应在规定期限内确定竣工试验的日期，并通知工程师。若承包商未能在规定的 21 天内进行竣工试验，雇主人员可以自行进行试验。试验的风险和费用由承包商承担。而且雇主人员的试验虽不需通知承包商参加，但应被视为是承包商在场进行的试验，即认为试验结果是准确的，并要求承包商予以确认。

(3) 特殊情况下的证书颁发程序

1) 雇主提前占用工程。工程师应及时颁发工程接收证书，并确认雇主占用日为竣工日。提前占用或使用表明该部分工程已达到竣工要求，对工程照管责任也相应转移给雇主，但承包商对该部分工程的施工质量缺陷仍负有责任。工程师颁发移交证书后，应尽快给承包商采取必要措施完成竣工检验的机会。

2) 因非承包商原因导致不能进行规定的竣工检验。有时也会出现施工已达到竣工条件，但由于不应由承包商负责的主观或客观原因不能进行竣工检验，如果等条件具备后进行竣工试验再颁发移交证书，既会因推迟竣工时间而影响到对承包商是否按期竣工的合理判定，也会产生在这段时间内对该部分工程的使用和照管责任不明。针对此种情况，工程师应以本该进行竣工检验的日期签发工程接收证书，将这部分工程移交给雇主照管和使用。工程虽已接收，仍应在缺陷通知期内进行补充检验。当竣工检验条件具备后，承包商应在接到工程师指示进行竣工试验通知的 14 天内完成检验工作。由于非承包商原因导致缺陷通知期内进行的补检，属于承包商在投标阶段不能合理预见到的情况，该项检查试验比正常检验多支出的费用应由雇主承担。

3. 未能通过竣工检验

(1) 重新检验

如果工程或某区段未能通过竣工检验，承包商对缺陷进行修复和改正，在相同条件下重复进行此类未通过的试验和对任何相关工作的竣工检验。

(2) 重复检验仍未能通过

当整个工程或某区段未能通过按重新检验条款规定所进行的重复竣工检验时，工程师应有权选择以下任何一种处理方法：

1) 指示再进行一次重复的竣工检验；

2) 如果由于该工程缺陷致使雇主基本上无法享用该工程或区段所带来的全部利益，拒收整个工程或区段（视情况而定），在此情况下，雇主有权获得承包商的赔偿。包括：①雇主为整个工程或该部分工程（视情况而定）所支付的全部费用以及融资费用。②拆除工程、清理现场和将永久设备和材料退还给承包商所支付的费用。③颁发一份接收证书（如雇主同意），折价接收该部分工程。合同价格应按照可以适当弥补由于此类失误而给雇主造成的减少的价值数额予以扣减。

4. 竣工结算

(1) 承包商报送竣工报表

颁发工程接收证书后的84天内，承包商应按工程师规定的格式报送竣工报表。报表内容包括：

1) 到工程接收证书中指明的竣工日止，根据合同完成全部工作的最终价值；

2) 承包商认为应该支付给他的其他款项，如要求的索赔款、应退还的部分保留金等；

3) 承包商认为根据合同应支付给他的估算总额。所谓“估算总额”是指这笔金额还未经过工程师审核同意。估算总额应在竣工结算报表中单独列出，以便工程师签发支付证书。

(2) 竣工结算与支付

工程师接到竣工报表后，应对照竣工图进行工程量详细核算，对其他支付要求进行审查，然后再依据检查结果签署竣工结算的支付证书。此项签证工作，工程师也应在收到竣工报表后28天内完成。雇主依据工程师的签证予以支付。

10.2.11 合同解除

合同解除是指合同义务没有完全履行以前，由于某种原因的影响而被迫提前终止。

1. 因承包商违约解除合同

如果承包商未能按照合同履行任何义务，工程师可以通知承包商，要求在规定的合理时间内纠正并补救违约行为。当雇主认为承包商未能履约的行为足够严重导致合同不可能再顺利进行时，可以单方解除合同。

(1) 雇主可以解除合同的情况。通用条件中列出，承包商的履约行为出现以下情况时，雇主有权解除合同：

1) 承包商未能遵守履约担保的规定或对其违约行为不在工程师指示的合理时间内改正；

2) 放弃工程或明确表现出不继续按照合同履行义务的意向；

3）没有合理的理由，不遵守工程师发布的开工、暂停施工、复工等指示，以及对不合格或有缺陷的工程，接到工程师发出的拒收或修补缺陷通知后 28 天内未能采取相应的措施；

4）未经必要的许可，将整个合同工程的施工任务全部分包出去，或将合同转让他人。

5）发生承包商企业破产、停业整顿等情况；

6）发生直接或间接向任何人付给或企图付给各种贿赂、礼品、赏金、回扣或其他贵重物品，以达到采取或不采取有关合同的任何行动。

（2）解除合同程序。出现上述情况且雇主决定解除合同，雇主发出解除合同通知后 14 天合同终止。对于第 5）和 6）两种情况，雇主发出解除通知后，合同立即终止。合同解除后的处理包括：

1）承包商撤场。承包商撤离现场时，应将已采购的货物、承包商的设计文件等移交给工程师，并尽力保护好工程。若雇主要求承包商将分包合同转让给雇主时，按照通用条件的规定承包商也应照办，但转让生效后，承包商对分包商实施的工作不再对雇主承担责任。

2）终止时对已完成合格工程的估价。合同被迫终止后，工程师应按照约定的程序出具已支付和尚未支付金额的证明，包括：①合同终止前，承包商已完成的符合合同规定要求的工程量合理价值。②未使用的材料、设备及临时工程的价值。③属于承包商设计部分的价值。

3）终止后的付款。虽然工程师出具了合同终止时的估价，但由于承包商的违约行为对雇主利益产生的损害还不能进行准确的计算，因此暂不向承包商支付进一步的款项，待工程全部完成后再与承包商进行最终结算。后续承包商完成全部工程，并通过缺陷通知期的检验后，按照雇主索赔的规定，合理计算出施工、竣工和修补任何缺陷的费用，因延误竣工的损害赔偿费（如果有的话）以及雇主负担的全部其他费用，与合同正常履行情况的差额作为雇主索赔的款额。最终结算时，承包商仅有权得到经工程师证明，如果承包商合格完成工程原应支付给他的款额，扣除雇主索赔的款额后的余额。如果雇主索赔款额超过承包商合格竣工时原应支付的款额，则超出的差额部分作为承包商应偿还雇主的债务。

2. 因雇主违约解除合同

雇主的违约可能属于主观上的行为违约，更多情况是由雇主应承担责任的风险而导致的违约。雇主的严重违约使承包商受到严重损害时，承包商也有权单方决定解除合同。

（1）承包商可以解除合同的情况。通用条件内列出的承包商可以解除合同的情况包括：

1）雇主拖延工程进度款的支付，承包商行使暂停施工权利后的 42 天内，雇主既未支付该笔款项，又未按照雇主资金安排条款的规定做出付款计划的说明并提供资金安排的证明；

2）工程师未能在收到报表和证明文件后 56 天内发出有关付款的证书；

3）合同规定的付款时间到期后的 42 天内，承包商仍未收到期中付款证书应付的款额（不包括雇主索赔应扣减部分）；

4）雇主实质上未能根据合同规定履行义务；

5）雇主将合同转让给其他人；

6）承包商执行工程师的暂停施工指示超过 84 天，承包商提出复工要求后未能获得批准；

7）雇主破产。

（2）解除合同程序。出现上述任何事件，承包商向雇主发出解除合同通知后 14 天合同终止。但后两种情况，承包商发出通知后合同可立即终止。

（3）终止后的付款。合同终止后，承包商有权从雇主获得以下款项的支付：

1）已完成的、合同中有价格规定的任何工作的应付金额；

2）为工程订购的、已交付给承包商和他有责任接受交付的生产设备和材料的费用，雇主支付后，这些物资将归雇主处置；

3）承包商原预期完成工程情况下，合理导致的其他费用；

4）承包商的临时工程和施工设备撤回基地的费用；

5）承包商人员的遣返费用；

6）雇主还应及时退还承包商的履约保函。

3. 雇主与承包商协议解除合同

雇主可以随时与承包商协议解除合同，如政策法规的变化导致工程停缓建、不可抗力的影响使工程继续施工已成为不可能、雇主的筹资计划无法落实工程被迫下马等情况，但不允许雇主为了自己要实施或准备安排其他承包商实施工程而决定终止合同。

10.2.12 工程保修阶段的合同管理

1. 工程缺陷责任

（1）承包商在缺陷通知期内应承担的义务。工程师在缺陷通知期内可就以下事项向承包商发布指示：

1）将不符合合同规定的永久设备或材料从现场移走并替换；

2）将不符合合同规定的工程拆除并重建；

3）实施任何因保护工程安全而需进行的紧急工作，不论事件起因于事故、不可预见事件还是其他事件。

（2）缺陷原因调查。工程师可以指示承包商进行任何质量缺陷原因的调查，因为承包商有相应的仪器和设备。承包商在工程师的指导下进行的缺陷调查，如果属于承包商的责任，则他应进行修复；若不属于承包商应承担责任的原因导致的工程缺陷，如雇主使用原因、设计原因、其他承包商施工的影响等，应给予承包商包括利润在内的调查补偿费。

（3）承包商的补救义务。承包商应在工程师指示的合理时间内完成上述工作。若承包商未能遵守指示，雇主有权雇用其他人实施并予以付款。如果属于承包商应承担的责任原因导致，雇主有权按照雇主索赔的程序由承包商赔偿。

2. 签发履约证书

缺陷通知期内工程圆满地通过运行考验，工程师应在期满后的 28 天内，向雇主签发解除承包商承担工程缺陷责任的证书，并将副本送给承包商。“履约证书”是承包商已按合同规定完成全部施工义务的证明，因此该证书颁发后工程师就无权再指示承包商进行任何施工工作，承包商即可办理最终结算手续。

3. 最终支付

（1）最终结算

最终结算是指颁发履约证书后，对承包商完成全部工作价值的详细结算，以及根据合同条件对应付给承包商的其他费用进行核实，确定合同的最终价格。颁发履约证书后的56天内，承包商应向工程师提交最终报表草案，以及工程师要求提交的有关资料。最终报表草案要详细说明根据合同完成的全部工程价值和承包商依据合同认为还应支付给他的任何进一步款项，如剩余的保留金及缺陷通知期内发生的索赔费用等。

（2）承包商的结清单

承包商向雇主出具的“结清单”，是承包商签署同意与雇主终止合同的法律文件。清单内容比较简单，主要说明雇主再支付多少金额后同意与雇主终止合同，这笔款额为经工程师同意的最终报表中开列的最终结算的应付款额。承包商递交结清单后，不能对施工、竣工、保修期间发生的事件再提出索赔要求，但仍可以就雇主延误支付最终结算款和推迟退还履约保函的事件要求相应的赔偿。雇主支付最终结算款和退还承包商的履约保函后，结清单生效，承包商的索赔权也自行终止。

（3）最终支付

工程师审核后与承包商协商，对最终报表草案进行适当的补充或修改后形成最终报表。承包商将最终报表送交工程师的同时，还需向雇主提交一份“结清单”进一步证实最终报表中的支付总额，作为同意与雇主终止合同关系的书面文件。工程师在接到最终报表和结清单附件后的28天内签发最终支付证书，雇主应在收到证书后的56天内支付。只有当雇主按照最终支付证书的金额予以支付并退还履约保函后，结清单才生效，承包商的索赔权也即行终止。

10.3 交钥匙工程合同条件的管理

《设计采购施工（EPC）/交钥匙工程合同条件》适用于项目建设总承包的合同。以下仅就与《施工合同条件》的主要区别予以介绍。

10.3.1 合同管理的主要特点

1. 合同的主要特点

（1）承包的工作范围。雇主招标时发包的工作范围为建设项目一揽子发包，合同约定的承包工作内容包括设计、设备采购、施工、物资供应、安装、调试、保修等。如果雇主将部分的设计、设备采购委托给其他承包商，则属于指定分包商的性质，仍由承包商负责协调管理。

（2）雇主对项目建设的意图。作为招标文件组成部分的合同条件中，在“雇主要求”条款内需明确说明项目的设计要求、功能要求等，如工程的目标、范围、设计标准、其他应达到的标准等具体内容以及风险责任的划分，承包商以这些要求作为编制实施方案进行投标的依据。招标阶段允许雇主与承包商就技术问题和商务条件进行讨论，所有达成协议的事项作为合同的组成部分。

（3）承包方式。合同采用固定最终价格和固定竣工日期的承包方式。雇主只是提出项目的建设意图和要求，由承包商负责设计、施工和保修并负责建设期内的设备采购和材料供应，雇主对承包商的工作只进行有限的控制，而不进行干预，承包商按他选择的方案和措施进行工作，只要最终结果满足雇主规定的功能标准即可。

2. 参与合同管理的有关各方

(1) 合同当事人。交钥匙合同的当事人是雇主和承包商，而不指任何一方的受让人(即不允许转让合同)。合同中的权利义务设定为当事人之间的关系。

(2) 参与合同管理有关方。合同中没有对工程师的专门定义，合同管理工作由雇主代表和承包商代表负责，涉及合同履行管理的有关方还包括承包商选择的分包商和雇主选择的指定分包商。

(3) 雇主代表。雇主任命的代表负责合同的履行管理，他可以行使除了因承包商严重违约而决定终止合同以外合同规定的全部权利。雇主代表可以是本企业的员工，也可以雇用工程师作为雇主代表。如果雇主任命一位独立的工程师作为代表，鉴于工程师在工作中需要遵循职业道德的要求，则应在专用条款内予以说明，让承包商在投标阶段知晓。

(4) 承包商代表。承包商任命并经雇主同意而授权负责合同履行管理的负责人。职责为与雇主代表共同建立合同正常履行中的管理关系，以及对承包商和分包商的设计、施工提供一切必要的监督。

(5) 分包商。由于承包范围的工作内容较多，性质又有很大差异，因此分包商承担的工作内容可能包括：设计、施工、设备制造、材料供应、机组调试等。通用条件内对分包作了以下两方面的规定，一是承包商不得将整个工程分包出去；二是雇主接受的在专用条款中约定的分包工作，承包商应在28天以前将选择的分包商有关资质、经验等详细资料以及分包商开始工作的时间通知雇主，经雇主认可后才可以开始分包工作。

3. 合同文件

(1) 合同文件的组成

构成对雇主与承包商有约束力的总承包合同文件包括：合同协议书；合同专用条件；合同通用条件；雇主的要求；投标书和构成合同组成部分的其他文件5大部分。如果各文件间出现矛盾或歧义时，以上的排列即为解释的优先次序，双方应尽可能通过协商达成一致。如果达不成协议，雇主应对有关情况给予应有的考虑后做出公平的确定。

(2) 雇主的要求文件

标题为“雇主要求”文件相当于《施工合同条件》中“规范”的作用，不仅作为承包商投标报价的基础，也是合同管理的依据，通常可以包括以下方面的详细规定：

1) 工程在功能方面的特定要求。

2) 发包的工作范围和质量标准。

3) 有关的信息。可能涉及雇主已（或将要）取得的规划、建筑许可；现场的使用权和进入方法；现场可能同时工作的其他承包商；放线的基准资料和数据；现场可能提供的电、水、气和其他服务；雇主可以提供的施工设备和免费提供的材料；保证设计和施工雇主应提供的数据和资料等。

4) 对承包商的要求。如按照法律法规的规定承包商履行合同期间应许可、批准、纳税；环保要求；要求送审的承包商文件；为雇主人员的操作培训；编制操作和维修手册的要求等。

5) 质量检验要求。如对检验样品的规定；在现场以外试验检测机构进行的检测试验；竣工试验和竣工后试验的要求等。

4. 风险责任

(1) 承包商风险

合同的实施属于由承包商承担主要风险的固定价格合同。承包商应被认为在投标阶段已获得了对工程可能产生影响的有关风险、意外事件和其他情况的全部必要资料。通过签订合同，承包商接受承担在实施工程过程中应当预见到的所有困难和费用的全部责任。因此，合同价格对任何他未预见到的困难和费用不应考虑调整。

(2) 雇主风险

雇主主要承担因外部社会和人为事件导致的损害，且保险公司不承保的事件，包括：

1) 战争、敌对行动、入侵、外敌行动。

2) 工程所在国内的叛乱、恐怖活动、革命、暴动、军事政变或篡夺政权、内战。

3) 承包商人员和分包商以外人员在工程所在国内发生的骚动、罢工或停工。

4) 工程所在国内的不属于承包商使用的军火、爆炸物资、电离辐射或放射性污染引起的损害。

5) 由于飞行物或装置所产生的压力波造成的损害。

(3) 不可抗力及保险

1) 不可抗力。合同中定义的"不可抗力"，除了雇主风险外还包括自然灾害造成的损害。

2) 保险。合同可以约定任何一方为工程、生产设备、材料和承包商文件办理保险，保险金额不低于包括拆除运走废弃物的费用以及专业费用和利润，保险期限应保持颁发履约证书前持续有效。

3) 不可抗力的后果。属于雇主风险事件，应给予承包商工期顺延和费用补偿。而对于自然灾害的损害，只给予承包商工期顺延，费用损失通过保险索赔获得。

10.3.2 工程质量管理

交钥匙合同的承包工作是从工程设计开始，到完成保修责任的全部义务，因此工作内容不像单独施工合同那样明确、具体。雇主仅提出功能、设计准则等基本要求，承包商完成设计后才能确定工程实施细节，进而编制施工计划并予以完成。

1. 质量保证体系

承包商应按合同要求编制质量保证体系。在每一设计和施工阶段开始前，均应将所有工作程序的执行文件提交雇主代表，遵照合同约定的细节要求对质量保证措施加以说明。雇主代表有权审查和检查其中的任何方面，对不满意之处可令其改正。

2. 设计质量管理

(1) 设计依据资料正确性的责任

1) 雇主的义务。雇主应提供相应的资料作为承包商设计的依据，这些资料包括在"雇主要求"文件中写明的或合同履行阶段陆续提供的。雇主应对以下几方面所提供数据和资料的正确性负责：

① 合同中规定雇主负责的和不可变部分的数据和资料；

② 对工程或其任何部分的预期目的的说明；

③ 竣工工程的试验和性能标准；

④ 除合同另有说明外，承包商不能核实的部分、数据和资料。

2) 承包商的义务。雇主提供的资料中有很多是供承包商参考的数据和资料，如现场的气候条件等。由于承包商要负责工程的设计，应对从雇主或其他方面获得的任何资料尽心竭力认真核实。雇主除了上述应负责的情况外，不对所提供资料中的任何错误、不准确或遗漏负责。承包商使用来自于雇主或其他方面错误资料进行的设计和施工，不解除承包商的义务。

(2) 承包商应保证设计质量

1) 承包商应充分理解“雇主要求”中提出的项目建设意图，依据雇主提供及自行勘测现场的基本资料和数据，遵守设计规范要求完成设计工作。

2) 雇主代表对设计文件的批准，不解除承包商的合同责任。

3) 承包商应保障雇主不因其责任的侵犯专利权行为而受到损害。

(3) 雇主代表对设计的监督

1) 对设计人员的监督。未在合同专用条件中注明的承包商设计人员或设计分包者，承担工程任何部分的设计任务前必须征得雇主代表的同意。

2) 保证设计贯彻雇主的建设意图。尽管设计人员或设计分包者不直接与雇主发生合同关系，但承包商应保障他们在所有合理时间内能随时参与同雇主代表的讨论。

3) 对设计质量的控制。为了缩短工程的建设周期，交钥匙合同并不严格要求完成整个工程的初步设计或施工图设计后再开始施工。允许某一部分工程的施工文件编制完成，经过雇主代表批准后即可开始实施。雇主代表对设计的质量控制主要表现在以下几个方面：①批准施工文件。承包商应遵守规范的标准编制足够详细的施工文件，内容中除设计文件外还应包括对供货商和施工人员实施工程提供的指导，以及对竣工后工程运行情况的描述。当施工文件的每一部分编制完毕提交审查时，雇主代表应在合同约定的“审核期”内（不超过 21 天）完成批准手续。②监督施工文件的执行。任何施工文件获得批准前或审核期限届满前（二者较迟者），均不得开始该项工程部分的施工。施工应严格按施工文件进行。如果承包商要求对已批准文件加以修改，应及时通知雇主代表，随后按审核程序再次获得批准后才可执行。③对竣工资料的审查。竣工检验前，承包商应提交竣工图纸、工程至竣工的全部记录资料、操作和维修手册请雇主代表审查。

3. 对施工的质量控制

施工和竣工阶段的质量控制条款与《施工合同条件》的规定基本相同，但增加了竣工检验的内容。

(1) 竣工试验。包括生产设备在内的竣工试验应按如下程序进行：

1) 启动前试验。包括适当的检验和性能试验（干或冷的性能试验），以证明每项生产设备都能承受下一阶段的试验。

2) 启动试验。应包括规定的运行试验，以证明工程或分项工程能根据规定在所有可应用的操作条件下安全运行。

3) 试运行。工程或分项工程在稳定运行时，还需进行各种性能试验，证明运行可靠，符合合同要求。

(2) 竣工后试验。工业项目包括大型生产设备，往往需要进行竣工后的试验。如果合同中规定了竣工后的试验，当工程达到稳定运行条件并运行一段合理时间时，还要进行各种性能试验，证明质量符合“雇主要求”中规定的标准和承包商的“保证表”中规定的性能指标。大型工业项目在工程或区段竣工满负荷运行一段时间后，还要检验工程或设备的各项技术指标、参数是否达到“雇主要求”中规定和承包商提供“保证表”中承诺的可接受“最低性能标准”。

(3) 雇主原因延误检验。雇主在设备运行期间无故拖延约定的竣工后检验致使承包商产生附加费用，应连同利润加入到合同价格内。

(4) 竣工后检验不合格。①未能通过竣工后检验时，承包商首先向雇主提交调整和修复的建议。只有雇主同意并在他认为合适的时间，才可以中断工程运行进行这类调整或修复工作，并在相同条件下重复检验工作。②竣工后检验未能达到规定可接受的最低性能标准，按专用条件内约定的违约金计算办法，由承包商承担该部分工程的损害赔偿费。

10.3.3 支付管理

1. 合同计价类型

交钥匙合同通常采用不可调价的总价合同，除了合同履行过程中因法律法规调整而对工程成本影响的情况以外，由于税费的变化、市场物价的浮动等都不应影响合同价格。如果具体工程的实施期限很长，也允许双方在专用条件内约定物价增长的调整方法，代换通用条件中的规定。

2. 预付款

如果雇主支付承包商用于动员和设计的预付款，在专用条款内应明确约定以下内容：

(1) 预付款的数额。

(2) 分期付款的次数和时间安排计划。若合同内未约定分期支付计划表，则应一次支付全部预付款。如果工程要求承包商提供多项生产设备，制造期内需要分阶段付款的话，由于设备尚未运到现场使雇主获得所有权，因此雇主对制造设备的分期支付也是一种预付的性质。除了在专用条件内约定与制造阶段衔接的付款计划外，还可以要求承包商为此类支付预先提交与预付款保函格式相同的担保。

(3) 预付款分期扣还的比例。如果专用条件内未约定其他的扣还方式，则应采用每次中期付款时，将本次应支付承包商的款额乘以约定的比例计算本次应扣还金额，颁发工程接收证书前全部扣清。分期扣还比例可按下式计算：

$$分期扣还比例 = \frac{预付款总额}{合同价格 - 暂列金额} \times 100\%$$

3. 工程进度款的支付

(1) 支付程序

合同内可以约定按月支付或分阶段支付任何一种方式，因此合同内包括分期支付的付款计划表。在合同约定的日期，承包商直接向雇主提交期中付款申请的支付报表，雇主除了审查付款内容外，还要参照付款计划表检查实际进度是否符合约定。当发现实际进度落后于计划时，可与承包商协商后按照滞后的程度确定修改此次分期付款额，并要求承包商修改付款计划表。

(2) 承包商申请工程进度款支付证书的主要内容

1) 截至月末已实施的工程和已提出的承包商文件的估算合同价值（包括变更）；

2) 由于法律改变和市场价格浮动对成本的影响（如果合同有约定）应增减的任何款项；

3) 应扣留的保留金数额；

4）按照预付款的约定，应进一步支付和扣减的数额；

5）按照雇主索赔、承包商索赔、争端、仲裁等条款确定的应补偿或扣减的款项。

6）以前已支付报表中可能存在的减少额。

（3）竣工结算和最终付款

这两阶段的支付程序和内容与《施工合同条件》基本相同。

10.3.4 进度控制

1. 进度计划

（1）计划安排。承包商在开工后28天内提交的进度计划内容包括：

1）计划实施工程的顺序，包括工程各主要阶段的预期时间安排；

2）合同规定承包商负责编制的有关技术文件审核时间和期限；

3）合同规定各项检验和试验的顺序和时间安排；

4）上述计划的说明报告，内容包括工程各阶段实施中拟采用方法的描述和各阶段准备投入的人员及设备的计划。

雇主代表在接到计划的21天内未提出异议，视为认可承包商的计划。

（2）进度报告。每个月末承包商均需提交进度报告，内容包括：

1）设计、承包商文件、采购、制造、货物运到现场、施工、安装、试验、投产准备和运行等每一阶段进展情况的图表和详细说明；

2）反映制造情况和现场进展情况的照片；

3）工程设备的制造情况，包括制造商名称、制造地点、进度百分比以及开始制造、承包商的检验、制造期间的主要试验、发货和运抵现场的实际或预计时间安排；

4）本月承包商投入实施合同工程的人员和设备记录；

5）工程材料的质量保证文件、试验结果和合格证的副本；

6）本月按照变更和索赔程序双方发出的通知清单；

7）安全情况；

8）实际进度与计划进度的对比，包括可能影响竣工时间的事件详情以及消除延误影响准备采取的措施。

（3）修改进度计划。当实际进度与计划进度有较大偏离时（不论是超前或滞后），承包商均应修改进度计划提交雇主认可。

2. 合同工期的延长

虽然EPC合同属于固定工期的承包方式，但不应由承包商承担责任原因导致进度延误的情况仍应延长竣工时间。这些情况大致包括：

（1）不可抗力造成的延误。

（2）雇主指示暂时停工造成的延误。

（3）变更导致承包商施工期限的延长。

（4）雇主应承担责任的事件对施工进度的干扰。

（5）项目所在单位行政部门原因造成的延误等。

10.3.5 变更

1. 出现变更的原因

由于EPC合同的承包范围较大，因此涉及变更的范围比《施工合同条件》的简单。

(1) 雇主要求的变更。雇主的变更要求通常源于改变预期功能、提高部分工程的标准和因法律法规政策调整导致。

(2) 承包商提出的变更建议。实施过程中承包商提出对原实施计划的变更建议，经过雇主同意后也可以变更。此类的执行要求与《施工合同条件》的相同。

2. 变更条款的有关规定

通用条件中对变更明确做出了以下方面的规定：

(1) 不允许雇主以变更的方式删减部分工作交给其他承包商完成。由指定承包商完成的工作从性质来看，不属于此范畴。

(2) 不仅要求承包商变更工作开始前必须编制和提交变更计划书，而且实施过程中做好变更工作的各项费用记录。

(3) 雇主接到承包商提出的延长工期要求，应对以前所做出过的确定进行审查。确定延长竣工时间的基本原则是：合同工期可以增加，但不得减少总的延长时间。此规定的含义是，如果删减部分原定的工作后，对约定的总工期或以前已批准延长的总工期不得减少。

10.4 分包合同条件的管理

《土木工程施工分包合同条件》是 FIDIC 编制的、与《施工合同条件》配套使用的分包合同文本。分包合同条件可用于承包商与其选定的分包商，或与雇主选择的指定分包商签订的合同。分包合同条件的特点是，既要保持与主合同条件中分包工程部分规定的权利义务约定一致，又要区分负责实施分包工作当事人改变后两个合同之间的差异。

《土木工程施工分包合同条件》的通用条件部分共有 22 条 70 款，分为定义与解释；一般义务；分包合同文件；主合同；临时工程、承包商的设备和其他设施；现场工作和通道；开工和竣工；指示和决定；变更；变更的估价；通知和索赔；分包商的设备、临时工程和材料；保障；未完成的工作和缺陷；保险；支付；主合同的终止；分包商的违约；争端的解决；通知和指示；费用及法规的变更；货币及汇率等部分内容。

10.4.1 订立分包合同阶段的管理

1. 分包合同的特点

分包合同是承包商将主合同内对雇主承担义务的部分工作交给分包商实施，双方约定相互之间的权利义务的合同。分包工程既是主合同的一部分又是承包商与分包商签订合同的标的物，但分包商完成这部分工作的过程中仅对承包商承担责任。由于分包工程同时存在于两个合同内的特点，承包商又居于两个合同当事人的特殊地位，因此承包商会将主合同中对分包工程承担的风险在分包合同内以条款约定的形式合理地转移给分包商。

2. 分包合同订立

承包商可以采用邀请招标或议标的方式与分包商签订分包合同。

(1) 分包工程的合同价格

承包商采用邀请招标或议标方式选择分包商时，通常要求对方就分包工程进行报价，然后与其协商而形成合同。分包合同的价格应为承包商发出“中标通知书”中接受的价格。由于承包商在分包合同履行过程中负有对分包商的施工进行监督、管理、协调责任，应收取相应的分包管理费，并非将主合同中该部分工程的价格都转付给分包商，因此分包合同的价格不一定等于主合同中所约定的该部分工程价格。

(2) 分包商应充分了解主合同对分包工程规定的义务

签订合同过程中，为了能让分包商合理预计分包工程施工中可能承担的风险，以及分包工程的施工能够满足主合同要求顺利进行，应使分包商充分了解在分包合同中应承担的义务。承包商除了提供分包工程范围内的合同条件、图纸、技术规范和工程量清单外，还应提供主合同的投标书附录、专用条件的副本及通用条件中任何不同于标准化范本条款规定的细节。承包商应允许分包商查阅主合同，或应分包商要求提供一份主合同副本。但以上允许查阅和提供的文件中，不包括主合同中的工程量清单及承包商的报价细节。因为在主合同中分包工程的价格是承包商合理预计风险后，在自己的施工组织方案基础上对雇主进行的报价，而分包商则应根据对分包合同的理解向承包商报价。

3. 划分分包合同责任的基本原则

为了保护当事人双方的合法权益，分包合同通用条件中明确规定了双方履行合同中应遵循的基本原则。

(1) 保护承包商的合法权益不受损害

1) 分包商应承担并履行与分包工程有关的主合同规定承包商的所有义务和责任，保障承包商免于承担由于分包商的违约行为，雇主根据主合同要求承包商负责的损害赔偿或任何第三方的索赔。如果发生此类情况，承包商可以从应付给分包商的款项中扣除这笔金额，且不排除采用其他方法弥补所受到的损失。

2) 不论是承包商选择的分包商，还是雇主选定的指定分包商均不允许与雇主有任何私下约定。

3) 为了约束分包商忠实履行合同义务，承包商可以要求分包商提供相应的履约保函。当工程师颁发履约证书后的28天内，将保函退还分包商。

4) 没有征得承包商同意，分包商不得将任何部分转让或分包出去。但分包合同条件也明确规定，属于提供劳务和按合同规定标准采购材料的分包行为，可以不经过承包商批准。

(2) 保护分包商合法权益的规定

1) 任何不应由分包商承担责任的事件导致竣工期限延长、施工成本增加和修复缺陷的费用，均应由承包商给予补偿。

2) 承包商应保障分包商免于承担非分包商责任引起的索赔、诉讼或损害赔偿，保障程度应与雇主按主合同保障承包商的程度相类似（但不超过此程度）。

10.4.2 分包合同的履行管理

1. 分包合同的管理关系

分包工程的施工涉及两个合同，因此需要处理好相关的管理关系。

(1) 雇主对分包合同的管理。雇主不是分包合同的当事人，对分包合同权利义务如何约定也不参与意见，与分包商没有任何合同关系。但作为工程项目的投资方和施工合同的当事人，他对分包合同的管理主要表现为对分包工程的批准。

(2) 工程师对分包合同的管理。工程师仅与承包商建立监理与被监理的关系，对分包商在现场的施工不承担协调管理义务。工程师依据主合同对分包工作内容及分包商的资质进行审查，行使确认权或否定权；对分包商使用的材料、施工工艺、工程质量进行监督管理。为了准确地区分合同责任，工程师就分包工程施工发布的任何指示均应发给承包商。分包合同内明确规定，分包商接到工程师的指示后不能立即执行，需要得到承包商同意才可实施。

（3）承包商对分包合同的管理。承包商作为两个合同的当事人，不仅对雇主承担整个合同工程按预期目标实现的义务，而且对分包工程的实施负有全面管理责任。承包商需委派代表对分包商的施工进行监督、管理和协调，承担如同主合同履行过程中工程师的职责。承包商的管理工作主要通过发布一系列指示来实现。接到工程师就分包工程发布的指示后，应将其要求列入自己的管理工作内容，并及时以书面确认的形式转发给分包商令他遵照执行，也可以根据现场的实际情况自主地发布有关协调、管理指令。

2. 分包工程的支付管理

分包合同履行过程中的施工进度和质量管理的内容与施工合同管理基本一致，但支付管理由于涉及两个合同的管理，与施工合同不尽相同。无论是施工期内的阶段支付，还是竣工后的结算支付，承包商都要进行两个合同的支付管理。

（1）分包合同的支付程序。分包商在合同约定的日期，向承包商报送该阶段施工的支付报表。承包商代表经过审核后，将其列入主合同的支付报表内一并提交工程师批准。承包商应在分包合同约定的时间内支付分包工程款，逾期支付要计算拖期利息。

（2）承包商代表对支付报表的审查。接到分包商的支付报表后，承包商代表首先对照分包合同工程量清单中的工作项目、单价或价格复核取费的合理性和计算的正确性，并依据分包合同的约定扣除预付款、保留金、对分包工程施工支持的实际应收款项、分包管理费等后，核准该阶段应付给分包商的金额。然后，再将分包工程完成工作的项目内容及工程量，按主合同工程量清单中的取费标准计算，填入到向工程师报送的支付报表内。

（3）承包商不承担逾期付款责任的情况。如果属于工程师不认可分包商报表中的某些款项、雇主拖延支付给承包商经过工程师签证后的应付款、分包商与承包商或与雇主之间因涉及工程量或报表中某些支付要求发生争议的三种情况，承包商代表在应付款日之前及时将扣发或缓发分包工程款的理由通知分包商，则不承担逾期付款责任。

3. 分包工程变更管理

承包商代表接到工程师依据主合同发布的涉及分包工程变更指令后，以书面确认方式通知分包商，也有权根据工程的实际进展情况自主发布有关变更指令。

承包商执行了工程师发布的变更指令，进行变更工程量计量及对变更工程进行估价时应请分包商参加，以便合理确定分包商应获得的补偿款额和工期延长时间。承包商依据分包合同单独发布的指令大多与主合同没有关系，通常属于增加或减少分包合同规定的部分工作内容；为了整个合同工程的顺利实施，改变分包商原定的施工方法、作业次序或时间等。若变更指令的起因不属于分包商的责任，承包商应给分包商相应的费用补偿和分包合同工期的顺延。如果工期不能顺延，则要考虑赶工措施费用。进行变更工程估价时，应参考分包合同工程量表中相同或类似工作的费率来核定。如果没有可参考项目或表中的价格不适用于变更工程时，应通过协商确定一个公平合理的费用加到分包合同价格内。

4. 分包合同的索赔管理

分包合同履行过程中，当分包商认为自己的合法权益受到损害，不论事件起因于雇主或工程师的责任，还是承包商应承担的义务，他都只能向承包商提出索赔要求，并保持影响事件发生后的现场同期记录。

（1）应由雇主承担责任的索赔事件。分包商向承包商提出索赔要求后，承包商应首先分析事件的起因和影响，并依据两个合同判明责任。如果认为分包商的索赔要求合理，且原因属于主合同约定应由雇主承担风险责任或行为责任的事件，要及时按照主合同规定的索赔程序，以承包商的名义就该事件向工程师递交索赔报告。承包商应定期将该阶段为此项索赔所采取的步骤和进展情况通报分包商。这类事件可能是：

1）应由雇主承担风险的事件，如施工中遇到了不利的外界障碍、施工图纸有错误等；

2）雇主的违约行为，如拖延支付工程款等；

3）工程师的失职行为，如发布错误的指令、协调管理不利导致对分包工程施工的干扰等；

4）执行工程师指令后对补偿不满意，如对变更工程的估价认为过少等。

如果事件的影响仅使分包商受到损害时，承包商的行为属于代为索赔。若承包商就同一事件也受到了损害，分包商的索赔就作为承包商索赔要求的一部分。索赔获得批准顺延的工期加到分包合同工期上去，得到支付的索赔款按照公平合理的原则转交给分包商。

承包商处理这类分包商索赔时还应注意两个基本原则：一是从雇主处获得批准的索赔款为承包商就该索赔对分包商承担责任的先决条件；二是分包商没有按规定的程序及时提出索赔，导致承包商不能按主合同规定的程序提出索赔，则不仅不承担责任，而且为了减小事件影响使承包商为分包商采取的任何补救措施费用由分包商承担。

（2）应由承包商承担责任的事件。此类索赔产生于承包商与分包商之间，工程师不参与索赔的处理，双方通过协商解决。原因往往是由于承包商的违约行为或分包商执行承包商代表指令导致。分包商按规定程序提出索赔后，承包商代表要客观地分析事件的起因和产生的实际损害，然后依据分包合同分清责任。

复习思考题

1. FIDIC施工合同条件中在合同履行过程中划分了几个重要的期限？
2. 指定分包商与一般分包商有何区别？
3. 施工合同条件中规定哪些情况属于雇主的风险？
4. 哪些情况属于变更，变更估价应遵循哪些原则？
5. 工程进度款的支付涉及哪些款项，如何规定的支付程序？
6. 交钥匙工程施工合同条件与施工合同条件各适用于何种承包情况？
7. 交钥匙合同分担风险的原则是什么？
8. 分包商的索赔可能来源于哪些原因？

11 建设工程索赔及管理

11.1 建设工程索赔基本理论

11.1.1 索赔的基本概念

工程索赔在国际建筑市场上是合同当事人保护自身正当权益、弥补工程损失、提高经济效益的重要和有效的手段。许多国际工程项目，承包商通过成功的索赔能使工程收入的增加达到工程造价的5%～10%，甚至有些工程的索赔额超过了合同额本身。“中标靠低价，盈利靠索赔”便是许多国际承包商的经验总结。索赔管理以其本身花费较小、经济效果明显而受到承包商的高度重视。在我国，由于对工程索赔的认识尚不够全面、正确，在有些地区、部门或行业，还不同程度地存在着业主忌讳索赔、不准索赔，承包商索赔意识不强、不敢索赔、不会索赔，而监理工程师不懂如何正确处理索赔等现象。因此，应当加强对索赔理论和方法的研究，在工程实践中健康地开展工程索赔工作。

1. 索赔的概念及特点

(1) 索赔含义

索赔（Claim）一词具有较为广泛的含义，其一般含义是指对某事、某物权利的一种主张、要求、坚持等。工程索赔通常是指在工程合同履行过程中，合同当事人一方因非自身责任或对方不履行或未能正确履行合同而受到经济损失或权利损害时，通过一定的合法程序向对方提出经济或时间补偿的要求。索赔是一种正当的权利要求，它是发包人、工程师和承包人之间一项正常的、大量发生而且普遍存在的合同管理业务，是一种以法律和合同为依据的、合情合理的行为。

(2) 索赔特征

1) 索赔是双向的，不仅承包人可以向发包人索赔，发包人同样也可以向承包人索赔。由于实践中发包人向承包人索赔发生的频率相对较低，而且在索赔处理中，发包人始终处于主动和有利的地位，对于成立的索赔，他可以直接从应付工程款中扣抵或没收履约保函、扣留保留金甚至留置承包商的材料设备作为抵押等来实现自己的索赔要求。因此在工程实践中，大量发生的、处理比较困难的是承包人向发包人的索赔，也是索赔管理的主要对象和重点内容。承包人的索赔范围非常广泛，一般认为只要因非承包人自身责任造成工程工期延长或成本增加，都有可能向发包人提出索赔。

2) 只有实际发生了经济损失或权利损害，一方才能向对方索赔。经济损失是指发生了合同外的额外支出，如人工费、材料费、机械费、管理费等额外开支；权利损害是指虽然没有经济上的损失，但造成了一方权利上的损害，如由于恶劣气候条件对工程进度的不利影响，承包人有权要求工期延长等。因此，发生了实际的经济损失或权利损害，应是一方提出索赔的一个基本前提条件。

3）索赔是一种未经对方确认的单方行为，它与工程签证不同。在施工过程中签证是承发包双方就额外费用补偿或工期延长等达成一致的书面证明材料和补充协议，它可以直接作为工程款结算或最终增减工程造价的依据，而索赔则是单方面行为，对对方尚未形成约束力，这种索赔要求能否得到最终实现，必须通过确认（如双方协商、谈判、调解或仲裁、诉讼）。归纳起来，索赔具有如下一些本质特征：

① 索赔是要求给予补偿（赔偿）的一种权利、主张；

② 索赔的依据是法律法规、合同文件及工程建设惯例，但主要是合同文件；

③ 索赔是因非自身原因导致的，要求索赔一方没有过错；

④ 与原合同相比较，已经发生了额外的经济损失或工期损害；

⑤ 索赔必须有切实有效的证据；

⑥ 索赔是单方行为，双方还没有达成协议。

实质上索赔的性质属于经济补偿行为，而不是惩罚。索赔是一种正当的权利或要求，是合情、合理、合法的行为，它是在正确履行合同的基础上争取合理的偿付，不是无中生有、无理争利。索赔同守约、合作并不矛盾、对立，只要是符合有关规定的、合法的或者符合有关惯例的，就应该理直气壮地、主动地向对方索赔。大部分索赔都可以通过和解或调解等方式获得解决，只有在双方坚持己见而无法达成一致时才会提交仲裁或诉诸法院求得解决，即使诉诸法律程序，也应当被看成是遵法守约的正当行为。索赔的关键在于“索”，如果不“索”，对方就没有任何义务主动地来“赔”，同样“索”得乏力、无力，即索赔依据不充分、证据不足、方式方法不当，也是很难成功的。国际工程的实践经验告诉我们，一个不敢、不会索赔的承包人最终是要亏损的。

（3）索赔与违约责任的区别

1）索赔事件的发生，不一定在合同文件中有约定；而工程合同的违约责任，则必然是合同所约定的。

2）索赔事件的发生，可以是一定行为造成（包括作为和不作为），也可以是不可抗力事件所引起的；而追究违约责任，必须有合同不能履行或不能完全履行的违约事实的存在，发生不可抗力可以免除追究当事人的违约责任。

3）索赔事件的发生，可以是合同当事人一方引起，也可以是任何第三人行为引起；而违反合同则是由于当事人一方或双方的过错造成的。

4）一定要有造成损失的结果才能提出索赔，因此索赔具有补偿性；而合同违约不一定要造成损失结果，因为违约具有惩罚性。

5）索赔的损失结果与被索赔人的行为不一定存在法律上的因果关系，如因业主（发包人）指定分包人原因造成承包人损失的，承包人可以向业主索赔等；而违反合同的行为与违约事实之间存在因果关系。

2. 索赔的起因

引起工程索赔的原因非常多和复杂，主要有以下方面：

（1）工程项目的特殊性。现代工程规模大、技术性强、投资额大、工期长、材料设备价格变化快。工程项目的差异性大、综合性强、风险大，使得工程项目在实施过程中存在许多不确定变化因素，而合同则必须在工程开工前签订，不可能对工程项目所有的问题都能作出合理的预见和规定，而且发包人在工程实施过程中还会有许多新的决策，这一切使得合同变更比较频繁，而合同变更必然会导致项目工期和成本的变化。

(2) 工程项目内外部环境的复杂性和多变性。工程项目的技术环境、经济环境、社会环境、法律环境的变化，诸如地质条件变化、材料价格上涨、货币贬值、国家政策法规的变化等，会在工程实施过程中经常发生，使得工程的实际情况与计划实施过程不一致，这些因素同样会导致工程工期和费用的变化。

(3) 参与工程建设主体的多元性。由于工程参与单位多，一个工程项目往往会有发包方、总承包方、工程师、分包方、指定分包方、材料设备供应方等众多参加单位，各方面的技术、经济关系错综复杂，相互联系又相互影响，只要一方失误，不仅会造成自己的损失，而且会影响其他合作者，造成他人损失，从而导致索赔和争执。

(4) 工程合同的复杂性及易出错性。工程合同文件多且复杂，经常会出现措辞不当、缺陷、图纸错误，以及合同文件前后自相矛盾或者可作不同解释等问题，容易造成合同双方对合同文件理解不一致，从而出现索赔。

(5) 投标的竞争性。现代土木工程市场竞争激烈，承包人的利润水平逐步降低，在竞标时，大部分靠低标价甚至保本价中标，回旋余地较小。特别是，在招标投标过程中，每个合同专用文件内的具体条款，一般是由发包人自己或委托工程师、咨询单位编写后列入招标文件，编制过程中承包人没有发言权，虽然承包人在投标书的致函内和与发包人进行谈判过程中，可以要求修改某些对他风险较大的条款的内容，但不能要求修改的条款数目过多，否则就构成对招标文件有实质上的背离被发包人拒绝，因而工程合同在实践中往往发包人与承包人风险分担不公，把主要风险转嫁于承包人一方，稍遇条件变化，承包人即处于亏损的边缘，这必然迫使他寻找一切可能的索赔机会来减轻自己承担的风险。因此索赔实质上是工程实施阶段承包人和发包人之间在承担工程风险比例上的合理再分配，这也是目前国内外土木工程市场上，索赔无论在数量还是在款额上呈增长趋势的一个重要原因。

以上这些问题会随着工程的逐步开展而不断暴露出来，使工程项目必然受到影响，导致工程项目成本和工期的变化，这就是索赔形成的根源。因此，索赔的发生，不仅是一个索赔意识或合同观念的问题，从本质上讲，索赔也是一种客观存在。

3. 索赔管理的特点和原则

要健康地开展索赔工作，必须全面认识索赔，完整理解索赔，端正索赔动机，才能正确对待索赔，规范索赔行为，合理地处理索赔事件。因此，发包人、工程师和承包人应对索赔工作的特点有全面认识和理解。

(1) 索赔工作贯穿工程项目始终

合同当事人要做好索赔工作，必须在从签订合同起，直至履行合同的全过程中，认真注意采取预防保护措施，建立健全索赔业务的各项管理制度。

在工程项目的招标、投标和合同签订阶段，作为承包人应仔细研究工程所在国的法律、法规及合同条件，特别是关于合同范围、义务、付款、工程变更、违约及罚款、特殊风险、索赔时限和争议解决等条款，必须在合同中明确规定当事人各方的权利和义务，以便为将来可能的索赔提供合法的依据和基础。在合同执行阶段，合同当事人应密切关注对方的合同履行情况，不断地寻求索赔机会；同时自身应严格履行合同义务，防止被对方索赔。

一些缺乏工程承包经验的承包人，由于对索赔工作的重要性认识不够，往往在工程开始时并不重视，等到发现不能获得应当得到的偿付时才匆忙研究合同中的索赔条款，汇集所需要的数据和论证材料，但已经陷入被动局面，有的经过旷日持久的争执、交涉乃至诉诸法律程序，仍难以索回应得的补偿或损失，影响了自身的经济效益。

(2) 索赔是工程技术和法律相融的综合学问和艺术

索赔问题涉及的层面相当广泛，既要求索赔人员具备丰富的工程技术知识与实际施工经验，使得索赔问题的提出具有科学性和合理性，符合工程实际情况，又要求索赔人员通晓法律与合同知识，使得提出的索赔具有法律依据和事实证据，并且还要求在索赔文件的准备、编制和谈判等方面具有一定的艺术性，使索赔的最终解决表现出一定程度的伸缩性和灵活性。这就对索赔人员的素质提出了很高的要求，他们的个人品格和才能对索赔成功的影响很大。索赔人员应当是头脑冷静、思维敏捷、处事公正、性格刚毅且有耐心，并具有以上多种才能的综合人才。

(3) 影响索赔成功的相关因素多

索赔能否获得成功，除了上述方面的条件以外，还与企业的项目管理基础工作密切相关，主要有以下四个方面：

1) 合同管理。合同管理与索赔工作密不可分，有的学者认为索赔就是合同管理的一部分。从索赔角度看，合同管理可分为合同分析和合同日常管理两部分。合同分析的主要目的是为索赔提供法律依据。合同日常管理则是收集、整理施工中发生事件的一切记录，包括图纸、订货单、会谈纪要、来往信件、变更指令、气象图表、工程照片等，并加以科学归档和管理，形成一个能清晰描述和反映整个工程全过程的数据库，其目的是为索赔及时提供全面、正确、合法有效的各种证据。

2) 进度管理。工程进度管理不仅可以指导整个施工的进程和次序，而且可以通过计划工期与实际进度的比较、研究和分析，找出影响工期的各种因素，分清各方责任，及时地向对方提出延长工期及相关费用的索赔，并为工期索赔值的计算提供依据和各种基础数据。

3) 成本管理。成本管理的主要内容有编制成本计划，控制和审核成本支出，进行计划成本与实际成本的动态比较分析等，它可以为费用索赔提供各种费用的计算数据和其他信息。

4) 信息管理。索赔文件的提出、准备和编制需要大量工程施工中的各种信息，这些信息要在索赔时限内高质量地准备好，离开了当事人平时的信息管理是不行的。应该采用计算机进行信息管理。

4. 工程索赔的作用

随着世界经济全球化和一体化进程的加快以及中国加入 WTO 以后，中国引进外资和涉外工程要求按照国际惯例进行工程索赔管理，中国建筑业走向国际建筑市场同样要求按国际惯例进行工程索赔管理。工程索赔的健康开展，对于培育和发展建筑市场，促进建筑业的发展，提高工程建设的效益，将发挥非常重要的作用。工程索赔的作用主要有如下方面：

(1) 索赔是合同和法律赋予正确履行合同者免受意外损失的权利，索赔是当事人一种保护自己、避免损失、增加利润、提高效益的重要手段。

(2) 索赔是落实和调整合同双方经济责、权、利关系的手段，也是合同双方风险分担的又一次合理再分配，离开了索赔，合同责任就不能全面体现，合同双方的责、权、利关系就难以平衡。索赔促使工程造价更合理，索赔的正常开展，可以把原来打入工程报价中的一些不可预见费用，改为实际发生的损失支付，有助于降低工程报价，使工程造价更为实事求是。

(3) 索赔是合同实施的保证。索赔是合同法律效力的具体体现，对合同双方形成约束条件，特别能对违约者起到警诫作用，违约方必须考虑违约后的后果，从而尽量减少其违约行为的发生。

(4) 索赔对提高企业和工程项目管理水平起着重要的促进作用。我国承包人在许多项目上提不出或提不好索赔，与其企业管理松散混乱、计划实施不严、成本控制不力等有着直接关系；没有正确的工程进度网络计划就难以证明延误的发生及天数；没有完整翔实的记录，就缺乏索赔定量要求的基础。因而索赔有利于促进双方加强内部管理，严格履行合同，有助于双方提高管理素质，加强合同管理，维护市场正常秩序。

(5) 索赔有助于政府转变职能，使合同当事人双方依据合同和实际情况实事求是地协商工程造价和工期，可以使政府从烦琐的调整概算和协调双方关系等微观管理工作中解脱出来。

(6) 索赔有助于承发包双方更快地熟悉国际惯例，熟练掌握索赔和处理索赔的方法与技巧，有助于对外开放和对外工程承包的开展。

但是，也应当强调指出，承包人单靠索赔的手段来获取利润并非正途。往往一些承包人采取有意压低报价的方法以获取工程，为了弥补自己的损失，又试图靠索赔的方式来得到利润。从某种意义上讲，这种经营方式有很大的风险。能否得到这种索赔的机会是难以确定的，其结果也不可靠，采用这种策略的企业也很难维持长久。因此，承包人运用索赔手段来维护自身利益，以求增加企业效益和谋求自身发展，应基于对索赔概念的正确理解和全面认识，既不必畏惧索赔，也不可利用索赔搞投机钻营。

11.1.2 索赔的分类

由于索赔贯穿于工程项目全过程，可能发生的范围比较广泛，其分类随标准、方法不同而不同，主要有以下几种分类方法。

1. 按索赔有关当事人分类

(1) 承包人与发包人间的索赔。这类索赔大都是有关工程量计算、变更、工期、质量和价格方面的争议，也有中断或终止合同等其他违约行为的索赔。

(2) 总承包人与分包人间的索赔。其内容与 (1) 大致相似，但大多数是分包人向总包人索要付款和赔偿及承包人向分包人罚款或扣留支付款等。

以上两种涉及工程项目建设过程中施工条件或施工技术、施工范围等变化引起的索赔，一般发生频率高，索赔费用大，有时也称为施工索赔。

(3) 发包人或承包人与供货人、运输人间的索赔。其内容多系商贸方面的争议，如货品质量不符合技术要求、数量短缺、交货拖延、运输损坏等。

(4) 发包人或承包人与保险人间的索赔。此类索赔多系被保险人受到灾害、事故或其他损害或损失，按保险单向其投保的保险人索赔。

以上两种在工程项目实施过程中的物资采购、运输、保管、工程保险等方面活动引起的索赔事项，又称商务索赔。

2. 按索赔依据分类

(1) 合同内索赔。合同内索赔是指索赔所涉及的内容可以在合同文件中找到依据，并可根据合同规定明确划分责任。一般情况下，合同内索赔的处理和解决要顺利一些。

(2) 合同外索赔。合同外索赔是指索赔所涉及的内容和权利难以在合同文件中找到依据，但可从合同条文引申含义和合同适用法律或政府颁发的有关法规中找到索赔的依据。

(3) 道义索赔。道义索赔是指承包人在合同内或合同外都找不到可以索赔的依据，因而没有提出索赔的条件和理由，但承包人认为自己有要求补偿的道义基础，而对其遭受的损失提出具有优惠性质的补偿要求，即道义索赔。道义索赔的主动权在发包人手中，发包人一般在下面四种情况下，可能会同意并接受这种索赔：第一，若另找其他承包人，费用会更大；第二，为了树立自己的形象；第三，出于对承包人的同情和信任；第四，谋求与承包人相互理解或更长久的合作。

3. 按索赔项目的分类

(1) 工期索赔。即由于非承包人自身原因造成拖期的，承包人要求发包人延长工期，推迟原规定的竣工日期，避免违约误期罚款等。

(2) 费用索赔：即要求发包人补偿费用损失，调整合同价格，弥补经济损失。

4. 按索赔事件的性质分类

(1) 工程延期索赔。因发包人未按合同要求提供施工条件，如未及时交付设计图纸、施工现场、道路等，或因发包人指令工程暂停或不可抗力事件等原因造成工期拖延的，承包人对此提出索赔。

(2) 工程变更索赔。由于发包人或工程师指令增加或减少工程量或增加附加工程、修改设计、变更施工顺序等，造成工期延长和费用增加，承包人对此提出索赔。

(3) 工程终止索赔。由于发包人违约或发生了不可抗力事件等造成工程非正常终止，承包人因蒙受经济损失而提出索赔。

(4) 工程加速索赔。由于发包人或工程师指令承包人加快施工速度，缩短工期，引起承包人的人、财、物的额外开支而提出的索赔。

(5) 意外风险和不可预见因素索赔。在工程实施过程中，因人力不可抗拒的自然灾害、特殊风险以及一个有经验的承包人通常不能合理预见的不利施工条件或客观障碍，如地下水、地质断层、溶洞、地下障碍物等引起的索赔。

(6) 其他索赔。如因货币贬值、汇率变化、物价工资上涨、政策法令变化等原因引起的索赔。

这种分类能明确指出每一项索赔的根源所在，使发包人和工程师便于审核分析。

5. 按索赔处理方式分类

(1) 单项索赔。单项索赔就是采取一事一索赔的方式，即在每一件索赔事项发生后，报送索赔通知书，编报索赔报告，要求单项解决支付，不与其他的索赔事项混在一起。单项索赔是针对某一干扰事件提出的，在影响原合同正常运行的干扰事件发生时或发生后，由合同管理人员立即处理，并在合同规定的索赔有效期内向发包人或工程师提交索赔要求和报告。单项索赔通常原因单一，责任单一，分析起来相对容易，由于涉及的数额一般较小，双方容易达成协议，处理起来也比较简单。因此，合同双方应尽可能地用此种方式来处理索赔。

(2) 综合索赔。综合索赔又称一揽子索赔，即对整个工程（或某项工程）中所发生的数起索赔事项，综合在一起进行索赔。一般在工程竣工前和工程移交前，承包人将工程实施过程中因各种原因未能及时解决的单项索赔集中起来进行综合考虑，提出一份综合索赔报告，由合同双方在工程交付前后进行最终谈判，以一揽子方案解决索赔问题。在合同实施过程中，有些单项索赔问题比较复杂，不能立即解决，为不影响工程进度，经双方协商同意后留待以后解决。有的是发包人或工程师对索赔采用拖延办法，迟迟不作答复，使索赔谈判旷日持久。还有的是承包人因自身原因，未能及时采用单项索赔方式等，都有可能出现一揽子索赔。由于一揽子索赔中许多干扰事件交织在一起，影响因素比较复杂而且相互交叉，责任分析和索赔值计算都很困难，索赔涉及的金额往往又很大，双方都不愿或不容易作出让步，使索赔的谈判和处理都很困难。因此，综合索赔的成功率比单项索赔要低得多。

11.1.3 索赔事件

索赔事件又称干扰事件，是指使实际情况与合同规定不符合，最终引起工期和费用变化的那类事件。不断地追踪、监督索赔事件就是不断地发现索赔机会。

在工程实践中，承包人可以提出的索赔事件通常有：

(1) 发包人（业主）违约（风险）

1) 发包人未按合同约定完成基本工作。如：发包人未按时交付合格的施工现场及行驶道路、接通水电等；未按合同规定的时间和数量交付设计图纸和资料；提供的资料不符合合同标准或有错误（如工程实际地质条件与合同提供资料不一致）等。

2) 发包人未按合同规定支付预付款及工程款等。一般合同中都有支付预付款和工程款的时间限制及延期付款计息的利率要求。如果发包人不按时支付，承包人可据此规定向发包人索要拖欠的款项并索赔利息，敦促发包人迅速偿付。对于严重拖欠工程款，导致承包人资金周转困难，影响工程进度，甚至引起中止合同的严重后果，承包人则必须严肃地提出索赔，甚至诉讼。

3) 发包人（业主）应该承担的风险。由于业主承担的风险发生而导致承包人的费用损失增大时，承包人可据此提出索赔。许多合同规定，承包人不仅对由此而造成工程、业主或第三人的财产的破坏和损失及人身伤亡不承担责任，而且业主应保护和保障承包人不受上述特殊风险后果的损害，并免于承担由此而引起的与之有关的一切索赔、诉讼及其费用。相反，承包人还应当可以得到由此损害引起的任何永久性工程及其材料的付款及合理的利润，以及一切修复费用、重建费用及上述特殊风险而导致的费用增加。如果由于特殊风险而导致合同终止，承包人除可以获得应付的一切工程款和损失费用外，还可以获得施工机械设备的撤离费用和人员遣返费用等。

4) 发包人或工程师要求工程加速。当工程项目的施工计划进度受到干扰，导致项目不能按时竣工，发包人的经济效益受到影响时，有时发包人或工程师会要求承包人加班赶工来完成工程项目，承包人不得不在单位时间内投入比原计划更多的人力、物力与财力进行施工，以加快施工进度。

① 直接指令加速。如果工程师指令比原合同日期提前完成工程，或者发生可原谅延误，但工程师仍指令按原合同完工日期完工，承包人就必须加快施工速度，这种根据工程

师的明示指令进行的加速就是直接指令加速。一项工程遇到各种意外情况或工程变更而必须延长工期，但是发包人由于自己的原因（例如，该工程已出售给买主，需要按协议时间移交给买主），坚持不予延期，这就迫使承包人要加班赶工来完成工程，从而将导致成本增加，承包人可以要求赔偿工程延误使现场管理费附加费用增加的损失，同时要求补偿赶工措施费用，例如加班工资、新增设备租赁和使用费、分包的额外成本等。但必须注意，只有非承包人过错引起的施工加速才是可补偿的，如果承包人发现自己的施工比原计划落后了而自己加速施工以赶上进度，则发包人无义务给予补偿，承包人还应赔偿发包人一笔附加监理费，因发包人多支付了监理费。

② 推定加速。在有些情况下，虽然工程师没有发布专门的加速指令，但客观条件或工程师的行为已经使承包人合理意识到工程施工必须加速，这就是推定加速。推定加速与指令加速在合同实施中的意义是一样的，只是在确定是否存在推定指令时，双方比较容易产生分歧，不像直接指令加速那样明确。为了证明推定加速已经发生，承包人必须从以下几个方面来证明自己被迫比原计划更快地进行了施工：工程施工遇到了可原谅延误，按合同规定应该获准延长工期；承包人已经特别提出了要求延长工期的索赔申请；工程师拒绝或未能及时批准延长工期；工程师已以某种方式表明工程必须按合同时间完成；承包人已经及时通知工程师，工程师的行为已构成了要求加速施工的推定指令；这种推定加速实际上造成了施工成本的增加。

5）设计错误、发包人或工程师错误的指令或提供错误的数据等造成工程修改、停工、返工、窝工，发包人或工程师变更原合同规定的施工顺序，打乱了工程施工计划等。由于发包人和工程师原因造成的临时停工或施工中断，特别是根据发包人和工程师不合理指令造成了工效的大幅度降低，从而导致费用支出增加，承包人可提出索赔。

6）发包人不正当地终止工程。由于发包人不正当地终止工程，承包人有权要求补偿损失，其数额是承包人在被终止工程上的人工、材料、机械设备的全部支出，以及各项管理费用、保险费、贷款利息、保函费用的支出（减去已结算的工程款），并有权要求赔偿其盈利损失。

（2）不利的自然条件与客观障碍

不利的自然条件和客观障碍：一般是指有经验的承包人无法合理预料到的不利的自然条件和客观障碍。“不利的自然条件”中不包括气候条件，而是指投标时经过现场调查及根据发包人所提供的资料都无法预料到的其他不利自然条件，如地下水、地质断层、溶洞、沉陷等。“客观障碍”是指经现场调查无法发现、发包人提供的资料中也未提到的地下（上）人工建筑物及其他客观存在的障碍物，如排水道、公共设施、坑、井、隧道、废弃的旧建筑物、其他水泥砖砌物，以及埋在地下的树木等。由于不利的自然条件及客观障碍，常常导致设计变更、工期延长或成本大幅度增加，承包人可以据此提出索赔要求。

（3）工程变更

由于发包人或工程师指令增加或减少工程量、增加附加工程、修改设计、变更施工顺序、提高质量标准等，造成工期延长和费用增加，承包人可对此提出索赔。注意由于工程变更减少了工作量，也要进行索赔。比如在别墅住房施工过程中，发包人提出将原来的100栋减为70栋，承包人可以对管理费、保险费、设备费、材料费（如已订货）、人工费（多余人员已到）等进行索赔。工程变更索赔通常是索赔的重点，但应注意，其变更绝不能由承包人主动提出建议，而必须由发包人提出，否则不能进行索赔。

(4) 工期延长和延误

工期延长和延误的索赔通常包括两方面：一是承包人要求延长工期；二是承包人要求偿付由于非承包人原因导致工程延误而造成的损失。一般这两方面的索赔报告要求分别编制，因为工期和费用索赔并不一定同时成立。如果工期拖延的责任在承包人方面，则承包人无权提出索赔。

(5) 工程师指令和行为

如果工程师在工作中出现问题、失误或行使合同赋予的权力造成承包人的损失，业主必须承担相应合同规定的赔偿责任。工程师指令和行为通常表现为：工程师指令承包人加速施工、进行某项工作、更换某些材料、采取某种措施或停工，工程师未能在规定的时间内发出有关图纸、指示、指令或批复，工程师拖延发布各种证书（如进度付款签证、移交证书、缺陷责任合格证书等），工程师的不适当决定和苛刻检查等。因为这些指令（包括指令错误）和行为而造成的成本增加和（或）工期延误，承包人可以索赔。

(6) 合同缺陷

合同缺陷常常表现为合同文件规定不严谨甚至前后矛盾、合同规定过于笼统、合同中的遗漏或错误。这不仅包括商务条款中的缺陷，也包括技术规范和图纸中的缺陷。在这种情况下，一般工程师有权作出解释，但如果承包人执行工程师的解释后引起成本增加或工期延长，则承包人可以索赔，工程师应给予证明，发包人应给予补偿。一般情况下，发包人作为合同起草人，要对合同中的缺陷负责，除非其中有非常明显的含糊或其他缺陷，根据法律可以推定承包人有义务在投标前发现并及时向发包人指出。

(7) 物价上涨

由于物价上涨的因素，带来了人工费、材料费甚至施工机械费的不断增长，导致工程成本大幅度上升，承包人的利润受到严重影响，也会引起承包人提出索赔要求。

(8) 国家政策及法律、法规变更

国家政策及法律法规变更，通常是指直接影响到工程造价的某些政策及法律法规的变更，比如限制进口、外汇管制或税收及其他收费标准的提高。就国际工程而言，合同通常都规定：如果在投标截止日期前的第 28 天以后，由于工程所在国家或地方的任何政策和法规、法令或其他法律、规章发生了变更，导致了承包人成本增加，对承包人由此增加的开支，发包人应予补偿；相反，如果导致费用减少，则也应由发包人收益。就国内工程而言，因国务院各有关部门、各级建设行政主管部门或其授权的工程造价管理部门公布的价格调整，比如定额、取费标准、税收、上缴的各种费用等，可以调整合同价款，如未予调整，承包人可以要求索赔。

(9) 货币及汇率变化

就国际工程而言，合同一般规定：如果在投标截止日期前的第 28 天以后，工程所在国政府或其授权机构对支付合同价格的一种或几种货币实行货币限制或货币汇兑限制，发包人应补偿承包人因此而受到的损失。如果合同规定将全部或部分款额以一种或几种外币支付给承包人，则这项支付不应受上述指定的一种或几种外币与工程所在国货币之间的汇率变化的影响。

(10) 其他承包人干扰

其他承包人干扰是指其他承包人未能按时按序进行并完成某项工作、各承包人之间配合协调不好等而给本承包人的工作带来干扰。大中型土木工程，往往会有几个独立承包人在现场施工，由于各承包人之间没有合同关系，工程师有责任组织协调好各个承包人之间的工作，否则，将会给整个工程和各承包人的工作带来严重影响，引起承包人的索赔。比如，某承包人不能按期完成他那部分工作，其他承包人的相应工作也会因此而拖延，此时，被迫延迟的承包人就有权向发包人提出索赔。在其他方面，如场地使用、现场交通等，各承包人之间也都有可能发生相互干扰的问题。

(11) 其他第三人原因

其他第三人的原因通常表现为因与工程有关的其他第三人的问题而引起的对本工程的不利影响，如：银行付款延误、邮路延误、港口压港等。如发包人在规定时间内依规定方式向银行寄出了要求向承包人支付款项的付款申请，但由于邮路延误，银行迟迟没有收到该付款申请，因而造成承包人没有在合同规定的期限内收到工程款。在这种情况下，由于最终表现出来的结果是承包人没有在规定时间内收到款项，所以，承包人往往向发包人索赔。对于第三人原因造成的索赔，发包人给予补偿后，应该根据其与第三人签订的合同规定或有关法律规定再向第三人追偿。

发包人可以提出的索赔事件通常有：

(1) 施工责任。当承包人的施工质量不符合施工技术规程的要求，或在保修期未满以前未完成应该负责修补的工程时，发包人有权向承包人追究责任。如果承包人未在规定的时限内完成修补工作，发包人有权雇用他人来完成工作，发生的费用由承包人负担。

(2) 工期延误。在工程项目的施工过程中，由于承包人的原因，使竣工日期拖后，影响到发包人对该工程的使用，给发包人带来经济损失时，发包人有权对承包人进行索赔，即由承包人支付延期竣工违约金。建设工程施工合同中的误期违约金，通常是由发包人在招标文件中确定的。

(3) 承包人超额利润。如果工程量增加很多（超过有效合同价的 15%），使承包人预期的收入增加，因工程量增加承包人并不增加固定成本，合同价应由双方讨论调整，发包人有权收回部分超额利润。由于法规的变化导致承包人在工程实施中降低了成本，产生了超额利润，也应重新调整合同价格，收回部分超额利润。

(4) 指定分包商的付款。在工程承包人未能提供已向指定分包商付款的合理证明时，发包人可以直接按照工程师的证明书，将承包人未付给指定分包商的所有款项（扣除保留金）付给该分包商，并从应付给承包人的任何款项中如数扣回。

(5) 承包人不履行的保险费用。如果承包人未能按合同条款指定的项目投保，并保证保险有效，发包人可以投保并保证保险有效，发包人所支付的必要的保险费可在应付给承包人的款项中扣回。

(6) 发包人合理终止合同或承包人不正当地放弃工程。如果发包人合理地终止承包人的承包，或者承包人不合理地放弃工程，则发包人有权从承包人手中收回由新的承包人完成工程所需的工程款与原合同未付部分的差额。

(7) 其他。由于工伤事故给发包方人员和第三方人员造成的人身或财产损失的索赔，以及承包人运送建筑材料及施工机械设备时损坏了公路、桥梁或隧洞，交通管理部门提出的索赔等。

上述这些事件能否作为索赔事件，进行有效的索赔，还要看具体的工程和合同背景、合同条件，不可一概而论。

11.1.4 索赔依据与证据

1. 索赔依据

索赔的依据主要是法律、法规及工程建设惯例，尤其是双方签订的工程合同文件。由于不同的具体工程有不同的合同文件，索赔的依据也就不完全相同，合同当事人的索赔权利也不同。具体可以从 FIDIC 合同条件和我国建设工程施工合同示范文本 GF—2017—0201 中寻找业主（发包人）和承包商（承包人）的索赔依据和索赔权利。

2. 索赔证据

索赔证据是当事人用来支持其索赔成立或和索赔有关的证明文件和资料。索赔证据作为索赔文件的组成部分，在很大程度上关系到索赔的成功与否。证据不全、不足或没有证据，索赔是很难获得成功的。

在工程项目的实施过程中，会产生大量的工程信息和资料，这些信息和资料是开展索赔的重要依据。如果项目资料不完整，索赔就难以顺利进行。因此，在施工过程中应始终做好资料积累工作，建立完善的资料记录和科学管理制度，认真系统地积累和管理合同文件、质量、进度及财务收支等方面的资料。对于可能会发生索赔的工程项目，从开始施工时就要有目的地收集证据资料，系统地拍摄现场，妥善保管开支收据，有意识地为索赔文件积累必要的证据材料。常见的索赔证据主要有：

(1) 各种合同文件，包括工程合同及附件、中标通知书、投标书、标准和技术规范、图纸、工程量清单、工程报价单或预算书、有关技术资料和要求等。具体的如发包人提供的水文地质、地下管网资料，施工所需的证件、批件、临时用地占地证明手续、坐标控制点资料等。

(2) 经工程师批准的承包人施工进度计划、施工方案、施工组织设计和具体的现场实施情况记录。各种施工报表有：①驻地工程师填制的工程施工记录表，这种记录能提供关于气候、施工人数、设备使用情况和部分工程局部竣工等情况；②施工进度表；③施工人员计划表和人工日报表；④施工用材料和设备报表。

(3) 施工日志及工长工作日志、备忘录等。施工中发生的影响工期或工程资金的所有重大事情均应写入备忘录存档，备忘录应按年、月、日顺序编号，以便查阅。

(4) 工程有关施工部位的照片及录像等。保存完整的工程照片和录像能有效地显示工程进度。因而除了标书上规定需要定期拍摄的工程照片和录像外，承包人自己应经常注意拍摄工程照片和录像，注明日期，作为自己查阅的资料。

(5) 工程各项往来信件、电话记录、指令、信函、通知、答复等。有关工程的来往信件内容常常包括某一时期工程进展情况的总结以及与工程有关的当事人，尤其是这些信件的签发日期对计算工程延误时间具有很大参考价值。因而来往信件应妥善保存，直到合同全部履行完毕，所有索赔均获解决时为止。

(6) 工程各项会议纪要、协议及其他各种签约、定期与业主雇员的谈话资料等。业主雇员对合同和工程实际情况掌握第一手资料，与他们交谈的目的是摸清施工中可能发生的意外情况，会碰到什么难处理的问题，以便做到事前心中有数，一旦发生进度延误，承包人即可提出延误原因，说明延误原因是业主造成的，为索赔埋下伏笔。在施工合同的履行过程中，业主、工程师和承包人定期或不定期的会谈所做出的决定或决议，是施工合同的补充，应作为施工合同的组成部分，但会谈纪要只有经过各方签署后方可作为索赔的依据。业主与承包人、承包人与分包人之间定期或临时召开的现场会议讨论工程情况的会议记录，能被用来追溯项目的执行情况，查阅业主签发工程内容变动通知的背景和签发通知的日期，也能查阅在施工中最早发现某一重大情况的确切时间。另外，这些记录也能反映承包人对有关情况采取的行动。

(7) 发包人或工程师发布的各种书面指令书和确认书，以及承包人要求、请求、通知书。

(8) 气象报告和资料。如有关天气的温度、风力、雨雪的资料等。

(9) 投标前业主提供的参考资料和现场资料。

(10) 施工现场记录。工程各项有关设计交底记录、变更图纸、变更施工指令等，工程图纸、图纸变更、交底记录的送达份数及日期记录，工程材料和机械设备的采购、订货、运输、进场、验收、使用等方面的凭据及材料供应清单、合格证书，工程送电、送水、道路开通、封闭的日期及数量记录，工程停电、停水和干扰事件影响的日期及恢复施工的日期等。

(11) 工程各项经业主或工程师签认的签证。如承包人要求预付通知，工程量核实确认单。

(12) 工程结算资料和有关财务报告。如工程预付款、进度款拨付的数额及日期记录，工程结算书、保修单等。

(13) 各种检查验收报告和技术鉴定报告。由工程师签字的工程检查和验收报告反映出某一单项工程在某一特定阶段竣工的程度，并记录了该单项工程竣工的时间和验收的日期，应该妥为保管。如：质量验收单、隐蔽工程验收单、验收记录；竣工验收资料、竣工图。

(14) 各类财务凭证。需要收集和保存的工程基本会计资料包括工卡、人工分配表、工人福利协议、经会计师核算的薪水报告单、购料定单收讫发票、收款票据、设备使用单据、注销账应付支票、账目图表、总分类账、财务信件、经会计师核证的财务决算表、工程预算、工程成本报告书、工程内容变更单等。工人或雇请人员的薪水单据应按日期编存归档，薪水单上费用的增减能揭示工程内容增减的情况和开始的时间。承包人应注意保管和分析工程项目的会计核算资料，以便及时发现索赔机会，准确地计算索赔的款额，争取合理的资金回收。

(15) 其他，包括分包合同、官方的物价指数、汇率变化表以及国家、省、市有关影响工程造价、工期的文件、规定等。

3. 索赔证据的基本要求

(1) 真实性。索赔证据必须是在实施合同过程中确实存在和实际发生的，是施工过程中产生的真实资料，能经得住推敲。

(2) 及时性。索赔证据的取得及提出应当及时。这种及时性反映了承包人的态度和管理水平。

(3) 全面性。所提供的证据应能说明事件的全部内容。索赔报告中涉及的索赔理由、事件过程、影响、索赔值等都应有相应证据，不能零乱和支离破碎。

(4) 关联性。索赔的证据应当与索赔事件有必然联系，并能够互相说明、符合逻辑，不能互相矛盾。

(5) 有效性。索赔证据必须具有法律效力。一般要求证据必须是书面文件，有关记录、协议、纪要必须是双方签署的；工程中重大事件、特殊情况的记录、统计必须由工程师签证认可。

11.1.5 索赔文件（报告）

1. 索赔文件的一般内容

索赔文件也称索赔报告，它是合同一方向对方提出索赔的书面文件，它全面反映了一方当事人对一个或若干个索赔事件的所有要求和主张，对方当事人也是通过对索赔文件的审核、分析和评价来作出认可、要求修改、反驳甚至拒绝的回答，索赔文件也是双方进行索赔谈判或调解、仲裁、诉讼的依据，因此索赔文件的表达与内容对索赔的解决有重大影响，索赔方必须认真编写索赔文件。

在合同履行过程中，一旦出现索赔事件，承包人应该按照索赔文件的构成内容，及时地向业主提交索赔文件。单项索赔文件的一般格式如下：

(1) 题目（Title）。索赔报告的标题应该能够简要准确地概括索赔的中心内容。如：关于××事件的索赔。

(2) 事件（Event）。详细描述事件过程，主要包括：事件发生的工程部位、发生的时间、原因和经过、影响的范围以及承包人当时采取的防止事件扩大的措施、事件持续时间、承包人已经向业主或工程师报告的次数及日期、最终结束影响的时间、事件处置过程中的有关主要人员办理的有关事项等。也包括双方信件交往、会谈，并指出对方如何违约，证据的编号等。

(3) 理由（Reason）。是指索赔的依据，主要是法律依据和合同条款的规定。合理引用法律和合同的有关规定，建立事实与损失之间的因果关系，说明索赔的合理合法性。

(4) 结论（Conclusion）。指出事件造成的损失或损害及其大小，主要包括要求补偿的金额及工期，这部分只需列举各项明细数字及汇总数据即可。

(5) 损失估价和（或）延期计算的详细计算书（Loss Estimation and Time Extension）。为了证实索赔金额和工期的真实性，必须指明计算依据及计算资料的合理性，包括损失费用、工期延长的计算基础、计算方法、计算公式及详细的计算过程与计算结果。

(6) 附件（Appendix）。包括索赔报告中所列举事实、理由、影响等各种编过号的证明文件和证据、图表。

对于一揽子索赔，其格式比较灵活，它实质上是将许多未解决的单项索赔加以分类和综合整理。一揽子索赔文件往往需要很大的篇幅甚至几百页材料来描述其细节。一揽子索赔文件的组成部分主要包括：索赔致函和要点；总情况介绍（叙述施工过程、对方失误等）；索赔总表（将索赔总数细分、编号，每一条目写明索赔内容的名称和索赔额）；上述事件详述；上述事件结论；合同细节和事实情况；分包人索赔；工期延长的计算和损失费用的估算；各种证据材料等。

2. 索赔文件编写要求

编写索赔文件需要实际工作经验，索赔文件如果起草不当，会失去索赔方的有利地位和条件，使正当的索赔要求得不到合理解决。对于重大索赔或一揽子索赔，最好能在律师或索赔专家的指导下进行。编写索赔文件的基本要求有：

(1) 符合实际

索赔事件要真实、证据确凿。索赔的根据和款额应符合实际情况，不能虚构和扩大，更不能无中生有，这是索赔的基本要求。这既关系到索赔的成败，也关系到承包人的信誉。一个符合实际的索赔文件，可使审阅者看后的第一印象是合情合理，不会立即予以拒绝。相反，如果索赔要求缺乏根据，不切实际地漫天要价，使对方一看就极为反感，甚至连其中有道理的索赔部分也置之不理，不利于索赔问题的最终解决。

(2) 说服力强

1) 符合实际的索赔要求，本身就具有说服力，但除此之外索赔文件中责任分析应清楚、准确。一般索赔所针对的事件都是由于非承包人责任而引起的，因此，在索赔报告中要善于引用法律和合同中的有关条款，详细、准确地分析并明确指出对方应负的全部责任，并附上有关证据材料，不可在责任分析上模棱两可、含糊不清。对事件叙述要清楚明确，不应包含任何估计或猜测。

2) 强调事件的不可预见性和突发性。说明即使一个有经验的承包人对它也不可能有预见或有准备，也无法制止，并且承包人为了避免和减轻该事件的影响和损失已尽了最大的努力，采取了能够采取的措施，从而使索赔理由更加充分，更易于对方接受。

3) 论述要有逻辑。明确阐述由于索赔事件的发生和影响，使承包人的工程施工受到严重干扰，并为此增加了支出，拖延了工期。应强调索赔事件、对方责任、工程受到的影响和索赔之间有直接的因果关系。

(3) 计算准确

索赔文件中应完整列入索赔值的详细计算资料，指明计算依据、计算原则、计算方法、计算过程及计算结果的合理性，必要的地方应作详细说明。计算结果要反复校核，做到准确无误，要避免高估冒算。计算上的错误，尤其是扩大索赔款的计算错误，会给对方留下恶劣的印象，会被认为提出的索赔要求太不严肃，其中必有多处弄虚作假，会直接影响索赔的成功。

(4) 简明扼要

索赔文件在内容上应组织合理、条理清楚，各种定义、论述、结论正确，逻辑性强，既能完整地反映索赔要求，又要简明扼要，使对方很快地理解索赔的本质。索赔文件最好采用活页装订，印刷清晰。同时，用语应尽量婉转，避免使用强硬、不客气的语言。

11.1.6 索赔工作程序

索赔工作程序是指从索赔事件产生到最终处理全过程所包括的工作内容和工作步骤。由于索赔工作实质上是承包人和业主在分担工程风险方面的重新分配过程，涉及双方的众多经济利益，因而是一个烦琐、细致、耗费精力和时间的过程。因此，合同双方必须严格按照合同规定办事，按合同规定的索赔程序工作，才能获得成功的索赔。具体工程的索赔工作程序，应根据双方签订的施工合同产生。图 11-1 给出了国内某工程项目承包人的索赔工作程序，可供参考。

在工程实践中，比较详细的索赔工作程序一般可分为如下主要步骤：

(1) 索赔意向通知

索赔意向通知是一种维护自身索赔权利的文件。在工程实施过程中，承包人发现索赔

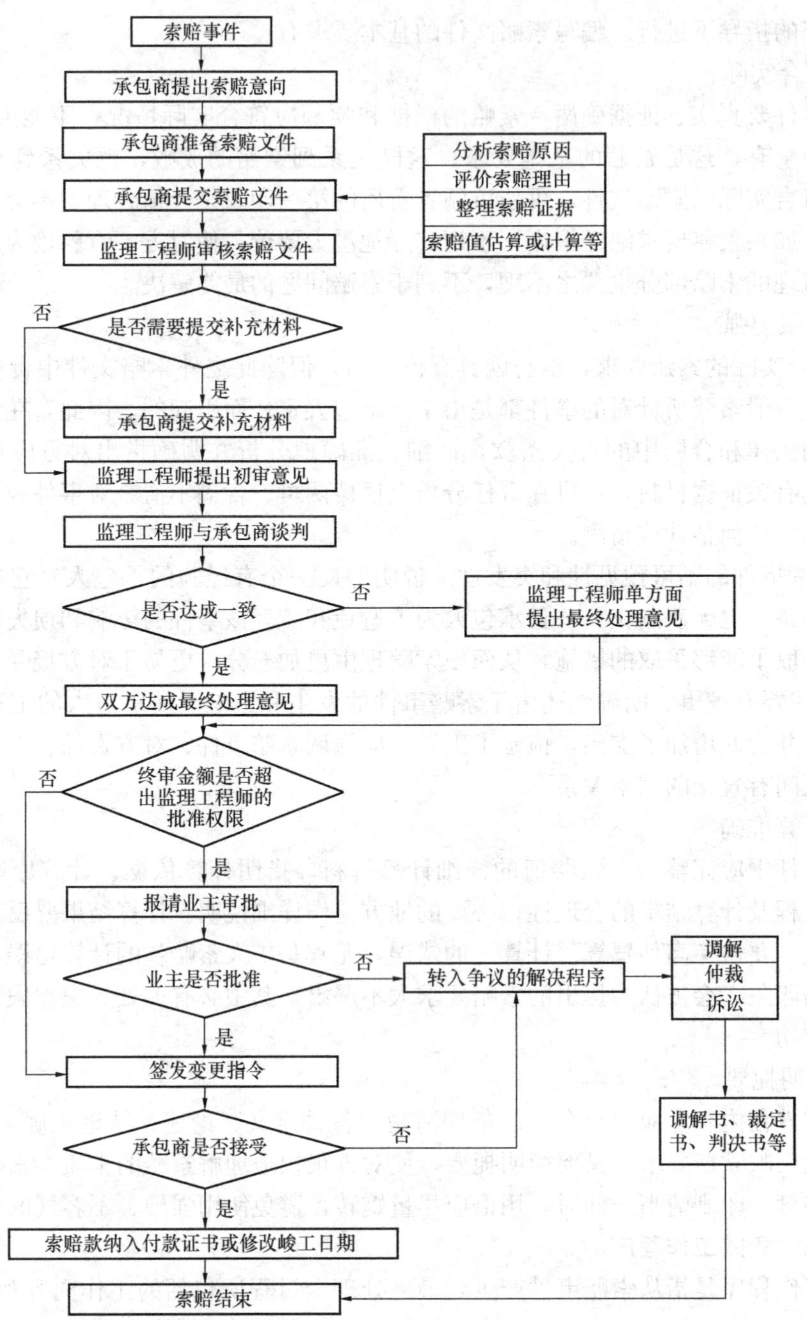

图 11-1 某工程项目索赔工作程序

或意识到存在潜在的索赔机会后，要做的第一件事是要在合同规定的时间内将自己的索赔意向，用书面形式及时通知业主或工程师，亦即向业主或工程师就某一个或若干个索赔事件表示索赔愿望、要求或声明保留索赔的权利。索赔意向的提出是索赔工作程序中的第一步，其关键是抓住索赔机会，及时提出索赔意向。

索赔意向通知，一般仅仅是向业主或工程师表明索赔意向，所以应当简明扼要。通常只要说明以下几点内容：索赔事由发生的时间、地点、简要事实情况和发展动态；索赔所依据的合同条款和主要理由；索赔事件对工程成本和工期产生的不利影响。

FIDIC合同条件及我国建设工程施工合同条件都规定；承包人应在索赔事件发生后的28天内，将其索赔意向以正式函件通知工程师。反之，如果承包人没有在合同规定的期限内提出索赔意向或通知，承包人则会丧失在索赔中的主动和有利地位，业主和工程师也有权拒绝承包人的索赔要求，这是索赔成立的有效和必备条件之一。因此在实际工作中，承包人应避免合理的索赔要求由于未能遵守索赔时限的规定而导致无效。在实际的工程承包合同中，对索赔意向提出的时间限制不尽相同，只要双方经过协商达成一致并写入合同条款即可。施工合同要求承包人在规定期限内首先提出索赔意向，是基于以下考虑；

1）提醒业主或工程师及时关注索赔事件的发生、发展等全过程。

2）为业主或工程师的索赔管理作准备，如可进行合同分析、收集证据等。

3）如属业主责任引起索赔，业主有机会采取必要的改进措施，防止损失的进一步扩大。

（2）准备索赔资料

从提出索赔意向到提交索赔文件，是属于承包人索赔的内部处理阶段和索赔资料准备阶段。此阶段的主要工作有：

1）跟踪和调查干扰事件，掌握事件产生的详细经过和前因后果。

2）分析干扰事件产生原因，划清各方责任，确定由谁承担，并分析这些干扰事件是否违反了合同规定，是否在合同规定的赔偿或补偿范围内，即确定索赔根据。

3）损失或损害调查或计算。通过对比实际和计划的施工进度和工程成本，分析经济损失或权利损害的范围和大小，并由此计算出工期索赔和费用索赔值。

4）收集证据。从干扰事件产生、持续直至结束的全过程，都必须保留完整的当时记录，这是索赔能否成功的重要条件。在实际工作中，许多承包人的索赔要求都因没有或缺少书面证据而得不到合理解决，这个问题应引起承包人的高度重视。

5）起草索赔文件。按照索赔文件的格式和要求，将上述各项内容系统反映在索赔文件中。

索赔的成功很大程度上取决于承包人对索赔作出的解释和真实可信的证明材料。即使抓住合同履行中的索赔机会，如果拿不出索赔证据或证据不充分，其索赔要求往往难以成功或被大打折扣。因此，承包人在正式提出索赔报告前的资料准备工作极为重要。这就要求承包人注意记录和积累保存工程施工过程中的各种资料，并可随时从中提取与索赔事件有关的证明资料。

（3）提交索赔文件

承包人必须在合同规定的索赔时限内向业主或工程师提交正式的书面索赔文件。FIDIC合同条件和我国建设工程施工合同条件都规定，承包人必须在发出索赔意向通知后的28天内或经工程师同意的其他合理时间内，向工程师提交一份详细的索赔文件和有关资料，如果干扰事件对工程的影响持续时间长，承包人则应按工程师要求的合理间隔（一般28天）提交中间索赔报告，并在干扰事件影响结束后的28天内提交一份最终索赔报告。如果承包人未能按时间规定提交索赔报告，则他就失去了该项事件请求补偿的索赔权利，此时他所受到损害的补偿，将不超过工程师认为应主动给予的补偿额，或把该事件损害提交仲裁解决时，仲裁机构依据合同和同期记录可以证明的损害补偿额。

(4) 工程师审核索赔文件

工程师是受业主的委托和聘请，对工程项目的实施进行组织、监督和控制工作。在业主与承包人之间的索赔事件发生、处理和解决过程中，工程师是个核心人物。工程师在接到承包人的索赔文件后，必须以完全独立的身份，站在客观公正的立场上审查索赔要求的正当性，必须对合同条件、协议条款等有详细的了解，以合同为依据来公平处理合同双方的利益纠纷。工程师应该建立自己的索赔档案，密切关注事件的影响和发展，有权检查承包人的有关同期记录材料，随时就记录内容提出他的不同意见或他认为应予以增加的记录项目。

工程师根据业主的委托或授权，对承包人索赔的审核工作主要分为判定索赔事件是否成立和核查承包人的索赔计算是否正确、合理两个方面，并可在业主授权的范围内作出自己独立的判断。

承包人索赔要求的成立必须同时具备如下四个条件：

1) 与合同相比较，事件已经造成了承包人实际的额外费用增加或工期损失。

2) 费用增加或工期损失不是由于承包人自身的责任所造成。

3) 这种经济损失或权利损害也不是由承包人应承担的风险所造成。

4) 承包人在合同规定的期限内提交了书面的索赔意向通知和索赔文件。

上述四个条件没有先后主次之分，并且必须同时具备，承包人的索赔才能成立。其后工程师对索赔文件的审查重点主要有两步：第一步，重点审查承包人的申请是否有理有据，即承包人的索赔要求是否有合同依据，所受损失确属不应由承包人负责的原因造成，提供的证据是否足以证明索赔要求成立，是否需要提交其他补充材料等。第二步，工程师应以公正的立场、科学的态度，重点审查并核算索赔值的计算是否正确、合理，分清责任，对不合理的索赔要求或不明确的地方提出反驳和质疑，或要求承包人作出进一步的解释和补充，并拟订自己计算的合理索赔款项和工期延展天数。

(5) 工程师对索赔的处理与决定

工程师核查后初步确定应予补偿的额度，往往与承包人的索赔报告中要求的额度不一致，甚至差额较大，主要原因大多为对承担事件损害责任的界限划分不一致、索赔证据不充分、索赔计算的依据和方法分歧较大等，因此双方应就索赔的处理进行协商。通过协商达不成共识的话，工程师有权单方面作出处理决定，承包人仅有权得到所提供的证据满足工程师认为索赔成立那部分的付款和工期延展。不论工程师通过协商与承包人达成一致，还是他单方面作出的处理决定，批准给予补偿的款额和延展工期的天数如果在授权范围之内，则可将此结果通知承包人，并抄送业主。补偿款将计入下月支付工程进度款的支付证书内，业主应在合同规定的期限内支付，延展的工期加到原合同工期中去。如果批准的额度超过工程师的权限，则应报请业主批准。

对于持续影响时间超过 28 天以上的工期延误事件，当工期索赔条件成立时，对承包人每隔 28 天报送的阶段索赔临时报告审查后，每次均应作出批准临时延长工期的决定，并于事件影响结束后 28 天内承包人提出最终的索赔报告后，批准延展工期总天数。应当注意的是：最终批准的总延展天数，不应少于以前各阶段已同意延展天数之和。规定承包人在事件影响期间每隔 28 天提出一次阶段报告，可以使工程师能及时根据同期记录批准该阶段应予延展工期的天数，避免事件影响时间太长而不能准确确定索赔值。

工程师经过对索赔文件的认真评审，并与业主、承包人进行了较充分的讨论后，应提出自己的索赔处理决定。通常，工程师的处理决定不是终局性的，对业主和承包人都不具有强制性的约束力。

我国建设工程施工合同条件规定，工程师收到承包人送交的索赔报告和有关资料后应在 28 天内给予答复，或要求承包人进一步补充索赔理由和证据。如果在 28 天内既未予答复、也未对承包人作进一步要求，则视为承包人提出的该项索赔要求已经被认可。

(6) 业主审查与处理索赔

当索赔数额超过工程师权限范围时，由业主直接审查索赔报告，并与承包人谈判解决，工程师应参加业主与承包人之间的谈判，工程师也可以作为索赔争议的调解人。业主首先根据事件发生的原因、责任范围、合同条款审核承包人的索赔文件和工程师的处理报告，再依据工程建设的目的、投资控制、竣工投产日期要求以及针对承包人在施工中的缺陷或违反合同规定等的有关情况，决定是否批准工程师的处理决定。例如，承包人某项索赔理由成立，工程师根据相应条款的规定，既同意给予一定的费用补偿，也批准延展相应的工期，但业主权衡了施工的实际情况和外部条件的要求后，可能不同意延展工期，而宁愿给承包人增加费用补偿额，要求采取赶工措施，按期或提前完工，这样的决定只有业主才有权作出。索赔报告经业主批准后，工程师即可签发有关证书。对于数额比较大的索赔，一般需要业主、承包人和工程师三方反复协商才能作出最终处理决定。

(7) 索赔最终处理

如果承包人同意接受最终的处理决定，索赔事件的处理即告结束。如果承包人不同意，则可根据合同约定，将索赔争议提交仲裁或诉讼，使索赔问题得到最终解决。在仲裁或诉讼过程中，工程师作为工程全过程的参与者和管理者，可以作为见证人提供证据、做答辩。

工程项目实施中会发生各种各样、大大小小的索赔、争议等问题，应该强调：合同各方应该争取尽量在最早的时间、最低的层次，尽最大可能以友好协商的方式解决索赔问题，不要轻易提交仲裁或诉讼。因为对工程争议的仲裁或诉讼往往是非常复杂的，要花费大量的人力、物力、财力和精力，对工程建设也会带来不利、有时甚至是严重的影响。

11.1.7 索赔技巧与艺术

索赔工作既有科学严谨的一面，又有艺术灵活的一面。对于一个确定的索赔事件往往没有预定的、确定的解，它受制于双方签订的合同文件、各自的工程管理水平和索赔能力以及处理问题的公正性、合理性等因素。因此，索赔成功不仅需要令人信服的法律依据、充足的理由和正确的计算方法，索赔的策略、技巧和艺术也相当重要。如何看待和对待索赔，实际上是个经营战略问题，是承包人对利益、关系、信誉等方面的综合权衡。首先，承包人应防止两种极端倾向：一是只讲关系、义气和情意，忽视应有的合理索赔，致使企业遭受不应有的经济损失；二是不顾关系，过分注重索赔，斤斤计较，缺乏长远和战略目光，以致影响合同关系、企业信誉和长远利益。

此外，合同双方在开展索赔工作时，还要注意以下索赔技巧和艺术：

(1) 索赔是一项十分重要和复杂的工作，涉及面广，合同当事人应设专人负责索赔工作，指定专人收集、保管一切可能涉及索赔论证的资料，并加以系统分析研究，做到处理索赔时以事实和数据为依据。对于重大的索赔，应不惜重金聘请精通法律和合同，具有丰富施工管理经验，熟悉工程成本和会计的专家，组成强有力的谈判小组。这些专家了解施工中的各个环节，善于从图纸、技术规范、合同条款及来往信件中找出矛盾，找出有依据的索赔理由。

(2) 正确把握提出索赔的时机。索赔过早提出，往往容易遭到对方反驳或在其他方面可能施加的挑剔、报复等；过迟提出，则容易留给对方借口，索赔要求遭到拒绝。因此索赔方必须在索赔时效范围内适时提出。如果老是担心或害怕影响双方合作关系，有意将索赔要求拖到工程结束时才正式提出，可能会事与愿违，适得其反。

(3) 及时、合理地处理索赔。索赔发生后，必须依据合同的准则及时地对索赔进行处理。如果承包人的合理索赔要求长时间得不到解决，单项工程的索赔积累下来，有时可能影响整个工程的进度。此外，拖到后期综合索赔，往往还牵涉利息、预期利润补偿、工程结算以及责任的划分、质量的处理等，大大增加了处理索赔的困难。因此，尽量将单项索赔在执行过程中加以解决，这样做不仅对承包人有益，同时也体现了处理问题的水平，既维护了业主的利益，又照顾了承包人的实际情况。

(4) 加强索赔的前瞻性，有效避免过多索赔事件的发生。由于工程项目的复杂多变、现场条件及气候环境的变化、标书及施工说明中的错误等因素不可避免，索赔是不可避免的。在工程的实施过程中，工程师要将预料到的可能发生的问题及时告诉承包人，避免由于工程返工所造成的工程成本上升，这样也可以减轻承包人的压力，减少其想方设法通过索赔途径弥补工程成本上升所造成的利润损失。另外，工程师在项目实施过程中，应对可能引起的索赔有所预测，及时采取补救措施，避免过多索赔事件的发生。

(5) 注意索赔程序和索赔文件的要求。承包人应该以正式书面方式向工程师提出索赔意向和索赔文件，索赔文件要求根据充分、条理清楚、数据准确、符合实际。

(6) 索赔谈判中注意方式方法。合同一方向对方提出索赔要求，进行索赔谈判时，措辞应婉转，说理应透彻，以理服人，而不是得理不让人，尽量避免使用抗议式提法，在一般情况下少用或不用如"你方违反合同"、"使我方受到严重损害"等类词句，最好采用"请求贵方作公平合理的调整"、"请在×××合同条款下加以考虑"等，既要正确表达自己的索赔要求，又不伤害双方的和气和感情，以达到索赔的良好效果。如果对于合同一方一次次合理的索赔要求，对方拒不合作或置之不理，并严重影响工程的正常进行，索赔方可以采取较为严厉的措辞和切实可行的手段，以实现自己的索赔目标。

(7) 索赔处理时作适当必要的让步。在索赔谈判和处理时应根据情况作出必要的让步，扔"芝麻"抱"西瓜"，有所失才有所得。可以放弃金额小的小项索赔，坚持大项索赔。这样使对方容易作出让步，达到索赔的最终目的。

(8) 发挥公关能力。除了进行书信往来和谈判桌上的交涉外，有时还要发挥索赔人员的公关能力，采用合法的手段和方式，营造适合索赔争议解决的良好环境和氛围，促使索赔问题早日和圆满地解决。

索赔既具有科学性，同时又具有艺术性，涉及工程技术、工程管理、法律、财会、贸易、公共关系等在内的众多学科知识，因此索赔人员在实践过程中，应注重对这些知识的有机结合和综合应用，不断学习，不断体会，不断总结经验教训，才能更好地开展索赔工作。

11.2 建设工程工期延误及索赔

11.2.1 工程延误的合同规定及要求

工程延误是指工程实施过程中任何一项或多项工作实际完成日期迟于计划规定的完成日期，从而可能导致整个合同工期的延长。工程工期是施工合同中的重要条款之一，涉及业主和承包人多方面的权利和义务关系。工程延误对合同双方一般都会造成损失。业主因工程不能及时交付使用、投入生产，就不能按计划实现投资效果，失去盈利机会，损失市场利润；承包人因工期延误而会增加工程成本，如现场工人工资开支、机械停滞费用、现场和企业管理费等，生产效率降低，企业信誉受到影响，最终还可能导致合同规定的误期损害赔偿费处罚。因此，工程延误的后果是形式上的时间损失，实质上的经济损失，无论是业主还是承包人，都不愿意无缘无故地承担由于工程延误给自己造成的经济损失。工程工期是业主和承包人经常发生争议的问题之一，工期索赔在整个索赔中占据了很高的比例，也是承包人索赔的重要内容之一。

1. 关于工期延误的合同一般规定

如果由于非承包人自身原因造成工程延期，在土木工程合同和房屋建造合同中，通常都规定承包人有权向业主提出工期延长的索赔要求，如果能证实因此造成了额外的损失或开支，承包人还可以要求经济赔偿，这是施工合同赋予承包人要求延长工期的正当权利。

2. 关于误期损害赔偿费的合同一般规定

如果由于承包人自身原因未能在原定的或工程师同意延长的合同工期内竣工时，承包人则应承担误期损害赔偿费，这是施工合同赋予业主的正当权利。具体内容主要有两点：

(1) 如果承包人没有在合同规定的工期内或按合同有关条款重新确定的延长期限内完成工程时，工程师将签署一个承包人延期的证明文件。

(2) 根据此证明文件，承包人应承担违约责任，并向业主赔偿合同规定的延期损失。业主可从他自己掌握的已属于或应属于承包人的款项中扣除该项赔偿费，且这种扣款或支付，不应解除承包人对完成此项工程的责任或合同规定的承包人的其他责任与义务。

3. 承包人要求延长工期的目的

(1) 根据合同条款的规定，免去或推卸自己承担误期损害赔偿费的责任。

(2) 确定新的工程竣工日期及其相应的保修期。

(3) 确定与工期延长有关的赔偿费用，如由于工期延长而产生的人工费、材料费、机械费、分包费、现场管理费、总部管理费、利息、利润等额外费用。

11.2.2 工程延误的分类、识别与处理原则

1. 工程延误的分类和识别

整个工程延误分类见图 11-2。

(1) 按工程延误原因划分

1) 因业主及工程师自身原因或合同变更原因引起的延误

① 业主拖延交付合格的施工现场。在工程项目前期准备阶段，由于业主没有及时完成征地、拆迁、安置等方面的有关前期工作，或未能及时取得有关部门批准的施工执照或准建手续等，造成施工现场交付时间推迟，承包人不能及时进驻现场施工，从而导致工程

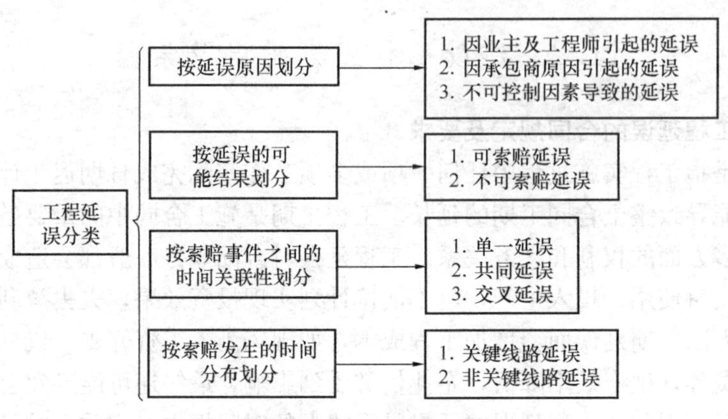

图 11-2 工程延误分类图

拖期。

② 业主拖延交付图纸。业主未能按合同规定的时间和数量向承包人提供施工图纸，尤其是目前国内较多的边设计、边施工的项目，从而引起工期索赔。

③ 业主或工程师拖延审批图纸、施工方案、计划等。

④ 业主拖延支付预付款或工程款。

⑤ 业主提供的设计数据或工程数据延误。如有关放线的资料不准确。

⑥ 业主指定的分包商违约或延误。

⑦ 业主未能及时提供合同规定的材料或设备。

⑧ 业主拖延关键线路上工序的验收时间，造成承包人下道工序施工延误。工程师对合格工程要求拆除或剥露部分工程予以检查，造成工程进度被打乱，影响后续工程的开展。

⑨ 业主或工程师发布指令延误，或发布的指令打乱了承包人的施工计划。业主或工程师原因暂停施工导致的延误。业主对工程质量的要求超出原合同的约定。

⑩ 业主设计变更或要求修改图纸，业主要求增加额外工程，导致工程量增加，工程变更或工程量增加引起施工程序的变动。业主的其他变更指令导致工期延长等。

2）因承包商（人）原因引起的延误

由承包人原因引起的延误一般是其内部计划不周、组织协调不力、指挥管理不当等原因引起的。如：

① 施工组织不当，如出现窝工或停工待料现象。

② 质量不符合合同要求而造成的返工。

③ 资源配置不足，如劳动力不足，机械设备不足或不配套，技术力量薄弱，管理水平低，缺乏流动资金等造成的延误。

④ 开工延误。

⑤ 劳动生产率低。

⑥ 承包人雇用的分包人或供应商引起的延误等。

显然，上述延误难以得到业主的谅解，也不可能得到业主或工程师给予延长工期的补偿。承包人若想避免或减少工程延误的罚款及由此产生的损失，只有通过加强内部管理或增加投入，或采取加速施工的措施。

3）不可控制因素导致的延误

① 人力不可抗拒的自然灾害导致的延误。如有记录可查的特殊反常的恶劣天气、不可抗力引起的工程损坏和修复。

② 特殊风险如战争、叛乱、革命、核装置污染等造成的延误。

③ 不利的自然条件或客观障碍引起的延误等。如现场发现化石、古钱币或文物。

④ 施工现场中其他承包人的干扰。

⑤ 合同文件中某些内容的错误或互相矛盾。

⑥ 罢工及其他经济风险引起延误，如政府抵制或禁运而造成工程延误。

（2）按工程延误的可能结果划分

1）可索赔延误

可索赔延误是指非承包人原因引起的工程延误，包括业主或工程师的原因和双方不可控制的因素引起的延误，并且该延误工序或作业一般应在关键线路上，此时承包人可提出补偿要求，业主应给予相应的合理补偿。根据补偿内容的不同，可索赔延误可进一步分为以下三种情况：

① 只可索赔工期的延误。这类延误是由业主、承包人双方都不可预料、无法控制的原因造成的延误，如上文所述的不可抗力、异常恶劣气候条件、特殊社会事件、其他第三方等原因引起的延误。对于这类延误，一般合同规定：业主只给予承包人延长工期，不给予费用损失的补偿。但有些合同条件（如 FIDIC）中对一些不可控制因素引起的延误，如“特殊风险”和“业主风险”引起的延误，业主还应给予承包人费用损失的补偿。

② 只可索赔费用的延误。这类延误是指由于业主或工程师的原因引起的延误，但发生延误的活动对总工期没有影响，而承包人却由于该项延误负担了额外的费用损失。在这种情况下，承包人不能要求延长工期，但可要求业主补偿费用损失，前提是承包人必须能证明其受到了损失或发生了额外费用，如因延误造成的人工费增加、材料费增加、劳动生产率降低等。

③ 可索赔工期和费用的延误。这类延误主要是由于业主或工程师的原因而直接造成工期延误并导致经济损失。如业主未及时交付合格的施工现场，既造成承包人的经济损失，又侵犯了承包人的工期权利。在这种情况下，承包人不仅有权向业主索赔工期，而且还有权要求业主补偿因延误而发生的、与延误时间相关的费用损失。在正常情况下，对于此类延误，承包人首先应得到工期延长的补偿。但在工程实践中，由于业主对工期要求的特殊性，对于即使因业主原因造成的延误，业主也不批准任何工期的延长，即业主愿意承担工期延误的责任，却不希望延长总工期。业主这种做法实质上是要求承包人加速施工。由于加速施工所采取的各种措施而多支出的费用，就是承包人提出费用补偿的依据。

2）不可索赔延误

不可索赔延误是指因可预见的条件或在承包人控制之内的情况，或由于承包人自己的问题与过错而引起的延误。如果没有业主或工程师的不合适行为，没有上面所讨论的其他可索赔情况，则承包人必须无条件地按合同规定的时间实施和完成施工任务，而没有资格获准延长工期，承包人不应向业主提出任何索赔，业主也不会给予工期或费用的补偿。相反，如果承包人未能按期竣工，还应支付误期损害赔偿费。

(3) 按延误事件之间的时间关联性划分

1) 单一延误

单一延误是指在某一延误事件从发生到终止的时间间隔内，没有其他延误事件的发生，该延误事件引起的延误称为单一延误或非共同延误。

2) 共同延误

当两个或两个以上的单个延误事件从发生到终止的时间完全相同时，这些事件引起的延误称为共同延误。共同延误的补偿分析比单一延误要复杂。图 11-3 列出了共同延误发生的部分可能性组合及其索赔补偿分析结果。

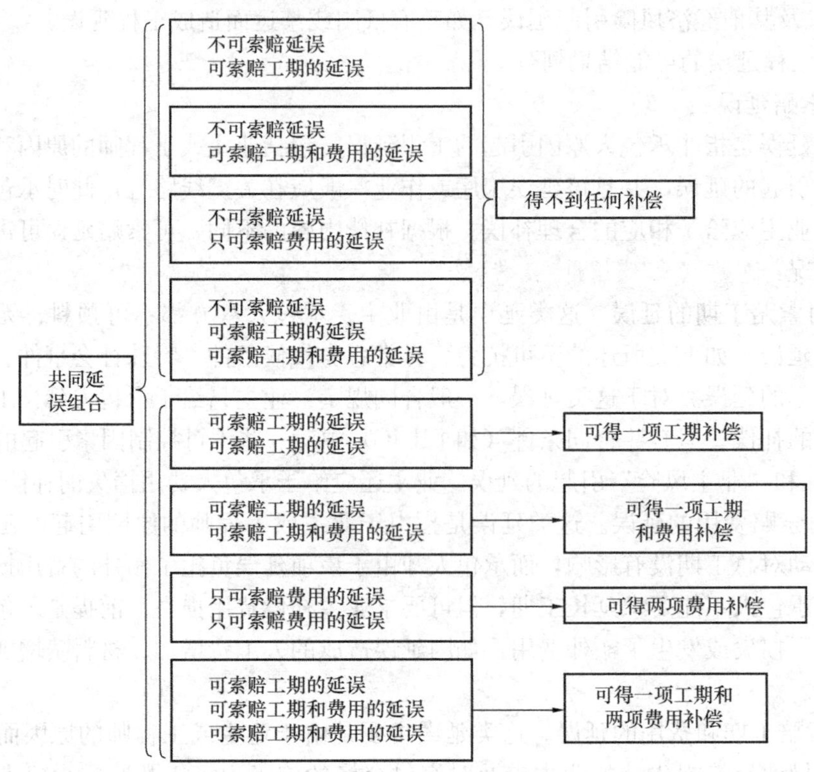

图 11-3　共同延误组合及其补偿分析

3) 交叉延误

当两个或两个以上的延误事件从发生到终止只有部分时间重合时，称为交叉延误。由于工程项目是一个复杂的系统工程，影响因素众多，常常会出现多种原因引起的延误交织在一起，这种交叉延误的补偿分析比较复杂。实际上，共同延误是交叉延误的一种特殊情况。

(4) 按延误发生的时间分布划分

1) 关键线路延误

关键线路延误是指发生在工程网络计划关键线路上活动的延误。由于在关键线路上全部工序的总持续时间即为总工期，因而任何工序的延误都会造成总工期的推迟，因此，非承包人原因引起的关键线路延误，必定是可索赔延误。

2) 非关键线路延误

非关键线路延误是指在工程网络计划非关键线路上活动的延误。由于非关键线路上的工序可能存在机动时间，因而当非承包人原因发生非关键线路延误时，会出现两种可能性：

① 延误时间少于该工序的机动时间。在此种情况下，所发生的延误不会导致整个工程的工期延误，因而业主一般不会给予工期补偿。但若因延误发生额外开支时，承包人可以提出费用补偿要求。

② 延误时间多于该工序的机动时间。此时，非关键线路上的延误会全部或部分转化为关键线路延误，从而成为可索赔延误。

2. 工程延误的一般处理原则

(1) 工程延误的一般处理原则

工程延误的影响因素可以归纳为两大类：第一类是合同双方均无过错的原因而引起的延误，主要指不可抗力事件和恶劣气候条件等；第二类是由于业主或工程师原因造成的延误。一般地说，根据工程惯例，对于第一类原因造成的工程延误，承包人只能要求延长工期，很难或不能要求业主赔偿损失。而对于第二类原因，假如业主的延误已影响了关键线路上的工作，承包人既可要求延长工期，又可要求相应的费用赔偿；如果业主的延误仅影响非关键线路上的工作，且延误后的工作仍属非关键线路，而承包人能证明如劳动窝工、机械停滞等引起的损失或额外开支，则承包人不能要求延长工期，但完全有可能要求费用赔偿。

(2) 共同和交叉延误的处理原则

共同延误可分两种情况：在同一项工作上同时发生两项或两项以上延误；在不同的工作上同时发生两项或两项以上延误，是从对整个工程的综合影响方面讲的"共同延误"。第一种情况主要有以下几种基本组合：

1) 可索赔延误与不可索赔延误同时存在。在这种情况下，承包人无权要求延长工期和费用补偿。可索赔延误与不可索赔延误同时发生时，则可索赔延误就变成不可索赔延误，这是工程索赔的惯例之一。

2) 两项或两项以上可索赔工期的延误同时存在，承包人只能得到一项工期补偿。

3) 可索赔工期的延误与可索赔工期和费用的延误同时存在，承包人可获得一项工期和费用补偿。

4) 两项只可索赔费用的延误同时存在，承包人可得两项费用补偿。

5) 一项可索赔工期的延误与两项可索赔工期和费用的延误同时存在，承包人可获得一项工期和两项费用补偿。即对于多项可索赔延误同时存在时，费用补偿可以叠加，工期补偿不能叠加，见图 11-3。

第二种情况比较复杂。由于各项工作在工程总进度表中所处的地位和重要性不同，同等时间的相应延误对工程进度所产生的影响也就不同。所以对这种共同延误的分析就不像第一种情况那样简单。比如，不同工作上业主延误（可索赔延误）和承包人延误（不可索赔延误）同时存在，承包人能否获得工期延长及经济补偿，对此应通过具体分析才能回答。首先，我们要分析不同工作上业主延误和承包人延误分别对工程总进度造成了什么影响；然后，将两种影响进行比较，对相互重叠部分按第一种情况的原则处理；最后，看看剩余部分是业主延误还是承包人延误造成的，如果是业主延误造成的，则应该对这一部分给予延长工期和经济补偿，如果是承包人延误造成的，就不能给予任何工期延长和经济补偿。对其他几种组合的共同延误也应具体问题具体分析。

对于交叉延误，可能会出现以下几种情况，参见图 11-4。具体分析如下：

1）在初始延误是由承包人原因造成的情况下，随之产生的任何非承包人原因的延误都不会对最初的延误性质产生任何影响，直到承包人的延误缘由和影响已不复存在。因而在该延误时间内，业主原因引起的延误和双方不可控制因素引起的延误均为不可索赔延误。见图 11-4 中的（1）～（4）。

2）如果在承包人的初始延误已解除后，业主原因的延误或双方不可控制因素造成的延误依然在起作用，那么承包人可以对超出部分的时间进行索赔。在图 11-4 中（2）和（3）的情况下，承包人可以获得所示时段的工期延长，并且在图中（4）等情况下还能得到费用补偿。

3）反之，如果初始延误是由于业主或工程师原因引起的，那么其后由承包人造成的延误将不会使业主摆脱（尽管有时或许可以减轻）其责任。此时承包人将有权获得从业主的延误开始到延误结束期间的工期延长及相应的合理费用补偿，如图 11-4 中(5)～(8)所示。

4）如果初始延误是由双方不可控制因素引起的，那么在该延误时间内，承包人只可索赔工期，而不能索赔费用，见图 11-4 中的(9)～(12)。只有在该延误结束后，承包人才能对由业主或工程师原因造成的延误进行工期和费用索赔，如图 11-4 中(12)所示。

11.2.3 工期索赔的分析与计算方法

1. 工期索赔的依据与合同规定

工期索赔的依据一般有：合同约定的工程总进度计划；合同双方共同认可的详细进度计划，如网络图、横道图等；合同双方共同认可的月、季、旬进度实施计划；合同双方共同认可的对工期的修改文件，如会谈纪要、来往信件、确认信等；施工日志、气象资料；业主或工程师的变更指令；影响工期的干扰事件；受干扰后的实际工程进度；其他有关工期的资料等。此外，在合同双方签订的工程施工合同中有许多关于工期索赔的规定，它们可以作为工期索赔的法律依据。

2. 工期索赔的程序

不同的工程合同条件对工期索赔有不同的规定。在工程实践中，承包人应紧密结合具体工程的合同条件，在规定的索赔时限内提出有效的工期索赔。下面从承包人的角度来分析几种不同合同条件下进行工期索赔时承包人的职责和一般程序。

(1)《建设工程施工合同（示范文本）》GF—2017—0201

2017 版《建设工程施工合同（示范文本）》第 7 条规定了工期相应顺延的前提条件（参见第 7.2）。此外，如果发包人未能按合同约定履行自己的各项义务或发生错误以及应由发包人承担责任的其他情况，造成承包人工期延误的，承包人可按照索赔条款规定的程序向发包人提出工期索赔。

(2)《水利水电土建工程施工合同条件》GF—2000—0208

《水利水电土建工程施工合同条件》第 19 条第二款规定，属于下列任何一种情况引起的暂停施工，均为发包人的责任，由此造成的工期延误，承包人有权要求延长工期：

1）由于发包人违约引起的暂停施工；

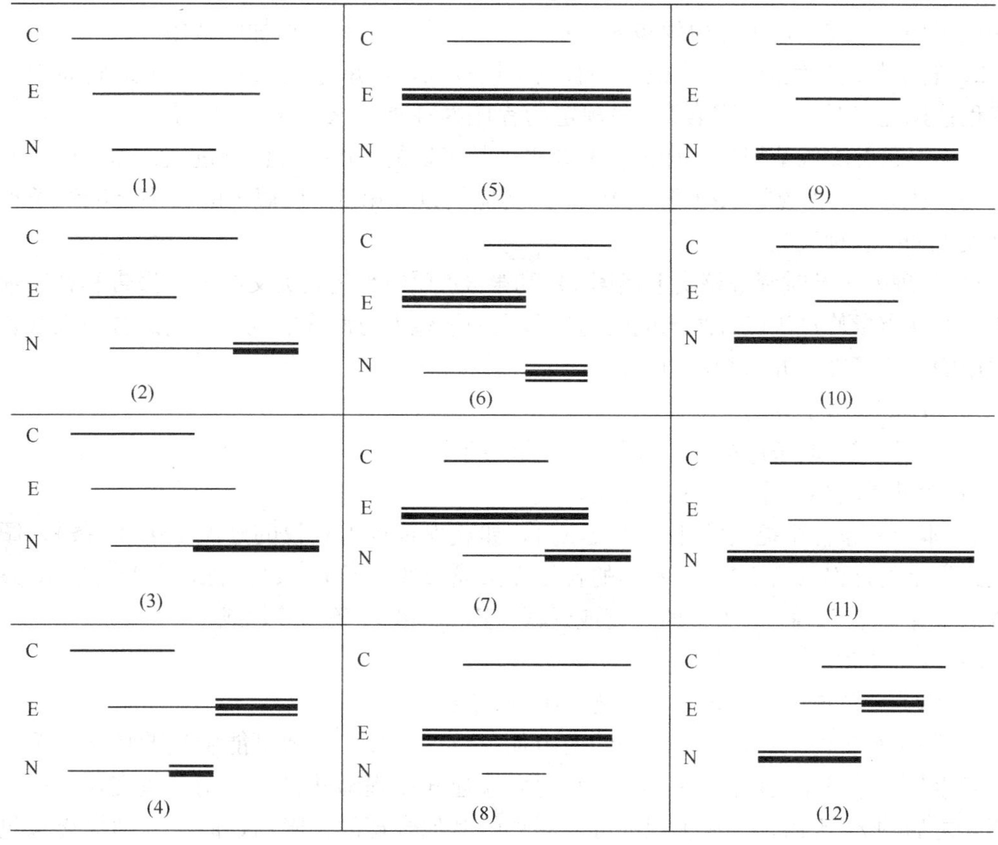

图 11-4 工程延误的交叉与补偿分析图

（注：C 为承包商原因造成的延误；E 为业主或工程师原因造成的延误；N 为双方不可控制因素造成的延误；——为不可得到补偿的延期；▬▬为可以得到时间补偿的延期；▬▬为可以得到时间和费用补偿的延期

2）由于不可抗力的自然或社会因素引起的暂停施工；

3）其他由于发包人原因引起的暂停施工。

该条件第 20 条规定，在施工过程中，发生下列情况之一使关键项目的施工进度计划拖后而造成工期延误时，承包人可要求发包人延长合同规定的工期：

1）增加合同中任何一项的工作内容；

2）增加合同中关键项目的工程量超过专用合同条款规定的百分比；

3）增加额外的工程项目；

4）改变合同中任何一项工作的标准或特性；

5）本合同中涉及的由发包人责任引起的工期延误；

6）异常恶劣的气候条件；

7）非承包人原因造成的工期延误。

发生上述事件后，承包人应按下列程序办理：

1）发生上述事件时，承包人应立即通知发包人和监理人，并在发出该通知后的 28 天内，向监理人提交一份细节报告，详细说明该事件的情节和对工期的影响程度，并按合同规定修订进度计划和编制赶工措施报告报送监理人审批。若发包人要求修订的进度计划仍应保证工程按期完工，则应由发包人承担由于采取赶工措施所增加的费用。

2）若事件的持续时间较长或事件影响工期较长，当承包人采取了赶工措施而无法实施工程按期完工时，除应按第1）项规定的程序办理外，承包人应在事件结束后的14天内，提交一份补充细节报告，详细说明要求延长工期的理由，并修订进度计划。此时发包人除按上述第1）项规定承担赶工费用外，还应按以下第3）项规定的程序批准给予承包人延长工期的合理天数。

3）监理人应及时调查核实上述第1）和第2）项中承包人提交的细节报告和补充细节报告，并在审批修订进度计划的同时与发包人和承包人协商确定延长工期的合理天数和补偿费用的合理额度，并通知承包人。

（3）FIDIC施工合同条件

FIDIC施工合同条件第44条规定，如果由于：

1）额外或附加工作的数量或性质，或

2）本合同条件中提到的任何延误原因，如获得现场占有权的延误（第42条），颁发图纸或指示的延误（第6条），不利的自然障碍或条件（第12条），暂时停工（第40条），额外的工作（第51条），工程的损害或延误（第20和65条）等，或

3）异常恶劣的气候条件，或

4）由业主造成的任何延误、干扰或阻碍，或

5）除去承包商不履行合同或违约或由他负责的以外，其他可能发生的特殊情况，则在此类事件开始发生之后的28天内，承包商应通知工程师并将一份副本呈交业主；在上述通知之后的28天内，或在工程师可能同意的其他合理的期限内，向工程师提交承包商认为他有权要求的任何延期的详细申述，以便可以及时对他申述的情况进行研究。工程师详细复查全部情况后，应在与业主和承包商适当协商之后，决定竣工日期延长的时间，并相应地通知承包商，同时将一份副本呈交业主。

（4）JCT80合同条件

英国合同联合仲裁委员会（Joint Contracts Tribunal）制定的标准合同文本JCT条件规定，承包商在进行工期索赔时必须遵循如下步骤（其流程图见图11-5）：

1）一旦承包商认识到工程延误正在发生或即将发生，就应该立即以书面形式正式通知建筑师，而且该延误通知书中必须指出引起延误的原因及其相关事件。

2）承包商应尽可能快地详细给出延误事件的可能后果。

3）承包商必须尽快估算出竣工日期的推迟时间，而且必须单独说明每一个延误事件的影响，以及延误事件之间的时间相关性。

4）若承包商在延误通知书中提及了任一指定分包商，他就必须将延误通知书、延误的细节及估计后果等复印件送交该指定分包商。

5）承包商必须随时向建筑师递交关于延误的最新发展状况及其对竣工日期的影响报告，并同时将复印件送交有关的指定分包商。承包商有责任在合同执行的全过程中，随时报告延误的发生、发展及其影响，直至工程已实际完成。

6）承包商必须不断地尽最大努力阻止延误发展，并尽可能减少延误对竣工日期的影响。这不是说承包商必须增加支出以挽回或弥补延误造成的时间损失，但是承包商应确信

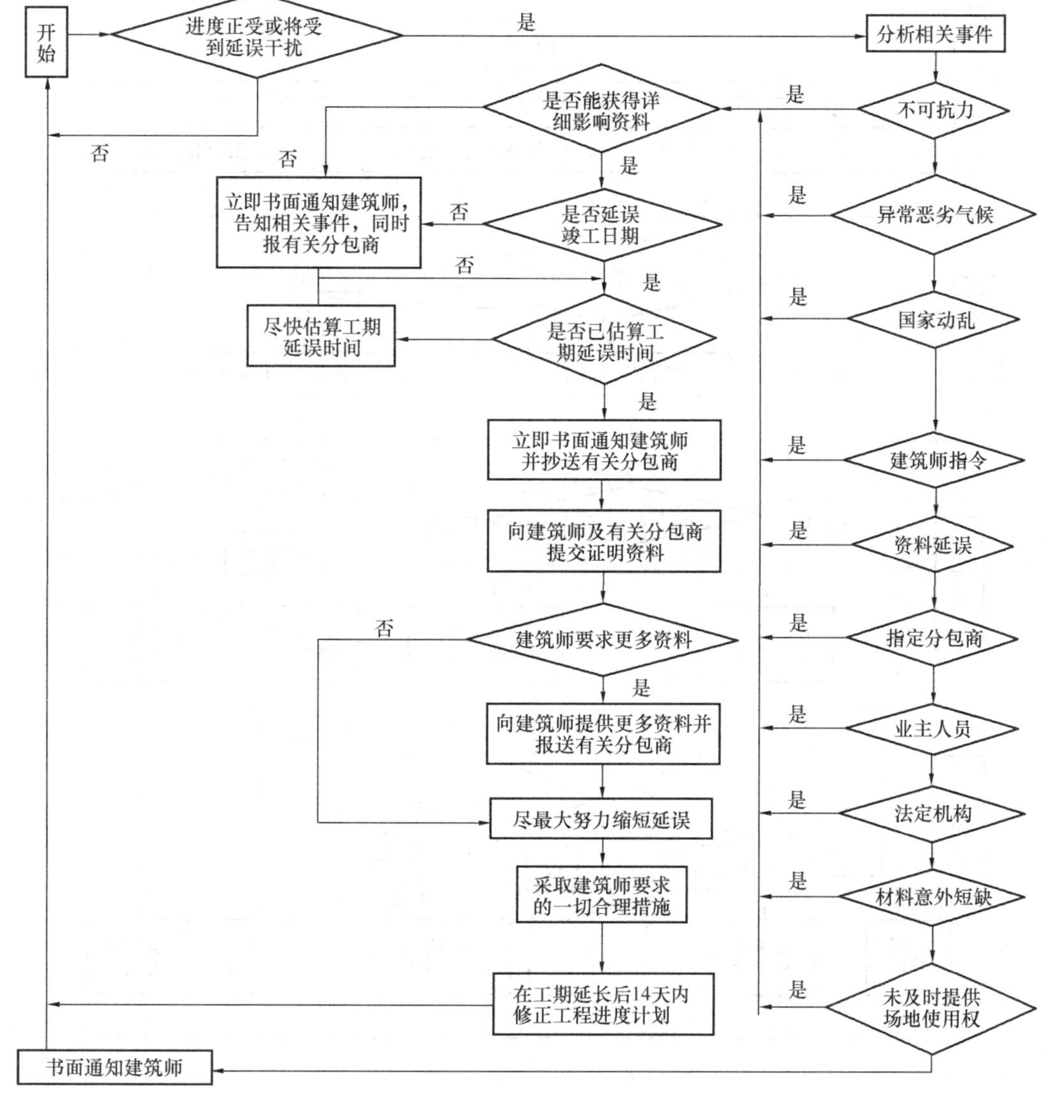

图 11-5 JCT80 合同条件下的工期索赔程序图

工程进度是积极、合理的。

7）承包商必须完成建筑师的所有合理要求。如果业主要求并批准采用加速措施，并支付合理的费用，承包商就有责任完成工程加速。

3. 工期索赔的分析与计算方法

（1）工期索赔的分析流程

工期索赔的分析流程包括延误原因分析、网络计划（CPM）分析、业主责任分析和索赔结果分析等步骤，具体内容可见图 11-6。

1）原因分析。分析引起工期延误是哪一方的原因，如果由于承包人自身原因造成的，则不能索赔，反之则可索赔。

2）网络计划分析。运用网络计划（CPM）方法分析延误事件是否发生在关键线路上，以决定延误是否可索赔。注意：关键线路并不是固定的，随着工程进展，关键线路也

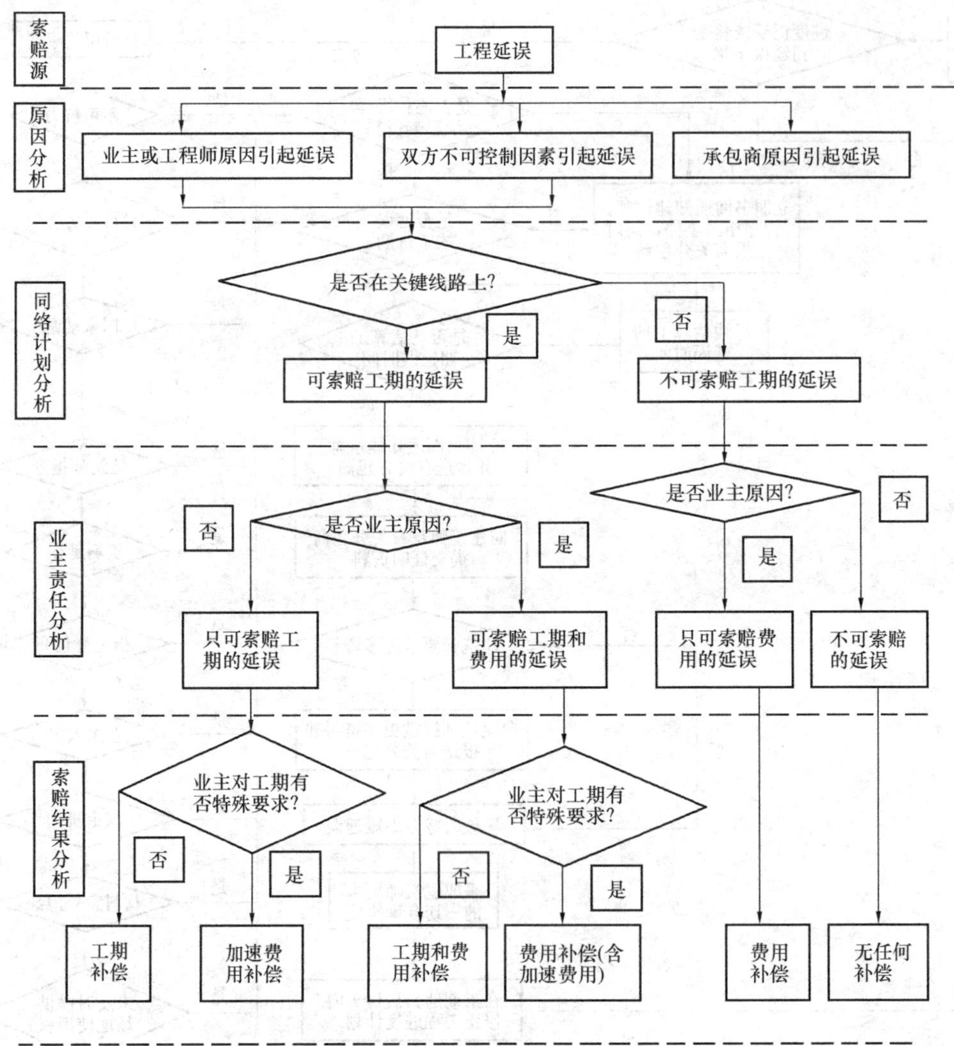

图 11-6　工期索赔的分析流程图

在变化，而且是动态变化。关键线路的确定，必须是依据最新批准的工程进度计划。在工程索赔中，一般只限于考虑关键线路上的延误，或者一条非关键线路因延误已变成关键线路。

3）业主责任分析。结合 CPM 分析结果，进行业主责任分析，主要是为了确定延误是否能索赔费用。若发生在关键线路上的延误是由于业主原因造成的，则这种延误不仅可索赔工期，而且还可索赔因延误而发生的额外费用，否则，只能索赔工期。若由于业主原因造成的延误发生在非关键线路上，则只可能索赔费用。

4）索赔结果分析。在承包人索赔已经成立的情况下，根据业主是否对工期有特殊要求，分析工期索赔的可能结果。如果由于某种特殊原因，工程竣工日期客观上不能改变，即对索赔工期的延误，业主也可以不给予工期延长。这时，业主的行为已实质上构成隐含指令加速施工。因而，业主应当支付承包人采取加速施工措施而额外增加的费用，即加速费用补偿。此处费用补偿是指因业主原因引起的延误时间因素造成承包人负担了额外的费用而得到的合理补偿。

(2) 工期索赔计算方法

1) 网络分析法

承包人提出工期索赔，必须确定干扰事件对工期的影响值，即工期索赔值。工期索赔分析的一般思路是：假设工程一直按原网络计划确定的施工顺序和时间施工，当一个或一些干扰事件发生后，使网络中的某个或某些活动受到干扰而延长施工持续时间。将这些活动受干扰后的新的持续时间代入网络中，重新进行网络分析和计算，即会得到一个新工期。新工期与原工期之差为干扰事件对总工期的影响，即为承包人的工期索赔值。网络分析是一种科学、合理的计算方法，它是通过分析干扰事件发生前、后网络计划之差异而计算工期索赔值的，通常可适用于各种干扰事件引起的工期索赔。但对于大型、复杂的工程，手工计算比较困难，需借助计算机系统来完成。

2) 比例类推法

在实际工程中，若干扰事件仅影响某些单项工程、单位工程或分部分项工程的工期，要分析它们对总工期的影响，可采用较简单的比例类推法。比例类推法可分为两种情况：

① 按工程量进行比例类推。当计算出某一分部分项工程的工期延长后，还要把局部工期转变为整体工期，这可以用局部工程的工作量占整个工程工作量的比例来折算。

② 按造价进行比例类推。若施工中出现了很多大小不等的工期索赔事由，较难准确地单独计算且又麻烦时，可经双方协商，采用造价比较法确定工期补偿天数。

比例类推法简单、方便，易于被人们理解和接受，但不尽科学、合理，有时不符合工程实际情况，且对有些情况如业主变更施工次序等不适用，甚至会得出错误的结果，在实际工作中应予以注意，正确掌握其适用范围。

3) 直接法

有时干扰事件直接发生在关键线路上或一次性地发生在一个项目上，造成总工期的延误。这时可通过查看施工日志、变更指令等资料，直接将这些资料中记载的延误时间作为工期索赔值。如承包人按工程师的书面工程变更指令，完成变更工程所用的实际工时即为工期索赔值。

4) 工时分析法

某一工种的分项工程项目延误事件发生后，按实际施工的程序统计出所用的工时总量，然后按延误期间承担该分项工程工种的全部人员投入来计算要延长的工期。

11.3 建设工程费用索赔

11.3.1 费用索赔的原因及分类

1. 费用索赔的含义及特点

(1) 费用索赔的含义

费用索赔是指承包人在非自身因素影响下而遭受经济损失时向业主提出补偿其额外费用损失的要求。因此费用索赔应是承包人根据合同条款的有关规定，向业主索取的合同价款以外的费用。索赔费用不应被视为承包人的意外收入，也不应被视为业主的不必要开支。实际上，索赔费用的存在是由于建立合同时还无法确定的某些应由业主承担的风险因素导致的结果。承包人的投标报价中一般不考虑应由业主承担的风险对报价的影响，因此一旦这类风险发生并影响承包人的工程成本时，承包人提出费用索赔是一种正常现象和合情合理的行为。

(2) 费用索赔的特点

费用索赔是工程索赔的重要组成部分，是承包人进行索赔的主要目标。与工期索赔相比，费用索赔有以下一些特点：

1) 费用索赔的成功与否及其大小事关承包人的盈亏，也影响业主工程项目的建设成本，因而费用索赔常常是最困难、也是双方分歧最大的索赔。特别是对于发生亏损或接近亏损的承包人和财务状况不佳的业主，情况更是如此。

2) 索赔费用的计算比索赔资格或权利的确认更为复杂。索赔费用的计算不仅要依据合同条款与合同规定的计算原则和方法，而且还可能要依据承包人投标时采用的计算基础和方法，以及承包人的历史资料等。索赔费用的计算没有统一、合同双方共同认可的计算方法，因此索赔费用的确定及认可是费用索赔中一项困难的工作。

3) 在工程实践中，常常是许多干扰事件交织在一起，承包人成本的增加或工期延长的发生时间及其原因也常常相互交织在一起，很难清楚、准确地划分开，尤其是对于一揽子综合索赔。对于像生产率降低损失及工程延误引起的承包人利润和总部管理费损失等费用的确定，很难准确计算出来，双方往往有很大的分歧。

2. 费用索赔的原因

引起费用索赔的原因是由于合同环境发生变化使承包人遭受了额外的经济损失。归纳起来，费用索赔产生的常见原因主要有：

(1) 业主违约。

(2) 工程变更。

(3) 业主拖延支付工程款或预付款。

(4) 工程加速。

(5) 业主或工程师责任造成的可索赔费用的延误。

(6) 非承包人原因的工程中断或终止。

(7) 工程量增加（不含业主失误）。

(8) 其他：如业主指定分包商违约，合同缺陷，国家政策及法律、法令变更等。

11.3.2 费用索赔的费用构成

1. 可索赔费用的分类

(1) 按可索赔费用的性质划分

在工程实践中，承包人的费用索赔包括额外工作索赔和损失索赔。额外工作索赔费用包括额外工作实际成本及其相应利润。对于额外工作索赔，业主一般以原合同中的适用价格为基础，或者以双方商定的价格或工程师确定的合理价格为基础给予补偿。实际上，进行合同变更、追加额外工作，可索赔费用的计算相当于一项工作的重新报价。损失索赔包括实际损失索赔和可得利益索赔。实际损失是指承包人多支出的额外成本；可得利益是指如果业主不违反合同，承包人本应取得的、但因业主违约而丧失了的利益。计算额外工作索赔和损失索赔的主要区别是：前者的计算基础是价格，而后者的计算基础是成本。

(2) 按可索赔费用的构成划分

可索赔费用按项目构成可分为直接费和间接费。其中直接费包括人工费、材料费、机械设备费、分包费，间接费包括现场和公司总部管理费、保险费、利息及保函手续费等项目。可索赔费用计算的基本方法是按上述费用构成项目分别分析、计算，最后汇总求出总的索赔费用。

按照工程惯例，承包人对索赔事项的发生原因负有责任的有关费用，承包人对索赔事项未采取减轻措施因而扩大的损失费用，承包人进行索赔工作的准备费用，索赔金额在索赔处理期间的利息、仲裁费用、诉讼费用等是不能索赔的，因而不应将这些费用包含在索赔费用中。

2. 常见索赔事件的费用构成

索赔费用的主要组成部分，同建设工程施工合同价的组成部分相似。由于我国关于施工合同价的构成规定与国际惯例不尽一致，所以在索赔费用的组成内容上也有所差异。按照我国现行规定，建筑安装工程合同价一般包括直接费、间接费、计划利润和税金。而国际上的惯例是将建安工程合同价分为直接费、间接费、利润三部分。

从原则上说，凡是承包人有索赔权的工程成本的增加，都可以列入索赔的费用。但是，对于不同原因引起的索赔，可索赔费用的具体内容则有所不同。索赔方应根据索赔事件的性质，分析其具体的费用构成内容。表 11-1 分别列出了工期延误、工程加速、工程中断和工程量增加等索赔事件可能的费用项目。

索赔事件的费用项目构成示例表　　表 11-1

索赔事件	可能的费用项目	说　明
工程延误	（1）人工费增加	包括工资上涨、现场停工、窝工、生产效率降低、不合理使用劳动力等损失
	（2）材料费增加	因工期延长引起的材料价格上涨
	（3）机械设备费	设备因延期引起的折旧费、保养费、进出场费或租赁费等
	（4）现场管理费增加	包括现场管理人员的工资、津贴等，现场办公设施，现场日常管理费支出，交通费等
	（5）因工期延长的通货膨胀使工程成本增加	
	（6）相应保险费、保函费增加	
	（7）分包商索赔	分包商因延期向承包商提出的费用索赔
	（8）总部管理费分摊	因延期造成公司总部管理费增加
	（9）推迟支付引起的兑换率损失	工程延期引起支付延迟
工程加速	（1）人工费增加	因业主指令工程加速造成增加劳动力投入，不经济地使用劳动力，生产效率降低等
	（2）材料费增加	不经济地使用材料，材料提前交货的费用补偿，材料运输费增加
	（3）机械设备费	增加机械投入，不经济地使用机械
	（4）因加速增加现场管理费	也应扣除因工期缩短减少的现场管理费
	（5）资金成本增加	费用增加和支出提前引起负现金流量所支付的利息

续表

索赔事件	可能的费用项目	说明
工程中断	(1) 人工费增加	如留守人员工资，人员的遣返和重新招雇费，对工人的赔偿等
	(2) 机械使用费	设备停置费，额外的进出场费，租赁机械的费用等
	(3) 保函、保险费、银行手续费	
	(4) 贷款利息	
	(5) 总部管理费	
	(6) 其他额外费用	如停工、复工所产生的额外费用，工地重新整理等费用
工程量增加	费用构成与合同报价相同	合同规定承包商应承担一定比例（如5%，10%）的工程量增加风险，超出部分才予以补偿 合同规定工程量增加超出一定比例时（如15%～20%）可调整单价，否则合同单价不变

此外，索赔费用项目的构成会随工程所在地国家或地区的不同而不同，即使在同一国家或地区，随着合同条件具体规定的不同，索赔费用的项目构成也会不同。美国工程索赔专家J. J. Adrian在其《Construction Claims》一书中总结了索赔种类与索赔费用构成的关系表（表11-2），可供参考。

索赔种类与索赔费用构成关系表　　表11-2

序号	索赔费用项目	索赔种类			
		延误索赔	工程范围变更索赔	加速施工索赔	现场条件变更索赔
1	人工工时增加费	×	✓	×	✓
2	生产率降低引起人工损失	✓	○	✓	○
3	人工单价上涨费	✓	○	✓	○
4	材料用量增加费	×	✓	○	○
5	材料单价上涨费	✓	✓	○	○
6	新增的分包工程量	×	✓	×	○
7	新增的分包工程单价上涨费用	✓	○	○	✓
8	租赁设备费	○	✓	✓	✓
9	自有机械设备使用费	✓	✓	○	✓
10	自有机械台班费率上涨费	○	×	○	○
11	现场管理费（可变）	○	✓	○	✓
12	现场管理费（固定）	✓	×	×	○
13	总部管理费（可变）	○	○	○	○
14	总部管理费（固定）	✓	○	×	○
15	融资成本（利息）	✓	○	○	○
16	利润	○	✓	○	✓
17	机会利润损失	○	○	○	○

注：✓表示一般情况下应包含；×表示不包含；○表示可含可不含，视具体情况而定。

索赔费用主要包括的项目如下：

(1) 人工费

人工费主要包括生产工人的工资、津贴、加班费、奖金等。对于索赔费用中的人工费部分来说，主要是指完成合同之外的额外工作所花费的人工费用；由于非承包人责任的工效降低所增加的人工费用；超过法定工作时间的加班费用；法定的人工费增长以及非承包人责任造成的工程延误导致的人员窝工费；相应增加的人身保险和各种社会保险支出等。在以下几种情况下，承包人可以提出人工费的索赔：

1) 因业主增加额外工程，或因业主或工程师原因造成工程延误，导致承包人人工单价的上涨和工作时间的延长。

2) 工程所在国法律、法规、政策等变化而导致承包人人工费用方面的额外增加，如提高当地雇用工人的工资标准、福利待遇或增加保险费用等。

3) 若由于业主或工程师原因造成的延误或对工程的不合理干扰打乱了承包人的施工计划，致使承包人劳动生产率降低，导致人工工时增加的损失，承包人有权向业主提出生产率降低损失的索赔。

(2) 材料费

可索赔的材料费主要包括：

1) 由于索赔事项导致材料实际用量超过计划用量而增加的材料费。

2) 由于客观原因导致材料价格大幅度上涨。

3) 由于非承包人责任工程延误导致的材料价格上涨。

4) 由于非承包人原因致使材料运杂费、采购与保管费用的上涨。

5) 由于非承包人原因致使额外低值易耗品使用等。

在以下两种情况下，承包人可提出材料费的索赔：

1) 由于业主或工程师要求追加额外工作、变更工作性质、改变施工方法等，造成承包人的材料耗用量增加，包括使用数量的增加和材料品种或种类的改变。

2) 在工程变更或业主延误时，可能会造成承包人材料库存时间延长、材料采购滞后或采用代用材料等，从而引起材料单位成本的增加。

(3) 机械设备使用费

可索赔的机械设备费主要包括：

1) 由于完成额外工作增加的机械设备使用费。

2) 非承包人责任致使的工效降低而增加的机械设备闲置、折旧和修理费分摊、租赁费用。

3) 由于业主或工程师原因造成的机械设备停工的窝工费。机械设备台班窝工费的计算，如系租赁设备，一般按实际台班租金加上每台班分摊的机械调进调出费计算；如系承包人自有设备，一般按台班折旧费计算，而不能按全部台班费计算，因台班费中包括了设备使用费。

4) 非承包人原因增加的设备保险费、运费及进口关税等。

(4) 现场管理费

现场管理费是某单个合同发生的、用于现场管理的总费用，一般包括现场管理人员的费用、办公费、通信费、差旅费、固定资产使用费、工具用具使用费、保险费、工程排污费、供热供水及照明费等。它一般约占工程总成本的5%～10%。索赔费用中的现场管理费是指承包人完成额外工程、索赔事项工作以及工期延长、延误期间的工地管理费。在确定分析索赔费用时，有时把现场管理费具体又分为可变部分和固定部分。所谓可变部分是指在延期过程中可以调到其他工程部位（或其他工程项目）上去的那部分人员和设施；所谓固定部分是指施工期间不易调动的那部分人员或设施。

（5）总部管理费

总部管理费是承包人企业总部的、为整个企业的经营运作提供支持和服务所发生的管理费用，一般包括总部管理人员费用、企业经营活动费用、差旅交通费、办公费、通信费、固定资产折旧、修理费、职工教育培训费用、保险费、税金等。它一般约占企业总营业额的3%～10%。索赔费用中的总部管理费主要指的是工程延误期间所增加的管理费。

（6）利息

利息，又称融资成本或资金成本，是企业取得和使用资金所付出的代价。融资成本主要有两种：额外贷款的利息支出和使用自有资金引起的机会损失。只要因业主违约（如业主拖延或拒绝支付各种工程款、预付款或拖延退还扣留的保留金）或其他合法索赔事项直接引起了额外贷款，承包人有权向业主就相关的利息支出提出索赔。利息的索赔通常发生于下列情况：

1）业主拖延支付预付款、工程进度款或索赔款等，给承包人造成较严重的经济损失，承包人因而提出拖付款的利息索赔。

2）由于工程变更和工期延误增加投资的利息。

3）施工过程中业主错误扣款的利息。

（7）分包商费用

索赔费用中的分包费用是指分包商的索赔款项，一般也包括人工费、材料费、施工机械设备使用费等。因业主或工程师原因造成分包商的额外损失，分包商首先应向承包人提出索赔要求和索赔报告，然后以承包人的名义向业主提出分包工程增加费及相应管理费用索赔。

（8）利润

对于不同性质的索赔，取得利润索赔的成功率是不同的。在以下几种情况下，承包人一般可以提出利润索赔：

1）因设计变更等变更引起的工程量增加。

2）施工条件变化导致的索赔。

3）施工范围变更导致的索赔。

4）合同延期导致机会利润损失。

5）由于业主的原因终止或放弃合同带来预期利润损失等。

（9）其他

包括相应保函费、保险费、银行手续费及其他额外费用的增加等。

11.3.3 索赔费用的计算方法

索赔值的计算没有统一、共同认可的标准方法，但计算方法的选择却对最终索赔金额影响很大，估算方法选用不合理容易被对方驳回，这就要求索赔人员具备丰富的工程估价经验和索赔经验。

对于索赔事件的费用计算，一般是先计算与索赔事件有关的直接费，如人工费、材料费、机械费、分包费等，然后计算应分摊在此事件上的管理费、利润等间接费。每一项费用的具体计算方法基本上与工程项目报价计算相似。

1. 基本索赔费用的计算方法

(1) 人工费

人工费是可索赔费用中的重要组成部分，其计算方法为：$C(L)=CL_1+CL_2+CL_3$。其中，$C(L)$ 为索赔的人工费，CL_1 为人工单价上涨引起的增加费用，CL_2 为人工工时增加引起的费用，CL_3 为劳动生产率降低引起的人工损失费用。

(2) 材料费

材料费在工程造价中占据较大比重，也是重要的可索赔费用。材料费索赔包括材料耗用量增加和材料单位成本上涨两个方面。其计算方法为：$C(M)=CM_1+CM_2$。其中，$C(M)$ 为可索赔的材料费，CM_1 为材料用量增加费，CM_2 为材料单价上涨导致的材料费增加。

(3) 施工机械设备费

施工机械设备费包括承包人在施工过程中使用自有施工机械所发生的机械使用费，使用外单位施工机械的租赁费，以及按照规定支付的施工机械进出场费用等。索赔机械设备费的计算方法为：

$C(E)=CE_1+CE_2+CE_3+CE_4$。其中，$C(E)$ 为可索赔的机械设备费，CE_1 为承包人自有施工机械工作时间额外增加费用，CE_2 为自有机械台班费率上涨费，CE_3 为外来机械租赁费（包括必要的机械进出场费），CE_4 为机械设备闲置损失费用。

(4) 分包费

分包费索赔的计算方法为：$C(SC)=CS_1+CS_2$。其中，$C(SC)$ 为索赔的分包费，CS_1 为分包工程增加费用，CS_2 为分包工程增加费用的相应管理费（有时可包含相应利润）。

(5) 利息

利息索赔额的计算方法可按复利计算法计算。至于利息的具体利率应是多少，可采用不同标准，主要有以下三种情况：按承包人在正常情况下的当时银行贷款利率；按当时的银行透支利率或按合同双方协议的利率。

(6) 利润

索赔利润的款额计算通常是与原报价单中的利润百分率保持一致。即在索赔款直接费的基础上，乘以原报价单中的利润率，作为该项索赔款中的利润额。

2. 管理费索赔的计算方法

在确定索赔事件的直接费用以后，还应提出应分摊的管理费。由于管理费金额较大，其确认和计算都比较困难和复杂，常常会引起双方争议。管理费属于工程成本的组成部分，包括企业总部管理费和现场管理费。我国现行建筑工程造价构成中，将现场管理费纳入到直接工程费中，企业总部管理费纳入到间接费中。一般的费用索赔中都可以包括现场管理费和总部管理费。

(1) 现场管理费

现场管理费的索赔计算方法一般有两种情况：

1) 直接成本的现场管理费索赔。对于发生直接成本的索赔事件，其现场管理费索赔额一般可按该索赔事件直接费乘以现场管理费费率，而现场管理费费率等于合同工程的现场管理费总额除以该合同工程直接成本总额。

2）工程延期的现场管理费索赔。如果某项工程延误索赔不涉及直接费的增加，或由于工期延误时间较长，按直接成本的现场管理费索赔方法计算的金额不足以补偿工期延误所造成的实际现场管理费支出，则可按如下方法计算：用实际（或合同）现场管理费总额除以实际（或合同）工期，得到单位时间现场管理费费率，然后用单位时间现场管理费费率乘以可索赔的延期时间，可得到现场管理费索赔额。

（2）总部管理费

目前常用的总部管理费的计算方法有以下几种：

① 按照投标书中总部管理费的比例（3%～8%）计算。

② 按照公司总部统一规定的管理费比率计算。

③ 以工程延期的总天数为基础，计算总部管理费的索赔额。

对于索赔事件来讲，总部管理费金额较大，常常会引起双方的争议，常常采用总部管理费分摊的方法，因此分摊方法的选择甚为重要。主要有两种：

1）总直接费分摊法

总部管理费一般首先在承包人的所有合同工程之间分摊，然后再在每一个合同工程的各个具体项目之间分摊。其分摊系数的确定与现场管理费类似，即可以将总部管理费总额除以承包人企业全部工程的直接成本（或合同价）之和，据此比例即可确定每项直接费索赔中应包括的总部管理费。总直接费分摊法是将工程直接费作为比较基础来分摊总部管理费。它简单易行，说服力强，运用面较宽。其计算公式为：

单位直接费的总部管理费率＝总部管理费总额/合同期承包商完成的总直接费×100%

总部管理费索赔额 ＝ 单位直接费的总部管理费率×争议合同直接费。

例如，某工程争议合同的实际直接费为500万元，在争议合同执行期间，承包人同时完成的其他合同的直接费为2500万元，该阶段承包人总部管理费总额为300万元，则：

单位直接费的总部管理费率＝300/（500＋2500）×100%＝10%

总部管理费索赔额＝10%×500＝50万元

总直接费分摊法的局限之处是：如果承包人所承包的各工程的主要费用比例变化太大，误差就会很大。如有的工程材料费、机械费比重大，直接费高，分摊到的管理费就多，反之亦然。此外，如果合同发生延期且无替补工程，则延误期内工程直接费较小，分摊的总部管理费和索赔额都较小，承包人会因此而蒙受经济损失。

2）日费率分摊法

日费率分摊法又称Eichleay，得名于Eichleay公司一桩成功的索赔案例。其基本思路是按合同额分配总部管理费，再用日费率法计算应分摊的总部管理费索赔值。其计算公式为：

争议合同应分摊的总部管理费＝争议合同额/合同期承包商完成的合同总额×同期总部管理费总额

日总部管理费率＝争议合同应分摊的总部管理费/合同履行天数

总部管理费索赔额＝日总部管理费率×合同延误天数

例如，某承包人承包某工程，合同价为500万元，合同履行天数为720天，该合同实施过程中因业主原因拖延了80天。在这720天中，承包人承包其他工程的合同总额为1500万元，总部管理费总额为150万元。则：

争议合同应分摊的总部管理费＝500/（500＋1500）×150＝37.5万元

日总部管理费率＝37.5×10^4/720＝520.8元/天

总部管理费索赔额＝520.8×80＝41664元

该方法的优点是简单、实用，易于被人理解，在实际运用中也得到一定程度的认可。存在的主要问题有：一是总部管理费按合同额分摊与按工程成本分摊结果不同，而后者在通常会计核算和实际工作中更容易被人理解；二是“合同履行天数”中包括了“合同延误天数”，降低了日总部管理费率及承包人的总部管理费索赔值。

从上可知，总部管理费的分摊标准是灵活的，分摊方法的选用要能反映实际情况，既要合理，又要有利。

3. 综合费用索赔的计算方法

对于由许多单项索赔事件组成的综合费用索赔，可索赔的费用构成往往很多，可能包括直接费用和间接费用，一些基本费用的计算前文已叙述。从总体思路上讲，综合费用索赔主要有以下计算方法。

（1）总费用法

总费用法的基本思路是将固定总价合同转化为成本加酬金合同，或索赔值按成本加酬金的方法来计算，它是以承包人的额外增加成本为基础，再加上管理费、利息甚至利润的计算方法。表11-3为总费用法的计算示例，供参考。

总费用法计算示例　　表11-3

序号	费用项目	金额（元）
1	合同实际成本	
	（1）直接费	
	1）人工费	200000
	2）材料费	100000
	3）设备	200000
	4）分包商	900000
	5）其他	＋100000
	合计	1500000
	（2）间接费	＋160000
	（3）总成本［（1）＋（2）］	1660000
2	合同总收入（合同价＋变更令）	－1440000
3	成本超支（1－2）	220 000
	加：（1）未补偿的办公费和行政费（按总成本的10%）	166000
	（2）利润（总成本的15%＋管理费）	273000
	（3）利息	＋40000
4	索赔总额	699000

总费用法在工程实践中用得不多，往往不容易被业主、仲裁员或律师等所认可，该方法应用时应该注意以下几点：

1）工程项目实际发生的总费用应计算准确，合同生成的成本应符合普遍接受的会计原则，若需要分配成本，则分摊方法和基础选择要合理。

2）承包人的报价合理，符合实际情况，不能是采取低价中标策略后过低的标价。

3）合同总成本超支全系其他当事人行为所致，承包人在合同实施过程中没有任何失误，但这一般在工程实践中是不太可能的。

4）因为实际发生的总费用中可能包括了承包人的原因（如施工组织不善、浪费材料等）而增加了的费用，同时投标报价估算的总费用由于想中标而过低。所以这种方法只有在难以按其他方法计算索赔费用时才使用。

5）采用这个方法，往往是由于施工过程中受到严重干扰，造成多个索赔事件混杂在一起，导致难以准确地进行分项记录和收集资料、证据，也不容易分项计算出具体的损失费用，只得采用总费用法进行索赔。

6）该方法要求必须出具足够的证据，证明其全部费用的合理性，否则其索赔款额将不容易被接受。

（2）修正的总费用法

修正的总费用法是对总费用法的改进，即在总费用计算的原则上，去掉一些不合理的因素，使其更合理。修正的内容如下：

1）将计算索赔款的时段局限于受到外界影响的时间，而不是整个施工期。

2）只计算受影响时段内的某项工作所受影响的损失，而不是计算该时段内所有施工工作所受的损失。

3）与该项工作无关的费用不列入总费用中。

4）对承包人投标报价费用重新进行核算：按受影响时段内该项工作的实际单价进行核算，乘以实际完成的该项工作的工作量，得出调整后的报价费用。

按修正后的总费用计算索赔金额的公式如下：

索赔金额＝某项工作调整后的实际总费用 — 该项工作的报价费用（含变更款）

修正的总费用法与总费用法相比，有了实质性的改进，能够较准确地反映出实际增加的费用。

（3）分项法

分项法是在明确责任的前提下，对每个引起损失的干扰事件和各费用项目单独分析计算索赔值，并提供相应的工程记录、收据、发票等证据资料，最终求和。这样可以在较短时间内给予分析、核实，确定索赔费用，顺利解决索赔事宜。该方法虽比总费用法复杂、困难，但比较合理、清晰，能反映实际情况，且可为索赔文件的分析、评价及其最终索赔谈判和解决提供方便，是承包人广泛采用的方法。表 11-4 给出了分项法的典型示例，可供参考。分项法计算通常分三步：

1）分析每个或每类索赔事件所影响的费用项目，不得有遗漏。这些费用项目通常应与合同报价中的费用项目一致。

2）计算每个费用项目受索赔事件影响后的数值，通过与合同价中的费用值进行比较即可得到该项费用的索赔值。

3）将各费用项目的索赔值汇总，得到总费用索赔值。分项法中索赔费用主要包括该项工程施工过程中所发生的额外人工费、材料费、施工机械使用费、相应的管理费，以及应得的间接费和利润等。由于分项法所依据的是实际发生的成本记录或单据，所以在施工过程中，对第一手资料的收集整理就显得非常重要。

分项法计算示例 **表 11-4**

序号	索赔项目	金额（元）	序号	索赔项目	金额（元）
1	工程延误	205500	5	利息支出	8000
2	工程中断	166000	6	利润（1+2+3+4）×15%	62025
3	工程加速	16000	7	索赔总额	483525
4	附加工程	26000			

表 11-4 中每一项费用又有详细的计算方法、计算基础和证据等，如因工程延误引起的费用损失计算参见表 11-5。

工程延误的索赔额计算示例 **表 11-5**

序号	索赔项目	金额（元）	序号	索赔项目	金额（元）
1	机械设备停滞费	95000	4	总部管理分摊	16000
2	现场管理费	84000	5	保函手续费、保险费增加	6000
3	分包商索赔	4500	6	合计	205500

复习思考题

1. 什么是索赔，索赔有哪些特征，索赔管理有哪些特点？
2. 常见的索赔事件有哪些？
3. 索赔的分类有哪些，开展索赔工作有哪些作用？
4. 索赔的依据、证据和索赔文件应包括哪些内容，它们对索赔成功有何影响？
5. 结合具体工程项目，分析索赔工作的基本程序。
6. 在索赔过程中应注意哪些技巧和艺术？
7. 判断承包商索赔是否成立应具备哪些条件？
8. 试分析工程师在索赔工作中的地位和作用。
9. 在我国建筑业开展索赔工作存在哪些问题，应如何解决？
10. 在施工合同中对发包人和承包人原因影响的工期延误有何规定？
11. 工程延误有哪些分类，工程延误的一般处理原则是什么？
12. 试分析共同延误可能的补偿结果。
13. 试分析交叉延误的几种典型情况及其结果。
14. 工期索赔的合同依据有哪些。
15. 试举例说明工期索赔的分析流程。
16. 工期索赔有哪些方法，如何具体应用？
17. 举例说明费用索赔的原因有哪些。
18. 分析费用索赔的项目构成，每一项如何计算？
19. 管理费索赔的计算方法有哪些，如何正确选择分摊方法？
20. 综合费用索赔有哪些计算方法，各有哪些优缺点？

参 考 文 献

[1] 李启明. 土木工程合同管理(第3版). 南京：东南大学出版社，2015.

[2] 李启明，朱树英，黄文杰. 工程建设合同与索赔管理. 北京：科学技术出版社，2001.

[3] 李启明. 土木工程合同管理. 南京：东南大学出版社，2002.

[4] 成虎. 工程合同管理. 北京：中国建筑工业出版社，2005.

[5] 黄文杰. 工程建设合同管理. 北京：高等教育出版社，2004.

[6] 张水波，何伯森. 新版合同条件导读与解析. 北京：中国建筑工业出版社，2003.

[7] 国际咨询工程师联合会与中国工程咨询协会. 施工合同条件. 北京：机械工业出版社，2002.

[8] 国际咨询工程师联合会与中国工程咨询协会. 设计采购施工(EPC)/交钥匙工程合同条件. 北京：机械工业出版社，2002.

[9] 刘英等. 土木工程施工分包合同条件. 北京：中国建筑工业出版社，1997.

[10] 张莹. 招标投标理论与实务. 北京：中国物资出版社，2003.

[11] 何红锋. 工程建设中的合同法与招标投标法. 北京：中国计划出版社，2002.

[12] 黄文杰. 建设工程招标实务. 北京：中国计划出版社，2002.

[13] 雷俊卿. 合同管理. 北京：人民交通出版社，2000.

[14] 贵立义，赵大利. 法律基础. 大连：东北财经大学出版社，2002.

[15] 贾成宽. 法律基础. 北京：化学工业出版社，2003.

[16] 成纯协，张成福. 行政法学. 北京：中国人民大学出版社，2002.

[17] 王绍尧. 法律基础. 北京：经济科学出版社，2002.

[18] 唐德华，孙秀君. 合同法(分则)及司法解释案例评析. 北京：人民法院出版社，2004.

[19] 唐德华，孙秀君. 合同法及司法解释理解与适用. 北京：人民法院出版社，2004.

[20] 邱纪成. 借款合同实务. 北京：知识产权出版社，2005.

[21] 谭秋桂. 租赁合同、融资租赁合同实务. 北京：知识产权出版社，2005.